微分方程数值解

——有限差分理论方法与数值计算

张文生　编著

科学出版社

北京

内 容 简 介

本书阐述微分方程有限差分数值求解方法. 首先介绍常微分方程初边值问题的求解方法, 以及收敛性、相容性和稳定性分析; 其次介绍偏微分方程(包括椭圆型方程、抛物型方程和双曲型方程)的有限差分求解方法和一些重要的差分格式, 以及相应的理论分析; 最后介绍有限差分方法在波动方程波场模拟中的应用; 在附录中给出了一些常用公式. 本书结合教学和科研的特点, 不但具有理论的严谨性, 还有较多的例题和数值算例, 以促进理解和应用.

本书可作为计算数学、应用数学、科学与工程计算等理工科相关专业的研究生和高年级学生的教材或参考书, 也可供从事相关研究工作的教师和科研人员参考.

图书在版编目(CIP)数据

微分方程数值解：有限差分理论方法与数值计算/张文生编著. —北京：科学出版社, 2015

ISBN 978-7-03-044746-3

Ⅰ. ①微…　Ⅱ. ①张…　Ⅲ. ①微分方程解法-数值计算　Ⅳ. ①O241.8

中国版本图书馆 CIP 数据核字(2015) 第 124345 号

责任编辑: 李静科　赵彦超 / 责任校对: 邹慧卿
责任印制: 赵　博 / 封面设计: 陈　敬

科学出版社 出版
北京东黄城根北街 16 号
邮政编码: 100717
http://www.sciencep.com

北京中石油彩色印刷有限责任公司印刷
科学出版社发行　各地新华书店经销
*
2015 年 8 月第　一　版　开本: 720 × 1000 1/16
2024 年 7 月第十次印刷　印张: 26 1/4
字数: 514 000

定价: 148.00 元

(如有印装质量问题, 我社负责调换)

前　言

自然科学和工程技术科学中的许多现象、规律和问题, 都可以通过常微分方程和偏微分方程来描述. 由于这些微分方程的解析解难以求得, 现在更多地是用计算机求解这些微分方程的数值近似解. 有限差分法是数值求解微分方程的重要方法之一, 由于其程序设计相对简易及计算效率高, 该方法在自然科学和工程技术科学的各个领域中得到广泛的应用. 本书深刻阐述微分方程有限差分的数值求解方法, 特别是相应的稳定性分析方法. 本书共分 7 章.

第 1 章介绍常微分方程初值问题的数值求解方法, 包括单步法、多步法和预测校正法, 给出各种重要计算公式及一些重要推导, 阐述稳定性分析方法；最后简要介绍 Hamilton 系统的辛几何算法, 与传统方法相比, 辛算法能保持 Hamilton 系统的辛结构, 特别适于求解长时间模拟的问题.

第 2 章介绍常微分方程两点边值问题的试射法, 该方法最后归结为一个常微分方程组初值问题的求解, 从而可以用第 1 章求初值问题的方法来求解.

第 3 章介绍椭圆型方程的差分解法, 包括两点边值问题和 Laplace 方程的直接差分方法和有限体积方法, 以及收敛性分析.

第 4 章介绍偏微分方程有限差分格式的相容性、收敛性和稳定性分析理论, 重点阐述 Fourier 级数分析法、von Neumann 多项式分析法和矩阵分析法, 对能量分析方法也作了介绍.

第 5 章给出抛物型方程主要是热传导方程的一些重要差分格式.

第 6 章介绍双曲型方程的有限差分方法, 包括线性对流方程的典型差分格式的构造方法、偏微分方程和差分格式的频散和耗散分析, 以及双曲型方程组的差分格式, 最后介绍一维、二维、三维波动方程的差分格式和稳定性分析.

第 7 章从应用的角度, 介绍有限差分方法在波动方程波场模拟计算中的应用, 包括声波方程的 ADI 格式和 LOD 格式、弹性波方程的有限体积格式和交错网格格式、多孔弹性波方程的交错网格格式等.

本书是作者在长期教学和科研的基础上完成的, 书中部分内容曾多次给研究生讲授过. 为便于学习和教学, 附录 1 给出规则和不规则网格上的有限差分的系数, 附录 2 给出一些常用公式和定理. 在本书中我们均假定问题的解有所需要的光滑性, 对于解有间断情况的差分格式的构造, 如流体力学中双曲守恒型方程 (组) 之弱解的差分格式的构造. 可参考其他相关文献, 如文献 [59]、[85]. 此外, 对偏微分方程的其他数值方法如有限元方法等本书也不讨论, 可参考其他有关文献, 如文献 [21],

[70] 等.

最后, 衷心感谢同事和专家院士的支持、帮助和鼓励, 感谢作者的研究生蒋将军、庄源和张丽娜等在部分计算和校对上所做的辛勤工作, 感谢"科学与工程计算国家重点实验室"的大力支持, 感谢国家自然基金项目 (编号: 11471328)、973 项目 (编号: 2010CB731500) 及精品课程项目经费的支持, 也感谢直接或间接所引参考文献的作者.

由于作者水平和时间有限, 书中难免存在不妥之处, 恳请读者指正.

作　者
2014 年 12 月于北京

目　　录

第 1 章　常微分方程初值问题的数值解法

1.1　解的适定性

常微分方程是描述物理模型的重要工具之一, 本章介绍求解常微分方程初边值问题的数值方法. 考虑如下一阶常微分方程的初值问题

$$\begin{cases} y' = f(x,y), \quad a \leqslant x \leqslant b, \\ y(x_0) = y_0, \end{cases} \tag{1.1.1}$$

其中函数 $f(x,y)$ 已知, 且在区域 $(x,y) \in D = \{(x,y)|a \leqslant x \leqslant b, -\infty < y < \infty\}$ 中连续. 对某些常微分方程, 可以求得精确解. 例如,

$$y' = \lambda y + g(x), \quad 0 \leqslant x < \infty \tag{1.1.2}$$

是一个一阶线性微分方程, $g(x)$ 在 $[0,\infty)$ 上连续. 满足条件 $y(x_0) = y_0$ 的精确解为

$$y(x) = y_0 \mathrm{e}^{\lambda(x-x_0)} + \int_{x_0}^{x} \mathrm{e}^{\lambda(x-t)} g(t)\mathrm{d}t, \quad 0 \leqslant x < \infty. \tag{1.1.3}$$

又如, 非线性常微分方程

$$y' = -y^2 \tag{1.1.4}$$

的通解为

$$y(x) = \frac{1}{x+c}, \tag{1.1.5}$$

其中 c 是任意常数. 注意 $|y(-c)| = \infty$, 因此 $f(x,y) = -y^2$ 的全局光滑性并不保证解的全局光滑性. 在数值求解之前, 本节先论式 (1.1.1) 的适定性, 即解的存在性、唯一性和稳定性. 假定所讨论问题的解总存在.

1.1.1　解的唯一性

定理 1.1.1　若 $f(x,y)$ 是 x 和 y 的连续函数, 且关于 y 满足 Lipschitz 条件, 即 $\exists L > 0$, 使得

$$|f(x,y_1) - f(x,y_2)| \leqslant L|y_1 - y_2| \tag{1.1.6}$$

对 D 中所有的 (x,y_1) 和 (x,y_2) 均成立, 则式 (1.1.1) 有唯一解.

证明　将式 (1.1.1) 改写成等价的积分方程

$$y(x) = y_0 + \int_{x_0}^{x} f(t, y(t))\mathrm{d}t. \tag{1.1.7}$$

为证明式 (1.1.7) 有唯一解, 在 $[x_0-\alpha, x_0+\alpha]$ 上定义一个函数序列 $y_n(x)$

$$y_0(x) = y_0, \quad y_{n+1}(x) = y_0 + \int_{x_0}^{x} f(t, y_n(t))\mathrm{d}t. \tag{1.1.8}$$

常数 α 的选择要求满足

$$\alpha L < 1. \tag{1.1.9}$$

若 α 选择得充分小, 则所有 $y_n(x)$ 仍在 D 中, 且在 $[x_0-\alpha, x_0+\alpha]$ 上一致收敛到函数 $y(x)$. 在式 (1.1.8) 中取极限, 得

$$y(x) = y_0 + \int_{x_0}^{x} f(t, y(t))\mathrm{d}t, \quad x_0 - \alpha \leqslant x \leqslant \alpha_0 + \alpha, \tag{1.1.10}$$

此即式 (1.1.1) 的解.

下面分析收敛速度. 由式 (1.1.8) 和式 (1.1.10) 得

$$\Big|y(x) - y_{n+1}(x)\Big| \leqslant \int_{x_0}^{x} \Big|f(t, y(t)) - f(t, y_n(t))\Big|\mathrm{d}t \tag{1.1.11}$$

$$\leqslant L \int_{x_0}^{x} \Big|y(t) - y_n(t)\Big|\mathrm{d}t \tag{1.1.12}$$

$$\leqslant \alpha L ||y - y_n||_\infty, \tag{1.1.13}$$

因右端项与 x 无关, 左端在 $[x_0-\alpha, x_0+\alpha]$ 上取极大值, 故有

$$||y - y_{n+1}||_\infty \leqslant \alpha L ||y - y_n||_\infty, \quad n \geqslant 0. \tag{1.1.14}$$

再由式 (1.1.9) 知, 每次迭代误差减小 αL 倍, 因此是线性收敛的.

最后证明解 $y(x)$ 的唯一性. 设 $\tilde{y}(x)$ 是另一个解, 则

$$y(x) - \tilde{y}(x) = \int_{x_0}^{x} [f(t, y(t)) - f(t, \tilde{y}(t))]\mathrm{d}t, \tag{1.1.15}$$

同式 (1.1.14) 一样, 有

$$||y - \tilde{y}||_\infty \leqslant \alpha L ||y - \tilde{y}||_\infty, \tag{1.1.16}$$

因为 $\alpha L < 1$, 从而 $\tilde{y}(x) = y(x)$.

若 $\dfrac{\partial f(x,y)}{\partial y}$ 在 D 上存在并有界, 则条件 (1.1.6) 满足. 实际上取

$$L = \max_{(x,y)\in D} \left|\frac{\partial f(x,y)}{\partial y}\right|, \tag{1.1.17}$$

则根据中值定理, 存在 $\xi_x \in [y_1, y_2]$, 有

$$f(x,y_1) - f(x,y_2) = \left.\frac{\partial f(x,y)}{\partial y}\right|_{y=\xi_x} (y_1 - y_2), \tag{1.1.18}$$

再结合式 (1.1.17) 即得式 (1.1.6). □

例 1.1.1 考虑

$$y' = 1 + \sin(xy), \quad D = \{(x,y)|0 \leqslant x \leqslant 1, -\infty < y < \infty\}.$$

根据式 (1.1.17), 由

$$\frac{\partial f(x,y)}{\partial y} = x\cos(xy) \tag{1.1.19}$$

可得 Lipschitz 常数 $L = 1$. 因此对于 $\forall (x_0, y_0)(0 < x_0 < 1)$, 初值问题在某区间 $[x_0 - \alpha, x_0 + \alpha] \subset [0,1]$ 上有唯一解 $y(x)$.

例 1.1.2 考虑

$$y' = \frac{2x}{a^2} y^2, \quad y(0) = 1,$$

其中 $a > 0$ 为任意常数. 为确定 Lipschitz 常数, 计算

$$\frac{\partial f(x,y)}{\partial y} = \frac{4xy}{a^2},$$

为满足 Lipschitz 条件, 我们选择区域 D 使得 x, y 有界即可, 从而初值问题有唯一解. 实际上, 该问题的精确解是

$$y(x) = \frac{a^2}{a^2 - x^2}, \quad -a < x < a.$$

1.1.2 解的稳定性

当初值问题 (1.1.1) 有扰动时, 讨论解 $y(x)$ 的稳定性. 考虑扰动问题

$$\begin{cases} y' = f(x,y) + \delta(x), \\ y(x_0) = y_0 + \varepsilon, \end{cases} \tag{1.1.20}$$

其中 $\delta(x)$ 关于 x 连续, $f(x,y)$ 满足定理 1.1.1 的条件, 从而问题 (1.1.20) 有唯一解. 解记为 $y(x;\delta,\varepsilon)$, 即

$$y(x;\delta,\varepsilon) = y_0 + \varepsilon + \int_{x_0}^{x} \big[f(t, y(t;\delta,\varepsilon)) + \delta(t)\big]\mathrm{d}t. \tag{1.1.21}$$

假设 ε 和 δ 满足

$$|\varepsilon| \leqslant \varepsilon_0, \quad ||\delta||_\infty \leqslant \varepsilon_0, \tag{1.1.22}$$

则解的误差

$$y(x;\delta,\varepsilon)-y(x)=\varepsilon+\int_{x_0}^{x}\Big[f(t,y(t;\delta,\varepsilon))-f(t,y(t))\Big]\mathrm{d}t+\int_{x_0}^{x}\delta(t)\mathrm{d}t \tag{1.1.23}$$

满足下面的定理 1.1.2.

定理 1.1.2　假定 $f(x,y)$ 是 x 和 y 的连续函数, 且关于 y 满足 Lipschitz 条件, $\delta(x)$ 在 D 上连续, 则扰动解 $y(x;\delta,\varepsilon)$ 满足

$$||y(x;\delta,\varepsilon)-y(x)||_\infty\leqslant\tilde{L}\big(|\varepsilon|+\alpha||\delta||_\infty\big), \tag{1.1.24}$$

其中 $\tilde{L}=1/(1-\alpha L)$, 并称初值问题关于数据的扰动是稳定的.

证明　由式 (1.1.23) 得

$$\begin{aligned}&|y(x;\delta,\varepsilon)-y(x)|\\ \leqslant&|\varepsilon|+\int_{x_0}^{x}\Big|f(t,y(t;\delta,\varepsilon))-f(t,y(t))\Big|\mathrm{d}t+\int_{x_0}^{x}|\delta(t)|\mathrm{d}t\\ \leqslant&|\varepsilon|+\alpha L||y(x;\delta,\varepsilon)-y(x)||_\infty+\alpha||\delta||_\infty,\quad x_0-\alpha\leqslant x\leqslant x_0+\alpha,\end{aligned} \tag{1.1.25}$$

从而

$$(1-\alpha L)||y(x;\delta,\varepsilon)-y(x)||_\infty\leqslant|\varepsilon|+\alpha||\delta||_\infty\quad(\alpha L<1), \tag{1.1.26}$$

即

$$||y(x;\delta,\varepsilon)-y(x)||_\infty\leqslant\frac{1}{1-\alpha L}\Big(|\varepsilon|+\alpha||\delta||_\infty\Big). \tag{1.1.27}$$

□

定理 1.1.2 表明解连续依赖于数据. 如果解连续依赖于数据, 就称初值问题 (1.1.1) 关于数据的扰动是良态的, 否则就称病态的. 由式 (1.1.24) 知, 由于 ε 和 $\delta(x)$ 在该式右端的作用等价, 所以为简单起见, 可以令 $\delta=0$.

例 1.1.3　考虑

$$y'=100y-101\mathrm{e}^{-x},\quad y(0)=1. \tag{1.1.28}$$

该问题的精确解为 $y(x)=\mathrm{e}^{-x}$. 对初值作扰动, 取 $y(0)=1+\varepsilon$, 这时精确解为

$$y(x;\varepsilon)=\mathrm{e}^{-x}+\varepsilon\mathrm{e}^{100x}.$$

显然, 对任意 $\varepsilon\neq0$, 扰动解 $y(x;\varepsilon)$ 偏离真实解 $y(x)=\mathrm{e}^{-x}$ 很大. 该问题是病态问题.

事实上, 当 $\dfrac{\partial f(x,y(x))}{\partial y}>0$ 时, 初值问题 (1.1.1) 是一个病态问题. 考虑

$$\begin{cases}y'=f(x,y),\quad a\leqslant x\leqslant b,\\ y(x_0)=y_0+\varepsilon.\end{cases} \tag{1.1.29}$$

由式 (1.1.23) 知

$$y(x;\varepsilon)-y(x)=\varepsilon+\int_{x_0}^{x}\Big[f(t,y(t;\varepsilon))-f(t,y(t))\Big]\mathrm{d}t$$

$$\approx\varepsilon+\int_{x_0}^{x}\frac{\partial f(t,y(t))}{\partial y}\Big(y(t;\varepsilon)-y(t)\Big)\mathrm{d}t, \tag{1.1.30}$$

即

$$z(x;\varepsilon)\approx\varepsilon+\int_{x_0}^{x}\frac{\partial f(t,y(t))}{\partial y}z(t;\varepsilon)\mathrm{d}t, \tag{1.1.31}$$

其中 $z(x;\varepsilon)=y(x;\varepsilon)-y(x)$. 式 (1.1.31) 可转化为线性微分方程

$$\begin{cases} z'(x;\varepsilon)=\dfrac{\partial f(x,y(x))}{\partial y}z(x;\varepsilon), \\ z(x_0;\varepsilon)=\varepsilon, \end{cases} \tag{1.1.32}$$

其解为

$$z(x;\varepsilon)=\varepsilon\exp\left(\int_{x_0}^{x}\frac{\partial f(t,y(t))}{\partial y}\mathrm{d}t\right), \tag{1.1.33}$$

当 $\dfrac{\partial f(t,y(t))}{\partial y}>0$ 时, $z(x;\varepsilon)$ 是 x 的增函数.

1.2 Euler 方法

本节首先介绍数值求解一阶常微分方程初值问题 (1.1.1) 的最简单的一种单步法——Euler 方法, 并分析 Euler 方法的收敛性和 (渐近) 稳定性. Euler 方法是一个一阶精度的显式计算格式.

1.2.1 Euler 公式

目标是在一系列网格点

$$x_0<x_1<x_2<\cdots<x_n<\cdots$$

上求初值问题解的近似值. 数值解的近似值记为

$$y_0,\ y_1,\ \cdots,\ y_n,\ \cdots,$$

相应的解的精确值记为

$$y(x_0),\ y(x_1),\ \cdots,\ y(x_n),\ \cdots.$$

Euler 方法是指用Euler公式

$$y_{n+1} = y_n + hf(x_n, y_n), \quad n = 0, 1, 2, \cdots \tag{1.2.1}$$

来求解初值问题 (1.1.1), 其中初值 y_0 已知. 有三种方法可以导出该公式.

(1) 将 $y(x_{n+1})$ 在 x_n 处作 Taylor 展开

$$y(x_{n+1}) = y(x_n) + hy'(x_n) + \frac{h^2}{2}y''(\xi_n), \quad x_n \leqslant \xi_n \leqslant x_{n+1}, \tag{1.2.2}$$

省略误差项 $\frac{h^2}{2}y''(\xi_n)$, 得

$$y(x_{n+1}) \approx y(x_n) + hy'(x_n), \tag{1.2.3}$$

从而得 Euler 公式 (1.2.1). 误差项 $\frac{h^2}{2}y''(\xi_n)$ 称为在 x_{n+1} 处的*局部截断误差*或*离散误差*.

(2) 对导数 $y'(x_n)$ 用数值微分来近似, 即

$$\frac{y(x_{n+1}) - y(x_n)}{h} \approx y'(x_n) = f(x_n, y(x_n)), \tag{1.2.4}$$

即

$$y(x_{n+1}) \approx y(x_n) + hf(x_n, y(x_n)), \tag{1.2.5}$$

从而也得 Euler 公式 (1.2.1).

(3) 对 $y'(x) = f(x, y(x))$ 在 $[x_n, x_{n+1}]$ 上积分, 得

$$y(x_{n+1}) = y(x_n) + \int_{x_n}^{x_{n+1}} f(x, y(x))\mathrm{d}x, \tag{1.2.6}$$

利用左矩形法则近似积分, 得

$$y(x_{n+1}) \approx y(x_n) + hf(x_n, y(x_n)), \tag{1.2.7}$$

同理也得 Euler 公式 (1.2.1).

例 1.2.1 用 Euler 方法解初值问题

$$\begin{cases} y' = x + y, \quad 0 \leqslant x \leqslant 1, \\ y(0) = 1. \end{cases}$$

取步长 $h = 0.01$, 并与精确解 $y = 2\mathrm{e}^x - x - 1$ 作比较.

解 计算结果部分见表 1.1, 可以看到数值计算结果能较好地近似精确解. 图 1.2.1 是 Euler 方法和精确解的曲线比较. 同时, 还可看到误差随 x 逐步增加.

表 1.1 Euler 方法数值计算结果与精确解的比较

x	Euler 方法	精确解	误差绝对值	x	Euler 方法	精确解	误差绝对值
0.01	1.0100	1.0101	0.0001	0.91	3.0362	3.0586	0.0224
0.02	1.0202	1.0204	0.0002	0.92	3.0757	3.0986	0.0229
0.03	1.0396	1.0309	0.0003	0.93	3.1157	3.1390	0.0234
0.04	1.0412	1.0416	0.0004	0.94	3.1561	3.1800	0.0238
0.05	1.0520	1.0525	0.0005	0.95	3.1971	3.2214	0.0243
0.06	1.0630	1.0637	0.0006	0.96	3.2385	3.2634	0.0248
0.07	1.0743	1.0750	0.0007	0.97	3.2805	3.3059	0.0254
0.08	1.0857	1.0866	0.0009	0.98	3.3230	3.3489	0.0259
0.09	1.0974	1.0983	0.0010	0.99	3.3661	3.3925	0.0264
0.10	1.1092	1.1103	0.0011	1.00	3.4096	3.4366	0.0269

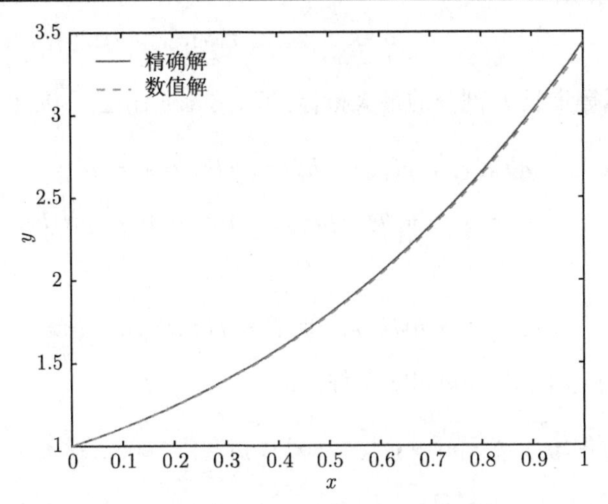

图 1.2.1 Euler 方法数值解 (虚线) 与精确解 (实线) 的比较

1.2.2 收敛性分析

Euler 公式在每一步 n 处计算都会引起局部截断误差 $\dfrac{h^2}{2}y''(\xi_n)$, 局部误差会累积. 下面分析这些局部误差的累积所产生的误差, 即整体截断误差或整体误差.

定理 1.2.1 假定式 (1.1.1) 的解 $y(x)$ 在 $[x_0, b]$ 上存在有界的二阶导数, 则由 Euler 方法得到的解 y_n 满足

$$\max_{a\leqslant x_n\leqslant b}|y(x_n)-y_n|\leqslant \mathrm{e}^{(b-x_0)L}|e_0|+\frac{\mathrm{e}^{(b-x_0)L}-1}{L}\tau(h), \tag{1.2.8}$$

其中

$$\tau(h)=\frac{h}{2}||y''||_\infty,\quad e_0=y(x_0)-y_0. \tag{1.2.9}$$

又若当 $h \to 0$ 时, 有

$$|y(x_0) - y_0| \leqslant c_1 h, \quad c_1 > 0, \tag{1.2.10}$$

则存在一个常数 $c > 0$ 使得

$$\max_{x_0 \leqslant x_n \leqslant b} |y(x_n) - y_n| \leqslant ch. \tag{1.2.11}$$

证明 令

$$e_n = y(x_n) - y_n, \quad \tau_n = \frac{h}{2} y''(\xi_n), \quad n = 0, 1, \cdots, N(h),$$

设 $\tau_n = \frac{h}{2} y''(\xi_n)$, 则

$$\max_{0 \leqslant n \leqslant N(h)} |\tau_n| \leqslant \tau(h), \tag{1.2.12}$$

其中 $N(h)$ 表示等步长 h 剖分的最大指标, 即 $x_N \leqslant b, x_{N+1} > b$. 由前面讨论知

$$y(x_{n+1}) = y(x_n) + hf(x_n, y(x_n)) + \tau_n h, \tag{1.2.13}$$

$$y_{n+1} = y_n + hf(x_n, y_n), \quad n = 0, 1, \cdots, N(h), \tag{1.2.14}$$

两式相减, 得

$$e_{n+1} = e_n + h[f(x_n, y(x_n)) - f(x_n, y_n)] + h\tau_n.$$

由于 $f(x, y)$ 关于 y 满足 Lipschitz 条件, 即

$$|f(x, y_1) - f(x, y_2)| \leqslant L|y_1 - y_2|, \quad -\infty < y_1, y_2 < \infty, \quad x_0 \leqslant x \leqslant b, \tag{1.2.15}$$

因此

$$|e_{n+1}| \leqslant |e_n| + hL|y(x_n) - y_n| + h|\tau_n|, \tag{1.2.16}$$

$$|e_{n+1}| \leqslant (1 + hL)|e_n| + h\tau(h). \tag{1.2.17}$$

递归应用式 (1.2.17) 得

$$|e_n| \leqslant (1 + hL)^n |e_0| + [1 + (1 + hL) + \cdots + (1 + hL)^{n-1}] h\tau(h), \tag{1.2.18}$$

利用几何级数公式

$$1 + r + r^2 + \cdots + r^{n-1} = \frac{r^n - 1}{r - 1}, \quad r \neq 1 \tag{1.2.19}$$

对式 (1.2.18) 计算, 得

$$|e_n| \leqslant (1 + hL)^n |e_0| + \frac{(1 + hL)^n - 1}{L} \tau(h), \tag{1.2.20}$$

又

$$(1+hL)^n \leqslant \mathrm{e}^{nhL} = \mathrm{e}^{(x_n-x_0)L} \leqslant \mathrm{e}^{(b-x_0)L}, \tag{1.2.21}$$

从而得式 (1.2.8). 令

$$c = c_1\mathrm{e}^{(b-x_0)L} + \frac{\mathrm{e}^{(b-x_0)L}-1}{L}\frac{\|y''\|_\infty}{2}, \tag{1.2.22}$$

则由式 (1.2.8) 即可得式 (1.2.11). □

例 1.2.2 考虑初值问题

$$y' = y, \quad y(0) = 1.$$

精确解是 $y(x) = \mathrm{e}^x$. 由 Euler 方法得

$$y_{n+1} = y_n + hy_n = (1+h)y_n, \quad y_0 = 1,$$

递归利用, 得

$$y_n = (1+h)^n = [(1+h)^{1/h}]^{nh} \equiv c(h)^{x_n},$$

其中 $c(h) = (1+h)^{1/h}$. 当 $0 < h < 1$ 时, 有

$$c(h) = (1+h)^{1/h} = \mathrm{e}^{\frac{1}{h}\ln(1+h)} = \mathrm{e}^{1-\frac{h}{2}+\frac{h^2}{3}-\frac{h^3}{4}+\cdots} < \mathrm{e},$$

于是

$$c(h)^{x_n} < \mathrm{e}^{x_n}.$$

因此

$$\max_{0\leqslant x_n\leqslant 1} |\mathrm{e}^{x_n} - c(h)^{x_n}| = \mathrm{e} - c(h),$$

又

$$\begin{aligned}
\mathrm{e} - c(h) &= \mathrm{e}\left[1 - \mathrm{e}^{-\frac{h}{2}+\frac{h^2}{3}-\frac{h^3}{4}} + \cdots\right] \\
&= \mathrm{e}\left[1 - \left(1 - \frac{h}{2} + \frac{11}{24}h^2 + \cdots\right)\right] \\
&= \mathrm{e}\left[\frac{h}{2} - \frac{11}{24}h^2 + \cdots\right],
\end{aligned}$$

从而得到渐近误差估计

$$\mathrm{e} - c(h) \approx \frac{h}{2}\mathrm{e},$$

因此

$$\max_{0\leqslant x_n\leqslant 1} |y(x_n) - y_n| \approx \frac{h}{2}\mathrm{e}.$$

该结果可以映证前面定理的结论.

1.2.3 渐近稳定性分析

类似于前面定理 1.1.2 关于初值问题的稳定性分析, 考虑 Euler 方法的渐近稳定性.

定义 1.2.1 求解初值问题的单步法称为渐近稳定的, 如果

$$\exists h_0 > 0,\ \exists C > 0:\ \forall h \in (0, h_0],\quad 0 \leqslant n \leqslant N(h)\ \text{均有}\ |z_n - y_n| \leqslant C\varepsilon, \tag{1.2.23}$$

其中 y_n 和 z_n 分别是对扰动前的初值 y_0 和扰动后的初值 z_0 利用单步法得到的数值解.

对 Euler 公式 (1.2.1) 作扰动

$$z_{n+1} = z_n + h[f(x_n, z_n) + \delta(x_n)],\quad n = 0, 1, \cdots, N(h) - 1, \tag{1.2.24}$$

其中 $z_0 = y_0 + \varepsilon$, 下面比较 z_n 和 y_n. 令 $e_n = z_n - y_n (n \geqslant 0)$, 则 $e_0 = \varepsilon$. 由式 (1.2.1) 和式 (1.2.21) 得

$$e_{n+1} = e_n + h[f(x_n, z_n) - f(x_n, y_n)] + h\delta(x_n),\quad n = 0, 1, \cdots, N(h) - 1.$$

类似前面收敛性分析中的讨论, 有

$$\max_{0 \leqslant n \leqslant N(h)} |z_n - y_n| \leqslant \mathrm{e}^{(b-x_0)L}|\varepsilon| + \frac{\mathrm{e}^{(b-x_0)L} - 1}{L}||\delta||_\infty.$$

因此, 存在与 h 无关的常数 $\tilde{c_1}$ 和 $\tilde{c_2}$, 有

$$\max_{0 \leqslant n \leqslant N(h)} |z_n - y_n| \leqslant \tilde{c_1}|\varepsilon| + \tilde{c_2}||\delta||_\infty.$$

该结果类似式 (1.1.24), 因此 Euler 方法是一个渐近稳定的数值方法.

1.3 改进的 Euler 方法

改进的 Euler 方法又称梯形 (trapezoid) 法, 是对一阶精度的 Euler 公式的一个改进, 所得的计算公式是梯形公式 (TRA), 是一个二阶精度的隐式格式. 下面先用数值积分的方法来推导梯形公式, 然后推导该公式的整体截断误差.

1.3.1 梯形公式

对方程 $y' = f(x, y(x))$ 两端在区间 $[x_n, x_{n+1}]$ 上积分, 得

$$y(x_{n+1}) = y(x_n) + \int_{x_n}^{x_{n+1}} f(t, y(t))\mathrm{d}t, \tag{1.3.1}$$

应用梯形求积公式, 得

$$y(x_{n+1})=y(x_n)+\frac{h}{2}[f(x_n,y(x_n))+f(x_{n+1},y(x_{n+1}))] \\ -\frac{h^3}{12}y'''(\xi_n),\quad x_n\leqslant\xi_n\leqslant x_{n+1}, \tag{1.3.2}$$

略去余项, 得梯形公式

$$y_{n+1}=y_n+\frac{h}{2}[f(x_n,y_n)+f(x_{n+1},y_{n+1})],\quad n\geqslant 0. \tag{1.3.3}$$

梯形公式的右端项出现要求的值 y_{n+1} 是一种隐式单步法, 可以用简单的线性迭代法来求解

$$y_{n+1}^{(\nu+1)}=y_n+\frac{h}{2}\left[f(x_n,y_n)+f\left(x_{n+1},y_{n+1}^{(\nu)}\right)\right],\quad \nu=0,1,\cdots. \tag{1.3.4}$$

该迭代法在一定条件下收敛. 将式 (1.3.3) 减去式 (1.3.4), 得

$$y_{n+1}-y_{n+1}^{(\nu+1)}=\frac{h}{2}\left[f(x_{n+1},y_{n+1})-f\left(x_{n+1},y_{n+1}^{(\nu)}\right)\right],\quad \nu=0,1,\cdots. \tag{1.3.5}$$

因此

$$\left|y_{n+1}-y_{n+1}^{(\nu+1)}\right|\leqslant\frac{hL}{2}\left|y_{n+1}-y_{n+1}^{(\nu)}\right|,\quad \nu=0,1,\cdots, \tag{1.3.6}$$

其中 L 是 f 关于 y 的 Lipschitz 常数. 若 h 充分小, 使得

$$\frac{hL}{2}<1, \tag{1.3.7}$$

则 $y_{n+1}^{(\nu+1)}\to y_{n+1}\ (\nu\to\infty)$, 即迭代法收敛.

若用 Euler 方法计算 $y_{n+1}^{(0)}$, 即

$$y_{n+1}^{(0)}=y_n+hf(x_n,y_n), \tag{1.3.8}$$

则

$$y(x_{n+1})-y_{n+1}^{(0)}=\frac{h^2}{2}y''(\xi_n),\quad x_n\leqslant\xi_n\leqslant x_{n+1}, \tag{1.3.9}$$

由于用梯形公式计算时, 有

$$y(x_{n+1})-y_{n+1}=-\frac{h^3}{12}y'''(\xi_n)+O(h^4), \tag{1.3.10}$$

因此

$$y_{n+1}-y_{n+1}^{(0)}=O(h^2). \tag{1.3.11}$$

1.3.2 误差分析

类似于 Euler 方法, 可以估计梯形公式的整体截断误差. 将梯形公式的局部截断误差记为

$$R_n = -\frac{h^3}{12}y'''(\xi_n), \quad x_n \leqslant \xi_n \leqslant x_{n+1}, \tag{1.3.12}$$

于是有

$$y(x_n) = y(x_{n-1}) + \frac{h}{2}\big[f(x_{n-1}, y(x_{n-1})) + f(x_n, y(x_n))\big] + R_n \tag{1.3.13}$$

和

$$y_n = y_{n-1} + \frac{h}{2}\big[f(x_{n-1}, y_{n-1}) + f(x_n, y_n)\big]. \tag{1.3.14}$$

设 ε_n 为梯形公式的整体截断误差, 即 $\varepsilon_n = y(x_n) - y_n$. 将上面两式相减, 并利用函数 $f(x, y)$ 关于 y 满足 Lipschitz 条件 (L 为相应的 Lipschitz 常数), 可得

$$|\varepsilon_n| \leqslant |\varepsilon_{n-1}| + \frac{hL}{2}|\varepsilon_{n-1}| + \frac{hL}{2}|\varepsilon_n| + |R_n|, \tag{1.3.15}$$

即

$$\left(1 - \frac{hL}{2}\right)|\varepsilon_n| \leqslant \left(1 + \frac{hL}{2}\right)|\varepsilon_{n-1}| + R, \tag{1.3.16}$$

其中

$$R = \frac{h^3}{12}\max_{a\leqslant x\leqslant b}|y'''(x)| := h^3 M. \tag{1.3.17}$$

当 $1 - \dfrac{hL}{2} > 0$, 即当 $h < \dfrac{2}{L}$ 时, 有

$$|\varepsilon_n| \leqslant \frac{2+hL}{2-hL}|\varepsilon_{n-1}| + \frac{2R}{2-hL}, \tag{1.3.18}$$

递推应用上面的公式, 可得

$$\begin{aligned}
|\varepsilon_n| &\leqslant \left(\frac{2+hL}{2-hL}\right)^n|\varepsilon_0| + \frac{2R}{2-hL}\left[1 + \frac{2+hL}{2-hL} + \cdots + \left(\frac{2+hL}{2-hL}\right)^{n-1}\right] \\
&= \left(\frac{2+hL}{2-hL}\right)^n|\varepsilon_0| + \frac{2R}{2-hL}\left[1 - \left(\frac{2+hL}{2-hL}\right)^n\right]\left(1 - \frac{2+hL}{2-hL}\right)^{-1} \\
&= \left(1 + \frac{2hL}{2-hL}\right)^n|\varepsilon_0| + \frac{R}{hL}\left[\left(1 + \frac{2hL}{2-hL}\right)^n - 1\right] \\
&\leqslant \mathrm{e}^{\frac{2nhL}{2-hL}}|\varepsilon_0| + \frac{R}{hL}\left(\mathrm{e}^{\frac{2nhL}{2-hL}} - 1\right),
\end{aligned} \tag{1.3.19}$$

利用 $nh \leqslant b - a$, 可得

$$|\varepsilon_n| \leqslant \mathrm{e}^{\frac{2L(b-a)}{2-hL}}|\varepsilon_0| + \frac{h^2 M}{L}\left(\mathrm{e}^{\frac{2L(b-a)}{2-hL}} - 1\right), \tag{1.3.20}$$

显然, 当 $h \to 0$ 及 $|\varepsilon_0| \to 0$ 时, $|\varepsilon_n| \to 0$, 即 $y_n \to y(x_n)$. 因此, 改进的 Euler 方法的解 y_n 一致收敛到初值问题的解 $y(x_n)$, 且有整体截断误差估计式 (1.3.20), 这表明梯形公式是二阶精度的公式.

1.4 Runge-Kutta 方法

本节推导高阶单步法, 最著名和最常用的高阶单步法是 Runge-Kutta 方法 (简称 RK 方法). Runge-Kutta 方法的推导基于高阶 Taylor 展开, 最后导出的公式不需要计算函数 f 的高阶导数, 只需计算不同点处的函数 f 的值, 并且易于编程. Runge-Kutta 方法已较成熟, 详细可参考文献 [42], [43], [55] 等.

1.4.1 显式 Runge-Kutta 公式

根据 Taylor 展开

$$
\begin{aligned}
y(x_{n+1}) = & y(x_n) + hy'(x_n) + \cdots + \frac{h^p}{p!}y^{(p)}(x_n) \\
& + \frac{h^{p+1}}{(p+1)!}y^{(p+1)}(\xi_n), \quad x_n \leqslant \xi_n \leqslant x_{n+1},
\end{aligned} \tag{1.4.1}
$$

易得一个 p 阶精度的格式

$$
\begin{aligned}
y_{n+1} = & y_n + hy'_n + \frac{h^2}{2}y''_n + \cdots + \frac{h^p}{p!}y_n^{(p)} \\
= & y_n + hf_n + \frac{h^2}{2}f'_n + \cdots + \frac{h^p}{p!}f_n^{(p-1)},
\end{aligned} \tag{1.4.2}
$$

用该式计算时, 需要计算已知函数 $f(x, y(x))$ 关于 x 在 (x_n, y_n) 处的高阶导数值, 当 $p \geqslant 3$ 及 f 的表达式较复杂时, 计算烦琐, 计算量大. 下面的 Runge-Kutta 方法就是通过计算不同点处的函数值来避免计算导数值, 提高了计算效率.

s 级显式 Runge-Kutta 方法的一般形式是

$$
\begin{aligned}
y_{n+1} = & y_n + h[b_1 f(x_n, z_1) + b_2 f(x_n + c_2 h, z_2) + \cdots \\
& + b_{s-1} f(x_n + c_{s-1}h, z_{s-1}) + b_s f(x_n + c_s h, z_s)],
\end{aligned} \tag{1.4.3}
$$

其中 $h = x_{n+1} - x_n$, s 表示所计算的函数值的个数, 系数 c_i, $a_{i,j}, b_j$ 待定, z_i 为

$$
\left\{
\begin{aligned}
& z_1 = y_n, \\
& z_2 = y_n + ha_{2,1} f(x_n, z_1), \\
& z_3 = y_n + h[a_{3,1} f(x_n, z_1) + a_{3,2} f(x_n + c_2 h, z_2)], \\
& \qquad \cdots\cdots \\
& z_s = y_n + h[a_{s,1} f(x_n, z_1) + a_{s,2} f(x_n + c_2 h, z_2) + \cdots \\
& \qquad + a_{s,s-1} f(x_n + c_{s-1}h, z_{s-1})].
\end{aligned}
\right. \tag{1.4.4}
$$

可以将式 (1.4.3) 和式 (1.4.4) 统一写成

$$
\begin{aligned}
&y_{n+1} = y_n + h\sum_{j=1}^{s} b_j f(x_n + c_j h, z_j), \\
&z_i = y_n + h\sum_{j=1}^{i-1} a_{i,j} f(x_n + c_j h, z_j), \quad i = 1, \cdots, s,
\end{aligned}
\tag{1.4.5}
$$

或常写成

$$
\begin{cases}
y_{n+1} = y_n + h\displaystyle\sum_{j=1}^{s} b_j k_j, \\
k_i = f\left(x_n + c_i h, y_n + h\displaystyle\sum_{j=1}^{i-1} a_{i,j} k_j\right), \quad i = 1, \cdots, s,
\end{cases}
\tag{1.4.6}
$$

其中 $k_1 \equiv f_n = f(x_n, y_n)$, 待定系数 $c_i, a_{i,j}, b_i$ 可以列成一个表, 见表 1.2, 称为 Butcher 表 [42].

表 1.2　Runge-Kutta 公式系数表

$0 = c_1$					
c_2	$a_{2,1}$				
c_3	$a_{3,1}$	$a_{3,2}$			
$\vdots$	$\vdots$		$\ddots$		
c_s	$a_{s,1}$	$a_{s,2}$	$\cdots$	$a_{s,s-1}$	
	b_1	b_2	$\cdots$	b_{s-1}	b_s

系数 c_i 和 $a_{i,j}$ 通常假定满足条件

$$
\sum_{j=1}^{i-1} a_{i,j} = c_i, \quad i = 2, \cdots, s. \tag{1.4.7}
$$

下面具体推导一个三级显式 Runge-Kutta 方法. 这时有

$$
y_{n+1} = y_n + h(b_1 k_1 + b_2 k_2 + b_3 k_3), \tag{1.4.8}
$$

其中

$$
\begin{cases}
k_1 = f(x_n, y_n), \\
k_2 = f(x_n + hc_2, y_n + hc_2 k_1), \\
k_3 = f(x_n + hc_3, y_n + h(c_3 - a_{32})k_1 + ha_{32}k_2).
\end{cases}
\tag{1.4.9}
$$

假定 $f(x, y)$ 充分光滑, 引进如下记号:

$$
\begin{aligned}
&f := f(x,y), \qquad f_x := \frac{\partial f(x,y)}{\partial x},\\
&f_{xx} := \frac{\partial^2 f(x,y)}{\partial x^2}, \quad f_{xy} = (f_{yx}) := \frac{\partial^2 f(x,y)}{\partial x \partial y},
\end{aligned} \tag{1.4.10}
$$

所有值均在 $(x_n, y(x_n))$ 处计算. 将 $y(x_{n+1})$ 在 x_n 处作 Taylor 展开, 有

$$
y(x_{n+1}) = y(x_n) + hy^{(1)}(x_n) + \frac{1}{2}h^2 y^{(2)}(x_n) + \frac{1}{6}h^3 y^{(3)}(x_n) + O(h^4), \tag{1.4.11}
$$

其中

$$
\begin{aligned}
y^{(1)}(x_n) &= f,\\
y^{(2)}(x_n) &= f_x + f_y y' = f_x + f f_y,\\
y^{(3)}(x_n) &= f_{xx} + f_{xy}y' + f(f_{yx} + f_{yy}f) + f_y(f_x + ff_y)\\
&= f_{xx} + 2ff_{xy} + f^2 f_{yy} + f_y(f_x + ff_y).
\end{aligned}
$$

记

$$
F := f_x + ff_y, \quad G := f_{xx} + 2ff_{xy} + f^2 f_{yy}. \tag{1.4.12}
$$

于是式 (1.4.11) 可写成

$$
y(x_{n+1}) = y(x_n) + hf + \frac{1}{2}h^2 F + \frac{1}{6}h^3(Ff_y + G) + O(h^4). \tag{1.4.13}
$$

再考虑将式 (1.4.9) 中的 k_2 和 k_3 作 Taylor 展开, 得

$$
\begin{aligned}
k_2 &= f + hc_2(f_x + k_1 f_y) + \frac{1}{2}h^2 c_2^2(f_{xx} + 2k_1 f_{xy} + k_1^2 f_{yy}) + O(h^3)\\
&= f + hc_2 F + \frac{1}{2}h^2 c_2^2 G + O(h^3),
\end{aligned} \tag{1.4.14}
$$

$$
\begin{aligned}
k_3 &= f + h\{c_3 f_x + [(c_3 - a_{32})k_1 + a_{32}k_2]f_y\}\\
&\quad + \frac{1}{2}h^2\{c_3^2 f_{xx} + 2c_3[(c_3 - a_{32})k_1 + a_{32}k_2]f_{xy}\\
&\quad + [(c_3 - a_{32})k_1 + a_{32}k_2]^2 f_{yy}\} + O(h^3)\\
&= f + hc_3 F + h^2\left(c_2 a_{32} F f_y + \frac{1}{2}c_3^2 G\right) + O(h^3),
\end{aligned} \tag{1.4.15}
$$

将式 (1.4.14) 和式 (1.4.15) 代入式 (1.4.8) 中, 并根据局部化假设, 有

$$
\begin{aligned}
y(x_{n+1}) &= y(x_n) + h(b_1 + b_2 + b_3)f + h^2(b_2c_2 + b_3c_3)F\\
&\quad + \frac{1}{2}h^3\left[2b_3c_2a_{32}Ff_y + (b_2c_2^2 + b_3c_3^2)G\right] + O(h^4).
\end{aligned} \tag{1.4.16}
$$

比较式 (1.4.11) 与式 (1.4.16), 选择不同的参数, 可以得到一级、二级和三级方法. 若要得到多于三级的方法, 需要 k_4 项.

(1) 一级 Runge-Kutta 方法.

当 $b_2 = b_3 = 0$ 时, 由式 (1.4.8) 知, 不需作 Taylor 展开, 由局部化假设有

$$y(x_{n+1}) = y(x_n) + hb_1 f + O(h^2), \tag{1.4.17}$$

比较式 (1.4.13) 与式 (1.4.17) 可知, 若取 $b_1 = 1$, 则是显式一级一阶 Runge-Kutta 方法, 即 Euler 方法.

(2) 二级 Runge-Kutta 方法.

当 $b_3 = 0$ 时, 则式 (1.4.16) 简化成

$$y(x_{n+1}) = y(x_n) + h(b_1 + b_2)f + h^2 b_2 c_2 F + \frac{1}{2}h^3 b_2 c_2^2 G + O(h^4), \tag{1.4.18}$$

比较式 (1.4.13) 与式 (1.4.18) 可知

$$b_1 + b_2 = 1, \quad b_2 c_2 = \frac{1}{2}, \tag{1.4.19}$$

且阶数为 2. 两个方程三个未知数, 显然二阶显式 Runge-Kutta 方法有无穷多个, 有以下两种特殊的选取.

(2a) 若 $b_1 = 0, b_2 = 1, c_2 = \frac{1}{2}$, 则为修正的 Euler 公式

$$y_{n+1} = y_n + hf\left(x_n + \frac{h}{2}, y_n + \frac{h}{2}f_n\right), \tag{1.4.20}$$

对应的系数表见表 1.3.

表 1.3 修正的 Euler 公式系数表

0		
$\frac{1}{2}$	$\frac{1}{2}$	
	0	1

(2b) 若 $b_1 = b_2 = \frac{1}{2}$, $c_2 = 1$, 则为改进的 Euler 方法

$$\begin{cases} y_{n+1} = y_n + \frac{h}{2}(k_1 + k_2), \\ k_1 = f(x_n, y_n), \\ k_2 = f(x_n + h, y_n + hf_n), \end{cases} \tag{1.4.21}$$

对应的系数表见表 1.4.

表 1.4 改进的 Euler 公式系数表

$$\begin{array}{c|cc} 0 & & \\ 1 & 1 & \\ \hline & \frac{1}{2} & \frac{1}{2} \end{array}$$

(3) 三级三阶 Runge-Kutta 方法.

系数要满足条件

$$\begin{cases} b_1 + b_2 + b_3 = 1, \\ b_2c_2 + b_3c_3 = \dfrac{1}{2}, \\ b_2c_2^2 + b_3c_3^2 = \dfrac{1}{3}, \\ b_3c_2a_{32} = \dfrac{1}{6}, \end{cases} \tag{1.4.22}$$

四个方程六个未知数, 由式 (1.4.11) 知阶数不会超过三阶, 有下面三种典型的三级三阶方法.

(3a) 三级三阶 Heun 公式

$$\begin{cases} y_{n+1} = y_n + \dfrac{h}{4}(k_1 + 3k_3), \\ k_1 = f(x_n, y_n), \\ k_2 = f\left(x_n + \dfrac{h}{3}, y_n + \dfrac{1}{3}hk_1\right), \\ k_3 = f\left(x_n + \dfrac{2h}{3}, y_n + \dfrac{2}{3}hk_2\right), \end{cases} \tag{1.4.23}$$

其对应的系数表见表 1.5.

表 1.5 三级三阶 Heun 公式系数表

$$\begin{array}{c|ccc} 0 & & & \\ \frac{1}{3} & \frac{1}{3} & & \\ \frac{2}{3} & 0 & \frac{2}{3} & \\ \hline & \frac{1}{4} & 0 & \frac{3}{4} \end{array}$$

(3b) 三级三阶 Kutta 公式

$$
\begin{cases}
y_{n+1} = y_n + \dfrac{h}{6}(k_1 + 4k_2 + k_3), \\
k_1 = f(x_n, y_n), \\
k_2 = f\left(x_n + \dfrac{h}{2}, y_n + \dfrac{h}{2}k_1\right), \\
k_3 = f(x_n + h, y_n - hk_1 + 2hk_2),
\end{cases}
\tag{1.4.24}
$$

其对应的系数表见表 1.6.

表 1.6　三级三阶 Kutta 公式系数表

0			
$\frac{1}{2}$	$\frac{1}{2}$		
1	-1	2	
	$\frac{1}{6}$	$\frac{2}{3}$	$\frac{1}{6}$

(3c) 三级三阶 Nyström 公式

$$
\begin{cases}
y_{n+1} = y_n + \dfrac{h}{8}(2k_1 + 3k_2 + 3k_3), \\
k_1 = f(x_n, y_n), \\
k_2 = f\left(x_n + \dfrac{2h}{3}, y_n + \dfrac{2}{3}hk_1\right), \\
k_3 = f\left(x_n + \dfrac{2h}{3}, y_n + \dfrac{2}{3}hk_2\right),
\end{cases}
\tag{1.4.25}
$$

其对应的系数表见表 1.7.

表 1.7　三级三阶 Nyström 公式系数表

0			
$\frac{2}{3}$	$\frac{2}{3}$		
$\frac{2}{3}$	0	$\frac{2}{3}$	
	$\frac{1}{4}$	$\frac{3}{8}$	$\frac{3}{8}$

(4) 四级四阶 Runge-Kutta 方法.

著名的有下面三个公式.

(4a) 经典显式四级四阶 Runge-Kutta 公式

$$
\begin{cases}
y_{n+1} = y_n + \dfrac{h}{6}(k_1 + 2k_2 + 2k_3 + k_4), \\
k_1 = f(x_n, y_n), \\
k_2 = f\left(x_n + \dfrac{h}{2}, y_n + \dfrac{h}{2}k_1\right), \\
k_3 = f\left(x_n + \dfrac{h}{2}, y_n + \dfrac{h}{2}k_2\right), \\
k_4 = f(x_{n+1}, y_n + hk_3),
\end{cases}
\tag{1.4.26}
$$

其对应的系数表见表 1.8.

表 1.8 经典四级四阶 Runge-Kutta 公式系数表

0				
$\frac{1}{2}$	$\frac{1}{2}$			
$\frac{1}{2}$	0	$\frac{1}{2}$		
1	0	0	1	
	$\frac{1}{6}$	$\frac{1}{3}$	$\frac{1}{3}$	$\frac{1}{6}$

(4b) 经典四级四阶 Kutta 公式

$$
\begin{cases}
y_{n+1} = y_n + \dfrac{h}{8}(k_1 + 3k_2 + 3k_3 + k_4), \\
k_1 = f(x_n, y_n), \\
k_2 = f\left(x_n + \dfrac{h}{3}, y_n + \dfrac{h}{3}k_1\right), \\
k_3 = f\left(x_n + \dfrac{2h}{3}, y_n - \dfrac{h}{3}k_1 + hk_2\right), \\
k_4 = f(x_{n+1}, y_n + hk_1 - hk_2 + hk_3),
\end{cases}
\tag{1.4.27}
$$

其对应的系数表见表 1.9.

表 1.9 经典四级四阶 Kutta 公式系数表

0				
$\frac{1}{3}$	$\frac{1}{3}$			
$\frac{2}{3}$	$-\frac{1}{3}$	1		
1	1	-1	1	
	$\frac{1}{8}$	$\frac{3}{8}$	$\frac{3}{8}$	$\frac{1}{8}$

(4c) 四级四阶 Gill 公式

$$\begin{cases} y_{n+1} = y_n + \dfrac{h}{6}(k_1 + (2-\sqrt{2})k_2 + (2+\sqrt{2})k_3 + k_4), \\ k_1 = f(x_n, y_n), \\ k_2 = f\left(x_n + \dfrac{h}{2}, y_n + \dfrac{h}{2}k_1\right), \\ k_3 = f\left(x_n + \dfrac{h}{2}, y_n + \dfrac{\sqrt{2}-1}{2}hk_1 + \left(1 - \dfrac{\sqrt{2}}{2}\right)hk_2\right), \\ k_4 = f\left(x_{n+1}, y_n - \dfrac{\sqrt{2}}{2}hk_2 + \left(1 + \dfrac{\sqrt{2}}{2}\right)hk_3\right), \end{cases} \tag{1.4.28}$$

其对应的系数表见表 1.10.

表 1.10 四级四阶 Gill 公式系数表

0				
$\frac{1}{2}$	$\frac{1}{2}$			
$\frac{1}{2}$	$\frac{\sqrt{2}-1}{2}$	$1-\frac{\sqrt{2}}{2}$		
1	0	$-\frac{\sqrt{2}}{2}$	$1+\frac{\sqrt{2}}{2}$	
	$\frac{1}{6}$	$\frac{2-\sqrt{2}}{6}$	$\frac{2+\sqrt{2}}{6}$	$\frac{1}{6}$

(5) 六级五阶 Runge-Kutta 方法[55].

(5a) 六级五阶 Nyström 公式

$$
\begin{cases}
y_{n+1} = y_n + \dfrac{h}{192}(23k_1 + 125k_3 - 81k_5 + 125k_6), \\
k_1 = f(x_n, y_n), \\
k_2 = f\left(x_n + \dfrac{h}{3}, y_n + \dfrac{h}{3}k_1\right), \\
k_3 = f\left(x_n + \dfrac{2h}{5}, y_n + \dfrac{4}{25}hk_1 + \dfrac{6}{25}hk_2\right), \\
k_4 = f\left(x_n + h, y_n + \dfrac{1}{4}hk_1 - 3hk_2 + \dfrac{15}{4}hk_3\right), \\
k_5 = f\left(x_n + \dfrac{2h}{3}, y_n + \dfrac{h}{81}(6k_1 + 90k_2 - 50k_3 + 8k_4)\right), \\
k_6 = f\left(x_n + \dfrac{4}{5}h, y_n + \dfrac{h}{75}(6k_1 + 36k_2 + 10k_3 + 8k_4)\right),
\end{cases}
\tag{1.4.29}
$$

其对应的系数表见表 1.11.

表 1.11　六级五阶 Nyström 公式系数表

0						
$\frac{1}{3}$	$\frac{1}{3}$					
$\frac{2}{5}$	$\frac{4}{25}$	$\frac{6}{25}$				
1	$\frac{1}{4}$	-3	$\frac{15}{4}$			
$\frac{2}{3}$	$\frac{6}{81}$	$\frac{90}{81}$	$-\frac{50}{81}$	$\frac{8}{81}$		
$\frac{4}{5}$	$\frac{6}{75}$	$\frac{36}{75}$	$\frac{10}{75}$	$\frac{8}{75}$	0	
	$\frac{23}{192}$	0	$\frac{125}{192}$	0	$-\frac{81}{192}$	$\frac{125}{192}$

(5b) 六级五阶 Luther 公式

$$
\begin{cases}
y_{n+1} = y_n + \dfrac{h}{90}(7k_1 + 7k_3 + 32k_4 + 12k_5 + 32k_6), \\
k_1 = f(x_n, y_n), \\
k_2 = f(x_n + h, y_n + hk_1), \\
k_3 = f\left(x_n + h, y_n + \dfrac{h}{2}k_1 + \dfrac{h}{2}k_2\right), \\
k_4 = f\left(x_n + \dfrac{h}{4}, y_n + \dfrac{h}{64}(14k_1 + 5k_2 - 3k_3)\right), \\
k_5 = f\left(x_n + \dfrac{h}{2}, y_n + \dfrac{h}{96}(-12k_1 - 12k_2 + 8k_3 + 64k_4)\right), \\
k_6 = f\left(x_n + \dfrac{3h}{4}, y_n + \dfrac{h}{64}(-9k_2 + 5k_3 + 16k_4 + 36k_5)\right),
\end{cases}
\tag{1.4.30}
$$

其对应的系数表见表 1.12.

表 1.12　六级五阶 Luther 公式系数表

0						
1	1					
1	$\frac{1}{2}$	$\frac{1}{2}$				
$\frac{1}{4}$	$\frac{14}{64}$	$\frac{5}{64}$	$-\frac{3}{64}$			
$\frac{1}{2}$	$-\frac{12}{96}$	$-\frac{12}{96}$	$\frac{8}{96}$	$\frac{64}{96}$		
$\frac{3}{4}$	0	$-\frac{9}{64}$	$\frac{5}{64}$	$\frac{16}{64}$	$\frac{36}{64}$	
	$\frac{7}{90}$	0	$\frac{7}{90}$	$\frac{32}{90}$	$\frac{12}{90}$	$\frac{32}{90}$

(5c) 六级五阶 Butcher 公式

$$\begin{cases} y_{n+1} = y_n + \dfrac{h}{90}(7k_1 + 32k_3 + 12k_4 + 32k_5 + 7k_6), \\ k_1 = f(x_n, y_n), \\ k_2 = f\left(x_n + \dfrac{h}{8}, y_n + \dfrac{h}{8}k_1\right), \\ k_3 = f\left(x_n + \dfrac{h}{4}, y_n + \dfrac{h}{4}k_2\right), \\ k_4 = f\left(x_n + \dfrac{h}{2}, y_n + \dfrac{h}{2}k_1 - hk_2 + hk_3\right), \\ k_5 = f\left(x_n + \dfrac{3h}{4}, y_n + \dfrac{h}{16}(3k_1 + 9k_4)\right), \\ k_6 = f\left(x_n + h, y_n + \dfrac{h}{7}(-5k_1 + 4k_2 + 12k_3 - 12k_4 + 8k_5)\right), \end{cases} \tag{1.4.31}$$

其对应的系数表见表 1.13.

表 1.13　六级五阶 Butcher 公式系数表

0						
$\frac{1}{8}$	$\frac{1}{8}$					
$\frac{1}{4}$	0	$\frac{1}{4}$				
$\frac{1}{2}$	$\frac{1}{2}$	-1	1			
$\frac{3}{4}$	$\frac{3}{16}$	0	0	$\frac{9}{16}$		
1	$-\frac{5}{7}$	$\frac{4}{7}$	$\frac{12}{7}$	$-\frac{12}{7}$	$\frac{8}{7}$	
	$\frac{7}{90}$	0	$\frac{32}{90}$	$\frac{12}{90}$	$\frac{32}{90}$	$\frac{7}{90}$

(6) 七级六阶 Runge-Kutta 方法.

七级六阶 Butcher 公式的系数见表 1.14.

表 1.14 七级六阶 Butcher 公式系数表

0							
$\frac{1}{3}$	$\frac{1}{3}$						
$\frac{2}{3}$	0	$\frac{2}{3}$					
$\frac{1}{3}$	$\frac{1}{12}$	$\frac{1}{3}$	$-\frac{1}{12}$				
$\frac{1}{2}$	$-\frac{1}{16}$	$\frac{9}{8}$	$-\frac{3}{16}$	$-\frac{3}{8}$			
$\frac{1}{2}$	0	$\frac{9}{8}$	$-\frac{3}{8}$	$-\frac{3}{4}$	$\frac{1}{2}$		
1	$\frac{9}{44}$	$-\frac{9}{11}$	$\frac{63}{44}$	$\frac{18}{11}$	0	$-\frac{16}{11}$	
	$\frac{11}{120}$	0	$\frac{27}{40}$	$\frac{27}{40}$	$-\frac{4}{15}$	$-\frac{4}{15}$	$\frac{11}{120}$

六级五阶和七级六阶的 Runge-Kutta 公式还有多种形式, 详细可参考文献 [42], [55] 等. 显式 Runge-Kutta 方法阶和级之间有一定的联系, 要达到 1, 2, 3, 4 阶, 显式 Runge-Kutta 方法的最小级 s 分别是 1, 2, 3, 4; 要达到 5, 6, 7, 8 阶, 显式 Runge-Kutta 方法的最小级 s 分别是 6, 7, 9, 11. 对隐式 Runge-Kutta 方法, 使用 s 级隐式 Runge-Kutta 方法能达到的最大阶是 $2s$. 一般地, 显式 Runge-Kutta 方法阶和级之间的联系要下面的定理 1.4.1[18].

定理 1.4.1 (1) 一个 s 级显式 Runge-Kutta 方法的阶不超过 s.

(2) 当 $s \geqslant 5$ 时, 不存在 s 阶 Runge-Kutta 方法.

1.4.2 误差分析

所有的显式 Runge-Kutta 方法可以写成如下形式

$$y_{n+1} = y_n + hF(x_n, y_n, h; f), \quad n \geqslant 0. \tag{1.4.32}$$

定义式 (1.4.32) 的截断误差为

$$T_{n+1}(y) = y(x_{n+1}) - y(x_n) - hF(x_n, y(x_n), h; f), \quad n \geqslant 0. \tag{1.4.33}$$

隐式定义 $\tau_{n+1}(y)$ 为

$$T_{n+1}(y) = h\tau_{n+1}(y), \tag{1.4.34}$$

这时式 (1.4.33) 可改写成

$$y(x_{n+1}) = y(x_n) + hF(x_n, y(x_n), h; f) + h\tau_{n+1}(y), \quad n \geqslant 0. \tag{1.4.35}$$

为了考虑一般形式 (1.4.32) 的收敛性, 要求当 $h \to 0$ 时, $\tau_{n+1}(y) \to 0$. 因为

$$\tau_{n+1}(y) = \frac{y(x_{n+1}) - y(x_n)}{h} - F(x_n, y(x_n), h; f), \tag{1.4.36}$$

所以当 $h \to 0$ 时, 也即要求

$$F(x, y(x), h; f) \to y'(x) = f(x, y(x)), \tag{1.4.37}$$

更精确地说, 定义

$$\delta(h) = \max_{x_0 \leqslant x \leqslant b} |f(x, y) - F(x, y, h; f)|, \quad -\infty < y < \infty, \tag{1.4.38}$$

并假定当 $h \to 0$ 时, 要求

$$\delta(h) \to 0. \tag{1.4.39}$$

另外要求 F 满足 Lipschitz 条件

$$|F(x, y, h; f) - F(x, z, h; f)| \leqslant L|y - z|. \tag{1.4.40}$$

该条件时常利用 $f(x, y)$ 的 Lipschitz 条件来证

$$\begin{aligned}
&|F(x, y, h; f) - F(x, z, h; f)| \\
=&\left|f\left(x + \frac{h}{2}, y + \frac{h}{2}f(x, y)\right) - f\left(x + \frac{h}{2}, z + \frac{h}{2}f(x, z)\right)\right| \\
\leqslant& K\left|y - z + \frac{h}{2}[f(x, y) - f(x, z)]\right| \\
\leqslant& K\left(1 + \frac{hK}{2}\right)|y - z|,
\end{aligned} \tag{1.4.41}$$

取 $L = K\left(1 + \dfrac{K}{2}\right)$(当 $h \leqslant 1$ 时) 即可, 这里 K 是 $f(x, y)$ 关于 y 的 Lipschitz 常数.

定理 1.4.2 假定 Runge-Kutta 方法 (1.4.32) 满足 Lipschitz 条件 (1.4.41), 则解 y_n 满足

$$\max_{x_0 \leqslant x_n \leqslant b} |y(x_n) - y_n| \leqslant \mathrm{e}^{(b - x_0)L}|y(x_0) - y_0| + \frac{\mathrm{e}^{(b - x_0)L} - 1}{L}\tau(h), \tag{1.4.42}$$

其中

$$\tau(h) \equiv \max_{x_0 \leqslant x_n \leqslant b} |\tau_{n+1}(y)|. \tag{1.4.43}$$

假如相容条件 (1.4.39) 满足, 则数值解 $y_n \to y(x_n)$.

证明 将式 (1.4.35) 减去式 (1.4.32) 得

$$e_{n+1}=e_n+h[F(x_n,y(x_n),h;f)-F(x_n,y_n,h;f)]+h\tau_{n+1}(y), \tag{1.4.44}$$

其中 $e_n=y(x_n)-y_n$. 利用 Lipschitz 条件 (1.4.40), 可得

$$|e_{n+1}|\leqslant(1+hL)|e_n|+h\tau(h),\quad x_0\leqslant x_n\leqslant b, \tag{1.4.45}$$

与 Euler 方法的证明类似, 可得结果 (1.4.42).

在大多数情况, 当 $h\to 0$ 时, 由直接计算可知 $\tau(h)\to 0$, 这时 $y_n\to y(x_n)$ 成立. 为验证式 (1.4.39) 成立, 写出

$$\begin{aligned}h\tau_{n+1}(y)&=y(x_{n+1})-y(x_n)-hF(x_n,y(x_n),h;f)\\&=hy'(x_n)+\frac{h^2}{2}y''(\xi_n)-hF(x_n,y(x_n),h;f)\\&=h[y'(x_n)-F(x_n,y(x_n),h;f)]+\frac{h^2}{2}y''(\xi_n),\end{aligned} \tag{1.4.46}$$

从而

$$h|\tau_{n+1}(y)|\leqslant h\delta(h)+\frac{h^2}{2}||y''||_\infty, \tag{1.4.47}$$

即

$$\tau(h)\leqslant\delta(h)+\frac{h}{2}||y''||_\infty, \tag{1.4.48}$$

因此当 $h\to 0$ 时, $\tau(h)\to 0$. □

推论 1.4.3 *假如 Runge-Kutta 方法 (1.4.32) 的截断误差为*

$$T_{n+1}(y)=O(h^{m+1}), \tag{1.4.49}$$

则 y_n 收敛于 $y(x_n)$ 的收敛阶为 $O(h^m)$.

例 1.4.1 对 Bernoulli 方程的初值问题

$$\begin{cases}y'+y^3=\dfrac{y}{a+t},\quad t>0,\\ y(0)=1\end{cases}$$

的精确解是

$$y=\frac{a+t}{\sqrt{\beta+\frac{2}{3}(a+t)^3}},\quad \beta=a^2-\frac{2}{3}a^3.$$

取 $a = 0.01$, 分别用 Euler 方法、梯形方法和四级四阶 Runge-Kutta 方法 (1.4.26) 求解该问题. 我们对 $[0,1]$ 作不同的等份剖分 M, 再由

$$e_\infty = \max_{0 \leqslant m \leqslant M} |y(t_m) - y_m|$$

算出最大模误差, 结果见表 1.15. 在计算中, 梯形方法的初值由 Euler 方法提供, 并都迭代了 50 次. 在图 1.4.1 中, 显示了三种格式的数值解与精确解 (其中 M 固定为 80) 的比较, 除了 Euler 方法有明显的误差外, 梯形方法和四级四阶 Runge-Kutta 方法都有很好的精度, 其曲线与精确解的曲线重合而难以分辨. 在图 1.4.2 中, 显示的是三种格式的最大模误差随步长变化的对数图. 其中小圆圈是 Euler 方法, 星号是梯形方法, 点号是四级四阶 Runge-Kutta 方法, 直线是对应方法的最小二乘拟合直线. 由此可以算出直线的斜率, 其中 Euler 方法的直线斜率是 0.99, 梯形方法的直线斜率是 1.94, 四级四阶 Runge-Kutta 方法的直线斜率 4.03. 这些结果表明 Euler 方法是一阶收敛方法, 梯形方法是二阶收敛方法, 四级四阶 Runge-Kutta 方法是四阶收敛方法, 这与理论结果均相符合.

表 1.15 Euler 方法、梯形方法和四级四阶 Runge-Kutta 方法 (1.4.26) 的最大模的比较

剖分数 M	Euler 方法	梯形方法	RK4
80	0.4504	0.0358	4.4082×10^{-4}
100	0.3592	0.0227	1.5513×10^{-4}
120	0.3024	0.0164	6.5070×10^{-5}
140	0.2597	0.0120	3.4789×10^{-5}
160	0.2271	0.0094	2.4755×10^{-5}
180	0.2015	0.0074	1.7074×10^{-5}

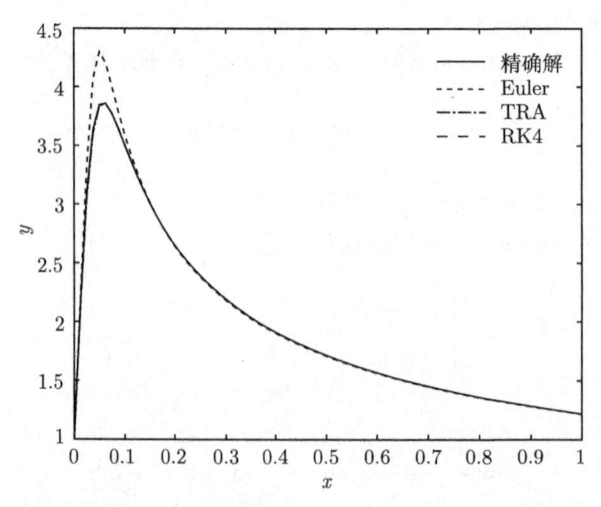

图 1.4.1 Euler 公式、梯形公式和四级四阶 Runge-Kutta 公式的数值解与精确解的比较

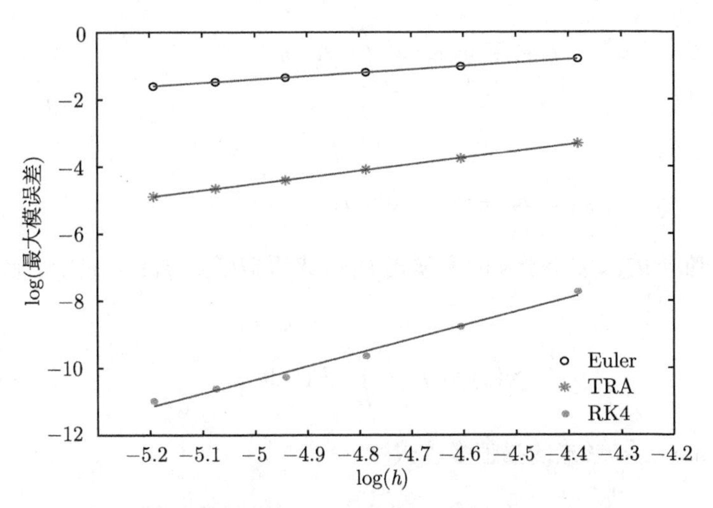

图 1.4.2 三种格式的最大模误差随步长变化的对数图

1.4.3 隐式 Runge-Kutta 公式

一个 s 级 Runge-Kutta 公式是如下形式

$$y_{n+1} = y_n + h\sum_{j=1}^{s} b_j f(x_n + c_j h, k_j), \tag{1.4.50}$$

$$k_i = y_n + h\sum_{j=1}^{s} a_{i,j} f(x_n + c_j h, k_j), \quad i = 1, \cdots, s \tag{1.4.51}$$

其 Butcher 表为表 1.16.

表 1.16 s 级隐式 Runge-Kutta 公式系数表

c_1	$a_{1,1}$	$a_{1,2}$	$\cdots$	$a_{1,s}$
c_2	$a_{2,1}$	$a_{2,2}$	$\cdots$	$a_{2,s}$
c_3	$a_{3,1}$	$a_{3,2}$	$\cdots$	$a_{3,s}$
$\vdots$	$\vdots$	$\vdots$		$\vdots$
c_s	$a_{s,1}$	$a_{s,2}$	$\cdots$	$a_{s,s}$
	b_1	b_2	$\cdots$	b_s

方程 (1.4.50) 形成含有 s 个未知数的 s 个非线性方程. 下面介绍一种推导方法. 首先对微分方程

$$y' = f(x, y(x)) \tag{1.4.52}$$

在 $[x_n, x]$ 上积分, 得

$$y(x)=y(x_n)+\int_{x_n}^{x}f(t,y(t))\mathrm{d}t. \tag{1.4.53}$$

然后在点

$$x_{n,i}\equiv x_n+\tau_i h,\quad 0\leqslant\tau_1<\cdots<\tau_s\leqslant 1 \tag{1.4.54}$$

上构造一个唯一的次数小于 s 的多项式 $P(x)$ 来近似函数 $f(x,y(x))$, 于是式 (1.4.53) 变为

$$y(x)\approx y_n+\int_{x_n}^{x}P(t)\mathrm{d}t. \tag{1.4.55}$$

我们采用 Lagrange 形式的插值多项式

$$P(x)=\sum_{j=1}^{s}f(x_{n,j},y(x_{n,j}))l_j(x), \tag{1.4.56}$$

其中 $l_j(x)$ 为 Lagrange 基函数

$$l_j(x)=\prod_{i\neq j}\left(\frac{x-x_{n,i}}{x_{n,j}-x_{n,i}}\right),\quad j=1,\cdots,s. \tag{1.4.57}$$

从而式 (1.4.55) 成为

$$y(x)\approx y_n+\sum_{j=1}^{s}f(x_{n,j},y(x_{n,j}))\int_{x_n}^{x}l_j(x)\mathrm{d}x. \tag{1.4.58}$$

式 (1.4.58) 中, $y(x_{n,j})$ 的值近似取为 $y_{n,j}$, 则可得

$$y(x_{n,i})\approx y_n+\sum_{j=1}^{s}f(x_{n,j},y_{n,j})\int_{x_n}^{x_{n,i}}l_j(x)\mathrm{d}x,\quad i=1,\cdots,s. \tag{1.4.59}$$

从而

$$y_{n,i}=y_n+\sum_{j=1}^{s}f(x_{n,j},y_{n,j})\int_{x_n}^{x_{n,i}}l_j(x)\mathrm{d}x,\quad i=1,\cdots,s. \tag{1.4.60}$$

若 $\tau_s=1$, 则定义 $y_{n+1}=y_{n,s}$; 否则, 定义

$$y_{n+1}=y_n+\sum_{j=1}^{s}f(x_{n,j},y_{n,j})\int_{x_n}^{x_{n+1}}l_j(x)\mathrm{d}x. \tag{1.4.61}$$

式 (1.4.59)—(1.4.61) 即构成一个 s 级隐式 Runge-Kutta 公式.

下面考虑 $s=2$ 的情况, 令 $0 \leqslant \tau_1 < \tau_2 \leqslant 1$, 则插值多项式为

$$P(x) = \frac{1}{h(\tau_2-\tau_1)}\Big[(x_{n,2}-x)f(x_{n,1}, y(x_{n,1})) + (x-x_{n,1})f(x_{n,2}, y(x_{n,2}))\Big], \quad (1.4.62)$$

其中

$$x_{n,1} = x_n + h\tau_1, \quad x_{n,2} = x_n + h\tau_2. \quad (1.4.63)$$

计算式 (1.4.59)—(1.4.61) 中的积分, 知二级隐式 Runge-Kutta 方法所对应的系数见表 1.17.

表 1.17 二级隐式 Runge-Kutta 公式系数表

τ_1	$\dfrac{\tau_2^2-(\tau_2-\tau_1)^2}{2(\tau_2-\tau_1)}$	$-\dfrac{\tau_1^2}{2(\tau_2-\tau_1)}$
τ_2	$\dfrac{\tau_2^2}{2(\tau_2-\tau_1)}$	$\dfrac{(\tau_2-\tau_1)^2-\tau_1^2}{2(\tau_2-\tau_1)}$
	$\dfrac{\tau_2^2-(1-\tau_2)^2}{2(\tau_2-\tau_1)}$	$\dfrac{(1-\tau_1)^2-\tau_1^2}{2(\tau_2-\tau_1)}$

当 $\tau_1=0,\ \tau_2=1$ 时, 式 (1.4.60) 变为

$$y_{n,1} = y_n, \quad (1.4.64)$$

$$y_{n,2} = y_n + \frac{h}{2}\big[f(x_n, y_{n,1}) + f(x_{n+1}, y_{n,2})\big], \quad (1.4.65)$$

将式 (1.4.64) 代入式 (1.4.65) 得

$$y_{n,2} = y_n + \frac{h}{2}\big[f(x_n, y_n) + f(x_{n+1}, y_{n,2})\big], \quad (1.4.66)$$

或

$$y_{n+1} = y_n + \frac{h}{2}\big[f(x_n, y_n) + f(x_{n+1}, y_{n+1})\big]. \quad (1.4.67)$$

另一种选择是取

$$\tau_1 = \frac{1}{2}-\frac{\sqrt{3}}{6}, \quad \tau_2 = \frac{1}{2}+\frac{\sqrt{3}}{6}, \quad (1.4.68)$$

相应的 Butcher 系数见表 1.18.

表 1.18 二级四阶隐式 Runge-Kutta 公式系数表

$\dfrac{3-\sqrt{3}}{6}$	$\dfrac{1}{4}$	$\dfrac{3-2\sqrt{3}}{12}$
$\dfrac{3+\sqrt{3}}{6}$	$\dfrac{3+2\sqrt{3}}{12}$	$\dfrac{1}{4}$
	$\dfrac{1}{2}$	$\dfrac{1}{2}$

对应的计算公式为

$$y_{n+1} = y_n + \frac{h}{2}\big[f(x_{n+1}, y_{n,1}) + f(x_{n+1}, y_{n,2})\big], \tag{1.4.69}$$

其中

$$y_{n,i} = y_n + \sum_{j=1}^{2} a_{i,j} f(x_n + \tau_j h, y_{n,j}), \quad i = 1, 2. \tag{1.4.70}$$

该方法称为二阶 Gauss 方法. 可以证明, 该方法的局部截断误差为 $O(h^5)$, 因此收敛阶是 4.

文献 [19] 和 [54] 已经证明: 对所有 s, 存在 $2s$ 阶的隐式 Runge-Kutta 方法. 当 $s = 3$ 时六阶精度的系数见表 1.19.

表 1.19 三级六阶隐式 Runge-Kutta 公式系数表

$\frac{1}{2} - \frac{\sqrt{15}}{10}$	$\frac{5}{36}$	$\frac{2}{9} - \frac{\sqrt{15}}{15}$	$\frac{5}{36} - \frac{\sqrt{15}}{30}$
$\frac{1}{2}$	$\frac{5}{36} + \frac{\sqrt{15}}{24}$	$\frac{2}{9}$	$\frac{5}{36} - \frac{\sqrt{15}}{24}$
$\frac{1}{2} + \frac{\sqrt{15}}{10}$	$\frac{5}{36} + \frac{\sqrt{15}}{30}$	$\frac{2}{9} + \frac{\sqrt{15}}{15}$	$\frac{5}{36}$
	$\frac{5}{18}$	$\frac{4}{9}$	$\frac{5}{18}$

1.5 线性多步法

1.4 节介绍的数值公式都是单步法, 即计算当前点的值仅用到前一步的值. 本节介绍线性多步法, 即计算当前点的值要用到前面多个步值. 多步法的一般形式可以写成

$$y_{n+1} = \sum_{j=0}^{k} a_j y_{n-j} + h \sum_{j=-1}^{k} b_j f(x_{n-j}, y_{n-j}), \quad n = k, k+1, \cdots, \tag{1.5.1}$$

其中系数 $a_0, \cdots, a_k, b_{-1}, b_0, \cdots, b_k$ 是常数, $k \geqslant 0$, $a_k b_k \neq 0$. 式 (1.5.1) 称为$k+1$ *步法*, 因为计算 y_{n+1} 用到了前面的 $k+1$ 个解的值: $y_n, y_{n-1}, \cdots, y_{n-k}$, 这些值必须用其他方法先算出. 当 $a_0 = 1$, $b_0 = 1$, $b_{-1} = 0$ 时, 即为Euler*法*. 当 $b_{-1} = 0$ 时, y_{n+1} 仅出现在式 (1.5.1) 的左边, 称为*显式法*; 当 $b_{-1} \neq 0$, y_{n+1} 出现在式 (1.5.1) 的两边, 称为*隐式法*, 隐式法可以用迭代法求解.

对任何可微函数 $y(x)$, 定义多步法的局部截断误差函数

$$T_{n+1}(y) = y(x_{n+1}) - \left[\sum_{j=0}^{k} a_j y(x_{n-j}) + h \sum_{j=-1}^{k} b_j y'(x_{n-j})\right], \quad n \geqslant k. \tag{1.5.2}$$

定义函数

$$\tau_{n+1}(y) = \frac{1}{h} T_{n+1}(y), \tag{1.5.3}$$

为保证近似解收敛到原初值问题的解, 要求

$$\tau(h) = \max_{x_0 \leqslant x_n \leqslant b} |\tau_{n+1}(y)| \to 0, \quad h \to 0. \tag{1.5.4}$$

该条件称为多步法的相容性条件.

定理 1.5.1 为保证式 (1.5.4) 对所有的可微函数 $y(x)$ 成立, 也即多步法 (1.5.1) 相容, 充分必要条件是

$$\sum_{j=0}^{k} a_j = 1, \qquad -\sum_{j=0}^{k} j a_j + \sum_{j=-1}^{k} b_j = 1. \tag{1.5.5}$$

同时, 为保证

$$\tau(h) = O(h^m) \tag{1.5.6}$$

对所有 $m+1$ 次连续可微函数成立, 充分必要条件是

$$\sum_{j=0}^{k} (-j)^i a_j + i \sum_{j=-1}^{k} (-j)^{i-1} b_j = 1, \quad i = 0, 1, \cdots, m. \tag{1.5.7}$$

证明 注意到

$$T_{n+1}(\alpha y + \beta z) = \alpha T_{n+1}(y) + \beta T_{n+1}(z) \tag{1.5.8}$$

对所有常数 α, β 和可微函数 y, z 都成立.

将 $y(x)$ 在 x_n 处作 Taylor 展开

$$y(x) = \sum_{i=0}^{m} \frac{1}{i!} (x - x_n)^i y^{(i)}(x_n) + R_{m+1}(x), \tag{1.5.9}$$

其中

$$\begin{aligned} R_{m+1}(x) &= \frac{(-1)^m}{m!} \int_{x_n}^{x} (s - x)^m y^{(m+1)}(s) \mathrm{d}s \\ &= \frac{1}{m!} \int_{x_n}^{x} (x - s)^m y^{(m+1)}(s) \mathrm{d}s \\ &= \frac{1}{m!} y^{(m+1)}(\xi_n) \int_{x_n}^{x} (x - s)^m \mathrm{d}s \\ &= \frac{(x - x_n)^{m+1}}{(m+1)!} y^{(m+1)}(\xi_n), \quad x_n \leqslant \xi_n \leqslant x. \end{aligned} \tag{1.5.10}$$

因此

$$T_{n+1}(y)=\sum_{i=0}^{m}\frac{y^{(i)}(x_n)}{i!}T_{n+1}((x-x_n)^i)+T_{n+1}(R_{m+1}). \tag{1.5.11}$$

下面计算 $T_{n+1}((x-x_n)^i)$ $(i\geqslant 0)$ 的值. 由 T 的定义, 当 $i=0$ 时,

$$T_{n+1}(1)=c_0\equiv 1-\sum_{j=0}^{k}a_j. \tag{1.5.12}$$

当 $i\geqslant 1$ 时,

$$\begin{aligned}&T_{n+1}((x-x_n)^i)\\=&(x_{n+1}-x_n)^i-\left[\sum_{j=0}^{k}a_j(x_{n-j}-x_n)^i+h\sum_{j=-1}^{k}b_j i(x_{n-j}-x_n)^{i-1}\right]=c_i h^i,\end{aligned} \tag{1.5.13}$$

其中

$$c_i=1-\left[\sum_{j=0}^{k}(-j)^i a_j+i\sum_{j=-1}^{k}(-j)^{i-1}b_j\right]. \tag{1.5.14}$$

将式 (1.5.13) 代入式 (1.5.11), 得

$$T_{n+1}(y)=\sum_{i=0}^{m}\frac{c_i}{i!}h^i y^{(i)}(x_n)+T_{n+1}(R_{m+1}), \tag{1.5.15}$$

余项 $R_{m+1}(x)$ 可以写成

$$R_{m+1}(x)=\frac{1}{(m+1)!}(x-x_n)^{m+1}y^{(m+1)}(x_n)+\cdots, \tag{1.5.16}$$

因此

$$T_{n+1}(R_{m+1})=\frac{c_{m+1}}{(m+1)!}h^{m+1}y^{(m+1)}(x_n)+O(h^{m+2}). \tag{1.5.17}$$

为满足相容性条件 (1.5.4), 要求 $\tau(h)=O(h)$, 这又要求 $T_{n+1}(y)=O(h^2)$. 在式 (1.5.15) 中令 $m=1$, 一定有 $c_0=c_1=0$, 这得出式 (1.5.5).

为保证式 (1.5.6) 成立, 应有 $T_{n+1}(y)=O(h^{m+1})$. 由式 (1.5.15) 和式 (1.5.17) 知, 这当且仅当 $c_i=0(i=0,1,\cdots,m)$ 时成立, 此即得式 (1.5.7). □

定义 1.5.1　使 $\tau(h)=O(h^m)$ 成立的最大 m 值称为多步法的阶.

定理 1.5.2　考虑用多步法 (1.5.1) 求解初值问题

$$\begin{cases}y'=f(x,y), & x_0\leqslant x\leqslant b,\\ y(x_0)=y_0.\end{cases} \tag{1.5.18}$$

设初值误差满足

$$\eta(h) = \max_{0 \leqslant i \leqslant k} |y(x_i) - y_i| \to 0, \quad h \to 0. \tag{1.5.19}$$

假设多步法相容, 以及所有系数满足

$$a_j \geqslant 0, \quad j = 0, 1, \cdots, k, \tag{1.5.20}$$

则该多步法收敛, 且

$$\max_{x_0 \leqslant x_n \leqslant b} |y(x_n) - y_n| \leqslant c_1 \eta(h) + c_2 \tau(h), \tag{1.5.21}$$

其中 c_1, c_2 为某数. 假设式 (1.5.1) 是 m 阶多步法及初始误差满足

$$\eta(h) = O(h^m), \tag{1.5.22}$$

则该多步法的收敛速度是 $O(h^m)$.

证明 利用 $y'(x) = f(x, y(x))$ 将式 (1.5.2) 改写成

$$y(x_{n+1}) = \sum_{j=0}^{k} a_j y(x_{n-j}) + h \sum_{j=-1}^{k} b_j f(x_{n-j}, y(x_{n-j})) + h\tau_{n+1}(y), \tag{1.5.23}$$

令 $e_i = y(x_i) - y_i$, 将式 (1.5.23) 减去式 (1.5.1) 得

$$e_{n+1} = \sum_{j=0}^{k} a_j e_{n-j} + h \sum_{j=-1}^{k} b_j [f(x_{n-j}, y(x_{n-j})) - f(x_{n-j}, y_{n-j})] + h\tau_{n+1}(y), \tag{1.5.24}$$

由 Lipschitz 条件和假设条件 (1.5.20), 得

$$|e_{n+1}| \leqslant \sum_{j=0}^{k} a_j |e_{n-j}| + hK \sum_{j=-1}^{k} |b_j||e_{n-j}| + h\tau(h), \tag{1.5.25}$$

记误差界函数

$$f_n = \max_{0 \leqslant i \leqslant n} |e_i|, \quad n = 0, 1, \cdots, N(h), \tag{1.5.26}$$

则

$$|f_{n+1}| \leqslant \sum_{j=0}^{k} a_j f_n + hK \sum_{j=-1}^{k} |b_j| f_{n+1} + h\tau(h), \tag{1.5.27}$$

再由相容性条件 (1.5.5) 及假设 (1.5.20) 可得

$$f_{n+1} \leqslant f_n + hcf_{n+1} + h\tau(h), \tag{1.5.28}$$

其中

$$c = K\sum_{j=-1}^{k}|b_j|. \tag{1.5.29}$$

当 $hc \leqslant \dfrac{1}{2}$ 时 (当 $h \to 0$ 总成立), 有

$$f_{n+1} \leqslant \frac{f_n}{1-hc} + \frac{h}{1-hc}\tau(h) \leqslant (1+2hc)f_n + 2h\tau(h), \tag{1.5.30}$$

注意 $f_k = \eta(h)$, 类似前面定理 1.4.2 的推导, 有

$$f_n \leqslant \mathrm{e}^{2c(b-x_0)}\eta(h) + \left[\frac{\mathrm{e}^{2c(b-x_0)}-1}{c}\right]\tau(h), \quad x_0 \leqslant x_n \leqslant b. \tag{1.5.31}$$

此即式 (1.5.21). □

定理 1.5.2 的结论可在更弱的条件下成立. 为了得到多步法 (1.5.1) 的收敛率 $O(h^m)$, 在每步的误差要求为

$$T_{n+1}(y) = O(h^{m+1}). \tag{1.5.32}$$

对初值 $y_0, \cdots, y_k$ 仅需计算到 $O(h^m)$ 阶精度, 因为 $\eta(h) = O(h^m)$ 在式 (1.5.22) 中是充分条件.

1.6　稳定性分析

与前面的稳定性不同, 现在我们考虑 h 固定, 当 $x_n \to \infty$ 时, 数据有扰动后解的稳定情况. 考虑常微分方程初值问题

$$\begin{cases} y' = \lambda y, \\ y(0) = 1, \end{cases}$$

其精确解为 $y(x) = \mathrm{e}^{\lambda x}$. 现用中点公式, 即

$$y_{n+1} = y_{n-1} + 2h\lambda y_n, \quad n = 1, 2, \cdots \tag{1.6.1}$$

来求解. 这是一个线性差分方程, 假定解具有形式

$$y_n = r^n, \quad n = 0, 1, 2, \cdots, \tag{1.6.2}$$

其中 r 待定. 将式 (1.6.2) 代入式 (1.6.1) 得

$$r^{n+1} = r^{n-1} + 2h\lambda r^n, \tag{1.6.3}$$

消去 r^{n-1}, 得

$$r^2 - 2h\lambda r - 1 = 0. \tag{1.6.4}$$

这是中点公式的特征方程, 两个特征根为

$$r_1 = h\lambda + \sqrt{1 + h^2\lambda^2}, \quad r_2 = h\lambda - \sqrt{1 + h^2\lambda^2}. \tag{1.6.5}$$

因此通解为

$$y_n = \beta_1 r_1^n + \beta_2 r_2^n, \tag{1.6.6}$$

系数 β_1 和 β_2 满足初值条件

$$\beta_1 + \beta_2 = y_0, \quad \beta_1 r_1 + \beta_2 r_2 = y_1, \tag{1.6.7}$$

解得

$$\beta_1 = \frac{y_1 - r_2 y_0}{r_1 - r_2}, \quad \beta_2 = \frac{y_0 r_1 - y_1}{r_1 - r_2}. \tag{1.6.8}$$

若取精确的初始值

$$y_0 = 1, \quad y_1 = \mathrm{e}^{\lambda h}, \tag{1.6.9}$$

则

$$\beta_1 = \frac{\mathrm{e}^{\lambda h} - r_2}{2\sqrt{1 + h^2\lambda^2}} = 1 + O(h^2\lambda^2), \quad \beta_2 = \frac{r_1 - \mathrm{e}^{\lambda h}}{2\sqrt{1 + h^2\lambda^2}} = O(h^3\lambda^3). \tag{1.6.10}$$

下面对 r_1 与 r_2 作进一步近似

$$\begin{aligned} r_1 &= h\lambda + \sqrt{1 + h^2\lambda^2} \qquad (1.6.11)\\ &= h\lambda + \left(1 + \frac{1}{2}h^2\lambda^2 - \frac{1}{8}h^4\lambda^4 + \frac{1}{16}h^6\lambda^6 + \cdots\right)\\ &= \left(1 + h\lambda + \frac{1}{2}h^2\lambda^2 + \frac{1}{6}h^3\lambda^3 + \frac{1}{24}h^4\lambda^4 + \cdots\right)\\ &\quad - \left(\frac{1}{6}h^3\lambda^3 + \frac{1}{24}h^4\lambda^4 + \cdots\right) + \left(-\frac{1}{8}h^4\lambda^4 + \frac{1}{16}h^6\lambda^6 + \cdots\right)\\ &= \mathrm{e}^{h\lambda} + O(h^3\lambda^3), \qquad (1.6.12) \end{aligned}$$

上面利用了级数展开公式

$$\sqrt{1+x} = 1 + \frac{x}{2} + \frac{\frac{1}{2}\left(\frac{1}{2}-1\right)}{2!}x^2 + \cdots + \frac{\frac{1}{2}\left(\frac{1}{2}-1\right)\cdots\left(\frac{1}{2}-n+1\right)}{n!}x^n + \cdots. \tag{1.6.13}$$

同理, 可得

$$r_2 = -[\mathrm{e}^{-h\lambda} + O(h^3\lambda^3)]. \tag{1.6.14}$$

因此

$$r_1^n = [e^{h\lambda} + O(h^3\lambda^3)]^n = e^{nh\lambda}[1 + e^{-h\lambda}O(h^3\lambda^3)]^n = e^{\lambda x_n}[1 + O(h^2)] \tag{1.6.15}$$

及

$$r_2^n = (-1)^n e^{-\lambda x_n}[1 + O(h^2)], \tag{1.6.16}$$

其中 $x_n = nh$. 将上面 r_1^n 和 r_2^n 两式代入式 (1.6.6), 得

$$y_n = \beta_1 e^{\lambda x_n}[1 + O(h^2)] + \beta_2(-1)^n e^{-\lambda x_n}[1 + O(h^2)], \tag{1.6.17}$$

可见解 y_n 以 $O(h^2)$ 收敛于精确解.

将式 (1.6.10) 代入式 (1.6.6) 知, 解主要由项 $\beta_1 r_1^n$ 决定. 项 $\beta_2 r_2^n$ 称为*寄生* (parasitic) 解, 因为该解不对应于原微分方程 $y' = \lambda y$ 的任何解, 完全由数值方法产生. 当 $\lambda > 0$ 时, 寄生解随 x_n 增大而减小. 但当 $\lambda < 0$ 时, $e^{-\lambda x_n}$ 随 x_n 增加而增加, 因此 $\beta_2 r_2^n$ 随 n 增加而增加, 从而对正确解中的项 $\beta_1 r_1^n$ 产生主要影响. 寄生解在符号上的变化产生不稳定性, 这种不稳定性称为*弱稳定性*. 事实上, 当 $\dfrac{\partial f(x, y(x))}{\partial y} < 0$ 时, 中点公式中的这种弱稳定性总存在. 关于稳定性分析, 后面还要详细讨论.

例 1.6.1　考虑

$$y' = -y, \quad y(0) = 1,$$

易知, 该问题的精确解为 $y = e^{-x}$. 取 $h = 10/N, N = 100, x \in [0, 10]$. 初值 $y_1 = y(0) = 1$ 已知, y_2 可用 Euler 方法计算, 这里用精确值 e^{-h} 代替, 然后用中点公式进行计算. 计算结果见图 1.6.1, 其中虚线是精确解, 实线是数值解, 可以看到随 x 值的增大, 误差越来越大.

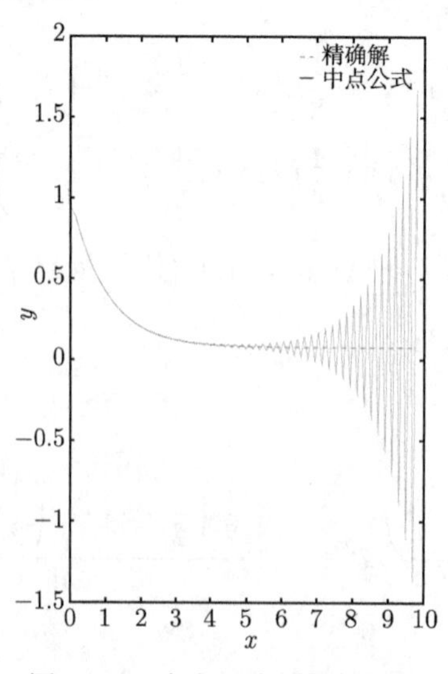

图 1.6.1　中点公式的数值结果

1.7 一般线性多步法

$k+1$ 步法的一般公式是

$$y_{n+1}=\sum_{j=0}^{k}a_jy_{n-j}+h\sum_{j=-1}^{k}b_jf(x_{n-j},y_{n-j}),\quad n=k,k+1,\cdots. \tag{1.7.1}$$

有两类推导高阶多步法的方法: ① 待定系数法; ② 数值积分法.

当 $b_{-1}\neq 0$ 时, 式 (1.7.1) 是隐式多步法, 需要用迭代法求解:

$$\begin{aligned}y_{n+1}^{(\nu+1)}=&\sum_{j=0}^{k}[a_jy_{n-j}+hb_jf(x_{n-j},y_{n-j})]\\&+hb_{-1}f\left(x_{n+1},y_{n+1}^{(\nu)}\right),\quad \nu=0,1,\cdots.\end{aligned} \tag{1.7.2}$$

当 $h|b_{-1}|K<1$ 时, 迭代收敛, 这里 K 是 $f(x,y)$ 关于 y 的 Lipschitz 常数.

1.7.1 待定系数法

假如 $k+1$ 步法 (1.7.1) 要保持到 $p\geqslant 1$ 阶, 则由定理 1.5.1 知, 充分必要条件是

$$\sum_{j=0}^{k}a_j=1, \tag{1.7.3}$$

$$\sum_{j=0}^{k}a_j(-j)^i+i\sum_{j=-1}^{k}b_j(-j)^{i-1}=1,\quad i=1,2,\cdots,p, \tag{1.7.4}$$

通常有 $2k+3$ 个待定系数 $\{a_j,b_j\}$. 解出这些系数, 即得到了 $k+1$ 步公式.

下面以一个二阶两步法为例加以说明. 这时式 (1.7.1) 可写成

$$\begin{aligned}y_{n+1}=&a_0y_n+a_1y_{n-1}+h[b_{-1}f(x_{n+1},y_{n+1})\\&+b_0f(x_n,y_n)+b_1f(x_{n-1},y_{n-1})],\quad n=1,2,\cdots.\end{aligned} \tag{1.7.5}$$

取 $k=1$, $p=2$, 由式 (1.7.3) 和式 (1.7.4) 得 (约定 $0^0=1$)

$$a_0+a_1=1,\quad -a_1+b_{-1}+b_0+b_1=1,\quad a_1+2b_{-1}-2b_1=1, \tag{1.7.6}$$

解得

$$a_1=1-a_0,\quad b_{-1}=1-\frac{1}{4}a_0-\frac{1}{2}b_0,\quad b_1=1-\frac{3}{4}a_0-\frac{1}{2}b_0, \tag{1.7.7}$$

其中 a_0,b_0 为自由变量. 选择合适的系数 a_0 和 b_0 可以改善稳定性和得到较小的截断误差. 当 $a_0=0,b_0=2$ 即为中点公式

$$y_{n+1}=y_{n-1}+2hf(x_n,y_n). \tag{1.7.8}$$

可以证明, 在所有的显式两步二阶法中, 中点公式是最好的.

一旦给定一个多步法的形式, 就可依据 Taylor 展开方法来确定其中的系数. 例如, 给定 k 步线性多步法

$$\sum_{j=0}^{k}\alpha_j y_{m+j}=h\sum_{j=0}^{k}\beta_j f_{m+j}, \tag{1.7.9}$$

其中 α_j,β_j 为实数, $\alpha_k\neq 0$, $\alpha_0\beta_0\neq 0$. 定义算符

$$L[y(x);h]=\sum_{j=0}^{k}[\alpha_j y(x+jh)-h\beta_j y'(x+jh)]. \tag{1.7.10}$$

将 $y(x+jh)$ 及 $y'(x+jh)$ 作 Taylor 展开, 可以整理成

$$L[y(x);h]=\sum_{i=0}^{\infty}c_i h^i y^{(i)}(x), \tag{1.7.11}$$

其中 $c_i(i=0,1,\cdots,p)$ 为常数, 它与 α_j, β_j 之间满足关系式

$$\begin{cases} c_0=\sum\limits_{i=0}^{k}\alpha_i,\\ c_1=\sum\limits_{i=0}^{k}i\alpha_i-\sum\limits_{i=0}^{k}\beta_i,\\ \qquad\qquad\cdots\cdots\\ c_p=\dfrac{1}{p!}\sum\limits_{i=0}^{k}i^p\alpha_i-\dfrac{1}{(p-1)!}\sum\limits_{i=0}^{k}i^{p-1}\beta_i,\quad p=2,3,\cdots. \end{cases} \tag{1.7.12}$$

由此看出, 如果 $y(x)$ 有 $p+1$ 次连续微商, 那么, 只要 k 充分大, 就可以选出 α_j 和 β_j, 使 $c_i(i=0,1,\cdots,p)=0$, 而 $c_{p+1}\neq 0$. 对于如此选定的系数有

$$L[y(x);h]=c_{p+1}h^{p+1}y^{(p+1)}(x)+O(h^{p+2}),$$

从而, 当 $y(x)$ 满足 $y'=f(x,y)$ 时, 由式 (1.7.10) 及上式导出

$$\sum_{j=0}^{k}[\alpha_j y(x+jh)-h\beta_j f(x+jh,y(x+jh))]=c_{p+1}h^{p+1}y^{(p+1)}(x)+O(h^{p+2}), \tag{1.7.13}$$

舍去式 (1.7.13) 右端项, 即得到式 (1.7.9). 此时, 称式 (1.7.9) 为线性 p 阶 k 步方法. 以二步方法 ($k=2$) 为例, 设 $\alpha_2=1$, 并记 $\alpha_0=\alpha$. 其他系数 α_1, β_0, β_1, β_2 可由 $c_0=c_1=c_2=c_3=0$ 来确定. 由式 (1.7.12), 有

$$\begin{cases} c_0 = \alpha + \alpha_1 + 1 = 0, \\ c_1 = \alpha_1 + 2 - (\beta_0 + \beta_1 + \beta_2) = 0, \\ c_2 = \dfrac{1}{2!}(\alpha_1 + 4) - (\beta_1 + 2\beta_2) = 0, \\ c_3 = \dfrac{1}{3!}(\alpha_1 + 8) - \dfrac{1}{2!}(\beta_1 + 4\beta_2) = 0, \end{cases}$$

解得

$$\alpha_1 = -1 - \alpha, \quad \beta_0 = -\frac{1}{12}(1 + 5\alpha),$$
$$\beta_1 = \frac{2}{3}(1 - \alpha), \quad \beta_2 = \frac{1}{12}(5 + \alpha).$$

从而一般二步方法可以写成为

$$y_{n+2} - (1 + \alpha)y_{n+1} + \alpha y_n = \frac{h}{12}[(5 + \alpha)f_{n+2} + 8(1 - \alpha)f_{n+1} - (1 + 5\alpha)f_n]. \quad (1.7.14)$$

另外, 式 (1.7.11) 中的系数 c_4 和 c_5 也可由参数 α 表示为

$$c_4 = -\frac{1}{4!}(1 + \alpha), \quad c_5 = -\frac{1}{3 \cdot 5!}(17 + 13\alpha). \quad (1.7.15)$$

由上可知,

(1) 当 $\alpha = -5$ 时, 式 (1.7.14) 是显式的;

(2) 当 $\alpha = 0$ 时, 式 (1.7.14) 是二步 Adams 内插法;

(3) 当 $\alpha \neq -1$ 时, 式 (1.7.14) 是三阶二步法;

(4) 当 $\alpha = -1$ 时, $c_4 = 0 \neq c_5$, 式 (1.7.14) 是四阶二步方法, 即

$$y_{n+2} = y_n + \frac{h}{3}(f_{n+2} + 4f_{n+1} + f_n), \quad (1.7.16)$$

称为 Milne 方法.

例 1.7.1 考虑两参数族的线性两步法

$$y_{n+2} - (1 + \alpha)y_{n+1} + \alpha y_n = h[(1 + \beta)f_{n+2} - (\alpha + \beta + \alpha\beta)f_{n+1} + \alpha\beta f_n], \quad (1.7.17)$$

$$c_0 = 1 - (1 + \alpha) + \alpha = 0,$$

$$c_1 = 2 - (1 + \alpha) - [1 + \beta - (\alpha + \beta + \alpha\beta) + \alpha\beta] = 0,$$

$$c_2 = \frac{1}{2}[4 - (1 + \alpha)] - [2(1 + \beta) - (\alpha + \beta + \alpha\beta)] = (\alpha - 1)\left(\beta + \frac{1}{2}\right),$$

$$c_3 = \frac{1}{6}[8 - (1 + \alpha)] - \frac{1}{2}[4(1 + \beta) - (\alpha + \beta + \alpha\beta)] = \begin{cases} -\left(\beta + \dfrac{1}{2}\right), & \alpha = 1, \\ \dfrac{1}{12}(\alpha - 1), & \beta = -\dfrac{1}{2}, \end{cases}$$

$$c_4 = \frac{1}{24}[16 - (1 + \alpha)] - \frac{1}{6}[8(1 + \beta) - (\alpha + \beta + \alpha\beta)] = -\frac{1}{12}, \quad \alpha = 1, \quad \beta = -\frac{1}{2}.$$

因此

当 $\alpha \neq 1, \beta \neq -\dfrac{1}{2}$ 时, $p=1$, 误差主项系数 $c_2 = (\alpha-1)\left(\beta+\dfrac{1}{2}\right)$.

当 $\alpha \neq 1, \beta = -\dfrac{1}{2}$ 时, $p=2$, 误差主项系数 $c_3 = \dfrac{1}{12}(\alpha-1)$.

当 $\alpha = 1, \beta \neq -\dfrac{1}{2}$ 时, $p=2$, 误差主项系数 $c_3 = -\left(\beta+\dfrac{1}{2}\right)$.

当 $\alpha = 1, \beta = -\dfrac{1}{2}$ 时, $p=3$, 误差主项系数 $c_4 = -\dfrac{1}{12}$.

1.7.2 数值积分法

对 $y' = f$ 在 $[x_{n-k+1}, x_{n+1}]$ 上积分, 得

$$y(x_{n+1}) = y(x_{n-k+1}) + \int_{x_{n-k+1}}^{x_{n+1}} f(t, y(t))\mathrm{d}t, \quad k \geqslant 1,\ n \geqslant k-1. \tag{1.7.18}$$

推导思路是对被积函数 $f(t, y(t))$ 用一个多项式来插值, 再计算积分. 前面的 Euler 公式、中点公式、梯形公式都可用该方法推得.

例 1.7.2 用数值积分法推导用于多步法求解的Simpson 公式.

解 对 $y' = f$ 在区间 $[x_{n-1}, x_{n+1}]$ 上积分, 有

$$y(x_{n+1}) = y(x_{n-1}) + \int_{x_{n-1}}^{x_{n+1}} f(t, y(t))\mathrm{d}t, \tag{1.7.19}$$

对被积函数在结点 x_{n-1}, x_n, x_{n+1} 上用二次多项式插值, 再计算积分, 结果是

$$\begin{aligned} y(x_{n+1}) = {} & y(x_{n-1}) + \frac{h}{3}[y'(x_{n-1}) + 4y'(x_n) + y'(x_{n+1})] \\ & -\frac{h^5}{90}y^{(5)}(\xi_n), \quad x_{n-1} \leqslant \xi_n \leqslant x_{n+1}, \end{aligned} \tag{1.7.20}$$

去掉误差项, 得

$$\begin{aligned} y_{n+1} = {} & y_{n-1} + \frac{h}{3}[f(x_{n-1}, y_{n-1}) + 4f(x_n, y_n) \\ & + f(x_{n+1}, y_{n+1})], \quad n = 1, 2, \cdots. \end{aligned} \tag{1.7.21}$$

例 1.7.3 用数值积分法推导一个四阶显式多步法公式.

解 对 $y' = f$ 在区间 $[x_{n-3}, x_{n+1}]$ 上积分, 有

$$y_{n+1} = y_{n-3} + \int_{x_{n-3}}^{x_{n+1}} f(t, y(t))\mathrm{d}t, \tag{1.7.22}$$

对被积函数 f 在 x_{n-2}, x_{n-1}, x_n 处作二次插值, 再计算积分, 得

$$\begin{aligned} y(x_{n+1}) = {} & y(x_{n-3}) + \frac{4h}{3}[2y'(x_{n-2}) - y'(x_{n-1}) + 2y'(x_n)] \\ & + \frac{28}{90}h^5 y^{(5)}(\xi_n), \quad x_{n-3} \leqslant \xi_n \leqslant x_{n+1}. \end{aligned} \tag{1.7.23}$$

因此

$$
\begin{aligned}
y_{n+1}=y_{n-3}+\frac{4h}{3}\big[&2f(x_{n-2},y_{n-2})-f(x_{n-1},y_{n-1}) \\
&+2f(x_n,y_n)\big], \quad n=3,4,\cdots.
\end{aligned}
\tag{1.7.24}
$$

1.8 节将用数值积分法的思想推导一般的多步法计算公式.

1.8 Adams 线性多步法

考虑方程

$$
y(x_{n+1})=y(x_n)+\int_{x_n}^{x_{n+1}} f(t,y(t))\mathrm{d}t. \tag{1.8.1}
$$

下面用数值积分法来推导线性多步法公式, 即用若干结点上的已知函数值 f 来对被积函数作插值近似, 再计算积分, 从而导出一般的多步法公式.

1.8.1 Adams-Bashforth 公式

设 $P_k(t)$ 是在 $x_{n-k},\cdots,x_n$ 这 $k+1$ 点处对 $f(t,y(t))$ 或 $y'(t)$ 的 k 次插值多项式, 用 Newton 向后插值公式 (见附录 2) 表示为

$$
\begin{aligned}
P_k(t)=&y'(x_n)+\frac{(t-x_n)}{h}\nabla y'(x_n)+\frac{(t-x_n)(t-x_{n-1})}{2!h^2}\nabla^2 y'(x_n)+\cdots \\
&+\frac{(t-x_n)(t-x_{n-1})\cdots(t-x_{n-k+1})}{k!h^k}\nabla^k y'(x_n), \quad x_{n-k}\leqslant t\leqslant x_{n+1},
\end{aligned}
\tag{1.8.2}
$$

其中 $\nabla y'(x_n)=y'(x_n)-y'(x_{n-1})$ 是一阶向后差分, 高阶差分类似定义.

插值误差为

$$
E_k(t)=\frac{(t-x_n)\cdots(t-x_{n-k})}{(k+1)!}y^{(k+2)}(\xi_t), \qquad x_{n-k}\leqslant \xi_t\leqslant x_{n+1}. \tag{1.8.3}
$$

对 $P_k(t)$ 积分, 得 (当 $j=0$ 时, 约定被积函数为 1)

$$
\begin{aligned}
\int_{x_n}^{x_{n+1}} P_k(t)\mathrm{d}t&=\sum_{j=0}^{k}\frac{1}{j!h^j}\nabla^j y'(x_n)\int_{x_n}^{x_{n+1}}(t-x_n)(t-x_{n-1})\cdots(t-x_{n-j+1})\mathrm{d}t \\
&=h\sum_{j=0}^{k}\frac{1}{j!}\nabla^j y'(x_n)\int_0^1 s(s+1)\cdots(s+j-1)\mathrm{d}s \\
&=h\sum_{j=0}^{k}\gamma_j\nabla^j y'(x_n), \quad t=x_n+sh.
\end{aligned}
\tag{1.8.4}
$$

其中系数

$$\gamma_j = \frac{1}{j!}\int_0^1 s(s+1)\cdots(s+j-1)\mathrm{d}s, \quad j=1,2,\cdots, \tag{1.8.5}$$

这里 $s=\dfrac{t-x_n}{h}$. 系数 γ_j 可以预先算出. 表 1.20 是计算出的 8 个系数.

表 1.20 Adams-Bashforth 中的 γ_j 系数

γ_0	γ_1	γ_2	γ_3	γ_4	γ_5	γ_6	γ_7
1	$\frac{1}{2}$	$\frac{5}{12}$	$\frac{3}{8}$	$\frac{251}{720}$	$\frac{95}{288}$	$\frac{19087}{60480}$	$\frac{5257}{17280}$

截断误差为

$$\begin{aligned}
R_{n+1}(y) &= \int_{x_n}^{x_{n+1}} E_k(t)\mathrm{d}t \\
&= \int_{x_n}^{x_{n+1}} \frac{(t-x_{n-k})\cdots(t-x_n)}{(k+1)!} y^{(k+2)}(\xi_t)\mathrm{d}t \\
&= \frac{y^{(k+2)}(\xi_n)}{(k+1)!}\int_{x_n}^{x_{n+1}} (t-x_n)\cdots(t-x_{n-k})\mathrm{d}t, \\
&= \gamma_{k+1}h^{k+2}y^{(k+2)}(\xi_n), \quad x_{n-k}\leqslant \xi_n \leqslant x_{n+1}.
\end{aligned} \tag{1.8.6}$$

注意上面的第三步用了广义积分中值定理 (见附录 2), 因为多项式 $(t-x_n)\cdots(t-x_{n-k})$ 在区间 $[x_n,x_{n+1}]$ 上非负.

将式 (1.8.5) 和式 (1.8.6) 代入式 (1.8.1), 有

$$y(x_{n+1})=y(x_n)+h\sum_{j=0}^{k}\gamma_j\nabla^j y'(x_n)+\gamma_{k+1}h^{k+2}y^{(k+2)}(\xi_n), \quad x_{n-k}\leqslant\xi_n\leqslant x_{n+1}, \tag{1.8.7}$$

相应的数值方法为

$$y_{n+1} = y_n + h\sum_{j=0}^{k}\gamma_j\nabla^j y_n', \quad n=k,k+1,\cdots, \tag{1.8.8}$$

其中 $y_j' \equiv f(x_j,y_j)$. 表 1.21 列出了前六步六阶的 Adams-Bashforth 公式, 当 $k=1$ 时, 就是显式 Euler 公式.

表 1.21 Adams-Bashforth 公式

k 步 k 阶	表达式	截断误差
$k=1$	$y_{n+1}=y_n+hf_n$	$\frac{1}{2}h^2y''(\xi_n)$
$k=2$	$y_{n+1}=y_n+\frac{h}{2}(3f_n-f_{n-1})$	$\frac{5}{12}h^3y'''(\xi_n)$

续表

k 步 k 阶	表达式	截断误差
$k=3$	$y_{n+1}=y_n+\frac{h}{12}(23f_n-16f_{n-1}+5f_{n-2})$	$\frac{3}{8}h^4y^{(4)}(\xi_n)$
$k=4$	$y_{n+1}=y_n+\frac{h}{24}(55f_n-59f_{n-1}+37f_{n-2}-9f_{n-3})$	$\frac{251}{720}h^5y^{(5)}(\xi_n)$
$k=5$	$y_{n+1}=y_n+\frac{h}{720}(1901f_n-2774f_{n-1}+2616f_{n-2}-1274f_{n-3}+251f_{n-4})$	$\frac{95}{288}h^6y^{(6)}(\xi_n)$
$k=6$	$y_{n+1}=y_n+\frac{h}{1440}(4277f_n-7923f_{n-1}+9982f_{n-2}-7298f_{n-3}+2877f_{n-4}-475f_{n-5})$	$\frac{19087}{60480}h^7y^{(7)}(\xi_n)$

Adams-Bashforth 公式满足定理 1.5.2 的假设, 因此是收敛和稳定的 (后面将证明). Admas-Bashforth 公式也称 Admas 外插公式, 这是因为插值点在插值区间 $[x_n, x_{n+1}]$ 之外.

例 1.8.1 对

$$y(x_{n+1})-y(x_n)=\int_{x_n}^{x_{n+1}} f(x,y(x))\mathrm{d}x$$

中的被积函数 f 在两点

$$(x_{n-1}, f(x_{n-1}, y(x_{n-1}))),\quad (x_n, f(x_n, y(x_n)))$$

处作线性插值近似时, 可得到表 1.21 中 $k=1$ 时的 Adams-Bashforth 公式

$$y_{n+1}=y_n+\frac{h}{2}(3f_n-f_{n-1}),\quad n=1,2,\cdots.$$

1.8.2 Adams-Moulton 公式

推导方法与 Adams-Bashforth 方法类似, 不同的是在 $k+1$ 个点 $x_{n+1},\cdots,x_{n-k+1}$ 处对被积函数 $f(t,y(t))$ 或 $y'(t)$ 作 k 次插值近似, 仍用 Newton 向后插值公式表示, 为

$$\begin{aligned}P_k(t)=&y'(x_{n+1})+\frac{(t-x_{n+1})}{h}\nabla y'(x_{n+1})+\frac{(t-x_{n+1})(t-x_n)}{2!h^2}\nabla^2 y'(x_{n+1})+\cdots\\&+\frac{(t-x_{n+1})(t-x_n)\cdots(t-x_{n-k+2})}{k!h^k}\nabla^k y'(x_{n+1}),\quad x_{n-k+1}\leqslant t\leqslant x_{n+1},\end{aligned}\tag{1.8.9}$$

插值误差为

$$E_k(t)=\frac{(t-x_{n+1})\cdots(t-x_{n-k+1})}{(k+1)!}y^{(k+2)}(\xi_t),\quad x_{n-k+1}\leqslant \xi_t\leqslant x_{n+1}.\tag{1.8.10}$$

对 $P_k(t)$ 积分, 得 (当 $j=0$ 时, 约定被积函数为 1)

$$\begin{aligned}\int_{x_n}^{x_{n+1}} P_k(t)\mathrm{d}t &= \sum_{j=0}^{k} \frac{1}{j!h^j}\nabla^j y'(x_{n+1}) \int_{x_n}^{x_{n+1}} (t-x_{n+1})(t-x_n)\cdots(t-x_{n-j+2})\mathrm{d}t \\ &= h\sum_{j=0}^{k}\frac{1}{j!}\nabla^j y'(x_{n+1})\int_0^1 (s-1)s(s+1)\cdots(s+j-2)\mathrm{d}s \\ &= h\sum_{j=0}^{k}\beta_j\nabla^j y'(x_{n+1}), \quad t=x_n+sh, \end{aligned} \tag{1.8.11}$$

系数 β_j 由下式确定

$$\beta_j = \frac{1}{j!}\int_0^1 (s-1)s(s+1)\cdots(s+j-2)\mathrm{d}s, \quad j=1,2,\cdots, \tag{1.8.12}$$

其中 $\beta_0=1$, 其余见表 1.22. 类似地, 截断误差为

表 1.22 Adams-Moulton 公式中的 β_j 系数

β_0	β_1	β_2	β_3	β_4	β_5	β_6	β_7
1	$-\frac{1}{2}$	$-\frac{1}{12}$	$-\frac{1}{24}$	$-\frac{19}{720}$	$-\frac{3}{160}$	$-\frac{863}{60480}$	$-\frac{275}{24192}$

$$\begin{aligned}R_{n+1}(y) &= \int_{x_n}^{x_{n+1}} E_k(t)\mathrm{d}t \\ &= \int_{x_n}^{x_{n+1}} \frac{(t-x_{n+1})\cdots(t-x_{n-k+1})}{(k+1)!}y^{(k+2)}(\xi_t)\mathrm{d}t \\ &= \frac{y^{(k+2)}(\xi_n)}{(k+1)!}\int_{x_n}^{x_{n+1}}(t-x_{n+1})\cdots(t-x_{n-k+1})\mathrm{d}t \\ &= \beta_{k+1}h^{k+2}y^{(k+2)}(\xi_n), \quad x_{n-k+1}\leqslant\xi_n\leqslant x_{n+1}. \end{aligned} \tag{1.8.13}$$

将式 (1.8.11) 和式 (1.8.13) 代入式 (1.8.1), 得

$$\begin{aligned} y(x_{n+1}) &= y(x_n) + h\sum_{j=0}^{k}\beta_j\nabla^j y'(x_{n+1}) \\ &\quad +\beta_{k+1}h^{k+2}y^{(k+2)}(\xi_n), \quad x_{n-k+1}\leqslant\xi_n\leqslant x_{n+1}, \end{aligned} \tag{1.8.14}$$

相应的数值公式是

$$y_{n+1} = y_n + h\sum_{j=0}^{k}\beta_j\nabla^j y'(x_{n+1}), \quad n=k-1,k,\cdots,$$

其中 $y'_j \equiv f(x_j, y_j)$. 表 1.23 是 $k=0,1,2,3,4,5$ 所对应的公式. 当 $k=0$ 时即隐式 Euler 公式, 当 $k=1$ 即是梯形公式, 这两种都是单步法. Admas-Moulton 公式也称 Admas 内插公式, 这是因为插值点在插值区间 $[x_n, x_{n+1}]$ 之内. 注意表 1.23 中 k 步 $k+1$ 阶的结论当 $k \geqslant 1$ 时成立.

表 1.23 Adams-Moulton 公式

k 步 $k+1$ 阶	表达式	截断误差
$k=0$	$y_{n+1}=y_n+hf_{n+1}$	$-\frac{h^2}{2}y''(\xi_n)$
$k=1$	$y_{n+1}=y_n+\frac{h}{2}(f_{n+1}+f_n)$	$-\frac{h^3}{12}y'''(\xi_n)$
$k=2$	$y_{n+1}=y_n+\frac{h}{12}(5f_{n+1}+8f_n-f_{n-1})$	$-\frac{h^4}{24}y^{(4)}(\xi_n)$
$k=3$	$y_{n+1}=y_n+\frac{h}{24}(9f_{n+1}+19f_n-5f_{n-1}+f_{n-2})$	$-\frac{19h^5}{720}y^{(5)}(\xi_n)$
$k=4$	$y_{n+1}=y_n+\frac{h}{720}(251f_n+646f_{n-1}$ $-264f_{n-2}+106f_{n-3}-19f_{n-4})$	$-\frac{3h^6}{160}y^{(6)}(\xi_n)$
$k=5$	$y_{n+1}=y_n+\frac{h}{1440}(475f_n+1427f_{n-1}$ $-798f_{n-2}+482f_{n-3}-173f_{n-4}+27f_{n-5})$	$-\frac{863h^7}{60480}y^{(7)}(\xi_n)$

例 1.8.2 如果对

$$y(x_{n+1})-y(x_n)=\int_{x_n}^{x_{n+1}} f(x,y(x))\mathrm{d}x$$

中的被积函数 f 用三点

$$(x_{n-1},f(x_{n-1},y(x_{n-1}))),\quad (x_n,f(x_n,y(x_n))),\quad (x_{n+1},f(x_{n+1},y(x_{n+1})))$$

处作二次插值近似, 则可推出 1.23 中 $k=2$ 的 Adams-Moulton 公式

$$y_{n+1}=y_n+\frac{h}{12}(5f_{n+1}+8f_n-f_{n-1}),\quad n=1,2,\cdots.$$

1.9 其他线性多步法

在 Adams 方法中, 考虑的积分区间是 $[x_n, x_{n+1}]$. 现对微分方程 $y'=f(x,y)$ 在 $[x_{n-1}, x_{n+1}]$ 上积分, 考虑如下的积分形式

$$y(x_{n+1})=y(x_{n-1})+\int_{x_{n-1}}^{x_{n+1}} f(t,y(t))\mathrm{d}t, \tag{1.9.1}$$

类似于Adams方法, 再用数值积分的方法来推导线性多步法公式, 可以导出Nyström 公式和 Milne-Simpson 公式.

1.9.1 Nyström 方法

如果用 $k+1$ 点 $(x_i, f_i)(i=n-k,\cdots,n)$ 来对被积函数进行插值, 显然插值多项式 $P_k(t)$ 和插值误差 $E_k(t)$ 分别为式 (1.8.2) 和式 (1.8.3). 对 $P_k(t)$ 积分, 得

$$\begin{aligned}\int_{x_{n-1}}^{x_{n+1}} P_k(t)\mathrm{d}t &= \sum_{j=0}^{k} \frac{1}{j!h^j}\nabla^j y'(x_n)\int_{x_{n-1}}^{x_{n+1}}(t-x_n)(t-x_{n-1})\cdots(t-x_{n-j+1})\mathrm{d}t \\ &= h\sum_{j=0}^{k}\frac{1}{j!}\nabla^j y'(x_n)\int_{-1}^{1} s(s+1)\cdots(s+j-1)\mathrm{d}s \\ &= h\sum_{j=0}^{k}\tilde{\gamma}_j\nabla^j y'(x_n), \quad t=x_n+sh, \end{aligned} \tag{1.9.2}$$

其中系数

$$\tilde{\gamma}_j = \frac{1}{j!}\int_{-1}^{1} s(s+1)\cdots(s+j-1)\mathrm{d}s, \quad j=1,2,\cdots, \tag{1.9.3}$$

这里 $s=\dfrac{t-x_n}{h}$. 系数 $\tilde{\gamma}_j$ 的前 8 个系数见表 1.24. 截断误差为

$$R_{n+1}(y) = \tilde{\gamma}_{k+1}h^{k+2}y^{(k+2)}(\xi_n), \quad x_{n-k}\leqslant \xi_n \leqslant x_{n+1}. \tag{1.9.4}$$

因此, Nyström 公式为

$$y_{n+1} = y_{n-1} + h\sum_{j=0}^{k}\tilde{\gamma}_j\nabla^j f_n, \quad n=k,n+1,\cdots. \tag{1.9.5}$$

当 $k=1,2,3,4$ 时的公式见表 1.25, 其中当 $k=1$ 时, 就是中点公式, 是最简单的二步法.

表 1.24 Nyström 中 $\tilde{\gamma}_j$ 的系数

$\tilde{\gamma}_0$	$\tilde{\gamma}_1$	$\tilde{\gamma}_2$	$\tilde{\gamma}_3$	$\tilde{\gamma}_4$	$\tilde{\gamma}_5$	$\tilde{\gamma}_6$	$\tilde{\gamma}_7$
2	0	$\frac{1}{3}$	$\frac{1}{3}$	$\frac{29}{90}$	$\frac{14}{45}$	$\frac{1139}{3780}$	$\frac{41}{140}$

表 1.25 Nyström 公式

$k+1$ 步 $k+1$ 阶	表达式	截断误差
$k=1$	$y_{n+1}=y_{n-1}+2hf_n$	$\frac{1}{3}h^3y'''(\xi_n)$
$k=2$	$y_{n+1}=y_{n-1}+\frac{h}{3}(7f_n-2f_{n-1}+f_{n-2})$	$\frac{1}{3}h^4y^{(4)}(\xi_n)$
$k=3$	$y_{n+1}=y_{n-1}+\frac{h}{3}(8f_n-5f_{n-1}+4f_{n-2}-f_{n-3})$	$\frac{29}{90}h^5y^{(5)}(\xi_n)$
$k=4$	$y_{n+1}=y_{n-1}+\frac{h}{90}(269f_n-266f_{n-1}+294f_{n-2}-146f_{n-3}+29f_{n-4})$	$\frac{14}{45}h^6y^{(6)}(\xi_n)$

1.9.2 Milne-Simpson 公式

如果用 $k+1$ 点 $(x_i, f_i)(i=n-k+1,\cdots,n+1)$ 来对被积函数进行插值, 这时插值多项式 $P_k(t)$ 和插值误差 $E_k(t)$ 分别为式 (1.8.9) 和式 (1.8.10). 经类似推导, 可得 Milne-Simpson 公式

$$y_{n+1}=y_{n-1}+h\sum_{j=0}^{k}\tilde{\beta}_j\nabla^j f_{n+1},\quad k\geqslant 1,\quad n=k-1,k,\cdots,\tag{1.9.6}$$

其中系数 $\tilde{\beta}_j$ 见表 1.26. 截断误差为

$$R_{n+1}(y)=\tilde{\beta}_{k+1}h^{k+2}y^{(k+2)}(\xi_n),\quad x_{n-k+1}\leqslant\xi_n\leqslant x_{n+1}.\tag{1.9.7}$$

当 $k=0,1,2,4,5$ 时的表达式见表 1.27. 当 $k=0$ 时是步长为 $2h$ 的二步一阶 Euler 隐式公式, 当 $k=1$ 时就是二步二阶中点公式. 当 $k=2$ 时就是前面的二步四阶 Milne 方法式 (1.7.16). 由于 $\tilde{\beta}_3=0$, 所以 $k=3$ 时的公式与 $k=2$ 时的公式一样.

表 1.26 Milne-Simpson 公式中 $\tilde{\beta}_j$ 系数

$\tilde{\beta}_0$	$\tilde{\beta}_1$	$\tilde{\beta}_2$	$\tilde{\beta}_3$	$\tilde{\beta}_4$	$\tilde{\beta}_5$	$\tilde{\beta}_6$	$\tilde{\beta}_7$
2	-2	$\frac{1}{3}$	0	$-\frac{1}{90}$	$-\frac{1}{90}$	$-\frac{37}{3780}$	$-\frac{8}{945}$

表 1.27 Milne-Simpson 公式

k	表达式	截断误差
$k=0$	$y_{n+1}=y_{n-1}+2hf_{n+1}$	$-2h^2y''(\xi_n)$
$k=1$	$y_{n+1}=y_{n-1}+2hf_n$	$\frac{1}{3}h^3y'''(\xi_n)$
$k=2$	$y_{n+1}=y_{n-1}+\frac{h}{3}(f_{n+1}+4f_n+f_{n-1})$	$-\frac{1}{90}h^5y^{(5)}(\xi_n)$
$k=4$	$y_{n+1}=y_{n-1}+\frac{h}{90}(29f_{n+1}+124f_n$ $+24f_{n-1}+4f_{n-2}-f_{n-3})$	$-\frac{1}{90}h^6y^{(6)}(\xi_n)$
$k=5$	$y_{n+1}=y_{n-1}+\frac{h}{90}(28f_{n+1}+129f_n+34f_{n-1}$ $-6f_{n-2}+4f_{n-3}-f_{n-4})$	$-\frac{37}{3780}h^7y^{(7)}(\xi_n)$

1.10 Richardson 外推

由前面的讨论可知, 对一个 p 阶精度的方法, 其整体截断误差 $\varepsilon:=y_n-y(x_n)$ 可以表示为

$$\varepsilon_n=h^pE(x_n)+O(h^{p+1}),\tag{1.10.1}$$

其中 $E(x_n)$ 是某一函数. 假定用步长 h 和 $h/2$ 分别计算, 得到 x_n 处的数值结果分别记为 $y_n(h)$ 和 $y_n(h/2)$, 由式 (1.10.1) 知

$$y_n(h) - y(x_n) = h^p E(x_n) + O(h^{p+1}), \tag{1.10.2}$$

$$y_n\left(\frac{h}{2}\right) - y(x_n) = \left(\frac{h}{2}\right)^p E(x_n) + O(h^{p+1}), \tag{1.10.3}$$

因此

$$y_n(h) - y_n\left(\frac{h}{2}\right) = \left(1 - \frac{1}{2^p}\right) h^p E(x_n) + O(h^{p+1}), \tag{1.10.4}$$

解出 $E(x_n)$ 代入式 (1.10.1), 得

$$\varepsilon_n = \frac{2^p}{2^p - 1}\left[y_n(h) - y_n\left(\frac{h}{2}\right)\right] + O(h^{p+1}), \tag{1.10.5}$$

从而得到在 x_n 处的 Richardson 外推结果

$$y(x_n) = \frac{2^p y_n\left(\frac{h}{2}\right) - y_n(h)}{2^p - 1} + O(h^{p+1}), \tag{1.10.6}$$

由式 (1.10.5) 可以估计整体截断误差

$$\varepsilon_n \approx \frac{2^p}{2^p - 1}\left[y_n(h) - y_n\left(\frac{h}{2}\right)\right], \tag{1.10.7}$$

由式 (1.10.6) 可以估计解的近似值

$$y(x_n) \approx \frac{2^p y_n\left(\frac{h}{2}\right) - y_n(h)}{2^p - 1}. \tag{1.10.8}$$

Richardson 外推的结果精度提高一阶. 一般地, 假设数值解 $y(h)$ 可以如下 h 的幂级数形式

$$y_n(h) = \tau_0 + \tau_1 h^{p_1} + \tau_2 h^{p_2} + \cdots, \quad 0 < p_1 < p_2 < \cdots, \tag{1.10.9}$$

其中 $\tau_0 = y(x_n)$, $p_i = ip \ (i = 1, 2, \cdots)$ 是与 h 无关的常数. Richardson 指出, 基于上式可以通过不同的 h 来改善精度. 为消掉 $\tau_1, \tau_2, \cdots$, 先用 $h_0 > h_1 > h_2 > \cdots > h_m > \cdots$ 计算出 $y_n(h)$, 得

$$\begin{cases} y_n(h_0) = \tau_0 + \tau_1 h_0^{p_1} + \tau_2 h_0^{p_2} + \tau_3 h_0^{p_3} + \cdots + \tau_m h_0^{p_m} + \cdots, \\ y_n(h_1) = \tau_0 + \tau_1 h_1^{p_1} + \tau_2 h_1^{p_2} + \tau_3 h_1^{p_3} + \cdots + \tau_m h_1^{p_m} + \cdots, \\ y_n(h_2) = \tau_0 + \tau_1 h_2^{p_1} + \tau_2 h_2^{p_2} + \tau_3 h_2^{p_3} + \cdots + \tau_m h_2^{p_m} + \cdots, \\ \qquad \cdots\cdots \\ y_n(h_m) = \tau_0 + \tau_1 h_m^{p_1} + \tau_2 h_m^{p_2} + \tau_3 h_m^{p_3} + \cdots + \tau_m h_m^{p_m} + \cdots, \\ \qquad \cdots\cdots \end{cases} \tag{1.10.10}$$

消去式 (1.10.10) 中的 τ_1, 得

$$\begin{cases} \dfrac{h_0^p y_n(h_1) - h_1^p y_n(h_0)}{h_0^p - h_1^p} = \tau_0 - h_0^p h_1^p \tau_2 - h_0^p h_1^p (h_0^p + h_1^p)\tau_3 - \cdots, \\ \dfrac{h_1^p y_n(h_2) - h_2^p y_n(h_1)}{h_1^p - h_2^p} = \tau_0 - h_1^p h_2^p \tau_2 - h_1^p h_2^p (h_1^p + h_2^p)\tau_3 - \cdots, \\ \qquad\qquad\cdots\cdots \\ \dfrac{h_{m-1}^p y_n(h_m) - h_m^p y_n(h_{m-1})}{h_{m-1}^p - h_m^p} = \tau_0 - h_{m-1}^p h_m^p \tau_2 \\ \qquad\qquad -h_{m-1}^p h_m^p (h_{m-1}^p + h_m^p)\tau_3 - \cdots, \\ \qquad\qquad\cdots\cdots \end{cases} \tag{1.10.11}$$

引进记号

$$\begin{aligned} T_0^{(k)} &= y_n(h_k), \\ T_m^{(k)} &= \frac{h_k^p T_{m-1}^{(k+1)} - h_{k+m}^p T_{m-1}^{(k)}}{h_k^p - h_{k+m}^p}, \end{aligned} \tag{1.10.12}$$

则式 (1.10.11) 可以写成

$$\begin{cases} T_1^{(0)} = \tau_0 - h_0^p h_1^p \tau_2 - h_0^p h_1^p (h_0^p + h_1^p)\tau_3 - \cdots, \\ T_1^{(1)} = \tau_0 - h_1^p h_2^p \tau_2 - h_1^p h_2^p (h_1^p + h_2^p)\tau_3 - \cdots, \\ T_1^{(2)} = \tau_0 - h_2^p h_3^p \tau_2 - h_2^p h_3^p (h_2^p + h_3^p)\tau_3 - \cdots, \\ \qquad\qquad\cdots\cdots \\ T_1^{(m-1)} = \tau_0 - h_{m-1}^p h_m^p \tau_2 - h_{m-1}^p h_m^p (h_{m-1}^p + h_m^p)\tau_3 - \cdots, \\ \qquad\qquad\cdots\cdots \end{cases} \tag{1.10.13}$$

若消去 τ_2, 可得

$$\begin{cases} T_2^{(0)} = \tau_0 + h_0^p h_1^p h_2^p \tau_3 + \cdots, \\ T_2^{(1)} = \tau_0 + h_1^p h_2^p h_3^p \tau_3 + \cdots, \\ \qquad\qquad\cdots\cdots \\ T_2^{(m-2)} = \tau_0 + h_{m-2}^p h_{m-1}^p h_m^p \tau_3 + \cdots, \\ \qquad\qquad\cdots\cdots \end{cases} \tag{1.10.14}$$

消去 τ_m, 可得

$$T_m^{(k)} = \tau_0 + (-1)^m h_k^p h_{k+1}^p \cdots h_{k+m}^p (\tau_{m+1} + O(h_k^p)), \tag{1.10.15}$$

将 $T_m^{(k)}$ 列表

$$\begin{array}{lllll} T_0^{(0)} & & & & \\ T_0^{(1)} & T_1^{(0)} & & & \\ T_0^{(2)} & T_1^{(1)} & T_2^{(0)} & & \\ T_0^{(3)} & T_1^{(2)} & T_2^{(1)} & T_3^{(0)} & \\ T_0^{(4)} & T_1^{(3)} & T_2^{(2)} & T_3^{(1)} & T_4^{(0)} \\ \vdots & \vdots & \vdots & \vdots & \vdots \end{array} \tag{1.10.16}$$

该表由式 (1.10.12) 按列生成.

由式 (1.10.12) 知, 每个 $T_m^{(k)}$ 是 $y_n(h_i), i=k,k+1,\cdots,k+m$ 的线性组合

$$T_m^{(k)} = \sum_{j=0}^{m} C_{m,m-j} T_0^{(k+j)}, \tag{1.10.17}$$

将式 (1.10.17) 代入式 (1.10.12) 可得系数 $C_{m,m-j}$ 的递推关系

$$\begin{cases} C_{m,m-j} = \dfrac{h_k^p C_{m-1,m-j} - h_{k+m}^p C_{m-1,m-1-j}}{h_k^p - h_{k+m}^p}, \\ C_{m-1,m} = C_{m-1,-1} = 0. \end{cases} \tag{1.10.18}$$

在计算中, 计算步长常采用二分的方法, 即 $h_k = \dfrac{h_0}{2^k}$, 这时式 (1.10.12) 为

$$T_m^{(k)} = \frac{2^{pm} T_{m-1}^{(k+1)} - T_{m-1}^{(k)}}{2^{pm} - 1}. \tag{1.10.19}$$

式 (1.10.15) 表明, T 的每一列都收敛到 $\tau_0 = y(x_n)$, 且每一列都比前一列收敛得快, 主对角线 $T_m^{(0)}$ 收敛于 τ_0 的速度最快. 列表 (1.10.16) 可以一列一列产生, 收敛中止可以某列的相对误差满足

$$\left| \frac{T_m^{(k)} - T_m^{(k-1)}}{T_m^{(k-1)}} \right| \leqslant \varepsilon \tag{1.10.20}$$

为标准.

例 1.10.1　初值问题

$$\begin{cases} y' = -y + x + 1, \quad 0 < x < 2, \\ y(0) = 1, \end{cases}$$

该问题的精确解为

$$y(x) = \mathrm{e}^{-x} + x. \tag{1.10.21}$$

考虑用 Euler 方法和 Richardson 外推法进行计算, 并取 $x_n = 2$ 处的计算结果与精确解作比较. 设精确解为 $y(x_n)$, Euler 方法计算的解为 y_n^E, Richardson 外推法计算的解为 y_n^R, 由式 (1.10.7) 估计的整体截断误差记为 ε_n^R, 结果见表 1.28. 由表 1.28 第 4 列数据可知, Euler 方法的收敛精度为一阶; 该表第 6 列数据可知, Richardson 外推法的收敛精度为二阶.

表 1.28 Euler 方法和 Richardson 外推法在 x_n= 2 处的计算结果的比较

步长 h	精确解 $y(x_n)$	y_n^E	$\|y(x_n)-y_n^E\|$	y_n^R	$\|y(x_n)-y_n^R\|$	ε_n^R
h_1	2.135335	2.107374	2.796110×10^{-2}	2.135779	4.438435×10^{-4}	-2.840494×10^{-2}
$\frac{h_1}{2}$	2.135335	2.121577	1.375863×10^{-2}	2.135448	1.123753×10^{-4}	-1.387100×10^{-2}
$\frac{h_1}{4}$	2.135335	2.128512	6.823127×10^{-3}	2.135363	2.817097×10^{-5}	-6.851298×10^{-3}
$\frac{h_1}{8}$	2.135335	2.131938	3.397478×10^{-3}	2.135342	7.047261×10^{-6}	-3.404525×10^{-3}
$\frac{h_1}{16}$	2.135335	2.133640	1.695215×10^{-3}	2.135337	1.762089×10^{-6}	-1.696977×10^{-3}
$\frac{h_1}{32}$	2.135335	2.134912	8.467266×10^{-4}	2.135336	4.405389×10^{-7}	-8.471671×10^{-4}

1.11 线性差分方程

本节考虑差分方程的求解, 其求解理论类似于 $k+1$ 阶齐次线性微分方程, 可见文献 [45], [47], [63]. 已知函数 $a_0(k), a_1(k),\cdots, a_n(k)$ 和 R_k 的定义域均是整数, 如下形式的关于序列 $\{y_n\}$ 的方程

$$a_0(k)y_{k+n} + a_1(k)y_{k+n-1} + \cdots + a_n(k)y_k = R_k \tag{1.11.1}$$

称为线性差分方程, 在方程中出现的最高和最低指标的差称为差分方程的阶. 如果差分方程不是线性的就称为非线性的. 方程 (1.11.1) 是 n 阶差分方程当且仅当 $a_0(k)a_n(k)\neq 0, \forall k$. 当 $R_k\equiv 0$ 时, 方程 (1.11.1) 称为齐次的, 否则称为非齐次的. 例如,

$$y_{k+4} - y_k = k2^k \tag{1.11.2}$$

是四阶线性非齐次差分方程, 而

$$y_{k+1} = y_k^2 \tag{1.11.3}$$

是一阶非线性齐次差分方程.

1.11.1 非常系数线性差分方程

不失一般性, 可以将 n 阶线性齐次差分方程写成

$$y_{k+n}+a_1(k)y_{k+n-1}+\cdots+a_n(k)y_k=0, \tag{1.11.4}$$

对应的 n 阶线性非齐次差分方程写成

$$y_{k+n}+a_1(k)y_{k+n-1}+\cdots+a_n(k)y_k=R_k. \tag{1.11.5}$$

如果一个关于整数的函数 $\phi(k)$ 满足差分方程, 就称 $\phi(k)$ 是差分方程的一个解. 定理 1.11.1 和定理 1.11.2 显然成立 (自证).

定理 1.11.1 设 c 为任意常数, 如果 y_k 是差分方程 (1.11.4) 的解, 则 cy_k 也是一个解.

定理 1.11.2 设 c_1 和 c_2 为两个任意常数, $y_k^{(1)}$ 和 $y_k^{(2)}$ 是差分方程 (1.11.4) 的解, 则

$$y_k=c_1y_k^{(1)}+c_2y_k^{(2)} \tag{1.11.6}$$

也是一个解.

定理 1.11.3 设 $y_k^{(1)}$ 是差分方程 (1.11.4) 的解, Y_k 是差分方程 (1.11.5) 的解, 则

$$y_k=y_k^{(1)}+Y_k \tag{1.11.7}$$

是差分方程 (1.11.5) 的一个解.

证明 由假设知

$$y_{k+n}^{(1)}+a_1(k)y_{k+n-1}^{(1)}+\cdots+a_n(k)y_n^{(1)}=0, \tag{1.11.8}$$

$$Y_{k+n}+a_1(k)Y_{k+n-1}+\cdots+a_n(k)Y_n=R_k, \tag{1.11.9}$$

上面两式相加得

$$\left(y_{k+n}^{(1)}+Y_{k+n}\right)+a_1(k)\left(y_{k+n}^{(1)}+Y_{k+n-1}\right)+\cdots+a_n(k)\left(y_{k+n}^{(1)}+Y_n\right)=R_k. \tag{1.11.10}$$

因此 $y_k:=y_k^{(1)}+Y_k$ 是差分方程 (1.11.5) 的一个解. □

定理 1.11.4 对任意 n 个常数 $A_0,A_1,\cdots,A_{n-1}$, 若

$$y_k=A_0,\quad y_{k+1}=A_1,\quad y_{k+n-1}=A_{n-1},\quad k_1\leqslant k\leqslant k_2, \tag{1.11.11}$$

则差分方程 (1.11.5) 存在唯一解.

证明 方程 (1.11.5) 可以写成

$$y_{k+n}=R_k-a_1(k)y_{k+n-1}-a_2(k)y_{k+n-2}-\cdots-a_n(k)y_k. \tag{1.11.12}$$

因此 y_{k_1+n} 由 $y_{k_1},y_{k_1+1},\cdots,y_{k_1+n-1}$ 唯一确定, 同样地, y_{k_1+n+1} 由 $y_{k_1+1},y_{k_1+2},\cdots,y_{k_1+n}$ 唯一确定. 以此类推, 可以求解唯一解 $y_{n+k},k_1\leqslant k\leqslant k_2$. □

定义 1.11.1 称 n 个函数 $f_1(k),f_2(k),\cdots,f_n(k),k_1\leqslant k\leqslant k_2$ 线性相关, 如果存在 n 个不全为零的常数 $c_1,c_2,\cdots,c_n$, 满足

$$c_1f_1(k)+c_2f_2(k)+\cdots+c_nf_n(k)=0; \tag{1.11.13}$$

否则称为线性无关. 又称

$$W(k)=\begin{vmatrix} f_1(k) & f_2(k) & \cdots & f_n(k)\\ f_1(k+1) & f_2(k+1) & \cdots & f_n(k+1)\\ \vdots & \vdots & & \vdots\\ f_1(k+n-1) & f_2(k+n-1) & \cdots & f_n(k+n-1)\end{vmatrix} \tag{1.11.14}$$

为 Wronski 行列式或 Casorati 行列式.

定理 1.11.5 和定理 1.11.6 说明 Wronski 行列式在确定线性无关和线性相关中起重要作用, 下面均设 $k_1\leqslant k\leqslant k_2$.

定理 1.11.5 n 个函数 $f_1(k),f_2(k),\cdots,f_n(k),k_1\leqslant k\leqslant k_2$ 线性相关的充要条件是其 Wronski 行列式 $W(k)$ 为零.

证明 $\Rightarrow$ 因为线性相关, 所以存在不全为零的常数 $c_1,c_2,\cdots,c_n$ 使得

$$c_1f_1(k)+c_2f_2(k)+\cdots+c_nf_n(k)=0. \tag{1.11.15}$$

因此

$$\begin{cases} c_1f_1(k)+c_2f_2(k)+\cdots+c_nf_n(k)=0,\\ c_1f_1(k+1)+c_2f_2(k+1)+\cdots+c_nf_n(k+1)=0,\\ \qquad\qquad\cdots\cdots\\ c_1f_1(k+n-1)+c_2f_2(k+n-1)+\cdots+c_nf_n(k+n-1)=0.\end{cases} \tag{1.11.16}$$

若对某 $\bar{k}$, Wronski 行列式 $W(\bar{k})$ 不为零, 则方程 (1.11.16) 仅有零解

$$c_1=c_2=c_3=\cdots=c_n=0, \tag{1.11.17}$$

与假设矛盾, 因此对所有 k, Wronski 行列式 $W(k)$ 为零.

$\Leftarrow$ 若任给 $k=\bar{k}$, Wronski 行列式 $W(k)$ 为零, 因此关于 $c_1,c_2,\cdots,c_n$ 的方程组

$$\begin{cases} c_1 f_1(\bar{k}) + c_2 f_2(\bar{k}) + \cdots + c_n f_n(\bar{k}) = 0, \\ c_1 f_1(\bar{k}+1) + c_2 f_2(\bar{k}+1) + \cdots + c_n f_n(\bar{k}+1) = 0, \\ \qquad \cdots\cdots \\ c_1 f_1(\bar{k}+n-1) + c_2 f_2(\bar{k}+n-1) + \cdots + c_n f_n(\bar{k}+n-1) = 0 \end{cases} \tag{1.11.18}$$

的行列式为零, 因此存在不全为零的常数 $c_1, c_2, \cdots, c_n$ 满足方程组 (1.11.18), 从而函数 $f_1(k), f_2(k), \cdots, f_n(k)$ 线性相关. □

例 1.11.1　考虑三个函数 $2^k, 3^k$ 和 $(-1)^k$, 其 Wronski 行列式 $W(k)$ 为

$$W(k) = \begin{vmatrix} 2^k & 3^k & (-1)^k \\ 2^{k+1} & 3^{k+1} & -(-1)^k \\ 2^{k+2} & 3^{k+2} & (-1)^k \end{vmatrix} = 12 \cdot 2^k \cdot 3^k \cdot (-1)^k \neq 0, \tag{1.11.19}$$

因此, 这三个函数线性无关.

定理 1.11.6　*对所有 $k_1 \leqslant k \leqslant k_2$, 给定函数 $a_1(k), a_2(k), \cdots, a_n(k)$, 且 $a_n(k) \neq 0$, 则齐次方程 (1.11.4) 存在 n 个线性无关的解: $y_1(k), y_2(k), \cdots, y_n(k)$.*

证明　由定理 1.11.4 可知, 给定 n 个相邻的 y_k, 方程 (1.11.4) 有唯一解. 为确定 n 个解 $y_i(k), 1 \leqslant i \leqslant n$, 需要 k 处 n 个相邻的值. 因此, 在某个 k 如 $k = \bar{k}$ 处, 按如下方式确定 n 个函数 $\hat{y}_i(k), \bar{k} \leqslant k \leqslant \bar{k}+n-1$:

$$\hat{y}_i(k) = \delta_{k,\bar{k}+i-1}, \quad 1 \leqslant i \leqslant n, \tag{1.11.20}$$

其中

$$\delta_{i,j} = \begin{cases} 0, & i \neq j, \\ 1, & i = j. \end{cases} \tag{1.11.21}$$

将式 (1.11.20) 代入式 (1.11.4), 可以对所有 k 确定 $\hat{y}_i(k), 1 \leqslant i \leqslant n$, 由定理 1.11.4 知, 满足式 (1.11.4) 的这 n 个函数是唯一的. 下面证明这 n 个函数也是线性无关的.

假定 $\hat{y}_i(k)$ 线性相关, 则存在不全为零的常数 $c_i, 1 \leqslant i \leqslant n$, 使得

$$c_1 \hat{y}_1(k) + c_2 \hat{y}_2(k) + \cdots + c_n \hat{y}_n(k) = 0, \tag{1.11.22}$$

于是方程组

$$\begin{cases} c_1 \hat{y}_1(k) + c_2 \hat{y}_2(k) + \cdots + c_n \hat{y}_n(k) = 0, \\ c_1 \hat{y}_1(k+1) + c_2 \hat{y}_2(k+1) + \cdots + c_n \hat{y}_n(k+1) = 0, \\ \qquad \cdots\cdots \\ c_1 \hat{y}_1(k+n-1) + c_2 \hat{y}_2(k+n-1) + \cdots + c_n \hat{y}_n(k+n-1) = 0 \end{cases} \tag{1.11.23}$$

的行列式

$$W(k) = \begin{vmatrix} \hat{y}_1(k) & \hat{y}_2(k) & \cdots & \hat{y}_n(k) \\ \hat{y}_1(k+1) & \hat{y}_2(k+1) & \cdots & \hat{y}_n(k+1) \\ \vdots & \vdots & & \vdots \\ \hat{y}_1(k+n-1) & \hat{y}_2(k+n-1) & \cdots & \hat{y}_n(k+n-1) \end{vmatrix} \tag{1.11.24}$$

为零. 但由 $\hat{y}_i(k)$ 的定义 (1.11.20) 知, 行列式 (1.11.24) 当 $k = \bar{k}$ 时是一个单位阵, $W(\bar{k}) = 1$, 从而方程组 (1.11.23) 只有零解, 与假定矛盾, 因此 n 个函数 $\hat{y}_i(k), 1 \leqslant i \leqslant n$, 必线性无关. □

定义 1.11.2 齐次方程 (1.11.4) 的一个基本解是任意 n 个函数 $\hat{y}_i(k), 1 \leqslant i \leqslant n$, 满足该方程且 Wronski 行列式 $W(k)$ 对所有的 k 均不为零.

定理 1.11.7 若 $\hat{y}_i(k)$, $1 \leqslant i \leqslant n$ 是由式 (1.11.20) 所确定的 n 个线性无关的函数, 对所有 $k_1 \leqslant k \leqslant k_2$, 给定函数 $a_1(k), a_2(k), \cdots, a_n(k)$, 且 $a_n(k) \neq 0$, 则齐次方程 (1.11.4) 存在 n 个线性无关的解: $y_1(k), y_2(k), \cdots, y_n(k)$.

证明 我们要证明函数 $\hat{y}_i(k)$ 的 Wronski 行列式 $W(k)$ 对所有的 k 非零. 在定理 1.11.6 的证明中已经证明 $W(\bar{k})$ 非零. 由式 (1.11.24) 知

$$W(k+1) = \begin{vmatrix} \hat{y}_1(k+1) & \hat{y}_2(k+1) & \cdots & \hat{y}_n(k+1) \\ \hat{y}_1(k+2) & \hat{y}_2(k+2) & \cdots & \hat{y}_n(k+2) \\ \vdots & \vdots & & \vdots \\ \hat{y}_1(k+n) & \hat{y}_2(k+n) & \cdots & \hat{y}_n(k+n) \end{vmatrix}. \tag{1.11.25}$$

因为 $\hat{y}_i(k)$ 是差分方程 (1.11.4) 的解, 有

$$\hat{y}_i(k+n) = -[a_1(k)\hat{y}_i(k+n-1) + \cdots + a_n(k)\hat{y}_i(k)]. \tag{1.11.26}$$

将式 (1.11.26) 代入式 (1.11.25) 中, $a_1(k)$ 乘以 $n-1$ 行再加上第 n 行, $a_2(k)$ 乘以 $n-2$ 行再加上第 n 行, $\cdots$, 可得

$$W(k+1) = -a_n(k) \begin{vmatrix} \hat{y}_1(k+1) & \hat{y}_2(k+1) & \cdots & \hat{y}_n(k+1) \\ \hat{y}_1(k+2) & \hat{y}_2(k+2) & \cdots & \hat{y}_n(k+2) \\ \vdots & \vdots & & \vdots \\ \hat{y}_1(k+n-1) & \hat{y}_2(k+n-1) & \cdots & \hat{y}_n(k+n-1) \\ \hat{y}_1(k) & \hat{y}_2(k) & \cdots & \hat{y}_n(k) \end{vmatrix}. \tag{1.11.27}$$

与式 (1.11.24) 比较, 可得

$$W(k+1) = (-1)^n a_n(k) W(k). \tag{1.11.28}$$

由于 $W(k) \neq 0$ 及 $a_n(k)$ 对所有 k 不为零, 所以 $W(k+1)$ 对所有 k 不为零. 因此 $\hat{y}_i(k), 1 \leqslant i \leqslant n$ 构成一个基本解. □

定理 1.11.8 齐次方程 (1.11.4) 的每一个解可以写成由式 (1.11.20) 所确定的 n 个线性无关的函数 $\hat{y}_i(k), 1 \leqslant i \leqslant n$ 线性组合.

证明 对常数 $c_i, 1 \leqslant i \leqslant n$, 令

$$Y_k = c_1\hat{y}_1(k) + c_2\hat{y}_2(k) + \cdots + c_n\hat{y}_n(k). \tag{1.11.29}$$

首先取 $k = \bar{k}$, 则有 $\hat{y}_1(k) = 1$ 和 $\hat{y}_i(k) = 0, i \neq 1$. 定义 $c_1 = y_k, k = \bar{k}$. 其次取 $k = \bar{k}+1$, 则有 $\hat{y}_2(k) = 1$ 和 $\hat{y}_i(k) = 0, i \neq 2$. 定义 $c_2 = y_k, k = \bar{k}+1$. 类似地, 可以定义 $c_i = y_k, k = \bar{k}+i-1$. 将这些 $c_i, 1 \leqslant i \leqslant n$ 代入式 (1.11.29), 可知

$$Y_k = y_k, \quad k = \bar{k},\ \bar{k}+1,\ \cdots, \bar{k}+n-1.$$

因为对这 n 个相邻 k 值, $Y_k = y_k$, 由定理 1.11.4 知, $Y_k = y_k$ 对所有的 k 都成立. □

显然, n 阶线性差分方程有且仅有 n 个线性无关的解, 而且齐次线性差分方程 (1.11.4) 的一般解是一个基本解的线性组合. 关于非齐次方程 (1.11.5) 的特解的求法可参考文献 [63].

1.11.2 常系数线性差分方程

n 阶线性常系数非齐次差分方程可写成

$$y_{k+n} + a_1 y_{k+n-1} + \cdots + a_n y_k = R_k, \tag{1.11.30}$$

其中, a_i 是已知常数, $a_n \neq 0$, R_k 为关于 k 的已知函数, 若 $R_k = 0$, 则为齐次差分方程

$$y_{k+n} + a_1 y_{k+n-1} + \cdots + a_n y_k = 0. \tag{1.11.31}$$

由前面的讨论可知, 若 $y_k^{(i)}, i = 1, 2, \cdots, n$ 是方程 (1.11.31) 的一个基本解, 则该方程的通解为

$$y_k = c_1 y_k^{(1)} + c_2 y_k^{(2)} + \cdots + c_n y_k^{(n)}, \tag{1.11.32}$$

其中 c_i 是任意常数. 非齐次方程 (1.11.30) 的解是它的一个特解 $y_k^{(S)}$ 和对应的齐次方程的通解之和.

定义移位算子E

$$E^m y_k = y_{k+m}, \quad E^0 y_k = y_{k+0} = y_k, \tag{1.11.33}$$

则方程 (1.11.31) 可写成

$$f(E)y_k = 0, \tag{1.11.34}$$

其中 $f(E)$ 是算子函数

$$f(E) = E^n + a_1E^{n-1} + a_2E^{n-2} + \cdots + a_{n-1}E + a_n. \tag{1.11.35}$$

与齐次方程 (1.11.31) 或齐次方程 (1.11.34) 对应的特征多项式定义为

$$f(r) = r^n + a_1r^{n-1} + a_2r^{n-2} + \cdots + a_{n-1}r + a_n. \tag{1.11.36}$$

定理 1.11.9 假设 r_i 是特征多项式 (1.11.36) 的根, 则

$$y_k = r_i^k \tag{1.11.37}$$

是齐次方程 (1.11.31) 的一个解.

证明 将式 (1.11.37) 代入方程 (1.11.31), 得

$$\begin{aligned} & r_i^{k+n} + a_1r_i^{k+n-1} + \cdots + a_{n-1}r_i^{k+1} + a_nr_i^k \\ =& r_i^k(r_i^n + a_1r_i^{n-1} + \cdots + a_n) \\ =& r_i^k f(r_i) = 0. \end{aligned} \tag{1.11.38}$$

因此 $y_k = r_i^k$ 是方程 (1.11.31) 的一个解. □

定理 1.11.10 假设特征多项式 (1.11.36) 的 n 个根均不等, 则

$$y_k^{(i)} = r_i^k, \quad i = 1, 2, \cdots, n \tag{1.11.39}$$

是方程 (1.11.31) 的一个基本解, 从而方程 (1.11.31) 的通解为

$$y_k = c_1y_k^{(1)} + c_2y_k^{(2)} + \cdots + c_ny_k^{(n)}, \tag{1.11.40}$$

其中 c_i 是任意 n 个常数.

证明 由定理 1.11.9 可知, 每个 $y_k^{(i)} = r_i^k$ 都是方程 (1.11.31) 的解. 为证明式 (1.11.39) 的 n 个函数构成一个基本解, 证明这 n 个函数的 Wronski 行列式不为零即可. 因此

$$\begin{aligned} W(k) =& \begin{vmatrix} r_1^k & r_2^k & \cdots & r_n^k \\ r_1^{k+1} & r_2^{k+1} & \cdots & r_n^{k+1} \\ \vdots & \vdots & & \vdots \\ r_1^{k+n-1} & r_2^{k+n-1} & \cdots & r_n^{k+n-1} \end{vmatrix} = \left(\prod_{i=1}^n r_i\right)^k \begin{vmatrix} 1 & 1 & \cdots & 1 \\ r_1 & r_2 & \cdots & r_n \\ \vdots & \vdots & & \vdots \\ r_1^{n-1} & r_2^{n-1} & \cdots & r_n^{n-1} \end{vmatrix} \\ =& \left(\prod_{i=1}^n r_i\right)^k \prod_{l>m}(r_l - r_m). \end{aligned} \tag{1.11.41}$$

注意所有的 r_i 非零 (因 $a_n \neq 0$), 而且均互不相同即 $r_l - r_m \neq 0, l = m$. 因此, $W(k) \neq 0$, 函数 $y_k^{(i)} = r_i^k, i = 1, 2, \cdots, n$ 是线性无关的, 也构成一个基本解. □

下面考虑有一个或多个重根的情况 (只有重根). 假定根 r_1 的重数为 m_1, 根 r_2 的重数为 $m_2, \cdots$, 根 r_l 的重数为 m_l, 使得

$$m_1 + m_2 + \cdots + m_l = n. \tag{1.11.42}$$

因此齐次方程 (1.11.31) 可以写成

$$(E - r_1)^{m_1}(E - r_2)^{m_2} \cdots (E - r_l)^{m_l} y_k = 0, \tag{1.11.43}$$

相应的特征方程可以写成

$$(r - r_1)^{m_1}(r - r_2)^{m_2} \cdots (r - r_l)^{m_l} = 0. \tag{1.11.44}$$

下面仅需考虑方程

$$(E - r_i)^{m_i} y_k = 0, \quad i = 1, 2, \cdots, l \tag{1.11.45}$$

的解的情况, 因为该方程的解也是特征方程 (1.11.44) 的解. 下面分几种情况考虑. 首先

$$(E - r)y_k = y_{k+1} - r y_k = r^{k+1}\left(\frac{y_{k+1}}{r^{k+1}} - \frac{y_k}{r^k}\right) = r^{k+1}\Delta\frac{y_k}{r^k}, \tag{1.11.46}$$

其中 Δ 为一阶差分算子, 同样地, 有

$$(E - r)^2 y_k = r^{k+1}\Delta\left(\frac{r^{k+1}}{r^k}\Delta\frac{y_k}{r^k}\right) = r^{k+2}\Delta^2\frac{y_k}{r^k}, \tag{1.11.47}$$

一般地, 有

$$(E - r)^m y_k = r^{k+m}\Delta^m\frac{y_k}{r^k}. \tag{1.11.48}$$

其次, 方程有解

$$y_k = (A_1 + A_2 k + \cdots + A_m k^{m-1})r^k, \tag{1.11.49}$$

其中 $A_1, A_2, \cdots, A_m$ 是 m 个任意常数. 利用结果 (1.11.48) 和结果 (1.11.49), 可知方程 (1.11.45) 有下面的解

$$y_k^{(i)} = \left(A_1^{(i)} + A_2^{(i)} k + \cdots + A_{m_i}^{(i)} k^{m_i - 1}\right) r_i^k, \quad i = 1, 2, \cdots, l. \tag{1.11.50}$$

注意该解含有 m_i 个任意常数. 因为方程 (1.11.45) 是一个 m_i 阶差分, 所以该解是一个通解. 与定理 1.11.10 中的证明类似, 可以证明函数 $\{r_i^k, k r_i^k, \cdots, k^{m_i - 1} r_i^k\}$ 是

线性无关的, 因此可构成一个基本解. 注意也可利用 $\{1, k, k^2, \cdots, k^m\}$ 的线性无关性证明. 因此, 方程 (1.11.43) 的通解为

$$y_k = y_k^{(1)} + y_k^{(2)} + \cdots + y_k^{(l)}, \tag{1.11.51}$$

其中 $y_k^{(i)}$ 是方程 (1.11.50) 的解. 上面的结果可以归纳成下面的定理 1.11.11.

定理 1.11.11 *设有 n 阶方程*

$$y_{n+k} + a_1 y_{n+k-1} + \cdots + a_{n-1} y_{k+1} + a_n y_k = 0, \tag{1.11.52}$$

其中 $a_1, a_2, \cdots, a_n$ 是已知常数, 且 $a_n \neq 0$. 又设对应的特征方程

$$r^n + a_1 r^{n-1} + \cdots + a_{n-1} r + a_n = 0 \tag{1.11.53}$$

的根 r_i 的重数为 $m_i, i = 1, 2, \cdots, l$, 这里

$$m_1 + m_2 + \cdots + m_l = n, \tag{1.11.54}$$

则方程 (1.11.52) 的通解为

$$\begin{aligned} y_k = & r_1^k (A_1^{(1)} + A_2^{(1)} k + \cdots A_{m_1}^{(1)} k^{m_1 - 1}) \\ & + r_2^k (A_1^{(2)} + A_2^{(2)} k + \cdots A_{m_2}^{(2)} k^{m_2 - 1}) + \cdots \\ & + r_{m_l}^k \left(A_1^{(l)} + A_2^{(l)} k + \cdots A_{m_l}^{(l)} k^{m_l - 1} \right). \end{aligned} \tag{1.11.55}$$

例 1.11.2 三阶差分方程

$$y_{k+3} + y_{k+2} - 8 y_{k+1} - 12 y_k = 0 \tag{1.11.56}$$

的特征多项式是

$$r^3 + r^2 - 8r - 12 = 0, \tag{1.11.57}$$

有特征根 $r_1 = 3, r_2 = r_3 = -2$. 相应的基本解是

$$y_k^{(1)} = 3^k, \quad y_k^{(2)} = (-2)^k, \quad y_k^{(3)} = k(-2)^k, \tag{1.11.58}$$

因此方程 (1.11.56) 的通解为

$$y_k = c_1 3^k + (c_2 + c_3 k)(-2)^k, \tag{1.11.59}$$

其中 c_1, c_2, c_3 为任意常数.

例 1.11.3 考虑二阶差分方程

$$y_{k+2} - 2 y_{k+1} - 2 y_k = 0, \tag{1.11.60}$$

特征方程

$$r^2 - 2r - 2 = 0 \tag{1.11.61}$$

有两个互为共轭复数的解

$$r_1 = 1 + \mathrm{i}, \quad r_2 = 1 - \mathrm{i}, \tag{1.11.62}$$

因此方程 (1.11.60) 的基本解为

$$y_k^{(1)} = 2^{k/2}\mathrm{e}^{\mathrm{i}\pi k/4}, \quad y_k^{(2)} = 2^{k/2}\mathrm{e}^{-\mathrm{i}\pi k/4}. \tag{1.11.63}$$

将 $y_k^{(1)}$ 和 $y_k^{(2)}$ 适当线性组合, 可得另一种形式的基本解

$$\bar{y}_k^{(1)} = 2^{k/2}\cos\left(\frac{\pi k}{4}\right), \quad \bar{y}_k^{(2)} = 2^{k/2}\sin\left(\frac{\pi k}{4}\right), \tag{1.11.64}$$

因此方程 (1.11.60) 的通解为

$$y_k = c_1 2^{k/2}\cos\left(\frac{\pi k}{4}\right) + c_2 2^{k/2}\sin\left(\frac{\pi k}{4}\right). \tag{1.11.65}$$

如果线性差分方程的系数为实系数, 则特征方程的复根将以共轭复数的形式成对出现. 根据上面的讨论, 我们有如下的结论.

定理 1.11.12 如果 n 阶线性差分方程

$$y_{n+k} + a_1 y_{n+k-1} + \cdots + a_{n-1} y_{k+1} + a_n y_k = 0 \tag{1.11.66}$$

对应的特征方程的特征根有单重的复根 r_1 和 $r_2 = r_1^*$, 则对应的基本解是

$$y_k^{(1)} = R^k \cos(k\theta), \quad y_k^{(2)} = R^k \sin(k\theta), \tag{1.11.67}$$

其中

$$r_1 = r_2^* = a + \mathrm{i}b = R\mathrm{e}^{\mathrm{i}\theta}, \tag{1.11.68}$$

$$R = \sqrt{a^2 + b^2}, \quad \tan\theta = b/a. \tag{1.11.69}$$

如果特征根是 m 重共轭复根, 则基本解是

$$\begin{aligned}
y_k^{(1)} &= R^k \cos(k\theta), & y_k^{(m+1)} &= R^k \sin(k\theta), \\
y_k^{(2)} &= kR^k \cos(k\theta), & y_k^{(m+2)} &= kR^k \sin(k\theta), \\
&\ \vdots & &\ \vdots \\
y_k^{(m)} &= k^{m-1}R^k \cos(k\theta), & y_k^{(2m)} &= k^{m-1}R^k \sin(k\theta).
\end{aligned} \tag{1.11.70}$$

例 1.11.4 差分方程

$$y_{k+4}-y_k=0 \tag{1.11.71}$$

的特征方程为 $r^4-1=0$ 有四个根

$$r_1=-\mathrm{i}=\mathrm{e}^{-\mathrm{i}\pi/2},\quad r_2=+\mathrm{i}=\mathrm{e}^{\mathrm{i}\pi/2},\quad r_3=-1,\quad r_4=1. \tag{1.11.72}$$

基本解为

$$y_k^{(1)}=\cos\left(\frac{\pi k}{2}\right),\quad y_k^{(2)}=\sin\left(\frac{\pi k}{2}\right),\quad y_k^{(3)}=(-1)^k,\quad y_k^{(4)}=1. \tag{1.11.73}$$

因此差分方程 (1.11.71) 的通解为

$$y_k=c_1\cos\left(\frac{\pi k}{2}\right)+c_2\sin\left(\frac{\pi k}{2}\right)+c_3(-1)^k+c_4. \tag{1.11.74}$$

1.12 多步法的收敛性和稳定性

本节讨论 $k+1$ 步线性多步法

$$y_{n+1}=\sum_{j=0}^{k}a_jy_{n-j}+h\sum_{j=-1}^{k}b_jf(x_{n-j},y_{n-j}) \tag{1.12.1}$$

的收敛性和稳定性理论. 稳定性的定义在分析 Euler 方法时就引进, 现在加以推广. 设 $\{y_n|n=0,1,\cdots,N(h)\}$ 是方程 (1.12.1) 的解, 其中 $N(h)$ 表示与 h 有关的最大的结点指标, 且 $x_N\leqslant b$. 对每个 $h\leqslant h_0$, 对初值 $y_0,\cdots,y_k$ 作扰动得到新的初值 $z_0,\cdots,z_k$, 且满足

$$\max_{0\leqslant n\leqslant k}|y_n-z_n|\leqslant\varepsilon,\quad 0<h\leqslant h_0. \tag{1.12.2}$$

下面给出多步法的稳定性定义.

定义 1.12.1 如果存在一个与 h 无关的常数 c, 满足

$$\max_{0\leqslant n\leqslant N(h)}|y_n-z_n|\leqslant c\varepsilon,\quad 0<h\leqslant h_0, \tag{1.12.3}$$

则称多步法的解 y_n 稳定.

为了定义多步法的收敛性, 假定初值 $y_0,\cdots,y_k$ 满足

$$\eta(h)\equiv\max_{0\leqslant n\leqslant N(h)}|y(x_n)-y_n|\to 0,\quad h\to 0. \tag{1.12.4}$$

定义 1.12.2 如果

$$\max_{x_0\leqslant x_n\leqslant b}|y(x_n)-y_n|\to 0,\quad h\to 0, \tag{1.12.5}$$

则称多步法的解 y_n 收敛于 $y(x_n)$.

定义 1.12.3 如果对所有连续可微函数 $y(x)$, 都有

$$\frac{1}{h}\max_{x_k\leqslant x_n\leqslant b}|T_{n+1}(y)|\to 0,\quad h\to 0,\tag{1.12.6}$$

则称多步法 (1.12.1) 相容, 这里 $T_{n+1}(y)$ 为多步法的局部截断误差.

注 该定义等价于: 线性多步法称为相容, 如果该方法的阶 $p\geqslant 1$.

由定理 1.5.1 知, 要使得多步法相容, 系数 a_j 和 b_j 必须满足

$$\sum_{j=0}^{k}a_j=1,\quad -\sum_{j=0}^{k}ja_j+\sum_{j=-1}^{k}b_j=1.\tag{1.12.7}$$

该条件也可作为多步法的相容性条件.

多步法 (1.12.1) 的收敛性和稳定性与多项式

$$\rho(r)=r^{k+1}-\sum_{j=0}^{k}a_jr^{k-j}\tag{1.12.8}$$

的根有关, 注意相容性条件要求 $\rho(1)=0$. 设 $r_0,\cdots,r_k$ 是 $\rho(r)$ 的根 (多重根重复计算).

定义 1.12.4 设 $r_0,\cdots,r_k$ 是 $\rho(r)$ 的根 (重根重复计算), 以及 $|r_0|=1$, 称多步法 (1.12.1) 满足根条件, 如果

$$(1)\ \ |r_j|\leqslant 1, j=0,1,\cdots,k,\tag{1.12.9}$$

$$(2)\ \ |r_j|=1\Longrightarrow\rho'(r_j)\neq 0.\tag{1.12.10}$$

第一个条件要求所有根在复平面的单位圆内, 第二个条件要求在单位圆边界上的根是 $\rho(r)$ 的单根. 下面给出多步法零稳定的定义 [42].

定义 1.12.5 多步法 (1.12.1) 称为零稳定的, 如果 $\rho(r)=0$ 的根满足根条件.

例 1.12.1 对 k 步显式和隐式 Adams 方法, $\rho(r)=r^k-r^{k-1}$, 该多项式有一个根为 1(单根), 其余根为零 ($k-1$ 重). 因此, Adams 方法是零稳定的.

1.12.1 稳定性理论

首先给出一个不稳定的数值方法的例子. 考虑显式两步二阶方法

$$y_{n+1}=3y_n-2y_{n-1}+\frac{h}{2}[f(x_n,y_n)-3f(x_{n-1},y_{n-1})],\quad n=1,2,\cdots,\tag{1.12.11}$$

截断误差为

$$T_{n+1}(y)=\frac{7}{12}h^3y'''(\xi_n),\quad x_{n-1}\leqslant\xi_n\leqslant x_{n+1}.\tag{1.12.12}$$

现用该数值方法求解常微分方程初值问题

$$y' = 0, \quad y(0) = 0, \tag{1.12.13}$$

该问题的精确解为 $y(x) \equiv 0$. 利用初值 $y_0 = y_1 = 0$, 由式 (1.12.11) 显然得到 $y_n = 0(n \geqslant 0)$. 现对初值作扰动

$$z_0 = \varepsilon, \quad z_1 = 2\varepsilon, \quad \varepsilon \neq 0,$$

相应的数值解为

$$z_n = \varepsilon 2^n, \quad n = 0, 1, \cdots, \tag{1.12.14}$$

因此解的扰动为

$$\max_{x_0 \leqslant x_n \leqslant b} |y_n - z_n| = \max_{0 \leqslant n \leqslant N(h)} |\varepsilon| 2^n = |\varepsilon| 2^{N(h)}. \tag{1.12.15}$$

因为当 $h \to 0$ 时, $N(h) \to \infty$, 所以解的扰动随 $h \to 0$ 而增加, 数值方法 (1.12.11) 是不稳定的. 验证可知, 该方法不满足根条件. 事实上, $\rho(r) = r^2 - 3r + 2$ 的根为 $r_0 = 1, r_2 = 2$.

为分析式 (1.12.1) 的稳定性, 考虑如下一个特殊方程 (称为**模型方程**)

$$y' = \lambda y, \quad y(0) = 1, \tag{1.12.16}$$

其精确解为 $y(x) = \mathrm{e}^{\lambda x}$. 将多步法 (1.12.1) 用于该方程, 得

$$y_{n+1} = \sum_{j=0}^{k} a_j y_{n-j} + h\lambda \sum_{j=-1}^{k} b_j y_{n-j}, \quad n = k, k+1, \cdots, \tag{1.12.17}$$

即

$$(1 - h\lambda b_{-1}) y_{n+1} - \sum_{j=0}^{k} (a_j + h\lambda b_j) y_{n-j} = 0, \quad n = k, k+1, \cdots. \tag{1.12.18}$$

这是一个 $k+1$ 阶的齐次线性差分方程.

我们寻找如下特殊形式的解

$$y_n = r^n, \quad n = 0, 1, \cdots. \tag{1.12.19}$$

将其代入方程 (1.12.18), 消去 r^{n-k}, 得到**特征方程**

$$(1 - h\lambda b_{-1}) r^{k+1} - \sum_{j=0}^{k} (a_j + h\lambda b_j) r^{k-j} = 0, \tag{1.12.20}$$

定义

$$\sigma(r)=b_{-1}r^{k+1}+\sum_{j=0}^{k}b_jr^{k-j}, \tag{1.12.21}$$

则特征方程 (1.12.20) 可写成

$$\rho(r)-h\lambda\sigma(r)=0. \tag{1.12.22}$$

设特征根为

$$r_0(h\lambda),\cdots,r_k(h\lambda), \tag{1.12.23}$$

可以证明, 特征根连续依赖于$h\lambda$. 当$h\lambda$=0 时, 特征方程 (1.12.22) 简化为$\rho(r)$=0, 即

$$r_j(0)=r_j,\quad j=0,1,\cdots,k,$$

即为式 (1.12.22) 的根, 且 $r_0(0)=1$. 我们称 $r_0(h\lambda)$ 是主根(principal root). 若 $r_j(h\lambda)$ 互不相同, 则方程 (1.12.18) 的通解是

$$y_n=\sum_{j=0}^{k}\gamma_j[r_j(h\lambda)]^n,\quad n\geqslant 0, \tag{1.12.24}$$

其中 γ_j 为常数. 若 $r_j(h\lambda)$ 是一个重数为 $\nu>1$ 的多重根, 则方程 (1.12.18) 有如下 ν 个线性无关解

$$r_j(h\lambda)^n,\ nr_j(h\lambda)^n,\cdots,\ n^{\nu-1}r_j(h\lambda)^n, \tag{1.12.25}$$

由此可以给出方程 (1.12.18) 的一个通解.

定理 1.12.1　*假如相容性条件成立, 即*

$$\sum_{j=0}^{k}a_j=1,\quad -\sum_{j=0}^{k}ja_j+\sum_{j=-1}^{k}b_j=1, \tag{1.12.26}$$

则多步法 (1.12.1) 是稳定的当且仅当根条件成立.

证明　(1) 首先证明根条件是稳定的必要条件. 用反证法. 假设对某个 j 有

$$|r_j(0)|>1. \tag{1.12.27}$$

考虑精确解为 $y(x)\equiv 0$ 的微分方程

$$y'\equiv 0,\quad y(0)=0, \tag{1.12.28}$$

这时式 (1.12.1) 变成

$$y_{n+1}=\sum_{j=0}^{k}a_jy_{n-j},\quad n=k,k+1,\cdots. \tag{1.12.29}$$

取 $y_0 = y_1 = \cdots = y_k = 0$, 则数值解显然为 $y_n = 0(n \geqslant 0)$. 对初始值作扰动

$$z_0 = \varepsilon, \quad z_1 = \varepsilon r_j(0), \ \cdots, \quad z_k = \varepsilon r_j(0)^k, \tag{1.12.30}$$

这时

$$\max_{0 \leqslant n \leqslant k} |y_n - z_n| = \varepsilon |r_j(0)|^k \tag{1.12.31}$$

关于所有小的 h 值一致有界, 因为右端项与 h 无关. 以式 (1.12.30) 为初值的差分方程 (1.12.29) 的解为

$$z_n = \varepsilon r_j(0)^n, \quad n = 0, 1, \cdots, \tag{1.12.32}$$

从而与真解 $\{y_n\}$ 的误差为

$$\max_{0 \leqslant x_n \leqslant b} |y_n - z_n| = \varepsilon |r_j(0)|^{N(h)}. \tag{1.12.33}$$

当 $h \to 0$ 时, $N(h) \to \infty$, 该误差趋于无穷大. 因此当 $|r_j(0)| > 1$ 时, 多步法是不稳定的.

(2) 假设根条件成立, 下面对方程 (1.12.16) 证明多步法的稳定性. 为简化证明, 假设根 $r_j(0), j = 0, 1, \cdots, k$ 互不相同. 设 $\{y_n\}$ 和 $\{z_n\}$ 是式 (1.12.16) 在 $[x_0, b]$ 上的两个解, 再假设

$$\max_{0 \leqslant n \leqslant k} |y_n - z_n| \leqslant \varepsilon, \quad 0 < h \leqslant h_0, \tag{1.12.34}$$

误差 $e_n = y_n - z_n$, 则由方程 (1.12.18) 知, 显然有

$$(1 - h\lambda b_{-1}) e_{n+1} - \sum_{j=0}^{k} (a_j + h\lambda b_j) e_{n-j} = 0, \qquad x_{k+1} \leqslant x_{n+1} \leqslant b. \tag{1.12.35}$$

该线性差分方程的一般解是

$$e_n = \sum_{j=0}^{k} c_j r_j (h\lambda)^n, \quad n = 0, 1, \cdots, \tag{1.12.36}$$

其中系数 $c_0, \cdots, c_k$ 应满足

$$\begin{cases} c_0 + c_1 + \cdots + c_k = e_0, \\ c_0 r_0(h\lambda) + \cdots + c_k r_k(h\lambda) = e_1, \\ \qquad \cdots\cdots \\ c_0 r_0(h\lambda)^k + \cdots + c_k r_k(h\lambda)^k = e_k. \end{cases} \tag{1.12.37}$$

由线性差分方程的理论可知, 存在某常数 γ_1, 有

$$\max_{0 \leqslant j \leqslant k} |c_j| \leqslant \gamma_1 \varepsilon, \quad 0 < h \leqslant h_0, \tag{1.12.38}$$

为使方程组 (1.12.37) 有解, 必须使每一项 $r_j(h\lambda)^n$ 有界. 为此, 考虑展开式

$$r_j(u) = r_j(0) + ur_j'(\xi), \quad 0 \leqslant \xi \leqslant u. \tag{1.12.39}$$

为计算 $r_j'(u)$, 对恒等式

$$\rho(r_j(u)) - u\sigma(r_j(u)) = 0 \tag{1.12.40}$$

微分得

$$r_j'(u) = \frac{\sigma(r_j(u))}{\rho'(r_j(u)) - u\sigma'(r_j(u))}. \tag{1.12.41}$$

根据假定 $r_j(0)(j = 0, \cdots, k)$ 是 $\rho(r) = 0$ 的单根, 由此得出 $\rho'(r_j(0)) \neq 0$. 再根据连续性, 对所有充分小的 u 值, $\rho'(r_j(u)) \neq 0$. 因此式 (1.12.41) 中的分母不为 0, 故

$$|r_j'(u)| \leqslant \gamma_2, \quad |u| \leqslant u_0. \tag{1.12.42}$$

利用式 (1.12.39) 和根条件, 有

$$|r_j(h\lambda)| \leqslant |r_j(0)| + \gamma_2|h\lambda| \leqslant 1 + \gamma_2|h\lambda|, \tag{1.12.43}$$

$$r_j(h\lambda)^n \leqslant (1 + \gamma_2|h\lambda|)^n \leqslant \mathrm{e}^{\gamma_2 n|h\lambda|} \leqslant \mathrm{e}^{\gamma_2(b-x_0)|\lambda|}, \quad 0 < h \leqslant h_0. \tag{1.12.44}$$

由式 (1.12.36) 及式 (1.12.38) 得

$$\max_{x_0 \leqslant x_n \leqslant b} |e_n| \leqslant \gamma_3 \varepsilon \mathrm{e}^{\gamma_2(b-x_0)|\lambda|}, \quad 0 < h \leqslant h_0, \tag{1.12.45}$$

其中 γ_3 为适当的常数. □

定理 1.12.2 假设相容性条件成立, 则多步法 (1.12.1) 收敛当且仅当根条件成立.

证明 (1) 首先证明根条件是收敛的必要条件. 仍考虑问题

$$y' = 0, \quad y(0) = 0, \tag{1.12.46}$$

其精确解为 $y(x) = 0$. 这时多步法为

$$y_{n+1} = \sum_{j=0}^{k} a_j y_{n-j}, \quad n = k, k+1, \cdots, \tag{1.12.47}$$

其中 $y_0, \cdots, y_k$ 满足

$$\eta(h) \equiv \max_{0 \leqslant n \leqslant k} |y_n| \to 0, \quad h \to 0. \tag{1.12.48}$$

下面假定根条件不满足, 我们将证明式 (1.12.47) 不收敛于 $y(x) \equiv 0$.

假定某个 $|r_j(0)| > 1$, 则

$$y_n = hr_j(0)^n, \quad x_0 \leqslant x_n \leqslant b \tag{1.12.49}$$

是式 (1.12.47) 的解, 条件 (1.12.48) 仍满足, 因为

$$\eta(h) = h|r_j(0)|^k \to 0, \quad h \to 0, \tag{1.12.50}$$

但解 (1.12.49) 不收敛. 首先

$$\max_{0 \leqslant x_n \leqslant b} |y(x_n) - y_n| = h|r_j(0)|^{N(h)}, \tag{1.12.51}$$

其中 $h = \dfrac{b}{N(h)}$. 使用洛必达 (L'Hospital) 法则有

$$\lim_{N \to \infty} \frac{b}{N}|r_j(0)|^N = \infty, \tag{1.12.52}$$

即式 (1.12.49) 不收敛.

假定 $|r_j| \leqslant 1, j = 0, \cdots, k$, 但存在某个 $r_j(0)$ 是 $\rho(r)$ 的一个重根, 且 $|r_j(0)| = 1$, 则上面的证明过程仍成立, 但我们选择式 (1.12.47) 的解为

$$y_n = nh[r_j(0)]^n, \quad 0 \leqslant n \leqslant N(h), \tag{1.12.53}$$

这完成了根条件的证明.

(2) 假定根条件满足. 仍考虑初值问题

$$y' = \lambda y, \quad y(0) = 1.$$

为简化证明, 假定根 $r_j(0)$ 互不相同. 下面将证明解

$$y_n = \sum_{j=0}^{k} c_j[r_j(h\lambda)]^n \tag{1.12.54}$$

中的项 $c_0[r_0(h\lambda)]^n$ 将收敛到解

$$y(x) = \mathrm{e}^{\lambda x}, \quad 0 \leqslant x \leqslant b, \tag{1.12.55}$$

其余项 $c_j[r_j(h\lambda)]^n, j = 1, 2, \cdots, k$ 是寄生解, 当 $h \to 0$ 时将收敛到零.

将 $r_0(h\lambda)$ 用 Taylor 公式展开, 得

$$r_0(h\lambda) = r_0(0) + h\lambda r_0'(0) + O(h^2), \tag{1.12.56}$$

由式 (1.12.41) 得

$$r_0'(0) = \frac{\sigma(1)}{\rho'(1)}. \tag{1.12.57}$$

利用相容性条件, 得 $r_0'(0)=1$, 于是 (注意 $r_0(0)=1$)

$$
\begin{aligned}
r_0(h\lambda) &= 1+h\lambda+O(h^2)=\mathrm{e}^{h\lambda}+O(h^2),\\
[r_0(h\lambda)]^n &= \mathrm{e}^{\lambda nh}[1+\mathrm{e}^{-h\lambda}O(h^2)]^n=\mathrm{e}^{\lambda x_n}[1+O(h)],
\end{aligned}
$$

因此

$$
\max_{0\leqslant x_n<b}\left|r_0(h\lambda)^n-\mathrm{e}^{\lambda x_n}\right|\to 0,\quad h\to 0. \tag{1.12.58}
$$

现在必须证明 $c_0\to 1(h\to 0)$. 系数 $c_0,\cdots,c_k$ 满足线性方程组

$$
\begin{cases}
c_0+c_1+\cdots+c_k=y_0,\\
c_0[r_0(h\lambda)]+\cdots+c_k[r_k(h\lambda)]=y_1,\\
\qquad\cdots\cdots\\
c_0[r_0(h\lambda)]^k+\cdots+c_k[r_k(h\lambda)]^k=y_k,
\end{cases} \tag{1.12.59}
$$

初始值 $y_0,\cdots,y_k$ 假设满足

$$
\eta(h)\equiv\max_{0\leqslant n\leqslant k}|\mathrm{e}^{\lambda x_n}-y_n|\to 0,\quad h\to 0, \tag{1.12.60}
$$

这蕴涵

$$
\lim_{h\to 0}y_n=1,\quad n=0,\cdots,k, \tag{1.12.61}
$$

其中系数 c_0 可以由 Cramer 法则得到

$$
c_0=A/B,\quad A=\begin{vmatrix} y_0 & 1 & \cdots & 1\\ y_1 & r_1 & \cdots & r_k\\ \vdots & \vdots & & \vdots\\ y_k & r_1^k & \cdots & r_k^k \end{vmatrix},\quad B=\begin{vmatrix} 1 & 1 & \cdots & 1\\ r_0 & r_1 & \cdots & r_k\\ \vdots & \vdots & & \vdots\\ r_0^k & r_1^k & \cdots & r_k^k \end{vmatrix}. \tag{1.12.62}
$$

分母收敛于关于 $r_0(0)=1,r_1(0),\cdots,r_k(0)$ 的 Vandermonde 行列式. 由于根互不相同, 因此非零. 由式 (1.12.49) 知, 当 $h\to 0$ 时, 分子收敛于相同的量. 因此, 当 $h\to 0$ 时, $c_0\to 1$. 再根据式 (1.12.49) 及

$$
c_jr_j(h\lambda)^n\to 0,\quad h\to 0,\quad j=1,2,\cdots,k, \tag{1.12.63}
$$

得 $\{y_n\}\to y(x_n)=\mathrm{e}^{\lambda x_n}$. □

由定理 1.12.1 和定理 1.12.2 可得如下推论.

推论 1.12.3　*相容的多步法是收敛的当且仅当是稳定的.*

1.12.2　强稳定性和弱稳定性

一个零稳定的 $k+1$ 步线性多步法 (1.12.1), 根据 $\rho(r)=0$ 的根在单位圆上的情况, 有强稳定和弱稳定之分.

定义 1.12.6　如果 $\rho(r)=0$ 的根只有一个在单位圆上, 其余都在单位圆内, 即

$$|r_j(0)|<1,\quad j=1,2,\cdots,k, \tag{1.12.64}$$

则称该多步法强稳定.

条件 (1.12.64) 称为强根条件.

定义 1.12.7　一个零稳定的多步法, 如果 $\rho(r)=0$ 的根在单位圆上多于一个, 则称该多步法弱稳定.

例 1.12.2　考虑 Adams 方法当 $h\to 0$ 的稳定性. 不论 Adams-Bashforth 方法还是 Adams-Moulton 方法, 当 $h=0$ 时都有相同的特征多项式

$$\rho(r)=r^{k+1}-r^k,$$

特征根是 $r_0=1, r_j=0,\ j=1,2,\cdots,k$. 因此强根条件满足, Adams 方法强稳定.

例 1.12.3　考虑中点公式

$$y_{n+1}=y_{n-1}+2hf(x_n,y_n),\quad n=1,2,\cdots \tag{1.12.65}$$

的稳定性. 若用于 $y'=\lambda y$ 后对应的特征方程为

$$r^2=1+2h\lambda r, \tag{1.12.66}$$

该方程有两个特征根

$$r_0(h\lambda)=h\lambda+\sqrt{1+h^2\lambda^2}=1+h\lambda+O(h^2), \tag{1.12.67}$$

$$r_1(h\lambda)=h\lambda-\sqrt{1+h^2\lambda^2}=-1+h\lambda+O(h^2). \tag{1.12.68}$$

显然中点公式是弱稳定的.

1.12.3　相对稳定性与绝对稳定性

在前面的稳定性讨论中, 要求 h 的值充分小, 但假如 h 很小, 计算上并不实际, 因此需要知道 h 的容许范围. 一个是相对稳定区域, 另一个稳定区域是绝对稳定区域. 给定一个 $k+1$ 步线性多步法 (1.12.1), 就可写出对应的两个多项式 $\rho(r)$ 和 $\sigma(r)$; 也称 $\rho(r)$ 为第一特征多项式, 称 $\sigma(r)$ 为第二特征多项式. 令

$$S(r,h\lambda):=\rho(r)-h\lambda\sigma(r), \tag{1.12.69}$$

称 $S(r,h\lambda)$ 为稳定多项式.

定义 1.12.8 如果稳定多项式的根 $r_j(h\lambda)$ 满足

$$|r_j(h\lambda)| \leqslant r_0(h\lambda), \quad j=1,2,\cdots,k, \tag{1.12.70}$$

其中 $r_0(h\lambda)\to 1, h\to 0$ 是主根, 则称该多步法相对稳定. 相对稳定区域定义为满足式 (1.12.70) 所有 $h\lambda$ 的值.

由例 1.12.3 中对中点公式的讨论可知, 当 $\lambda<0$ 时, $|r_1|>r_0$, 因此中点公式不是相对稳定的; 当 $\lambda>0$ 时, 中点公式相对稳定, 相对稳定区域为 $(0,\infty)$. 由上讨论可知, 强根条件蕴涵相对稳定性, 但相对稳定性不蕴涵强根条件, 尽管对大多数方法两者是等价的.

另一个稳定区域是绝对稳定区域, 这时 λ 限制为 $\lambda<0$, 从而 $y(x)=\mathrm{e}^{\lambda x}\to 0, x\to\infty$. 因此对所有的 $h\lambda$ 使得当 $x_n\to\infty$ 时, 通解应有

$$y_n=\sum_{j=0}^{k} c_j[r_j(h\lambda)]^n\to 0, \quad n\to\infty, \tag{1.12.71}$$

从而有下面绝对稳定性的定义.

定义 1.12.9 如果稳定多项式的根 $r_j(h\lambda)$ 满足

$$|r_j(h\lambda)|<1, \quad j=0,1,2,\cdots,k, \tag{1.12.72}$$

则称多步法绝对稳定, 相应的 $h\lambda$ 所在的区域称为绝对稳定区域.

定义 1.12.10 如果多步法的绝对稳定区域包含整个左半平面 $\{z\in\mathbb{C}:\mathrm{Re}z\leqslant 0\}$, 则称该多步法是 A 稳定的.

例 1.12.4 考虑 Euler 公式

$$y_{n+1}=y_n+hf_n, \quad n\geqslant 0,$$

用于模型方程 $y'=\lambda y, \mathrm{Re}\lambda<0$ 后, 特征方程是

$$r-1-h\lambda=0,$$

特征根为 $r=1+h\lambda$, 绝对稳定区间是由 $|1+h\lambda|<1$ 解得, 为 $(-2,0)$.

例 1.12.5 向后的 Euler 方法

$$y_{n+1}=y_n+hf_{n+1},$$

这是最简单的隐式单步法, 用于模型方程后的特征方程的特征根是

$$r=\frac{1}{1-h\lambda},$$

由于 $\mathrm{Re}\lambda<0$, 所以恒有 $|r|<1$, 从而向后的 Euler 方法是 A 稳定的. 如果 λ 为实数, 则绝对稳定区间为 $(-\infty,0)\cup(2,\infty)$.

例 1.12.6 梯形公式为

$$y_{n+1} = y_n + \frac{h}{2}(f_n + f_{n+1}), \quad n \geqslant 0,$$

用于模型方程 $y' = \lambda y, \mathrm{Re}\lambda < 0$ 后, 可求得特征方程的特征根为

$$r = \frac{1 + \frac{1}{2}h\lambda}{1 - \frac{1}{2}h\lambda},$$

当 $\mathrm{Re}\lambda < 0$ 时, 恒有 $|r| < 1$, 从而梯形公式的绝对稳定区域是整个左边复平面; 如果 λ 为实数, 绝对稳定区间是 $(-\infty, 0)$. 因此梯形法是 A 稳定的方法.

例 1.12.7 考虑二阶 Adams-Bashforth 方法

$$y_{n+1} = y_n + \frac{h}{2}(3f_n - f_{n-1}), \quad n \geqslant 0,$$

其特征方程是

$$r^2 - \left(1 + \frac{3}{2}h\lambda\right) r + \frac{1}{2}h\lambda = 0,$$

特征根是

$$r_0 = \frac{1}{2}\left(1 + \frac{3}{2}h\lambda + \sqrt{1 + h\lambda + \frac{9}{4}h^2\lambda^2}\right), \tag{1.12.73}$$

$$r_1 = \frac{1}{2}\left(1 + \frac{3}{2}h\lambda - \sqrt{1 + h\lambda + \frac{9}{4}h^2\lambda^2}\right), \tag{1.12.74}$$

绝对稳定区域是满足下式

$$|r_0(h\lambda)| < 1, \quad |r_1(h\lambda)| < 1$$

的 $h\lambda$. 对实数 λ, 可知 $h\lambda$ 的范围为 $-1 < h\lambda < 0$.

例 1.12.8 考虑二步四阶 Milne 方法

$$y_{n+2} = y_n + \frac{h}{3}(f_{n+2} + 4f_{n+1} + f_n)$$

的稳定性. 将模型方程 $y' = \lambda y, \mathrm{Re}\lambda < 0$ 代入上式, 得

$$\left(1 - \frac{h\lambda}{3}\right) y_{n+2} - \frac{4h\lambda}{3} y_{n+1} - \left(1 + \frac{h\lambda}{3}\right) y_n = 0,$$

特征方程为

$$\left(1 - \frac{h\lambda}{3}\right) r^2 - \frac{4h\lambda}{3} r - \left(1 + \frac{h\lambda}{3}\right) = 0,$$

求得两个根为

$$r_1 = \left(1 - \frac{h\lambda}{3}\right)^{-1} \left(\frac{2h\lambda}{3} + \sqrt{1 + \frac{h^2\lambda^2}{3}}\right),$$

$$r_2 = \left(1 - \frac{h\lambda}{3}\right)^{-1} \left(\frac{2h\lambda}{3} - \sqrt{1 + \frac{h^2\lambda^2}{3}}\right),$$

通过级数展开计算, 可求得

$$r_1 = \mathrm{e}^{h\lambda} + O((h\lambda)^5), \quad r_2 = -\mathrm{e}^{-\frac{h\lambda}{3}} + O((h\lambda)^3),$$

从而可以不论 λ 是实数还是复数, 当 h 充分小时, r_1, r_2 中总有一个模大于 1, 所以 Milne 方法没有绝对稳定区域. 当 $h\lambda > 0$ 时, Milne 方法是相对稳定的, 由 $|r_2(h\lambda)| \leqslant |r_1(h\lambda)|$ 可求得相对稳定区间 $(0, \infty)$.

注 1　绝对稳定的方法一定相对稳定, 反之不然. 当 $\mathrm{Re}\lambda < 0$ 或 $\dfrac{\partial f(x,y)}{\partial y} < 0$ 时, 可用相对稳定的方法如中点公式、Milne 公式来求解, Nyström 公式和 Milne-Simpson 公式也有类似的特征. 以后我们更多讨论绝对稳定性的分析.

注 2　例 1.12.7 和例 1.12.8 都涉及一元二次方程的根在单位圆内的判断, 可以证明有如下结论: 实系数一元二次方程 $r^2 - br - c = 0$ 的根在单位圆内的充分必要条件是

$$|b| < 1 - c < 2. \tag{1.12.75}$$

更多的情况将在第 4 章中详细讨论.

例 1.12.9　讨论 s 级显式 Runge-Kutta 方法的绝对稳定性. 将 s 级显式 Runge-Kutta 方法 (1.4.6) 应用于模型方程 $y' = \lambda y$, 可得

$$\begin{aligned}
&k_1 = \lambda y_n, \\
&k_2 = \lambda\Big(1 + a_{2,1}h\lambda\Big)y_n = \lambda P_1(h\lambda)y_n, \\
&k_3 = \lambda\Big(1 + a_{3,1}h\lambda + a_{3,2}hk_2\Big)y_n = \lambda P_2(h\lambda)y_n, \\
&\qquad\qquad\qquad \cdots\cdots \\
&k_s = \lambda\Big(1 + a_{s,1}h\lambda + a_{s,2}hk_2 + \cdots + a_{s,s-1}hk_{s,s-1}\Big)y_n = \lambda P_{s-1}(h\lambda)y_n,
\end{aligned}$$

其中 $P_i, i = 1, \cdots, s$ 是 i 次多项式, 而且

$$y_{n+1} = (1 + P_s(h\lambda))y_n, \quad n = 0, 1, \cdots. \tag{1.12.76}$$

如果 Runge-Kutta 方法是 p 阶的, 则与 $y(x_{n+1})$ 的 p 阶展开式用于模型方程后的结果

$$y(x_{n+1}) = \left(1 + h\lambda + \frac{(h\lambda)^2}{2!} + \cdots + \frac{(h\lambda)^p}{p!}\right) y(x_n) + O(h^{p+1}) \tag{1.12.77}$$

比较, 知

$$1 + P_s(h\lambda) = 1 + h\lambda + \frac{(h\lambda)^2}{2!} + \cdots + \frac{(h\lambda)^p}{p!}, \tag{1.12.78}$$

因 $h\lambda$ 任意, 故 $s \geqslant p$, 取 $s = p$, 由式 (1.12.76) 知

$$y_{n+1} = \left(1 + h\lambda + \frac{(h\lambda)^2}{2!} + \cdots + \frac{(h\lambda)^s}{s!}\right) y_n, \quad n = 0, 1, \cdots, \tag{1.12.79}$$

该差分方程所对应的特征方程是一次, 绝对稳定区域显然是

$$|r| = \left|1 + h\lambda + \frac{(h\lambda)^2}{2!} + \cdots + \frac{(h\lambda)^s}{s!}\right| \leqslant 1, \quad n = 0, 1, \cdots \tag{1.12.80}$$

所围成的区域. 表 1.29 是 s 级 $(s = 1, 2, 3, 4, 5)$Runge-Kutta 方法的绝对稳定区间. 图 1.12.1 是复平面上 s 级 $(s = 1, 2, 3, 4, 5)$Runge-Kutta 方法的绝对稳定区域. 注意, 当 $s = 5$ 时, 由 1.4 节可知, 5 级公式只有 4 阶精度.

表 1.29　s 级 Runge-Kutta 方法的绝对稳定区间

s	特征多项式	绝对稳定区间
1	$1 + h\lambda$	$(-2, 0)$
2	$1 + h\lambda + \frac{(h\lambda)^2}{2!}$	$(-2, 0)$
3	$1 + h\lambda + \frac{(h\lambda)^2}{2!} + \frac{(h\lambda)^3}{3!}$	$(-2.5127, 0)$
4	$1 + h\lambda + \frac{(h\lambda)^2}{2!} + \frac{(h\lambda)^3}{3!} + \frac{(h\lambda)^4}{4!}$	$(-2.7853, 0)$
5	$1 + h\lambda + \frac{(h\lambda)^2}{2!} + \frac{(h\lambda)^3}{3!} + \frac{(h\lambda)^4}{4!} + \frac{(h\lambda)^5}{5!}$	$(-3.2170, 0)$

1.12.4　Dahlquist 稳定性理论

文献 [23] 证明了关于线性 k 步多步法阶 p 与 k 之间的关系. 下面是一些结论.

定理 1.12.4　*对任何正整数 k, 存在相容的 $2k$ 阶 k 步线性多步法, 但 (渐近) 稳定的 k 步线性多步法的阶数不超过 $k + 2$(k 为偶数), 或不超过 $k + 1$(k 为奇数).*

定理 1.12.5　*显式 k 步线性多步法不能 A 稳定.*

定理 1.12.6　*A 稳定的线性 k 步多步法的阶数不超过 2, 其中二阶精度的梯形公式 $(k = 1)$ 的截断误差最小.*

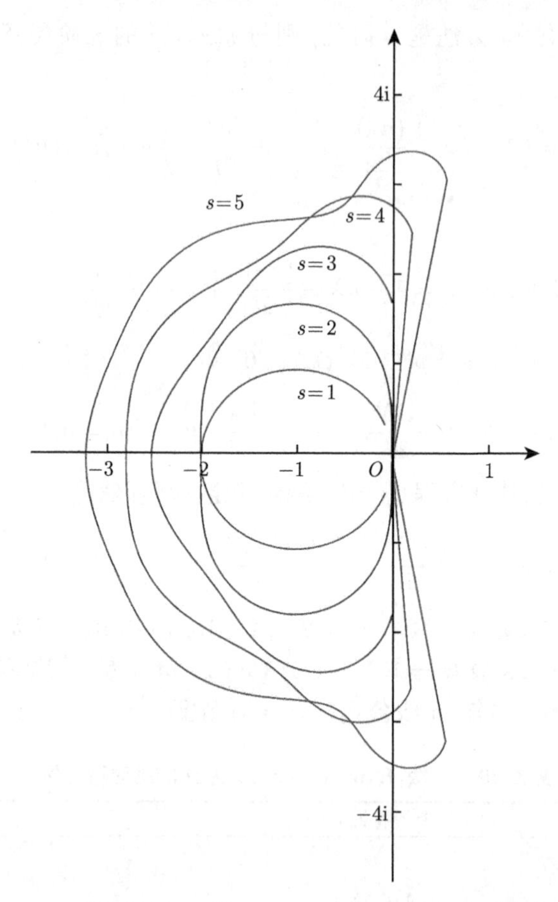

图 1.12.1 复平面上 s 级 Runge-Kutta 方法的绝对稳定区域

很多实际问题并不需要在整个左半复平面上稳定, A 稳定的方法都是隐式的且阶数不超过 2. 为了获得更高的精度, A 稳定的概念可以推广. 文献 [43] 和 [84] 引进了 k 步多步法的 $A(\alpha)$ 稳定的概念, 其中 $\alpha\in(0,\pi/2)$.

定义 1.12.11 一个数值方法是 $A(\alpha)$ 稳定的, 如果应用于模型方程其稳定区域包含 S_α

$$S_\alpha=\{z\in\mathbb{C}:\ |\arg(-z)|<\alpha, z\neq 0\},\quad z=h\lambda. \tag{1.12.81}$$

一个数值方法是 $A(0)$ 稳定的, 如果对于某充分小的 α, 它是 $A(\alpha)$ 稳定的.

显然对一个方法, 如果该方法对 $\forall\alpha\in(0,\pi/2)$ 是 $A(\alpha)$ 稳定的, 则该方法是 $A\left(\dfrac{\pi}{2}\right)$ 稳定的. 若 k 步线性多步法的阶为 p, 则有下面的两个结果.

定理 1.12.7 $A(0)$ 稳定且 $p\geqslant k+1$ 的方法只有一个, 即梯形公式.

定理 1.12.8 对所有的 $\alpha\in\left[0,\dfrac{\pi}{2}\right)$, 存在 $A(\alpha)$ 稳定的三步三阶的方法 ($k=$

$p=3$) 和四步四阶的方法.

对刚性问题 (1.14 节), 文献 [39], [43] 引进了刚性稳定的概念.

定义 1.12.12 一个数值方法是刚性稳定的, 如果它的稳定区域包含

$$\{z \in \mathbb{C}:\ \mathrm{Re}(z) < -a\}, \quad z = h\lambda, \tag{1.12.82}$$

以及矩形区域

$$|\mathrm{Im}(z)| \leqslant \theta, \quad -a \leqslant \mathrm{Re}(z) \leqslant -b, \quad z = h\lambda, \tag{1.12.83}$$

其中 a,θ,b 为正数.

1.13 预测–校正算法

首先介绍一个最简单的校正算法, 将中点公式

$$\begin{cases} y_{n+1} = y_{n-1} + 2hf_n, \\ R_n = \dfrac{h^3}{3} y'''(\xi_1), \quad x_{n-1} < \xi_1 < x_{n+1} \end{cases} \tag{1.13.1}$$

和梯形公式

$$\begin{cases} y_{n+1} = y_n + \dfrac{h}{2}[f_{n+1} + f_n], \\ R_n = -\dfrac{h^3}{12} y'''(\xi_2), \quad x_n < \xi_2 < x_{n+1} \end{cases} \tag{1.13.2}$$

结合起来构造预测–校正算法.

1. PECE 算法

$$\mathrm{P}:\ \bar{y}_{n+1} = y_{n-1} + 2hf_n, \tag{1.13.3}$$

$$\mathrm{E}:\ \bar{f}_{n+1} = f(x_{n+1}, \bar{y}_{n+1}), \tag{1.13.4}$$

$$\mathrm{C}:\ y_{n+1} = y_n + \frac{h}{2}(\bar{f}_{n+1} + f_n), \tag{1.13.5}$$

$$\mathrm{E}:\ f_{n+1} = f(x_{n+1}, y_{n+1}). \tag{1.13.6}$$

2. $\mathrm{PE(CE)}^{\mu}$ 算法

$$\mathrm{P}:\ y_{n+1}^{[0]} = y_{n-1} + 2hf_n, \tag{1.13.7}$$

$$\mathrm{E}:\ f_{n+1}^{[0]} = f\left(x_{n+1}, y_{n+1}^{[0]}\right), \tag{1.13.8}$$

$$\mathrm{C}:\ y_{n+1}^{[\nu+1]} = y_n + \frac{h}{2}\left(f_{n+1}^{[\nu]} + f_n\right), \tag{1.13.9}$$

$$\mathrm{E}:\ f_{n+1}^{[\nu+1]} = f\left(x_{n+1}, y_{\nu+1}^{[\nu+1]}\right), \quad \nu = 0, 1, \cdots, \mu - 1. \tag{1.13.10}$$

该算法后两步作了迭代计算.

k 步隐式方法可以写成下列形式

$$y_{m+k}+\sum_{j=0}^{k-1}\alpha_j y_{m+j}=h\beta_k f(x_{m+k},y_{m+k})+h\sum_{j=0}^{k-1}\beta_j f_{m+j}, \tag{1.13.11}$$

其中 y_{m+j}, $f_{m+j}, j=0,1,\cdots,k-1$ 已知. 一般来说, 这是关于 y_{m+k} 的非线性方程, 通常用迭法求解

$$y_{m+k}^{[\nu+1]}+\sum_{j=0}^{k-1}\alpha_j y_{m+j}=h\beta_k f\left(x_{m+k},y_{m+k}^{[\nu]}\right)+h\sum_{j=0}^{k-1}\beta_j f_{m+j},\quad \nu=0,1\cdots, \tag{1.13.12}$$

$y_{m+k}^{[0]}$ 为给定的初始近似. 易证, 当初始近似 $y_{m+k}^{[0]}$ 选择适当时, 若 $h<\dfrac{1}{L|\beta_k|}$, 则式 (1.13.12) 收敛, 这里 L 为 f 关于 y 的 Lipschitz 常数. 初始值 $y_{m+k}^{[0]}$ 用显式算法计算

$$y_{m+k}^{[0]}+\sum_{j=0}^{k-1}\alpha_j^* y_{m+j}=h\sum_{j=0}^{k-1}\beta_j^* f_{m+j}. \tag{1.13.13}$$

用式 (1.13.12) 和式 (1.13.13) 构成的算法通称*预测–校正算法*, 简称*预校算法*或*PC 算法*, 式 (1.13.13) 用作预测 (predictor), 式 (1.13.12) 用作校正 (corrector).

用预校算法进行计算时, 首先利用预估算法得到 $y_{m+k}^{[0]}$, 然后计算 $f\left(x_{m+k}, y_{m+k}^{[0]}\right)$, 接着再使用校正算法, 这算完成了一步校正. 然后对 $y_{m+k}^{[1]}$ 重复上述过程, 如此循环下去. 这种算法记为P(EC)$^\mu$E 算法, 具体计算公式为

$$\begin{aligned}
P:&\quad y_{m+k}^{[0]}+\sum_{j=0}^{k-1}\alpha_j^* y_{m+j}^{[\mu]}=h\sum_{j=0}^{k-1}\beta_j^* f_{m+j}^{[\mu]},\\
E:&\quad f_{m+k}^{[\nu]}=f\left(x_{m+k},y_{m+k}^{[\nu]}\right),\\
C:&\quad y_{m+k}^{[\nu+1]}+\sum_{j=0}^{k-1}\alpha_j y_{m+j}^{[\mu]}=h\beta_k f_{m+k}^{[\nu]}+h\sum_{j=0}^{k-1}\beta_j f_{m+j}^{[\mu]},\\
&\qquad\qquad\qquad \nu=0,1,2,\cdots,\mu-1,\\
E:&\quad f_{m+k}^{[\mu]}=f\left(x_{m+k},y_{m+k}^{[\mu]}\right).
\end{aligned} \tag{1.13.14}$$

1.13.1 局部截断误差

一般地, k 步多步法的预测–校正 (PC) 算法为

$$\begin{cases}
\displaystyle\sum_{j=0}^{k}\alpha_j^* y_{n+j}=h\sum_{j=0}^{k-1}\beta_j^* f_{n+j},\\
\displaystyle\sum_{j=0}^{k}\alpha_j y_{n+j}=h\sum_{j=0}^{k}\beta_j f_{n+j},
\end{cases} \tag{1.13.15}$$

其中 $\alpha_k = 1$, $|\alpha_0| + |\beta_0| \neq 0$. 若定义了移位算子 $E: Ey_j = y_{j+1}$, 则式 (1.13.15) 可以写成

$$\rho^*(E)y_n = h\sigma^*(E)f_n, \quad \rho(E)y_n = h\sigma(E)f_n. \tag{1.13.16}$$

设预测和校正算法的阶分别为 p^* 和 p, 局部截断误差主项的系数 $c^*_{p^*+1}$ 和 c_{p+1}, L^* 和 L 是相应的差分算子, 则

$$L^*[y(x);h] = c^*_{p^*+1}h^{p^*+1}y^{(p^*+1)}(x) + O(h^{p^*+2}), \tag{1.13.17}$$

$$L[y(x);h] = c_{p+1}h^{p+1}y^{(p+1)}(x) + O(h^{p+2}), \tag{1.13.18}$$

于是

$$\sum_{j=0}^{k} \alpha_j^* y(x_{n+j}) = h\sum_{j=0}^{k-1} \beta_j^* f(x_{n+j}, y(x_{n+j})) + L^*[y(x_n);h], \tag{1.13.19}$$

$$\tilde{y}_{n+k}^{[0]} + \sum_{j=0}^{k-1} \alpha_j^* y_{n+j}^{[\mu]} = h\sum_{j=0}^{k-1} \beta_j^* f\left(x_{n+j}, y_{n+j}^{[\mu]}\right), \tag{1.13.20}$$

根据局部化假设, $y_{n+j}^{[\mu]} = y(x_{n+j}), j = 0, 1, \cdots, k-1$. 因此

$$y(x_{n+k}) - \tilde{y}_{n+k}^{[0]} = c^*_{p^*+1}h^{p^*+1}y^{(p^*+1)}(x_n) + O(h^{p^*+2}). \tag{1.13.21}$$

类似地, 对校正步, 有

$$\sum_{j=0}^{k} \alpha_j y(x_{n+j}) = h\sum_{j=0}^{k} \beta_j f(x_{n+j}, y(x_{n+j})) + L[y(x_n);h], \tag{1.13.22}$$

以及

$$\begin{aligned}
&\tilde{y}_{n+k}^{[\nu+1]} + \sum_{j=0}^{k-1} \alpha_j y_{n+j}^{[\mu]} \\
=&\, h\beta_k f\left(x_{n+k}, \tilde{y}_{n+k}^{[\nu]}\right) + h\sum_{j=0}^{k-1} \beta_j f\left(x_{n+j}, y_{n+j}^{[\mu]}\right), \quad \nu = 0, 1, \cdots, \mu-1.
\end{aligned} \tag{1.13.23}$$

利用局部化假设, 将式 (1.13.22) 减去式 (1.13.23), 得到

$$\begin{aligned}
y(x_{n+k}) - \tilde{y}_{n+k}^{[\nu+1]} =&\, h\beta_k \left[f\left(x_{n+k}, y(x_{n+k})\right) - f\left(x_{n+k}, \tilde{y}_{n+k}^{[\nu]}\right)\right] + L[y(x_n);h] \\
=&\, h\beta_k \frac{\partial f}{\partial y}(x_{n+k}, \eta_\nu)\left[y(x_{n+k}) - \tilde{y}_{n+k}^{[\nu]}\right] \\
&+ c_{p+1}h^{p+1}y^{(p+1)}(x_n) + O(h^{p+2}), \quad \nu = 0, 1, \cdots, \mu-1.
\end{aligned} \tag{1.13.24}$$

下面分三种情况讨论.

(1) 当 $p^* \geqslant p$ 时, 在式 (1.13.24) 中令 $\nu = 0$, 将式 (1.13.21) 代入式 (1.13.24) 得

$$y(x_{n+k}) - \tilde{y}_{n+k}^{[1]} = c_{p+1}h^{p+1}y^{(p+1)}(x_n) + O(h^{p+2}). \tag{1.13.25}$$

在式 (1.13.24) 中令 $\nu = 1$, 再将式 (1.13.25) 代入, 得

$$y(x_{n+k}) - \tilde{y}_{n+k}^{[2]} = c_{p+1}h^{p+1}y^{(p+1)}(x_n) + O(h^{p+2}), \tag{1.13.26}$$

类似可得

$$y(x_{n+k}) - \tilde{y}_{n+k}^{[\mu]} = c_{p+1}h^{p+1}y^{(p+1)}(x_n) + O(h^{p+2}). \tag{1.13.27}$$

因此当 $p^* \geqslant p$ 时, 对所有的 $\mu \geqslant 1$, 预测–校正算法的局部截断误差由校正步确定.

(2) 当 $p^* = p - 1$ 时, 在式 (1.13.24) 中令 $\nu = 0$, 将式 (1.13.21) 代入式 (1.13.24) 中, 得

$$y(x_{n+k}) - \tilde{y}_{n+k}^{[1]} = \left[\beta_k \frac{\partial f}{\partial y} c_p^* y^{(p)}(x_n) + c_{p+1}y^{(p+1)}(x_n)\right] h^{p+1} + O(h^{p+2}). \tag{1.13.28}$$

若 $\mu = 1$, 即是 PECE 算法, 则预测校正后的误差主项与校正步的误差主项不同 (主项常数不同), 但预测校正的阶与校正步的阶一样. 当 $\mu \geqslant 2$ 时, 逐次应用可得

$$y(x_{n+k}) - \tilde{y}_{n+k}^{[\mu]} = c_{p+1}h^{p+1}y^{(p+1)}(x_n) + O(h^{p+2}), \tag{1.13.29}$$

主项误差与校正步的主项误差相同.

(3) 当 $p^* = p - 2$, 同样可得

$$y(x_{n+k}) - \tilde{y}_{n+k}^{[1]} = \beta_k \frac{\partial f}{\partial y} c_{p-1}^* h^p y^{(p-1)}(x_n) + O(h^{p+1}), \tag{1.13.30}$$

当 $\mu = 1$ 时, 预校算法 PC 算法的阶是 $p - 1$ 阶, 在式 (1.13.24) 中令 $\nu = 1$, 再将式 (1.13.30) 代入式 (1.13.24) 得

$$\begin{aligned} & y(x_{n+k}) - \tilde{y}_{n+k}^{[2]} \\ = & \left[\left(\beta_k \frac{\partial f}{\partial y}\right)^2 c_{p-1}^* y^{(p-1)}(x_n) + c_{p+1}y^{(p+1)}(x_n)\right] h^{p+1} + O(h^{p+2}). \end{aligned} \tag{1.13.31}$$

因此对 $\mu = 2$ 时 (迭代 2 次), PC 算法的收敛阶与校正步的收敛阶相同, 但局部截断误差主项不同, 继续迭代 $\mu \geqslant 3$, 则有

$$y(x_{n+k}) - \tilde{y}_{n+k}^{[\mu]} = c_{p+1}h^{p+1}y^{(p+1)}(x_n) + O(h^{p+2}). \tag{1.13.32}$$

局部截断误差主项与校正步的一样.

因此预测–校正算法的阶与 p^* 和 p 的差有关, 与迭代次数也有关, 结果如下.

(1) 当 $p^* \geqslant p$ (或当 $p^* < p, \mu > p - p^*$) 时, PC 算法和校正方法有相同的收敛阶和局部截断误差主项.

(2) 当 $p^* < p$ 及 $\mu = p - p^*$ 时, PC 算法和校正方法有相同的收敛阶但有不同的局部截断误差主项.

(3) 当 $p^* < p$ 及 $\mu \leqslant p - p^* - 1$ 时, PC 算法的收敛阶是 $p^* + \mu (< p)$.

1.13.2 修正算法

如果预测和校正算法同阶, $p^* = p$, 这时将

$$c_{p+1}^* h^{p+1} y^{(p+1)}(x_n) = y(x_{n+k}) - \tilde{y}_{n+k}^{[0]} + O(h^{p+2}), \tag{1.13.33}$$

$$c_{p+1} h^{p+1} y^{(p+1)}(x_n) = y(x_{n+k}) - \tilde{y}_{n+k}^{[\mu]} + O(h^{p+2}) \tag{1.13.34}$$

两式相减, 得

$$(c_{p+1}^* - c_{p+1}) h^{p+1} y^{(p+1)}(x_n) = \tilde{y}_{n+k}^{[\mu]} - \tilde{y}_{n+k}^{[0]} + O(h^{p+2}). \tag{1.13.35}$$

因此

$$c_{p+1} h^{p+1} y^{(p+1)}(x_n) = w\left(\tilde{y}_{n+k}^{[\mu]} - \tilde{y}_{n+k}^{[0]}\right) + O(h^{p+2}), \tag{1.13.36}$$

其中

$$w = \frac{c_{p+1}}{c_{p+1}^* - c_{p+1}}. \tag{1.13.37}$$

利用局部化假设, 将右端 $\tilde{y}_{n+k}^{[\mu]}$ 用 $y_{n+k}^{[\mu]}$ 替代, 得

$$c_{p+1} h^{p+1} y^{(p+1)}(x_n) = w\left(y_{n+k}^{[\mu]} - y_{n+k}^{[0]}\right) + O(h^{p+2}). \tag{1.13.38}$$

这样通过对 $y_n^{[0]}$ 作如下修正 (modify) 或局部外推, 得

$$y_n^{[\nu]} + w\left(y_n^{[\nu]} - y_n^{[0]}\right), \tag{1.13.39}$$

即计算

$$(1+w) y_n^{[\nu]} - w y_n^{[0]} \tag{1.13.40}$$

就可使方法提高一阶, 得到如下 $\mathrm{P(EC)}^{\mu}\mathrm{ME}$ 算法 (在每次迭代结束后作修正).

$$\text{P}:\quad \hat{y}_{n+k}^{[0]}+\sum_{j=0}^{k-1}\alpha_j^* y_{n+j}^{[\mu]}=h\sum_{j=0}^{k-1}\beta_j^* f_{n+j}^{[\mu]}, \tag{1.13.41}$$

$$(\text{EC})^\mu:\quad \hat{f}_{n+k}^{[\nu]}=f\left(x_{n+k},\hat{y}_{n+k}^{[\nu]}\right), \tag{1.13.42}$$

$$\hat{y}_{n+k}^{[\nu+1]}+\sum_{j=0}^{k-1}\alpha_j y_{n+j}^{[\mu]}=h\beta_k\hat{f}_{n+k}^{[\nu]}+h\sum_{j=0}^{k-1}\beta_j f_{n+j}^{[\mu]},$$
$$\nu=0,1,\cdots,\mu-1, \tag{1.13.43}$$

$$\text{M}:\quad y_{n+k}^{[\mu]}=(1+w)\hat{y}_{n+k}^{[\mu]}-w\hat{y}_{n+k}^{[0]}, \tag{1.13.44}$$

$$\text{E}:\quad f_{n+k}^{[\mu]}=f(x_{n+k},y_{n+k}^{[\mu]}). \tag{1.13.45}$$

$\text{P(ECM)}^\mu\text{E}$ 算法 (在每次迭代中作修正) 如下.

$$\text{P}:\quad \hat{y}_{n+k}^{[0]}+\sum_{j=0}^{k-1}\alpha_j^* y_{n+j}^{[\mu]}=h\sum_{j=0}^{k-1}\beta_j^* f_{n+j}^{[\mu]}, \tag{1.13.46}$$

$$(\text{ECM})^\mu:\quad \hat{f}_{n+k}^{[\nu]}=f(x_{n+k},\hat{y}_{n+k}^{[\nu]}), \tag{1.13.47}$$

$$\bar{y}_{n+k}^{[\nu+1]}+\sum_{j=0}^{k-1}\alpha_j y_{n+j}^{[\mu]}=h\beta_k\hat{f}_{n+k}^{[\nu]}+h\sum_{j=0}^{k-1}\beta_j f_{n+j}^{[\mu]}, \tag{1.13.48}$$

$$\hat{y}_{n+k}^{[\nu+1]}=(1+w)\bar{y}_{n+k}^{[\nu+1]}-w\hat{y}_{n+k}^{[0]},\quad \nu=0,1,\cdots,\mu-1, \tag{1.13.49}$$

$$\text{E}:\quad f_{n+k}^{[\mu]}=f(x_{n+k},\hat{y}_{n+k}^{[\mu]}). \tag{1.13.50}$$

下面以 Adams 方法为例, 进一步说明预测公式和校正公式中的 PECE 算法和 PMECME 算法. Adams 四步四阶显式公式为

$$y_{m+4}=y_{m+3}+\frac{h}{24}(55f_{m+3}-59f_{m+2}+37f_{m+1}-9f_m), \tag{1.13.51}$$

其截断误差为

$$T_1=\frac{251}{720}h^5f^{(5)}(\xi_1),\quad x_m<\xi_1<x_{m+4}. \tag{1.13.52}$$

三步四阶隐式公式为

$$y_{m+4}=y_{m+3}+\frac{h}{24}(9f_{m+4}+19f_{m+3}-5f_{m+2}+f_{m+1}), \tag{1.13.53}$$

其截断误差为

$$T_2=-\frac{19}{720}h^5f^{(5)}(\xi_2),\quad x_{m+1}<\xi_2<x_{m+4}. \tag{1.13.54}$$

我们可以用式 (1.13.51) 来计算初始近似 $y_{m+4}^{[0]}$, 这个步骤称为预测, 用 P 表示, 接着用它计算 f, 这个步骤用 E 表示, 然后按隐式公式 (1.13.53) 计算 $y_{m+4}^{[1]}$, 这个步

骤称为校正, 用 C 表示, 最后用 $y_{m+4}^{[1]}$ 再计算新的函数值 $f_{m+4}^{[1]}$, 为下次迭代计算作准备. 整个格式可以表示为

$$\begin{aligned} P:\quad & y_{m+4}^{[0]} = y_{m+3} + \frac{h}{24}(55f_{m+3} - 59f_{m+2} + 37f_{m+1} - 9f_m), \\ E:\quad & f_{m+4}^{[0]} = f(x_{m+4}, y_{m+4}^{[0]}), \\ C:\quad & y_{m+4}^{[1]} = y_{m+3} + \frac{h}{24}\left(9f_{m+4}^{[0]} + 19f_{m+3} - 5f_{m+2} + f_{m+1}\right), \\ E:\quad & f_{m+4}^{[1]} = f\left(x_{m+4}, y_{m+4}^{[1]}\right). \end{aligned} \tag{1.13.55}$$

该公式称为 Adams 四阶预测–校正 (PECE) 算法.

上面用于预测公式和校正公式的截断误差为同阶, 它们系数不同, 因此, 可以用预测值和校正值的组合来表示截断误差, 从而提高精度. 设 p_m 和 c_m 分别是第 m 步 y_m 的预测值和校正值, 则

$$y(x_{m+4}) - p_{m+4} = \frac{251}{720}h^5 y^{(5)}(\xi_1), \quad x_m < \xi_1 < x_{m+4}, \tag{1.13.56}$$

$$y(x_{m+4}) - c_{m+4} = -\frac{19}{720}h^5 y^{(5)}(\xi_2), \quad x_{m+1} < \xi_2 < x_{m+4}, \tag{1.13.57}$$

式 (1.13.56) 减去式 (1.13.57), 得

$$c_{m+4} - p_{m+4} = \frac{19}{720}h^5 y^{(5)}(\xi_2) + \frac{251}{720}h^5 y^{(5)}(\xi_1). \tag{1.13.58}$$

假定微分方程的解 $y(x)$ 的五阶导数 $y^{(5)}(x)$ 在所述区间内是连续的, 则在 x_m 与 x_{m+4} 之间必存在一数 ξ, 使

$$\frac{19}{720}h^5 y^{(5)}(\xi_2) + \frac{251}{720}h^5 y^{(5)}(\xi_1) = h^5\left[\frac{19}{720}y^{(5)}(\xi) + \frac{251}{720}y^{(5)}(\xi)\right] \tag{1.13.59}$$

$$= \frac{270}{720}h^5 y^{(5)}(\xi), \quad x_m < \xi < x_{m+4}, \tag{1.13.60}$$

于是式 (1.13.58) 化为

$$c_{m+4} - p_{m+4} = \frac{270}{720}h^5 y^{(5)}(\xi), \quad x_m < \xi < x_{m+4}, \tag{1.13.61}$$

从而得到

$$h^5 y^{(5)}(\xi) = \frac{720}{270}(c_{m+4} - p_{m+4}), \quad x_m < \xi < x_{m+4}, \tag{1.13.62}$$

假定微分方程的解的六阶导数 $y^{(6)}(x)$ 在 (x_m, x_{m+4}) 内存在并连续, 则

$$y^{(5)}(\xi_1) = y^{(5)}(\xi) + O(h), \tag{1.13.63}$$

$$y^{(5)}(\xi_2) = y^{(5)}(\xi) + O(h). \tag{1.13.64}$$

于是可以把预测公式和校正公式中的截断误差 T_1 和 T_2 分别表示为

$$T_1 = \frac{251}{720}h^5 y^{(5)}(\xi_1) = \frac{251}{270}(c_{m+4} - p_{m+4}) + O(h^6), \tag{1.13.65}$$

$$T_2 = -\frac{19}{720}h^5 y^{(5)}(\xi_2) = -\frac{19}{270}(c_{m+4} - p_{m+4}) + O(h^6). \tag{1.13.66}$$

利用上面两式, 又可算出 $y_{m+4}^{[0]}$ 和 $y_{m+4}^{[1]}$ 的修正值

$$\bar{y}_{m+4}^{[0]} = y_{m+4}^{[0]} + \frac{251}{270}(c_{m+4} - p_{m+4}), \tag{1.13.67}$$

$$\bar{y}_{m+4}^{[1]} = y_{m+4}^{[0]} - \frac{19}{270}(c_{m+4} - p_{m+4}). \tag{1.13.68}$$

由于在求 $\bar{y}_{m+4}^{[0]}$ 时, 校正值 c_{m+4} 在其后面尚未算出, 如果预测步和校正步的局部截断误差近似为常数, 则分别可用前一点的预测值和校正值代替, 假定用仍上标 [0] 表示预测值, 用上标 [1] 表示校正值, 用上划线 "–" 表示经过了修正, 则此可构成 PMECME 算法:

$$\begin{aligned}
&\text{P}: \quad y_{m+4}^{[0]} = y_{m+3} + \frac{h}{24}\left(55f_{m+3} - 59f_{m+2} + 37f_{m+1} - 9f_m\right), \\
&\text{M}: \quad \bar{y}_{m+4}^{[0]} = y_{m+4}^{[0]} + \frac{251}{270}\left(y_{m+3}^{[1]} - y_{m+3}^{[0]}\right), \\
&\text{E}: \quad \bar{f}_{m+4}^{[0]} = f\left(x_{m+4}, \bar{y}_{m+4}^{[0]}\right), \\
&\text{C}: \quad y_{m+4}^{[1]} = y_{m+3} + \frac{h}{24}\left(9\bar{f}_{m+4}^{[0]} + 19f_{m+3} - 5f_{m+2} + f_{m+1}\right), \\
&\text{M}: \quad \bar{y}_{m+4}^{[1]} = y_{m+4}^{[1]} - \frac{19}{270}\left(y_{m+4}^{[1]} - \bar{y}_{m+4}^{[0]}\right), \\
&\text{E}: \quad \bar{f}_{m+4}^{[1]} = f\left(x_{m+4}, \bar{y}_{m+4}^{[1]}\right),
\end{aligned} \tag{1.13.69}$$

其中当前点 x_{m+4} 之前的点处的值认为都是经过了校正和修正, $\bar{y}_{m+4}^{[1]}$ 和 $\bar{f}_{m+4}^{[1]}$ 算出后改记成 y_{m+4} 和 f_{m+4}, 用于下一点的计算. 由于开始时无预测值和校正值可以利用, 故令它们都为零, 以后就可以按上列步骤进行计算. 量 $y_{m+4}^{[1]} - y_{m+4}^{[0]}$ 还可以用来确定合适的步长. 如果它的绝对值非常小, 则步长 h 还可以放大; 如果它的绝对值比较大, 说明步长 h 取得过大, 需要缩小.

1.14 刚性方程组的解法

为了讨论在实际问题中常遇到的刚性方程组的数值解法, 首先介绍一下一阶常微分方程组的解法. 前面介绍了一阶常微分方程的各种数值解法, 这些解法对微分方程组同样适用, 下面以两个未知数的方程组为例加以说明. 考虑方程组

$$
\begin{aligned}
&\frac{\mathrm{d}y}{\mathrm{d}x} = f(x, y, z), \quad y(x_0) = y_0, \\
&\frac{\mathrm{d}z}{\mathrm{d}x} = g(x, y, z), \quad z(x_0) = z_0.
\end{aligned}
\tag{1.14.1}
$$

(1) Euler 方法的计算公式.

$$
\begin{aligned}
&y_{m+1} = y_m + hf(x_m, y_m, z_m), \quad y(x_0) = y_0, \\
&z_{m+1} = z_m + hg(x_m, y_m, z_m), \quad z(x_0) = z_0.
\end{aligned}
\tag{1.14.2}
$$

(2) 向后 Euler 方法.

因向后 Euler 方法是隐式格式, 所以必须和显式方法联合使用, 先算出初始值, 再进行迭代 $(k = 0, 1, 2, \cdots)$, 若以 k 表示迭代次数, 则计算公式为

$$
\begin{aligned}
&y_{m+1}^{(0)} = y_m + hf(x_m, y_m, z_m), \\
&z_{m+1}^{(0)} = z_m + hg(x_m, y_m, z_m), \\
&y_{m+1}^{(k+1)} = y_m + hf\left(x_{m+1}, y_{m+1}^{(k)}, z_{m+1}^{(k)}\right), \\
&z_{m+1}^{(k+1)} = z_m + hg\left(x_{m+1}, y_{m+1}^{(k)}, z_{m+1}^{(k)}\right).
\end{aligned}
\tag{1.14.3}
$$

(3) 改进的 Euler 公式.

同样必须和显式方法联合使用, 先算出初始值, 再进行迭代 $(k = 0, 1, 2, \cdots)$, 计算公式为

$$
\begin{aligned}
&y_{m+1}^{(0)} = y_m + hf(x_m, y_m, z_m), \\
&z_{m+1}^{(0)} = z_m + hg(x_m, y_m, z_m), \\
&y_{m+1}^{(k+1)} = y_m + \frac{h}{2}\left[f(x_m, y_m, z_m) + f\left(x_{m+1}, y_{m+1}^{(k)}, z_{m+1}^{(k)}\right)\right], \\
&z_{m+1}^{(k+1)} = z_m + \frac{h}{2}\left[g(x_m, y_m, z_m) + g\left(x_{m+1}, y_{m+1}^{(k)}, z_{m+1}^{(k)}\right)\right].
\end{aligned}
\tag{1.14.4}
$$

(4) Runge-Kutta 方法.

以最常用的经典四级四阶 Runge-Kutta 方法为例, 其计算公式为

$$
\begin{aligned}
&y_{m+1} = y_m + \frac{h}{6}(K_1 + 2K_2 + 2K_3 + K_4), \\
&z_{m+1} = z_m + \frac{h}{6}(M_1 + 2M_2 + 2M_3 + M_4), \\
&K_1 = f(x_m, y_m, z_m), \\
&M_1 = g(x_m, y_m, z_m), \\
&K_2 = f\left(x_m + \frac{h}{2}, y_m + \frac{h}{2}K_1, z_m + \frac{h}{2}M_1\right), \\
&M_2 = g\left(x_m + \frac{h}{2}, y_m + \frac{h}{2}K_1, z_m + \frac{h}{2}M_1\right),
\end{aligned}
$$

$$
\begin{aligned}
&K_3 = f\left(x_m + \frac{h}{2}, y_m + \frac{h}{2}K_2, z_m + \frac{h}{2}M_2\right),\\
&M_3 = g\left(x_m + \frac{h}{2}, y_m + \frac{h}{2}K_2, z_m + \frac{h}{2}M_2\right),\\
&K_4 = f(x_m + h, y_m + hK_3, z_m + hM_3),\\
&M_4 = g(x_m + h, y_m + hK_3, z_m + hM_3).
\end{aligned} \tag{1.14.5}
$$

(5) Adams 外插公式.

$$
\begin{aligned}
y_{m+4} &= y_{m+3} + \frac{h}{24}(55f_{m+3} - 59f_{m+2} + 37f_{m+1} - 9f_m),\\
z_{m+4} &= z_{m+3} + \frac{h}{24}(55g_{m+3} - 59g_{m+2} + 37g_{m+1} - 9g_m).
\end{aligned} \tag{1.14.6}
$$

(6) Adams 内插公式.

Adams 内插公式是隐式公式, 若用 Adams 外插公式先算出初始值, 再进行迭代 $(k = 0, 1, 2, \cdots)$, 则计算公式为

$$
\begin{aligned}
y_{m+4}^{(0)} &= y_{m+3} + \frac{h}{24}(55f_{m+3} - 59f_{m+2} + 37f_{m+1} - 9f_m),\\
z_{m+4}^{(0)} &= z_{m+3} + \frac{h}{24}(55g_{m+3} - 59g_{m+2} + 37g_{m+1} - 9g_m),\\
y_{m+4}^{(k+1)} &= y_{m+3} + \frac{h}{24}(9f_{m+4}^{(k)} + 19f_{m+3} - 5f_{m+2} + f_{m+1}),\\
z_{m+4}^{(k+1)} &= z_{m+3} + \frac{h}{24}(9g_{m+4}^{(k)} + 19g_{m+3} - 5g_{m+2} + g_{m+1}).
\end{aligned} \tag{1.14.7}
$$

在实际问题中, 如化学反应过程、电力系统计算及模拟理论等方面的问题, 数学模型为常微分方程组的初值问题

$$
\begin{cases}
\boldsymbol{y}' = \boldsymbol{f}(x, \boldsymbol{y}),\\
\boldsymbol{y}(a) = \boldsymbol{y}_0.
\end{cases} \tag{1.14.8}
$$

其中 $\boldsymbol{y} = (y_1, \cdots, y_n)^{\mathrm{T}}$ 为 n 维向量, $\boldsymbol{y}_0$ 是已知的初始向量. 这种系统的物理特征, 是与它的 Jacobi 矩阵 $\dfrac{\partial \boldsymbol{f}}{\partial \boldsymbol{y}}$ 的特征值 $\lambda_k = \alpha_k + \mathrm{i}\beta_k (k = 1, 2, \cdots, m)$ 所关联的. 特征值的实部 $\mathrm{Re}\lambda_k = \alpha_k$, 当 $\alpha_k > 0$ 时表示运动振幅的增长; 反之, $\alpha_k < 0$, 则表示衰减, 特征值的虚部 $\mathrm{Im}\lambda_k = \beta_k$ 表示周期性振动的频率, 而 $|\mathrm{Re}\lambda_k|$ 是一与物理系统时间常数所关联的量, 用来说明衰减速率. 在一个系统中, 不同的项以不同的速度衰减, 也就是说可以具有不同的时间常数. 如果一些分量衰减得很慢, 另一些分量衰减得很快, 则衰减快的部分将决定方法的稳定性. 由于在很少几步以后, 这些分量已经衰减到可以忽略的程度, 故使方法的截断误差由变化慢的分量来确定. 例如, 下面的系统

$$\begin{cases} y' = -y, \quad y(0) = 1, \\ z' = -100z, \quad z(0) = 1, \end{cases} \tag{1.14.9}$$

如果用 Euler 方法来求解, 根据稳定性的要求, 即 Euler 方法的绝对稳定区间是 $-2 < \lambda h < 0$, 则第一个方程要求 $0 < h < 2$, 而第二个方程则要求 $0 < 100h < 2$, 为了使两个方程都能满足稳定性的要求, 只能使 $0 < h < \dfrac{2}{100}$. 当然上面两个方程因为是独立的, 所以, 比较合理的做法是对第一个方程采用大步长, 对第二个方程采用小步长, 但一般来说, 方程组是不能分开为相互独立的方程的. 例如, 考虑系统

$$\begin{cases} y' = 998y + 1998z, \quad y(0) = 1, \\ z' = -999y - 1999z, \quad z(0) = 0. \end{cases} \tag{1.14.10}$$

该方程组的系数矩阵的特征值为

$$\lambda_1 = -1000, \quad \lambda_2 = -1.$$

它们的解为

$$\begin{cases} y = 2\mathrm{e}^{-x} - \mathrm{e}^{-1000x}, \\ z = -\mathrm{e}^{-x} + \mathrm{e}^{-1000x}. \end{cases} \tag{1.14.11}$$

y, z 均含有快变和慢变分量, 对应于 λ_1 的快速衰减的分量在积分几步之后就可以被忽略, 解由对应于 λ_2 的慢变分量来确定, 所以这时希望步长由 λ_2 来选取. 例如, 用 Euler 方法计算, 则希望步长 h 只满足不等式 $|1 + \lambda_2 h| \leqslant 1$, 但实际情况是为了保持绝对稳定, 仍然要求 $|1 + \lambda_1 h| \leqslant 1$ 都满足, 这样由于 λ_1 很大而使步长取得很小, 积分步数也因此增多. 事实上为了积分要稳态, 总的积分时间由 λ_2 来决定, 而积分步数与 $\max|\mathrm{Re}\lambda_i| / \min|\mathrm{Re}\lambda_i|$ 成比例, 如比例很大, 求解步数十分巨大.

上述困难首先是在考虑由不同刚度 (stiffness) 的跳跃所控制的物体的方程中遇到, 故称具有这种现象的方程组为刚性方程组, 也称为坏条件方程组, 下面给出它的确切定义.

定义 1.14.1 对一阶常系数线性方程组的初值问题

$$\begin{cases} \dfrac{\mathrm{d}\boldsymbol{y}}{\mathrm{d}x} = A\boldsymbol{y} + \boldsymbol{g}(x), \\ \boldsymbol{y}(x_0) = \boldsymbol{y}_0, \end{cases} \tag{1.14.12}$$

$\boldsymbol{y} = (y_1, \cdots, y_m)^{\mathrm{T}}$, 若系数矩阵的特征值 λ_i 满足关系

(1) $\mathrm{Re}\lambda_i < 0, \quad i = 1, 2, \cdots, m$.

(2) $\max\limits_i |\mathrm{Re}\lambda_i| \gg \min\limits_i |\mathrm{Re}\lambda_i|$, 则称这个方程组为刚性 (stiff) 方程组, 且比值 $\max\limits_i |\mathrm{Re}\lambda_i| / \min\limits_i |\mathrm{Re}\lambda_i|$ 称为刚性比.

为简单起见, 假定 A 的 m 个特征值互不相同, 若对应于 m 个特征值的特征向量为 $\boldsymbol{v}_j$, 则方程组 (1.14.12) 的解的一般形式为

$$\boldsymbol{y}(x)=\sum_{j=1}^{m} Q_j\boldsymbol{v}_j\mathrm{e}^{\lambda_j x}+\varphi(x), \tag{1.14.13}$$

其中 Q_j 为常数, $\boldsymbol{y}(x)$ 为 m 维未知函数向量, λ_j 是 m 个互异特征值, $\boldsymbol{v}_j$ 为对应的特征向量, $\varphi(x)$ 为方程组 (1.14.12) 的特解.

例 1.14.1　求解常微分方程组初值问题

$$\begin{cases} \boldsymbol{y}'=A\boldsymbol{y}, \\ \boldsymbol{y}(0)=(1,0,-1)^{\mathrm{T}}, \end{cases}$$

其中

$$A=\begin{pmatrix} -21 & 19 & -20 \\ 19 & -21 & 20 \\ 40 & -40 & -40 \end{pmatrix}.$$

解　由 $|A-\lambda I|=0$ 解得 A 的特征值为

$$\lambda_1=-2,\quad \lambda_2=-40+40\mathrm{i},\quad \lambda_2=-40-40\mathrm{i},$$

再由

$$(A-\lambda_j I)\boldsymbol{v}=\boldsymbol{0},\quad j=1,2,3,$$

求得相应的特征向量为

$$\boldsymbol{v}_1=(1,1,0)^{\mathrm{T}},\quad \boldsymbol{v}_2=(1,-1,-2\mathrm{i})^{\mathrm{T}},\quad \boldsymbol{v}_3=(1,-1,2\mathrm{i})^{\mathrm{T}},$$

因此通解为

$$\boldsymbol{y}(x)=c_1\mathrm{e}^{\lambda_1 x}\boldsymbol{v}_1+c_2\mathrm{e}^{\lambda_2 x}\boldsymbol{v}_2+c_3\mathrm{e}^{\lambda_3 x}\boldsymbol{v}_3,$$

再由初始条件求得

$$c_1=\frac{1}{2},\quad c_2=\frac{1}{4}(1-\mathrm{i}),\quad c_3=\frac{1}{4}(1+\mathrm{i}).$$

我们称式 (1.14.13) 右端第一项为“暂态解”, 右端第二项为“稳态解”. 在用数值方法求解稳态解时, 必须要求计算到暂态解中衰减最慢的那一项忽略为止. 因此, $\min\limits_j|\mathrm{Re}\lambda_j|$ 越小, 则积分过程越长; 而 $\max\limits_j|\mathrm{Re}\lambda_j|$ 越大, 则步长 h 要求越小, 这就是刚性问题计算时的矛盾.

从上面的分析看出, 解这类问题选用的数值方法最好是对 h 不加限制, 也就是说最好是 A-稳定的方法. 前面研究过的向后 Euler 法和梯形法, 它们都是A-稳定的, 适用于刚性方程组的求解. 解刚性微分方程组还可用隐式 Runge-Kutta 方法, 隐式 Runge-Kutta 方法是A-稳定的, 下面以单个方程的形式给出常用的三种方法.

(1) 二阶隐式中点公式

$$\begin{cases} y_{m+1} = y_m + hk, \\ k = f\left(x_m + \dfrac{h}{2}, y_m + \dfrac{h}{2}k\right). \end{cases} \tag{1.14.14}$$

(2) 二级二阶方法

$$\begin{cases} y_{m+1} = y_m + \dfrac{h}{2}(k_1 + k_2), \\ k_1 = f(x_m, y_m), \\ k_2 = f\left(x_m + h, y_m + \dfrac{h}{2}k_1 + \dfrac{h}{2}k_2\right). \end{cases} \tag{1.14.15}$$

(3) 二级四阶方法

$$\begin{cases} y_{m+1} = y_m + \dfrac{h}{2}(k_1 + k_2), \\ k_1 = f\left(x_m + \left(\dfrac{1}{2} - \dfrac{\sqrt{3}}{6}\right)h, y_m + \dfrac{h}{4}k_1 + \left(\dfrac{1}{4} + \dfrac{\sqrt{3}}{6}\right)hk_2\right), \\ k_2 = f\left(x_m + \left(\dfrac{1}{2} - \dfrac{\sqrt{3}}{6}\right)h, y_m + \left(\dfrac{1}{4} - \dfrac{\sqrt{3}}{6}\right)hk_1 + \dfrac{1}{4}hk_2\right). \end{cases} \tag{1.14.16}$$

Gear 放弃了对 A 稳定性的要求, 引进了刚性稳定的概念[39,43], 还给出了刚性稳定的数值方法, 一般形式可写成

$$\sum_{j=0}^{k} \alpha_j \boldsymbol{y}_{m+j} = h\beta_k \boldsymbol{f}_{m+k}, \tag{1.14.17}$$

其中系数 α_j, β_k 见表 1.30. k 步的 Gear 方法是 k 阶的, $k=1$ 是就是隐式的 Euler 方法. Gear 公式 (1.14.17) 一般是非线性的, 计算时, 每步需要求解 $\boldsymbol{y}_{m+k}$ 的方程组, 其简单迭代公式为

表 1.30 Gear 方法系数表

k	β_k	α_0	α_1	α_2	α_3	α_4	α_5	α_6
1	1	-1	1					
2	$\frac{2}{3}$	$\frac{1}{3}$	$-\frac{4}{3}$	1				

续表

k	β_k	α_0	α_1	α_2	α_3	α_4	α_5	α_6
3	$\frac{6}{11}$	$-\frac{2}{11}$	$\frac{9}{11}$	$-\frac{18}{11}$	1			
4	$\frac{12}{25}$	$\frac{3}{25}$	$-\frac{16}{25}$	$\frac{36}{25}$	$-\frac{48}{25}$	1		
5	$\frac{60}{137}$	$-\frac{12}{137}$	$\frac{75}{137}$	$-\frac{200}{137}$	$\frac{300}{137}$	$-\frac{300}{137}$	1	
6	$\frac{60}{147}$	$\frac{10}{147}$	$-\frac{72}{147}$	$\frac{225}{147}$	$-\frac{400}{147}$	$\frac{450}{147}$	$-\frac{360}{147}$	1

$$\alpha_k \boldsymbol{y}_{m+k}^{(\nu+1)} = h\beta_k f\left(x_{m+k}, \boldsymbol{y}_{m+k}^{(\nu)}\right) - \sum_{j=0}^{k-1} \alpha_j \boldsymbol{y}_{m+j}, \quad \nu = 0, 1, \cdots. \tag{1.14.18}$$

将式 (1.14.17) 和式 (1.14.18) 相减, 得

$$\alpha_k \left(\boldsymbol{y}_{m+k} - \boldsymbol{y}_{m+k}^{(\nu+1)}\right) = h\beta_k \Big(\boldsymbol{f}\left(x_{m+k}, \boldsymbol{y}_{m+k}\right) - \boldsymbol{f}\left(x_{m+k}, \boldsymbol{y}_{m+k}^{(\nu)}\right)\Big). \tag{1.14.19}$$

因此

$$\left|\boldsymbol{y}_{m+k} - \boldsymbol{y}_{m+k}^{(\nu+1)}\right| \leqslant \left|h\frac{\beta_k}{\alpha_k}\frac{\partial \boldsymbol{f}}{\partial \boldsymbol{y}}\right| \cdot \left|\boldsymbol{y}_{m+k} - \boldsymbol{y}_{m+k}^{(\nu)}\right|, \tag{1.14.20}$$

所以收敛条件为

$$\left\|h\beta_k \frac{\partial \boldsymbol{f}}{\partial \boldsymbol{y}}\right\| < 1. \tag{1.14.21}$$

因为解刚性方程时 h 有时取得很大, 因而上述条件未必满足, 故采用 Newton 迭代法

$$\boldsymbol{y}_{m+k}^{(\nu+1)} = \boldsymbol{y}_{m+k}^{(\nu)} - \frac{F\left(\boldsymbol{y}_{m+k}^{(\nu)}\right)}{F'\left(\boldsymbol{y}_{m+k}^{(\nu)}\right)}, \quad \nu = 0, 1, \cdots, \tag{1.14.22}$$

其中

$$F(\boldsymbol{y}_{m+k}) = \boldsymbol{y}_{m+k} + \frac{1}{\alpha_k}\left(\sum_{j=0}^{k-1} \alpha_j \boldsymbol{y}_{m+j} - h\beta_k \boldsymbol{f}_{m+k}\right). \tag{1.14.23}$$

例 1.14.2 推导一个三级三阶 Gear 公式

$$y_{m+1} = \frac{18}{11}y_m - \frac{9}{11}y_{m-1} + \frac{2}{11}y_{m-2} + \frac{6h}{11}f_{m+1}. \tag{1.14.24}$$

解 由 Newton 向后插值公式 (见附录 2), 有如下的三次插值多项式

$$y(x_{n+1}+kh)=y_{n+1}+k\nabla y_{n+1}+\frac{k(k+1)}{2}\nabla^2 y_{n+1}+\frac{k(k+1)(k+2)}{6}\nabla^3 y_{n+1}, \quad (1.14.25)$$

其中 $x = x_{n+1} + kh$, 因此

$$\left.\frac{\mathrm{d}y}{\mathrm{d}x}\right|_{k=0} = \left.\frac{1}{h}\frac{\mathrm{d}y}{\mathrm{d}k}\right|_{k=0} = \frac{1}{h}\left(\nabla y_{n+1} + \frac{1}{2}\nabla^2 y_{n+1} + \frac{1}{3}\nabla^3 y_{n+1}\right), \quad (1.14.26)$$

将其作为 f_{n+1} 的近似值. 再由向后差分算子的定义, 得

$$\nabla y_{n+1} = y_{n+1} - y_n, \quad (1.14.27)$$

$$\nabla^2 y_{n+1} = y_{n+1} - 2y_n + y_{n-1}, \quad (1.14.28)$$

$$\nabla^3 y_{n+1} = y_{n+1} - 3y_n + 3y_{n-1} - y_{n-2}, \quad (1.14.29)$$

将式 (1.14.27)—(1.14.29) 代入式 (1.14.26), 化简即得式 (1.14.24).

1.15 Hamilton 系统的辛几何算法

Hamilton(哈密顿) 系统是动力系统的一个重要体系, 一切真实的耗散可忽略不计的物理过程都可表示成 Hamilton 系统. Hamilton 系统的共同基础是辛几何, 辛几何的历史可追溯到 19 世纪英国天文学家 Hamilton, 他为了研究 Newton 力学, 引进广义坐标和广义动量来表示系统的能量, 现在通称为 Hamilton 函数, 对于自由度为 n 的系统, n 个广义坐标和 n 个广义动量, 张成 $2n$ 维相空间, 于是, Newton 力学就成为相空间中的几何学. 用现代观点来看, 这是一种辛 (sympletic) 几何学.

经典 Rung-Kutta 方法不适应 Hamilton 系统的计算, 不能保持长期稳定性的计算, 不是一个辛算法, 而是一个耗散的算法. 辛算法是著名数学家冯康院士 1984 年在北京双微会议上提出的 [1,2,50], 由此开创了 Hamilton 力学计算的新方法, 该成果于 1997 年获得国家自然科学一等奖. 本节在简单介绍辛几何和辛代数的基础上, 主要介绍 Hamilton 系统的两种辛格式: 中心 Euler 格式和辛 Runge-Kutta 方法.

1.15.1 辛几何与辛代数的基本概念

设 H 是 $2n$ 个变量 $p_1, \cdots, p_n, q_1, \cdots, q_n$ 的可微函数, 则所谓 Hamilton 方程是

$$\begin{aligned} \frac{\mathrm{d}p}{\mathrm{d}t} &= -\frac{\partial H}{\partial q} := -H_q, \\ \frac{\mathrm{d}q}{\mathrm{d}t} &= \frac{\partial H}{\partial p} := H_p, \end{aligned} \quad (1.15.1)$$

其中 $p=(p_1,\cdots,p_n)$ 为广义坐标, $q=(q_1,\cdots,q_n)$ 为广义动量, 令

$$z=\begin{pmatrix} p \\ q \end{pmatrix}, \quad J=\begin{pmatrix} 0 & I_n \\ -I_n & 0 \end{pmatrix}, \tag{1.15.2}$$

其中 I_n 是 n 阶单位阵, J 具有性质 $J^{-1}=J^{\mathrm{T}}=-J$, 则式 (1.15.1) 可写成紧凑的形式

$$\frac{\mathrm{d}z}{\mathrm{d}t}=J^{-1}H_z, \tag{1.15.3}$$

其中

$$H_z=\begin{pmatrix} H_p \\ H_q \end{pmatrix}, \tag{1.15.4}$$

函数 H 称为系统的Hamilton 函数.

例 1.15.1　考虑 Newton 第二定律

$$m\frac{\mathrm{d}^2y}{\mathrm{d}t^2}=F(y),$$

其中 $F(y)$ 为外力假定与时间无关. 系统的能量 (即系统的 Hamilton 函数) 为

$$H(t)=\frac{m}{2}(y')^2+V(y), \tag{1.15.5}$$

其中 $V(y)$ 满足

$$\frac{\mathrm{d}V}{\mathrm{d}y}=-F(y). \tag{1.15.6}$$

引进变量

$$p:=y, \quad q:=mv, \tag{1.15.7}$$

则 $H(t)$ 可改写成

$$H(t)=\frac{q^2}{2m}+V(p), \tag{1.15.8}$$

Newton 第二定律可写成

$$\begin{pmatrix} \dfrac{\mathrm{d}p}{\mathrm{d}t} \\ \dfrac{\mathrm{d}q}{\mathrm{d}t} \end{pmatrix}=\begin{pmatrix} 0 & 1 \\ -1 & 0 \end{pmatrix}\begin{pmatrix} \dfrac{\partial H}{\partial p} \\ \dfrac{\partial H}{\partial q} \end{pmatrix}. \tag{1.15.9}$$

假定

$$y(0)=\alpha,\quad y'(0)=\beta,$$

则能量为

$$H(t)=\frac{m}{2}\beta^2+V(\alpha).$$

可见 H 是常数, 系统能量守恒, 引进变量 $v=y'$, 将 Newton 第二定律写成

$$\begin{cases} y'=v,\\ v'=\dfrac{1}{m}F(y).\end{cases}$$

Hamilton 力学是相空间上的几何学, 即辛几何. 辛几何与通常的欧几里得几何有明显区别. 欧氏空间 $\mathbb{R}^n$ 的内积是一个双线性对称的非退化内积

$$\langle \boldsymbol{x},\boldsymbol{y}\rangle=(\boldsymbol{x},I\boldsymbol{y}),$$

其中 I 为单位阵. 由此可定义向量的长度 $||\boldsymbol{x}||=\sqrt{\langle \boldsymbol{x},\boldsymbol{x}\rangle}\geqslant 0$. 保持内积即长度不变即满足 $A^{\mathrm{T}}A=I$ 的线性算子 A 组成一个正交群, 其李代数由满足 $A^{\mathrm{T}}+A=A^{\mathrm{T}}I+IA=0$ 的条件即反对称变换组成, 也就是无穷小正交变换所组成.

辛空间上的内积是一个双线性反对称的非退化内积 (辛内积)

$$[\boldsymbol{x},\boldsymbol{y}]=(\boldsymbol{x},J\boldsymbol{y}),\quad J=J_{2n}=\begin{pmatrix} 0 & I_n\\ -I_n & 0\end{pmatrix}.$$

当 $n=1$ 时, 辛内积为

$$[\boldsymbol{x},\boldsymbol{y}]=\begin{vmatrix} x_1 & y_1\\ x_2 & y_2\end{vmatrix},$$

即是以向量 $\boldsymbol{x},\boldsymbol{y}$ 为边的平行四边形的面积. 一般地, 辛内积是面积度量, 由于内积的反对称性, 对于任意向量 $\boldsymbol{x}$ 恒有 $[\boldsymbol{x},\boldsymbol{x}]=0$, 所以不能由辛结构导致长度的概念, 这是辛几何与欧氏几何根本的差别. 保持辛内积不变的线性变换 $A^{\mathrm{T}}JA=J$ 组成一个群, 称为辛群, 也是一个典型的李群. 它的李代数则由无穷小辛变换 B 即满足 $B^{\mathrm{T}}J+JB=0$ 组成. 由于奇数维中不存在非退化的反对称阵, 因此辛空间必定是偶数维, 相空间也是. 无穷小辛阵对可易运算构成一个李代数, 用 $sp(2n)$ 表示.

定义 1.15.1 一个 $\mathbb{R}^{2n}\to\mathbb{R}^{2n}$ 中线性变换 S 称它为辛的, 如果它保持内积 $[S\xi,S\eta]=[\xi,\eta],\forall\xi,\eta\in\mathbb{R}^{2n}$.

定理 1.15.1 辛空间上的一个线性变换 S 是辛的充分必要条件为

$$S^{\mathrm{T}}JS=J,\tag{1.15.10}$$

其中 S^{T} 是 S 的转置.

证明　因为 $[S\xi, S\eta] = [\xi, \eta] \Rightarrow (JS\xi, S\eta) = (S^{\mathrm{T}}JS\xi, \eta) = (J\xi, \eta)$, 所以 $S^{\mathrm{T}}JS = J$.□

定义 1.15.2　一个 $2n$ 阶矩阵是辛的, 如果

$$S^{\mathrm{T}}JS = J \tag{1.15.11}$$

所有辛阵组成一个群称为辛群, 用 $Sp(2n)$ 表示.

命题 1.15.1　若 $S \in Sp(2n)$, 则

(1) $\det S = 1$;

(2) $S^{-1} = -JS^{\mathrm{T}}J = J^{-1}S^{\mathrm{T}}J$;

(3) $SJS^{\mathrm{T}} = J$.

命题 1.15.2　矩阵

$$\begin{pmatrix} I & B \\ 0 & I \end{pmatrix}, \quad \begin{pmatrix} I & 0 \\ D & I \end{pmatrix}$$

是辛的, 当且仅当 $B^{\mathrm{T}} = B, D^{\mathrm{T}} = D$.

命题 1.15.3　$B \in sp(2n)$, 则 $\mathrm{e}^B \in Sp(2n)$.

命题 1.15.4　$B \in sp(2n), |I + B| \neq 0$, 则称

$$F = (I + B)^{-1}(I - B) \in Sp(2n)$$

为 B 的 Cayler 变换.

1.15.2 Hamilton 系统的辛格式

Hamilton 系统 (1.15.1) 称为线性 Hamilton 系统, 如果 Hamilton 函数是 z 的二次形

$$H(z) = \frac{1}{2}z^{\mathrm{T}}Sz, \quad S^{\mathrm{T}} = S,$$

则方程 (1.15.1) 可写成

$$\frac{\mathrm{d}z}{\mathrm{d}t} = Bz, \quad B = J^{-1}S, \quad S^{\mathrm{T}} = S, \tag{1.15.12}$$

这里 B 是无穷小辛阵, 即 $B \in Sp(2n)$.

命题 1.15.5　线性 Hamilton 系统的加权格式

$$\frac{z^{n+1} - z^n}{\Delta t} = B(\alpha z^{n+1} + (1 - \alpha)z^n) \tag{1.15.13}$$

当且仅当 $\alpha = \dfrac{1}{2}$ 是辛的, 这时这个格式即为中心 Euler 格式

$$\frac{z^{n+1} - z^n}{\Delta t} = B\frac{z^{n+1} + z^n}{2}, \tag{1.15.14}$$

z^n 到 z^{n+1} 的变换可由下式得到

$$z^{n+1}=F_t z^n,\quad F_t=\phi\left(-\frac{\Delta t}{2}B\right),\quad \phi(\lambda)=\frac{1-\lambda}{1+\lambda}. \tag{1.15.15}$$

假设给定系统是可分的, 即

$$H(p,q)=\frac{1}{2}\left(p^{\mathrm{T}},q^{\mathrm{T}}\right)S\begin{pmatrix}p\\q\end{pmatrix}=\frac{1}{2}p^{\mathrm{T}}Up+\frac{1}{2}q^{\mathrm{T}}Vq, \tag{1.15.16}$$

其中

$$S=\begin{pmatrix}U&0\\0&V\end{pmatrix},$$

$U^{\mathrm{T}}=U$ 且正定, $V^{\mathrm{T}}=V$, 则可分系统的 Hamilton 方程变成

$$\begin{cases}\dfrac{\mathrm{d}p}{\mathrm{d}t}=-Vq,\\[2mm]\dfrac{\mathrm{d}q}{\mathrm{d}t}=Up,\end{cases} \tag{1.15.17}$$

于是得到显式辛差分格式

$$\begin{cases}\dfrac{1}{\Delta t}(p^{n+1}-p^n)=-Vq^{n+\frac{1}{2}},\\[2mm]\dfrac{1}{\Delta t}(q^{n+\frac{1}{2}+1}-q^{n+\frac{1}{2}})=Up^{n+1}.\end{cases} \tag{1.15.18}$$

假设 p 在整点上计算 $(t=n\Delta t)$, q 在半点上计算 $\left(t=\left(n+\dfrac{1}{2}\right)\Delta t\right)$, 则变换

$$w^n=\begin{pmatrix}p^n\\q^{n+\frac{1}{2}}\end{pmatrix}\to\begin{pmatrix}p^{n+1}\\q^{n+\frac{1}{2}+1}\end{pmatrix}=w^{n+1}$$

为

$$w^{n+1}=F_t w^n,\quad F_t=\begin{pmatrix}I&0\\-\Delta tU&I\end{pmatrix}^{-1}\begin{pmatrix}I&-\Delta tV\\0&I\end{pmatrix}.$$

下面我们要推广 Cayler 变换.

定理 1.15.2 设 ψ 是复变量 λ 的函数, 且满足

(1) $\psi(\lambda)\psi(-\lambda)=1,\psi(\lambda)$ 在 $\lambda=0$ 处能展成实系数的幂级数.

(2) $\psi'_\lambda(0)\neq 0,\ \psi(0)=1$. 假定

$$\mathrm{e}^\lambda-\psi(\lambda)=O(|\lambda|^{n+1}),$$

则

$$z^{n+1}=\psi(\Delta tB)z^n$$

作为方程 (1.15.1) 的近似时具有 $2m$ 阶精度, 且 $\psi(\tau B)$ 是辛阵. 我们称 ψ 是无穷小辛阵 τB 的 Cayler 变换.

作为一个建立辛差分格式的具体应用. 考虑函数 e^{λ} 的 Padé近似, 有下面的定理 [43].

定理 1.15.3 函数 e^z 的 $j+k$ 阶的 Padé近似为

$$e^z=\frac{P_{kj}(z)}{P_{kj}(-z)}+(-1)^j\frac{j!k!}{(j+k)!(j+k+1)!}z^{j+k+1}+O(z^{j+k+2}), \tag{1.15.19}$$

其中

$$P_{kj}(z)=1+\frac{k}{j+k}z+\frac{k(k-1)}{(j+k)(j+k-1)}\frac{z^2}{2}+\cdots+\frac{k(k-1)\cdots 1}{(j+k)\cdots(j+k)}\frac{z^k}{k!}. \tag{1.15.20}$$

式 (1.15.19) 是函数 e^z 的唯一 $j+k$ 阶的有理式近似, 其分子和分母分别为 k 和 j 次多项式. 表 1.31 列出了函数 e^z 前六阶的 Padé近似. Padé近似的系数还有快速计算的方法 [11].

表 1.31 函数 e^z 的前六阶 Padé近似

	$k=0$	$k=1$	$k=2$
$j=0$	$\frac{1}{1}$	$\frac{1+z}{1}$	$\frac{1+z+\frac{z^2}{2!}}{1}$
$j=1$	$\frac{1}{1-z}$	$\frac{1+\frac{1}{2}z}{1-\frac{1}{2}z}$	$\frac{1+\frac{2}{3}z+\frac{1}{3}\frac{z^2}{2!}}{1-\frac{1}{3}z}$
$j=2$	$\frac{1}{1-z+\frac{z^2}{2!}}$	$\frac{1+\frac{1}{3}z}{1-\frac{2}{3}z+\frac{1}{3}\frac{z^2}{2!}}$	$\frac{1+\frac{1}{2}z+\frac{1}{6}\frac{z^2}{2!}}{1-\frac{1}{2}z+\frac{1}{6}\frac{z^2}{2!}}$
$j=3$	$\frac{1}{1-z+\frac{z^2}{2!}-\frac{z^3}{3!}}$	$\frac{1+\frac{1}{4}z}{1-\frac{3}{4}z+\frac{1}{2}\frac{z^2}{2!}-\frac{1}{4}\frac{z^3}{3!}}$	$\frac{1+\frac{2}{5}z+\frac{1}{10}\frac{z^2}{2!}}{1-\frac{3}{5}z+\frac{3}{10}\frac{z^2}{2!}-\frac{1}{10}\frac{z^3}{3!}}$

当 $\psi(\lambda)$ 是一个有理函数时, 由定理 1.15.2 可得出差分近似表达式. 作为一个建立辛差分格式的具体应用, 考虑函数 e^{λ} 的对角 Padé近似

$$e^{\lambda}-\frac{P_m(\lambda)}{P_m(-\lambda)}=O(|\lambda|^{2m+1}),$$

其中

$$
\begin{aligned}
&P_0(\lambda) = 1, \\
&P_1(\lambda) = 2 + \lambda, \\
&P_2(\lambda) = 12 + 6\lambda + \lambda^2, \\
&P_3(\lambda) = 120 + 60\lambda + 12\lambda^2 + \lambda^3, \\
&\qquad \cdots\cdots \\
&P_m(\lambda) = 2(2m-1)P_{m-1}(\lambda) + \lambda^2 P_{m-2}(\lambda), \\
&\qquad \cdots\cdots
\end{aligned}
$$

定理 1.15.4 Hamilton 系统的差分格式

$$
z^{n+1} = \frac{P_m(\Delta t B)}{P_m(-\Delta t B)} z^n, \quad m = 1, 2
$$

是辛的和 A-稳定的, 精度为 $2m$ 阶, 且与方程 (1.15.1) 有相同的双线性不变量.

由定理 1.15.4 可知, 当 $m = 1$ 时即是中心 Euler 格式

$$
z^{n+1} = z^n + \frac{\Delta t B}{2}(z^n + z^{n+1}), \quad F_t = \phi(\Delta t B), \tag{1.15.21}
$$

$$
\phi(\lambda) = \frac{1 + \dfrac{\lambda}{2}}{1 - \dfrac{\lambda}{2}}. \tag{1.15.22}
$$

该式具有二阶精度. 当 $m = 2$ 时, 可得到四阶精度的格式

$$
z^{n+1} = z^n + \frac{\Delta t B}{2}(z^n + z^{n+1}) + \frac{\Delta t^2 B^2}{12}(z^n - z^{n+1}), \tag{1.15.23}
$$

$$
F_t = \phi(\Delta t B), \quad \phi(\lambda) = \frac{1 + \dfrac{\lambda}{2} + \dfrac{\lambda^2}{12}}{1 - \dfrac{\lambda}{2} + \dfrac{\lambda^2}{12}}. \tag{1.15.24}
$$

下面的中点 Euler 公式也是一个辛格式. 读者自己验证.

$$
\begin{aligned}
z_{n+1} &= z_n + \Delta t f(y), \\
y &= z_n + \frac{\Delta t}{2} f(y).
\end{aligned} \tag{1.15.25}
$$

由两式联立消去 $f(y)$, 得 $y = \dfrac{z_{n+1} + z_n}{2}$, 再代入第一式中, 得

$$
z_{n+1} = z_n + \Delta t f\left(\frac{z_{n+1} + z_n}{2}\right).
$$

关于数值算法，一般有两类，即单步法和多步法，但是这些传统的数值方法有一个共同点，即有人为的能量耗散，使得相应 Hamilton 系统的总能量随时间呈线性变换 (即计算中能量误差有线性积累)，这将歪曲 Hamilton 系统的整体特征，从而导致对相应系统长期演化性态的研究失败. Hamilton 算法即辛算法从理论上清楚地阐明了传统数值方法导致能量耗散的根本原因，即相应的差分格式是非辛的，其截断是耗散项. 辛算法对应的差分格式严格保持 Hamilton 系统的辛结构，有限阶辛格式的截断部分不会导致系统能量发生线性变化，而仅对应周期变化.

练 习 题

1. 证明非齐次线性常微分方程

$$\frac{\mathrm{d}y}{\mathrm{d}x}=p(x)y+q(x),\quad x>0$$

的通解为

$$y(x)=\mathrm{e}^{\int_0^x p(x)\mathrm{d}x}\left(\int_0^x q(x)\mathrm{e}^{-\int_0^x p(x)\mathrm{d}x}\mathrm{d}x+c\right),$$

其中 $p(x),q(x)$ 为连续函数，c 为任意常数.

2. 证明下列初值问题的解存在且唯一

(1)

$$\begin{cases} y'=-xy, & 1\leqslant x\leqslant 5,\\ y(1)=2; \end{cases}$$

(2)

$$\begin{cases} y'=1+x^2\cos(xy), & 0\leqslant x\leqslant 2,\\ y(0)=0. \end{cases}$$

3. 考虑初值问题

$$\begin{cases} y'=x-2y,\\ y(0)=1. \end{cases}$$

(1) 利用 Euler 法求其数值解，其中步长 $h=0.1$，求解区域为 $[0,1]$.

(2) 求出问题在 $x=0.1,0.2,0.3,0.4$ 处的精确解，并比较 (1) 所得的结果.

4. 用改进 Euler 法解初值问题

$$\begin{cases} y'=x+y, & 0\leqslant x\leqslant 1,\\ y(0)=1. \end{cases}$$

取步长 $h=0.1$，并与精确解 $y=2\mathrm{e}^x-x-1$ 作比较.

5. 证明中点法

$$\begin{cases} y_{m+1} = y_m + hk, \\ k = f\left(x_m + \dfrac{h}{2}, y_m + \dfrac{h}{2}\right) \end{cases}$$

是二阶的, 并求截断误差主项.

6. 利用 Euler 法 ($h = 0.025$), 改进 Euler 法 ($h = 0.05$), 经典 Runge-Kutta 方法 ($h = 0.1$) 求初值问题

$$\begin{cases} y' = -\dfrac{1}{x^2} - \dfrac{y}{x} - y^2, \quad 1 \leqslant x \leqslant 2, \\ y(1) = -1 \end{cases}$$

在 $x = 1.1,\ 1.2,\ 1.3,\ 1.4,\ 1.5$ 处的近似解.

7. 证明对任意参数 α, 下列 Runge-Kutta 方法是二阶的

$$\begin{cases} y_{m+1} = y_m + \dfrac{1}{2}(k_2 + k_3), \\ k_1 = hf(x_m, y_m), \\ k_2 = hf(x_m + \alpha h, y_m \alpha k_1), \\ k_3 = hf(x_m + (1-\alpha)h, y_m + (1-\alpha)k_1). \end{cases}$$

8. 用待定系数法求三步四阶方法类, 确定三步四阶显式方法.

9. 对初值问题

$$\begin{cases} y' = y - x^2, \quad 0 \leqslant x \leqslant 1, \\ y(0) = 1, \end{cases}$$

试分别用二阶显式和隐式 Adams 公式和求数值解 (取 $h = 0.2$), 并与精确解作比较.

10. 求解二阶差分方程

$$y_{m+1} - 2y_m + y_{m-1} = qy_m$$

的通解, 分别讨论 $q > 0$ 和 $q < 0$ 的情形.

11. 设 ξ_j 为代数方程

$$a_k\lambda^k + a_{k-1}\lambda^{k-1} + \cdots + a_1\lambda + a_0 = 0$$

的 r_j 重根, 试证明 $\xi_j^m, m\xi_j^m, \cdots, m^{r_j-1}\xi_j^m$ 为常系数差分方程

$$a_k y_{m+k} + \cdots + a_0 y_m = 0$$

的 r_j 个线性无关解.

12. 试证明: 实系数二次方程 $\lambda^2-b\lambda-c=0$ 的根按模不大于 1 的充要条件为

$$|b|\leqslant 1-c\leqslant 2.$$

13. 证明经典 Runge-Kutta 方法的绝对稳定性条件为

$$\left|1+h\lambda+\frac{1}{2}(h\lambda)^2+\frac{1}{6}(h\lambda)^3+\frac{1}{24}(h\lambda)^4\right|\leqslant 1.$$

14. 确定下列格式的相容性 (即当 $h\to 0$ 时, 截断误差 $R_m\to 0$).

(1) $y(x_m)=\dfrac{1}{2}[y(x_{m+1})+y(x_{m-1})]+R_m$;

(2) $y'(x_m)=\dfrac{1}{3h}[y(x_{m+1})+y(x_m)-2y(x_{m-1})]+R_m$;

(3) $y'(x_m)=-\dfrac{1}{2h}[y(x_{m+2})-4y(x_{m+1})+3y(x_m)]+R_m$;

(4) $y'(x_m)=\dfrac{1}{2h}[(\alpha-3)y(x_m)+2(2-\alpha)y(x_{m+1})-(1-\alpha)y(x_{m+2})]+R_m$.

15. 确定下列格式的截断误差阶和稳定性.

(1) $y_{m+1}=y_m+\dfrac{h}{2}(3f_m-f_{m-1})$;

(2) $y_{m+1}=-y_m+2y_{m-1}+3hf_m$;

(3) $y_{m+1}=\dfrac{4}{3}y_m-\dfrac{1}{3}y_{m-1}+\dfrac{2h}{3}f_m$;

(4) $y_{m+1}=y_m+hf(x_m+(1-\alpha)h,\alpha y_m+(1-\alpha)y_{m+1})$, $0\leqslant\alpha\leqslant 1$.

16. 证明 Heun 公式

$$\begin{cases}y_{m+1}=y_m+\dfrac{1}{2}(k_1+k_2),\\ k_1=hf_m,\\ k_2=hf(x_{m+1},y_m+k_1)\end{cases}$$

是条件稳定的.

17. 分析 Adams-Bashforth 公式

$$y_{m+1}=y_m+\frac{h}{2}(3f_m-f_{m-1}),\quad m=1,2,\cdots,M-1$$

的绝对稳定性和截断误差阶.

18. 分析 Adams-Moulton 公式

$$y_{m+1}=y_m+\frac{h}{12}(5f_{m+1}+8f_m-f_{m-1}),\quad m=1,2,\cdots,M-1$$

的绝对稳定性和截断误差阶.

19. 考虑 Lane-Emden 方程

$$y'' + \frac{2}{t}y' + y^n = 0, \quad t > 0,$$

其中 n 是非负整数. 假设初始条件是 $y(0) = 1, y'(0) = 0$.

(1) 验证当 $n = 1$ 时, 方程的解是 $y = \dfrac{\sin(t)}{t}$; 当 $n = 5$ 时, 方程的解是

$$y = \left(1 + \frac{1}{3}t^2\right)^{-\frac{1}{2}};$$

(2) 导出一个二阶公式, 并比较精确解与数值解.

20. 考虑二阶差分方程 $y_{m+1} + 2\alpha y_m + \beta y_{m-1} = 0$, 其中 α, β 是已知常数且

$$\beta \neq \alpha^2.$$

(1) 假设解的形式为 $y_m = r^m$, 证明通解为

$$y_m = Ar_1^m + Br_2^m,$$

其中 A, B 为任意常数, $r_1 = -\alpha + \sqrt{\alpha^2 - \beta}$, $r_2 = -\alpha - \sqrt{\alpha^2 - \beta}$.

(2) 证明当 $\alpha^2 < \beta$ 时, (1) 中的解可写成 $y_m = As^m \cos(\omega m + a)$, 其中 A, a 是任意常数, s, ω 依赖于 α, β.

(3) 当 $\alpha^2 = \beta$ 时, 解的形式为 $y_m = (A + Bm)r^m$.

(4) 若 $y_m + 2\alpha y_{m-1} + \beta y_{m-2} = 0$, 则解的形式如何?

21. (1) 证明用梯形公式

$$y_{m+1} = y_m + \frac{h}{2}[f(x_m, y_m) + f(x_{m+1}, y_{m+1})]$$

求解时, 等价于求解 $g(z_{m+1}) = 0$, 其中

$$g(z) \equiv hf(x_{m+1}, z) - 2z + 2y_m + hf_m;$$

(2) 用 Newton 法求解 $g(z) = 0$,

$$z_{m+1} = z_m - \frac{g(z_m)}{g'(z_m)}, \quad m = 0, 1, 2, \cdots$$

迭代中止的条件是 $|z_{m+1} - z_m| \leqslant \varepsilon$, 其中 ε 给定;

(3) 当用向后的 Euler 方法

$$y_{m+1} = y_m + hf(x_{m+1}, y_{m+1})$$

计算时, 求 $g(z)$ 和 $g'(z_m)$.

22. 设已给预估公式

$$y_{m+4} = y_m + \frac{4h}{3}(2f_{m+3} - f_{m+2} + 2f_{m+1})$$

和校正公式

$$y_{m+4} = \frac{9}{8}y_{m+3} - \frac{1}{8}y_{m+1} + \frac{3h}{8}(f_{m+4} + 2f_{m+3} - f_{m+2})$$

的阶是 4. 误差常数前者为 $\frac{14}{45}$, 后者为 $-\frac{1}{40}$, 试构造这时公式的 PMECME 算法.

23. 证明命题 1.15.1、命题 1.15.2、命题 1.15.3 和命题 1.15.4.

第 2 章　两点边值问题的试射法

常微分方程的初值问题是求满足一定初始条件的常微分方程的特解, 在物理及工程科学中的常微分方程也常常有给出区间两端点处的定解条件, 常称这样的定解问题为“两点边值问题”. 本章介绍求解两点边值问题的试射法.

2.1　边值问题解的存在性和唯一性

本章以二阶常微分方程为例来讨论它的两点边值问题, 它可表示成如下形式

$$y''(x) = f(x, y, y'), \quad a < x < b, \tag{2.1.1}$$

其边值条件可分为下面三类.

第一类边值条件

$$y(a) = \alpha, \quad y(b) = \beta; \tag{2.1.2}$$

第二类边值条件

$$y'(a) = \alpha, \quad y'(b) = \beta; \tag{2.1.3}$$

第三类边值条件

$$y(a) - \alpha_0 y'(a) = \alpha, \quad y(b) + \beta_0 y'(b) = \beta, \tag{2.1.4}$$

其中 $\alpha_0 > 0, \beta_0 > 0$.

当然, 两端点处的边值条件可以是不同类型的, 为此, 可将上述三类边界条件统一写成

$$\alpha_0 y(a) - \alpha_1 y'(a) = \alpha, \quad \beta_0 y(b) + \beta_1 y'(b) = \beta, \tag{2.1.5}$$

其中 $\alpha_0\alpha_1 \geqslant 0, \beta_0\beta_1 \geqslant 0$,

定理 2.1.1　对于二阶常微分方程

$$y'' = f(x, y, y'), \tag{2.1.6}$$

设函数 f 及 $\dfrac{\partial f}{\partial y}, \dfrac{\partial f}{\partial y'}$ 在区域

$$D = \{(x, y, y') | a \leqslant x \leqslant b, \ -\infty < y < \infty, \ -\infty < y' < \infty\}$$

连续, 且

(1) $\dfrac{\partial f}{\partial y} > 0,\ \forall (x,y,y') \in D$,

(2) $\dfrac{\partial f}{\partial y'}$ 在 D 内有界, 即存在常数 M, 使

$$\left|\frac{\partial f(x,y,y')}{\partial y'}\right| \leqslant M, \quad \forall (x,y,y') \in D, \tag{2.1.7}$$

则边值问题

$$y'' = f(x,y,y'), \quad a < x < b, \tag{2.1.8}$$

$$y(a) = \alpha, \quad y(b) = \beta \tag{2.1.9}$$

的解存在且唯一.

定理 2.1.1 的证明可参考文献 [51]. 当式 (2.1.8) 为线性方程时, 可写为

$$-y'' + p(x)y' + q(x)y = r(x). \tag{2.1.10}$$

将式 (2.1.10) 两端同乘以 $\mathrm{e}^{-\int_a^x p(x)\mathrm{d}x}$, 可得

$$-(y'\mathrm{e}^{-\int_a^x p(x)\mathrm{d}x})' + q(x)\mathrm{e}^{-\int_a^x p(x)\mathrm{d}x}y = r(x)\mathrm{e}^{-\int_a^x p(x)\mathrm{d}x}, \tag{2.1.11}$$

令 $t = \displaystyle\int_a^x \mathrm{e}^{\int_a^x p(x)\mathrm{d}x}\mathrm{d}x \equiv \varphi(x)$, 则方程 (2.1.10) 可化为

$$-\frac{\mathrm{d}^2 y}{\mathrm{d}t^2} + Q(t)y = R(t) \tag{2.1.12}$$

的形式, 它不再显含 y', 容易验证, 在这种变化下, 边值条件的形式不变. 对于这种线性方程, 其解的存在唯一定理可简单地表述为上述定理 2.1.1 的推论.

推论 2.1.2 设函数 $p(x), q(x), r(x) \in C[a,b]$, 且在区间 $[a,b]$ 内 $q(x) > 0$, 则线性边值问题

$$\begin{cases} -y'' + p(x)y' + q(x)y = r(x), \quad a < x < b, \\ y(a) = \alpha, \quad y(b) = \beta \end{cases} \tag{2.1.13}$$

的解存在并且唯一.

例 2.1.1 考虑两点边值问题

$$\begin{cases} y'' + \mathrm{e}^{-xy} + \sin y' = 0, \quad 1 < x < 2, \\ y(1) = y(2) = 0. \end{cases} \tag{2.1.14}$$

因为

$$f(x,y,y') = -\mathrm{e}^{-xy} - \sin y', \tag{2.1.15}$$

以及

$$f_y(x,y,y') = x\mathrm{e}^{-xy} > 0, \quad |f_{y'}(x,y,y')| = |-\cos y'| \leqslant 1, \tag{2.1.16}$$

所以由定理 2.1.1 知该问题有唯一解.

求解常微分方程边值问题的数值解法, 主要有试射法 (打靶法) 和差分法. 试射法 (shooting) 可用来解二阶或高阶的线性或非线性常微分方程. 这个方法的实质在于把边值问题化为初值问题来解. 此时可以采用已讨论过的各种初值问题的单步法或多步法进行求解. 下面分别就线性和非线性常微分方程加以说明.

2.2 二阶常微分方程的试射法

对于一般的二阶线性常微分方程边值问题

$$\begin{cases} Ly = -y'' + p(x)y' + q(x)y = r(x), \quad a < x < b, \\ \alpha_0 y(a) - \alpha_1 y'(a) = \alpha, \\ \beta_0 y(b) + \beta_1 y'(b) = \beta, \end{cases} \tag{2.2.1}$$

其中,$\alpha_0\alpha_1 \geqslant 0$, $\beta_0\beta_1 \geqslant 0$, $\alpha_0 + \alpha_1 \neq 0$, $\beta_0 + \beta_1 \neq 0$, 当 $p(x), q(x), r(x) \in [a,b]$, 且在区间 $[a,b]$ 内 $q(x) > 0$ 时, 该边值问题的解存在且唯一. 该问题可转化为如下两个初值问题

$$\begin{cases} Lu = r(x), \quad a \leqslant x \leqslant b, \\ u(a) = -c_1\alpha, \quad u'(a) = -c_0\alpha \end{cases} \tag{2.2.2}$$

和

$$\begin{cases} Lv = 0, \quad a \leqslant x \leqslant b, \\ v(a) = \alpha_1, \quad v'(a) = \alpha_0, \end{cases} \tag{2.2.3}$$

其中 c_0 和 c_1 是任意选取的两个常量, 但应满足条件

$$c_0\alpha_1 - c_1\alpha_0 = 1. \tag{2.2.4}$$

现设式 (2.2.2) 和式 (2.2.3) 的解分别为 $u(x)$ 和 $v(x)$, 则由

$$y(x) = u(x) + \gamma v(x) \tag{2.2.5}$$

所确定的函数 $y(x)$ 必满足式 (2.2.1) 的第一边界条件, 为使 $y(x)$ 满足第二类边界条件, 只需取

$$\gamma = \frac{\beta - [\beta_0 u(b) + \beta_1 u'(b)]}{\beta_0 v(b) + \beta_1 v'(b)}. \tag{2.2.6}$$

二阶方程 (2.2.2) 和方程 (2.2.3) 可分别化为两个一阶微分方程组的初值问题, 下面令

$$u_1 = u, \quad u_2 = u', \tag{2.2.7}$$

$$v_1 = v, \quad v_2 = v', \tag{2.2.8}$$

则式 (2.2.2) 可写成

$$\begin{cases} u_1' = u_2, \\ u_2' = p(x)u_2 + q(x)u_1 - r(x), \\ u_1(a) = -c_1\alpha, \quad u_2(a) = -c_0\alpha. \end{cases} \tag{2.2.9}$$

而式 (2.2.3) 可写成

$$\begin{cases} v_1' = v_2, \\ v_2' = p(x)v_2 + q(x)v_1, \\ v_1(a) = \alpha_1, \quad v_2(a) = \alpha_0. \end{cases} \tag{2.2.10}$$

然后, 利用前面所讲的常微分方程组初值问题的数值解法 (如 Runge-Kutta 方法等) 可求出在各节点处的值 u 和 v, 再由式 (2.2.5) 得到原问题的数值解.

2.3　二阶非线性常微分方程的试射法

现考虑二阶非线性方程的第一类边值问题

$$\begin{cases} y'' = f(x, y, y'), \quad a < x < b, \\ y(a) = \alpha, \quad y(b) = \beta. \end{cases} \tag{2.3.1}$$

解法的思想是设法确定 $y'(a)$ 的值 γ 使满足边值问题 $y(a) = \alpha$, $y'(a) = \gamma$ 的解也满足另一边值条件 $y(b) = \beta$, 也就是要从微分方程 (2.3.1) 的经过点 (a, α) 而且有不同斜率的积分曲线中, 去寻找一条经过 (b, β) 的曲线. 首先我们可以根据经验, 选取一个斜率 γ_1, 用这个斜率进行试算, 可解初值问题

$$y'' = f(x, y, y'), \quad y(a) = \alpha, \quad y'(a) = \gamma_1,$$

这样便得到一个解 $y_1(x)$, 如果 $y_1(b) = \beta$ 或 $|y_1(b) - \beta| < \varepsilon$ (ε 为允许误差), 则 $y_1(x)$ 即为所求的解; 否则, 可根据 $\beta_1 = y_1(b)$ 与 β 的差距来适当地将 γ_1 修改为 γ_2 $\Big($ 如

取 $\gamma_2 = \frac{\beta}{\beta_1}\gamma_1\Big)$, 这时, 再解初值问题

$$y'' = f(x, y, y'), \quad y(a) = \alpha, \quad y'(a) = \gamma_2.$$

于是又可得到另一个解 $y_2(x)$, 仿前进行判断或修改. 这样通过一系列初值问题

$$\begin{cases} y'' = f(x, y, y'), & a \leqslant x \leqslant b, \\ y(a) = \alpha, \quad y'(a) = \gamma_k, & k = 1, 2, \cdots \end{cases} \tag{2.3.2}$$

来求问题的解 $y_k(x)$. 若记问题的解 $y_k(x)$ 为 $y(x; \gamma_k)$, 则序列 $\{\gamma_k\}$ 的选取应满足

$$\lim_{k\to\infty} y(b; \gamma_k) = \beta, \tag{2.3.3}$$

参数 γ_k 的理想值 γ 应满足

$$F(\gamma) = y(b; \gamma) - \beta = 0, \tag{2.3.4}$$

这是一个代数方程 (线性或非线性的), 但往往由于 $F(\gamma)$ 的具体表达式不明确, 所以解这个方程一般是困难的, 最简单的办法是由 γ_{k-1} 及 γ_k 用线性插值法求出新的 γ_{k+1} 值, 即

$$\gamma_{k+1} = \gamma_{k-1} + \frac{\gamma_k - \gamma_{k-1}}{\beta_k - \beta_{k-1}}(\beta - \beta_{k-1}), \tag{2.3.5}$$

其中 $\beta_k = y(b; \gamma_k)$, $\beta_{k-1} = y(b; \gamma_{k-1})$, 当然, 线性插值的依据是不足的. 另外可用 Newton 法求解. 对于式 (2.3.4), Newton 法首先选取初始迭代值 $\gamma_k (k = 1, 2, \cdots)$, 然后按公式

$$\gamma_{k+1} = \gamma_k - \frac{F(\gamma_k)}{F'(\gamma_k)}, \quad k = 1, 2, \cdots \tag{2.3.6}$$

逐次迭代来逼近式 (2.3.4) 的根 γ. 当然从 γ_k 经迭代得到 γ_{k+1}, 需要计算 $F(\gamma_k)$ 和 $F'(\gamma_k)$ 的值, $F(\gamma_k)$ 可由 $y(b; \gamma_k) - \beta = \beta_k - \beta$ 算出, 它由式 (2.3.2) 的解在端点 b 处的值决定, $F'(\gamma_k)$ 通过确定 $\left.\frac{\partial y(b; \gamma)}{\partial \gamma}\right|_{\gamma=\gamma_k}$ 的值即可, 方法如下所述.

首先将式 (2.3.2) 的解看成 x, y 的函数, 从而可将式 (2.3.2) 写成

$$\begin{cases} y''(x; \gamma) = f(x, y(x; \gamma), y'(x; y)), \\ y(a; \gamma) = \alpha, \quad y'(a, \gamma) = \gamma, \end{cases} \tag{2.3.7}$$

其中 y', y'' 分别是 $y(x; \gamma)$ 关于 x 的一阶和二阶导数, 将式 (2.3.7) 对 γ 求偏导, 并

记 $W(x;\gamma)=\dfrac{\partial y(x;\gamma)}{\partial\gamma}$, 则上述初值问题可表示为

$$\begin{cases}W''=\dfrac{\partial f}{\partial y}(x,y,y')W+\dfrac{\partial f}{\partial y'}(x,y,y')W',\\ W(a)=0,\quad W'(a)=1.\end{cases}\tag{2.3.8}$$

因而, 当 $\gamma=\gamma_k$ 时, 式 (2.3.8) 的解 $W(b;\gamma_k)=\dfrac{\partial y(b;\gamma_k)}{\partial\gamma}$ 即是 $F'(\gamma_k)$ 的值.

以上讨论了第一边值问题, 对于更一般的边值问题

$$\begin{cases}y''=f(x,y,y'),\quad a<x<b,\\ \alpha_0y(a)-\alpha_1y'(a)=\alpha,\\ \beta_0y(b)+\beta_1y'(b)=\beta,\end{cases}\tag{2.3.9}$$

其中 $\alpha_0\alpha_1\geqslant0$, $\beta_0\beta_1\geqslant0$, $\alpha_0+\alpha_1>0$, $\beta_0+\beta_1>0$. 可以考虑如下初值问题

$$\begin{cases}y''=f(x,y,y'),\quad a\leqslant x\leqslant b,\\ y(a)=\alpha_1\gamma-c_1\alpha,\\ y'(a)=\alpha_0\gamma-c_0\alpha,\end{cases}\tag{2.3.10}$$

其中 c_0 和 c_1 是满足关系式

$$c_0\alpha_1-c_1\alpha_0=1$$

的任意常数. 可以验证, 对任意参数 γ, 式 (2.3.10) 的解 $y(x;\gamma)$ 必满足式 (2.3.9) 中的第一边界条件, 为使其满足第二边界条件, γ 应选取为方程

$$F(\gamma)=\beta_0y(b;\gamma)+\beta_1y'(b;\gamma)-\beta=0\tag{2.3.11}$$

的根. 在数值求解式 (2.3.10) 时, 可把它转化为下面的一阶微分方程组的初值问题来求解

$$\begin{cases}u_1'=u_2,\\ u_2'=f(x,u_1,u_2),\\ u_1(a)=\alpha_1\gamma-c_1\alpha,\quad u_2(a)=\alpha_0\gamma-c_0\gamma,\end{cases}\tag{2.3.12}$$

参数 γ 仍可用 Newton 法来求解.

例 2.3.1　用试射法求解二阶常微分方程的两点边值问题

$$\begin{cases}u''=6x,\quad 0<x<1,\\ u(0)=0,\quad u(1)=1.\end{cases}\tag{2.3.13}$$

解 首先将二阶方程转化成一阶常微分方程组

$$\begin{cases} y' = z, \quad y(0) = 0, \\ z' = 6x, \quad z(0) = z_0, \end{cases} \tag{2.3.14}$$

其中 $y(x) = u(x), z(x) = y'(x)$. 假设初始斜率为 $z(0) = 1$, 步长为 $h = 0.5$, 用经典的 Runge-Kutta 方法来求解, 首先求 $x = 0.5$ 的值 (y_1, z_1), 记 $\boldsymbol{w} = (y, z)^{\mathrm{T}}$, 则

$$\begin{aligned} \boldsymbol{w}_1 &= \boldsymbol{w}_0 + \frac{h}{6}(\boldsymbol{k}_1 + 2\boldsymbol{k}_2 + 2\boldsymbol{k}_3 + \boldsymbol{k}_4) \\ &= \begin{pmatrix} 0 \\ 1 \end{pmatrix} + \frac{h}{6}\left[\begin{pmatrix} 1.0 \\ 0.0 \end{pmatrix} + 2\begin{pmatrix} 1.0 \\ 0.5 \end{pmatrix} + 2\begin{pmatrix} 1.125 \\ 0.500 \end{pmatrix} + \begin{pmatrix} 1.125 \\ 1.000 \end{pmatrix}\right] \\ &= \begin{pmatrix} 0.5313 \\ 1.2500 \end{pmatrix}, \end{aligned} \tag{2.3.15}$$

然后再由 $\boldsymbol{w}_1$ 求在 $x = 1.0$ 处的 $\boldsymbol{w}_2 = (y_2, z_2)$ 的值

$$\begin{aligned} \boldsymbol{w}_2 &= \boldsymbol{w}_1 + \frac{h}{6}(\boldsymbol{k}_1 + 2\boldsymbol{k}_2 + 2\boldsymbol{k}_3 + \boldsymbol{k}_4) \\ &= \begin{pmatrix} 0.5313 \\ 1.2500 \end{pmatrix} + \frac{h}{6}\left[\begin{pmatrix} 1.250 \\ 1.000 \end{pmatrix} + 2\begin{pmatrix} 1.500 \\ 1.500 \end{pmatrix} + 2\begin{pmatrix} 1.625 \\ 1.500 \end{pmatrix} + \begin{pmatrix} 1.625 \\ 2.000 \end{pmatrix}\right] \\ &= \begin{pmatrix} 1.2917 \\ 2.0000 \end{pmatrix}, \end{aligned} \tag{2.3.16}$$

因此得到的数值解 $u(1) \approx y_2 = 1.2917$, 与右端点期望的边界条件 $u(1) = 1.0$ 还有误差. 接着再假设初始斜率为 $z(0) = 0.8$, 进行第二轮的计算, 求在 $x = 0.5$ 的值 $\boldsymbol{w}_1 = (y_1, z_1)^{\mathrm{T}}$, 即

$$\begin{aligned} \boldsymbol{w}_1 &= \boldsymbol{w}_0 + \frac{h}{6}(\boldsymbol{k}_1 + 2\boldsymbol{k}_2 + 2\boldsymbol{k}_3 + \boldsymbol{k}_4) \\ &= \begin{pmatrix} 0 \\ 0.8 \end{pmatrix} + \frac{h}{6}\left[\begin{pmatrix} 0.8 \\ 0.0 \end{pmatrix} + 2\begin{pmatrix} 0.8 \\ 0.5 \end{pmatrix} + 2\begin{pmatrix} 0.925 \\ 0.500 \end{pmatrix} + \begin{pmatrix} 0.925 \\ 1.000 \end{pmatrix}\right] \\ &= \begin{pmatrix} 0.4312 \\ 1.0500 \end{pmatrix}, \end{aligned} \tag{2.3.17}$$

然后再由 $\boldsymbol{w}_1$ 求在 $x = 1.0$ 处的 $\boldsymbol{w}_2 = (y_2, z_2)^{\mathrm{T}}$ 的值, 即

$$\begin{aligned} \boldsymbol{w}_2 &= \boldsymbol{w}_1 + \frac{h}{6}(\boldsymbol{k}_1 + 2\boldsymbol{k}_2 + 2\boldsymbol{k}_3 + \boldsymbol{k}_4) \\ &= \begin{pmatrix} 0.4312 \\ 1.0500 \end{pmatrix} + \frac{h}{6}\left[\begin{pmatrix} 1.05 \\ 1.00 \end{pmatrix} + 2\begin{pmatrix} 1.30 \\ 1.50 \end{pmatrix} + 2\begin{pmatrix} 1.425 \\ 1.500 \end{pmatrix} + \begin{pmatrix} 1.425 \\ 2.000 \end{pmatrix}\right] \\ &= \begin{pmatrix} 1.0916 \\ 1.8000 \end{pmatrix}, \end{aligned} \tag{2.3.18}$$

因此得到的数值解 $u(1) \approx y_2 = 1.0916$, 与期望值右端点的边界条件 $u(1) = 1.0$ 已经比较接近.

例 2.3.2　用试射法求解二阶常微分方程的两点边值问题

$$\begin{cases} y'' + y = x, \quad 0 < x < \dfrac{\pi}{2}, \\ y(0) = 0, \quad y\left(\dfrac{\pi}{2}\right) = \dfrac{\pi}{2}, \end{cases} \tag{2.3.19}$$

并求相应的收敛阶, 该问题的精确解为 $y = x$.

解　首先将二阶方程转化成一阶常微分方程组

$$\begin{cases} u' = v, \quad u(0) = 0, \\ v' = x - u, \quad v(0) = v_0, \end{cases} \tag{2.3.20}$$

其中 $y(x) = u(x), v(x) = y'(x)$. 假设步长为 $h = 1/N$, 这里 N 为等分的单元数. 设初始斜率为 $v(0) = 2.0$, 斜率修改采用线性插值的方法. 用经典的 Runge-Kutta 方法来求解, 计算结果见表 2.1, 由表可知, 随着剖分数的增加, 精度逐步提高, 方法的收敛阶为 1.

表 2.1　不同单元数的试射法的计算结果

网格剖分数 N	4	8	16	32	64	128	256
$\|\cdot\|_{\max}$	0.1626	0.0813	0.0407	0.0203	0.0102	0.0051	0.0025
收敛阶	—	1.0000	0.9982	1.0035	0.9929	1.0000	1.0286

例 2.3.3　用试射法求解二阶常微分方程的两点边值问题

$$\begin{cases} y'' - y = x, \quad 0 < x < 1, \\ y(0) = 0, \quad y(1) = 1, \end{cases} \tag{2.3.21}$$

并求相应的收敛阶, 该问题的精确解为 $y = \dfrac{2(\mathrm{e}^x - \mathrm{e}^{-x})}{\mathrm{e} - \mathrm{e}^{-1}} - x$.

解　首先将二阶方程转化成一阶常微分方程组

$$\begin{cases} u' = v, \quad u(0) = 0, \\ v' = x + u, \quad v(0) = v_0, \end{cases} \tag{2.3.22}$$

其中 $y(x) = u(x), v(x) = y'(x)$. 假设步长为 $h = 1/N$, 这里 N 为等分的单元数. 初始斜率设定为 $v(0) = 2.0$, 迭代中斜率修正的方法采用线性插值法. 用经典的 Runge-Kutta 方法来求解, 计算结果见表 2.2.

表 2.2 不同单元数的试射法的计算结果

网格剖分数 N	4	8	16	32	64	128	256
$\|\cdot\|_{\max}$	0.02830000	0.01410000	0.00710000	0.00350000	0.00180000	0.00088423	0.00044211
收敛阶	—	1.0051	0.9898	1.0205	0.9594	1.0255	1.0000

练 习 题

1. 用线性打靶法求解下列初边值问题

(1)

$$\begin{cases} y'' + y = x, \quad 0 < x < \dfrac{\pi}{2}, \\ y(0) = 0, \quad y\left(\dfrac{\pi}{2}\right) = \dfrac{\pi}{2}; \end{cases}$$

(2)

$$\begin{cases} y'' + 2y' - 3y = 3x + 1, \quad 1 < x < 2, \\ y'(1) - y(1) = 1, \quad y'(2) + y(2) = -4. \end{cases}$$

2. 考虑两点边值问题

$$\begin{cases} y'' + 4y = \cos x, \quad 0 < x < \dfrac{\pi}{4}, \\ y(0) = 0, \quad y\left(\dfrac{\pi}{4}\right) = 0, \end{cases}$$

验证精确解是 $y = -\dfrac{1}{3}\cos(2x) - \dfrac{\sqrt{2}}{6}\sin(2x) + \dfrac{1}{3}\cos x$. 比较精确解和数值解的结果.

3. 考虑两点边值问题

$$\begin{cases} y'' - \alpha(2x - 1)y' - 2\alpha y = 0, \quad 0 < x < 1, \\ y(0) = y(1) = 1, \end{cases}$$

验证精确解是 $y = \mathrm{e}^{-\alpha x(1-x)}$. 取 $\alpha = 10$, 比较精确解和数值解的结果.

4. 考虑两点边值问题

$$\begin{cases} x^2y'' + xy' - 4y = 20x^3, \quad 1 < x < 2, \\ y(1) = 0, \quad y(2) = 31, \end{cases}$$

验证精确解是 $y = 4\left(x^3 - \dfrac{1}{x^2}\right)$, 比较精确解和数值解的结果.

5. 对非线性问题

$$\begin{cases} 2y'' + (y')^2 + a^2y^2 = 2a^2, \quad 0 < x < 1, \\ y(0) = 1, \quad y(1) = 0, \end{cases}$$

验证精确解是 $y = 1 - \sin(ax)$. 假定 $a = \dfrac{5\pi}{2}$, 比较数值解和精确解的结果.

6. 证明下列边值问题只有零解

$$\begin{cases} y'' = p(x)y' + q(x)y, & a < x < b, \\ y(0) = 0, \quad y(b) = 0. \end{cases}$$

7. 考虑下列边值问题

$$\begin{cases} y'' + y = 0, & a < x < b, \\ y(0) = 0, \quad y(b) = B, \end{cases}$$

求 b 和 B 的值, 分别使得该问题 (1) 无解; (2) 恰有一个解; (3) 无穷多个解.

第 3 章　椭圆型方程的差分解法

前面介绍了常微分方程的数值解法, 现在考虑偏微分方程的数值解法, 这方面国内外已有较多参考文献, 较早的是 1990 年之前的文献, 如 [21], [48], [62], [66], [67], [77], [78] 等, 在 2000 年前后的文献, 如 [5], [6], [9], [57], [80], [81] 等, 不一一列举. 我们重点讨论偏微分方程的有限差分数值解法.

本章讨论椭圆型偏微分方程的有限差分数值解法. 椭圆型方程描述定常态物理现象. 例如, 弹性力学中的平衡问题、无黏性流体的无旋流动、位势场 (如静电场和引力场) 问题、热传导中的温度分布问题都可用椭圆型定解问题来描述. 最简单的椭圆型方程是 Laplace 方程

$$\Delta u := \frac{\partial^2 u}{\partial x^2} + \frac{\partial^2 u}{\partial y^2} = 0,$$

其中 Δ 为 Laplace 算子, 也常记为 ∇^2. Poisson 方程

$$\Delta u = -f(x, y)$$

和双调和方程

$$\Delta\Delta u = \frac{\partial^4 u}{\partial x^4} + 2\frac{\partial^4 u}{\partial x^2 \partial y^2} + \frac{\partial^4 u}{\partial y^4} = 0$$

也都是典型的椭圆型方程. 本章先介绍二阶两点边值问题的差分格式, 然后介绍 Laplace 方程和 Poisson 方程的差分格式的建立及收敛性分析, 最后用能量方法分析 Poisson 方程差分格式的稳定性. 椭圆型方程差分离散后, 最终归结为一个线性代数方程组的求解, 对于大型的线性代数方程组, 常用迭代法来求解[40,71,72].

3.1　二阶线性两点边值问题的差分格式

考虑二阶线性常微分方程的两点边值问题

$$-\frac{\mathrm{d}}{\mathrm{d}x}\left(p\frac{du}{\mathrm{d}x}\right) + r\left(\frac{\mathrm{d}u}{\mathrm{d}x}\right) + qu = f, \quad x \in (a, b), \tag{3.1.1}$$

$$u(a) = \alpha, \quad u(b) = \beta, \tag{3.1.2}$$

其中 $p(x) \in C^1[a, b]; r(x), q(x), f(x) \in C[a, b]$; $p(x) \geqslant p_{\min} > 0$, $q(x) \geqslant 0$, α 和 β 为给定常数. 上述系数条件保证问题 (3.1.1) 和问题 (3.1.2) 是适定的.

为简单起见, 将求解区间 $[a,b]$ 用步长 $h=(b-a)/N$ 剖分成 N 等份, 得到结点

$$x_i = a + ih, \quad i = 0, \cdots, N.$$

下面用直接差分近似和有限体积两种方法来讨论问题的差分格式.

3.1.1 差分近似

设 $x_i(i=1,2,\cdots,N-1)$ 是任一内结点. 在点 x_i 处, 对充分光滑的函数 u, 有

$$\left(\frac{\mathrm{d}u}{\mathrm{d}x}\right)_i = \frac{u_{i+1}-u_{i-1}}{2h} + O(h^2), \tag{3.1.3}$$

$$\left[\frac{\mathrm{d}}{\mathrm{d}x}\left(p\frac{\mathrm{d}u}{\mathrm{d}x}\right)\right]_i = \frac{1}{h}\left[\left(p\frac{\mathrm{d}u}{\mathrm{d}x}\right)_{i+\frac{1}{2}} - \left(p\frac{\mathrm{d}u}{\mathrm{d}x}\right)_{i-\frac{1}{2}}\right] + O(h^2), \tag{3.1.4}$$

又

$$\begin{aligned} p_{i+\frac{1}{2}}\frac{u_{i+1}-u_i}{h} &= \left(p\frac{\mathrm{d}u}{\mathrm{d}x}\right)_{i+\frac{1}{2}} + \frac{h^2}{24}\left(p\frac{\mathrm{d}^3u}{\mathrm{d}x^3}\right)_{i+\frac{1}{2}} + O(h^3) \\ &= \left(p\frac{\mathrm{d}u}{\mathrm{d}x}\right)_{i+\frac{1}{2}} + \frac{h^2}{24}\left(p\frac{\mathrm{d}^3u}{\mathrm{d}x^3}\right)_i + O(h^3), \end{aligned} \tag{3.1.5}$$

$$\begin{aligned} p_{i-\frac{1}{2}}\frac{u_i-u_{i-1}}{h} &= \left(p\frac{\mathrm{d}u}{\mathrm{d}x}\right)_{i-\frac{1}{2}} + \frac{h^2}{24}\left(p\frac{\mathrm{d}^3u}{\mathrm{d}x^3}\right)_{i-\frac{1}{2}} + O(h^3) \\ &= \left(p\frac{\mathrm{d}u}{\mathrm{d}x}\right)_{i-\frac{1}{2}} + \frac{h^2}{24}\left(p\frac{\mathrm{d}^3u}{\mathrm{d}x^3}\right)_i + O(h^3), \end{aligned} \tag{3.1.6}$$

其中 $p_{i+\frac{1}{2}} = p(x_{i+\frac{1}{2}})$, $r_i = r(x_i)$, $q_i = q(x_i)$, $f_i = f(x_i)$. 将式 (3.1.5) 和式 (3.1.6) 代入式 (3.1.4) 中, 得

$$\left[\frac{\mathrm{d}}{\mathrm{d}x}\left(p\frac{\mathrm{d}u}{\mathrm{d}x}\right)\right]_i = \frac{1}{h}\left(p_{i+\frac{1}{2}}\frac{u_{i+1}-u_i}{h} - p_{i-\frac{1}{2}}\frac{u_i-u_{i-1}}{h}\right) + O(h^2). \tag{3.1.7}$$

将式 (3.1.3)—式 (3.1.7) 代入式 (3.1.1) 中, 即得二阶精度的差分方程

$$\begin{aligned} &-\frac{1}{h^2}[p_{i+1/2}u_{i+1} - (p_{i+1/2}+p_{i-1/2})u_i + p_{i-1/2}u_{i-1}] + r_i\frac{u_{i+1}-u_{i-1}}{2h} + q_iu_i \\ &= f_i, \quad i = 1, \cdots, N-1. \end{aligned} \tag{3.1.8}$$

边值条件对应的差分方程为

$$u_0 = \alpha, \quad u_N = \beta. \tag{3.1.9}$$

将式 (3.1.8) 和式 (3.1.9) 写成如下矩阵形式

$$\boldsymbol{A u}=\boldsymbol{g}, \tag{3.1.10}$$

其中

$$A=\begin{pmatrix} b_1 & -c_1 & & & \\ -a_2 & b_2 & -c_2 & & \\ & \ddots & \ddots & \ddots & \\ & & -a_{N-2} & b_{N-2} & -c_{N-2} \\ & & & -a_{N-1} & b_{N-1} \end{pmatrix}, \tag{3.1.11}$$

$$\begin{aligned}
&\boldsymbol{g}=(g_1+a_1\alpha, g_2, \cdots, g_{N-2}, g_{N-1}+c_{N-1}\beta)^{\mathrm{T}},\\
&\boldsymbol{u}=(u_1, u_2, \cdots, u_{N-1})^{\mathrm{T}},\\
&a_i=\frac{2p_{i-\frac{1}{2}}}{h}+r_i, \quad i=1,\cdots,N-1,\\
&b_i=\frac{2\left(p_{i+\frac{1}{2}}+p_{i-\frac{1}{2}}\right)}{h}+2hq_i, \quad i=1,\cdots,N-1,\\
&c_i=\frac{2p_{i+\frac{1}{2}}}{h}-r_i, \quad i=1,\cdots,N-2,\\
&g_i=2hf_i, \quad i=1,\cdots,N-1.
\end{aligned}$$

可以验证, 当 h 充分小时, 关系式

$$\begin{aligned}
&|b_i|\geqslant|a_i|+|c_i|, \quad i=2,\cdots,N-2,\\
&|b_1|>|c_1|, \quad |b_{N-1}|>|a_{N-1}|
\end{aligned}$$

成立, 也即矩阵 A 弱对角占优. 实际上后两式显然成立, 对第一式, 注意 h 充分小及 $p(x)\geqslant p_{\min}$, 必有

$$\begin{aligned}
|a_i|+|c_i|&=\left|\frac{2p_{i-\frac{1}{2}}}{h}+r_i\right|+\left|\frac{2p_{i+\frac{1}{2}}}{h}-r_i\right|\\
&=\frac{2\left(p_{i-\frac{1}{2}}+p_{i+\frac{1}{2}}\right)}{h}\leqslant|b_i|, \quad i=2,\cdots,N-2,
\end{aligned}$$

而且 A 不可约, 因此矩阵 A 非奇异, 差分方程 (3.1.10) 有唯一解.

例 3.1.1 用差分法求解两点边值问题

$$\begin{cases} y''-\alpha(2x-1)y'-2\alpha y=0, \quad 0<x<1,\\ y(0)=y(1)=1, \end{cases} \tag{3.1.12}$$

其中参数 $\alpha = 10$.

解　将区间 $[0,1]$ 剖分成 N 等份, 步长为 $h = 1/N$. 用中心差分格式, 易知, 式 (3.1.12) 的一个二阶精度的差分格式为

$$\begin{cases} [2-h\alpha(2ih-1)]y_{i+1}-4(1+\alpha h^2)y_i+[2+h\alpha(2ih-1)]y_{i-1}=0, \quad i=1,\cdots,N-1, \\ y_0 = y_N = 1. \end{cases}$$

取不同的 N 进行计算, 表 3.1 是不同的等份数 N 时的计算结果与精确解的最大误差, 算出收敛阶为 2.0, 与理论值符合.

表 3.1　不同等份数 N 时的差分法计算结果的最大误差

N	10	20	40	80	160	320
最大误差	0.00660000	0.00190000	0.00047181	0.00012011	0.00003003	0.00000751
收敛阶	—	1.7965	2.0097	1.9738	2.0001	2.0001

3.1.2　有限体积法

有限体积法也称*积分插值法*. 考虑方程 (3.1.1) 的守恒形式 ($r = 0$), 即

$$-\frac{\mathrm{d}}{\mathrm{d}x}\left(p\frac{\mathrm{d}u}{\mathrm{d}x}\right) + q(x)u = f(x), \quad x \in (a,b). \tag{3.1.13}$$

在 (a,b) 的任意子区间 $[x',x'']$ 上, 对方程 (3.1.13) 积分, 得

$$\left(p\frac{\mathrm{d}u}{\mathrm{d}x}\right)_{x'} - \left(p\frac{\mathrm{d}u}{\mathrm{d}x}\right)_{x''} + \int_{x'}^{x''} q(x)u(x)\mathrm{d}x = \int_{x'}^{x''} f(x)\mathrm{d}x, \quad \forall [x',x''] \subset (a,b). \tag{3.1.14}$$

为在内结点 $x_i(1\leqslant i\leqslant N-1)$ 上建立差分方程, 特别地, 取区间 $[x',x'']=\left[x_{i-\frac{1}{2}},x_{i+\frac{1}{2}}\right]$, 则式 (3.1.14) 成为

$$\left(p\frac{\mathrm{d}u}{\mathrm{d}x}\right)_{x_{i-\frac{1}{2}}} - \left(p\frac{\mathrm{d}u}{\mathrm{d}x}\right)_{x_{i+\frac{1}{2}}} + \int_{x_{i-\frac{1}{2}}}^{x_{i+\frac{1}{2}}} q(x)u(x)\mathrm{d}x = \int_{x_{i-\frac{1}{2}}}^{x_{i+\frac{1}{2}}} f(x)\mathrm{d}x. \tag{3.1.15}$$

利用数值积分中的中矩形公式

$$\int_{x_{i-\frac{1}{2}}}^{x_{i+\frac{1}{2}}} q(x)u(x)\mathrm{d}x = q_iu_ih + O(h^3), \tag{3.1.16}$$

$$\int_{x_{i-\frac{1}{2}}}^{x_{i+\frac{1}{2}}} f(x)\mathrm{d}x = f_ih + O(h^3). \tag{3.1.17}$$

将式 (3.1.5) 和式 (3.1.6) 与式 (3.1.16) 和式 (3.1.17) 代入式 (3.1.15) 中, 得二阶精度的差分格式

$$-\frac{1}{h}\left[p_{i+\frac{1}{2}}(u_{i+1}-u_i) - p_{i-\frac{1}{2}}(u_i-u_{i-1})\right] + hq_iu_i = hf_i, \quad i=1,\cdots,N-1. \tag{3.1.18}$$

该式实质上是式 (3.1.8) $r_i=0$ 的特殊情况.

前面考虑了第一类边值条件, 对于第二类或第三类边界条件, 如

$$-p(a)\left(\frac{\mathrm{d}u}{\mathrm{d}x}\right)_a+\alpha_0u(a)=\alpha_1, \tag{3.1.19}$$

$$p(b)\left(\frac{\mathrm{d}u}{\mathrm{d}x}\right)_b+\beta_0u(b)=\beta_1, \tag{3.1.20}$$

其中 $\alpha_0,\beta_0\geqslant 0$ 为常数, 用积分插值法处理更加简单. 由式 (3.1.19) 得

$$\left(p\frac{\mathrm{d}u}{\mathrm{d}x}\right)_{x_0=a}=\alpha_0u_0-\alpha_1, \tag{3.1.21}$$

再在式 (3.1.14) 中取积分区间 $[x',x'']=\left[a,x_{\frac{1}{2}}\right]$, 得

$$\left(p\frac{\mathrm{d}u}{\mathrm{d}x}\right)_{x_0}-\left(p\frac{\mathrm{d}u}{\mathrm{d}x}\right)_{x_{\frac{1}{2}}}+\int_{x_0}^{x_{\frac{1}{2}}}q(x)u(x)\mathrm{d}x=\int_{x_0}^{x_{\frac{1}{2}}}f(x)\mathrm{d}x, \tag{3.1.22}$$

又

$$\left(p\frac{\mathrm{d}u}{\mathrm{d}x}\right)_{x_{\frac{1}{2}}}=p_{\frac{1}{2}}\frac{u_1-u_0}{h}+O(h^2), \tag{3.1.23}$$

$$\int_{x_0}^{x_{\frac{1}{2}}}q(x)u(x)\mathrm{d}x=\frac{h}{2}q_0u_0+O(h^2), \tag{3.1.24}$$

$$\int_{x_0}^{x_{\frac{1}{2}}}f(x)\mathrm{d}x=\frac{h}{2}f_0+O(h^2), \tag{3.1.25}$$

将式 (3.1.21) 及式 (3.1.23)—(3.1.25) 代入式 (3.1.22) 中, 得到逼近边界条件 (3.1.19) 的差分方程

$$-p_{\frac{1}{2}}\frac{u_1-u_0}{h}+\left(\alpha_0+\frac{h}{2}q_0\right)u_0=\alpha_1+\frac{h}{2}f_0, \tag{3.1.26}$$

同理, 由边界条件 (3.1.20) 得

$$\left(p\frac{\mathrm{d}u}{\mathrm{d}x}\right)_{x_N=b}=\beta_1-\beta_0u_N. \tag{3.1.27}$$

在式 (3.1.14) 中取积分区间 $[x',x'']=\left[x_{N-\frac{1}{2}},b\right]$, 得

$$\left(p\frac{\mathrm{d}u}{\mathrm{d}x}\right)_{x_{N-\frac{1}{2}}}-\left(p\frac{\mathrm{d}u}{\mathrm{d}x}\right)_{x_N}+\int_{x_{N-\frac{1}{2}}}^{x_N}q(x)u(x)\mathrm{d}x=\int_{x_{N-\frac{1}{2}}}^{x_N}f(x)\mathrm{d}x, \tag{3.1.28}$$

又

$$\left(p\frac{\mathrm{d}u}{\mathrm{d}x}\right)_{x_{N-\frac{1}{2}}} = p_{N-\frac{1}{2}}\frac{u_N - u_{N-1}}{h} + O(h^2), \tag{3.1.29}$$

$$\int_{x_{N-\frac{1}{2}}}^{x_N} q(x)u(x)\mathrm{d}x = \frac{h}{2}q_N u_N + O(h^2), \tag{3.1.30}$$

$$\int_{x_{N-\frac{1}{2}}}^{x_N} f(x)\mathrm{d}x = \frac{h}{2}f_N + O(h^2), \tag{3.1.31}$$

将式 (3.1.27) 及式 (3.1.29)—(3.1.31) 代入式 (3.1.28) 中, 得边界条件 (3.1.20) 的差分方程

$$p_{N-\frac{1}{2}}\frac{u_N - u_{N-1}}{h} + \left(\beta_0 + \frac{h}{2}q_N\right)u_N = \beta_1 + \frac{h}{2}f_N. \tag{3.1.32}$$

由 式 (3.1.18)、式 (3.1.26) 和式 (3.1.32) 可构成一个完整求解的差分方程

$$-p_{i-\frac{1}{2}}u_{i-1} + \left(p_{i-\frac{1}{2}} + p_{i+\frac{1}{2}} + h^2 q_i\right)u_i - p_{i+\frac{1}{2}}u_{i+1} = h^2 f_i, \quad i = 1, \cdots, N-1,$$

$$\left(p_{\frac{1}{2}} + h\alpha_0 + \frac{h^2}{2}q_0\right)u_0 - p_{\frac{1}{2}}u_1 = h\alpha_1 + \frac{h^2}{2}f_0, \tag{3.1.33}$$

$$-p_{N-\frac{1}{2}}u_{N-1} + \left(p_{N-\frac{1}{2}} + h\beta_0 + \frac{h^2}{2}q_N\right)u_N = h\beta_1 + \frac{h^2}{2}f_N, \tag{3.1.34}$$

写成矩阵形式为

$$A\boldsymbol{u} = \boldsymbol{f}, \tag{3.1.35}$$

其中

$$A = \begin{pmatrix} a_0 & b_0 & & & & \\ b_0 & a_1 & b_1 & & & \\ & b_1 & a_2 & b_2 & & \\ & & \ddots & \ddots & \ddots & \\ & & & b_{N-2} & a_{N-1} & b_{N-1} \\ & & & & b_{N-1} & a_N \end{pmatrix},$$

$$a_0 = p_{\frac{1}{2}} + h\alpha_0 + \frac{h^2}{2}q_0,$$

$$a_N = p_{N-\frac{1}{2}} + h\beta_0 + \frac{h^2}{2}q_N,$$

$$a_i = p_{i-\frac{1}{2}} + p_{i+\frac{1}{2}} + h^2 q_i, \quad i = 1, \cdots, N-1,$$

$$b_i = -p_{i+\frac{1}{2}}, \quad i = 0, \cdots, N-1,$$

$$\boldsymbol{f} = \left(h\alpha_1 + \frac{h^2}{2}f_0, h^2 f_1, \cdots, h^2 f_{N-1}, h\beta_1 + \frac{h^2}{2}f_N\right)^{\mathrm{T}},$$

$$\boldsymbol{u} = (u_0, u_1, \cdots, u_N)^{\mathrm{T}}.$$

可以看到, 所得的系数矩阵 A 是对称的, 而且严格对角占优, 因此 A 非奇异, 方程有唯一解. 如果直接用前面导数近似的方法去逼近第二类或第三类边界条件, 或者引进虚结点的方法 (后面讨论) 近似导数, 则破坏系数矩阵的对称性.

3.2 非线性两点边值问题的差分格式

对非线性两点边值问题, 也可以用有限差分法来求解, 主要困难是如何求解所导致的非线性代数方程. 假定

$$\begin{cases} y'' = f(x, y, y'), \quad 0 < x < l, \\ y(0) = \alpha, \quad y(l) = \beta, \end{cases} \tag{3.2.1}$$

为了保证问题解的唯一性, 要求 $f(x, y, z)$ 是光滑的, $\dfrac{\partial f}{\partial z}$ 是有界, $\dfrac{\partial f}{\partial y}$ 有界且为正, 用二阶精度的格式来近似, 得

$$\begin{cases} y_{i+1} - 2y_i + y_{i-1} = h^2 f\left(x_i, y_i, \dfrac{y_{i+1} - y_{i-1}}{2h}\right), \quad i = 1, 2, \cdots, N, \\ y_0 = \alpha, \quad y_{N+1} = \beta. \end{cases} \tag{3.2.2}$$

令 $\boldsymbol{y} = (y_1, \cdots, y_N)^{\mathrm{T}}$, 则式 (3.2.2) 可以写成 $\boldsymbol{F}(\boldsymbol{y}) = 0$ 的形式, 其中

$$F_i \equiv y_{i+1} - 2y_i + y_{i-1} - h^2 f\left(x_i, y_i, \frac{y_{i+1} - y_{i-1}}{2h}\right). \tag{3.2.3}$$

常用 Newton 法来求解非线性方程 (k 为迭代次数)

$$\boldsymbol{z}_{k+1} = \boldsymbol{z}_k - J_k^{-1} \boldsymbol{F}_k, \quad k = 0, 1, 2, \cdots, \tag{3.2.4}$$

其中 $J_k = \dfrac{\partial \boldsymbol{F}_k}{\partial \boldsymbol{y}}$ 是 $\boldsymbol{F}$ 在 $\boldsymbol{z}_k$ 处的 Jacobi 矩阵

$$\boldsymbol{F}_k = F(\boldsymbol{z}_k). \tag{3.2.5}$$

由式 (3.2.3) 得, F_i 只依赖于 $\boldsymbol{y}$ 的三个分量, 所以 J_k 大部分元素为 0, 实际 J_k 是一个三对角矩阵

$$J_k = \begin{pmatrix} a_1 & c_1 & & & \\ b_2 & a_2 & c_2 & & \\ & \ddots & \ddots & \ddots & \\ & & b_{N-1} & a_{N-1} & c_{N-1} \\ & & & b_N & a_N \end{pmatrix}, \tag{3.2.6}$$

其中

$$
\begin{aligned}
a_i &= -2 - h^2 \frac{\partial f}{\partial y}(x_i, y_i, z_i), \\
b_i &= 1 + \frac{h}{2}\frac{\partial f}{\partial z}(x_i, y_i, z_i), \\
c_i &= 1 - \frac{h}{2}\frac{\partial f}{\partial z}(x_i, y_i, z_i), \\
z_i &= \frac{y_{i+1} - y_{i-1}}{2h}.
\end{aligned} \tag{3.2.7}
$$

3.3 Laplace 方程的五点差分格式

考虑 Laplace 方程的 Dirichlet 边值问题

$$
\frac{\partial^2 u}{\partial x^2} + \frac{\partial^2 u}{\partial y^2} = 0, \quad (x, y) \in \Omega = \{(x, y) | 0 < x < 1, 0 < y < 1\}, \tag{3.3.1}
$$

$$
u(x, y) = f(x, y), \quad (x, y) \in \partial\Omega, \tag{3.3.2}
$$

其中 $\partial\Omega$ 为区域 Ω 的边界.

假定用步长为 $h = 1/M$ 的正方形网格对 Ω 进行剖分, 则共有 $(M-1)^2$ 个内结点. 在每个内结点 (i, j) 上, 用二阶中心差分格式代替方程 (3.3.1) 中的二阶偏导数, 得

$$
\frac{u_{i+1,j} - 2u_{i,j} + u_{i-1,j}}{h^2} + \frac{u_{i,j+1} - 2u_{i,j} + u_{i,j-1}}{h^2} = 0, \tag{3.3.3}
$$

即

$$
u_{i,j} = \frac{1}{4}(u_{i+1,j} + u_{i-1,j} + u_{i,j+1} + u_{i,j-1}). \tag{3.3.4}
$$

显然 $u_{i,j}$ 是作为四个相邻点的平均值来计算的, 这就是 Laplace 方程在等步长情况下最简单的五点有限差分近似. 该格式具有二阶精度, 其近似的截断误差可由 Taylor 级数展开方法得到 (假定高阶导数总是存在)

$$
u_{i+1,j} = \left(u + h\frac{\partial u}{\partial x} + \frac{h^2}{2}\frac{\partial^2 u}{\partial x^2} + \frac{h^3}{6}\frac{\partial^3 u}{\partial x^3} + \frac{h^4}{24}\frac{\partial^4 u}{\partial x^4} + \cdots\right)_{i,j}, \tag{3.3.5}
$$

$$
u_{i-1,j} = \left(u - h\frac{\partial u}{\partial x} + \frac{h^2}{2}\frac{\partial^2 u}{\partial x^2} - \frac{h^3}{6}\frac{\partial^3 u}{\partial x^3} + \frac{h^4}{24}\frac{\partial^4 u}{\partial x^4} - \cdots\right)_{i,j}, \tag{3.3.6}
$$

$$
u_{i,j+1} = \left(u + h\frac{\partial u}{\partial y} + \frac{h^2}{2}\frac{\partial^2 u}{\partial y^2} + \frac{h^3}{6}\frac{\partial^3 u}{\partial y^3} + \frac{h^4}{24}\frac{\partial^4 u}{\partial y^4} + \cdots\right)_{i,j}, \tag{3.3.7}
$$

$$
u_{i,j-1} = \left(u - h\frac{\partial u}{\partial y} + \frac{h^2}{2}\frac{\partial^2 u}{\partial y^2} - \frac{h^3}{6}\frac{\partial^3 u}{\partial y^3} + \frac{h^4}{24}\frac{\partial^4 u}{\partial y^4} - \cdots\right)_{i,j}. \tag{3.3.8}
$$

将式 (3.3.5)—(3.3.8) 代入式 (3.3.3) 中, 得

$$\begin{aligned}&\frac{u_{i+1,j}-2u_{i,j}+u_{i-1,j}}{h^2}+\frac{u_{i,j+1}-2u_{i,j}+u_{i,j-1}}{h^2}\\&=\left(\frac{\partial^2 u}{\partial x^2}+\frac{\partial^2 u}{\partial y^2}\right)_{i,j}+\frac{h^2}{12}\left(\frac{\partial^4 u}{\partial x^4}+\frac{\partial^4 u}{\partial y^4}\right)_{i,j}+\cdots,\end{aligned}\tag{3.3.9}$$

因此截断误差阶为 $O(h^2)$. 若记截断误差为 $R(u)$,

$$\widetilde{M}=\max_{\Omega}\left\{\left|\frac{\partial^4 u}{\partial x^4}\right|,\left|\frac{\partial^4 u}{\partial y^4}\right|\right\},\tag{3.3.10}$$

则

$$|R(u)|\leqslant\frac{h^2}{6}\widetilde{M}.\tag{3.3.11}$$

由差分格式 (3.3.4) 再结合边界条件的差分格式, 即 $u_{i,j}=f_{i,j},\ (i,j)\in\partial\Omega$, 即可求得内结点上的近似值. 下面通过例题来说明.

例 3.3.1 对边值问题

$$\begin{cases}\dfrac{\partial^2 u}{\partial x^2}+\dfrac{\partial^2 u}{\partial y^2}=0, & 0<x<2,\quad 0<y<2,\\ u(0,y)=0,\quad u(2,y)=y(2-y), & 0<y<2,\\ u(x,0)=0,\quad u(x,2)=\begin{cases}x, & 0<x<1,\\ 2-x, & 1\leqslant x<2\end{cases}\end{cases}$$

分别取步长 $h=2/3$ 和 $h=1/2$ 求解.

解 (1) 当取 $h=\dfrac{2}{3}$ 时, 求解区域的结点如图 3.3.1(a) 所示, 其中已标出边界上的函数值. 在内结点上应用五点有限差分近似, 可得

$$\begin{cases}-4u_{11}+u_{21}+u_{12}=0,\\ u_{11}-4u_{21}+u_{22}=-\dfrac{8}{9},\\ u_{11}-4u_{12}+u_{22}=-\dfrac{2}{3},\\ u_{21}+u_{12}-4u_{22}=-\dfrac{14}{9},\end{cases}\tag{3.3.12}$$

又记 $\boldsymbol{u}=(u_{11},u_{21},u_{12},u_{22})^{\mathrm{T}}$, 则上述差分方程可写成矩阵形式

$$\begin{pmatrix}-4 & 1 & 1 & 0\\ 1 & -4 & 0 & 1\\ 1 & 0 & -4 & 1\\ 0 & 1 & 1 & -4\end{pmatrix}\begin{pmatrix}u_{11}\\ u_{21}\\ u_{12}\\ u_{22}\end{pmatrix}=\begin{pmatrix}0\\ -\dfrac{8}{9}\\ -\dfrac{2}{3}\\ -\dfrac{14}{9}\end{pmatrix},\tag{3.3.13}$$

解得 $\boldsymbol{u}=(u_{11},u_{21},u_{12},u_{22})^{\mathrm{T}}=\left(\frac{7}{36},\frac{5}{12},\frac{13}{36},\frac{7}{12}\right)^{\mathrm{T}}$.

(2) 当取 $h=1/2$ 时, 结点如图 3.3.1(b) 所示, 边界上的函数值也已标出. 类似地, 可得差分方程

$$\begin{cases} u_{21}+u_{12}+0+0-4u_{11}=0,\\ u_{31}+u_{22}+u_{11}+0-4u_{21}=0,\\ \frac{3}{4}+u_{32}+u_{21}+0-4u_{31}=0,\\ u_{22}+u_{13}+u_{11}+0-4u_{12}=0,\\ u_{32}+u_{23}+u_{12}+u_{21}-4u_{22}=0,\\ 1+u_{33}+u_{22}+u_{31}-4u_{32}=0,\\ u_{23}+\frac{1}{2}+0+u_{12}-4u_{13}=0,\\ u_{33}+1+u_{13}+u_{22}-4u_{23}=0,\\ \frac{3}{4}+\frac{1}{2}+u_{23}+u_{32}-4u_{33}=0, \end{cases} \tag{3.3.14}$$

则

$$\begin{aligned}\boldsymbol{u}&=(u_{11},u_{21},u_{31},u_{12},u_{22},u_{32},u_{13},u_{23},u_{33})^{\mathrm{T}}\\ &=\left(\frac{7}{64},\frac{51}{224},\frac{177}{448},\frac{47}{224},\frac{13}{32},\frac{135}{224},\frac{145}{448},\frac{131}{224},\frac{39}{64}\right)^{\mathrm{T}}\end{aligned}$$

是方程 (3.3.14) 的根.□

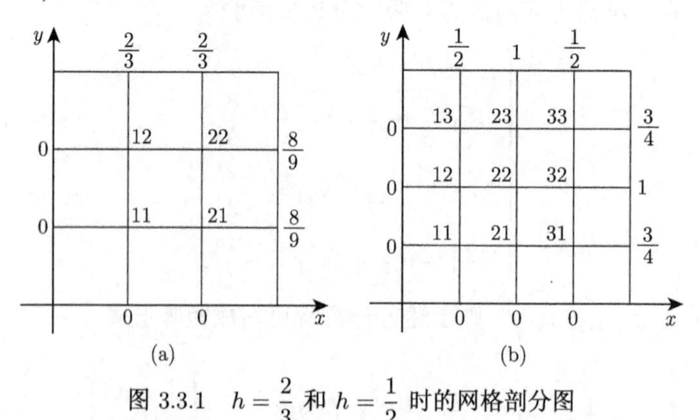

图 3.3.1　$h=\frac{2}{3}$ 和 $h=\frac{1}{2}$ 时的网格剖分图

一般地, Laplace 方程第一边值问题用五点差分格式离散后, 若有 $M\times M$ 个内结点, 并记

$$\boldsymbol{u}=(u_{11},u_{21},\cdots,u_{M1},u_{12},u_{22},\cdots,u_{M2},u_{1M},u_{2M},\cdots,u_{MM})^{\mathrm{T}},$$

则所得的线性代数方程组的系数矩阵是块三对角的形式

$$\begin{pmatrix} B & -I & & & \\ -I & B & -I & & \\ & \ddots & \ddots & \ddots & \\ & & -I & B & -I \\ & & & -I & B \end{pmatrix},$$

其中 I 是 M 阶单位矩阵, B 是 M 阶三对角方阵

$$B = \begin{pmatrix} 4 & -1 & & & \\ -1 & 4 & -1 & & \\ & \ddots & \ddots & \ddots & \\ & & -1 & 4 & -1 \\ & & & -1 & 4 \end{pmatrix}.$$

例如, 在同乘一负号后, 方程组 (3.3.13) 和 (3.3.14) 的系数矩阵分别可以写成

$$\begin{pmatrix} B & -I \\ -I & B \end{pmatrix}, \text{其中} B = \begin{pmatrix} 4 & -1 \\ -1 & 4 \end{pmatrix}, I = \begin{pmatrix} 1 & 0 \\ 0 & 1 \end{pmatrix},$$

$$\begin{pmatrix} B & -I & \\ -I & B & -I \\ & -I & B \end{pmatrix}, \text{其中} B = \begin{pmatrix} 4 & -1 & 0 \\ -1 & 4 & -1 \\ 0 & -1 & 4 \end{pmatrix}, I = \begin{pmatrix} 1 & 0 & 0 \\ 0 & 1 & 0 \\ 0 & 0 & 1 \end{pmatrix}.$$

显然这两个矩阵是严格对角占优的, 有唯一解.

当 x 方向和 y 方向的网格步长不相等时, 如分别为 h_1 和 h_2, 则不难推得差分方程 (3.3.3) 变为

$$\frac{2(u_{i+1,j} + u_{i-1,j})}{1+\beta^2} + \frac{2\beta^2(u_{i,j+1} + u_{i,j-1})}{1+\beta^2} - 4u_{i,j} = 0, \tag{3.3.15}$$

其中 $\beta = h_1/h_2$. 截断误差为 $O(h_1^2) + O(h_2^2)$.

一般地, 如图 3.3.2 所示, 对于 Laplace 方程, 我们希望能导出这样一种差分近似

$$\frac{\partial^2 u}{\partial x^2} + \frac{\partial^2 u}{\partial y^2} = \alpha_1 u_1 + \alpha_2 u_2 + \alpha_3 u_3 + \alpha_4 u_4 - \alpha_0 u_0 = 0, \tag{3.3.16}$$

式中 u_1, u_2, u_3, u_4 是围绕 u_0 选定的网格点上的 u 值, $\alpha_0, \cdots, \alpha_4$ 是待定系数. 为求这些系数, 首先将 u_1, u_2, u_3, u_4 在 u_0 处作 Taylor 级数展开

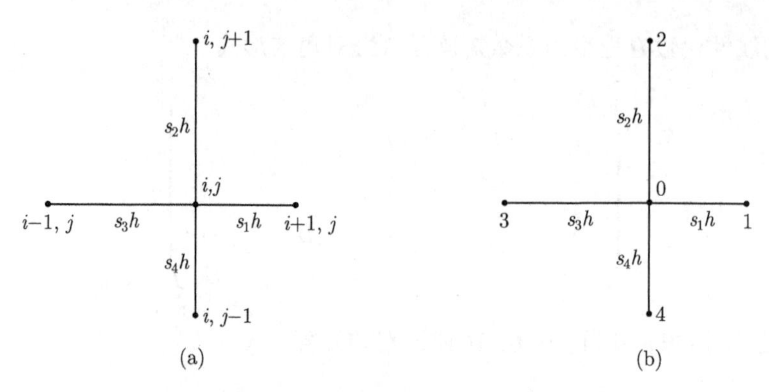

图 3.3.2　不等间距网格结点示意图

$$u_1 = u(i+s_1h, j) = \left[u + (s_1h)\frac{\partial u}{\partial x} + \frac{(s_1h)^2}{2}\frac{\partial^2 u}{\partial x^2} + \frac{(s_1h)^3}{6}\frac{\partial^3 u}{\partial x^3} + \frac{(s_1h)^4}{24}\frac{\partial^4 u}{\partial x^4} + \cdots\right]_0,$$

$$u_3 = u(i-s_3h, j) = \left[u + (-s_3h)\frac{\partial u}{\partial x} + \frac{(-s_3h)^2}{2}\frac{\partial^2 u}{\partial x^2} + \frac{(-s_3h)^3}{6}\frac{\partial^3 u}{\partial x^3} + \frac{(-s_3h)^4}{24}\frac{\partial^4 u}{\partial x^4} + \cdots\right]_0,$$

$$u_2 = u(i, j+s_2h) = \left[u + (s_2h)\frac{\partial u}{\partial y} + \frac{(s_2h)^2}{2}\frac{\partial^2 u}{\partial y^2} + \frac{(s_2h)^3}{6}\frac{\partial^3 u}{\partial y^3} + \frac{(s_2h)^4}{24}\frac{\partial^4 u}{\partial y^4} + \cdots\right]_0,$$

$$u_4 = u(i, j-s_4h) = \left[u + (-s_4h)\frac{\partial u}{\partial y} + \frac{(-s_4h)^2}{2}\frac{\partial^2 u}{\partial y^2} + \frac{(-s_4h)^3}{6}\frac{\partial^3 u}{\partial y^3} + \frac{(-s_4h)^4}{24}\frac{\partial^4 u}{\partial y^4} + \cdots\right]_0,$$

再将这些表达式代入式 (3.3.16) 中, 整理得

$$\begin{aligned}\frac{\partial^2 u}{\partial x^2} + \frac{\partial^2 u}{\partial y^2} = {} & u_0(-\alpha_0 + \alpha_1 + \alpha_2 + \alpha_3 + \alpha_4) \\ & + \frac{\partial u}{\partial x}(\alpha_1 s_1 h - \alpha_3 s_3 h) + \frac{\partial u}{\partial y}(\alpha_2 s_2 h - \alpha_4 s_4 h) \\ & + \frac{1}{2}\frac{\partial^2 u}{\partial x^2}\left[\alpha_1 (s_1h)^2 + \alpha_3 (s_3h)^2\right] + \frac{1}{2}\frac{\partial^2 u}{\partial y^2}\left[\alpha_2 (s_2h)^2 + \alpha_4 (s_4h)^2\right] \\ & + \frac{1}{6}\frac{\partial^3 u}{\partial x^3}\left[\alpha_1 (s_1h)^3 - \alpha_3 (s_3h)^3\right] + \frac{1}{6}\frac{\partial^3 u}{\partial y^3}\left[\alpha_2 (s_2h)^3 - \alpha_4 (s_4h)^3\right] \\ & + \frac{1}{24}\frac{\partial^4 u}{\partial x^4}\left[\alpha_1 (s_1h)^4 + \alpha_3 (s_3h)^4\right] + \frac{1}{24}\frac{\partial^4 u}{\partial y^4}\left[\alpha_2 (s_2h)^4 + \alpha_4 (s_4h)^4\right],\end{aligned}$$

比较方程两端的系数, 得到含有五个未知数 $\alpha_0, \cdots, \alpha_4$ 的方程组

$$\begin{cases} -\alpha_0+\alpha_1+\alpha_2+\alpha_3+\alpha_4=0, \\ \alpha_1 s_1 h-\alpha_3 s_3 h=0, \\ \alpha_2 s_2 h-\alpha_4 s_4 h=0, \\ \alpha_1(s_1 h)^2+\alpha_3(s_3 h)^2=2, \\ \alpha_2(s_2 h)^2+\alpha_4(s_4 h)^2=2, \end{cases} \tag{3.3.17}$$

求得唯一解

$$\alpha_0=2\left(\frac{1}{s_1 s_3 h^2}+\frac{1}{s_2 s_4 h^2}\right),\quad \alpha_1=\frac{2}{s_1 h(s_1 h+s_3 h)},\quad \alpha_2=\frac{2}{s_2 h(s_2 h+s_4 h)},$$

$$\alpha_3=\frac{2}{s_3 h(s_1 h+s_3 h)},\quad \alpha_4=\frac{2}{s_4 h(s_2 h+s_4 h)}. \tag{3.3.18}$$

由这些系数就可以得到不等间距情形下 Laplace 方程的五点差分格式

$$\alpha_0 u_0=\alpha_1 u_1+\alpha_2 u_2+\alpha_3 u_3+\alpha_4 u_4. \tag{3.3.19}$$

当 $s_1=s_2=s_3=s_4=1$ 时, 即等间隔网格, 这时 $\alpha_0=4/h^2$, $\alpha_1=\alpha_2=\alpha_3=\alpha_4=1/h^2$, 式 (3.3.19) 即为式 (3.3.3), 当 $s_1=s_3$, $s_2=s_4$ 时, 即得式 (3.3.15).

例 3.3.2 考虑不等间距网格点上的椭圆型偏微分方程

$$\frac{\partial^2 u}{\partial x^2}+\frac{\partial^2 u}{\partial y^2}+L\frac{\partial u}{\partial y}=0 \tag{3.3.20}$$

的差分格式, 其中 L 为常数.

解 对于方程 (3.3.20), 仍以下式来近似 (参考图 3.3.2)

$$\left(\frac{\partial^2 u}{\partial x^2}+\frac{\partial^2 u}{\partial y^2}+L\frac{\partial u}{\partial y}\right)_0=\alpha_1 u_1+\alpha_2 u_2+\alpha_3 u_3+\alpha_4 u_4-\alpha_0 u_0=0, \tag{3.3.21}$$

其中参数 $\alpha_0,\cdots,\alpha_4$ 待定. 同前面的推导类似, 将 u_1,u_2,u_3,u_4 在 u_0 处作 Taylor 展开, 并将这些展开式代入式 (3.3.21), 可得方程

$$\begin{cases} -\alpha_0+\alpha_1+\alpha_2+\alpha_3+\alpha_4=0, \\ \alpha_1 s_1 h-\alpha_2 s_3 h=0, \\ \alpha_2 s_2 h-\alpha_4 s_4 h=L, \\ \alpha_1(s_1 h)^2+\alpha_3(s_3 h)^2=2, \\ \alpha_2(s_2 h)^2+\alpha_4(s_4 h)^2=2, \end{cases}$$

由此解得

$$\begin{aligned} \alpha_0&=\frac{2}{s_1 s_3 h^2}+\frac{2}{s_2 s_4 h^2}+\frac{(s_4-s_2)Lh}{s_2 s_4 h^2}, \\ \alpha_1&=\frac{2}{s_1(s_1+s_3)h^2},\quad \alpha_2=\frac{2+s_4 hL}{s_2(s_2+s_4)h^2}, \\ \alpha_3&=\frac{2}{s_3(s_1+s_3)h^2},\quad \alpha_4=\frac{2-s_2 hL}{s_4(s_2+s_4)h^2}. \end{aligned} \tag{3.3.22}$$

将这些表达式代入式 (3.3.21), 即可得式 (3.3.20) 的差分格式. 对于等间隔的网格点, 式 (3.3.22) 成为

$$\alpha_0 = \frac{4}{h^2}, \quad \alpha_1 = \alpha_3 = \frac{1}{h^2},$$
$$\alpha_2 = \frac{2+hL}{2h^2}, \quad \alpha_4 = \frac{2-hL}{2h^2}.$$

上面推导了Laplace 方程的五点差分格式, 现推导高阶差分格式. 方法是采用 $\frac{\partial^2 u}{\partial x^2}$ 和 $\frac{\partial^2 u}{\partial y^2}$ 的高阶近似公式. 根据二阶导数的近似公式

$$\frac{\partial^2 u}{\partial x^2} = \frac{1}{h^2}\left(\delta_x^2 - \frac{1}{12}\delta_x^4\right)u + O(h^4),$$
$$\frac{\partial^2 u}{\partial y^2} = \frac{1}{h^2}\left(\delta_y^2 - \frac{1}{12}\delta_y^4\right)u + O(h^4),$$

于是对图 3.3.3(a) 所示的网格点, 可得二阶偏导数的四阶精度格式

$$\left(\frac{\partial^2 u}{\partial x^2}\right)_0 = \frac{1}{12h^2}(-u_7 + 16u_3 - 30u_0 + 16u_1 - u_5) + O(h^4),$$
$$\left(\frac{\partial^2 u}{\partial y^2}\right)_0 = \frac{1}{12h^2}(-u_6 + 16u_2 - 30u_0 + 16u_4 - u_8) + O(h^4),$$

代入 Laplace 方程, 可得其 $O(h^4)$ 阶精度的差分格式为

$$u_0 = \frac{1}{60}(-u_7 + 16u_3 + 16u_1 - u_5 - u_6 + 16u_2 + 16u_4 - u_8). \tag{3.3.23}$$

对图 3.3.3(b) 的网格点, 可以令

$$\frac{\partial^2 u}{\partial x^2} + \frac{\partial^2 u}{\partial y^2} = -\alpha_0 u_0 + \sum_{i=1}^{8} \alpha_i u_i. \tag{3.3.24}$$

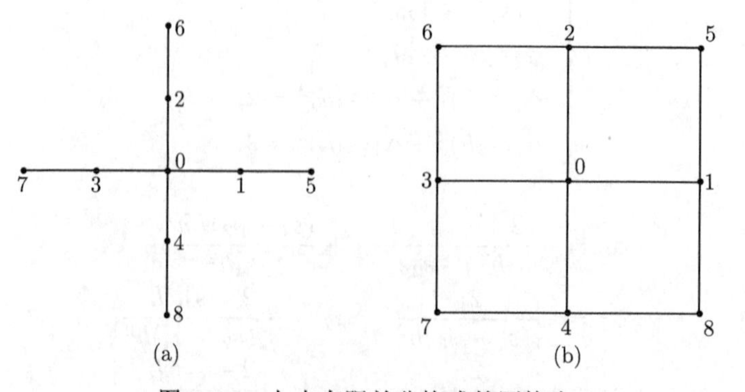

图 3.3.3 九点有限差分格式的网格点

然后采用前面的方法可类似地求得系数 α_i. 特别地, 对等间距网格, 为

$$\begin{aligned}&\alpha_0=\frac{10}{3h^2},\quad \alpha_1=\alpha_2=\alpha_3=\alpha_4=\frac{2}{3h^2},\\&\alpha_5=\alpha_6=\alpha_7=\alpha_8=\frac{1}{6h^2}.\end{aligned}\tag{3.3.25}$$

因此 Laplace 方程另一个 $O(h^4)$ 阶精度的差分格式为

$$u_0=\frac{1}{20}\big[4(u_1+u_2+u_3+u_4)+(u_5+u_6+u_7+u_8)\big],\tag{3.3.26}$$

下面将看到, 该格式确可到达 $O(h^4)$ 阶精度.

下面推导一个 $O(h^6)$ 阶精度的差分格式. 考虑如下 Poisson 方程

$$-\Delta u=-\left(\frac{\partial^2u}{\partial x^2}+\frac{\partial^2u}{\partial y^2}\right)=f(x,y),\tag{3.3.27}$$

其中 $f(x,y)$ 为已知函数, 且假定 u 与 f 均有需要的高阶导数. 易知在结点 (i,j) 处有

$$\frac{\delta_x^2u_{i,j}}{h^2}=\left(\frac{\partial^2u}{\partial x^2}+\frac{h^2}{12}\frac{\partial^4u}{\partial x^4}+\frac{h^4}{360}\frac{\partial^6u}{\partial x^6}\right)_{i,j}+O(h^6),\tag{3.3.28}$$

$$\frac{\delta_y^2u_{i,j}}{h^2}=\left(\frac{\partial^2u}{\partial y^2}+\frac{h^2}{12}\frac{\partial^4u}{\partial y^4}+\frac{h^4}{360}\frac{\partial^6u}{\partial y^6}\right)_{i,j}+O(h^6),\tag{3.3.29}$$

其中 δ_x^2,δ_y^2 分别为 x,y 方向的二阶中心差分算子, 两式相加, 得

$$\frac{1}{h^2}(\delta_x^2+\delta_y^2)u_{i,j}=(\Delta u)_{i,j}+\frac{h^2}{12}\left(\frac{\partial^4u}{\partial x^4}+\frac{\partial^4u}{\partial y^4}\right)_{i,j}+\frac{h^4}{360}\left(\frac{\partial^6u}{\partial x^6}+\frac{\partial^6u}{\partial y^6}\right)_{i,j}+O(h^6),\tag{3.3.30}$$

又

$$\begin{aligned}\frac{\partial^4u}{\partial x^4}+\frac{\partial^4u}{\partial y^4}&=\left(\frac{\partial^2}{\partial x^2}+\frac{\partial^2}{\partial y^2}\right)\left(\frac{\partial^2}{\partial x^2}+\frac{\partial^2}{\partial y^2}\right)u-2\frac{\partial^4u}{\partial x^2\partial y^2}\\&=-\Delta f-2\frac{\partial^4u}{\partial x^2\partial y^2},\end{aligned}\tag{3.3.31}$$

$$\begin{aligned}\frac{\partial^6u}{\partial x^6}+\frac{\partial^6u}{\partial y^6}&=\left(\frac{\partial^4}{\partial x^4}-\frac{\partial^4}{\partial x^2\partial y^2}+\frac{\partial^4}{\partial y^4}\right)\left(\frac{\partial^2}{\partial x^2}+\frac{\partial^2}{\partial y^2}\right)u\\&=-\left(\frac{\partial^4}{\partial x^4}-\frac{\partial^4}{\partial x^2\partial y^2}+\frac{\partial^4}{\partial y^4}\right)f\\&=-\left(\Delta^2f-3\frac{\partial^4f}{\partial x^2\partial y^2}\right),\end{aligned}\tag{3.3.32}$$

将式 (3.3.31) 和式 (3.3.32) 代入式 (3.3.30) 中得

$$
\begin{aligned}
\frac{1}{h^2}(\delta_x^2+\delta_y^2)u_{i,j}=&-f_{i,j}-\frac{h^2}{12}(\Delta f)_{i,j}-\frac{h^2}{6}\left(\frac{\partial^4 u}{\partial x^2\partial y^2}\right)_{i,j}\\
&-\frac{h^4}{360}\left(\Delta^2 f-3\frac{\partial^4 f}{\partial x^2\partial y^2}\right)_{i,j}+O(h^6)\\
=&-f_{i,j}-\frac{h^2}{12}(\Delta f)_{i,j}-\frac{h^4}{360}(\Delta^2 f)_{i,j}+\frac{h^4}{120}\left(\frac{\partial^4 f}{\partial x^2\partial y^2}\right)_{i,j}\\
&-\frac{h^2}{6}\left(\frac{\partial^4 u}{\partial x^2\partial y^2}\right)_{i,j}+O(h^6).
\end{aligned}
\tag{3.3.33}
$$

为了给出 $\left(\dfrac{\partial^4 u}{\partial x^2\partial y^2}\right)_{i,j}$ 的差分格式, 利用式 (3.3.28) 和式 (3.3.29) 得

$$
\begin{aligned}
\frac{\delta_x^2\delta_y^2 u_{i,j}}{h^4}&=\left(\frac{\partial^4 u}{\partial x^2\partial y^2}\right)_{i,j}+\frac{h^2}{12}\frac{\partial^4}{\partial x^2\partial y^2}\left(\frac{\partial^2}{\partial x^2}+\frac{\partial^2}{\partial y^2}\right)u_{i,j}+O(h^4)\\
&=\left(\frac{\partial^4 u}{\partial x^2\partial y^2}\right)_{i,j}-\frac{h^2}{12}\left(\frac{\partial^4 f}{\partial x^2\partial y^2}\right)_{i,j}+O(h^4),
\end{aligned}
$$

也即

$$
\left(\frac{\partial^4 u}{\partial x^2\partial y^2}\right)_{i,j}=\frac{\delta_x^2\delta_y^2 u_{i,j}}{h^4}+\frac{h^2}{12}\left(\frac{\partial^4 f}{\partial x^2\partial y^2}\right)_{i,j}+O(h^4).
\tag{3.3.34}
$$

将式 (3.3.34) 代入式 (3.3.33) 得

$$
\frac{1}{h^2}(\delta_x^2+\delta_y^2)u_{i,j}=-f_{i,j}-\frac{h^2}{12}(\Delta f)_{i,j}-\frac{h^4}{360}(\Delta^2 f)_{i,j}-\frac{\delta_x^2\delta_y^2}{6h^2}u_{i,j}-\frac{h^4}{180}\left(\frac{\partial^4 f}{\partial x^2\partial y^2}\right)_{i,j}+O(h^6),
$$

由此得到 Poisson 方程 $O(h^6)$ 阶精度的差分格式

$$
\frac{(\delta_x^2+\delta_y^2)u_{i,j}}{h^2}+\frac{\delta_x^2\delta_y^2 u_{i,j}}{6h^2}=-f_{i,j}-\frac{h^2}{12}(\Delta f)_{i,j}-\frac{h^4}{360}(\Delta^2 f)_{i,j}-\frac{h^4}{180}\left(\frac{\partial^4 f}{\partial x^2\partial y^2}\right)_{i,j},
\tag{3.3.35}
$$

还可得到 Poisson 方程 $O(h^4)$ 阶精度的差分格式

$$
\frac{(\delta_x^2+\delta_y^2)u_{i,j}}{h^2}+\frac{\delta_x^2\delta_y^2 u_{i,j}}{6h^2}=-f_{i,j}-\frac{h^2}{12}(\Delta f)_{i,j},
\tag{3.3.36}
$$

若 $f(x,y)=0$, 由式 (3.3.35) 即得到 Laplace 方程 $O(h^4)$ 阶精度的格式, 为

$$
6(\delta_x^2+\delta_y^2)u_{i,j}+\delta_x^2\delta_y^2 u_{i,j}=0,
\tag{3.3.37}
$$

也即

$$
\begin{aligned}
&(u_{i-1,j-1}+u_{i-1,j+1}+u_{i+1,j-1}+u_{i+1,j+1})\\
&+4(u_{i-1,j}+u_{i+1,j}+u_{i,j-1}+u_{i,j+1})-20u_{i,j}=0.
\end{aligned}
\tag{3.3.38}
$$

3.4 有限体积法

有限体积法也称**积分插值法**. 当把微分方程化为积分方程时, 导数降低一阶. 考虑 Poisson 方程

$$-\Delta u=-\left(\frac{\partial^2 u}{\partial x^2}+\frac{\partial^2 u}{\partial y^2}\right)=f(x,y),\quad (x,y)\in\Omega,\tag{3.4.1}$$

其中 Ω 是 x,y 平面上一有界区域.

在 Ω 的某一子区域 D 上, 两端对方程 (3.4.1) 积分, 根据 第一 Green 公式

$$\iint\limits_D v\Delta u\mathrm{d}x\mathrm{d}y=\int\limits_{\partial D}\frac{\partial u}{\partial \boldsymbol{n}}v\mathrm{d}s-\iint\limits_D \nabla u\cdot\nabla v\mathrm{d}x\mathrm{d}y,$$

并取 $v=1$ 即得

$$\iint\limits_D \Delta u\mathrm{d}x\mathrm{d}y=\int\limits_{\partial D}\frac{\partial u}{\partial \boldsymbol{n}}\mathrm{d}s,$$

于是有

$$-\oint\limits_{\partial D}\frac{\partial u}{\partial \boldsymbol{n}}\mathrm{d}s=\iint\limits_D f\mathrm{d}x\mathrm{d}y,\quad \forall D\subset\Omega,\tag{3.4.2}$$

其中 $\boldsymbol{n}$ 表示边界 ∂D 的外法向. 如图 3.4.1 所示, 对任一内结点 P, 有四个相邻结点 P_1,P_2,P_3,P_4, 过 $PP_i(i=1,2,3,4)$ 中点的垂线围成一正方形区域 $ABCD$, 记为 D_{ij}, 边界用 ∂D_{ij} 表示. 式 (3.4.2) 在 D_{ij} 上也应成立, 即

$$-\oint\limits_{\partial D_{ij}}\frac{\partial u}{\partial \boldsymbol{n}}\mathrm{d}s=\iint\limits_{D_{ij}} f\mathrm{d}x\mathrm{d}y.\tag{3.4.3}$$

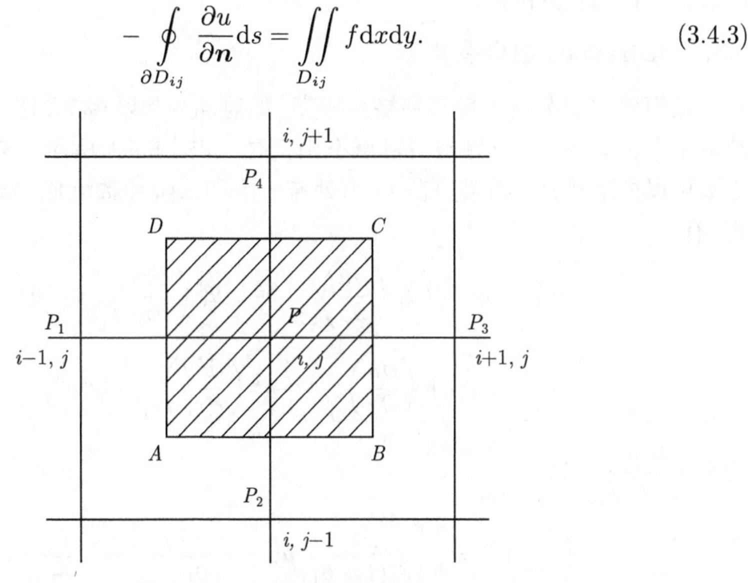

图 3.4.1 积分区域示意图

用中矩形公式近似线积分, 再用中心差商代替外法向导数, 则

$$
\begin{aligned}
\oint_{\partial D_{ij}} \frac{\partial u}{\partial \boldsymbol{n}} \mathrm{d}s &= \oint_{\partial D_{ij}} \left[\frac{\partial u}{\partial x}\cos(x,\boldsymbol{n}) + \frac{\partial u}{\partial y}\cos(y,\boldsymbol{n})\right]\mathrm{d}s = \oint_{\partial D_{ij}} \left(\frac{\partial u}{\partial x}\mathrm{d}y - \frac{\partial u}{\partial y}\mathrm{d}x\right) \\
&= -\int_{AB}\frac{\partial u}{\partial y}\mathrm{d}x + \int_{BC}\frac{\partial u}{\partial x}\mathrm{d}y - \int_{CD}\frac{\partial u}{\partial y}\mathrm{d}x + \int_{DA}\frac{\partial u}{\partial x}\mathrm{d}y \\
&\approx -\left(\frac{\partial u}{\partial y}\right)_{i,j-\frac{1}{2}} h + \left(\frac{\partial u}{\partial x}\right)_{i+\frac{1}{2},j} h + \left(\frac{\partial u}{\partial y}\right)_{i,j+\frac{1}{2}} h - \left(\frac{\partial u}{\partial x}\right)_{i-\frac{1}{2},j} h \\
&\approx \frac{u_{i,j-1}-u_{i,j}}{h}h + \frac{u_{i+1,j}-u_{i,j}}{h}h + \frac{u_{i,j+1}-u_{i,j}}{h}h + \frac{u_{i-1,j}-u_{i,j}}{h}h \\
&= u_{i,j-1} + u_{i,j+1} + u_{i-1,j} + u_{i+1,j} - 4u_{i,j},
\end{aligned} \tag{3.4.4}
$$

又

$$
\iint_{D_{ij}} f\mathrm{d}x\mathrm{d}y = \int_{x_{i-\frac{1}{2}}}^{x_{i+\frac{1}{2}}} \int_{y_{j-\frac{1}{2}}}^{y_{j+\frac{1}{2}}} f\mathrm{d}x\mathrm{d}y \approx h^2 f_{i,j}, \tag{3.4.5}
$$

将式 (3.4.4) 和式 (3.4.5) 代入式 (3.4.3) 中, 即得五点差分公式

$$
4u_{i,j} - u_{i,j-1} - u_{i,j+1} - u_{i-1,j} - u_{i+1,j} = h^2 f_{i,j}. \tag{3.4.6}
$$

3.5 边界条件的处理

前面对一个自变量的两点边值问题的边界条件作了处理, 现在考虑两个自变量的边界条件的差分离散.

3.5.1 Dirichlet 边界条件

最简单的情况是边界与网格点相交, 如前面矩形区域的情况, 这时直接在边界结点上取值即可. 当边界与网格点不相交时, 如图 3.5.1 所示, 这时在结点 O 处的导数可以如下建立. 如果要在 O 点处作一阶和二阶导数近似, 根据 Taylor 展开公式, 有

$$
u_A = u_O + h\theta_1\left(\frac{\partial u}{\partial x}\right)_O + \frac{1}{2}h^2\theta_1^2\left(\frac{\partial^2 u}{\partial x^2}\right)_O + O(h^3), \tag{3.5.1}
$$

$$
u_3 = u_O - h\left(\frac{\partial u}{\partial x}\right)_O + \frac{1}{2}h^2\left(\frac{\partial^2 u}{\partial x^2}\right)_O + O(h^3), \tag{3.5.2}
$$

消去 $\left(\dfrac{\partial^2 u}{\partial x^2}\right)_O$, 得

$$
\left(\frac{\partial u}{\partial x}\right)_O = \frac{1}{h}\left[\frac{1}{\theta_1(1+\theta_1)}u_A - \frac{1-\theta_1}{\theta_1}u_O - \frac{\theta_1}{1+\theta_1}u_3\right], \tag{3.5.3}
$$

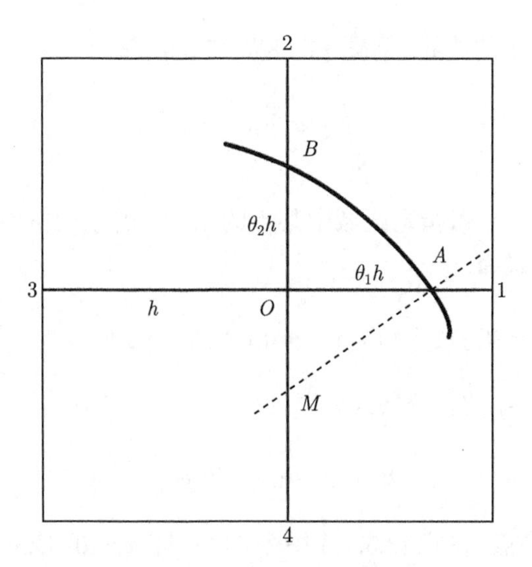

图 3.5.1 边界与网格点不相交

其精度为 $O(h^2)$ 阶. 类似地, 如由式 (3.5.1) 和式 (3.5.2) 消去一阶导数 $\left(\dfrac{\partial u}{\partial x}\right)_O$, 则导致

$$\left(\frac{\partial^2 u}{\partial x^2}\right)_O = \frac{1}{h^2}\left[\frac{2}{\theta_1(1+\theta_1)}u_A + \frac{2}{1+\theta_1}u_3 - \frac{2}{\theta_1}u_O\right], \tag{3.5.4}$$

其精度为 $O(h)$ 阶, 类似地, 可以求得 u 在 O 点处关于 y 的一阶导数和二阶导数, 为

$$\left(\frac{\partial u}{\partial y}\right)_O = \frac{1}{h}\left[\frac{1}{\theta_2(1+\theta_2)}u_B - \frac{1-\theta_2}{\theta_2}u_O - \frac{\theta_2}{1+\theta_2}u_4\right], \tag{3.5.5}$$

$$\left(\frac{\partial^2 u}{\partial y^2}\right)_O = \frac{1}{h^2}\left[\frac{2}{\theta_2(1+\theta_2)}u_B + \frac{2}{1+\theta_2}u_4 - \frac{2}{\theta_2}u_O\right], \tag{3.5.6}$$

于是 Poisson 方程 $\Delta u = f(x,y)$ 在点 O 处可近似为

$$\frac{2u_A}{\theta_1(1+\theta_1)} + \frac{2u_B}{\theta_2(1+\theta_2)} + \frac{2u_3}{1+\theta_1} + \frac{2u_4}{1+\theta_2} - 2\left(\frac{1}{\theta_1}+\frac{1}{\theta_2}\right)u_O = h^2 f_O, \tag{3.5.7}$$

其中 u_A, u_B 为 u 在边界上的值, $f_O = f(x_O, y_O)$.

3.5.2 Neumann 边界条件

考虑 Laplace 方程的 Neumann 边值问题

$$\frac{\partial^2 u}{\partial x^2} + \frac{\partial^2 u}{\partial y^2} = 0, \quad (x,y)\in \Omega = \{(x,y)|0<x,y<1\}, \tag{3.5.8}$$

$$\left.\frac{\partial u}{\partial n}\right|_{\partial\Omega} = g(x,y), \quad (x,y)\in\partial\Omega, \tag{3.5.9}$$

其中 $\partial\Omega$ 表示区域 Ω 的边界. 问题 (3.5.8)—(3.5.9) 仅当

$$\int_{\partial\Omega} g(x,y)\mathrm{d}s = 0 \tag{3.5.10}$$

时才可解. 为使解唯一, 可指定区域中某点的 u 值. 若取网格步长为 $h = 1/M$, 则式 (3.5.8) 的差分格式为

$$u_{i+1,j} + u_{i-1,j} + u_{i,j+1} + u_{i,j-1} - 4u_{i,j} = 0, \quad i,j = 1,\cdots,M-1, \tag{3.5.11}$$

在 $x = 0$ 处, 式 (3.5.9) 的差分格式为

$$u_{-1,j} - u_{1,j} = 2hg_{0,j}, \tag{3.5.12}$$

其中 $u_{-1,j}$ 是虚网格点, 在式 (3.5.11) 中令 $i = 0$(即 $x = 0$) 成立, 得

$$u_{1,j} + u_{-1,j} + u_{0,j+1} + u_{0,j-1} - 4u_{0,j} = 0. \tag{3.5.13}$$

由式 (3.5.12) 和式 (3.5.13) 联立消去 $u_{-1,j}$, 得左边界 $x = 0$ 处的二阶精度的差分格式

$$4u_{0,j} - 2u_{1,j} - u_{0,j+1} - u_{0,j-1} = 2hg_{0,j}, \quad j = 1,\cdots,M-1. \tag{3.5.14}$$

同理, 对右边界 $x = 1$, 有

$$4u_{M,j} - 2u_{M-1,j} - u_{M,j+1} - u_{M,j-1} = 2hg_{M,j}, \quad j = 1,\cdots,M-1. \tag{3.5.15}$$

对底边界 $y = 0$, 有

$$4u_{i,0} - 2u_{i,1} - u_{i+1,0} - u_{i-1,0} = 2hg_{i,0}, \quad i = 1,\cdots,M-1. \tag{3.5.16}$$

对上边界 $y = 1$, 有

$$4u_{i,M} - 2u_{i,M-1} - u_{i+1,M} - u_{i-1,M} = 2hg_{i,M}, \quad i = 1,\cdots,M-1. \tag{3.5.17}$$

下面对四个角点建立差分格式. 对左下角点 $(i = 0, j = 0)$, 在方程 (3.5.11) 中令 $i = 0, j = 0$, 得

$$u_{1,0} + u_{-1,0} + u_{0,1} + u_{0,-1} - 4u_{0,0} = 0, \tag{3.5.18}$$

再由 $i = 0, j = 0$ 处边界条件的差分格式

$$u_{0,-1} - u_{0,1} = 2hg_{0,0}, \quad u_{-1,0} - u_{1,0} = 2hg_{0,0} \tag{3.5.19}$$

与式 (3.5.18) 联立消去 $u_{0,-1}$ 和 $u_{-1,0}$, 得左下角点的差分格式

$$4u_{0,0} - 2u_{1,0} - 2u_{0,1} = 4hg_{0,0}, \quad i = 0, \quad j = 0. \tag{3.5.20}$$

对右下角点 $(i = M, j = 0)$, 在方程 (3.5.11) 中令 $i = M, j = 0$, 得

$$u_{M+1,0} + u_{M-1,0} + u_{M,1} + u_{M,-1} - 4u_{M,0} = 0,$$

再由 $i = M, j = 0$ 处边界条件的差分格式

$$u_{M+1,0} - u_{M-1,0} = 2hg_{M,0}, \quad u_{M,-1} - u_{M,1} = 2hg_{M,0} \tag{3.5.21}$$

消去 $u_{M+1,0}$ 和 $u_{M,-1}$, 得右下角点的差分格式

$$4u_{M,0} - 2u_{M-1,0} - 2u_{M,1} = 4hg_{M,0}, \quad i = M, \ j = 0. \tag{3.5.22}$$

对左上角点 $(i = 0, j = M)$, 在方程 (3.5.11) 中令 $i = 0, j = M$, 得

$$u_{1,M} + u_{-1,M} + u_{0,M+1} + u_{0,M-1} - 4u_{0,M} = 0,$$

再由 $i = 0, j = M$ 处边界条件的差分格式

$$u_{-1,M} - u_{1,M} = 2hg_{0,M}, \quad u_{0,M+1} - u_{0,M-1} = 2hg_{0,M} \tag{3.5.23}$$

消去 $u_{-1,M}$ 和 $u_{0,M-1}$, 得左上角点的差分格式

$$4u_{0,M} - 2u_{0,M-1} - 2u_{1,M} = 4hg_{0,M}, \quad i = 0, \quad j = M. \tag{3.5.24}$$

对右上角点 $(i = M, j = M)$, 在方程 (3.5.11) 中令 $i = M, j = M$, 得

$$u_{M+1,M} + u_{M-1,M} + u_{M,M+1} + u_{M,M-1} - 4u_{M,M} = 0,$$

再由 $i = M, j = M$ 处边界条件的差分格式

$$u_{M+1,M} - u_{M-1,M} = 2hg_{M,M}, \quad u_{M,M+1} - u_{M,M-1} = 2hg_{M,M} \tag{3.5.25}$$

消去 $u_{M+1,M}$ 和 $u_{M,M-1}$, 得右上角点的差分格式

$$4u_{M,M} - 2u_{M-1,M} - 2u_{M,M-1} = 4hg_{M,M}, \quad i = M, \quad j = M. \tag{3.5.26}$$

最后由式 (3.5.11)、式 (3.5.14)—(3.5.17) 和式 (3.5.20)—(3.5.26) 构成矩阵方程

$$\boldsymbol{A}\boldsymbol{u} = 2h\boldsymbol{g}, \tag{3.5.27}$$

其中 A 为 $M+1$ 阶块三对角方阵, B 为 $M+1$ 阶三对角方阵, 分别为

$$A=\begin{pmatrix} B & -2I & & & \\ -I & B & -I & & \\ & \ddots & \ddots & \ddots & \\ & & -I & B & -I \\ & & & -2I & B \end{pmatrix},$$

$$B=\begin{pmatrix} 4 & -2 & & & \\ -1 & 4 & -1 & & \\ & \ddots & \ddots & \ddots & \\ & & -1 & 4 & -1 \\ & & & -2 & 4 \end{pmatrix}, \tag{3.5.28}$$

$\boldsymbol{u}$ 和 $\boldsymbol{g}$ 分别为

$$\begin{aligned} &\boldsymbol{u}=(\boldsymbol{u}_0,\boldsymbol{u}_1,\cdots,\boldsymbol{u}_{M-1},\boldsymbol{u}_M)^{\mathrm{T}},\\ &\boldsymbol{u}_i=(u_{0,i},\cdots,u_{M,i}),\quad i=0,\cdots,M,\\ &\boldsymbol{g}=(\boldsymbol{g}_0,\boldsymbol{g}_1,\cdots,\boldsymbol{g}_{M-1},\boldsymbol{g}_M)^{\mathrm{T}},\\ &\boldsymbol{g}_0=(2g_{0,0},g_{1,0},\cdots,g_{M-1,0},2g_{M,0}),\\ &\boldsymbol{g}_i=(g_{0,i},\cdots,g_{M,i}),\quad i=1,\cdots,M-1,\\ &\boldsymbol{g}_M=(2g_{0,M},g_{1,M},\cdots,g_{M-1,M},2g_{M,M}). \end{aligned}$$

3.5.3 Robbins 边界条件

考虑如下混合边值问题

$$\frac{\partial^2 u}{\partial x^2}+\frac{\partial^2 u}{\partial y^2}=0,\quad (x,y)\in\Omega=\{(x,y)|0<x,y<1\}, \tag{3.5.29}$$

$$\frac{\partial u}{\partial x}-p(y)u=f(y),\quad x=0,\quad 0\leqslant y\leqslant 1, \tag{3.5.30}$$

$$\frac{\partial u}{\partial y}-q(x)u=g(x),\quad y=0,\quad 0\leqslant x\leqslant 1, \tag{3.5.31}$$

$$u=\gamma(x,y)=\begin{cases} x=1, & 0\leqslant y\leqslant 1,\\ y=1, & 0\leqslant x\leqslant 1,\end{cases} \tag{3.5.32}$$

其中 p,q,f,g,γ 均是已知函数. 取 $h=1/M$, 则式 (3.5.29) 的差分格式为

$$u_{i+1,j}+u_{i-1,j}+u_{i,j+1}+u_{i,j-1}-4u_{i,j}=0,\quad i,j=1,\cdots,M-1. \tag{3.5.33}$$

下面考虑边界条件的差分格式, 对边界 $x=0$, 式 (3.5.30) 的差分格式为

$$(u_{1,j}-u_{-1,j})-2hp_ju_{0,j}=2hf_j,\quad j=1,\cdots,M-1. \tag{3.5.34}$$

结合式 (3.5.33) 在 $x=0$ 处的差分方程, 联立消去 $u_{-1,j}$, 得 $x=0$ 时的差分格式

$$2u_{1,j}+u_{0,j+1}+u_{0,j-1}-(4+2hp_j)u_{0,j}=2hf_j,\quad j=1,\cdots,M-1;\quad i=0. \tag{3.5.35}$$

类似地, 对边界 $y=0$, 式 (3.5.31) 的差分格式为

$$(u_{i,1}-u_{i,-1})-2hq_iu_{i,0}=2hg_i,\quad i=1,\cdots,M-1, \tag{3.5.36}$$

再结合式 (3.5.33) 在 $y=0$ 处的差分方程, 联立消去 $u_{i,-1}$, 得 $y=0$ 时的差分格式

$$2u_{i,1}+u_{i+1,0}+u_{i-1,0}-(4+2hq_i)u_{i,0}=2hg_i,\quad i=1,\cdots,M-1;\quad j=0. \tag{3.5.37}$$

对第一类边界条件 (3.5.32), 有

$$\begin{aligned}&u_{M,j}=\gamma_{M,j},\quad j=0,1,\cdots,M,\\&u_{i,M}=\gamma_{i,M},\quad i=0,1,\cdots,M.\end{aligned} \tag{3.5.38}$$

在左下角点 $(i=0,j=0)$ 处, 令方程 (3.5.33)、方程 (3.5.34) 和方程 (3.5.36) 也都成立, 得

$$u_{-1,0}+u_{1,0}+u_{0,1}+u_{0,-1}-4u_{0,0}=0, \tag{3.5.39}$$

$$u_{1,0}-u_{-1,0}-2hp_0u_{0,0}=2hf_0, \tag{3.5.40}$$

$$u_{0,1}-u_{0,-1}-2hq_0u_{0,0}=2hg_0, \tag{3.5.41}$$

由方程 (3.5.39)—(3.5.41) 联立消去 $u_{0,-1}$ 和 $u_{-1,0}$, 得角点 $(i=0,j=0)$ 处的差分方程为

$$2u_{1,0}+2u_{0,1}-(4+2hp_0+2hq_0)u_{0,0}=2h(f_0+g_0). \tag{3.5.42}$$

于是由方程 (3.5.33)、方程 (3.5.35)—(3.5.37) 及方程 (3.5.42) 可形成 M^2 个未知数的线性代数方程组

$$\boldsymbol{A}\boldsymbol{u}=\boldsymbol{g},$$

其中 A 是 M 阶块三对角矩阵

$$A=\begin{pmatrix}E_0 & F & & & \\ F & E_1 & F & & \\ & \ddots & \ddots & \ddots & \\ & & F & E_{M-2} & F \\ & & & F & E_{M-1}\end{pmatrix}_{M\times M},$$

其中

$$E_0=\begin{pmatrix} -[1+h(p_0+q_0)/2] & 1/2 & & & \\ 1/2 & -(2+hq_1) & 1/2 & & \\ & \ddots & \ddots & \ddots & \\ & & 1/2 & -(2+hq_{M-2}) & 1/2 \\ & & & 1/2 & -(2+hq_{M-1}) \end{pmatrix}_{M\times M},$$

$$E_m=\begin{pmatrix} -(2+hp_m) & 1 & & & \\ 1 & -4 & 1 & & \\ & \ddots & \ddots & \ddots & \\ & & 1 & -4 & 1 \\ & & & 1 & -4 \end{pmatrix}_{M\times M} \quad (m=1,2,\cdots,M-1),$$

F 是 M 阶三对角阵 $\mathrm{diag}(1/2,1,\cdots,1)$, $\boldsymbol{u}$ 为

$$\boldsymbol{u}=(\boldsymbol{u}_0,\boldsymbol{u}_1,\cdots,\boldsymbol{u}_{M-1})^{\mathrm{T}},$$

其中 $\boldsymbol{u}_0,\cdots,\boldsymbol{u}_{M-1}$ 均为 M 维向量

$$\boldsymbol{u}_j=(u_{0,j},u_{1,j},\cdots,u_{M-1,j}),\quad j=0,\cdots,M-1,$$

$$\boldsymbol{g}=(\boldsymbol{g}_0,\boldsymbol{g}_1,\cdots,\boldsymbol{g}_{M-1})^{\mathrm{T}},$$

其中 $\boldsymbol{g}_0,\cdots,\boldsymbol{g}_{M-1}$ 均为 M 维向量

$$\boldsymbol{g}_0=\left(\frac{h(f_0+g_0)}{2},hg_1,\cdots,hg_{M-2},hg_{M-1}-\frac{1}{2}\gamma_{M,0}\right),$$

$$\boldsymbol{g}_{M-1}=\left(hf_{M-1}-\frac{1}{2}\gamma_{0,M},-\gamma_{1,M},\cdots,-\gamma_{M-2,M},-\gamma_{M-1,M}-\gamma_{M,M-1}\right),$$

$$\boldsymbol{g}_j=(hf_j,0,\cdots,0,-\gamma_{M,j}),\quad j=1,\cdots,M-2.$$

如果 Neumann 或 Robbins 边界条件中的法向不平行于网格线, 如图 3.5.1 所示. 这时 u_A 的值可从 $\left(\dfrac{\partial u}{\partial n}\right)_A$ 近似得到

$$\left(\frac{\partial u}{\partial n}\right)_A\approx\frac{u_A-u_M}{\overline{MA}},$$

而 u_M 由 u_O 与 u_4 线性插值得

$$u_M\approx\frac{\overline{OM}}{h}u_4+\frac{h-\overline{OM}}{h}u_O,$$

于是

$$u_A = \frac{\overline{OM}}{h}u_4 + \frac{h - \overline{OM}}{h}u_O + \overline{MA}\left(\frac{\partial u}{\partial n}\right)_A.$$

3.6 轴对称 Poisson 方程的差分格式

考虑柱坐标系下轴对称 Poisson 方程的差分格式. 根据直角坐标系和柱坐标系的关系

$$x = r\cos\theta, \quad y = r\sin\theta, \quad z = z, \tag{3.6.1}$$

或

$$r = \sqrt{x^2 + y^2}, \quad \theta = \arctan\frac{y}{x}, \tag{3.6.2}$$

可算得

$$\frac{\partial r}{\partial x} = \frac{x}{r}, \qquad \frac{\partial r}{\partial y} = \frac{y}{r}, \tag{3.6.3}$$

$$\frac{\partial \theta}{\partial x} = -\frac{y}{r^2}, \quad \frac{\partial \theta}{\partial y} = \frac{x}{r^2}, \tag{3.6.4}$$

由此计算可得

$$\frac{\partial u}{\partial x} = \frac{x}{r}\frac{\partial u}{\partial r} - \frac{y}{r^2}\frac{\partial u}{\partial \theta}, \tag{3.6.5}$$

$$\frac{\partial u}{\partial y} = \frac{y}{r}\frac{\partial u}{\partial r} + \frac{x}{r^2}\frac{\partial u}{\partial \theta}, \tag{3.6.6}$$

$$\frac{\partial^2 u}{\partial x^2} = \frac{1}{r}\left(\frac{y^2}{r^2}\frac{\partial u}{\partial r} + \frac{x^2}{r}\frac{\partial^2 u}{\partial r^2} - \frac{2xy}{r^2}\frac{\partial^2 u}{\partial r\partial\theta}\right) + \frac{1}{r^4}\left(2xy\frac{\partial u}{\partial \theta} + y^2\frac{\partial^2 u}{\partial \theta^2}\right), \tag{3.6.7}$$

$$\frac{\partial^2 u}{\partial y^2} = \frac{1}{r}\left(\frac{x^2}{r^2}\frac{\partial u}{\partial r} + \frac{y^2}{r}\frac{\partial^2 u}{\partial r^2} + \frac{2xy}{r^2}\frac{\partial^2 u}{\partial r\partial\theta}\right) - \frac{1}{r^4}\left(2xy\frac{\partial u}{\partial \theta} - x^2\frac{\partial^2 u}{\partial \theta^2}\right), \tag{3.6.8}$$

由此可知柱坐标系 (r, θ, z) 下 Poisson 方程为

$$\frac{\partial^2 u}{\partial r^2} + \frac{1}{r}\frac{\partial u}{\partial r} + \frac{1}{r^2}\frac{\partial^2 u}{\partial \theta^2} + \frac{\partial^2 u}{\partial z^2} = f(r, \theta, z). \tag{3.6.9}$$

如果 u 关于 z 对称, 即与 θ 无关, 则式 (3.6.9) 简化为

$$\frac{\partial^2 u}{\partial r^2} + \frac{1}{r}\frac{\partial u}{\partial r} + \frac{\partial^2 u}{\partial z^2} = f(r, \theta, z). \tag{3.6.10}$$

用矩形网格将求解区域 $\Omega=[0,R]\times[0,Z]$ 进行网格离散

$$\begin{aligned} r_i &= i\Delta r, \quad i=1,\cdots,M, \\ z_j &= j\Delta z, \quad j=1,\cdots,N, \end{aligned} \tag{3.6.11}$$

其中 $\Delta r=R/M, \Delta z=Z/N$ 分别为 r 和 z 方向的网格步长. 假设五点差分格式为

$$-a_0u_{i,j}+a_1u_{i+1,j}+a_3(u_{i,j+1}+u_{i,j-1})+a_5u_{i-1,j}=f_{i,j}, \tag{3.6.12}$$

则局部截断误差可以表示为

$$\begin{aligned} T_{i,j}=&\left(\frac{\partial^2u}{\partial r^2}+\frac{1}{r}\frac{\partial u}{\partial r}+\frac{\partial^2u}{\partial z^2}\right)_{i,j}+a_0u(r_i,z_j)-a_1u(r_{i+1},z_j) \\ &-a_3(u(r_i,z_{j+1})+u(r_i,z_{j-1}))-a_5u(r_{i-1},z_j), \end{aligned} \tag{3.6.13}$$

将式 (3.6.13) 中不在 (r_i,z_j) 处的值都在 (r_i,z_j) 处作 Taylor 展开, 可得

$$\begin{aligned} T_{i,j}=&(a_0-a_1-2a_3-a_5)u(r_i,z_j)+\left(\frac{1}{i\Delta r}-(a_1-a_5)\Delta r\right)\frac{\partial u(r_i,z_j)}{\partial r} \\ &+\left(1-\frac{\Delta r^2}{2}(a_1+a_5)\right)\frac{\partial^2u(r_i,z_j)}{\partial r^2}+(1-s^2a_3\Delta r^2)\frac{\partial^2u(r_i,z_j)}{\partial z^2} \\ &-\frac{1}{6}\Delta r^3(a_1-a_5)\frac{\partial^3u(r_i,z_j)}{\partial r^3}+\cdots, \end{aligned} \tag{3.6.14}$$

其中 $s=\Delta z/\Delta r$. 令前四项的系数为零, 得

$$\begin{cases} a_0-a_1-2a_3-a_5=0, \\ \dfrac{1}{i\Delta r}-(a_1-a_5)\Delta r=0, \\ 1-\dfrac{1}{2}(a_1+a_5)\Delta r^2=0, \\ 1-s^2a_3\Delta r^2=0, \end{cases}$$

由上式解得

$$\begin{cases} a_0=\dfrac{2(1+s^2)}{s^2h^2}, \\ a_1=\dfrac{1+2i}{2ih^2}, \\ a_3=\dfrac{1}{s^2h^2}, \\ a_5=\dfrac{-1+2i}{2ih^2}, \end{cases} \tag{3.6.15}$$

其中 $h=\Delta r$. 将式 (3.6.15) 代入式 (3.6.12) 中可得式 (3.6.10) 的一个五点差分格

式, 为

$$-2\left(1+\frac{1}{s^2}\right)u_{i,j}+\left(1+\frac{1}{2i}\right)u_{i+1,j}+\frac{1}{s^2}(u_{i,j+1}+u_{i,j-1})$$
$$+\left(1-\frac{1}{2i}\right)u_{i-1,j}=h^2f_{i,j}. \tag{3.6.16}$$

特别地, 在 z 轴上, 方程 (3.6.10) 中第二项因其中因子 $1/r$ 当 $r=0$ 趋于无穷, 为此假定 $\frac{\partial u}{\partial r}\to 0(r\to 0)$, 计算极限

$$\lim_{r\to 0}\frac{\frac{\partial u}{\partial r}}{r}=\frac{\partial^2 u}{\partial r^2}, \tag{3.6.17}$$

因此方程 (3.6.10) 变成

$$2\frac{\partial^2 u}{\partial r^2}+\frac{\partial^2 u}{\partial z^2}=f(r,\theta,z),\quad r=0, \tag{3.6.18}$$

其五点差分格式为

$$-2\left(2+\frac{1}{s^2}\right)u_{i,j}+2(u_{i+1,j}+u_{i-1,j})+\frac{1}{s^2}(u_{i,j+1}+u_{i,j-1})=h^2f_{i,j}. \tag{3.6.19}$$

例 3.6.1 求解边值问题

$$\begin{cases}-\left(\dfrac{\partial^2 u}{\partial r^2}+\dfrac{1}{r}\dfrac{\partial u}{\partial r}+\dfrac{\partial^2 u}{\partial z^2}\right)=1, & 0\leqslant r<1,\\ u=0,\quad r=1,\quad -1\leqslant z\leqslant 1,\\ u=0,\quad 0\leqslant r\leqslant 1,\quad z=\pm 1.\end{cases} \tag{3.6.20}$$

解 建立坐标系, 对求解区域进行离散, 取步长 $\Delta z=\Delta r=h=1/2$ 的网格

$$r_i=ih,\quad i=0,1,2,$$
$$z_j=jh,\quad j=0,\pm 1,\pm 2.$$

剖分结果如图 3.6.1 所示.

由于对称性, 只需要计算 $(0,0),(1,0),(0,1),(1,1)$ 这四个点处的解. 在 z 轴上, 方程变为

$$-\left(2\frac{\partial^2 u}{\partial r^2}+\frac{\partial^2 u}{\partial z^2}\right)=1, \tag{3.6.21}$$

边界条件为

$$u_{i,2}=0,\ i=0,1,2;\quad u_{2,j}=0,\ j=0,1,2. \tag{3.6.22}$$

当 $i=0,\ j=0$ 时, 有

$$-\left(2\frac{2u_{1,0}-2u_{0,0}}{\left(\dfrac{1}{2}\right)^2}+\frac{2u_{0,1}-2u_{0,0}}{\left(\dfrac{1}{2}\right)^2}\right)=1; \tag{3.6.23}$$

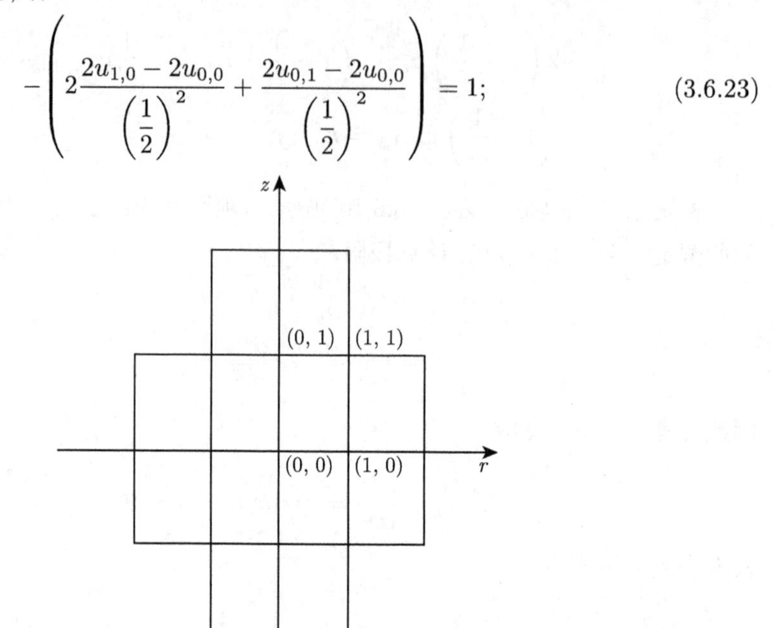

图 3.6.1 柱坐标系下的网格剖分的截面图

当 $i=1,\ j=0$ 时, 有

$$-\left(\frac{0-2u_{1,0}+u_{0,0}}{\left(\dfrac{1}{2}\right)^2}+2\frac{0-u_{0,0}}{2\left(\dfrac{1}{2}\right)}+\frac{2u_{1,1}-2u_{1,0}}{\left(\dfrac{1}{2}\right)^2}\right)=1; \tag{3.6.24}$$

当 $i=0,\ j=1$ 时, 有

$$-\left(2\frac{2u_{1,1}-2u_{0,1}}{\left(\dfrac{1}{2}\right)^2}+\frac{u_{0,0}-2u_{0,1}}{\left(\dfrac{1}{2}\right)^2}\right)=1; \tag{3.6.25}$$

当 $i=1,\ j=1$ 时, 有

$$-\left(\frac{u_{0,1}-2u_{1,1}}{\left(\dfrac{1}{2}\right)^2}+2\frac{0-u_{0,1}}{2\left(\dfrac{1}{2}\right)}+\frac{u_{1,0}-2u_{1,1}}{\left(\dfrac{1}{2}\right)^2}\right)=1. \tag{3.6.26}$$

由此形成如下方程组

$$\begin{pmatrix} 24 & -16 & -8 & 0 \\ -2 & 16 & 0 & -8 \\ -4 & 0 & 24 & -16 \\ 0 & -4 & -2 & 16 \end{pmatrix} \begin{pmatrix} u_{0,0} \\ u_{1,0} \\ u_{0,1} \\ u_{1,1} \end{pmatrix} = \begin{pmatrix} 1 \\ 1 \\ 1 \\ 1 \end{pmatrix}, \tag{3.6.27}$$

解得

$$u_{0,0} = \frac{71}{376}, \quad u_{1,0} = \frac{109}{752}, \quad u_{0,1} = \frac{57}{376}, \quad u_{1,1} = \frac{177}{1504}.$$

3.7 扩散对流方程

考虑边值问题

$$\begin{cases} a\left(\dfrac{\partial^2 u}{\partial x^2} + \dfrac{\partial^2 u}{\partial y^2}\right) - \left(b\dfrac{\partial u}{\partial x} + c\dfrac{\partial u}{\partial y}\right) = 0, & (x,y) \in \Omega, \\ u(x,y) = g(x,y), \quad (x,y) \in \partial\Omega, \end{cases} \tag{3.7.1}$$

其中设 $\Omega = [0,1] \times [0,1]$, $a, b, c > 0$ 为常数. 用 $h = 1/M$ 的正方形网格剖分. 当方程的第二项 (即对流项) 占主导时, 方程是椭圆型和双曲型的混合型方程. 若用中心差分格式离散, 得

$$\delta_x^2 u_{i,j} + \delta_y^2 u_{i,j} - r_1(u_{i+1,j} - u_{i-1,j}) - r_2(u_{i,j+1} - u_{i,j-1}) = 0, \tag{3.7.2}$$

其中 $r_1 = \dfrac{bh}{2a}$, $r_2 = \dfrac{ch}{2a}$; δ_x^2 是 x 方向的二阶中心差分算子

$$\delta_x^2 u_{i,j} = u_{i+1,j} - 2u_{i,j} + u_{i-1,j}. \tag{3.7.3}$$

δ_y^2 的含义类似. 式 (3.7.2) 是一个二阶精度的格式, 可以证明稳定性条件是

$$h \leqslant \frac{2a}{\max(b,c)}. \tag{3.7.4}$$

另一个差分格式是对式 (3.7.1) 中的一阶导数项用向后的差分近似, 可得

$$\delta_x^2 u_{i,j} + \delta_y^2 u_{i,j} - 2r_1(u_{i,j} - u_{i-1,j}) - 2r_2(u_{i,j} - u_{i,j-1}) = 0, \tag{3.7.5}$$

用 Taylor 展开方法, 可以求得式 (3.7.5) 的误差项为

$$-\frac{bh^3}{2a}\frac{\partial^2 u(x_i,y_j)}{\partial x^2} - \frac{ch^3}{2a}\frac{\partial^2 u(x_i,y_j)}{\partial y^2} + O(h^4), \tag{3.7.6}$$

表明格式 (3.7.5) 的精度为一阶. 由式 (3.7.5) 和式 (3.7.6) 可得一个二阶精度的格式

$$(1-r_1)\delta_x^2 u_{i,j}+(1-r_2)\delta_y^2 u_{i,j}-2r_1(u_{i,j}-u_{i-1,j})-2r_2(u_{i,j}-u_{i,j-1})=0, \quad (3.7.7)$$

可以用迭代法求解该方程.

3.8 Poisson 方程五点差分格式的收敛性分析

考虑具有 Dirichlet 边界条件的 Poisson 方程

$$\begin{cases} -\nabla^2 u = g(x,y), & (x,y)\in\Omega=(0,1)\times(0,1), \\ u|_{\partial\Omega}=f(x,y), & (x,y)\in\partial\Omega \end{cases} \tag{3.8.1}$$

的五点差分格式的收敛性. 设 $\Delta x = 1/M$ 和 $\Delta y = 1/N$ 分别为 x 和 y 方向上的步长. 该问题的五点差分格式为

$$L_{i,j}u_{i,j} = -\frac{1}{\Delta x^2}\delta_x^2 u_{i,j} - \frac{1}{\Delta y^2}\delta_y^2 u_{i,j} = g_{i,j},$$

$$i=1,\cdots,M-1; \quad j=1,\cdots,N-1, \tag{3.8.2}$$

$$u_{0,j}=f_{0,j}, \quad j=1,\cdots,N-1, \tag{3.8.3}$$

$$u_{M,j}=f_{M,j}, \quad j=1,\cdots,N-1, \tag{3.8.4}$$

$$u_{i,0}=f_{i,0}, \quad i=1,\cdots,M-1, \tag{3.8.5}$$

$$u_{i,N}=f_{i,N}, \quad i=1,\cdots,M-1. \tag{3.8.6}$$

该格式是对问题 (3.8.1) 的 $O(\Delta x^2)+O(\Delta y^2)$ 精度近似. 假如差分方程 (3.8.2)—(3.8.6) 的未知量以如下方式排序

$$\boldsymbol{u} = (u_{1,1},\cdots,u_{M-1,1},u_{1,2},\cdots,u_{M-1,N-1})^{\mathrm{T}},$$

则可写成矩阵形式

$$A\boldsymbol{u}=\boldsymbol{g},$$

其中 $\boldsymbol{g}$ 是已知列向量, A 为

$$A=\begin{pmatrix} B & -\frac{1}{\Delta y^2}I & & & \\ -\frac{1}{\Delta y^2}I & B & -\frac{1}{\Delta y^2}I & & \\ & \ddots & \ddots & \ddots & \\ & & -\frac{1}{\Delta y^2}I & B & -\frac{1}{\Delta y^2}I \\ & & & -\frac{1}{\Delta y^2}I & B \end{pmatrix}_{(N-1)\times(N-1)}, \tag{3.8.7}$$

这里 B 是下面的 $(M-1)$ 阶方阵

$$\begin{pmatrix} 2\left(\frac{1}{\Delta x^2}+\frac{1}{\Delta y^2}\right) & -\frac{1}{\Delta x^2} & & & \\ -\frac{1}{\Delta x^2} & 2\left(\frac{1}{\Delta x^2}+\frac{1}{\Delta y^2}\right) & -\frac{1}{\Delta x^2} & & \\ & \ddots & \ddots & \ddots & \\ & & -\frac{1}{\Delta x^2} & 2\left(\frac{1}{\Delta x^2}+\frac{1}{\Delta y^2}\right) & -\frac{1}{\Delta x^2} \\ & & & -\frac{1}{\Delta x^2} & 2\left(\frac{1}{\Delta x^2}+\frac{1}{\Delta y^2}\right) \end{pmatrix}. \tag{3.8.8}$$

由于 A 是对称正定矩阵, 所以 A 是可逆的, 因此问题 (3.8.2)—(3.8.6) 有唯一解. 或者我们根据 A 的不可约对角占优也知 A 是可逆的.

下面讨论差分解的收敛性. 设 v 是问题 (3.8.1) 的解, $\boldsymbol{u}=\{u_{i,j}\}(i=0,\cdots,M;$ $j=0,\cdots,N)$ 是问题 (3.8.2)—(3.8.6) 的解. 设 G_Ω 表示区域 Ω 的网格点, G_Ω^0 和 ∂G_Ω 分别表示区域 Ω 的内部网格点和边界网格点. 定义 G_Ω, G_Ω^0 和 ∂G_Ω 上的网格函数的上确界范数

$$||\boldsymbol{u}||_\infty=\max|u_{i,j}|,\quad (i,j)\in G_\Omega, \tag{3.8.9}$$

$$||\boldsymbol{u}||_{\infty 0}=\max|u_{i,j}|,\quad (i,j)\in G_\Omega^0, \tag{3.8.10}$$

$$||\boldsymbol{u}||_{\infty\partial G_\Omega}=\max|u_{i,j}|,\quad (i,j)\in \partial G_\Omega. \tag{3.8.11}$$

下面证明离散极大值原理 (离散极小值原理完全类同).

引理 3.8.1 (离散极大值原理) *假如在 G_Ω^0 上*

$$L_{i,j}u_{i,j}=-\left(\frac{1}{\Delta x^2}\delta_x^2+\frac{1}{\Delta y^2}\delta_y^2\right)u_{i,j}\leqslant 0$$

$(L_{i,j}u_{i,j}\geqslant 0)$, 则 $u_{i,j}$ 在 G_Ω 上的极大值 (极小值) 只能在边界 ∂G_Ω 上达到.

证明 假定 $u_{i,j}$ 是 G_Ω^0 上的一个局部极大值 (若处处为常数, 易证结论显然成立), 即

$$u_{i,j}\geqslant u_{i+1,j},\quad u_{i,j}\geqslant u_{i-1,j},\quad u_{i,j}\geqslant u_{i,j+1},\quad u_{i,j}\geqslant u_{i,j-1},$$

且其中至少有一个大于号成立, 则

$$\begin{aligned} L_{i,j}u_{i,j}=&\frac{2u_{i,j}-u_{i+1,j}-u_{i-1,j}}{\Delta x^2}+\frac{2u_{i,j}-u_{i,j+1}-u_{i,j-1}}{\Delta y^2}\\ &>\frac{u_{i+1,j}+u_{i-1,j}-u_{i+1,j}-u_{i-1,j}}{\Delta x^2}+\frac{u_{i,j+1}+u_{i,j-1}-u_{i,j+1}-u_{i,j-1}}{\Delta y^2}, \end{aligned}$$

这与条件 $L_{i,j}u_{i,j} \leqslant 0$ 矛盾. 故 $u_{i,j}$ 在 G_Ω 上的极大值只能在 ∂G_Ω 上出现. 极小值情况类似. □

引理 3.8.2　假定 $u_{i,j}(i=0,\cdots,M; j=0,\cdots,N)$ 是 G_Ω 上的一个网格函数, 且 $u_{0,j}=u_{M,j}=u_{i,0}=u_{i,N}=0$, 则

$$||\boldsymbol{u}||_\infty \leqslant \frac{1}{8}||L_{i,j}u_{i,j}||_{\infty 0}, \tag{3.8.12}$$

其中 $\boldsymbol{u}$ 表示由 $u_{i,j}$ 构成的向量.

证明　考虑定义在 G_Ω 上的一个网格函数 $u_{i,j}$, 且在 ∂G_Ω 上满足 $u_{i,j}=0$. 定义 G_Ω^0 上的网格函数

$$S_{i,j}=L_{i,j}u_{i,j}, \quad (i,j)\in G_\Omega^0,$$

显然

$$-||S||_{\infty 0} \leqslant L_{i,j}u_{i,j} \leqslant ||S||_{\infty 0}, \tag{3.8.13}$$

其中 $S=\{S_{i,j}\}$. 定义

$$w_{i,j}=\frac{1}{4}\left[\left(x_i-\frac{1}{2}\right)^2+\left(y_j-\frac{1}{2}\right)^2\right],$$

注意

$$L_{i,j}w_{i,j}=-1,$$

于是由不等式 (3.8.13) 知

$$L_{i,j}(u_{i,j}-||S||_{\infty 0}w_{i,j})=L_{i,j}u_{i,j}-||S||_{\infty 0}L_{i,j}w_{i,j}=L_{i,j}u_{i,j}+||S||_{\infty 0}\geqslant 0.$$

同理, 有

$$L_{i,j}(u_{i,j}+||S||_{\infty 0}w_{i,j})\leqslant 0,$$

因此 $u_{i,j}-||S||_{\infty 0}w_{i,j}$ 的极小值和 $u_{i,j}+||S||_{\infty 0}w_{i,j}$ 的极大值均出现在边界 ∂G_Ω 上. 于是

$$\begin{aligned}\max_{\partial G_\Omega}[\boldsymbol{u}+||S||_{\infty 0}\boldsymbol{w}] &= ||S||_{\infty 0}||\boldsymbol{w}||_{\infty \partial G_\Omega}\\ &\geqslant u_{i,j}+||S||_{\infty 0}w_{i,j}\geqslant u_{i,j}, \quad (i,j)\in G_\Omega,\end{aligned}$$

或

$$-||S||_{\infty 0}||\boldsymbol{w}||_{\infty \partial G_\Omega}\leqslant u_{i,j}\leqslant ||S||_{\infty 0}||\boldsymbol{w}||_{\infty \partial G_\Omega},$$

因为 $||\boldsymbol{w}||_{\infty \partial G_\Omega}=\dfrac{1}{8}$, 所以

$$||\boldsymbol{u}||_\infty \leqslant \frac{1}{8}||L_{i,j}u_{i,j}||_{\infty 0}.$$

□

由引理 3.8.2 可以证明下面收敛性定理.

定理 3.8.3 设 $v \in C^4(\overline{\Omega})$ 是问题 (3.8.1) 的精确解, $u_{i,j}$ 是差分方程 (3.8.2)—(3.8.6) 的解, 则

$$\|\boldsymbol{v}-\boldsymbol{u}\|_\infty \leqslant C(\Delta x^2+\Delta y^2)\|\partial^4 v\|_{\infty 0}, \tag{3.8.14}$$

其中

$$\|\partial^4 v\|_{\infty 0} = \sup\left|\frac{\partial^4 v(x,y)}{\partial x^p \partial y^q}\right|, \quad (x,y)\in \Omega^0, \quad p+q=4, \quad p,q=0,1,2,3,4, \tag{3.8.15}$$

Ω^0 是 Ω 的内部. $\boldsymbol{v}$ 表示由精确解 v 在网格点上的取值构成的向量.

证明 注意 $\|\partial^4 v\|_{\infty 0}$ 是在区域 G 的内部上计算的四阶导数的极大值. 设 v 是偏微分方程 (3.8.1) 的解, 由相容性条件, $v_{i,j}$ 满足

$$L_{i,j}v_{i,j} = g_{i,j} + O(\Delta x^2) + O(\Delta y^2), \tag{3.8.16}$$

且截断误差首项为 $-\dfrac{1}{12}\left(\Delta x^2 \dfrac{\partial^4 v}{\partial x^4} + \Delta y^2 \dfrac{\partial^4 v}{\partial y^4}\right)_{i,j}$. 因为 $u_{i,j}$ 满足

$$L_{i,j}u_{i,j} = g_{i,j}, \tag{3.8.17}$$

式 (3.8.16) 减式 (3.8.17) 得

$$L_{i,j}(v_{i,j}-u_{i,j}) = O(\Delta x^2+\Delta y^2),$$

或

$$\|L_{i,j}(v_{i,j}-u_{i,j})\|_{\infty 0} \leqslant \frac{1}{12}(\Delta x^2+\Delta y^2)\|\partial^4 v\|_{\infty 0},$$

又在 ∂G_Ω 上 $v_{i,j}-u_{i,j}=0$, 于是根据引理 3.8.2 有

$$\|\boldsymbol{v}-\boldsymbol{u}\|_\infty \leqslant \frac{1}{96}(\Delta x^2+\Delta y^2)\|\partial^4 v\|_{\infty 0},$$

即

$$\|\boldsymbol{v}-\boldsymbol{u}\|_\infty \leqslant C(\Delta x^2+\Delta y^2)\|\partial^4 v\|_{\infty 0}.$$

□

该定理表明 Poisson 方程第一边值问题五点差分格式的解收敛于问题本身的解.

3.9 能量分析法

考虑零 Dirichlet 边界条件的 Poisson 方程五点差分格式的稳定性. 假定 $\Delta x = \Delta y = h$, 将 Poisson 方程 $\Delta u = f$ 的五点差分格式写成

$$\begin{aligned} L_h u :&= \frac{u_{i-1,j}+u_{i+1,j}+u_{i,j-1}+u_{i,j+1}-4u_{i,j}}{h^2} \\ &= (D_x^+ D_x^- + D_y^+ D_y^-)u = f_{i,j}, \end{aligned} \tag{3.9.1}$$

其中 L_h 为五点差分算子. 定义 D^+ 和 D^- 分别为向前和向后差分算子

$$D_x^+ u = \frac{u_{i+1,j} - u_{i,j}}{h}, \quad D_x^- u = \frac{u_{i,j} - u_{i-1,j}}{h},$$
$$D_y^+ u = \frac{u_{i,j+1} - u_{i,j}}{h}, \quad D_y^- u = \frac{u_{i,j} - u_{i,j-1}}{h},$$

记 $\sum_{i,j} := \sum_{i=1}^{M-1}\sum_{j=1}^{N-1}$, 定义内积和范数

$$(u,v)_h = h^2 \sum_{i,j} u_{i,j} v_{i,j}, \quad ||u||_h^2 = h^2 \sum_{i,j} |u_{i,j}|^2. \tag{3.9.2}$$

首先注意到如下恒等式

$$(D_x^+ u, v)_h = -(u, D_x^- v)_h, \quad (D_y^+ u, v)_h = -(u, D_y^- v)_h. \tag{3.9.3}$$

事实上, 注意利用零边界条件, 考虑其中的第一式

$$\begin{aligned}
(D_x^+ u, v)_h &= h \left(\sum_{i=1}^{M-1}\sum_{j=1}^{N-1} u_{i+1,j} v_{i,j} - \sum_{i=1}^{M-1}\sum_{j=1}^{N-1} u_{i,j} v_{i,j} \right) \\
&= h \sum_{j=1}^{N-1} \left(\sum_{i=2}^{M-1} u_{i,j} v_{i-1,j} - \sum_{i=1}^{M-1} u_{i,j} v_{i,j} \right) \\
&= h \sum_{j=1}^{N-1} \left(\sum_{i=2}^{M-1} u_{i,j} (v_{i-1,j} - v_{i,j}) - u_{1,j} v_{1,j} \right) \\
&= h \sum_{j=1}^{N-1} \left(\sum_{i=2}^{M-1} u_{i,j} (v_{i-1,j} - v_{i,j}) + u_{1,j} (v_{0,j} - v_{1,j}) \right) \\
&= h \sum_{j=1}^{N-1}\sum_{i=1}^{M-1} u_{i,j} (v_{i-1,j} - v_{i,j}) = -(u, D_x^- v)_h.
\end{aligned} \tag{3.9.4}$$

对式 (3.9.3) 中的第二式也类似可证. 其次, 对式 (3.9.1) 两端作内积, 计算下面的内积

$$\begin{aligned}
(L_h u, u)_h &= \left((D_x^+ D_x^- + D_y^+ D_y^-) u, u \right)_h \\
&= -(D_x^- u, D_x^- u)_h - (D_y^- u, D_y^- u)_h \\
&= -||D_x^- u||_h^2 - ||D_y^- u||_h^2 := -||\nabla_h u||_h^2,
\end{aligned} \tag{3.9.5}$$

因此

$$||\nabla_h u||_h^2 = |(f,u)_h| \leqslant ||f||_h ||u||_h. \tag{3.9.6}$$

定义 $H_{h,0}^1$ 是在网格上的 C_0^1 函数在 H^1-范数下的完备空间, 其中 C_0^1 函数是在边界上取零的 C^1 函数. 定义离散 H^1 模

$$||u||_{h,1} := ||u||_h + ||\nabla_h u||_h. \tag{3.9.7}$$

引理 3.9.1 设 $\Omega = [0, X] \times [0, X] \in \mathbb{R}^2$ 是有界区域, 则存在一个常数 $C(\Omega)$ 满足

$$||u||_h \leqslant C(\Omega)||\nabla_h u||_h. \tag{3.9.8}$$

证明 设 $X = Mh, Y = Nh$. 注意到零边界条件, 有

$$\begin{aligned}
u_{i,j}^2 &= [(u_{1,j} - u_{0,j}) + (u_{2,j} - u_{1,j}) + \cdots + (u_{i,j} - u_{i-1,j})]^2 \\
&= \left(\sum_{k=1}^{i} D_x^- u_{k,j} h\right)^2 \\
&\leqslant h^2 \left(\sum_{k=1}^{i} 1^2\right) \cdot \left(\sum_{k=1}^{i} (D_x^- u_{k,j})^2\right) \\
&\leqslant h^2 i \sum_{k=1}^{M-1} (D_x^- u_{k,j})^2,
\end{aligned} \tag{3.9.9}$$

对式 (3.9.9) 两边乘 h^2, 并对 i 从 1 到 $M-1$ 求和, 对 j 从 1 到 $N-1$ 求和, 得

$$||u||_h^2 \leqslant h^2 \frac{M(M-1)}{2} \sum_{k=1}^{M-1} \sum_{j=1}^{N-1} (D_x^- u_{k,j})^2 h^2 = h^2 \frac{(M-1)M}{2} ||D_x^- u||_h^2, \tag{3.9.10}$$

类似地, 有

$$||u||_h^2 \leqslant h^2 \frac{(N-1)N}{2} ||D_y^- u||_h^2. \tag{3.9.11}$$

由式 (3.9.10) 和式 (3.9.11) 可得

$$\begin{aligned}
||u||_h^2 &\leqslant \frac{h^2}{4} \max\{(M-1)M, (N-1)N\} \left(||D_x^- u||_h^2 + ||D_y^- u||_h^2\right) \\
&= C^2(\Omega) ||\nabla_h u||_h^2,
\end{aligned} \tag{3.9.12}$$

从而

$$||u||_h \leqslant C(\Omega)||\nabla_h u||_h, \tag{3.9.13}$$

其中

$$C(\Omega) = \frac{h}{2} \sqrt{\max\{(M-1)M, (N-1)N\}} \tag{3.9.14}$$

是与剖分区域的网格数和空间维数有关的常数.□

为证明最后结果, 我们再引进 Poincaré不等式 [21, 57], 该不等式对一般的有界区域 Ω 也成立.

定理 3.9.2　设 $\Omega=(0,1)\times(0,1)$ 是一有界区域, 则存在一与 Ω 有关的常数 C, 使得

$$||v||\leqslant C||\nabla v||,\quad \forall v\in H_0^1(\Omega). \tag{3.9.15}$$

证明　因为 C_0^1 在 H_0^1 中稠密, 所以对 $v\in C_0^1$ 证明式 (3.9.15) 成立即可. 由于

$$v(x,y)=\int_0^x \frac{\partial v}{\partial s}(s,y)\mathrm{d}s, \tag{3.9.16}$$

由 Cauchy-Schwarz 不等式得

$$|v(x,y)|^2\leqslant \int_0^1 \mathrm{d}s\int_0^x \left(\frac{\partial v}{\partial s}(s,y)\right)^2\mathrm{d}s, \tag{3.9.17}$$

两端在 Ω 上对 x,y 积分, 得

$$\begin{aligned}\int_0^1\int_0^1 |v(x,y)|^2\mathrm{d}x\mathrm{d}y&\leqslant \int_0^1\int_0^1\int_0^x \left(\frac{\partial v}{\partial s}(s,y)\right)^2\mathrm{d}s\mathrm{d}x\mathrm{d}y\\&\leqslant \int_0^1\int_0^1\int_0^1 \left(\frac{\partial v}{\partial s}(s,y)\right)^2\mathrm{d}s\mathrm{d}x\mathrm{d}y\\&\leqslant \int_0^1\int_0^1 \left(\frac{\partial v}{\partial s}(s,y)\right)^2\mathrm{d}s\mathrm{d}y,\end{aligned} \tag{3.9.18}$$

即

$$||v||\leqslant \left\|\frac{\partial v}{\partial x}\right\|, \tag{3.9.19}$$

同理

$$||v||\leqslant \left\|\frac{\partial v}{\partial y}\right\|, \tag{3.9.20}$$

由式 (3.9.19) 和式 (3.9.20) 即得式 (3.9.15), 其中 $C=\sqrt{2}/2$. □

定理 3.9.3　对零边界条件的 Poisson 方程的五点差分格式, 有

$$\begin{aligned}&||u||_h\leqslant C^2(\Omega)||f||_h,\\&||\nabla_h u||_h\leqslant C(\Omega)||f||_h.\end{aligned} \tag{3.9.21}$$

证明 由式 (3.9.6), 知

$$||\nabla_h u||_h^2 \leqslant ||f||_h \cdot ||u||_h, \tag{3.9.22}$$

由引理 3.9.1, 并应用 Pioncaré不等式, 得

$$||u||_h^2 \leqslant C^2(\Omega)||\nabla_h u||_h^2 = C^2(\Omega)|(f,u)_h| \leqslant C^2(\Omega)||f||_h||u||_h, \tag{3.9.23}$$

即

$$||u||_h \leqslant C^2(\Omega)||f||_h. \tag{3.9.24}$$

再由

$$||\nabla_h u||_h^2 \leqslant ||f||_h \cdot ||u||_h \leqslant ||f||_h \cdot C(\Omega)||\nabla_h u||_h, \tag{3.9.25}$$

得

$$||\nabla_h u||_h \leqslant C(\Omega)||f||_h. \tag{3.9.26}$$

□

练 习 题

1. 该题说明对某些特殊的边值问题如何构造四阶精度的格式.

(1) 根据 Taylor 展开式, 有

$$y(x_{i+1}) - 2y(x_i) + y(x_{i-1}) = h^2 y''(x_i) + \frac{h^4}{12}y^{(4)}(x_i) + O(h^6),$$

证明关系式

$$y(x_{i+1}) - 2y(x_i) + y(x_{i-1}) = \frac{h^2}{12}[y''(x_{i+1}) + 10y''(x_i) + y''(x_{i-1})] + O(h^6);$$

(2) 假定 $y(x)$ 满足微分方程 $y'' = F(x,y)$, 根据 (1) 的结果可导出

$$y_{i+1} - 2y_i + y_{i-1} = \frac{h^2}{12}(F_{i+1} + 10F_i + F_{i-1}),$$

这就是 Numerov 方法;

(3) 当 $F(x,y) = f(x) - q(x)y$ 时, (2) 中的结果可以简化吗?

(4) 对方程

$$\frac{\mathrm{d}^2 y}{\mathrm{d}x^2} + p(x)\frac{\mathrm{d}y}{\mathrm{d}x} + q(x)y = f(x), \quad 0 < x < l$$

作变量替换

$$y(x) = u(x)\mathrm{e}^{-\frac{1}{2}\int_0^x p(x)\mathrm{d}x},$$

变成

$$y''(x) = F(x, y)$$

的形式, 用 (2) 中的方法求解有什么限制吗?

2. 在 1/4 圆形域 $\Omega = \{(x,y)|x>0, y>0, x^2+y^2<1\}$ 中求解 Laplace 混合边值问题

$$\begin{cases} \dfrac{\partial^2 u}{\partial x^2} + \dfrac{\partial^2 u}{\partial y^2} = 0, \quad (x,y) \in \Omega, \\ u(0,y) = 0, \quad 0 < y < 1, \\ \left.\dfrac{\partial u}{\partial y}\right|_{y=0} = 0, \quad 0 < x < 1, \end{cases}$$

其中在圆弧边界上, $u = 16x^5 - 20x^3 + 5x (0 \leqslant x \leqslant 1)$. 取 $h = 1/4$ 进行计算, 并将计算结果与问题的精确解 $u = x^5 - 10x^3y^2 + 5xy^4$ 比较.

3. 求解椭圆型第一边值问题

$$\begin{cases} -\dfrac{\partial^2 u}{\partial x^2} - \dfrac{\partial^2 u}{\partial y^2} + a\dfrac{\partial u}{\partial x} = 0, \quad a > 0, \\ u(0,y) = \sin \pi y, \quad u(1,y) = 0, \quad 0 < y < 1, \\ u(x,0) = u(x,1) = 0, \quad 0 < x < 1, \end{cases}$$

这里 $\Omega = \{(x,y)|0 < x, y < 1\}$. 该问题的精确解为

$$u(x,y) = \frac{\mathrm{e}^{\frac{ax}{2}} \sinh(h\sigma)(1-x) \sin \pi y}{\sin(h\sigma)},$$

其中 $\sigma = \dfrac{\sqrt{k^2 + 4\pi^2}}{2}$. 取 $h = \dfrac{1}{4}$, $a = 40$ 进行计算, 并与精确值作比较.

4. 在由 $y = 0$, $y = 2 + 2x$ 和 $y = 2 - 2x$ 所围的区域上求解 Laplace 方程的 Dirichlet 边值问题.

5. 在单位正方形区域上求解如下椭圆型方程的 Dirichlet 问题

$$\frac{\partial}{\partial x}\left(a\frac{\partial u}{\partial x}\right) + \frac{\partial}{\partial y}\left(a\frac{\partial u}{\partial y}\right) + f(x,y) = 0,$$

其中 $f(x,y)$ 是已知函数.

6. 求解单位正方形区域上的 Poisson 方程 $\dfrac{\partial^2 u}{\partial x^2} + \dfrac{\partial^2 u}{\partial y^2} = f$ 的混合边值问题, 其中在 $x = 1$ 上具有 Neumann 条件 $\dfrac{\partial u}{\partial x} = g$, 在其余三边上具有 Dirichlet 条件.

7. 用五点差分格式求下列问题的解 (取 $h=1/2$)

$$\begin{cases} \nabla^2 u=-1, \quad 0\leqslant x\leqslant 1, \quad 0\leqslant y\leqslant 1, \\ \dfrac{\partial u}{\partial n}=0, \quad x=0, \quad y=0, \\ \dfrac{\partial u}{\partial n}=2, \quad x=1, \\ \dfrac{\partial u}{\partial n}=-2, \quad y=1, \end{cases}$$

其中 n 是向内的法向.

8. 证明当用五点差分格式近似问题 ($\Omega=\{(x,y)|0\leqslant x,y\leqslant 1\}$)

$$\begin{aligned} &\nabla^2 u+\Lambda u=0, \quad 0<x, \quad y<1, \\ &u=0, \quad (x,y)\in\partial\Omega \end{aligned}$$

时, 对应于问题

$$\begin{aligned} &(\delta_x^2+\delta_y^2+\lambda)u_{i,j}=0, \quad i,j=1,\cdots,N, \\ &u_{0,j}=u_{N+1,j}=0, \quad j=1,\cdots,N+1, \\ &u_{i,0}=u_{i,N+1}=0, \quad i=1,\cdots,N+1 \end{aligned}$$

的特征值 λ 有 $\lambda=h^2\Lambda$, 其中 $h=\dfrac{1}{N+1}$. 并证明相对误差满足关系

$$\frac{\Lambda_{m,n}-h^{-2}\lambda_{m,n}}{\Lambda_{m,n}}\leqslant\frac{\pi^2}{12}\left[\max\left(\frac{m}{N+1},\frac{n}{N+1}\right)\right]^2.$$

9. 设 $f(x)$, $g(x)$ 在 $[a,b]$ 上连续, 证明 Cauchy-Schwarz 不等式

$$\left(\int_a^b f(x)g(x)\mathrm{d}x\right)^2\leqslant\int_a^b f^2(x)\mathrm{d}x\cdot\int_a^b g^2(x)\mathrm{d}x.$$

第4章　收敛性、相容性和稳定性

本章以初值问题为例, 介绍有限差分格式的收敛性、相容性和稳定性的基本概念. 对初边值问题也类似处理, 可参考文献 [80]. 判断有限差分方程解收敛到偏微方程解的最主要方法是通过相容性、稳定性和 Lax 定理来判断. Lax 定理允许我们在相容性和稳定性成立的条件下推出格式的收敛性, 而相容性和稳定性通常较容易分析得到.

本章重点阐述差分格式稳定性分析的方法: Fourier 级数法 (也称 von Neumann 法)、矩阵分析法和能量法, 其中包括 von Neumann 多项式分析和 Rush-Hurwitz 准则.

4.1　收　敛　性

我们考虑初值问题

$$\begin{cases} Lu = F, \\ u(x,0) = f(x), \quad -\infty < x < +\infty, \end{cases} \tag{4.1.1}$$

其中函数 u 和 F 定义在整个实轴上. 假定差分格式为

$$\begin{cases} L_j^n u_j^n = F_j^n, \\ u_j^0 = f(j\Delta x), \quad j = -\infty, \cdots, \infty, \end{cases} \tag{4.1.2}$$

其中 n 为时间指标, j 为空间指标, 时间步长为 Δt, 空间步长为 Δx. 此外, 我们总假定当 $\Delta x, \Delta t \to 0$ 时, 有 $(j\Delta x, n\Delta t) \to (x_j, t_n)$.

定义 4.1.1　在 t 处近似偏微分方程 $Lu = F$ 的差分格式 $L_j^n u_j^n = F_j^n$ 是一个收敛格式, 若对任何 t, 有

$$||\boldsymbol{u}^n - \boldsymbol{v}^n|| \to 0, \quad \Delta x, \Delta t \to 0. \tag{4.1.3}$$

当具体讨论收敛性时, 范数必须具体指定. 在式 (4.1.3) 中, 若 $\boldsymbol{u}^n$ 依某范数接近于 $\boldsymbol{v}^n$, 则我们知道对所有的 j, u_j^n 一致收敛于 $u(j\Delta x, n\Delta t)$. 收敛的快慢依据收敛阶来衡量.

定义 4.1.2　近似偏微分方程 $Lu = F$ 的差分格式 $L_j^n u_j^n = F_j^n$ 是一个 (p, q) 阶的收敛格式, 若对任何 t, 有

$$||\boldsymbol{u}^n - \boldsymbol{v}^n|| = O(\Delta x^p) + O(\Delta t^q), \tag{4.1.4}$$

也即存在常数 C, 使得

$$||\boldsymbol{u}^n-\boldsymbol{v}^n||\leqslant C(\Delta x^p+\Delta t^q).$$

例 4.1.1 证明对 $0<r\leqslant 1/2$, 差分格式

$$\begin{cases} u_j^{n+1}=(1-2r)u_j^n+r(u_{j-1}^n+u_{j+1}^n), \quad n\geqslant 0, \\ u_0^{n+1}=u_M^{n+1}=0, \quad n\geqslant 0, \\ u_j^0=f(j\Delta x), \quad j=0,\cdots,M \end{cases} \tag{4.1.5}$$

以上确界范数收敛到初边值问题

$$\begin{cases} \dfrac{\partial u}{\partial t}=\nu\dfrac{\partial^2 u}{\partial x^2}, \quad x\in(0,1), \quad t>0, \\ u(x,0)=f(x), \quad x\in[0,1], \\ u(0,t)=u(1,t)=0, \quad t>0. \end{cases} \tag{4.1.6}$$

证明 令

$$z_j^n=u_j^n-u(j\Delta x,n\Delta t), \tag{4.1.7}$$

则易知 z_j^n 满足

$$z_j^{n+1}=(1-2r)z_j^n+r(z_{j+1}^n+z_{j-1}^n)+O(\Delta t^2)+O(\Delta t\Delta x^2), \quad j=1,\cdots,M-1. \tag{4.1.8}$$

若 $0<r\leqslant\dfrac{1}{2}$, 则式 (4.1.8) 右端的系数非负 (注意 z_0^n 和 z_M^n 为零), 于是

$$|z_j^{n+1}|\leqslant(1-2r)|z_j^n|+r|z_{j+1}^n|+r|z_{j-1}^n|+C(\Delta t^2+\Delta t\Delta x^2),$$

两端对 j 取上确界, 得

$$\sup_{1\leqslant j\leqslant M-1}|z_j^{n+1}|\leqslant\sup_{1\leqslant j\leqslant M-1}|z_j^n|+C(\Delta t^2+\Delta t\Delta x^2),$$

从而

$$\sup_{1\leqslant j\leqslant M-1}|z_j^n|\leqslant\sup_{1\leqslant j\leqslant M-1}|z_j^0|+nC(\Delta t^2+\Delta t\Delta x^2),$$

注意 $z_j^0=0$, 并记

$$||\boldsymbol{z}^n||_\infty=\sup_{1\leqslant j\leqslant M-1}|z_j^n|,$$

所以

$$||\boldsymbol{z}^n||_\infty\leqslant n\Delta tC(\Delta t+\Delta x^2), \tag{4.1.9}$$

其中 $\boldsymbol{z}^n=(z_1^n,\cdots,z_{M-1}^n)^{\mathrm{T}}$. 因此

$$||\boldsymbol{u}^n-\boldsymbol{v}^n||_\infty\to 0, \quad \Delta x,\Delta t\to 0, \tag{4.1.10}$$

即格式收敛. □

注意, 定义 4.1.1 和定义 4.1.2 很容易推广到多维情况. 例如, 对二维情况, 解向量 $\boldsymbol{u}^n=\{u_{j,k}^n\}$, 空间网格点用两个指标 j,k 表示, 该向量也可看成一个一维向量.

4.2 相 容 性

考虑偏微分方程 $Lu=F$ 与其相应的差分近似 $L_j^n u_j^n=F_j^n$ 之间的相容性. 首先给出逐点相容的定义.

定义 4.2.1 *差分格式 $L_j^n u_j^n=F_j^n$ 与微分方程 $Lu=F$ 在点 (x,t) 处是逐点相容的, 若*

$$(Lu-F)_j^n-[L_j^n u(j\Delta x,n\Delta t)-F_j^n]\to 0,\quad \Delta x,\Delta t\to 0, \tag{4.2.1}$$

或

$$L_j^n u(j\Delta x,n\Delta t)-F_j^n\to 0,\ \ \Delta x,\Delta t\to 0. \tag{4.2.2}$$

式 (4.2.2) 常用来检验格式的逐点相容性, 下面给出一个更强的相容性定义, 即模相容的定义. 假如可以将两层格式写成

$$\boldsymbol{u}^{n+1}=Q\boldsymbol{u}^n+\Delta t\boldsymbol{G}^n, \tag{4.2.3}$$

其中

$$\boldsymbol{u}^n=(\cdots,u_{-1}^n,u_0^n,u_1^n,\cdots)^{\mathrm{T}},\quad \boldsymbol{G}^n=(\cdots,G_{-1}^n,G_0^n,G_1^n,\cdots)^{\mathrm{T}},$$

这里 Q 是一个作用在适当空间上的算子.

定义 4.2.2 *差分格式 (4.2.3) 与偏微分方程关于 $\|\cdot\|$ 是相容的, 假如偏微分方程的解 $\boldsymbol{v}$ 满足*

$$\boldsymbol{v}^{n+1}=Q\boldsymbol{v}^n+\Delta t\boldsymbol{G}^n+\Delta t\boldsymbol{\tau}^n, \tag{4.2.4}$$

以及当 $\Delta x,\Delta t\to 0$ 时

$$\|\boldsymbol{\tau}^n\|\to 0, \tag{4.2.5}$$

其中 $\boldsymbol{v}^n$ 表示该向量的第 j 个分量是 $v(j\Delta x,n\Delta t)$.

模相容性是使向量 $\boldsymbol{\tau}^n$ 的所有分量以一种一致的方式收敛到零. 假如逐点相容性用于式 (4.2.4), 则等价于当 $\Delta x,\Delta t\to 0$ 时, $\tau_j^n\to 0$. 因此, 两种定义的差别在于 $\boldsymbol{\tau}^n$ 收敛到零是分量方式还是向量方式. 差分格式的阶是根据 $\boldsymbol{\tau}^n$ 趋于零的阶来定义的.

定义 4.2.3 差分格式 (4.2.3) 是 (p,q) 阶精度, 假如

$$\|\boldsymbol{\tau}^n\| = O(\Delta x^p) + O(\Delta t^q), \tag{4.2.6}$$

其中称 $\boldsymbol{\tau}^n$ 或 $\|\boldsymbol{\tau}^n\|$ 为截断误差.

容易看到, 假如格式是 $(p,q)(p,q \geqslant 1)$ 阶的, 则它是一个相容的格式; 另外, 假如一个格式是 (模) 相容或 (p,q) 阶的, 则该格式是逐点相容的.

例 4.2.1 讨论显式格式

$$\frac{u_j^{n+1}-u_j^n}{\Delta t} = \nu\frac{u_{j+1}^n - 2u_j^n + u_{j-1}^n}{\Delta x^2} \tag{4.2.7}$$

与偏微分方程

$$\frac{\partial u}{\partial t} = \nu\frac{\partial^2 u}{\partial x^2}, \quad -\infty < x < \infty \tag{4.2.8}$$

的相容性.

解 为证明相容性将式 (4.2.7) 写成式 (4.2.3) 的形式, 即

$$u_j^{n+1} = u_j^n + r(u_{j+1}^n - 2u_j^n + u_{j-1}^n), \tag{4.2.9}$$

其中 $r = \nu\dfrac{\Delta t}{\Delta x^2}$. 根据定义 4.2.2, 令 $\boldsymbol{v}$ 是偏微分方程 (4.2.8) 的解, 则

$$\begin{aligned}
\Delta t\tau_j^n &= v_j^{n+1} - [v_j^n + r(v_{j+1}^n - 2v_j^n + v_{j-1}^n)] \\
&= v_j^n + \left(\frac{\partial v}{\partial t}\right)_j^n \Delta t + \frac{\partial^2 v}{\partial t^2}(j\Delta x, t_1)\frac{\Delta t^2}{2} \\
&\quad -\Bigg\{v_j^n + r\Bigg[v_j^n + \left(\frac{\partial v}{\partial x}\right)_j^n \Delta x + \left(\frac{\partial^2 v}{\partial x^2}\right)_j^n \frac{\Delta x^2}{2} \\
&\quad + \left(\frac{\partial^3 v}{\partial x^3}\right)_j^n \frac{\Delta x^3}{6} + \frac{\partial^4 v}{\partial x^4}(x_1, n\Delta t)\frac{\Delta x^4}{24} \\
&\quad -2v_j^n + v_j^n - \left(\frac{\partial v}{\partial x}\right)_j^n \Delta x + \left(\frac{\partial^2 v}{\partial x^2}\right)_j^n \frac{\Delta x^2}{2} \\
&\quad - \left(\frac{\partial^3 v}{\partial x^3}\right)_j^n \frac{\Delta x^3}{6} + \frac{\partial^4 v}{\partial x^4}(x_2, n\Delta t)\frac{\Delta x^4}{24}\Bigg]\Bigg\} \\
&= \left(\frac{\partial v}{\partial t}\right)_j^n \Delta t - r\Delta x^2\left(\frac{\partial^2 v}{\partial x^2}\right)_j^n + \frac{\partial^2 v}{\partial t^2}(j\Delta x, t_1)\frac{\Delta t^2}{2} \\
&\quad -r\frac{\partial^4 v}{\partial x^4}(x_1, n\Delta t)\frac{\Delta x^4}{24} - r\frac{\partial^4 v}{\partial x^4}(x_2, n\Delta t)\frac{\Delta x^4}{24} \\
&= \left(\frac{\partial v}{\partial t} - \nu\frac{\partial^2 v}{\partial x^2}\right)_j^n \Delta t + \frac{\partial^2 v}{\partial t^2}(j\Delta x, t_1)\frac{\Delta t^2}{2} \\
&\quad -\nu\frac{\partial^4 v}{\partial x^4}(x_1, n\Delta t)\frac{\Delta x^2}{24}\Delta t - \nu\frac{\partial^4 v}{\partial x^4}(x_2, n\Delta t)\frac{\Delta x^2}{24}\Delta t,
\end{aligned} \tag{4.2.10}$$

其中 t_1, x_1, x_2 是 Taylor 级数余项中的适当的点. 由于 $v_t - \nu v_{xx} = 0$, 所以

$$\tau_j^n = \frac{\partial^2 v}{\partial t^2}(j\Delta x, t_1)\frac{\Delta t}{2} - \nu\left[\frac{\partial^4 v}{\partial x^4}(x_1, n\Delta t) + \frac{\partial^4 v}{\partial x^4}(x_2, n\Delta t)\right]\frac{\Delta x^2}{24}. \tag{4.2.11}$$

假定 $\frac{\partial^2 v}{\partial t^2}$ 和 $\frac{\partial^4 v}{\partial x^4}$ 在 $\mathbb{R}\times[0,t_0](t_0 > t)$ 上一致有界, 则差分格式在上确界模即

$$||\boldsymbol{u}||_\infty = ||(\cdots, u_{-1}, u_0, u_1, \cdots)^{\mathrm{T}}||_\infty = \sup_{-\infty<j<\infty}|u_j| \tag{4.2.12}$$

的意义下, 是 $(2,1)$ 阶精度的, 从而也相容.

假如 $\frac{\partial^2 v}{\partial t^2}$ 和 $\frac{\partial^4 v}{\partial x^4}$ 对任何 Δx 和 Δt 满足

$$\sum_{j=-\infty}^{\infty}\left[\left(\frac{\partial^2 v}{\partial t^2}\right)_j^n\right]^2 < C_1 < \infty$$

及

$$\sum_{j=-\infty}^{\infty}\left[\left(\frac{\partial^4 v}{\partial x^4}\right)_j^n\right]^2 < C_2 < \infty,$$

其中 C_1, C_2 为某常数, 则差分格式关于 l_2 模即

$$||\boldsymbol{u}||_{l_2} = ||(\cdots, u_{-1}, u_0, u_1, \cdots)^{\mathrm{T}}||_{l_2} = \left\{\sum_{j=-\infty}^{\infty}|u_j|^2\right\}^{\frac{1}{2}} \tag{4.2.13}$$

是 $(2,1)$ 阶精度, 从而也相容. □

例 4.2.2　验证方程 $\frac{\partial u}{\partial t} - \frac{\partial^2 u}{\partial x^2} = 0$ 在 $(j\Delta x, n\Delta t)$ 的差分格式

$$\frac{u_j^{n+1} - u_j^{n-1}}{2\Delta t} - \frac{u_{j+1}^n - 2[\theta u_j^{n+1} + (1-\theta)u_j^{n-1}] + u_{j-1}^n}{\Delta x^2} = 0 \tag{4.2.14}$$

在 $(j\Delta x, n\Delta t)$ 处的局部截断误差为

$$\frac{\Delta t^2}{6}\frac{\partial^3 u}{\partial t^3} - \frac{\Delta x^2}{12}\frac{\partial^4 u}{\partial x^4} + (2\theta-1)\frac{2\Delta t}{\Delta x^2}\frac{\partial u}{\partial t} + \frac{\Delta t^2}{\Delta x^2}\frac{\partial^2 u}{\partial t^2} + O\left(\frac{\Delta t^3}{\Delta x^2} + \Delta t^4 + \Delta x^4\right). \tag{4.2.15}$$

讨论 (1)$\Delta t = r\Delta x$, (2)$\Delta t = r\Delta x^2$ 两种情况下差分格式与方程的相容性. 其中 r 是一个正常数, θ 是一个变数.

解　将 u_j^{n+1}, u_j^{n-1}, u_{j+1}^n, u_{j-1}^n 在点 $(j\Delta x, n\Delta t)$ 处展成 Taylor 级数

$$u_{j+1}^n = u_j^n + \Delta x\left(\frac{\partial u}{\partial x}\right)_j^n + \frac{\Delta x^2}{2}\left(\frac{\partial^2 u}{\partial x^2}\right)_j^n + \frac{\Delta x^3}{6}\left(\frac{\partial^3 u}{\partial x^3}\right)_j^n + \cdots,$$

$$u_{j-1}^n = u_j^n - \Delta x \left(\frac{\partial u}{\partial x}\right)_j^n + \frac{\Delta x^2}{2}\left(\frac{\partial^2 u}{\partial x^2}\right)_j^n - \frac{\Delta x^3}{6}\left(\frac{\partial^3 u}{\partial x^3}\right)_j^n + \cdots,$$

$$u_j^{n+1} = u_j^n + \Delta t \left(\frac{\partial u}{\partial t}\right)_j^n + \frac{\Delta t^2}{2}\left(\frac{\partial^2 u}{\partial t^2}\right)_j^n + \frac{\Delta t^3}{6}\left(\frac{\partial^3 u}{\partial t^3}\right)_j^n + \cdots,$$

$$u_j^{n-1} = u_j^n - \Delta t \left(\frac{\partial u}{\partial t}\right)_j^n + \frac{\Delta t^2}{2}\left(\frac{\partial^2 u}{\partial t^2}\right)_j^n - \frac{\Delta t^3}{6}\left(\frac{\partial^3 u}{\partial t^3}\right)_j^n + \cdots,$$

将上面四式代入式 (4.2.14), 可得局部截断误差 R_j^n 为

$$\begin{aligned} R_j^n =& \left(\frac{\partial u}{\partial t} - \frac{\partial^2 u}{\partial x^2}\right)_j^n + \left[\frac{\Delta t^2}{6}\frac{\partial^3 u}{\partial t^3} - \frac{\Delta x^2}{12}\frac{\partial^4 u}{\partial x^4} + (2\theta - 1)\frac{2\Delta t}{\Delta x^2}\frac{\partial u}{\partial t}\right. \\ &\left. + \frac{\Delta t^2}{\Delta x^2}\frac{\partial^2 u}{\partial t^2}\right]_j^n + O\left(\frac{\Delta t^3}{\Delta x^2} + \Delta t^4 + \Delta x^4\right), \end{aligned} \tag{4.2.16}$$

由于 $\dfrac{\partial u}{\partial t} - \dfrac{\partial^2 u}{\partial x^2} = 0$, 即截断误差为式 (4.2.15). 下面考虑相容性.

(1) $\Delta t = r\Delta x$.

当 $\Delta t, \Delta x \to 0$ 时, 局部截断误差 R_j^n 为

$$R_j^n \to \left[\frac{\partial u}{\partial t} - \frac{\partial^2 u}{\partial x^2} + (2\theta - 1)\frac{2r}{\Delta x}\frac{\partial u}{\partial t} + r^2\frac{\partial^2 u}{\partial t^2}\right]_j^n,$$

当 $\theta \neq 1/2$ 时, 第三项趋于无穷; 当 $\theta = 1/2$ 时, R_j^n 为

$$R_j^n \to \frac{\partial u}{\partial t} - \frac{\partial^2 u}{\partial x^2} + r^2\frac{\partial^2 u}{\partial t^2}.$$

在这种情况下, 有限差分方程与下列双曲型方程相容

$$\frac{\partial u}{\partial t} - \frac{\partial^2 u}{\partial x^2} + r^2\frac{\partial^2 u}{\partial t^2} = 0.$$

因此, 当 $\Delta t = r\Delta x$ 时, 有限差分格式不与 $\dfrac{\partial u}{\partial t} - \dfrac{\partial^2 u}{\partial x^2} = 0$ 相容.

(2) $\Delta t = r\Delta x^2$.

当 $\Delta t, \Delta x \to 0$ 时, 局部截断误差 R_j^n 为

$$R_j^n \to \left[\frac{\partial u}{\partial t} - \frac{\partial^2 u}{\partial x^2} + 2(2\theta - 1)r\frac{\partial u}{\partial t}\right]_j^n,$$

当 $\theta \neq 1/2$ 时, 差分格式与下面抛物型方程

$$[1 + 2(2\theta - 1)r]\frac{\partial u}{\partial t} - \frac{\partial^2 u}{\partial x^2} = 0$$

相容. 因此当 $\Delta t = r\Delta x^2$ 并且当且仅当 $\theta = 1/2$ 时, 差分格式与给定的微分方程相容. □

4.3 稳 定 性

上面讨论了相容性和收敛性, 现在讨论稳定性. 如在相容性讨论中所看到, 大多数格式是相容的. 证明收敛性的主要目标是要得到稳定性.

对如下形式的两层格式

$$\boldsymbol{u}^{n+1}=Q\boldsymbol{u}^n,\quad n\geqslant 0,\quad (n+1)\Delta t\leqslant T \tag{4.3.1}$$

定义关于初值的稳定性.

定义 4.3.1　差分格式 (4.3.1) 称为关于 $||\cdot||$ 是稳定的, 假定存在正常数 Δx_0 和 Δt_0, 以及非负常数 K, 使得

$$||\boldsymbol{u}^{n+1}||\leqslant K||\boldsymbol{u}^0|| \tag{4.3.2}$$

对 $0<\Delta x\leqslant\Delta x_0$ 及 $0<\Delta t\leqslant\Delta t_0$ 成立.

注意这是稳定性的一种较强的定义, 蕴涵差分方程的解必须是有界的, 有无限制 $(n+1)\Delta t\leqslant T$ 均可, 然而, 方程的解可以随着时间 (不是时间步数) 增长, 当无限制条件 $(n+1)\Delta t\leqslant T$ 时, 式 (4.3.2) 可用下式代替

$$||\boldsymbol{u}^{n+1}||\leqslant K\mathrm{e}^{\beta t}||\boldsymbol{u}^0||, \tag{4.3.3}$$

其中 β 是非负数. 显然式 (4.3.3) 与限制条件 $0<(n+1)\Delta t\leqslant T$ 蕴涵不等式 (4.3.2).

引理 4.3.1　差分格式 (4.3.1) 关于模 $||\cdot||$ 稳定当且仅当存在正常数 Δx_0 和 Δt_0, 以及非负常数 K, 使得

$$||Q^{n+1}||\leqslant K \tag{4.3.4}$$

对 $0<\Delta x\leqslant\Delta x_0$, $0<\Delta t\leqslant t_0$ 成立.

证明　注意利用关系

$$\boldsymbol{u}^{n+1}=Q\boldsymbol{u}^n=Q(Q\boldsymbol{u}^{n-1})=Q^2\boldsymbol{u}^{n-1}=\cdots=Q^{n+1}\boldsymbol{u}^0. \tag{4.3.5}$$

$\Rightarrow$　因为稳定, 所以

$$||\boldsymbol{u}^{n+1}||=||Q^{n+1}\boldsymbol{u}^0||\leqslant K||\boldsymbol{u}^0||,$$

或

$$\frac{||Q^{n+1}\boldsymbol{u}^0||}{||\boldsymbol{u}^0||}\leqslant K.$$

对所有非零向量 $||\boldsymbol{u}^0||$ 在两边取上确界, 得

$$||Q^{n+1}||\leqslant K. \tag{4.3.6}$$

$\Leftarrow$ 由于

$$||Q^{n+1}|| \leqslant K,$$

即

$$||Q^{n+1}|| = \sup_{\boldsymbol{u}^0 \neq 0} \frac{||Q^{n+1}\boldsymbol{u}^0||}{||\boldsymbol{u}^0||} \leqslant K,$$

从而

$$||Q^{n+1}\boldsymbol{u}^0|| \leqslant K\ ||\boldsymbol{u}^0||.$$

由关系式 (4.3.5) 知 $||\boldsymbol{u}^{n+1}|| \leqslant K\ ||\boldsymbol{u}^0||$ 成立, 即稳定. □

注意, 同理, 式 (4.3.4) 蕴涵限制条件 $(n+1)\Delta t \leqslant T$. 更一般地, 若无限制条件 $(n+1)\Delta t \leqslant T$, 则式 (4.3.4) 可由下式代替

$$||Q^{n+1}|| \leqslant K\mathrm{e}^{\beta t},$$

其中 β 为非负常数. 不失一般性, 下面的讨论均假定有条件 $(n+1)\Delta t \leqslant T$($T$ 为某常数) 及偏微分方程问题本身的解有界.

例 4.3.1 证明差分格式

$$u_j^{n+1} = (1-2r)u_j^n + r(u_{j+1}^n + u_{j-1}^n) \tag{4.3.7}$$

关于上确界范数是稳定的, 其中 $r = \dfrac{\nu\Delta t}{\Delta x^2}$($\nu$ 为常数).

解 注意当 $r \leqslant 1/2$ 时, 式 (4.3.7) 右端各项系数为正, 所以

$$|u_j^{n+1}| \leqslant (1-2r)|u_j^n| + r|u_{j+1}^n| + r|u_{j-1}^n| \leqslant ||\boldsymbol{u}^n||_\infty.$$

在两边关于 j 取上确界范数, 得到

$$||\boldsymbol{u}^{n+1}||_\infty \leqslant ||\boldsymbol{u}^n||_\infty,$$

根据稳定性定义 4.3.1, 格式稳定. □

格式 (4.3.7) 的稳定性要求是 $r \leqslant 1/2$, 在这种情况下, 称它为条件稳定, 如果稳定性对 Δt 和 Δx 无任何限制, 则称格式绝对稳定或无条件稳定.

例 4.3.2 讨论 FTFS 差分格式

$$u_j^{n+1} = u_j^n - a\frac{\Delta t}{\Delta x}(u_{j+1}^n - u_j^n), \quad a < 0 \tag{4.3.8}$$

的稳定性.

解 该格式是抛物型方程

$$\frac{\partial u}{\partial t} + a\frac{\partial u}{\partial x} = 0, \quad a < 0 \tag{4.3.9}$$

关于上确界模和 l_2 模的一个相容格式.

将差分格式 (4.3.8) 改写成

$$u_j^{n+1}=(1+r)u_j^n-ru_{j+1}^n, \tag{4.3.10}$$

其中 $r=\dfrac{a\Delta t}{\Delta x}$. 注意到

$$\begin{aligned}\sum_{j=-\infty}^{\infty}|u_j^{n+1}|^2&=\sum_{j=-\infty}^{\infty}\left|(1+r)u_j^n-ru_{j+1}^n\right|^2\\&\leqslant\sum_{j=-\infty}^{\infty}\left\{|1+r|^2|u_j^n|^2+2|1+r|\ |r|\ |u_j^n|\ |u_{j+1}^n|+|r|^2|u_{j+1}^n|^2\right\}\\&\leqslant\sum_{j=-\infty}^{\infty}\left(|1+r|^2+2|1+r|\ |r|+|r|^2\right)|u_j^n|^2\\&=(|1+r|+|r|)^2\sum_{j=-\infty}^{\infty}|u_j^n|^2,\end{aligned}$$

该式可写成 l_2 模的形式

$$||\boldsymbol{u}^{n+1}||_{l_2}\leqslant K_1||\boldsymbol{u}^n||_{l_2}, \tag{4.3.11}$$

其中 $K_1=(|1+r|+|r|)$. 重复该过程 n 次, 得

$$||\boldsymbol{u}^{n+1}||_{l_2}\leqslant K_1^{n+1}||\boldsymbol{u}^0||_{l_2}, \tag{4.3.12}$$

将该不等式与不等式 (4.3.2)($\beta=0$ 的式 (4.3.3)) 比较, 必须求一个非负常数 K, 使得

$$(|1+r|+|r|)^{n+1}\leqslant K, \tag{4.3.13}$$

这只要限制 $|1+r|+|r|\leqslant 1$ 即可满足, 于是取 $K=1$, 因为 $r=a\Delta t/\Delta x<0$. 不难得到, 这要求 $|1+r|\leqslant 1+r$, 即 $-1\leqslant r<0$.

因此, 差分格式 (4.3.8) 条件稳定, 稳定性条件是 $-1\leqslant r<0$ 或 $-1\leqslant a\Delta t/\Delta x<0$. □

关于初边值问题的稳定性, 如同在收敛性和相容性中一样, 假定有一空间网格剖分序列 $\{\Delta x_j\}$, 从而有一有限维空间序列 $\{X_j\}$, 其模为 $||\cdot||_j$. 称关于初边值问题的差分格式是稳定的, 若该格式对模 $||\cdot||_j$ 满足不等式 (4.3.2) 或不等式 (4.3.3).

例 4.3.3 对初边值问题

$$\begin{cases}\dfrac{\partial u}{\partial t}=\nu\dfrac{\partial^2 u}{\partial x^2}, & x\in(0,1),\quad t>0,\\ u(x,0)=f(x), & x\in[0,1],\\ u(0,t)=u(1,t)=0, & t\geqslant 0\end{cases} \tag{4.3.14}$$

的差分格式 (取 $\Delta x = 1/M$)

$$\begin{cases} u_j^{n+1} = u_j^n + r\delta_x^2 u_j^n, \quad j = 1, \cdots, M-1, \\ u_0^n = u_M^n = 0, \\ u_j^0 = f(j\Delta x), \quad j = 1, \cdots, M-1, \end{cases} \tag{4.3.15}$$

证明当 $r \leqslant 1/2$ 时, 差分格式 (4.3.15) 稳定, 其中 $r = \nu\Delta t/\Delta x^2$.

解 考虑 $[0,1]$ 区间上的任何一个剖分序列 $\{\Delta x_j\}$, 相应的空间为 $\{X_j\}$, 模为 $||\cdot||_j$. 假定 X_j 为 $M_j - 1$ 维向量空间, 其中 $M_j\Delta x_j = 1$. 现令 $||\cdot||_j$ 为上确界模.

当 $r \leqslant \dfrac{1}{2}$ 时, 有

$$\begin{aligned} |u_j^{n+1}| &= |(1-2r)u_j^n + r(u_{j+1}^n + u_{j-1}^n)| \\ &\leqslant |(1-2r)| \cdot |u_j^n| + r|u_{j+1}^n| + r|u_{j-1}^n| \\ &\leqslant (1-2r)||\boldsymbol{u}^n||_j + r||\boldsymbol{u}^n||_j + r||\boldsymbol{u}^n||_j, \end{aligned}$$

从而

$$||\boldsymbol{u}^{n+1}||_j \leqslant ||\boldsymbol{u}^n||_j, \tag{4.3.16}$$

重复利用该不等式, 得

$$||\boldsymbol{u}^{n+1}||_j \leqslant ||\boldsymbol{u}^0||_j.$$

因此, 差分格式 (4.3.15) 稳定. □

4.4 Lax 定理

定理 4.4.1 (Lax 等价定理) *对一个适定的线性初值问题, 一个相容的两层格式收敛当且仅当该格式稳定.*

由定理 4.4.1 知道, 只要有一个相容的格式, 则格式收敛性和稳定性等价. 如果相容的差分格式不稳定, 则也不收敛. 下面给出一个比定理 4.4.1 更强形式的定理并加以证明.

定理 4.4.2 (Lax 定理) *对一个适定的线性初值问题, 如果一个 (p,q) 阶的两层格式*

$$\boldsymbol{u}^{n+1} = Q\boldsymbol{u}^n + \Delta t\boldsymbol{G}^n \tag{4.4.1}$$

关于模 $||\cdot||$ 稳定, 则该格式是 (p,q) 阶收敛的.

证明 设 $\boldsymbol{v}^n$ 是初值问题的精确解, 因为差分格式精确到 $O(\Delta x^p) + O(\Delta t^q)$ 阶, 则 $\boldsymbol{v}^n$ 满足

$$\boldsymbol{v}^{n+1} = Q\boldsymbol{v}^n + \Delta t\boldsymbol{G}^n + \Delta t\boldsymbol{\tau}^n, \tag{4.4.2}$$

其中 $||\boldsymbol{\tau}^n|| = O(\Delta x^p) + O(\Delta t^q)$. 定义 $\boldsymbol{w}^n = \boldsymbol{v}^n - \boldsymbol{u}^n$, 则 $\boldsymbol{w}^n$ 满足

$$\boldsymbol{w}^{n+1} = Q\boldsymbol{w}^n + \Delta t\boldsymbol{\tau}^n. \tag{4.4.3}$$

重复应用式 (4.4.3), 得

$$\begin{aligned}\boldsymbol{w}^{n+1} &= Q\boldsymbol{w}^n + \Delta t\boldsymbol{\tau}^n \\ &= Q(Q\boldsymbol{w}^{n-1} + \Delta t\boldsymbol{\tau}^{n-1}) + \Delta t\boldsymbol{\tau}^n \\ &= Q^2\boldsymbol{w}^{n-1} + \Delta t Q\boldsymbol{\tau}^{n-1} + \Delta t\boldsymbol{\tau}^n \\ &= Q^{n+1}\boldsymbol{w}^0 + \Delta t\sum_{j=0}^{n} Q^j\boldsymbol{\tau}^{n-j}.\end{aligned} \tag{4.4.4}$$

因为 $\boldsymbol{w}^0 = 0$, 所以

$$\boldsymbol{w}^{n+1} = \Delta t\sum_{j=0}^{n} Q^j\boldsymbol{\tau}^{n-j}, \tag{4.4.5}$$

差分格式稳定蕴涵对任何 j, 存在非负常数 K 满足

$$||Q^j|| \leqslant K. \tag{4.4.6}$$

在式 (4.4.5) 两边取模并再利用式 (4.4.6), 得

$$\begin{aligned}||\boldsymbol{w}^{n+1}|| &\leqslant \Delta t\sum_{j=0}^{n} ||Q^j||\,||\boldsymbol{\tau}^{n-j}|| \\ &\leqslant \Delta t K\sum_{j=0}^{n} ||\boldsymbol{\tau}^{n-j}|| \\ &= \Delta t K\sum_{j=0}^{n} C((n-j)\Delta t)(\Delta x^p + \Delta t^q) \\ &\leqslant (n+1)\Delta t K C^*(t)(\Delta x^p + \Delta t^q),\end{aligned} \tag{4.4.7}$$

其中

$$C^*(t) = \sup_{0\leqslant s<t} C(s), \quad s = (n-j)\Delta t, \quad j = 0, \cdots, n,$$

这里 $C(s)$ 是与 $||\boldsymbol{\tau}^{n-j}||$ 有关的常数. 考虑到收敛性定义 4.1.1, 取 $\Delta x, \Delta t \to 0$ 且 $(n+1)\Delta t \to t$, 这时有

$$(n+1)\Delta t K C^*(t)(\Delta x^p + \Delta t^q) \to tKC^*(t)0 = 0, \tag{4.4.8}$$

即

$$||\boldsymbol{w}^{n+1}|| \to 0.$$

注意式 (4.4.7) 可改写成

$$||\boldsymbol{u}^{n+1}-\boldsymbol{v}^{n+1}|| \leqslant K(t)(\Delta x^p+\Delta t^q)=O(\Delta x^p)+O(\Delta t^q),$$

根据收敛阶定义 4.1.2, 收敛阶是 (p,q) 阶的. □

注意在相容性和稳定性中使用的模应是一样的, 而且收敛性也是关于该模给出. 前面我们已证当 $r\leqslant 1/2$ 时, 显式格式 (4.3.7) 精确到 $(2,1)$ 阶且关于上确界范数是稳定的. 因此, 根据 Lax 定理 4.4.2 知, 当 $r\leqslant 1/2$ 时, 差分格式 (4.3.7) 关于上确界模是 $(2,1)$ 阶收敛的. 对于初边值问题的 Lax 定理, 只要定理 4.4.2 中的模 $||\cdot||$ 换成 $||\cdot||_j$ 即可. 另外, 我们看到, 考虑格式的相容性仅考虑逐点相容是不够的.

4.5 Fourier 级数法稳定性分析

4.5.1 初值问题

考虑下面实直线 $\mathbb{R}$ 上的一个初值问题

$$\frac{\partial u}{\partial t}=\frac{\partial^2 u}{\partial x^2},\quad x\in\mathbb{R},\quad t>0, \tag{4.5.1}$$

$$u(x,0)=f(x),\quad x\in\mathbb{R}. \tag{4.5.2}$$

定义 u 关于 x 的空间 Fourier 变换为

$$\tilde{u}(\omega,t)=\frac{1}{\sqrt{2\pi}}\int_{-\infty}^{+\infty}u(x,t)\mathrm{e}^{-\mathrm{i}\omega x}\mathrm{d}x, \tag{4.5.3}$$

逆 Fourier 变换为

$$u(x,t)=\frac{1}{\sqrt{2\pi}}\int_{-\infty}^{+\infty}\tilde{u}(\omega,t)\mathrm{e}^{\mathrm{i}\omega x}\mathrm{d}\omega. \tag{4.5.4}$$

假定偏微分方程的解在 $\pm\infty$ 处足够好使得积分存在且在 $\pm\infty$ 处为零. Fourier 变换的一个性质是 Parseval 等式 , 即

$$||u||_{L_2(\mathbb{R})}=||\tilde{u}||_{L_2(\mathbb{R})}.$$

Parseval 等式表示函数的模与其变换后的模在各自的空间中相等.

为分析关于初值问题差分格式的稳定性, 需要考虑离散 Fourier 变换. 假定在实或复 l_2 空间中给定向量 $\boldsymbol{u}=(\cdots,u_{-1},u_0,u_1,\cdots)^{\mathrm{T}}$, 定义

$$||\boldsymbol{u}||_{l_2}=\sqrt{\sum_{m=-\infty}^{\infty}|u_m|^2},$$

若特别强调空间离散步长的影响, 可定义

$$||\boldsymbol{u}||_{l_2,\Delta x}=\sqrt{\sum_{m=-\infty}^{\infty}|u_m|^2\Delta x},$$

但这两种模等价, 我们不加区分.

定义 4.5.1　$\boldsymbol{u}\in l_2$ 的离散 Fourier 变换是函数 $\hat{u}\in L_2[-\pi,\pi]$, 定义为

$$\hat{u}(\xi)=\frac{1}{\sqrt{2\pi}}\sum_{m=-\infty}^{\infty}\mathrm{e}^{-\mathrm{i}m\xi}u_m,\quad \xi\in[-\pi,\pi]. \tag{4.5.5}$$

引理 4.5.1　若 $\boldsymbol{u}\in l_2$ 及 $\hat{u}$ 是 $\boldsymbol{u}$ 的离散 Fourier 变换, 则

$$u_m=\frac{1}{\sqrt{2\pi}}\int_{-\pi}^{\pi}\mathrm{e}^{\mathrm{i}m\xi}\hat{u}(\xi)\mathrm{d}\xi. \tag{4.5.6}$$

证明

$$\begin{aligned}
&\frac{1}{\sqrt{2\pi}}\int_{-\pi}^{\pi}\mathrm{e}^{\mathrm{i}m\xi}\hat{u}(\xi)\mathrm{d}\xi\\
=&\frac{1}{2\pi}\int_{-\pi}^{\pi}\mathrm{e}^{\mathrm{i}m\xi}\sum_{j=-\infty}^{\infty}\mathrm{e}^{-\mathrm{i}j\xi}u_j\mathrm{d}\xi\\
=&\frac{1}{2\pi}\sum_{j=-\infty}^{\infty}u_j\int_{-\pi}^{\pi}\mathrm{e}^{-\mathrm{i}(j-m)\xi}\mathrm{d}\xi\\
=&\frac{1}{2\pi}\sum_{j=-\infty,j\neq m}^{\infty}u_j\left[\frac{\mathrm{e}^{-\mathrm{i}(j-m)\xi}}{-\mathrm{i}(j-m)}\right]\Bigg|_{-\pi}^{\pi}+\frac{1}{2\pi}u_m\int_{-\pi}^{\pi}\mathrm{d}\xi\\
=&\frac{1}{2\pi}\sum_{j=-\infty,j\neq m}^{\infty}u_j\frac{1}{\mathrm{i}(j-m)}[\mathrm{e}^{\mathrm{i}(j-m)\pi}-\mathrm{e}^{-\mathrm{i}(j-m)\pi}]+u_m\\
=&u_m,
\end{aligned}$$

即

$$u_m=\frac{1}{\sqrt{2\pi}}\int_{-\pi}^{\pi}\mathrm{e}^{\mathrm{i}m\xi}\hat{u}(\xi)\mathrm{d}\xi.$$

□

引理 4.5.2　若 $\boldsymbol{u}\in l_2$ 及 $\hat{u}$ 是 $\boldsymbol{u}$ 的离散 Fourier 变换, 则 Parseval 等式成立, 即

$$||\hat{u}||_{L_2[-\pi,\pi]}=||\boldsymbol{u}||_{l_2}. \tag{4.5.7}$$

证明

$$
\begin{aligned}
||\hat{u}||^2_{L_2[-\pi,\pi]} &= \int_{-\pi}^{\pi} |\hat{u}(\xi)|^2 \mathrm{d}\xi \\
&= \int_{-\pi}^{\pi} \overline{\hat{u}(\xi)} \frac{1}{\sqrt{2\pi}} \sum_{m=-\infty}^{\infty} \mathrm{e}^{-\mathrm{i}m\xi} u_m \mathrm{d}\xi \\
&= \frac{1}{\sqrt{2\pi}} \sum_{m=-\infty}^{\infty} u_m \int_{-\pi}^{\pi} \mathrm{e}^{-\mathrm{i}m\xi} \overline{\hat{u}(\xi)} \mathrm{d}\xi \\
&= \sum_{m=-\infty}^{\infty} u_m \overline{\frac{1}{\sqrt{2\pi}} \int_{-\pi}^{\pi} \mathrm{e}^{\mathrm{i}m\xi} \hat{u}(\xi) \mathrm{d}\xi} \\
&= \sum_{m=-\infty}^{\infty} u_m \bar{u}_m = ||\boldsymbol{u}||^2_{l_2},
\end{aligned}
$$

即

$$
||\hat{u}||_{L_2[-\pi,\pi]} = ||\boldsymbol{u}||_{l_2}. \tag{4.5.8}
$$

□

回想在稳定性定义 4.3.1 中, 若取 l_2 能量模, 则不等式 (4.3.2) 变为

$$
||\boldsymbol{u}^{n+1}||_{l_2} \leqslant K||\boldsymbol{u}^0||_{l_2}, \tag{4.5.9}
$$

但因为

$$
||\boldsymbol{u}||_{l_2} = ||\hat{u}||_{L_2[-\pi,\pi]},
$$

假如能找到一个非负常数 K 满足

$$
||\hat{u}^{n+1}||_{L_2[-\pi,\pi]} \leqslant K||\hat{u}^0||_{L_2[-\pi,\pi]}, \tag{4.5.10}
$$

则相同的 K 将满足式 (4.5.9). 当不等式 (4.5.10) 成立时, 表示序列 $\{\hat{u}^n\}$ 在变换空间 $L_2[-\pi,\pi]$ 中稳定. 因此 $\boldsymbol{u}$ 在 l_2 中的稳定性可通过其离散 Fourier 变换在其变换空间 $L_2[-\pi,\pi]$ 中来考虑. 因此, 有下述定理.

定理 4.5.3 *序列 $\{u^n\}$ 在 l_2 中稳定当且仅当序列 $\{\hat{u}^n\}$ 在 $L_2[-\pi,\pi]$ 中稳定.*

例 4.5.1 分析初值问题 (4.5.1) 和初值问题 (4.5.2) 的差分格式

$$
u_j^{n+1} = ru_{j-1}^n + (1-2r)u_j^n + ru_{j+1}^n, \quad -\infty < j < \infty \tag{4.5.11}
$$

的稳定性, 其中 $r = \dfrac{\Delta t}{\Delta x^2}$.

解 在方程 (4.5.11) 两边取离散 Fourier 变换, 得

$$
\begin{aligned}
\hat{u}^{n+1}(\xi) &= \frac{1}{\sqrt{2\pi}} \sum_{j=-\infty}^{\infty} \mathrm{e}^{-\mathrm{i}j\xi} u_j^{n+1} \\
&= \frac{1}{\sqrt{2\pi}} \sum_{j=-\infty}^{\infty} \mathrm{e}^{-\mathrm{i}j\xi} (r u_{j-1}^n + (1-2r) u_j^n + r u_{j+1}^n) \\
&= r\frac{1}{\sqrt{2\pi}} \sum_{j=-\infty}^{\infty} \mathrm{e}^{-\mathrm{i}j\xi} u_{j-1}^n + (1-2r)\frac{1}{\sqrt{2\pi}} \sum_{j=-\infty}^{\infty} \mathrm{e}^{-\mathrm{i}j\xi} u_j^n + r\frac{1}{\sqrt{2\pi}} \sum_{j=-\infty}^{\infty} \mathrm{e}^{-\mathrm{i}j\xi} u_{j+1}^n \\
&= r\frac{1}{\sqrt{2\pi}} \sum_{j=-\infty}^{\infty} \mathrm{e}^{-\mathrm{i}j\xi} u_{j-1}^n + (1-2r)\hat{u}^n(\xi) + r\frac{1}{\sqrt{2\pi}} \sum_{j=-\infty}^{\infty} \mathrm{e}^{-\mathrm{i}j\xi} u_{j+1}^n,
\end{aligned} \tag{4.5.12}
$$

作变量替换 $m = j \pm 1$, 得

$$
\begin{aligned}
\frac{1}{\sqrt{2\pi}} \sum_{j=-\infty}^{\infty} \mathrm{e}^{-\mathrm{i}j\xi} u_{j\pm1}^n &= \frac{1}{\sqrt{2\pi}} \sum_{m=-\infty}^{\infty} \mathrm{e}^{-\mathrm{i}(m\mp1)\xi} u_m^n \\
&= \mathrm{e}^{\pm\mathrm{i}\xi} \frac{1}{\sqrt{2\pi}} \sum_{j=-\infty}^{\infty} \mathrm{e}^{-\mathrm{i}j\xi} u_j^n \\
&= \mathrm{e}^{\pm\mathrm{i}\xi} \hat{u}^n(\xi).
\end{aligned} \tag{4.5.13}
$$

利用式 (4.5.13), 式 (4.5.12) 可化为

$$
\begin{aligned}
\hat{u}^{n+1}(\xi) &= r\mathrm{e}^{-\mathrm{i}\xi}\hat{u}^n(\xi) + (1-2r)\hat{u}^n(\xi) + r\mathrm{e}^{\mathrm{i}\xi}\hat{u}^n(\xi) \\
&= [r\mathrm{e}^{-\mathrm{i}\xi} + (1-2r) + r\mathrm{e}^{\mathrm{i}\xi}]\hat{u}^n(\xi) \\
&= [2r\cos\xi + (1-2r)]\hat{u}^n(\xi) \\
&= \left(1 - 4r\sin^2\frac{\xi}{2}\right)\hat{u}^n(\xi).
\end{aligned} \tag{4.5.14}
$$

在方程 (4.5.14) 中, $\hat{u}^n(\xi)$ 的系数

$$
G(\xi) \triangleq 1 - 4r\sin^2\frac{\xi}{2} \tag{4.5.15}
$$

称为差分格式 (4.5.11) 的**象征**, 也常称为**传播因子**或**增长因子**. 增长因子也常记为 $G(\xi, \Delta t)$, 以强调与时间步长 Δt 有关. 应用式 (4.5.14) $n+1$ 次, 得

$$
\hat{u}^{n+1}(\xi) = \left(1 - 4r\sin^2\frac{\xi}{2}\right)^{n+1} \hat{u}^0(\xi), \tag{4.5.16}
$$

注意若限制 r 满足

$$
\left|1 - 4r\sin^2\frac{\xi}{2}\right| \leqslant 1, \tag{4.5.17}
$$

则不等式 (4.5.10) 满足, 其中 $K = 1$. 由式 (4.5.17) 解得 $r \leqslant 1/2$. 因此 $r \leqslant 1/2$ 是稳定性的充分条件.

当 $r > 1/2$ 时, 至少对某些 ξ, 如 $\xi = \pi$, 则有

$$4r\sin^2\frac{\xi}{2} > 2,$$

或

$$\left|1 - 4r\sin^2\frac{\xi}{2}\right| > 1, \tag{4.5.18}$$

从而 $\forall \Delta t, \Delta x > 0$, 只要 r 保持常数且大于 1/2, 对足够大的 n(只要 $(n+1)\Delta t \to t$), 均有

$$\left|1 - 4r\sin^2\frac{\xi}{2}\right|^{n+1} > K, \tag{4.5.19}$$

其中 K 为任意正数. 因此条件 (4.5.17) 也是稳定的必要条件. 所以, $r \leqslant 1/2$ 是差分格式 (4.5.11) 稳定的充分必要条件. 再由 Lax 等价定理知, $r \leqslant 1/2$ 也是该格式收敛的充分必要条件. □

例 4.5.2 考虑偏微分方程

$$\frac{\partial u}{\partial t} + a\frac{\partial u}{\partial x} = 0, \quad a < 0 \tag{4.5.20}$$

的差分格式

$$u_j^{n+1} = (1+r)u_j^n - ru_{j+1}^n, \quad j = 0, \pm 1, \cdots \tag{4.5.21}$$

的稳定性, 其中 $r = a\Delta t/\Delta x$.

解 易知对式 (4.5.21) 作离散 Fourier 变换, 得

$$\hat{u}^{n+1}(\xi) = (1+r)\hat{u}^n(\xi) - re^{i\xi}\hat{u}^n(\xi) = [(1+r) - r\cos\xi - ir\sin\xi]\hat{u}^n(\xi),$$

于是

$$G(\xi) = 1 + r - r\cos\xi - ir\sin\xi,$$

为满足不等式 (4.5.10), 必须使 $|G(\xi)| \leqslant 1$. 因

$$|G(\xi)|^2 = (1+r)^2 - 2r(1+r)\cos\xi + r^2, \quad \xi \in [-\pi, \pi] \tag{4.5.22}$$

关于 ξ 微分, 并令其为零, 即

$$\frac{\partial |G(\xi)|^2}{\partial \xi} = 2r(1+r)\sin\xi = 0,$$

从而知道 ξ 在 0 和 $\pm\pi$ 处可能取得极大值, 又

$$|G(0)| = 1, \quad |G(\pm\pi)| = |1+2r|,$$

所以要求 $|1+2r| \leqslant 1$, 因 $r<0$, 故解得格式 (4.5.21) 的稳定性条件为 $-1 \leqslant r < 0$.
□

例 4.5.3　分析差分格式

$$\begin{aligned}&-\alpha r u_{j-1}^{n+1}+(1+2\alpha r)u_j^{n+1}-\alpha r u_{j+1}^{n+1}\\&=(1-\alpha)r u_{j-1}^n+[1-2(1-\alpha)r]u_j^n+(1-\alpha)r u_{j+1}^n,\quad j=0,\pm 1,\cdots\end{aligned}\tag{4.5.23}$$

的稳定性, 其中 $\alpha \in [0,1], r=\Delta t/\Delta x^2$.

解　对式 (4.5.23) 两端作离散 Fourier 变换, 得

$$\begin{aligned}&-\alpha r\mathrm{e}^{-\mathrm{i}\xi}\hat{u}^{n+1}+(1+2\alpha r)\hat{u}^{n+1}-\alpha r\mathrm{e}^{\mathrm{i}\xi}\hat{u}^{n+1}\\&=(1-\alpha)r\mathrm{e}^{-\mathrm{i}\xi}\hat{u}^n+[1-2(1-\alpha)r]\hat{u}^n+(1-\alpha)r\mathrm{e}^{\mathrm{i}\xi}\hat{u}^n,\end{aligned}\tag{4.5.24}$$

化简得

$$\hat{u}^{n+1}=G(\xi)\hat{u}^n,\tag{4.5.25}$$

其中

$$G(\xi)=\frac{1-4(1-\alpha)r\sin^2\dfrac{\xi}{2}}{1+4\alpha r\sin^2\dfrac{\xi}{2}}.\tag{4.5.26}$$

下面求解不等式 $|G(\xi)| \leqslant 1$. 可以直接求解, 也可以采用下面的方法. 计算 $G(\xi)$ 对 ξ 的一次导数, 并令其为零, 即

$$\frac{\partial G}{\partial \xi}=\frac{-4r\sin\dfrac{\xi}{2}\cos\dfrac{\xi}{2}}{\left(1+4\alpha r\sin^2\dfrac{\xi}{2}\right)^2}=0,$$

得到极值点 $\xi=0,\pm\pi$. 注意

$$G(0)=1,\quad G(\pm\pi)=\frac{1-4(1-\alpha)r}{1+4\alpha r},$$

易知当 $r>0$ 时, $\dfrac{1-4(1-\alpha)r}{1+4\alpha r} \leqslant 1$ 恒成立, 所以由

$$-1 \leqslant \frac{1-4(1-\alpha)r}{1+4\alpha r}\tag{4.5.27}$$

解得

(1) 当 $\alpha \geqslant \dfrac{1}{2}, r>0$ 时, 式 (4.5.27) 成立, 即 $|G(\xi)| \leqslant 1$.

(2) 当 $\alpha < \frac{1}{2}$ 时, $r \leqslant \frac{1}{2(1-2\alpha)}$, 式 (4.5.27) 成立, 即 $|G(\xi)| \leqslant 1$.

因此, 当 $\alpha \geqslant \frac{1}{2}$ 时, 格式 (4.5.23) 无条件稳定; 当 $\alpha < \frac{1}{2}$ 时, 格式 (4.5.23) 条件稳定, 稳定性条件为 $r \leqslant \frac{1}{2(1-2\alpha)}$. □

例 4.5.4 考虑偏微分方程

$$\frac{\partial u}{\partial t} = \frac{\partial^2 u}{\partial x^2} + bu, \quad t > 0, \quad x \in \mathbb{R} \tag{4.5.28}$$

的差分格式

$$u_j^{n+1} = ru_{j-1}^n + (1 - 2r + b\Delta t)u_j^n + ru_{j+1}^n, \quad j = \pm 1, \pm 2, \cdots \tag{4.5.29}$$

的收敛性, 其中 $r = \Delta t/\Delta x^2$.

解 与前面一样, 可求得差分格式 (4.5.29) 的象征

$$G(\xi) = \left(1 - 4r\sin^2\frac{\xi}{2}\right) + b\Delta t. \tag{4.5.30}$$

由例 4.5.1 的计算知当 $r \leqslant 1/2$ 时,

$$\left|\left(1 - 4r\sin^2\frac{\xi}{2}\right) + b\Delta t\right| \leqslant 1 + b\Delta t \leqslant \mathrm{e}^{b\Delta t}, \tag{4.5.31}$$

因此, 得到

$$||\hat{u}^{n+1}||_{L_2[-\pi,\pi]} \leqslant \mathrm{e}^{b\Delta t}||\hat{u}^n||_{L_2[-\pi,\pi]} \leqslant \mathrm{e}^{b(n+1)\Delta t}||\hat{u}^0||_{L_2[-\pi,\pi]} \leqslant K||\hat{u}^0||_{L_2[-\pi,\pi]},$$

其中 $K = \mathrm{e}^{bT}$, 且假定 $0 < (n+1)\Delta t \leqslant T$, 即序列 $\{\hat{u}^n\}$ 在 $L_2[-\pi,\pi]$ 中稳定, 由定理 4.5.3 知, 格式 (4.5.29) 关于 l_2 模稳定, 稳定性条件是 $r \leqslant 1/2$. □

注意例 4.5.2、例 4.5.3 和例 4.5.4 由 $|G(\xi)| \leqslant 1$ 求得的稳定性条件都是必要条件, 但由下面的讨论看到, 这三例中的必要条件也都是充分条件, 因为所考虑的差分格式都是两层格式.

定理 4.5.4 *差分格式*

$$\boldsymbol{u}^{n+1} = Q\boldsymbol{u}^n \tag{4.5.32}$$

关于 l_2 模稳定当且仅当存在正常数 Δt_0 和 Δx_0 及非负常数 K, 使得

$$|G(\xi)|^{n+1} \leqslant K \tag{4.5.33}$$

对 $0 < \Delta t \leqslant \Delta t_0$, $0 < \Delta x \leqslant \Delta x_0$ 和所有 $\xi \in [-\pi,\pi]$ 成立, 其中 $G(\xi)$ 是差分格式 (4.5.32) 的象征.

证明 $\Leftarrow$ 对式 (4.5.33) 两端同乘 $|\hat{u}^0(\xi)|$, 再平方后从 $-\pi$ 到 π 积分, 得

$$||\hat{u}^{n+1}(\xi)||_{L_2[-\pi,\pi]} \leqslant K||\hat{u}^0(\xi)||_{L_2[-\pi,\pi]}, \tag{4.5.34}$$

也即序列 $\{\hat{u}^n\}$ 在 $L_2[-\pi,\pi]$ 中稳定, 由定理 4.5.3 知, 序列 $\{u^n\}$ 在 l_2 中稳定, 得证.

$\Rightarrow$ 用反证法. 已知差分格式关于 l_2 模稳定. 假定对每个 K, 存在一个 ξ_j 使得

$$|G(\xi_j)|^{n+1} > K. \tag{4.5.35}$$

因为假定 $G(\xi)$ 是连续的, 所以能找到一个关于 ξ_j 的区间 I_j, 使不等式 (4.5.35) 对所有 $\xi \in I_j$ 满足. 选择一个在区间 I_j 外为零的函数 $\hat{u}^0(\xi)$, 对方程 (4.5.35) 两端乘以 $|\hat{u}^0(\xi)|$ 再平方后从 $-\pi$ 到 π 对 ξ 积分, 得

$$||G(\xi)^{n+1}\hat{u}^0||^2_{L_2[-\pi,\pi]} > C||\hat{u}^0||^2_{L_2[-\pi,\pi]}, \quad C := K^2,$$

也就是找到了一个 ξ 和 $\hat{u}^0$, 有

$$||\hat{u}^{n+1}(\xi)||_{L_2[-\pi,\pi]} > C||\hat{u}^0(\xi)||_{L_2[-\pi,\pi]},$$

即 $\hat{u}^n(\xi)$ 不稳定, 由定理 4.5.3 知, 格式关于 l_2 不稳定, 这与已知条件矛盾. □

定理 4.5.5 *差分格式*

$$\boldsymbol{u}^{n+1} = Q\boldsymbol{u}^n \tag{4.5.36}$$

关于 l_2 模稳定, 当且仅当存在正常数 $\Delta t_0, \Delta x_0$ 和 C, 使得

$$|G(\xi)| \leqslant 1 + C\Delta t \tag{4.5.37}$$

对 $0 < \Delta t \leqslant \Delta t_0$, $0 < \Delta x \leqslant \Delta x_0$ 和所有 $\xi \in [-\pi,\pi]$ 都成立.

证明 $\Leftarrow$ 因为

$$|G(\xi)| \leqslant 1 + C\Delta t \leqslant \mathrm{e}^{C\Delta t},$$

所以

$$|G(\xi)|^{n+1} \leqslant \mathrm{e}^{(n+1)C\Delta t} \leqslant \mathrm{e}^{CT} = K,$$

这里 $0 < (n+1)\Delta t \leqslant T$. 因此根据定理 4.5.4 差分格式稳定.

$\Rightarrow$ 用反证法. 假定条件 (4.5.37) 不满足, 也即对每个 $C > 0$, 存在一个 $\xi_c \in [-\pi,\pi]$, 使得

$$|G(\xi_c)| > 1 + C\Delta t.$$

选择一个序列 $\{c_j\}$ 使得当 $j \to \infty$ 时, $c_j \to \infty$, 这样就得到序列

$$|G(\xi_{c_j})|^{n+1} \to \infty, \quad j \to \infty,$$

因此, $|G(\xi_{c_j})|^{n+1}$ 无界. 因格式稳定, 由定理 4.5.4 推出 $|G(\xi)|^{n+1}$ 有界, 矛盾. □

不等式 (4.5.37) 称为 von Neumann 条件, 该条件是一个必要条件. 由定理 4.5.5 知, 对两层格式, von Neumann 条件是格式稳定的充分条件. 但对多层格式仅是必要条件, 若差分格式不等式满足 von Neumann 条件, 则格式不稳定, 或假设格式稳定, 则必须满足 von Neumann 条件.

定理 4.5.6 *若差分格式*

$$\boldsymbol{u}^{n+1} = Q\boldsymbol{u}^n \tag{4.5.38}$$

稳定, 则差分格式

$$\boldsymbol{u}^{n+1} = (Q + b\Delta tI)\boldsymbol{u}^n \tag{4.5.39}$$

对任何数 b 稳定.

证明 显然, 差分格式 (4.5.39) 的象征为

$$G_1 = G + b\Delta t,$$

其中 G 是差分格式 (4.5.38) 的象征. 假如差分格式 (4.5.38) 稳定, 则由定理 4.5.5 知, 对某个 C, G 满足

$$|G| \leqslant 1 + C\Delta t.$$

因此, G_1 满足

$$|G_1| \leqslant |G| + |b|\Delta t \leqslant 1 + (C + |b|)\Delta t,$$

再次使用定理 4.5.5, 知差分格式 (4.5.39) 也稳定. □

4.5.2 初边值问题

下面考虑初边值问题的 Fourier 级数法的稳定性分析. 对初边值问题, 可以利用周期延拓的方法, 将函数延拓到整个实数轴, 再将延拓后的函数用复数形式的 Fourier 级数表示; 也可以不作延拓直接表示成有限项的 Fourier 级数求和形式. 首先介绍如下定理.

定理 4.5.7 *设周期为 2π 的函数 f 在离散点 $x_m = \dfrac{2\pi m}{M+1}(m = 0, \cdots, M)$ 上取值, 则*

$$f(x_m) = \sum_{j=-k_0}^{k_0+\theta} c_j \mathrm{e}^{\mathrm{i}jx_m}, \tag{4.5.40}$$

其中

$$c_j = \frac{1}{M+1}\sum_{k=0}^{M} f(x_k)\mathrm{e}^{-\mathrm{i}jx_k}, \tag{4.5.41}$$

这里当 M 是偶数时, $\theta = 0$, $k_0 = \dfrac{M}{2}$; 当 M 是奇数时, $\theta = 1$, $k_0 = \dfrac{M-1}{2}$.

证明　首先推导 c_j 的结果. 对式 (4.5.40) 两边同乘 $\mathrm{e}^{-\mathrm{i}mx}$ $(-k_0 \leqslant m \leqslant k_0+\theta)$, 再对 x 的值从 x_0 到 x_M 求和, 得

$$\begin{aligned}
\sum_{n=0}^{M} f(x_n)\mathrm{e}^{-\mathrm{i}mx_n} &= \sum_{n=0}^{M}\sum_{j=-k_0}^{k_0+\theta} c_j \mathrm{e}^{\mathrm{i}jx_n}\mathrm{e}^{-\mathrm{i}mx_n} \\
&= \sum_{n=0}^{M}\left(\sum_{s=0}^{2k_0+\theta} c_{s-k_0}\mathrm{e}^{-\mathrm{i}mx_n}\mathrm{e}^{\mathrm{i}(s-k_0)x_n}\right) \quad (j=s-k_0) \\
&= \sum_{s=0}^{M} c_{s-k_0}\left[\sum_{n=0}^{M}\mathrm{e}^{\mathrm{i}(s-k_0-m)x_n}\right] \quad (2k_0+\theta=M) \\
&= \sum_{s=0}^{M} c_{s-k_0}\left[\sum_{n=0}^{M}\mathrm{e}^{\mathrm{i}(s-k_0-m)\frac{2\pi n}{M+1}}\right] \\
&= \sum_{s=0}^{M} c_{s-k_0}\left[\sum_{n=0}^{M}\left(\mathrm{e}^{\mathrm{i}2\pi\frac{s-k_0-m}{M+1}}\right)^n\right] \qquad (4.5.42) \\
&= \sum_{s=0}^{M} c_m = (M+1)c_m, \qquad (4.5.43)
\end{aligned}$$

注意在式 (4.5.42) 中的中括号是一个等比级数求和, 即

$$\sum_{n=0}^{M}\left(\mathrm{e}^{\mathrm{i}2\pi\frac{s-k_0-m}{M+1}}\right)^n = \begin{cases} 1, & \dfrac{s-k_0-m}{M+1} \text{ 为整数}, \\ 0, & \text{其他}, \end{cases} \tag{4.5.44}$$

又 $-M \leqslant s-k_0-m \leqslant M$, 所以只有当 $s-k_0=m$ 时, 中括号求和的取值为 1, 从而得到式 (4.5.43). 因此

$$c_m = \frac{1}{M+1}\sum_{n=0}^{M} f(x_n)\mathrm{e}^{-\mathrm{i}mx_n}, \tag{4.5.45}$$

此即式 (4.5.41). 其次, 对 $0 \leqslant m \leqslant M$, 有

$$\begin{aligned}
\sum_{j=-k_0}^{k_0+\theta} c_j\mathrm{e}^{\mathrm{i}jx_m} &= \sum_{j=-k_0}^{k_0+\theta}\left(\frac{1}{M+1}\sum_{n=0}^{M} f(x_n)\mathrm{e}^{-\mathrm{i}jx_n}\right)\mathrm{e}^{\mathrm{i}jx_m} \\
&= \frac{1}{M+1}\sum_{s=0}^{M}\sum_{n=0}^{M} f(x_n)\mathrm{e}^{-\mathrm{i}(s-k_0)x_n}\mathrm{e}^{\mathrm{i}(s-k_0)x_m} \quad (j=s-k_0) \\
&= \frac{1}{M+1}\sum_{n=0}^{M} f(x_n)\mathrm{e}^{\mathrm{i}k_0(x_n-x_m)}\sum_{s=0}^{M}\mathrm{e}^{\mathrm{i}s(x_m-x_n)},
\end{aligned}$$

$$= \frac{1}{M+1} \sum_{n=0}^{M} f(x_n) \mathrm{e}^{\mathrm{i}k_0(x_n - x_m)} \sum_{s=0}^{M} \left(\mathrm{e}^{\mathrm{i}2\pi \frac{m-n}{M+1}}\right)^s \tag{4.5.46}$$

$$= \frac{1}{M+1} f(x_m) \sum_{s=0}^{M} 1 = f(x_m), \tag{4.5.47}$$

即式 (4.5.40). 注意式 (4.5.46) 中第二个求和是一个等比级数求和, 只有当 $m = n$ 时, 求和结果为 1, 否则为零, 由此得到了式 (4.5.47). □

例 4.5.5 考虑如下初边值问题

$$\begin{cases} \dfrac{\partial u}{\partial t} = \dfrac{\partial^2 u}{\partial x^2}, \quad x \in (0, l), \quad t > 0, \\ u(0, t) = u(l, t) = 0, \\ u(x, 0) = f(x) \end{cases} \tag{4.5.48}$$

的差分格式

$$\begin{cases} u_j^{n+1} = r u_{j-1}^n + (1 - 2r) u_j^n + r u_{j+1}^n, \quad j = 1, \cdots, M-1, \\ u_0^n = 0, \quad u_M^n = 0, \quad n = 1, \cdots, \\ u_j^0 = f(j\Delta x), \quad j = 0, \cdots, M \end{cases} \tag{4.5.49}$$

的稳定性, 其中 $r = \Delta t / \Delta x^2$.

解 将 $f(x)$ 关于 $x = 0$ 作奇延拓 (也可作偶延拓), 延拓到 $[-l, l]$, 再周期性地延拓到整个实轴上. $u(x)$ 就可看成周期为 $2l$ 的周期函数. 然后由定理 4.5.7 得

$$u^n(x) = \sum_{k=-(M-1)}^{M} c_k^n \mathrm{e}^{\mathrm{i} \frac{k\pi x}{l}}, \tag{4.5.50}$$

其中 $x = j\Delta x$, 在 c_k^n 上的上标 n 表示时间层 n. 假如要求函数 (4.5.50) 在每个结点上满足方程 (4.5.49), 则得

$$\begin{aligned} u_j^{n+1} &= \sum_{k=-(M-1)}^{M} c_k^{n+1} \mathrm{e}^{\mathrm{i} \frac{k\pi x}{l}} \\ &= r u_{j-1}^n + (1 - 2r) u_j^n + r u_{j+1}^n \\ &= r \sum_{k=-(M-1)}^{M} c_k^n \mathrm{e}^{\mathrm{i} \frac{k\pi (x - \Delta x)}{l}} + (1 - 2r) \sum_{k=-(M-1)}^{M} c_k^n \mathrm{e}^{\mathrm{i} \frac{k\pi x}{l}} + r \sum_{k=-(M-1)}^{M} c_k^n \mathrm{e}^{\mathrm{i} \frac{k\pi (x + \Delta x)}{l}} \\ &= \sum_{k=-(M-1)}^{M} c_k^n \left(1 - 4r \sin^2 \frac{k\pi \Delta x}{2l}\right) \mathrm{e}^{\mathrm{i} \frac{k\pi x}{l}}, \end{aligned} \tag{4.5.51}$$

即

$$\sum_{k=-(M-1)}^{M} c_k^{n+1} \mathrm{e}^{\mathrm{i}\frac{k\pi x}{l}} = \sum_{k=-(M-1)}^{M} c_k^n \left(1 - 4r\sin^2\frac{k\pi\Delta x}{2l}\right) \mathrm{e}^{\mathrm{i}\frac{k\pi x}{l}}. \tag{4.5.52}$$

根据 Fourier 系数的唯一性, 或两边乘以 $\mathrm{e}^{\frac{-\mathrm{i}k\pi x}{l}}$ 再对 x 从 $-l$ 到 l 积分, 可得

$$c_k^{n+1} = c_k^n \left(1 - 4r\sin^2\frac{k\pi\Delta x}{2l}\right). \tag{4.5.53}$$

方程 (4.5.53) 表示 c_k^n 作为函数的一个方程. 令

$$G(\sigma, \Delta t) = 1 - 4r\sin^2(\sigma\Delta x), \quad \sigma = \frac{k\pi}{2l}, \tag{4.5.54}$$

显然

$$c_k^{n+1} = c_k^0[G(\sigma, \Delta t)]^{n+1}, \tag{4.5.55}$$

将式 (4.5.55) 代入式 (4.5.50) 中, 得

$$u^n(x) = \sum_{k=-(M-1)}^{M} c_k^0 \left(1 - 4r\sin^2\sigma\Delta x\right)^n \mathrm{e}^{\mathrm{i}\frac{k\pi x}{l}}, \tag{4.5.56}$$

稳定的必要条件是 $|G(\sigma, \Delta t)| \leqslant 1$, 即 $r \leqslant 1/2$. □

实际上对初值问题及具有周期边界条件的初边值问题, 都可以用级数表示式 (4.5.50) 中的一个离散 Fourier 分量对格式进行分析. 这里采用 Fourier 分量的形式进行 Fourier 分析的方法称为**离散 von Neumann 稳定性分析**.

将式 (4.5.50) 求和号中的一个分量写成

$$u_j^n = \hat{u}^n(\xi)\mathrm{e}^{\mathrm{i}j\xi\Delta x}, \tag{4.5.57}$$

其中 $\xi \in [-\pi, \pi]$ 表示任一波数分量, $\hat{u}^n(\xi)$ 表示对应的系数. 以格式

$$u_j^{n+1} = ru_{j-1}^n + (1-2r)u_j^n + ru_{j+1}^n, \quad j = 1, \cdots, M-1 \tag{4.5.58}$$

为例, 将式 (4.5.57) 代入式 (4.5.58) 中, 得

$$\begin{aligned}
u_j^{n+1} &= \hat{u}(\xi)^{n+1}\mathrm{e}^{\mathrm{i}j\xi\Delta x} \\
&= ru_{j-1}^n + (1-2r)u_j^n + ru_{j+1}^n \\
&= r\hat{u}^n(\xi)\mathrm{e}^{\mathrm{i}(j-1)\xi\Delta x} + (1-2r)\hat{u}^n(\xi)\mathrm{e}^{\mathrm{i}j\xi\Delta x} + r\hat{u}^n(\xi)\mathrm{e}^{\mathrm{i}(j+1)\xi\Delta x} \\
&= \hat{u}^n(\xi)\mathrm{e}^{\mathrm{i}j\xi\Delta x}(r\mathrm{e}^{-\mathrm{i}\xi\Delta x} + (1-2r) + r\mathrm{e}^{\mathrm{i}\xi\Delta x}),
\end{aligned}$$

由此得

$$\hat{u}^{n+1}(\xi) = \hat{u}^n(\xi)G(\xi, \Delta t),$$

其中

$$
\begin{aligned}
G(\xi,\Delta t) &= r\mathrm{e}^{-\mathrm{i}\xi\Delta x} + (1-2r) + r\mathrm{e}^{\mathrm{i}\xi\Delta x} \\
&= 1 - 2r(1-\cos\xi\Delta x) \\
&= 1 - 4r\sin^2\frac{\xi\Delta x}{2}.
\end{aligned}
$$

由 $|G(\xi,\Delta t)| \leqslant 1$ 解得稳定性条件为 $r \leqslant 1/2$. 该条件为充分条件. 与前面的例 4.5.1 中的结果一样. 注意若用式 (4.5.6) 中的分量 $u_j^n = \hat{u}^n(\xi)\mathrm{e}^{\mathrm{i}j\xi}$ 代入式 (4.5.58) 中计算, 也得到类似的结果, 结论不变, 只不过前一种形式更常用一些.

4.5.3 von Neumann 条件的充分性

对两层时间差分格式, von Neumann 条件 $|G| \leqslant 1$ 是差分格式稳定的充分必要条件. 在用 Fourier 级数法分析三层或多层问题的差分格式时, 增长因子变成增长矩阵, 根据前面的稳定性分析及

$$
[\rho(G)]^n = \rho(G^n) \leqslant ||G^n|| \leqslant K, \tag{4.5.59}
$$

其中, $\rho(G)$ 为 G 的谱半径, 再注意到式 (4.5.59) 与

$$
\rho(G) \leqslant 1 + C\Delta t \tag{4.5.60}
$$

的等价性, 知 von Neumann 必要条件是式 (4.5.60). 在某些情况下, von Neumann 必要条件可成为充分条件, 下面加以讨论.

定理 4.5.8 如果对 $0 < \Delta t < \Delta t_0$ 及所有波数 σ, $G(\sigma,\Delta t)$ 有界, 且 G 的所有 M 个特征值都位于单位圆内部 (可以有一个除外), 即

$$
\begin{aligned}
&|\lambda_1| \leqslant 1 + C\Delta t, \\
&|\lambda_i| \leqslant \delta < 1, \quad i = 2,\cdots,M,
\end{aligned}
$$

则 von Neumann 条件是关于矩阵 2-范数稳定的充分条件.

证明 为简单起见, 考虑三层格式, 这时增长因子 $G(\sigma,\Delta t)$ 为二阶矩阵. 由 Schur 定理, 对矩阵 G, 存在酉矩阵 U, 使得 (其中 H 表示复共轭转置)

$$
B = U^{\mathrm{H}}GU \tag{4.5.61}
$$

为上三角阵, 即

$$
B = \begin{pmatrix} \lambda_1 & b_{12} \\ 0 & \lambda_2 \end{pmatrix},
$$

所以

$$
B^n = \begin{pmatrix} \lambda_1^n & b_{12}^{(n)} \\ 0 & \lambda_2^n \end{pmatrix},
$$

其中 $b_{12}^{(n)} = b_{12}\sum_{j=0}^{n-1}\lambda_1^{n-1-j}\lambda_2^j$. 又 $G = UBU^{\mathrm{H}}$, 故 $G^n = UB^nU^{\mathrm{H}}$. 对酉矩阵 U, 有 $||U||_2 = ||U^{\mathrm{H}}||_2 = 1$, 所以只需证明 $B^n(\sigma, \Delta t)$ 对 $0 < \Delta t < \Delta t_0$ 和一切 σ 一致有界即可.

当 von Neumann 条件成立时, 存在常数 C_1, 使 $|\lambda_1|^n \leqslant C_1$, 所以

$$\left|b_{12}^{(n)}\right| \leqslant |b_{12}|C_1\sum_{j=0}^{\infty}|\lambda_2|^j, \tag{4.5.62}$$

由式 (4.5.61) 知 $|b_{12}|$ 有界, 又

$$\sum_{j=0}^{\infty}|\lambda_2|^j \leqslant \sum_{j=1}^{\infty}\delta^j,$$

这样 $\sum\limits_{j=1}^{\infty}\delta^j$ 是公比小于 1 的几何级数, 该级数收敛. 因此, $|b_{12}^{(n)}|$ 一致有界. 又 $|\lambda_1|^n$ 与 $|\lambda_2|^n$ 一致有界, 故 $B^n(\sigma, \Delta t)$ 对 $0 < \Delta t < \Delta t_0$ 和任意 σ 一致有界, 也即 $||G^n(\sigma, \Delta t)||_2 < \infty$ 成立. 由稳定性命题 4.3.1 知, 格式稳定. □

由定理 4.5.8 易知, 如果 $\rho(G) \leqslant 1$, 则必要条件也成为充分条件. 下面为简单起见, 将 $G(\sigma, \Delta t)$ 简记为 $G(\sigma)$.

引理 4.5.9　*设 $G(\sigma)$ 连续, $G(\sigma_0)$ 有 n 个不同的特征值, 则存在 $\varepsilon > 0$, 使得当 $\sigma \in (\sigma_0 - \varepsilon, \sigma_0 + \varepsilon)$ 时, 有*

$$D(\sigma) = S(\sigma)^{-1}G(\sigma)S(\sigma), \tag{4.5.63}$$

其中 $D(\sigma)$ 是对角阵, $S(\sigma)$ 是非奇异矩阵.

证明　设 $G(\sigma)$ 对应的特征多项式为 $f(\lambda, \sigma) = |\lambda I - G(\sigma)|$. 因 $G(\sigma)$ 关于 σ 连续, 显然 $f(\lambda, \sigma)$ 关于 σ 也连续. 注意 $f(\lambda, \sigma)$ 是一个 n 次多项式, 可以写成

$$f(\lambda, \sigma) = a_n\lambda^n + a_{n-1}\lambda^{n-1} + \cdots + a_1\lambda + a_0. \tag{4.5.64}$$

构造函数 F_i $(i = 1, \cdots, n)$:

$$F_i(a_n, a_{n-1}, \cdots, a_0, \lambda_i) = a_n\lambda_i^n + \cdots + a_1\lambda_i + a_0, \quad i = 1, 2, \cdots, n. \tag{4.5.65}$$

由于

$$\det\frac{\partial(F_1, \cdots, F_n)}{\partial(\lambda_1, \cdots, \lambda_n)} = f'(\lambda_1)f'(\lambda_2)\cdots f'(\lambda_n) \neq 0, \tag{4.5.66}$$

再根据隐函数存在定理, 由

$$\begin{cases} F_1(a_n, a_{n-1}, \cdots, a_0, \lambda_1) = 0, \\ F_2(a_n, a_{n-1}, \cdots, a_0, \lambda_2) = 0, \\ \qquad\cdots\cdots \\ F_n(a_n, a_{n-1}, \cdots, a_0, \lambda_n) = 0 \end{cases} \tag{4.5.67}$$

可解得

$$\lambda_1 = \lambda_1(a_n, \cdots, a_0), \quad \lambda_2 = \lambda_2(a_n, \cdots, a_0), \cdots, \quad \lambda_n = \lambda_n(a_n, \cdots, a_0), \tag{4.5.68}$$

且 $\lambda_1, \lambda_2, \cdots, \lambda_n$ 是系数 $a_n, a_{n-1}, \cdots, a_0$ 的连续函数.

当 $G(\sigma)$ 在 $(\sigma_0-\varepsilon, \sigma_0+\varepsilon)$ 上连续时, 系数 $a_n, a_{n-1}, \cdots, a_0$ 也是 σ 的连续函数, 由上结果可知, 当 $G(\sigma_0)$ 有 n 个不同特征值时, 只要 ε 充分小, $G(\sigma)$ 在 $(\sigma_0-\varepsilon, \sigma_0+\varepsilon)$ 上一定也有 n 个不同的值. 从而一定存在非奇异矩阵 $S(\sigma)$, 使式 (4.5.63) 成立. □

引理 4.5.10 设 G 连续, $G^{(\mu)}(\sigma_0) = \gamma_\mu I, \mu = 0, \cdots, k-1$, $G^{(k)}(\sigma_0)$ 有 n 个不同的特征值, 则存在 $\varepsilon > 0$, 使得当 $\sigma \in (\sigma_0-\varepsilon, \sigma_0+\varepsilon)$ 时, 均有

$$D(\sigma) = S(\sigma)^{-1} G(\sigma) S(\sigma), \tag{4.5.69}$$

其中 $D(\sigma)$ 是对角矩阵, $S(\sigma)$ 是一个正规矩阵, $G^{(\mu)}(\sigma)$ 表示 $G(\sigma)$ 关于 σ 的 μ 阶导数矩阵.

证明 将 $G(\sigma)$ 在 σ_0 处作 Taylor 展开, 得

$$G(\sigma) = I\sum_{\mu=0}^{k-1} \frac{1}{\mu!}\gamma_\mu(\sigma-\sigma_0)^\mu + \frac{1}{k!}(\sigma-\sigma_0)^k G^{(k)}(\sigma_\xi), \quad \sigma_\xi \in (\sigma_0-\varepsilon, \sigma_0-\varepsilon). \tag{4.5.70}$$

由于 G 连续, $G^{(k)}(\sigma_0)$ 有 n 个不同特征值, 由引理 4.5.9 知结论成立. □

定理 4.5.11 设 $G(\sigma)$ 是 n 阶增长矩阵, 若对任意波数 σ, 满足条件

(1) $G^{(\mu)}(\sigma) = \gamma_\mu I, \mu = 0, \cdots, s-1$;

(2) $G^{(s)}(\sigma)$ 有 n 个不同的特征值,

则 von Neumann 条件是充分条件, 其中 $G^{(\mu)}(\sigma)$ 表示 $G(\sigma)$ 关于 σ 的 μ 阶导数矩阵.

证明 $G(\sigma_0)$ 满足引理 4.5.10 的条件, 故对所有 $\sigma \in (\sigma_0-\varepsilon, \sigma_0+\varepsilon)$, 有

$$D(\sigma) = S(\sigma)^{-1} G(\sigma) S(\sigma),$$

于是

$$G(\sigma)^n = S(\sigma) D(\sigma)^n S(\sigma)^{-1},$$

其中对角矩阵 $D(\sigma)$ 由 $G(\sigma)$ 的特征值构成. 令

$$\tilde{K} = \max_{\sigma \in [\sigma_0 - \sigma, \sigma_0 + \sigma]} ||S(\sigma)||_2 \, ||S(\sigma)^{-1}||_2,$$

再根据 von Neumann 条件有

$$||G^n(\sigma)||_2 \leqslant \tilde{K}||D(\sigma)||_2^n = \tilde{K}||\rho(D(\sigma))||_2^n = \tilde{K}||\rho(G)||_2^n \leqslant \tilde{K}\mathrm{e}^{CT} = K < \infty,$$

即稳定. □

推论 4.5.12　*若 $G(\sigma, \Delta t)$ 有互不相同的特征值, 则 von Neumann 条件是关于矩阵 2-范数稳定的充分条件.*

证明　因为 G 有互不相同的特征值, 根据定理 4.5.11, 可得结论. □

下面考虑一个三层差分格式的稳定性条件.

例 4.5.6　考虑一维热传导方程

$$\frac{\partial u}{\partial t} = a\frac{\partial^2 u}{\partial x^2}$$

的五点差分格式

$$\frac{3}{2}\frac{u_j^{n+1} - u_j^n}{\Delta t} - \frac{1}{2}\frac{u_j^n - u_j^{n-1}}{\Delta t} = a\frac{u_{j+1}^{n+1} - 2u_j^{n+1} + u_{j-1}^{n+1}}{\Delta x^2}$$

的稳定性.

解　该格式是一个三层差分格式. 令 $u_j^{n-1} = v_j^n$, 可将其化为

$$\begin{cases} 3(u_j^{n+1} - u_j^n) - (u_j^n - v_j^n) = 2r(u_{j+1}^{n+1} - 2u_j^{n+1} + u_{j-1}^{n+1}), \\ u_j^{n-1} = v_j^n, \end{cases}$$

其中 $r = \dfrac{a\Delta t}{\Delta x^2}$. 从而可写成

$$\begin{pmatrix} 2r & 0 \\ 0 & 0 \end{pmatrix}\begin{pmatrix} u_{j-1}^{n+1} \\ v_{j-1}^{n+1} \end{pmatrix} + \begin{pmatrix} -4r-3 & 0 \\ 0 & 1 \end{pmatrix}\begin{pmatrix} u_j^{n+1} \\ v_j^{n+1} \end{pmatrix} + \begin{pmatrix} 2r & 0 \\ 0 & 0 \end{pmatrix}\begin{pmatrix} u_{j+1}^{n+1} \\ v_{j+1}^{n+1} \end{pmatrix}$$
$$= \begin{pmatrix} -4 & 1 \\ 1 & 0 \end{pmatrix}\begin{pmatrix} u_j^n \\ v_j^n \end{pmatrix}.$$

设 $\boldsymbol{w}_j^n = (u_j^n, v_j^n)^{\mathrm{T}}$, 则上式可写成

$$\begin{pmatrix} 2r & 0 \\ 0 & 0 \end{pmatrix}\boldsymbol{w}_{j-1}^{n+1} + \begin{pmatrix} -4r-3 & 0 \\ 0 & 1 \end{pmatrix}\boldsymbol{w}_j^{n+1} + \begin{pmatrix} 2r & 0 \\ 0 & 0 \end{pmatrix}\boldsymbol{w}_{j+1}^{n+1} = \begin{pmatrix} -4 & 1 \\ 1 & 0 \end{pmatrix}\boldsymbol{w}_j^n,$$

令 $\boldsymbol{w}_j^n = \hat{\boldsymbol{w}}(\xi)\mathrm{e}^{\mathrm{i}j\xi\Delta x}$ 代入上式, 则得

$$\begin{pmatrix} -3-8r\sin^2\sigma & 0 \\ 0 & 1 \end{pmatrix} \hat{\boldsymbol{w}}^{n+1}(\xi) = \begin{pmatrix} -4 & 1 \\ 1 & 0 \end{pmatrix} \hat{\boldsymbol{w}}^n(\xi),$$

其中 $\sigma = \dfrac{\xi\Delta x}{2}$. 于是

$$\hat{\boldsymbol{w}}^{n+1}(\xi) = \begin{pmatrix} \dfrac{4}{3+8r\sin^2\sigma} & -\dfrac{1}{3+8r\sin^2\sigma} \\ 1 & 0 \end{pmatrix} \hat{\boldsymbol{w}}^n(\xi),$$

因此, 增长矩阵为

$$G = \begin{pmatrix} \dfrac{4}{3+8r\sin^2\sigma} & -\dfrac{1}{3+8r\sin^2\sigma} \\ 1 & 0 \end{pmatrix},$$

G 的特征值 λ 应满足方程

$$\lambda^2 - b\lambda - c = 0, \quad b = \frac{4}{3+8r\sin^2\sigma}, \quad c = -\frac{1}{3+8r\sin^2\sigma},$$

欲使两根按模不大于 1 且其中一根严格小于 1, 应满足

$$|b| \leqslant 1-c, \quad |c| < 1.$$

易验证上述不等式对任意 $r > 0$ 均成立. 因此格式绝对稳定. □

4.6 von Neumann 多项式分析

设 D 为开的单位圆盘, S 为单位圆. 本节考虑的多项式的系数可以是实数或复数. 先给出多项式的一些分类和性质[64], 然后介绍应用这些结果进行稳定性的分析方法.

定义 4.6.1 所有零点都在 D 中的多项式称为Schur 多项式.

定义 4.6.2 所有零点或者在 D 中或者在 S 上的多项式称为von Neumann 多项式.

定义 4.6.3 在 D 中和在 S 上有不同零点的 von Neumann 多项式称为简单 (simple)von Neumann 多项式.

定义 4.6.4 零点都在 S 上的多项式称为守恒 (conservative) 多项式.

考虑 n 次多项式

$$f(z) = a_0 + a_1 z + \cdots + a_n z^n, \tag{4.6.1}$$

其中 $a_n \neq 0, a_0 \neq 0$ (即在原点无零点). 定义与之相关的另一多项式

$$f^*(z) = \bar{a}_n + \bar{a}_{n-1}z + \cdots + \bar{a}_0 z^n. \tag{4.6.2}$$

容易验证

$$f^*(z) = z^n \bar{f}\left(\frac{1}{z}\right), \quad f^{**}(z) = f(z), \quad (f(z)g(z))^* = f^*(z)g^*(z), \tag{4.6.3}$$

其中 $\bar{f}$ 指对 f 的系数取复共轭. 系数 $a_0 \neq 0, a_n \neq 0$ 显然等价于

$$f(0) \neq 0, \quad f^*(0) \neq 0. \tag{4.6.4}$$

假定 $z = \mathrm{e}^{\mathrm{i}\theta}$, 则 $f^*(\mathrm{e}^{\mathrm{i}\theta}) = \mathrm{e}^{\mathrm{i}n\theta}\bar{f}(\mathrm{e}^{-\mathrm{i}\theta}) = \mathrm{e}^{\mathrm{i}n\theta}\overline{f(\mathrm{e}^{\mathrm{i}\theta})}$, 因此

$$|f^*(z)| = |f(z)|, \quad \forall z \in S. \tag{4.6.5}$$

定义 4.6.5 若一个 n 次多项式的零点在 D 中有 p_1 个, 在 S 上有 p_2 个, 在 S 外有 p_3 个, 其中 $p_1 + p_2 + p_3 = n$, 重数累计, 则称该多项式是 (p_1, p_2, p_3) 型多项式.

说明 4.6.1 f 是 (p_1, p_2, p_3) 型的当且仅当 f^* 是 (p_3, p_2, p_1) 型的.

定义 4.6.6 如果 f 和 f^* 有相同的零点集, 则称 f 是自逆多项式.

说明 4.6.2 (1) 一个 n 次自逆多项式 f 是 $(p, n-2p, p)$ 型的 $(p \geqslant 0)$;

(2) 守恒多项式是其自逆多项式的一个真子集.

显然, f 是自逆的当且仅当其零点关于 S 对称.

定理 4.6.1 (1) f 是自逆的当且仅当 $f^*(0)f(z) \equiv f(0)f^*(z)$.

(2) 若 f 是自逆的, 则 $|f^*(z)| = |f(z)|, \forall z \in \mathbb{C}$.

证明 假定 f 是自逆的. 因为 f 和 f^* 有相同的零点集合, 所以恒有

$$f^*(z) = cf(z), \tag{4.6.6}$$

其中 c 为某常数. 令 $z = \mathrm{e}^{\mathrm{i}\theta}$, 由式 (4.6.5) 得 $|c| = 1$, 因此 (2) 成立.

因为 $f(0) \neq 0$, 在式 (4.6.6) 中令 $z = 0$, 得

$$c = \frac{f^*(0)}{f(0)}. \tag{4.6.7}$$

由式 (4.6.6) 和式 (4.6.7) 得到

$$f^*(0)f(z) = f(0)f^*(z), \tag{4.6.8}$$

即得 (1). (1) 中的充分性显然成立. □

下面考虑表达式 $f^*(0)f(z) - f(0)f^*(z)$, 这是一个在原点有零点的多项式, 而且 z^n 系数为 $|f^*(0)|^2 - |f(0)|^2$.

定义 4.6.7 若 f 是一个 n 次多项式, f 的简约 (reduced) 多项式 f_r 定义为

$$f_r(z)=\frac{f^*(0)f(z)-f(0)f^*(z)}{z}. \tag{4.6.9}$$

由定义 4.6.7 易知, f_r 至多是一个 $n-1$ 次多项式, 且当且仅当 $|f^*(0)|-|f(0)|\neq 0$ 时, f_r 的次数为 $n-1$.

定理 4.6.2 f 是自逆的当且仅当 $f_r(z)=0$.

证明 定理 4.6.2 是定理 4.6.1 中的第一个结果. □

由上面的讨论可知, 对一个给定的多项式 f, 涉及的表达式有 $f(0)$, $f^*(0)$, f_r 和 f'. 自逆多项式的简约多项式是平凡的. 一般地, 对任一多项式 $f(z)$, 如果不是自逆的, 就可以写成一个最大的自逆因子 ψ 和一个完全非自逆的因子 g 乘积, 即

$$f(z)=\psi(z)g(z). \tag{4.6.10}$$

定理 4.6.3 假定 f 可写成一个自逆因子 ψ 和一个非自逆因子 g 的乘积, 则

$$f_r(z)=\psi^*(0)\psi(z)g_r(z), \quad \forall z\in\mathbb{C} \tag{4.6.11}$$

证明 由于 $f(z)=\psi(z)g(z)$ 及 $\psi(z)$ 是自逆多项式, 由定理 4.6.1(1) 可知

$$\psi^*(0)\psi(z)\equiv\psi(0)\psi^*(z), \tag{4.6.12}$$

从而

$$\begin{aligned} f_r(z)&=\frac{f^*(0)f(z)-f(0)f^*(z)}{z}=\frac{\psi^*(0)g^*(0)\psi(z)g(z)-\psi(0)g(0)\psi^*(z)g^*(z)}{z}\\ &=\psi^*(0)\psi(z)\frac{g^*(0)g(z)-g(0)g^*(z)}{z}=\psi^*(0)\psi(z)g_r(z). \end{aligned} \tag{4.6.13}$$

□

定理 4.6.4 设 f 是一个 n 次自逆多项式, 则

$$(f'(z))^*=\frac{f^*(0)}{f(0)}(nf(z)-zf'(z)). \tag{4.6.14}$$

证明 因为 f 自逆, 所以

$$f^*(0)f(z)=f(0)f^*(z), \tag{4.6.15}$$

从而

$$f^*(0)f'(z)=f(0)(f^*(z))', \tag{4.6.16}$$

又因为

$$z \cdot (f^*(z))' = z \cdot \left(z^n \bar{f} \left(\frac{1}{z} \right) \right)' = n f^*(z) - (f'(z))^*, \tag{4.6.17}$$

所以

$$\begin{aligned}(f'(z))^* &= n f^*(z) - z \cdot (f^*(z))' = n \frac{f^*(0) f(z)}{f(0)} - z \cdot \frac{f^*(0) f'(z)}{f(0)} \\ &= \frac{f^*(0)}{f(0)} (n f(z) - z f'(z)).\end{aligned} \tag{4.6.18}$$

□

定理 4.6.5 设 f 是一个 n 次自逆多项式, 定义 F 为

$$F(z) := f(z) + \xi z f'(z), \quad 0 < \xi < 1, \tag{4.6.19}$$

则

(1) $F^*(z) = \dfrac{f^*(0)}{f(0)} \big[f(z) + \xi (n f(z) - z f'(z)) \big]$;

(2) $|F^*(0)| - |F(0)| > 0$;

(3) F 不是自逆的;

(4) f' 和 F_r 有相同的零点集.

证明 由式 (4.6.3) 及定理 4.6.4 知, 结论 (1) 成立. 由式 (4.6.19) 和结论 (1), 可知

$$F(0) = f(0), \quad F^*(0) = (1 + \xi n) f^*(0), \quad 0 < \xi < 1. \tag{4.6.20}$$

因为 f 是自逆的, 所以 $|f^*(0)| = |f(0)|$, 从而

$$|F^*(0)| - |F(0)| = \xi n |f^*(0)| > 0, \tag{4.6.21}$$

即结论 (2) 成立. 又由结论 (2) 成立, 可推出结论 (3) 成立. 最后, 由结论 (1) 及式 (4.6.20), 有

$$F_r(z) = \frac{F^*(0) F(z) - F(0) F^*(z)}{z} = \xi (2 + n\xi) f^*(0) f'(z), \tag{4.6.22}$$

因此 F_r 和 f' 有相同的零点集. □

关于 F 的零点数, 有下面的定理 4.6.7, 其中证明要用到 Rouché 定理, 下面先直接给出 Rouché 定理, 证明可参考文献 [3].

定理 4.6.6 (Rouché定理) 假设函数 $f(z)$ 和 $g(z)$ 都在闭周线 C 的内部解析，又在 C 上连续且满足条件

$$|f(z)| > |g(z)|, \tag{4.6.23}$$

则函数 $f(z)$ 与 $f(z)+g(z)$ 在 C 内的零点的个数相等.

定理 4.6.7 假定 f 是自逆的且在单位圆 S 上有 k 个不同的零点, 则 f 是 $(p, n-2p, p)$ 型的当且仅当对充分小的 ξ, F 是 $(p+k, n-2p-k, p)$ 型的.

证明 因为多项式的零点是其系数的连续函数, 又 F 是 f 的一个扰动, 所以, 对充分小的 ξ, 多项式 f 在 D 中的零点数与 F 在 D 中的零点数相等 (其中重数重复计算). 在单位圆 S 之外, 也是如此. 下面考虑在单位圆 S 上的情况.

假定 α 是 f 在 S 上 μ 重零点, 则

$$f(z) = (z-\alpha)^{\mu} h(z), \tag{4.6.24}$$

其中

$$h(\alpha) \neq 0, \quad \mu \geqslant 1, \quad |\alpha| = 1, \tag{4.6.25}$$

因此, 对充分小的 ξ, F 在 α 的某固定邻域内有 μ 个零点. 现在确定这些零点. 由式 (4.6.19) 和式 (4.6.24) 可得

$$F(z) = (z-\alpha)^{\mu-1}[h_1(z) + h_2(z)], \tag{4.6.26}$$

其中

$$h_1(z) = [(1+\xi\mu)z - \alpha]h(z), \quad h_2(z) = \xi z(z-\alpha)h'(z). \tag{4.6.27}$$

因此, 零点中的 $\mu-1$ 个实际在 α 处. 余下要确定：当 $\xi \to 0$ 时, $h_1(z)+h_2(z)$ 的零点收敛于 α. 首先注意到 $h_1(z)$ 在

$$z_0 = \frac{\alpha}{1+\xi\mu}$$

处有零点, 且 $z_0 \to \alpha$(当 $\xi \to 0$ 时), 以及 $z_0 \in D(\forall \xi > 0)$. 因为 $h(\alpha) \neq 0$, 所以存在 α 的一个开邻域 N 使得对所有 $z \in \bar{N}$, 有 $h(z) \neq 0$ 及 $\dfrac{h'(z)}{h(z)}$ 一致有界. 假定选择充分小的 ξ 使得 $z_0 \in N$, 再以 z_0 为圆心, $\varepsilon\xi$ 为半径作一个圆 S_0(其中 ε 是一个小量保证 $S_0 \subset N$ 和 $S_0 \subset D$). 容易看到 $|h_2(z)/h_1(z)| \leqslant K\xi, \forall z \in S_0$, 这里 K 是与 ξ 无关的正常数. 因此, 当 $\xi \to 0$ 时, 有 $|h_1(z)| > |h_2(z)|$.

应用 Rouché 定理 4.6.6知道, h_1 和 h_1+h_2 在 S_0 内部有相同的零点数 (即刚好 1 个). 因此, 确定了当 $\xi \to 0$ 时, h_1+h_2 的零点收敛到 α, 又 $\alpha \in D(\forall \xi > 0)$. 对 f 在单位圆 S 上的每个零点都应用相同的论证, 即得到定理的结果. □

定理 4.6.8　假定 f 是一个 n 次多项式且 $|f^*(0)| \neq |f(0)|$, 则 f 是 (p_1, p_2, p_3) 型当且仅当: 当 $|f^*(0)| > |f(0)|$ 时, f_r 是 $(p_1 - 1, p_2, p_3)$ 型; 当 $|f^*(0)| < |f(0)|$ 时, f_r 是 $(p_3 - 1, p_2, p_1)$ 型.

证明　因为 $|f^*(0)| \neq |f(0)|$, 所以 f 不自逆. 令 $f = \psi g$, 这里 ψ 是最大自逆因子. 由关系式

$$|f^*(z)| - |f(z)| = |\psi(z)|(|g^*(z)| - |g(z)|), \quad \forall z \in \mathbb{C} \tag{4.6.28}$$

知道

$$|f^*(0)| > |f(0)| \Leftrightarrow |g^*(0)| > |g(0)|, \tag{4.6.29}$$

$$|f^*(0)| < |f(0)| \Leftrightarrow |g^*(0)| < |g(0)|. \tag{4.6.30}$$

假定 $|f^*(0)| > |f(0)|$, 则由式 (4.6.5), 有

$$|g^*(0)g(z)| > |g(0)g^*(z)|, \quad \forall z \in S, \tag{4.6.31}$$

从而

$$g_r(z) \neq 0, \quad \forall z \in S. \tag{4.6.32}$$

因此 g 和 g_r 在 S 上没有零点.

由 Rouché 定理 4.6.6 知道, $g^*(0)g(z)$ 和 $g^*(0)g(z) - g(0)g^*(z)$ 在 D 中有相同的零点数, 因此在 D 中, g 比

$$g_r(z) = \frac{g^*(0)g(z) - g(0)g^*(z)}{z} \tag{4.6.33}$$

的零点数多一个. 根据定理 4.6.3, g_r 的次数比 g 少 1, 所以 g_r 和 g 在 S 外必须有相同的零点. 再根据定理 4.6.3, ψ 是 f 和 f_r 的一个公共因子, 因此 f 是 (p_1, p_2, p_3) 型的当且仅当 f_r 是 $(p_1 - 1, p_2, p_3)$ 型的. 另一方面, 若 $|f^*(0)| < |f(0)|$, 类似可证, 在 D 中的零点数, f_r 比 f^* 少一个. 由说明 4.6.1 可知, 定理得证. □

定理 4.6.9　假定 f 是一个次数为 n 且在单位圆上有 k 个不同零点的自逆多项式, 则 f 是 $(p, n-2p, p)$ 当且仅当 f' 是 $(p+k-1, n-2p-k, p)$ 型的.

证明　由说明 4.6.2 可知, f 是 $(p, n-2p, p)$ 型的, 由定理 4.6.7 可知, 这等价于 F 是 $(p+k, n-2p-k, p)$ 型的, 及由定理 4.6.5(2) 知, $|F^*(0)| > |F(0)|$. 应用定理 4.6.8 和定理 4.6.5(4), 可知本定理结论成立. □

定理 4.6.10　f 是一个 von Neumann 多项式当且仅当

(1) $|f^*(0)| > |f(0)|$ 及 f_r 是一个 von Neumann 多项式;

或者

(2) $f_r \equiv 0$ 及 f' 是一个 von Neumann 多项式.

证明 $\Rightarrow$ 假定 f 是一个 von Neumann 多项式, 则 f 是 $(p,n-p,0)$ 型多项式, 且零点乘积的绝对值不超过 1, 因此

$$\left|\frac{f(0)}{f^*(0)}\right| = \left|\frac{a_0}{\bar{a}_n}\right| \leqslant 1, \tag{4.6.34}$$

从而 $|f^*(0)| > |f(0)|$ 或者 $|f^*(0)| = |f(0)|$.

若 $|f^*(0)| > |f(0)|$, 由定理 4.6.8 知, f_r 是 $(p-1,n-p,0)$ 型的 von Neumann 多项式. 若 $|f^*(0)| = |f(0)|$, 则 f 零点的乘积的绝对值为 1, 但 f 在 S 外无零点, 因此在 D 中也无零点. 故 f 是 $(0,n,0)$ 型, 从而是自逆的. 由定理 4.6.2 知 $f_r \equiv 0$, 且由定理 4.6.9 知, f' 是 von Neumann 多项式.

$\Leftarrow$ 假设 $|f^*(0)| > |f(0)|$ 及 f_r 是 von Neumann 多项式, 从而 f_r 是 $(p-1,n-p,0)$ 型. 由定理 4.6.8 知, f 为 von Neumann 多项式.

假设 $f_r \equiv 0$, f' 是 von Neumann 多项式, 则 f 自逆且为 $(p,n-2p,p)$ 型, 再由定理 4.6.9 知, f' 是 $(p+k-1,n-2p-k,p)$ 型, 当 f' 是 von Neumann 多项式, 从而 $p=0$, 因此 f 是 $(0,n,0)$ 型. □

定理 4.6.11 *f 是一个 Schur 多项式当且仅当 $|f^*(0)| > |f(0)|$ 及 f_r 是一个 Schur 多项式.*

证明 假设 f 是一个 Schur 多项式, 是 $(n,0,0)$ 型, 由定理 4.6.10 的证明可知, $|f^*(0)| > |f(0)|$. 再由定理 4.6.8 知, 这等价于 f_r 是 $(n-1,0,0)$ 型. □

下面两个定理是定理 4.6.10 的特殊情况.

定理 4.6.12 *f 是一个简单 von Neumann 多项式当且仅当 $|f^*(0)| > |f(0)|$ 及 f_r 是一个简单 von Neumann 多项式, 或者 $f_r \equiv 0$ 及 f' 是一个 Schur 多项式.*

证明 $\Rightarrow$ 假设 f 是简单 von Neumann 多项式, 则 f 是 $(n-k,k,0)$ 型, 这里 k 是 S 上不同的零点数. 因此, 或者 $|f^*(0)| > |f(0)|$ 和 f_r 是 $(n-k-1,k,0)$ 型, 其中由定理 4.6.3 知, f_r 在 S 上的零点与 f 在 S 上的零点相同; 或者 $|f^*(0)| = |f(0)|$, $f_r \equiv 0$, 以及 f' 为 $(n-1,0,0)$ 型.

$\Leftarrow$ 假设 $|f^*(0)| > |f(0)|$ 及 f_r 是 $(n-k-1,k,0)$ 型, 则 f 是 $(n-k,k,0)$ 型, 且在 S 上与 f_r 有相同的零点. 若 $f_r \equiv 0$ 及 f' 是 Schur 多项式, 则 f' 和 f 分别是 $(n-1,0,0)$ 型和 $(0,n,0)$ 型多项式. □

定理 4.6.13 *f 是一个守恒多项式当且仅当 $f_r \equiv 0$ 及 f' 是一个 von Neumann 多项式.*

定理 4.6.14 *f 是一个简单守恒多项式 (即所有零点不相同) 当且仅当 $f_r \equiv 0$ 及 f' 是 Schur 多项式.*

证明 由定理 4.6.9 知, f 是 $(0,n,0)$ 型当且仅当 $f_r \equiv 0$ 及 f' 是 $(k-1,n-k,0)$ 型. □

例 4.6.1 分析求解双曲型方程

$$\frac{\partial u}{\partial t}=a\frac{\partial u}{\partial x} \tag{4.6.35}$$

的蛙跳格式

$$\frac{u_j^{n+1}-u_j^{n-1}}{2\Delta t}=a\frac{u_{j+1}^n-u_{j-1}^n}{2\Delta x} \tag{4.6.36}$$

的稳定性.

解 该格式是一个时空都是二阶精度的格式, 可写成

$$u_j^{n+1}-ar(u_{j+1}^n-u_{j-1}^n)-u_j^{n-1}=0, \tag{4.6.37}$$

其中 $r=\frac{\Delta t}{\Delta x}$. 令 $u_j^n=v^n\mathrm{e}^{\mathrm{i}\sigma jh}$(其中 $|\sigma|\leqslant\pi$) 代入得

$$v^{n+1}-2ar(\sin\sigma h)\mathrm{i}v^n+v^{n-1}=0,$$

对应的特征多项式为

$$f(z)=z^2-\mathrm{i}\alpha z-1,$$

其中 $\alpha=2ar\sin\sigma h$. 由于

$$f^*(z)=1+\mathrm{i}\alpha z-z^2,$$

所以 $f_r\equiv 0$. 又由于

$$f'(z)=-\mathrm{i}\alpha+2z,$$

故当且仅当 $|\alpha|/2\leqslant 1$ 也即 $|a|r\leqslant 1$ 时, $f'(z)$ 是一个 von Neumann 多项式. 由定理 4.6.10 可知, 当且仅当 $|a|r\leqslant 1$ 时, f 是 von Neumann 多项式. 注意到当且仅当 $|a|r<1$ 时 f' 是 Schur 多项式, 因此由定理 4.6.14 可知当且仅当 $|a|r<1$ 时, f 是简单守恒多项式.

另一方面, 当 $|a|r=1$ 时即 $\sigma=\pm\frac{\pi}{2h}$ 时, $f'(z)$ 是守恒的, 因此由定理 4.6.13 可知, f 是守恒的, 但 f 不是简单多项式.

综上所述, 当且仅当 $|a|r<1$ 时, 格式稳定. □

例 4.6.2 分析热传导方程

$$\frac{\partial u}{\partial t}-a\frac{\partial^2 u}{\partial x^2}=0,\quad a>0$$

的差分格式

$$\frac{3}{2}\frac{u_j^{n+1}-u_j^n}{\Delta t}-\frac{1}{2}\frac{u_j^n-u_j^{n-1}}{\Delta t}=a\frac{u_{j+1}^{n+1}-2u_j^{n+1}+u_{j-1}^{n+1}}{\Delta x^2}$$

的稳定性, 其中 $a>0$ 为常数.

解 该差分格式写成

$$(3+4ar)u_j^{n+1}-4u_j^n+u_j^{n-1}=2ar(u_{j+1}^{n+1}+u_{j-1}^{n+1}),$$

其中 $r=\Delta t/\Delta x^2$. 将 $u_j^n=v^n\mathrm{e}^{\mathrm{i}\sigma jh}$ 代入上式, 得

$$(3+4ar)v^{n+1}-4v^n+v^{n-1}=(4ar\cos\sigma h)v^{n+1},$$

即

$$\left(3+8ar\sin^2\frac{\sigma h}{2}\right)v^{n+1}-4v^n+v^{n-1}=0,$$

其相应的特征多项式为

$$f(z)=\alpha z^2-4z+1,\quad \alpha=3+8ar\sin^2\frac{\sigma h}{2},$$

又

$$f^*(z)=z^2-4z+\alpha,$$

于是 $|f^*(0)|=\alpha$, $|f(0)|=1$, 因此 $|f^*(0)|>|f(0)|$. 从而

$$f_r(z)=\frac{f^*(0)f(z)-f(0)f^*(z)}{z}=(1-\alpha)[4-(1+\alpha)z].$$

显然, $f_r(z)$ 不恒为零, 且当且仅当 $\alpha\geqslant 3$ 时, $f_r(z)$ 为 von Neumann 多项式. 由于 α 的取值范围为 $3\leqslant\alpha\leqslant 3+8ar$, 所以 f_r 恒为 von Neumann 多项式. 根据定理 4.6.10 中的结论 (1) 知 $f(z)$ 为 von Neumann 多项式. 因此, 格式无条件稳定. □

例 4.6.3 分析 Richardson 格式

$$\frac{u_j^{n+1}-u_j^{n-1}}{2\Delta t}=a\frac{u_{j+1}^n-2u_j^n+u_{j-1}^n}{\Delta x^2}$$

的稳定性.

解 Richardson 格式可以改写成

$$u_j^{n+1}-2ar(u_{j+1}^n+u_{j-1}^n)+4aru_j^n-u_j^{n-1}=0,$$

其中 $r=\dfrac{\Delta t}{\Delta x^2}$, 将 $u_j^n=v^n\mathrm{e}^{\mathrm{i}\sigma jh}$ 代入上式, 得

$$v^{n+1}+\alpha v^n-v^{n-1}=0,$$

其中 $\alpha=8ar\sin^2\dfrac{\sigma h}{2}$, 对应的特征多项式为

$$f(z)=z^2+\alpha z-1,$$

从而

$$f^*(z) = -z^2 + \alpha z + 1$$

及

$$f_r(z) = \frac{f^*(0)f(z) - f(0)f^*(z)}{z} = 2\alpha.$$

因为 $|f^*(0)| = 1 = |f(0)|$, 但条件 $f_r(z) = 2\alpha = 0$ 并不恒成立, 由定理 4.6.10 知, f 不是一个 von Neumann 多项式, 从而 Richardson 格式不稳定. □

例 4.6.4　分析 Du Fort-Frankel 格式

$$\frac{u_j^{n+1} - u_j^{n-1}}{2\Delta t} = a\frac{u_{j+1}^n - u_j^{n+1} - u_j^{n-1} + u_{j-1}^n}{\Delta x^2}$$

的稳定性. 其中当 $\Delta x, \Delta t \to 0$ 时, $\dfrac{\Delta t}{\Delta x} \to 0$, 局部截断误差为 $O(\Delta t^2) + O(\Delta x^2) + O\left(\left(\dfrac{\Delta t}{\Delta x}\right)^2\right)$, 其中 $r = \dfrac{\Delta t}{\Delta x^2}$.

解　Du Fort-Frankel 格式可以改写成

$$(1 + 2ar)u_j^{n+1} - 2ar(u_{j+1}^n + u_{j-1}^n) + (2ar - 1)u_j^{n-1} = 0,$$

将 $u_j^n = v^n \mathrm{e}^{\mathrm{i}\sigma jh}$ 代入上式化简, 得

$$(1 + \alpha)v^{n+1} - (2\alpha\cos\sigma h)v^n + (\alpha - 1)v^{n-1} = 0,$$

其中 $\alpha = 2ar$, 所以特征多项式为

$$f(z) = (\alpha + 1)z^2 - 2\alpha\cos\sigma h z + (\alpha - 1).$$

因此

$$f(0) = \alpha - 1, \quad f^*(0) = \alpha + 1,$$

从而

$$|f^*(0)| > |f(0)|,$$

而且

$$f_r(z) = 4\alpha(z - \cos\sigma h)$$

是一个 von Neumann 多项式, 由定理 4.6.10 中的结论 (1) 知 Du Fort-Frankel 格式无条件稳定. □

4.7 Hurwitz 判别法

Fourier 级数法和矩阵稳定性分析法最后都要求一个多项式的根 λ 在单位圆内或圆上, 这也可用 Hurwitz 方法来判断, 该方法首先要作变换 $\lambda = \dfrac{1+z}{1-z}$, 该变换把 λ 平面上的单位圆的内部变成 z 平面上的左半平面, 单位圆的边界变换成虚轴 $\mathrm{Re}z = 0$, $\lambda = 1$ 的点变换成 $z = 0$ 的点, $\lambda = -1$ 的点变换成 $z = -\infty$ 的点, 这样, $|\lambda| \leqslant 1$ 的问题就变成了关于 z 的多项式的根的实部是负的问题. 这可用下面的 Hurwitz 定理 (1895)[3] 来判断.

定理 4.7.1 设 $f(z) = a_0 z^k + a_1 z^{k-1} + \cdots + a_k (a_0 > 0)$ 是实系数多项式, 以及 k 阶行列式

$$D = \begin{vmatrix} a_1 & a_3 & a_5 & \cdots & a_{2k-1} \\ a_0 & a_2 & a_4 & \cdots & a_{2k-2} \\ 0 & a_1 & a_3 & \cdots & a_{2k-3} \\ 0 & a_0 & a_2 & \cdots & a_{2k-4} \\ \vdots & \vdots & \vdots & & \vdots \\ 0 & 0 & 0 & \cdots & a_k \end{vmatrix}, \tag{4.7.1}$$

则多项式 $f(z)$ 所有根的实部为负的充分必要条件是行列式 D 的各阶顺序主子式均为正 (Rush-Hurwitz 准则) .

证明 用数学归纳法来证明. 当 $n = 1$ 时, $D_1 = a_1$. 由 $a_1 > 0$ 及 $a_0 > 0$, 知多项式 $f(z) = a_0 z + a_1$ 的根为负.

现在假设定理对于 $n-1$ 次多项式成立 (次数小于 $n-1$ 次的多项式也成立), 要证明定理对于 n 次多项式也成立. 为此, 令

$$f(z) = p(z) + q(z), \tag{4.7.2}$$

其中

$$p(z) = a_0 z^n + a_2 z^{n-2} + a_4 z^{n-4} + \cdots, \tag{4.7.3}$$

$$q(z) = a_1 z^{n-1} + a_3 z^{n-3} + a_5 z^{n-5} + \cdots. \tag{4.7.4}$$

考虑 $n-1$ 次 (或小于 $n-1$ 次) 多项式

$$\begin{aligned} \varphi(z) &= a_1 p(z) + (a_1 - a_0 z) q(z) \\ &= a_1^2 z^{n-1} + (a_1 a_2 - a_0 a_3) z^{n-2} + a_1 a_3 z^{n-3} + (a_1 a_4 - a_0 a_5) z^{n-4} + \cdots. \end{aligned} \tag{4.7.5}$$

下面证明: (1) 与多项式 $\varphi(z)$ 对应的行列式 $\tilde{D}_k$ 可由 $f(z)$ 的行列式表示

$$\tilde{D}_k = a_1^{k-1} D_{k+1}, \quad k = 1, 2, \cdots, n-1. \tag{4.7.6}$$

事实上, 由于

$$a_0 a_1 \tilde{D}_k = a_0 a_1 \begin{vmatrix} a_1 a_2 - a_0 a_3 & a_1 a_4 - a_0 a_5 & a_1 a_6 - a_0 a_7 & \cdots \\ a_1^2 & a_1 a_3 & a_1 a_5 & \cdots \\ 0 & a_1 a_2 - a_0 a_3 & a_1 a_4 - a_0 a_5 & \cdots \\ 0 & a_1^2 & a_1 a_3 & \cdots \\ \vdots & \vdots & \vdots & \\ 0 & 0 & 0 & \cdots \end{vmatrix} \tag{4.7.7}$$

$$= \begin{vmatrix} a_0 a_1 & a_0 a_3 & a_0 a_5 & a_0 a_7 & \cdots \\ 0 & a_1 a_2 - a_0 a_3 & a_1 a_4 - a_0 a_5 & a_1 a_6 - a_0 a_7 & \cdots \\ 0 & a_1^2 & a_1 a_3 & a_1 a_5 & \cdots \\ 0 & 0 & a_1 a_2 - a_0 a_3 & a_1 a_4 - a_0 a_5 & \cdots \\ 0 & 0 & a_1^2 & a_1 a_3 & \cdots \\ \vdots & \vdots & \vdots & \vdots & \\ 0 & 0 & 0 & 0 & \cdots \end{vmatrix} \tag{4.7.8}$$

$$= \begin{vmatrix} a_0 a_1 & a_0 a_3 & a_0 a_5 & a_0 a_7 & \cdots \\ a_1 a_0 & a_1 a_2 & a_1 a_4 & a_1 a_6 & \cdots \\ 0 & a_1^2 & a_1 a_3 & a_1 a_5 & \cdots \\ 0 & a_1 a_0 & a_1 a_2 & a_1 a_4 & \cdots \\ 0 & 0 & a_1^2 & a_1 a_3 & \cdots \\ \vdots & \vdots & \vdots & \vdots & \\ 0 & 0 & 0 & 0 & \cdots \end{vmatrix} = a_0 a_1^k D_{k+1}, \tag{4.7.9}$$

所以式 (4.7.6) 成立.

(2) 当且仅当 $a_1 > 0$ 和 $\varphi(z)$ 的根在左半复平面内, $f(z)$ 的根在左半复平面内. 下面证明这个事实.

首先假设 $f(z)$ 的 n 个根 $z_1, z_2, \cdots, z_n$ 均在左半复平面内, 于是

$$f(z) = a_0 z^n + a_1 z^{n-1} + \cdots + a_n = a_0 \prod_{k=1}^{n} (z - z_k). \tag{4.7.10}$$

构造多项式

$$g(z)=a_0\prod_{k=1}^{n}(z-(-z_k))=a_0z^n-a_1z^{n-1}+\cdots+(-1)^na_n, \tag{4.7.11}$$

显然 $g(z)$ 的根 $-z_1,-z_2,\cdots,-z_n$ 均在右半复平面内. 而且, 显然

$$f(z)+g(z)=2p(z),\quad f(z)-g(z)=2q(z). \tag{4.7.12}$$

因为 $\prod_{k=1}^{n}(z-(-z_k))=\prod_{k=1}^{n}(z-(-\bar{z}_k))$, 又

$$|z-z_k|\geqslant|z+\bar{z}_k|,\qquad \mathrm{Re}z\geqslant 0, \tag{4.7.13}$$

$$|z-z_k|\leqslant|z+\bar{z}_k|,\qquad \mathrm{Re}z\leqslant 0, \tag{4.7.14}$$

所以

$$|f(z)|\geqslant|g(z)|,\qquad \mathrm{Re}z\geqslant 0, \tag{4.7.15}$$

$$|f(z)|\leqslant|g(z)|,\qquad \mathrm{Re}z\leqslant 0. \tag{4.7.16}$$

从而多项式 $q(z)$ 的根只能是纯虚数. 下面用反证法证明这些根都是单根. 假设在某一点 $\mathrm{i}y_0$ 处不是单根, 则有

$$f(\mathrm{i}y_0)=g(\mathrm{i}y_0),\quad f'(\mathrm{i}y_0)=g'(\mathrm{i}y_0), \tag{4.7.17}$$

从而 (假定 $f(\mathrm{i}y_0)\neq 0$, $g(\mathrm{i}y_0)\neq 0$)

$$\frac{f'(\mathrm{i}y_0)}{f(\mathrm{i}y_0)}=\frac{g'(\mathrm{i}y_0)}{g(\mathrm{i}y_0)}, \tag{4.7.18}$$

或

$$[\ln f(\mathrm{i}y_0)]'=[\ln g(\mathrm{i}y_0)]', \tag{4.7.19}$$

再由式 (4.7.10) 和式 (4.7.11), 可得

$$\sum_{k=1}^{n}\frac{1}{\mathrm{i}y_0-z_k}=\sum_{k=1}^{n}\frac{1}{\mathrm{i}y_0+z_k}, \tag{4.7.20}$$

由于 $\mathrm{Re}\dfrac{1}{\mathrm{i}y_0-z_k}>0$, 而 $\mathrm{Re}\dfrac{1}{\mathrm{i}y_0+z_k}<0$, 故式 (4.7.20) 不成立, 因此 q 的根只能是纯虚数的单根.

多项式 $q(z)$ 的次幂等于 $n-1$. 再根据多项式的性质, 由式 (4.7.11) 可知

$$\frac{a_1}{a_0}=-\sum_{k=1}^{n}z_k>0, \tag{4.7.21}$$

从而当 $a_1 \neq 0$ 时, 多项式 $p(z)$ 的次幂等于 n. 注意到有展开式

$$\frac{p(z)}{q(z)} = \frac{a_0}{a_1}z + \sum_{k=1}^{n-1} \frac{\lambda_k}{z - \mathrm{i}\beta_k}, \tag{4.7.22}$$

其中 $\beta_k, k = 1, \cdots, n-1$ 是 $q(z)$ 的 $n-1$ 个纯虚根, 或

$$q(z) = a_1(z - \mathrm{i}\beta_1)(z - \mathrm{i}\beta_2)\cdots(z - \mathrm{i}\beta_{n-1}). \tag{4.7.23}$$

事实上

$$\frac{p(z)}{q(z)} = \frac{a_0}{a_1}z + \frac{r(z)}{q(z)}, \tag{4.7.24}$$

其中 $r(z)$ 是最高次数为 $n-2$ 次的多项式

$$r(z) = p(z) - \frac{a_0}{a_1}zq(z), \tag{4.7.25}$$

再注意到 $r(z)$ 可用在 $\mathrm{i}\beta_k, k = 1, \cdots, n-1$ 处的 Lagrange 插值多项式唯一表示及式 (4.7.23), 即得到式 (4.7.22), 且 λ_k 为

$$\lambda_k = \frac{r(\mathrm{i}\beta_k)}{a_1 \displaystyle\sum_{i=1, i\neq k}^{n-1} (\mathrm{i}\beta_k - \mathrm{i}\beta_i)}. \tag{4.7.26}$$

由于

$$\frac{p(z)}{q(z)} = \frac{f(z) + g(z)}{f(z) - g(z)} = \frac{1 + \dfrac{g(z)}{f(z)}}{1 - \dfrac{g(z)}{f(z)}}, \tag{4.7.27}$$

以及函数 $\eta = \dfrac{1+\xi}{1-\xi}$ 将圆 $|\xi| < 1$ 映射到右半复平面, 所以根据不等式 (4.7.15) 和不等式 (4.7.16) 知, 有

$$\mathrm{Re}\frac{p(z)}{q(z)} \geqslant 0, \quad \mathrm{Re}z \geqslant 0, \tag{4.7.28}$$

$$\mathrm{Re}\frac{p(z)}{q(z)} \leqslant 0, \quad \mathrm{Re}z \leqslant 0, \tag{4.7.29}$$

由此断定, 在式 (4.7.22) 中, 所有 $\mathrm{Re}\lambda_k > 0$. 事实上, 因为

$$\mathrm{Re}\frac{1}{z - \mathrm{i}\beta_k} \geqslant 0, \quad \mathrm{Re}z \geqslant 0, \tag{4.7.30}$$

$$\mathrm{Re}\frac{1}{z - \mathrm{i}\beta_k} \leqslant 0, \quad \mathrm{Re}z \leqslant 0, \tag{4.7.31}$$

所以在 $z=\mathrm{i}\beta_k$ 的邻域内 $\mathrm{Re}\dfrac{p(z)}{q(z)}$ 的符号由 $\mathrm{Re}\dfrac{\lambda_k}{z-\mathrm{i}\beta_k}$ 的符号决定. 利用式 (4.7.22) 求得

$$\begin{aligned}\varphi(z)&=a_1p(z)+(a_1-a_0z)q(z)\\&=a_1q(z)\left(1+\sum_{k=1}^{n-1}\frac{\lambda_k}{z-\mathrm{i}\beta_k}\right):=a_1q(z)\psi(z).\end{aligned}\tag{4.7.32}$$

由于 $\psi(z)$ 的实部当 $\mathrm{Re}z$ 为正时为正, q 只在点 $\mathrm{i}\beta_k$ 处为 0, 而 $\varphi(\mathrm{i}\beta_k)\neq 0$. 由此可知, 当 $\mathrm{Re}z\geqslant 0$ 时, $\varphi(z)$ 不可能有根, 因此 $\varphi(z)$ 的全部根都在左半复平面内.

其次, 假设 $\varphi(z)$ 的所有根都在左半复平面内, 并且 $a_1>0$. 类似于 f 的多项式 p 和 q, 也有 $\varphi(z)$ 的多项式 p_1 和 q_1:

$$\varphi(z)=p_1(z)+q_1(z),\tag{4.7.33}$$

其中

$$p_1(z)=a_1q(z),\quad q_1(z)=a_1p(z)-a_0zq(z),\tag{4.7.34}$$

从而有

$$\frac{p(z)}{q(z)}=\frac{q_1(z)}{p_1(z)}+\frac{a_0}{a_1}z,\tag{4.7.35}$$

对 $\varphi(z)$ 重复与前面 $f(z)$ 的讨论, 类似得到

$$\mathrm{Re}\frac{p_1(z)}{q_1(z)}\geqslant 0,\quad \mathrm{Re}z\geqslant 0,\tag{4.7.36}$$

$$\mathrm{Re}\frac{p_1(z)}{q_1(z)}\leqslant 0,\quad \mathrm{Re}z\leqslant 0.\tag{4.7.37}$$

由于 $\dfrac{a_0}{a_1}>0$, 以及 $\mathrm{Re}\dfrac{q_1(z)}{p_1(z)}$ 的符号与 $\mathrm{Re}\dfrac{p_1}{q_1}$ 的符号相同, 所以由式 (4.7.35) 得出

$$\mathrm{Re}\frac{p}{q}\geqslant 0,\quad \mathrm{Re}z\geqslant 0,\tag{4.7.38}$$

$$\mathrm{Re}\frac{p}{q}\leqslant 0,\quad \mathrm{Re}z\leqslant 0.\tag{4.7.39}$$

前面并由此证明了

$$|f(z)|\geqslant|g(z)|,\quad \mathrm{Re}z\geqslant 0,\tag{4.7.40}$$

$$|f(z)|\leqslant|g(z)|,\quad \mathrm{Re}z\leqslant 0.\tag{4.7.41}$$

因此, 当 $\mathrm{Re}z > 0$ 时, 有 $|f(z)| > |g(z)|$. 于是, $f(z)$ 在右半平面没有根. 但 $f(z)$ 在虚轴上也不可能有根, 因为在虚轴上 $|f(z)| = |g(z)|$, 并且 $f(z)$ 的每一个纯虚根就是 $p(z)$ 和 $q(z)$ 的根, 故也是 $\varphi(z)$ 的根, 这与假设矛盾. 因此 $f(z)$ 的全部根都在左半复平面. 综上两点, 得到当 n 次多项式时定理成立, 从而得证. □

注意, 在行列式 (4.7.1) 中, 对角线上各元素为多项式中从第二项开始的各项系数. 每行以对角线上各元素为准, 写对角线右方各元素时, 系数 a 的指标递增; 写对角线左方各元素时, 系数 a 的指标递减. 当写到在多项式中不存在系数时, 则以零来代替.

可以证明, 该条件也隐含 $a_j > 0, j = 0, 1, 2, \cdots, k$, 但系数为正是必要而非充分条件. 由 Rush-Hurwitz 条件可知, 当 $k = 2$ 时, 多项式 $a_0z^2 + a_1z + a_2 = 0$ 的根的实部为负的条件是

$$D_1 = a_1 > 0, \quad D_2 = \begin{vmatrix} a_1 & a_3 \\ a_0 & a_2 \end{vmatrix} > 0, \tag{4.7.42}$$

即 $a_0 > 0, a_1 > 0, a_2 > 0$. 类似可得, 当 $k = 3$ 时, 多项式 $a_0z^3 + a_1z^2 + a_2z + a_3 = 0$ 的根的实部为负的条件是 $a_0 > 0,\ a_1 > 0, a_2 > 0,\ a_3 > 0,\ a_1a_2 - a_3a_0 > 0$. 注意 n 阶顺序主子式 D_n 的元素 a_k 当 $k > n$ 时令 $a_k = 0$.

例 4.7.1 考虑使多项式

$$f(r) = r^2 + \alpha r + \beta$$

的根在单位圆内时 α, β 的范围.

解 将变换

$$r = \frac{1+z}{1-z}$$

代入, 可得

$$(1-z)^2 f\left(\frac{1+z}{1-z}\right) = (1+z)^2 + \alpha(1-z^2) + \beta(1-z)^2 = a_0z^2 + a_1z + a_2,$$

其中

$$a_0 = 1 - \alpha + \beta, \quad a_1 = 2(1-\beta), \quad a_2 = 1 + \alpha + \beta,$$

因此原多项式的根在单位圆内的充分必要条件是点 (α, β) 位于三条直线

$$\beta = 1, \quad \beta = \alpha - 1, \quad \beta = -\alpha - 1$$

所确定的三角形内, 如图 4.7.1 所示. □

例 4.7.2 分析三步 Admas-Moulton 方法

$$y_{n+3}-y_{n+2}=\frac{h}{24}(9f_{n+3}+19f_{n+2}-5f_{n+1}+f_n)$$

的绝对稳定区间.

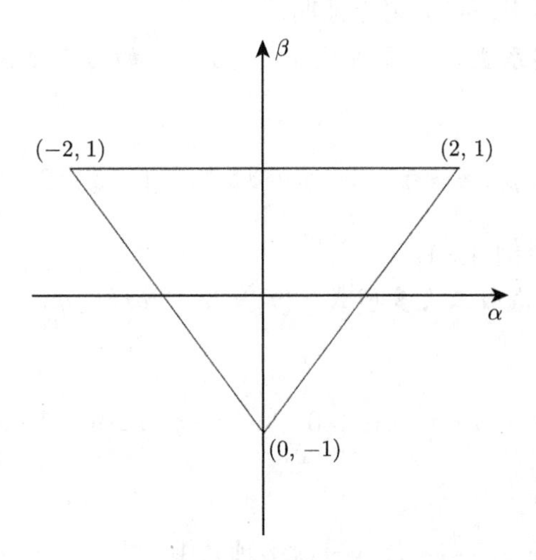

图 4.7.1 (α,β) 的取值范围为三角形的内部

解 易知, 该方法用于模型方程 $y'=\lambda y$ 后的稳定多项式为

$$S(r,h\lambda)=(1-9t)r^3-(1+19t)r^2+5tr-t,$$

其中

$$t=\frac{h\lambda}{24}.$$

作变换 $r=\dfrac{1+z}{1-z}$, 得

$$(1-z)^3S\left(\frac{1+z}{1-z},h\lambda\right)=a_0z^3+a_1z^2+a_2z+a_3,$$

其中

$$a_0=2+16t,\quad a_1=4-16t,$$
$$a_2=2-48t,\quad a_3=-24t.$$

由 Rush-Hurwitz 条件, 首先要求 $a_j>0(j=0,1,2,3)$, 从而有 $t\in\left(-\dfrac{1}{8},0\right)$; 其次要求 $a_1a_2-a_0a_3>0$, 即

$$144t^2-22t+1>0,$$

显然, 该式对任意 t 都成立. 因此绝对稳定区间是 $t \in \left(-\frac{1}{8}, 0\right)$, 即 $h\lambda \in (-3, 0)$. □

另外, 我们会常用到实系数方程的根小于 1 的判断定理, 下面给出两个定理, 这两个定理均可以用 Hurwitz 定理证明.

定理 4.7.2　实系数二次多项式 $x^2 + px + q$ 的两个根按模小于 1 的充要条件是

$$1 + p + q > 0, \quad 1 - p + q > 0, \quad 1 - q > 0. \tag{4.7.43}$$

证明　证明参见例 4.7.1. □.

定理 4.7.3　实系数三次多项式 $S(x) = x^3 + px^2 + qx + r$ 的三个根按模小于 1 的充要条件是

$$1+r>0, \quad 1-r>0, \quad 1+p+q+r>0, \quad 1-p+q-r>0, \quad 1-q+pr-r^2>0. \tag{4.7.44}$$

证明　将变换 $x = \frac{1+z}{1-z}$ 代入三次多项式中, 得

$$\begin{aligned}(1-z)^3 S\left(\frac{1+z}{1-z}\right) = &(1-p+q-r)z^3 + (3-p-q+3r)z^2 \\ &+(3+p-q-3r)z + 1 + p + q + r,\end{aligned} \tag{4.7.45}$$

由 Rush-Hurwitz 条件, 首先要求 $a_j > 0 (j = 0, 1, 2, 3)$, 即

$$1 - p + q - r > 0, \tag{4.7.46}$$

$$3 - p - q + 3r > 0, \tag{4.7.47}$$

$$3 + p - q - 3r > 0, \tag{4.7.48}$$

$$1 + p + q + r > 0. \tag{4.7.49}$$

将式 (4.7.46) 与式 (4.7.48) 相加, 式 (4.7.47) 与式 (4.7.49) 相加, 分别给出

$$1 - r > 0, \quad 1 + r > 0. \tag{4.7.50}$$

再由条件 $a_1 a_2 - a_3 a_0 > 0$ 化简, 可得

$$1 - q + pr - r^2 > 0. \tag{4.7.51}$$

综上可知, 定理得证. □

4.8 矩阵法稳定性分析

上面介绍了初边值问题稳定性分析的 Fourier 级数法, 对初边值问题, 还可以用矩阵法来进行分析. 矩阵法分析中经常涉及矩阵的一些知识, 如三对角矩阵的特征值计算等, 相关内容可参考有关文献 [40], [73] 等. 初边值问题的差分格式可以写成下面的形式

$$\boldsymbol{u}^{n+1} = Q\boldsymbol{u}^n. \tag{4.8.1}$$

如果是隐式格式

$$Q_1\boldsymbol{u}^{n+1} = Q_2\boldsymbol{u}^n,$$

则可变成

$$\boldsymbol{u}^{n+1} = Q_1^{-1}Q_2\boldsymbol{u}^n = Q^{-1}\boldsymbol{u}^n,$$

还是式 (4.8.1) 的形式. 根据引理 4.3.1, 稳定性需要寻找满足不等式 (4.3.4) 的 K. 要计算 Q^{n+1} 的模是困难的. 若 $\rho(Q)$ 为矩阵 Q 的谱半径, 因为 $\rho(Q) \leqslant ||Q||$ 恒成立, 于是得到下面的结果.

定理 4.8.1 *差分格式 (4.8.1) 稳定的必要条件是*

$$\rho(Q) \leqslant 1 + C\Delta t, \tag{4.8.2}$$

其中 C 是某一与 Δt 无关的非负常数.

证明 若格式稳定, 则根据引理 4.3.1, 有

$$||Q^{n+1}|| \leqslant K, \tag{4.8.3}$$

其中 K 为某非负常数, 于是

$$[\rho(Q)]^{n+1} = \rho(Q^{n+1}) \leqslant ||Q^{n+1}|| \leqslant K, \tag{4.8.4}$$

下面证明式 (4.8.2) 与式 (4.8.4) 等价.

显然若式 (4.8.2) 成立, 则

$$[\rho(Q)]^{n+1} \leqslant (1 + C\Delta t)^{n+1} \leqslant \mathrm{e}^{C\Delta t(n+1)} = \mathrm{e}^{CT}, \tag{4.8.5}$$

其中 T 为某常数, 取 $K = \mathrm{e}^{CT}$, 即为式 (4.8.4).

若式 (4.8.4) 成立, 特别地, 取 $n = \left[\dfrac{T}{\Delta t}\right]$($[\cdot]$ 表示取整), 则

$$
\begin{aligned}
\rho(Q) \leqslant K^{\frac{1}{n+1}} \leqslant K^{\frac{\Delta t}{T+\Delta t}} &= \mathrm{e}^{\frac{\Delta t}{T+\Delta t}\ln K} \\
&= 1+\Delta t\left(\frac{\ln K}{T+\Delta t}\right)+\frac{\Delta t^2}{2}\left(\frac{\ln K}{T+\Delta t}\right)^2+\frac{\Delta t^3}{3!}\left(\frac{\ln K}{T+\Delta t}\right)^3+\cdots \\
&= 1+\frac{\Delta t\ln K}{T+\Delta t}\left[1+\frac{\Delta t}{2}\frac{\ln K}{T+\Delta t}+\frac{\Delta t^2}{3!}\left(\frac{\ln K}{T+\Delta t}\right)^2+\cdots\right] \\
&\leqslant 1+\frac{\Delta t\ln K}{T+\Delta t}\left[1+\Delta t\frac{\ln K}{T+\Delta t}+\frac{\Delta t^2}{2}\left(\frac{\ln K}{T+\Delta t}\right)^2+\cdots\right] \\
&= 1+\frac{\Delta t\ln K}{T+\Delta t}\mathrm{e}^{\frac{\Delta t\ln K}{T+\Delta t}} \\
&\leqslant 1+\Delta t\frac{\ln K}{T}\mathrm{e}^{\frac{\Delta t_0\ln K}{T}}, \quad \Delta t\leqslant\Delta t_0 \\
&= 1+C\Delta t,
\end{aligned}
$$

其中 $C=\dfrac{\ln K}{T}\mathrm{e}^{\frac{\Delta t_0\ln K}{T}}$. 此即式 (4.8.2). □

实际上, 式 (4.8.2) 是 von Neumann 条件在稳定性的矩阵分析下的表示, 也称为 von Neumann 条件. von Neumann 条件是稳定性的必要条件, 在某些情况下, 可成为差分格式 (4.8.1) 稳定的充分条件. 本节下面定理中的稳定均指差分格式关于矩阵 2-范数的稳定.

定理 4.8.2　*如果 Q 是对称的, 则 von Neumann条件是差分格式稳定的充分条件.*

证明　若 von Neumann 条件成立, 则对于对称矩阵 Q, 有如下事实

$$
\|Q^{n+1}\|_2=\rho(Q^{n+1})=[\rho(Q)]^{n+1}\leqslant(1+C\Delta t)^{n+1}\leqslant\mathrm{e}^{C\Delta t(n+1)}\leqslant\mathrm{e}^{CT},
$$

因此, 取 $K=\mathrm{e}^{CT}$, 则不等式 (4.3.4) 满足. □

定理 4.8.2 中矩阵 Q 的对称性可以放宽到 Q 与一个对称矩阵相似, 即有下面的结论.

定理 4.8.3　*若 Q 与一个对称矩阵以 $\|S\|$ 和 $\|S^{-1}\|$ 一致有界的方式相似 (S 为相似变换), 则 von Neumann 条件是稳定的充分条件.*

证明　假如 Q 与 $\tilde{Q}$ 相似, 则 Q 和 $\tilde{Q}$ 有相同的特征值, 所以有相同的谱半径, 即 $\rho(Q)=\rho(\tilde{Q})$, 又

$$
Q^n=(S\tilde{Q}S^{-1})^n=S\tilde{Q}^nS^{-1},
$$

以及 von Neumann 条件成立, 于是

$$
\|Q^n\|_2\leqslant\|S\|_2\,\|\tilde{Q}^n\|_2\,\|S^{-1}\|_2=\|S\|_2\,\|S^{-1}\|_2\,[\rho(Q)]^n\leqslant\mathrm{e}^{CT}\|S\|_2\,\|S^{-1}\|_2=K,
$$

因此格式稳定. □

推论 4.8.4 若 Q 有互不相同的特征值, 则 von Neumann 条件是稳定的充分条件.

证明 因 Q 有互不相同的特征值, 所以存在非奇异矩阵 S, 使得

$$SQS^{-1} = D,$$

其中 D 是对角矩阵, 对角元素由 Q 的特征值组成. 上式表明 Q 与 D 相似, 根据定理 4.8.3, 知 von Neumann 条件是稳定性的充分条件. □

定理 4.8.5 如果 Q 是正规矩阵, 则 von Neumann条件是稳定的充分条件.

证明 当 Q 是正规矩阵时, Q^n 也为正规矩阵, 而正规矩阵的 $||\cdot||_2$ 模等于谱半径, 故有

$$||Q^n||_2 = \rho(Q^n) = [\rho(Q)]^n \leqslant (1 + C\Delta t)^n \leqslant \mathrm{e}^{Cn\Delta t} \leqslant \mathrm{e}^{CT} = K, \tag{4.8.6}$$

即格式稳定. □

可以验证, 实对称矩阵, 酉矩阵 ($Q^{\mathrm{H}}Q = I$) 和 Hermite 矩阵 ($Q^{\mathrm{H}} = Q$) 都是正规矩阵. 这里 H 表示复共轭转置.

定理 4.8.6 若 $Q^{\mathrm{H}}Q$ 的谱半径满足

$$\rho(Q^{\mathrm{H}}Q) \leqslant 1 + C\Delta t, \tag{4.8.7}$$

则 von Neumann 条件是稳定的充分条件.

证明一 由于 $Q^{\mathrm{H}}Q$ 是正规矩阵, 所以结论可直接由定理 4.8.5 得出.

证明二 注意矩阵 Q 的 2-范数是矩阵 $Q^{\mathrm{H}}Q$ 的谱半径的平方根, 及性质 $\|Q^{\mathrm{H}}\|_2 = \|Q\|_2$, 因为

$$\begin{aligned} ||Q||_2^2 &= \|Q^{\mathrm{H}}Q\|_2 \\ &= \rho(Q^{\mathrm{H}}Q) \leqslant 1 + C\Delta t, \end{aligned} \tag{4.8.8}$$

所以

$$||Q||_2^n \leqslant (1 + C\Delta t)^{\frac{n}{2}} \leqslant \mathrm{e}^{CT/2} = K,$$

因此稳定. □

定理 4.8.7 若 $\rho(Q) < 1$, 则 von Neumann 条件是关于矩阵 2-范数稳定的充分条件.

证明 由于 $\rho(Q) < 1$, 故存在 Q 的某种从属矩阵范数 $||\cdot||_s$, 使得 $||Q||_s < 1$, 从而 $\rho(Q) \leqslant ||Q||_s < 1$, 所以

$$\rho(Q^n) \leqslant ||Q^n||_s \leqslant ||Q||_s^n < 1,$$

即 $||Q^n||_s < 1$, 再利用矩阵范数的等价性, 存在某正常数 K, 有

$$||Q^n||_2 \leqslant K||Q^n||_s < K,$$

因此格式稳定. □

例 4.8.1　分析差分格式

$$\boldsymbol{u}^{n+1} = Q\boldsymbol{u}^n \tag{4.8.9}$$

的稳定性, 其中 $\boldsymbol{u}^n = (u_1^n, u_2^n, \cdots, u_{M-2}^n, u_{M-1}^n)^{\mathrm{T}}$, Q 为 $M-1$ 阶矩阵

$$Q = \begin{pmatrix} 1-2r & r & & & \\ r & 1-2r & r & & \\ & \ddots & \ddots & \ddots & \\ & & r & 1-2r & r \\ & & & r & 1-2r \end{pmatrix}. \tag{4.8.10}$$

解　矩阵 Q 的特征值是

$$\lambda_j = 1 - 2r + 2r\cos\frac{j\pi}{M} = 1 - 4r\sin^2\frac{j\pi}{2M},$$

于是 Q 的谱半径为

$$\rho(Q) = \left|1 - 4r\sin^2\frac{(M-1)\pi}{2M}\right|.$$

由 $\rho(Q) \leqslant 1$ 解得

$$r \leqslant \frac{1}{2}, \tag{4.8.11}$$

又因为 Q 对称, 由定理 4.8.2 知条件 $r \leqslant 1/2$ 是差分格式 (4.8.10) 稳定的充分必要条件. □

例 4.8.2　考虑初边值问题 $(a < 0)$

$$\begin{cases} \dfrac{\partial u}{\partial t} + a\dfrac{\partial u}{\partial x} = 0, \quad x \in (0,1), \quad t > 0, \\ u(1,t) = 0, \quad t > 0, \\ u(x,0) = f(x), \quad x \in [0,1] \end{cases} \tag{4.8.12}$$

的差分格式

$$\begin{cases} u_j^{n+1} = (1+r)u_j^n - ru_{j+1}^n, \quad j = 0, \cdots, M-1, \\ u_M^n = 0, \quad n = 1, 2, \cdots, \\ u_j^0 = f(j\Delta x), \quad j = 0, \cdots, M \end{cases} \tag{4.8.13}$$

的稳定性条件, 其中 $r = a\Delta t/\Delta x$.

解 将该差分格式写成 $\boldsymbol{u}^{n+1} = Q\boldsymbol{u}^n$ 的形式, 其中 $\boldsymbol{u}^n = (u_0^n, u_1^n, \cdots, u_{M-1}^n)^{\mathrm{T}}$,

$$Q = \begin{pmatrix} 1+r & -r & & & \\ & 1+r & -r & & \\ & & \ddots & \ddots & \\ & & & 1+r & -r \\ & & & & 1+r \end{pmatrix}_{M\times M}, \tag{4.8.14}$$

因为 Q 是上三角矩阵, 所有特征值为 $1+r$, 于是 $\rho(Q) = |1+r|$, 根据定理 4.8.2, 条件

$$-2 \leqslant r \leqslant 0 \tag{4.8.15}$$

是差分格式 (4.8.13) 稳定的必要条件, 因为 Q 不对称, 所以不能应用定理 4.8.2 确定式 (4.8.15) 是否是充分条件. 但根据例 4.5.2 的结果知, 作为初值问题的差分格式 (4.8.13) 当且仅当 $-1 \leqslant r < 0$ 是稳定的. 所以条件 (4.8.15) 是不充分的. □

例 4.8.3 讨论差分格式

$$\begin{cases} u_j^{n+1} = (1-2r)u_j^n + r(u_{j+1}^n + u_{j-1}^n), \quad j = 1, \cdots, M-1, \\ u_M^{n+1} = 0, \quad n = 0, 1, 2, \cdots, \\ u_0^{n+1} = (1-2r)u_0^n + 2ru_1^n \end{cases} \tag{4.8.16}$$

的稳定性和收敛性.

解 该差分格式可以写成 $\boldsymbol{u}^{n+1} = Q\boldsymbol{u}^n$ 的形式, 其中 $\boldsymbol{u}^n = (u_0^n, u_1^n, \cdots, u_{M-1}^n)^{\mathrm{T}}$, Q 是 M 阶方阵, 为

$$Q = \begin{pmatrix} 1-2r & 2r & & & \\ r & 1-2r & r & & \\ & \ddots & \ddots & \ddots & \\ & & r & 1-2r & r \\ & & & r & 1-2r \end{pmatrix}$$

$$= \begin{pmatrix} 1 & & & & \\ & 1 & & & \\ & & \ddots & & \\ & & & 1 & \\ & & & & 1 \end{pmatrix} - r\begin{pmatrix} 2 & -2 & & & \\ -1 & 2 & -1 & & \\ & \ddots & \ddots & \ddots & \\ & & -1 & 2 & -1 \\ & & & -1 & 2 \end{pmatrix},$$

Q 的特征值为

$$\lambda_j = 1 - r\left(2 - 2\cos\frac{(2j+1)\pi}{2M}\right) = 1 - 4r\sin^2\frac{(2j+1)\pi}{4M}, \quad j = 0, 1, \cdots, M-1,$$

由定理 4.8.1 得到差分格式稳定的必要条件是 $0 < r \leqslant 1/2$. 再注意

$$S^{-1}QS = \begin{pmatrix} 1-2r & \sqrt{2}r & & & \\ \sqrt{2}r & 1-2r & r & & \\ & \ddots & \ddots & \ddots & \\ & & r & 1-2r & r \\ & & & r & 1-2r \end{pmatrix}_{M\times M},$$

其中 S 是一个对角矩阵, 其对角线元素为 $\sqrt{2}, 1, \cdots, 1$, 故 Q 与一个对称矩阵相似. 因此根据定理 4.8.3, $0 < r \leqslant 1/2$ 是差分格式 (4.8.16) 稳定 (从而收敛) 的充分必要条件. □

由上可知, 在对初边值问题用矩阵稳定性方法时, 要确定矩阵特征值界的情况. Geršchgorin 圆盘定理是确定矩阵特征值界的一个工具.

例 4.8.4 对初边值问题

$$\begin{cases} \dfrac{\partial u}{\partial t} = \nu\dfrac{\partial^2 u}{\partial x^2}, \quad x \in (0,1), \quad t > 0, \\ \dfrac{\partial u}{\partial x}(0,t) = h_1[u(0,t) - g_1], \quad t \geqslant 0, \\ \dfrac{\partial u}{\partial x}(1,t) = -h_2[u(1,t) - g_2], \quad t \geqslant 0, \\ u(x,0) = f(x), \quad x \in [0,1], \end{cases} \tag{4.8.17}$$

用差分格式

$$\begin{cases} \dfrac{u_1^n - u_{-1}^n}{2\Delta x} = h_1(u_0^n - g_1), \\ u_j^{n+1} = ru_{j-1}^n + (1-2r)u_j^n + ru_{j+1}^n, \quad j = 0, \cdots, M, \\ \dfrac{u_{M+1}^n - u_{M-1}^n}{2\Delta x} = -h_2(u_M^n - g_2) \end{cases} \tag{4.8.18}$$

近似, 其中 $h_1 \geqslant 0$, $h_2 \geqslant 0$, g_1, g_2 均为常数, $r = \nu\Delta t/\Delta x^2$. 分析差分格式 (4.8.18) 的稳定性.

解 在差分格式 (4.8.18) 中, Neumann 边界条件具有二阶精度. 由方程 (4.8.18) 分别解得 u_{-1}^n 和 u_{M+1}^n, 然而在方程中分别取 $j = 0$ 和 $j = M$, 消去 u_{-1}^n 和 u_{M+1}^n, 所得的差分格式可以写成

$$\begin{cases} u_0^{n+1} = (1 - 2r - 2r\Delta x h_1)u_0^n + 2ru_1^n + 2r\Delta x g_1 h_1, \\ u_j^{n+1} = ru_{j-1}^n + (1-2r)u_j^n + ru_{j+1}^n, \quad j = 1, \cdots, M-1, \\ u_M^{n+1} = 2ru_{M-1}^n + (1 - 2r - 2r\Delta x h_2)u_M^n + 2r\Delta x g_2 h_2, \end{cases} \tag{4.8.19}$$

写成矩阵形式

$$\boldsymbol{u}^{n+1} = Q\boldsymbol{u}^n + G, \tag{4.8.20}$$

其中 $\boldsymbol{u}^{n+1} = (u_0^{n+1}, u_1^{n+1}, \cdots, u_{M-1}^{n+1}, u_M^{n+1})^{\mathrm{T}}$, Q 和 G 分别为

$$Q = \begin{pmatrix} 1-2r-2r\Delta x h_1 & 2r & & & \\ r & 1-2r & r & & \\ & \ddots & \ddots & \ddots & \\ & & r & 1-2r & r \\ & & & 2r & 1-2r-2r\Delta x h_2 \end{pmatrix}, \tag{4.8.21}$$

$$G = \Big(2r\Delta x g_1 h_1, 0, \cdots, 0, 2r\Delta x g_2 h_2\Big)^{\mathrm{T}}. \tag{4.8.22}$$

下面利用 Geršchgorin 圆盘定理来分析稳定性. 因为 Q 是非对称的, 所以得到的是稳定性的必要条件. 根据 Geršchgorin 圆盘定理, 假如 λ 是 Q 的一个特征值, 则

$$\begin{cases} |\lambda - (1-2r-2r\Delta x h_1)| \leqslant 2r, \\ |\lambda - (1-2r)| \leqslant 2r, \\ |\lambda - (1-2r-2r\Delta x h_2)| \leqslant 2r, \end{cases} \tag{4.8.23}$$

令

$$a = 1-2r-2r\Delta x h_1, \quad b = 1-2r, \quad c = 1-2r-2r\Delta x h_2,$$

则为保证 Q 的所有特征值都满足 $|\lambda| \leqslant 1$, 由不等式 (4.8.23) 可得

$$\begin{cases} -1 \leqslant a - 2r \leqslant \lambda \leqslant 2r + a \leqslant 1, \\ -1 \leqslant b - 2r \leqslant \lambda \leqslant 2r + b \leqslant 1, \\ -1 \leqslant c - 2r \leqslant \lambda \leqslant 2r + c \leqslant 1. \end{cases} \tag{4.8.24}$$

上三式最右端不等式都成立, 由最左端的不等式分别解得

$$r \leqslant \frac{1}{2+\Delta x h_1}, \quad r \leqslant \frac{1}{2}, \quad r \leqslant \frac{1}{2+\Delta x h_2},$$

因此

$$r \leqslant \min\left\{\frac{1}{2+h_1\Delta x}, \frac{1}{2+h_2\Delta x}\right\} \tag{4.8.25}$$

是稳定性的必要条件.□

如果在例 4.8.4 中不考虑边界条件, 则用 von Neumann 方法直接对差分方程分析, 可得稳定性的充要条件为 $r \leqslant 1/2$. 显然, 包括非 Dirichlet 边界条件的影响给出一个更有限制的条件. 因此对所有充分小的 Δx, 当 $0 < \Delta x \leqslant \Delta x_0$ 时, 条件简化为

$$r \leqslant \min\left\{\frac{1}{2+h_1\Delta x_0}, \frac{1}{2+h_2\Delta x_0}\right\}.$$

例 4.8.5 分析初边值问题

$$\begin{cases} \dfrac{\partial u}{\partial t} = a\dfrac{\partial^2 u}{\partial x^2}, \quad x \in (0,1), \quad t > 0, \\ u(x,0) = f(x), \quad x \in [0,1], \\ u(0,t) = \alpha(t), \quad u(1,t) = \beta(t), \end{cases} \tag{4.8.26}$$

的 CN 格式

$$\begin{cases} -\dfrac{r}{2}u_{j-1}^{n+1} + (1+r)u_j^{n+1} - \dfrac{r}{2}u_{j+1}^{n+1} = \dfrac{r}{2}u_{j-1}^n + (1-r)u_j^n + \dfrac{r}{2}u_{j+1}^n, \\ \qquad\qquad\qquad\qquad\qquad\qquad j = 1, \cdots, M-1, \\ u_j^0 = f(j\Delta x), \quad j = 0, \cdots, M, \\ u_0^{n+1} = \alpha^{n+1}, \quad u_M^{n+1} = \beta^{n+1}, \quad n = 0, 1, \cdots \end{cases} \tag{4.8.27}$$

的稳定性, 其中 $r = a\Delta t/\Delta x^2$, $f(0) = \alpha(0)$, $f(1) = \beta(0)$.

解 将 CN 格式写成

$$Q_1\boldsymbol{u}^{n+1} = Q_2\boldsymbol{u}^n + \boldsymbol{F}^n, \tag{4.8.28}$$

其中 $\boldsymbol{u}^n = (u_1^n, \cdots, u_{M-1}^n)^{\mathrm{T}}$, $\boldsymbol{F}^n = \left(\dfrac{r}{2}\alpha^{n+1} + \dfrac{r}{2}u_0^n, 0, \cdots, 0, \dfrac{r}{2}\beta^{n+1} + \dfrac{r}{2}u_M^n\right)^{\mathrm{T}}$,

$$Q_1 = \begin{pmatrix} 1+r & -\frac{r}{2} & & & \\ -\frac{r}{2} & 1+r & -\frac{r}{2} & & \\ & \ddots & \ddots & \ddots & \\ & & -\frac{r}{2} & 1+r & -\frac{r}{2} \\ & & & -\frac{r}{2} & 1+r \end{pmatrix}, \tag{4.8.29}$$

$$Q_2 = \begin{pmatrix} 1-r & \frac{r}{2} & & & \\ \frac{r}{2} & 1-r & \frac{r}{2} & & \\ & \ddots & \ddots & \ddots & \\ & & \frac{r}{2} & 1-r & \frac{r}{2} \\ & & & \frac{r}{2} & 1-r \end{pmatrix}. \tag{4.8.30}$$

方程组 (4.8.28) 可以改写成 (其中 $B = Q_1$)

$$B\boldsymbol{u}^{n+1} = (2I - B)\boldsymbol{u}^n + \boldsymbol{F}^n,$$

于是

$$\boldsymbol{u}^{n+1} = B^{-1}(2I - B)\boldsymbol{u}^n + B^{-1}\boldsymbol{F}^n \triangleq Q\boldsymbol{u}^n + B^{-1}\boldsymbol{F}^n.$$

若 λ 是 B 的特征值, 则 $\mu = \dfrac{2}{\lambda} - 1$ 是 Q 的特征值, 于是要求 Q 的特征值的绝对值小于或等于 1. 由

$$|\mu| = \left|\frac{2}{\lambda} - 1\right| \leqslant 1$$

解得 $\lambda \geqslant 1$.

因为 λ 是 B 的特征值, 根据 Geršchgorin 定理, 有

$$|\lambda - (1 + r)| \leqslant \frac{r}{2}, \tag{4.8.31}$$

或

$$|\lambda - (1 + r)| \leqslant r. \tag{4.8.32}$$

显然, λ 满足式 (4.8.31) 必满足式 (4.8.32). 因此

$$1 \leqslant \lambda < 1 + 2r,$$

从而, $\lambda \geqslant 1$ 恒成立. 也即 Q 特征值的绝对值始终小于或等于 1.

注意 B 是对称矩阵, 又

$$\begin{aligned} Q^{\mathrm{T}} &= [B^{-1}(2I - B)]^{\mathrm{T}} = (2I - B)^{\mathrm{T}}(B^{-1})^{\mathrm{T}} = (2I - B)B^{-1} \\ &= (2B^{-1}B - B)B^{-1} = B^{-1}(2I - B) = Q, \end{aligned}$$

因此 Q 也是对称矩阵. Q 的对称性蕴涵稳定性条件是充分必要的, 因此 CN 格式是无条件稳定的. □

4.9　能量稳定性分析

4.9.1　双曲型问题

考虑双曲型方程的初边值问题

$$\frac{\partial u}{\partial t} + a\frac{\partial u}{\partial x} = 0, \quad \Omega = (0, 1), \tag{4.9.1}$$

$$u(0, t) = 0, \tag{4.9.2}$$

$$u(x, 0) = f(x), \tag{4.9.3}$$

其中 $a>0$ 为常数. 在 $(j+1/2,n+1/2)$ 处对方程建立差分格式

$$\left(\frac{\partial u}{\partial t}\right)_{j+1/2}^{n+1/2}+a\left(\frac{\partial u}{\partial x}\right)_{j+1/2}^{n+1/2}=0, \tag{4.9.4}$$

并用

$$u_{j+1/2}=\frac{1}{2}(u_j+u_{j+1}), \tag{4.9.5}$$

$$u^{n+1/2}=\frac{1}{2}(u^n+u^{n+1}) \tag{4.9.6}$$

分别代入式 (4.9.4) 左端第一项和第二项, 得

$$\frac{1}{2}\frac{\partial(u_j^{n+1/2}+u_{j+1}^{n+1/2})}{\partial t}+a\frac{1}{2}\frac{\partial(u_{j+1/2}^n+u_{j+1/2}^{n+1})}{\partial x}=0, \tag{4.9.7}$$

再用中心差分格式离散, 可得 Wendroff 格式

$$\frac{u_j^{n+1}+u_{j+1}^{n+1}-u_j^n-u_{j+1}^n}{2\Delta t}+a\frac{u_{j+1}^{n+1}+u_{j+1}^n-u_j^{n+1}-u_j^n}{2h}=0,$$
$$j=0,\cdots,M-1;\quad n=0,\cdots,N-1, \tag{4.9.8}$$

$$u_0^n=0,\quad u_j^0=f_j,\quad n=0,\cdots,N;\quad j=1,\cdots,M. \tag{4.9.9}$$

将式 (4.9.8) 改写成

$$u_{j+1}^{n+1}=u_j^n+\frac{1-ar}{1+ar}(u_{j+1}^n-u_j^{n+1}), \tag{4.9.10}$$

其中 $r=\Delta t/h$, Δt 和 h 分别为时间和空间步长.

首先定义离散 l_2-范数

$$||v||_h=\left(h\sum_{j=1}^M v_j^2\right)^{1/2}, \tag{4.9.11}$$

下面将证明

$$||u^n||_h\leqslant C||f||_h,\quad n=0,\cdots,N. \tag{4.9.12}$$

对式 (4.9.4) 两边乘以 $u_{j+1/2}^{n+1/2}$, 可得

$$\frac{1}{2}\frac{\partial\left(u_{j+1/2}^{n+1/2}\right)^2}{\partial t}+\frac{a}{2}\frac{\partial\left(u_{j+1/2}^{n+1/2}\right)^2}{\partial x}=0, \tag{4.9.13}$$

或

$$\frac{\partial\left(u_{j+1/2}^{m+1/2}\right)^2}{\partial t}+a\frac{\partial\left(u_{j+1/2}^{m+1/2}\right)^2}{\partial x}=0,\quad m=0,\cdots,n-1,\tag{4.9.14}$$

再用中心差分格式离散

$$\frac{\left(u_{j+1/2}^{m+1}\right)^2-\left(u_{j+1/2}^{m}\right)^2}{\Delta t}+a\frac{\left(u_{j+1}^{m+1/2}\right)^2-\left(u_{j}^{m+1/2}\right)^2}{\Delta x}=0,\quad m=0,\cdots,n-1,\tag{4.9.15}$$

将式 (4.9.15) 对 $j=0$ 到 $M-1$, 以及对 $m=0$ 到 $n-1$ 求和, 可得

$$h\sum_{j=0}^{M-1}(u_{j+1/2}^n)^2+a\Delta t\sum_{m=0}^{n-1}(u_M^{m+1/2})^2=h\sum_{j=0}^{M-1}(u_{j+1/2}^0)^2+a\Delta t\sum_{m=0}^{n-1}(u_0^{m+1/2})^2.\tag{4.9.16}$$

由于边值为零, 式 (4.9.16) 等号右端第二项为零; 又式 (4.9.16) 等号左端第二项非负; 再利用式 (4.9.5), 得

$$h\sum_{j=0}^{M-1}(u_{j+1}^n+u_j^n)^2\leqslant h\sum_{j=0}^{M-1}(u_{j+1}^0+u_j^0)^2\leqslant 2h\sum_{j=0}^{M-1}\left[(u_{j+1}^0)^2+(u_j^0)^2\right],\tag{4.9.17}$$

从而

$$h\sum_{j=0}^{M-1}(u_j^n+u_{j+1}^n)^2\leqslant 4\|f\|_h^2.\tag{4.9.18}$$

类似地, 对式 (4.9.4) 两边乘以

$$h^3\Delta t\frac{\partial^2 u_{j+1/2}^{n+1/2}}{\partial x\partial t},\tag{4.9.19}$$

得

$$h^3\Delta t\frac{\partial}{\partial x}\left[\left(\frac{\partial u_{j+1/2}^{n+1/2}}{\partial t}\right)^2\right]+h^3\Delta ta\frac{\partial}{\partial t}\left[\left(\frac{\partial u_{j+1/2}^{n+1/2}}{\partial x}\right)^2\right]=0,\tag{4.9.20}$$

用中心差分格式离散, 得

$$h^2\Delta t\left[\left(\frac{\partial u_{j+1}^{m+1/2}}{\partial t}\right)^2-\left(\frac{\partial u_{j}^{m+1/2}}{\partial t}\right)^2\right]+ah^3\left[\left(\frac{\partial u_{j+1/2}^{m+1}}{\partial x}\right)^2-\left(\frac{\partial u_{j+1/2}^{m}}{\partial x}\right)^2\right]=0,$$
$$m=0,1,\cdots,n-1.\tag{4.9.21}$$

式 (4.9.21) 对 $j=0$ 到 $M-1$ 和 $m=0$ 到 $n-1$ 求和, 可得

$$
\begin{aligned}
&h^2\Delta t\sum_{m=0}^{n-1}\left[\left(\frac{\partial u_M^{m+1/2}}{\partial t}\right)^2-\left(\frac{\partial u_0^{m+1/2}}{\partial t}\right)^2\right]\\
&+ah^3\sum_{j=0}^{M-1}\left[\left(\frac{\partial u_{j+1/2}^n}{\partial x}\right)^2-\left(\frac{\partial u_{j+1/2}^0}{\partial x}\right)^2\right]=0,
\end{aligned}
\tag{4.9.22}
$$

由于 $u(0,t)=0$, 所以

$$
\sum_{m=0}^{n-1}\left(\frac{\partial u_0^{m+1/2}}{\partial t}\right)^2=0,
\tag{4.9.23}
$$

对式 (4.9.24) 进一步离散, 可得

$$
h^2\Delta t\sum_{m=0}^{n-1}\left(\frac{u_M^{m+1}-u_M^m}{\Delta t}\right)^2+ah^3\sum_{j=0}^{M-1}\left[\left(\frac{u_{j+1}^n-u_j^n}{h}\right)^2-\left(\frac{u_{j+1}^0-u_j^0}{h}\right)^2\right]=0,
\tag{4.9.24}
$$

即

$$
\frac{h^2}{\Delta t}\sum_{m=0}^{n-1}\left(u_M^{m+1}-u_M^m\right)^2+ah\sum_{j=0}^{M-1}\left[\left(u_{j+1}^n-u_j^n\right)^2-\left(u_{j+1}^0-u_j^0\right)^2\right]=0,
\tag{4.9.25}
$$

由于式 (4.9.25) 第一项恒非负, 所以

$$
h\sum_{j=0}^{M-1}\left(u_{j+1}^n-u_j^n\right)^2\leqslant h\sum_{j=0}^{M-1}\left(u_{j+1}^0-u_j^0\right)^2,
\tag{4.9.26}
$$

从而

$$
h\sum_{j=0}^{M-1}(u_{j+1}^n-u_j^n)^2\leqslant 4||f||_h^2.
\tag{4.9.27}
$$

联立式 (4.9.18) 和式 (4.9.27), 可得式 (4.9.12), 其中 $C=\sqrt{2}$. 该式表明解是稳定的. 又差分格式是二阶精度的, 因此当解 u 充分光滑, 对任意常数 $r=\Delta t/h$, 解是收敛的, 即

$$
||u^n-u(x,t_n)||_h\leqslant c(u)h^2.
\tag{4.9.28}
$$

4.9.2 热传导问题

考虑热传导问题

$$\frac{\partial u}{\partial t}=\frac{\partial^2 u}{\partial x^2}, \tag{4.9.29}$$

$$u(0,t)=u(1,t)=0,\quad t\geqslant 0 \tag{4.9.30}$$

$$u(x,0)=f(x),\quad x\in[0,1]. \tag{4.9.31}$$

对方程 (4.9.29) 两边乘以 u 并关于 x 积分, 得

$$\int_0^1 u\frac{\partial u}{\partial t}\mathrm{d}x=\int_0^1 u\frac{\partial^2 u}{\partial x^2}\mathrm{d}x, \tag{4.9.32}$$

从而

$$\frac{\partial}{\partial t}\int_0^1 u^2\mathrm{d}x=-2\int_0^1\left(\frac{\partial u}{\partial x}\right)^2\mathrm{d}x\leqslant 0. \tag{4.9.33}$$

说明能量 $\int_0^1 u^2\mathrm{d}x$ 关于 t 是不增函数, 于是

$$\int_0^1 u^2(x,t)\mathrm{d}x\leqslant\int_0^1 u^2(x,0)\mathrm{d}x=\int_0^1 f^2(x)\mathrm{d}x, \tag{4.9.34}$$

因此当 $t\to\infty$ 时, $\int_0^1 u^2(x,t)\mathrm{d}x$ 保持有界.

方程 (4.9.29) 的显式格式是

$$u_j^{n+1}=(1-2r)u_j^n+r(u_{j+1}^n+u_{j-1}^n),\quad j=1,2,\cdots,M-1, \tag{4.9.35}$$

其中 $r=\dfrac{\Delta t}{\Delta x^2}$. 由于计算舍入误的影响, 令差分方程的数值近似解为 u_j^n, 相应的差分方程的精确解为 U_j^n, 误差 $z_j^n=u_j^n-U_j^n$, 则可类似地证明误差能量

$$\sum_{j=1}^{M-1}(z_j^n)^2=\sum_{j=1}^{M-1}[u_j^n-U_j^n]^2 \tag{4.9.36}$$

当 $n\to\infty$ 时保持有界.

易知 z_j^n 满足方程

$$z_j^{n+1}=(1-2r)z_j^n+r(z_{j+1}^n+z_{j-1}^n),\quad j=1,2,\cdots,M-1, \tag{4.9.37}$$

也即满足

$$z_j^{n+1}-z_j^n=r(z_{j+1}^n-2z_j^n+z_{j-1}^n),\quad j=1,2,\cdots,M-1, \tag{4.9.38}$$

在边界上满足条件

$$z_0^n = z_M^n = 0. \tag{4.9.39}$$

在式 (4.9.38) 两端同乘以 $(z_j^{n+1} + z_j^n)$, 并对结果从 $j=1$ 到 $M-1$ 求和, 得

$$||\boldsymbol{z}^{n+1}||^2 - ||\boldsymbol{z}^n||^2 = r\sum_{j=1}^{M-1}(z_j^{n+1} + z_j^n)(z_{j+1}^n + z_{j-1}^n - 2z_j^n), \tag{4.9.40}$$

其中 $||\boldsymbol{z}^n||^2 = \sum_{j=1}^{M-1}(z_j^n)^2$. 利用下面的两个恒等式 (读者自证)

$$\sum_{j=1}^{M-1} V_j(z_{j-1} - z_j) = \sum_{j=1}^{M-1} z_j(V_{j+1} - V_j), \quad z_0 = V_M = 0, \tag{4.9.41}$$

以及

$$\sum_{j=1}^{M-1} V_j(z_{j+1} - z_j) = \sum_{j=1}^{M-1} z_{j+1}(V_j - V_{j+1}) - V_1 z_1, \quad z_0 = V_M = 0, \tag{4.9.42}$$

先将式 (4.9.40) 右端改写成

$$r\sum_{j=1}^{M-1} V_j[(z_{j+1}^n - z_j^n) - (z_j^n - z_{j-1}^n)], \tag{4.9.43}$$

其中 $V_j = z_j^{n+1} + z_j^n$. 将式 (4.9.41) 和式 (4.9.42) 代入式 (4.9.43) 中, 并注意到

$$z_0^n = z_0^{n+1} = z_M^n = z_M^{n+1} = 0,$$

化简可得

$$||\boldsymbol{z}^{n+1}||^2 - ||\boldsymbol{z}^n||^2 = -r\sum_{j=0}^{M-1}[(z_{j+1}^n - z_j^n)^2 + (z_{j+1}^{n+1} - z_j^{n+1})(z_{j+1}^n - z_j^n)]. \tag{4.9.44}$$

若定义

$$E_n = ||\boldsymbol{z}^n||^2 - \frac{1}{2}r\sum_{j=0}^{M-1}(z_{j+1}^n - z_j^n)^2, \quad n = 0, 1, 2, \cdots, \tag{4.9.45}$$

则

$$E_n \leqslant ||\boldsymbol{z}^n||^2, \tag{4.9.46}$$

$$E_{n+1} - E_n = ||\boldsymbol{z}^{n+1}||^2 - ||\boldsymbol{z}^n||^2 - \frac{r}{2}\sum_{j=0}^{M-1}[(z_{j+1}^{n+1} - z_j^{n+1})^2 - (z_{j+1}^n - z_j^n)^2]. \tag{4.9.47}$$

将式 (4.9.44) 代入式 (4.9.47) 中, 得

$$E_{n+1}-E_n=-\frac{r}{2}\sum_{j=0}^{M-1}(z_{j+1}^{n+1}-z_j^{n+1}+z_{j+1}^n-z_j^n)^2\leqslant 0. \tag{4.9.48}$$

因此 E_n 是 n 的单调下降函数. 下面证明当 $n\to\infty$ 时, $||\boldsymbol{z}^n||^2$ 有界. 对不等式

$$(z_{j+1}^n-z_j^n)^2\leqslant(z_{j+1}^n-z_j^n)^2+(z_{j+1}^n+z_j^n)^2=2(z_{j+1}^n)^2+2(z_j^n)^2 \tag{4.9.49}$$

从 $j=0$ 到 $M-1$ 求和, 得

$$\sum_{j=0}^{M-1}(z_{j+1}^n-z_j^n)^2\leqslant 2\sum_{j=0}^{M-1}[(z_{j+1}^n)^2+(z_j^n)^2]=4\sum_{j=0}^{M-1}(z_j^n)^2=4||\boldsymbol{z}^n||^2. \tag{4.9.50}$$

由 E_n 的定义, 结合式 (3.9.50), 得到

$$E_n\geqslant(1-2r)||\boldsymbol{z}^n||^2,$$

若 $0<r<\dfrac{1}{2}$, 则

$$||\boldsymbol{z}^n||^2\leqslant\frac{1}{1-2r}E_n.$$

又已证得 E_n 是 n 的单调下降函数, 故

$$E_n\leqslant E_{n-1}\leqslant\cdots\leqslant E_0\leqslant||\boldsymbol{z}^0||^2,$$

所以

$$||\boldsymbol{z}^n||^2\leqslant\frac{1}{1-2r}||\boldsymbol{z}^0||^2,$$

因此若 $0<r<\dfrac{1}{2}$, 则 $||\boldsymbol{z}^n||^2$ 有界, 结果稳定.

由于 $||\boldsymbol{z}||^2$ 称为能量, 由此这种方法称为能量方法, 能量方法原则上可用于变系数非线性方程.

4.9.3 非线性初值问题

考虑如下非线性初值问题 (摆问题)

$$\frac{\mathrm{d}^2x}{\mathrm{d}t^2}+c_1\frac{\mathrm{d}x}{\mathrm{d}t}+c_2\sin x=0, \tag{4.9.51}$$

$$v_0=\left.\frac{\mathrm{d}x}{\mathrm{d}t}\right|_{\frac{\pi}{4}}=0, \tag{4.9.52}$$

其中 $c_1>0, c_2>0$ 为已知常数. 令 $v=\dfrac{\mathrm{d}x}{\mathrm{d}t}$, $a=\dfrac{\mathrm{d}v}{\mathrm{d}t}$, 则原二阶非线性方程可写成

$$\begin{cases}\dfrac{\mathrm{d}x}{\mathrm{d}t}=v,\\ \dfrac{\mathrm{d}v}{\mathrm{d}t}=a,\\ a=-c_1v-c_2\sin x.\end{cases}\tag{4.9.53}$$

对式 (4.9.53) 进行差分离散

$$\frac{x_{k+1}-x_k}{h}=\frac{v_{k+1}+v_k}{2},\tag{4.9.54}$$

$$\frac{v_{k+1}-v_k}{h}=a_k,\tag{4.9.55}$$

$$a_k=-c_1v_k-c_2\sin x_k,\tag{4.9.56}$$

或写成

$$x_{k+1}-x_k=\frac{h}{2}(v_{k+1}+v_k),\tag{4.9.57}$$

$$v_{k+1}-v_k=-h(c_1v_k+c_2\sin x_k).\tag{4.9.58}$$

下面通过能量不等式导出格式的稳定性条件. 将式(4.9.58)乘以 $\dfrac{v_{k+1}+v_k}{2}$, 并利用式 (4.9.57), 得

$$\frac{1}{2}(v_{k+1})^2-\frac{1}{2}(v_k)^2=-\frac{c_1h}{2}(v_{k+1}+v_k)v_k-c_2(x_{k+1}-x_k)\sin x_k.\tag{4.9.59}$$

式 (4.9.59) 左端是两个时间步的动能之差, 下面再引进势能和阻尼项.

根据 Taylor 展开

$$\cos x_{k+1}=\cos x_k-(x_{k+1}-x_k)\sin x_k-\frac{1}{2}(x_{k+1}-x_k)^2\cos\zeta,\tag{4.9.60}$$

有

$$\begin{aligned}-c_2(\cos x_{k+1}-\cos x_k)&=c_2(x_{k+1}-x_k)\sin x_k+\frac{c_2}{2}(x_{k+1}-x_k)^2\cos\zeta\\ &\leqslant c_2(x_{k+1}-x_k)\sin x_k+\frac{c_2}{2}(x_{k+1}-x_k)^2.\end{aligned}\tag{4.9.61}$$

将式 (4.9.59) 和式 (4.9.61) 两式相加, 再由式 (4.9.57) 得

$$\begin{aligned}&\frac{1}{2}(v_{k+1})^2-\frac{1}{2}(v_k)^2-c_2(\cos x_{k+1}-\cos x_{x_k})\\ \leqslant&-\frac{c_1h}{2}(v_{k+1}+v_k)v_k+\frac{c_2}{2}(x_{k+1}-x_k)^2\end{aligned}$$

$$=-\frac{c_1h}{2}(v_{k+1}+v_k)v_k+\frac{c_2h^2}{8}(v_{k+1}+v_k)^2 \tag{4.9.62}$$

$$=\frac{hc_2}{8}\left\{-\frac{4c_1}{c_2}(v_{k+1}v_k+(v_k)^2)+h(v_{k+1}+v_k)^2\right\} \tag{4.9.63}$$

$$=\frac{hc_2}{8}\left\{h(v_{k+1}+v_k)^2-\frac{2c_1}{c_2}[(v_{k+1}+v_k)^2-(v_{k+1})^2+(v_k)^2]\right\} \tag{4.9.64}$$

$$=\frac{hc_2}{8}\left[\left(h-\frac{2c_1}{c_2}\right)(v_{k+1}+v_k)^2+\frac{4c_1}{c_2}\frac{(v_{k+1})^2-(v_k)^2}{2}\right], \tag{4.9.65}$$

因此

$$\begin{aligned}&\left[\frac{1}{2}(v_{k+1})^2-\frac{1}{2}(v_k)^2\right]\left(1-\frac{c_1h}{2}\right)-c_2(\cos x_{k+1}-\cos x_k)\\ \leqslant&\frac{hc_2}{8}\left(h-\frac{2c_1}{c_2}\right)(v_{k+1}+v_k)^2.\end{aligned} \tag{4.9.66}$$

定义能量

$$E_k=\frac{1}{2}(v_k)^2\left(1-\frac{hc_1}{2}\right)-c_2\cos x_k, \tag{4.9.67}$$

则式 (4.9.66) 可写成

$$E_{k+1}-E_k\leqslant\frac{hc_2}{8}\left(h-\frac{2c_1}{c_2}\right)(v_{k+1}+v_k)^2, \tag{4.9.68}$$

对式 (4.9.68) 两边从 0 到 $n-1$ 求和, 得

$$E_n-E_0\leqslant\frac{hc_2}{8}\left(h-\frac{2c_1}{c_2}\right)\sum_{k=0}^{n-1}(v_{k+1}+v_k)^2. \tag{4.9.69}$$

令

$$F_n=-\frac{hc_2}{8}\left(h-\frac{2c_1}{c_2}\right)\sum_{k=0}^{n-1}(v_{k+1}+v_k)^2, \tag{4.9.70}$$

则

$$E_n-E_0\leqslant -F_n, \tag{4.9.71}$$

或

$$E_n+F_n\leqslant E_0,\quad n=1,2,\cdots. \tag{4.9.72}$$

假设

$$1-\frac{c_1h}{2}>0,\quad h-\frac{2c_1}{c_2}<0, \tag{4.9.73}$$

即

$$h < \min\left(\frac{2c_1}{c_2}, \frac{2}{c_1}\right). \tag{4.9.74}$$

由式 (4.9.67) 知

$$E_k \geqslant -c_2 \cos x_k, \tag{4.9.75}$$

从而

$$E_k \geqslant -c_2. \tag{4.9.76}$$

再由式 (4.9.72) 得

$$F_n \leqslant E_0 + c_2, \tag{4.9.77}$$

又序列 $\{F_n\}$ 非负, 于是

$$0 \leqslant F_n \leqslant E_0 + c_2. \tag{4.9.78}$$

再由式 (4.9.67) 得到

$$-c_2 \leqslant \frac{1}{2}(v_n)^2\left(1 - \frac{c_1 h}{2}\right) - c_2 \cos x_n \leqslant E_0 - F_n \leqslant E_0, \tag{4.9.79}$$

因此

$$\frac{1}{2}(v_n)^2\left(1 - \frac{c_1 h}{2}\right) \leqslant E_0 + c_2. \tag{4.9.80}$$

于是知序列 $\{(v_n)^2\}$ 有界, 即 v_k 有界. 但由式 (4.9.70) 知序列 $\{F_n\}$ 增加且有界, 故收敛. 从而当 $n \to \infty$ 时,

$$(v_{n+1} + v_n)^2 \to 0, \tag{4.9.81}$$

即

$$|v_{n+1} + v_n| \to 0. \tag{4.9.82}$$

因此由式 (4.9.54) 知, 当 $n \to \infty$ 时,

$$|x_{n+1} - x_n| \to 0, \tag{4.9.83}$$

所以, $\{x_n\}$ 是有界的, 计算是稳定的. 注意稳定性条件 (4.9.74) 与初始数据无关.

练 习 题

1. 确定近似偏微分方程

$$\frac{\partial u}{\partial t}+a\frac{\partial u}{\partial x}=0$$

的差分格式

(1) $u_j^{n+1}=u_j^{n-1}-r\delta_x^0 u_j^n$;

(2) $u_j^{n+1}=u_j^{n-1}-r\delta_x^0 u_j^n+\frac{r}{6}\delta_x^2\delta_x^0 u_j^n$;

(3) $u_j^{n+2}=u_j^{n-2}-\frac{2r}{3}\left(1-\frac{1}{6}\delta_x^2\right)\delta_x^0(2u_j^{n+1}-u_j^n+2u_j^{n-1})$

的精度, 其中 $r=a\frac{\Delta t}{\Delta x}$, $\delta_x^0 u_j^n=u_{j+1}^n-u_{j-1}^n$, $\delta_x^2 u_j^n=u_{j+1}^n-2u_j^n+u_{j-1}^n$.

2. 确定下列差分格式.

(1) 显式格式 $u_j^{n+1}=u_j^n-\frac{a\Delta t}{2\Delta x}\delta_x^0 u_j^n+\frac{\nu\Delta t}{\Delta x^2}\delta_x^2 u_j^n$;

(2) 隐式格式 $u_j^{n+1}+\frac{a\Delta t}{2\Delta x}\delta_x^0 u_j^{n+1}-\frac{\nu\Delta t}{\Delta x^2}\delta_x^2 u_j^{n+1}=u_j^n$ 与偏微分方程

$$\frac{\partial u}{\partial t}+a\frac{\partial u}{\partial x}=\nu\frac{\partial^2 u}{\partial x^2}$$

的相容性, 其中 $\delta_x^0 u_j^n=u_{j+1}^n-u_{j-1}^n$, $\delta_x^2 u_j^n=u_{j+1}^n-2u_j^n+u_{j-1}^n$.

3. 确定 CN 格式

$$u_j^{n+1}-u_j^n=\frac{\nu\Delta t}{2\Delta x^2}\delta_x^2(u_j^{n+1}+u_j^n)$$

与偏微分方程

$$\frac{\partial u}{\partial t}=\nu\frac{\partial^2 u}{\partial x^2}$$

的相容性, 说明为何对该 CN 格式在点 $(j\Delta x,(n+1/2)\Delta t)$ 处考虑相容性是合理的.

4. 证明近似方程

$$\frac{\partial u}{\partial t}=\frac{\partial^2 u}{\partial x^2}$$

的 Du Fort-Frankel 格式 $(r=\Delta t/\Delta x^2)$

$$u_j^{n+1}=\frac{2r}{1+2r}(u_{j+1}^n+u_{j-1}^n)+\frac{1-2r}{1+2r}u_j^{n-1}$$

的截断误差的首项为

$$\frac{\Delta t^2}{6}\frac{\partial^3 u}{\partial t^3}-\frac{\Delta x^2}{12}\frac{\partial^4 u}{\partial x^4}+\frac{\Delta t^2}{\Delta x^2}\frac{\partial^2 u}{\partial t^2}.$$

若 $\dfrac{\Delta t}{\Delta x} \to c(\Delta x \to 0)$, 则差分格式近似双曲型方程

$$\frac{\partial u}{\partial t} + c^2 \frac{\partial^2 u}{\partial t^2} - \frac{\partial^2 u}{\partial x^2} = 0,$$

从而指出要与原方程相容的条件.

5. 确定近似初边值问题

$$\begin{cases} \dfrac{\partial u}{\partial t} + a\dfrac{\partial u}{\partial x} = \nu \dfrac{\partial^2 u}{\partial x^2}, \quad x \in (0,1), \quad t > 0, \\ u(x,0) = f(x), \quad x \in [0,1], \\ u(1,t) = 0, \quad t \geqslant 0, \\ \dfrac{\partial u(0,t)}{\partial x} = \alpha(t), \quad t \geqslant 0 \end{cases}$$

的差分格式

$$\begin{cases} u_j^{n+1} + \dfrac{a\Delta t}{2\Delta x}\delta_x^0 u_j^{n+1} - \dfrac{\nu \Delta t}{\Delta x^2}\delta_x^2 u_j^{n+1} = u_j^n, \quad j = 1, \cdots, M-1, \\ u_j^0 = f(j\Delta x), \quad j = 1, \cdots, M, \\ u_M^{n+1} = 0, \quad n = 0, 1, \cdots, \\ \dfrac{u_1^{n+1} - u_0^{n+1}}{\Delta x} = \alpha((n+1)\Delta t), \quad n = 0, 1, 2, \cdots \end{cases}$$

的精度, 其中 $\delta_x^0 u_j^n = u_{j+1}^n - u_{j-1}^n$, $\delta_x^2 u_j^n = u_{j+1}^n - 2u_j^n + u_{j-1}^n$.

6. 证明初边值问题 $(a < 0)$

$$\begin{cases} \dfrac{\partial u}{\partial t} + a\dfrac{\partial u}{\partial x} = 0, \quad x \in (0,1),\ t > 0, \\ u(x,0) = f(x), \quad x \in [0,1], \\ u(1,t) = 0, \quad t \geqslant 0 \end{cases}$$

的差分格式

$$\begin{cases} u_j^{n+1} = (1+r)u_j^n - r u_{j+1}^n, \quad j = 0, \cdots, M-1, \\ u_M^{n+1} = 0, \quad n = 0, 1, \cdots, \\ u_j^0 = f(j\Delta x), \quad j = 0, \cdots, M \end{cases}$$

的稳定性条件是 $-1 \leqslant r < 0$, 其中 $\Delta x = 1/M, r = a\Delta t/\Delta x$.

7. 对热传导问题

$$\begin{cases} \dfrac{\partial u}{\partial t} = \dfrac{\partial^2 u}{\partial x^2}, \quad x \in (0,1), \quad t > 0, \\ u(x,0) = u(1,t) = 0, \quad t \geqslant 0, \\ u(x,0) = f(x), \quad x \in [0,1] \end{cases}$$

用能量法分析 CN 格式

$$
\begin{cases}
\dfrac{u_j^{n+1}-u_j^n}{\Delta t}=\dfrac{\delta_x^2 u_j^{n+1}+\delta_x^2 u_j^n}{2\Delta x}, \quad j=1,\cdots,M-1,\\
u_j^0=f_j, \quad j=0,1,\cdots,M,\\
u_0^{n+1}=u_M^{n+1}=0, \quad n=0,1,\cdots
\end{cases}
$$

的稳定性.

8. 证明恒等式 (4.9.41) 和 (4.9.42).

第 5 章　抛物型方程的差分解法

本章介绍抛物型方程的差分解法. 首先讨论常系数扩散方程的一些典型的差分格式及相应的稳定性分析, 然后讨论变系数及非线性抛物型方程的差分解法, 最后讨论高维抛物型方程及抛物型方程组的差分解法. 关于抛物型方程的更多内容如能量分析法, 可参考文献 [4], [7] 等.

5.1　一维常系数扩散方程

考虑一维常系数扩散方程

$$\frac{\partial u}{\partial t}=a\frac{\partial^2 u}{\partial x^2},\quad x\in\mathbb{R},\quad t>0, \tag{5.1.1}$$

其中 $a>0$ 为常数. 设时间 t 的步长为 Δt, 空间 x 的步长为 h, 记 $u(x_j,t_k)=u(jh,k\Delta t)$. 下面推导一些典型的差分格式.

5.1.1　向前和向后差分格式

向前差分格式为

$$\frac{u_j^{k+1}-u_j^k}{\Delta t}-a\frac{u_{j+1}^k-2u_j^k+u_{j-1}^k}{h^2}=0, \tag{5.1.2}$$

截断误差为 $O(\Delta t+h^2)$, 其增长因子为

$$G(\Delta t,\sigma)=1-4ar\sin^2\frac{\sigma h}{2}, \tag{5.1.3}$$

其中 $r=\Delta t/h^2$. 如果 $ar\leqslant 1/2$, 则 $|G(\Delta t,\sigma)|\leqslant 1$, 即 von Neumann 条件满足, 由于式 (5.1.2) 是单层格式, 所以向前差分格式的稳定性条件是 $ar\leqslant 1/2$.

向后差分格式为

$$\frac{u_j^k-u_j^{k-1}}{\Delta t}-a\frac{u_{j+1}^k-2u_j^k+u_{j-1}^k}{h^2}=0, \tag{5.1.4}$$

截断误差为 $O(\Delta t+h^2)$, 其增长因子为

$$G(\Delta t,\sigma)=\frac{1}{1+4ar\sin^2\dfrac{\sigma h}{2}}. \tag{5.1.5}$$

由于 $a>0$, 所以对任何网格比 r, 都有 $|G(\Delta t,\sigma)|\leqslant 1$. 该格式无条件稳定. 向前和向后差分格式都是时间一阶精度、空间二阶精度的两层格式. 向前格式是显式, 向后格式是隐式.

5.1.2 加权隐式格式

该格式是向前显式格式

$$\frac{u_j^k-u_j^{k-1}}{\Delta t}-a\frac{u_{j+1}^{k-1}-2u_j^{k-1}+u_{j-1}^{k-1}}{h^2}=0 \tag{5.1.6}$$

和向后隐式格式

$$\frac{u_j^k-u_j^{k-1}}{\Delta t}-a\frac{u_{j+1}^{k}-2u_j^{k}+u_{j-1}^{k}}{h^2}=0 \tag{5.1.7}$$

的加权组合

$$\frac{u_j^k-u_j^{k-1}}{\Delta t}=a\theta\frac{u_{j+1}^{k}-2u_j^{k}+u_{j-1}^{k}}{h^2}+a(1-\theta)\frac{u_{j+1}^{k-1}-2u_j^{k-1}+u_{j-1}^{k-1}}{h^2}, \tag{5.1.8}$$

或

$$\frac{u_j^k-u_j^{k-1}}{\Delta t}=a\theta\frac{1}{h^2}\delta_x^2u_j^k+a(1-\theta)\frac{1}{h^2}\delta_x^2u_j^{k-1}, \tag{5.1.9}$$

其中 $0\leqslant\theta\leqslant 1$ 是权系数, 称式 (5.1.8) 为**加权隐式格式**, 结点分布如图 5.1.1 所示.

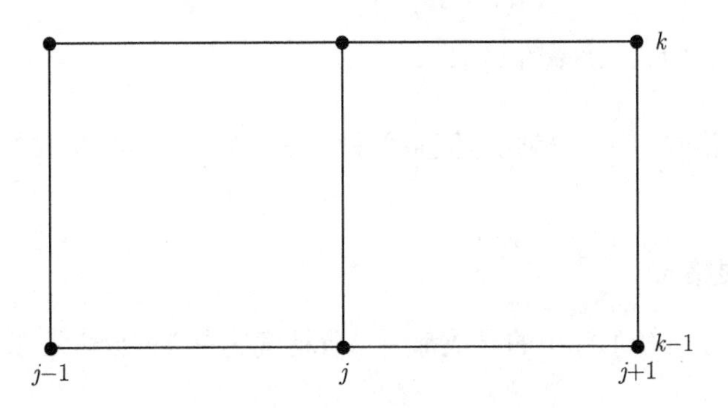

图 5.1.1 加权隐式差分格式结点示意图

设 $u(x,t)$ 是方程 (5.1.1) 的充分光滑解, 将式 (5.1.8) 在 (x_j,t_k) 处作 Taylor 级数展开, 并化简得截断误差

$$E=a\left(\frac{1}{2}-\theta\right)\Delta t\left(\frac{\partial^3 u}{\partial x^2\partial t}\right)_j^k+O(\Delta t^2+h^2). \tag{5.1.10}$$

由此可看出, 当 $\theta\neq 1/2$ 时, 截断误差为 $O(\Delta t+h^2)$; 当 $\theta=1/2$ 时, 截断误差为 $O(\Delta t^2+h^2)$. 称 $\theta=1/2$ 时的差分格式

$$\frac{u_j^{k+1}-u_j^k}{\Delta t}=\frac{a}{2h^2}\delta_x^2(u_j^{k+1}+u_j^k) \tag{5.1.11}$$

为 Crank-Nicolson 格式或 CN 格式, 这是一个二阶精度格式. 当 $\theta=1$, 即向后差分格式, 当 $\theta=0$ 时, 即向前差分格式.

用 Fourier 方法分析式 (5.1.8) 的稳定性, 求得其增长因子为

$$G(\Delta t,\sigma)=\frac{1-4(1-\theta)ar\sin^2\dfrac{\sigma h}{2}}{1+4\theta ar\sin^2\dfrac{\sigma h}{2}}, \tag{5.1.12}$$

由 $|G(\Delta t,\sigma)|\leqslant 1$, 得

$$-1\leqslant\frac{1-4(1-\theta)ar\sin^2\dfrac{\sigma h}{2}}{1+4\theta ar\sin^2\dfrac{\sigma h}{2}}\leqslant 1, \tag{5.1.13}$$

其中 $r=\Delta t/h^2$. 经计算, 由于 $a>0,r>0$, 式 (5.1.13) 右边不等式恒成立. 左边不等式要求 $2ar(1-2\theta)\leqslant 1$, 因此加权隐式格式的稳定性条件为

$$\begin{aligned}&\text{当 } 0\leqslant\theta<\frac{1}{2}\text{ 时,}\quad r\leqslant\frac{1}{2a(1-2\theta)};\\&\text{当 } \frac{1}{2}\leqslant\theta\leqslant 1\text{ 时,}\quad \text{无条件稳定.}\end{aligned} \tag{5.1.14}$$

所以向后差分格式和 CN 格式是无条件稳定的, 而向前差分格式的稳定性条件为 $ar\leqslant 1/2$.

5.1.3 三层显格式

对热传导方程 (5.1.1) 中的导数都用二阶精度的中心差分来近似, 得 Richardson 格式

$$\frac{u_j^{k+1}-u_j^{k-1}}{2\Delta t}=a\frac{u_{j+1}^k-2u_j^k+u_{j-1}^k}{h^2}, \tag{5.1.15}$$

其截断误差阶为 $O(\Delta t^2+h^2)$. 该差分格式可改写为

$$u_j^{k+1}=u_j^{k-1}+2r(u_{j+1}^k-2u_j^k+u_{j-1}^k), \tag{5.1.16}$$

其中 $r=a\Delta t/h^2$. 为了求第 $k+1$ 层结点的差分方程解, 要用到第 $k-1$ 层结点和第 k 层结点上的 u 值, 这种差分格式称为三层格式. 为了利用三层格式进行计算, 事先要求有第一层网格点上的值 u_j^1, 才能逐层计算.

下面讨论用 Richardson 格式计算初边值问题的差分方程问题

$$
\begin{cases}
u_j^{k+1} = u_j^{k-1} + 2r(u_{j+1}^k - 2u_j^k + u_{j-1}^k), \\
\qquad j = 1, \cdots, M-1; \quad k = 1, 2, \cdots, N-1, \\
u_j^0 = \varphi(jh), \quad j = 0, 1, \cdots, M, \\
u_0^k = \psi_1(k\Delta t), \\
u_M^k = \psi_2(k\Delta t), \quad k = 0, 1, \cdots, N
\end{cases}
\tag{5.1.17}
$$

的稳定性. 用矩阵分析法分析, 为此写成矩阵形式

$$
\begin{pmatrix} u_1^{k+1} \\ u_2^{k+1} \\ \vdots \\ u_{M-2}^{k+1} \\ u_{M-1}^{k+1} \end{pmatrix}
=
\begin{pmatrix}
-4r & 2r & & & \\
2r & -4r & 2r & & \\
 & \ddots & \ddots & \ddots & \\
 & & 2r & -4r & 2r \\
 & & & 2r & -4r
\end{pmatrix}
\begin{pmatrix} u_1^k \\ u_2^k \\ \vdots \\ u_{M-2}^k \\ u_{M-1}^k \end{pmatrix}
+ \begin{pmatrix} u_1^{k-1} \\ u_2^{k-1} \\ \vdots \\ u_{M-2}^{k-1} \\ u_{M-1}^{k-1} \end{pmatrix}
+ \begin{pmatrix} 2ru_0^k \\ 0 \\ \vdots \\ 0 \\ 2ru_M^k \end{pmatrix}, \quad k = 1, 2, \cdots, N-1.
\tag{5.1.18}
$$

当第 0 层和第 1 层上的值

$$
U^0 := \begin{pmatrix} u_1^0 \\ u_2^0 \\ \vdots \\ u_{M-2}^0 \\ u_{M-1}^0 \end{pmatrix}
= \begin{pmatrix} \varphi(h) \\ \varphi(2h) \\ \vdots \\ \varphi((M-2)h) \\ \varphi((M-1)h) \end{pmatrix}, \quad
U^1 := \begin{pmatrix} u_1^1 \\ u_2^1 \\ \vdots \\ u_{M-2}^1 \\ u_{M-1}^1 \end{pmatrix}
\tag{5.1.19}
$$

预先算出后, 就可以式 (5.1.18) 逐层递推, 写成如下形式

$$
U^{k+1} = CU^k + U^{k-1} + D^k, \quad k = 1, 2, \cdots, N-1,
\tag{5.1.20}
$$

其中 C 为式 (5.1.18) 中的三对角矩阵,

$$
U^k = (u_1^k, u_2^k, \cdots, u_{M-1}^k)^{\mathrm{T}}, \quad D^k = (2ru_0^k, 0, \cdots, 0, 2ru_M^k)^{\mathrm{T}}.
$$

为了讨论稳定性, 化三层格式为双层格式, 令

$$
W^{n+1} = \begin{pmatrix} U^{n+1} \\ U^n \end{pmatrix},
\tag{5.1.21}
$$

则

$$W^{k+1} = \begin{pmatrix} U^{k+1} \\ U^k \end{pmatrix} = \begin{pmatrix} C & I \\ I & 0 \end{pmatrix} \begin{pmatrix} U^k \\ U^{k-1} \end{pmatrix} + \begin{pmatrix} D^k \\ 0 \end{pmatrix}, \tag{5.1.22}$$

其中 $W^1 = (U^1, U^0)^{\mathrm{T}}$. 由于矩阵 C 的特征值为

$$-8r\sin^2\left(\frac{s\pi}{2M}\right), \quad s = 1, 2, \cdots, M-1, \tag{5.1.23}$$

而矩阵

$$H := \begin{pmatrix} C & I \\ I & 0 \end{pmatrix} \tag{5.1.24}$$

为矩阵 C 的复合矩阵, H 的特征值与矩阵

$$\begin{pmatrix} -8r\sin^2\left(\dfrac{s\pi}{2M}\right) & 1 \\ 1 & 0 \end{pmatrix}, \quad s = 1, 2, \cdots, M-1 \tag{5.1.25}$$

的特征值相同. 此矩阵族的特征方程为

$$\lambda^2 + 8\lambda r\sin^2\left(\frac{s\pi}{2M}\right) - 1 = 0, \quad s = 1, 2, \cdots, M-1, \tag{5.1.26}$$

其根为

$$\lambda_{1,2}^s = -4r\sin^2\left(\frac{s\pi}{2M}\right) \pm \sqrt{16r^2\sin^4\left(\frac{s\pi}{2M}\right) + 1}, \quad s = 1, 2, \cdots, M-1, \tag{5.1.27}$$

显然

$$\max_s \max_{l=1,2} |\lambda_l^s| = \max_s \left| -4r\sin^2\left(\frac{s\pi}{2M}\right) \pm \sqrt{16r^2\sin^4\left(\frac{s\pi}{2M}\right) + 1} \right|. \tag{5.1.28}$$

因为当 h 充分小时, 有

$$\sin\frac{(M-1)\pi}{2M} = \sin\left(\frac{\pi}{2} - \frac{\pi}{2M}\right) = \cos\left(\frac{\pi h}{2}\right) > \frac{1}{2}, \tag{5.1.29}$$

从而

$$\max_l |\lambda_l^{M-1}| > r + \sqrt{r^2+1} > 1 + r. \tag{5.1.30}$$

这样, 对任何步长比 r, Richardson 格式不满足稳定的必要条件, 它对任何步长比 r 均不稳定. Richardson 格式在实际计算中不能应用.

上面的讨论证明二阶精度的 Richardson 格式是不稳定的格式, 1953 年, Du Fort 和 Frankel 对 Richardson 格式进行了如下修正

$$\frac{u_j^{k+1}-u_j^{k-1}}{2\Delta t}-a\frac{u_{j+1}^k-(u_j^{k+1}+u_j^{k-1})+u_{j-1}^k}{h^2}=0, \tag{5.1.31}$$

即用 $u_j^{k+1}+u_j^{k-1}$ 代替了 Richardson 格式中的 $2u_j^k$. 差分格式 (5.1.31) 称 Du Fort-Frankel 格式, 但是该格式与微分方程 (5.1.1) 是条件相容的. 式 (5.1.31) 的截断误差为

$$\begin{aligned}&\frac{u(x_j,t_k+\Delta t)-u(x_j,t_k-\Delta t)}{2\Delta t}\\&-a\frac{u(x_j+h,t_k)-[u(x_j,t_k+\Delta t)+u(x_j,t_k-\Delta t)]+u(x_j-h,t_k)}{h^2}\\&=\left(\frac{\partial u}{\partial t}\right)_j^k-a\left(\frac{\partial^2 u}{\partial x^2}\right)_j^k+a\left(\frac{\Delta t}{h}\right)^2\left(\frac{\partial^2 u}{\partial t^2}\right)_j^k+O(\Delta t^2+h^2)+O\left(\frac{\Delta t^4}{h^2}\right).\end{aligned} \tag{5.1.32}$$

相容性要求当 $\Delta t\to 0$ 时, 有 $\Delta t/h\to 0$, 即差分方程 (5.1.31) 与微分方程相容的充要条件是 Δt 趋于 0 的速度要比 h 趋于 0 的速度快. 如果 $\Delta t/h$ 为常数 c, 则差分格式 (5.1.31) 与双曲型方程

$$\frac{\partial u}{\partial t}-a\frac{\partial^2 u}{\partial x^2}+ac^2\frac{\partial^2 u}{\partial t^2}=0 \tag{5.1.33}$$

相容.

例 5.1.1 分析 Du Fort-Frankel 格式的稳定性.

解 将三层格式 (5.1.31) 化成与其等价的二层差分格式

$$\begin{cases}(1+2ar)u_j^{k+1}=(1-2ar)v_j^k+2ar(u_{j+1}^k+u_{j-1}^k),\\ v_j^{k+1}=u_j^k,\end{cases} \tag{5.1.34}$$

其中 $r=\dfrac{\Delta t}{h^2}$. 令 $\boldsymbol{u}=(u,v)^{\mathrm{T}}$, 则上面的方程组可写成

$$\begin{pmatrix}1+2ar & 0\\ 0 & 1\end{pmatrix}\boldsymbol{u}_j^{k+1}=\begin{pmatrix}2ar & 0\\ 0 & 0\end{pmatrix}\boldsymbol{u}_{j-1}^k+\begin{pmatrix}0 & 1-2ar\\ 1 & 0\end{pmatrix}\boldsymbol{u}_j^k+\begin{pmatrix}2ar & 0\\ 0 & 0\end{pmatrix}\boldsymbol{u}_{j+1}^k. \tag{5.1.35}$$

令 $\boldsymbol{u}_j^k=\boldsymbol{v}^k\mathrm{e}^{\mathrm{i}\sigma jh}$, 代入式 (5.1.35), 得增长矩阵

$$\begin{aligned}G(\Delta t,\sigma)&=\begin{pmatrix}1+2ar & 0\\ 0 & 1\end{pmatrix}^{-1}\begin{pmatrix}4ar\cos\sigma h & 1-2ar\\ 1 & 0\end{pmatrix}\\&=\begin{pmatrix}\dfrac{2\alpha\cos\sigma h}{1+\alpha} & \dfrac{1-\alpha}{1+\alpha}\\ 1 & 0\end{pmatrix},\end{aligned} \tag{5.1.36}$$

其中 $\alpha = 2ar$. $G(\Delta t, \sigma)$ 的特征方程为

$$\mu^2 - \left(\frac{2\alpha}{1+\alpha}\cos\sigma h\right)\mu - \frac{1-\alpha}{1+\alpha} = 0. \tag{5.1.37}$$

特征方程 (5.1.37) 的两个根 μ_1, μ_2 均满足 $|\mu_i| \leqslant 1 (i = 1, 2)$, 所以 von Neumann 条件满足. 根的表达式为

$$\mu_{1,2} = \frac{\alpha\cos\sigma h \pm \sqrt{1-\alpha^2\sin^2\sigma h}}{1+\alpha}. \tag{5.1.38}$$

分两种情况讨论:

(1) 重根, $\mu_1 = \mu_2 = \dfrac{\alpha\cos\sigma h}{1+\alpha}$, 此时有 $|\mu_i| < 1 (i = 1, 2)$.

(2) 两根互异, 此时有 $|\mu_i| \leqslant 1 (i = 1, 2)$. 不论哪种情况, 都能使 von Neumann 条件成为充要条件, 因此, Du Fort-Frankel 格式是无条件稳定的.

5.1.4　二层隐式格式

方程 (5.1.1) 的一个二层隐式格式是

$$(1 - \tau_1\delta_t^-)^{-1}\delta_t^- u_j^{n+1} = r(1 + \tau_2\delta_x^2)^{-1}\delta_x^2 u_j^{n+1}, \tag{5.1.39}$$

其中 $r = a\Delta t/\Delta x^2 > 0$, τ_1, τ_2 是任意参数; δ_t^- 和 δ_x^2 分别是一阶向后差分算子和二阶中心差分算子

$$\delta_t^- u_j^{n+1} = u_j^{n+1} - u_j^n, \quad \delta_x^2 u_j^{n+1} = u_{j+1}^{n+1} - 2u_j^{n+1} + u_{j-1}^{n+1}.$$

化简式 (5.1.39) 可得

$$[1 + (\tau_2 - r(1-\tau_1))\delta_x^2]u_j^{n+1} = [1 + (\tau_2 + r\tau_1)\delta_x^2]u_j^n, \tag{5.1.40}$$

该式的截断误差为

$$\begin{aligned} T_j^n &= [1 + (\tau_2 - r(1-\tau_1))\delta_x^2]u(x_j, t_{n+1}) - [1 + (\tau_2 + r\tau_1)\delta_x^2]u(x_j, t_n) \\ &= \Delta t\Big[\Delta t\left(\tau_1 - \frac{1}{2}\right) + \left(\tau_2 - \frac{1}{12}\right)\Delta x^2\Big]\left(\frac{\partial^4 u}{\partial x^4}\right)_j^n \\ &\quad + \Delta t\Big[\frac{1}{2}\left(\tau_1 - \frac{2}{2}\right)r^2 + \frac{1}{2}\left(\tau_2 - \frac{1}{6} + \frac{1}{6}\tau_1\right)r + \frac{1}{12}\left(\tau_2 - \frac{1}{30}\right)\Big]\left(\frac{\partial^6 u}{\partial x^6}\right)_j^n + \cdots, \end{aligned} \tag{5.1.41}$$

对通常选择的参数 τ_1 和 τ_2, 截断误差阶通常为 $O(\Delta t + h^2)$. 对某些特殊的 τ_1, τ_2, 可以改善精度:

(1) 当 $\tau_1 = \dfrac{1}{2}, \tau_2 \neq \dfrac{1}{12}$ 时, 为 $O(\Delta t^2 + h^2)$ 阶;

(2) 当 $\tau_1 = \dfrac{1}{2}, \tau_2 = \dfrac{1}{12}$ 时, 或当 $\tau_1 = \dfrac{1}{2} + \dfrac{1}{12r}, \tau_2 = 0$ 时, 为 $O(\Delta t^2 + h^4)$ 阶;

(3) 当 $\tau_1 = \dfrac{1}{2}, \tau_2 = \dfrac{1}{12}, r = \dfrac{1}{2\sqrt{5}}$ 时, 为 $O(\Delta t^2 + h^6)$ 阶.

用 Fourier 法分析, 易得格式 (5.1.40) 的增长因子为

$$\gamma = \frac{1 - 4(\tau_2 + r\tau_1)\sin^2 \dfrac{\sigma h}{2}}{1 - 4(\tau_2 - r(1-\tau_1))\sin^2 \dfrac{\sigma h}{2}}, \tag{5.1.42}$$

作变换 $\gamma = \dfrac{1+z}{1-z}$, 代入式 (5.1.42) 化简得

$$\left[1 - 4\tau_2 \sin^2 \frac{\sigma h}{2} + 2r(1-2\tau_1)\sin^2 \frac{\sigma h}{2}\right] z + 2r\sin^2 \frac{\sigma h}{2} = 0. \tag{5.1.43}$$

根据 Routh-Hurwitz 准则, 根在单位圆内的充要条件是

$$1 - 4\tau_2 \sin^2 \frac{\sigma h}{2} + 2r(1-2\tau_1)\sin^2 \frac{\sigma h}{2} > 0, \tag{5.1.44}$$

$$2r\sin^2 \frac{\sigma h}{2} > 0. \tag{5.1.45}$$

因此,

(1) 当 $\tau_1 \leqslant 1/2,\ \tau_2 < 1/4$ 时, 格式无条件稳定.

(2) 当 $\tau_1 > 1/2,\ \tau_2 \leqslant 1/4$ 时, 稳定条件为 $r < \dfrac{1-4\tau_2}{2(2\tau_1 - 1)}$.

5.1.5 三层隐格式

Richardson 和 Du Fort-Frankel 格式都是三层显格式, 现在讨论三层隐格式. 第一个格式是

$$\frac{3}{2}\frac{u_j^{k+1} - u_j^k}{\Delta t} - \frac{1}{2}\frac{u_j^k - u_j^{k-1}}{\Delta t} - a\frac{u_{j+1}^{k+1} - 2u_j^{k+1} + u_{j-1}^{k+1}}{h^2} = 0, \tag{5.1.46}$$

其截断误差为 $O(\Delta t^2 + h^2)$. 事实上, 式 (5.1.46) 在 t 方向加权为 3/2 和 −1/2. 该格式无条件稳定.

另一方面, 可以将 CN 格式 (5.1.11) 的二个时间层推广到三个时间层, 所得的隐式格式为

$$\frac{u_j^{k+1} - u_j^{k-1}}{2\Delta t} - a\frac{1}{3h^2}(\delta_x^2 u_j^{k+1} + \delta_x^2 u_j^k + \delta_x^2 u_j^{k-1}) = 0, \tag{5.1.47}$$

其截断误差为 $O(\Delta t^2+h^2)$. 分析式 (5.1.47) 的截断误差, 得如下误差阶更高的公式

$$\frac{u_j^{k+1}-u_j^{k-1}}{2\Delta t}=\frac{a}{3h^2}(\delta_x^2u_j^{k+1}+\delta_x^2u_j^k+\delta_x^2u_j^{k-1})-\frac{1}{24\Delta t}(\delta_x^2u_j^{k+1}-\delta_x^2u_j^{k-1}). \quad (5.1.48)$$

该格式的截断误差为 $O(\Delta t^2+h^4)$.

为讨论稳定性, 将误差格式 (5.1.47) 写成如下形式

$$\left(1-\frac{2}{3}ar\delta_x^2\right)u_j^{k+1}=\frac{2}{3}ar\delta_x^2u_j^k+\left(1+\frac{2}{3}ar\delta_x^2\right)u_j^{k-1}, \quad (5.1.49)$$

并将其化为等价的两层差分格式

$$\begin{cases}\left(1-\dfrac{2}{3}ar\delta_x^2\right)u_j^{k+1}=\dfrac{2}{3}ar\delta_x^2u_j^k+\left(1+\dfrac{2}{3}ar\delta_x^2\right)v_j^k,\\ v_j^{k+1}=u_j^k,\end{cases} \quad (5.1.50)$$

求得式 (5.1.50) 的增长矩阵是

$$\begin{aligned}G(\Delta t,\sigma)&=\begin{pmatrix}1+\dfrac{8}{3}ar\sin^2\dfrac{\sigma h}{2} & 0\\ 0 & 1\end{pmatrix}^{-1}\begin{pmatrix}-\dfrac{8}{3}ar\sin^2\dfrac{\sigma h}{2} & 1-\dfrac{8}{3}ar\sin^2\dfrac{\sigma h}{2}\\ 1 & 0\end{pmatrix}\\ &=\begin{pmatrix}-\dfrac{\alpha}{1+\alpha} & \dfrac{1-\alpha}{1+\alpha}\\ 1 & 0\end{pmatrix},\end{aligned} \quad (5.1.51)$$

其中 $\alpha=\frac{8}{3}ar\sin^2\frac{\sigma h}{2}$. G 的特征方程是

$$\mu^2+\frac{\alpha}{1+\alpha}\mu-\frac{1-\alpha}{1+\alpha}=0, \quad (5.1.52)$$

方程的两根均满足 $|\mu_i|\leqslant 1(i=1,2)$, 从而差分格式 (5.1.47) 是无条件稳定的.

5.2　变系数抛物型方程

很多物理问题要用变系数的抛物型方程来描述, 当出现变系数时, 处理方法与常系数大致相同, 下面考虑三种不同的情况.

1. 第一种形式

$$\frac{\partial u}{\partial t}=a(x)\frac{\partial^2 u}{\partial x^2}, \quad (5.2.1)$$

其中 $a(x)$ 是 x 的函数且导数存在. 易知向前差分格式是

$$\frac{u_j^{k+1}-u_j^k}{\Delta t}-a_j\frac{u_{j+1}^k-2u_j^k+u_{j-1}^k}{h^2}=0, \tag{5.2.2}$$

精度为 $O(\Delta t+h^2)$. 该格式可以推广到高阶的形式, 例如

$$\frac{u_j^{k+1}-u_j^{k-1}}{2\Delta t}=\frac{a_j}{3h^2}(\delta_x^2u_j^{k+1}+\delta_x^2u_j^k+\delta_x^2u_j^{k-1})-\frac{1}{12}\frac{\delta_x^2u_j^{k+1}-\delta_x^2u_j^{k-1}}{2\Delta t}, \tag{5.2.3}$$

精度为 $O(\Delta t^2+h^4)$. 上式左边是对 $\left(\frac{\partial u}{\partial t}\right)_j^k$ 的中心差分近似, 而右边最后一项可等价地写成

$$-\frac{1}{12}\frac{\delta_x^2u_j^{k+1}-\delta_x^2u_j^{k-1}}{2\Delta t}\approx-\frac{1}{12}\delta_x^2\left(\frac{\partial u}{\partial t}\right)_j^k, \tag{5.2.4}$$

从而可构成对空间的四阶精度近似.

2. 第二种形式

$$\frac{\partial u}{\partial t}=\frac{\partial}{\partial x}\left(a(x)\frac{\partial u}{\partial x}\right), \tag{5.2.5}$$

若 $a(x)$ 的导数存在, 则该式等价于

$$\frac{\partial u}{\partial t}=a(x)\frac{\partial^2 u}{\partial x^2}+\frac{\partial a(x)}{\partial x}\frac{\partial u}{\partial x}, \tag{5.2.6}$$

差分格式为

$$\frac{u_j^{k+1}-u_j^k}{\Delta t}=a_j\frac{u_{j+1}^k-2u_j^k+u_{j-1}^k}{h^2}+(a_x)_j\frac{u_{j+1}^k-u_{j-1}^k}{2h}, \tag{5.2.7}$$

或

$$u_j^{k+1}=(1-2a_jr)u_j^k+a_jr(u_{j+1}^k+u_{j-1}^k)+\frac{hr(a_x)_j}{2}(u_{j+1}^k-u_{j-1}^k), \tag{5.2.8}$$

其误差阶为 $O(\Delta t+h^2)$, 这里 $a_x=\frac{\partial a(x)}{\partial x}$, $r=\frac{\Delta t}{h^2}$.

3. 第三种形式

$$\frac{\partial u}{\partial t}=a(x,t)\frac{\partial^2 u}{\partial x^2}, \tag{5.2.9}$$

因

$$\frac{\partial^4 u}{\partial x^4}=\frac{\partial^2}{\partial x^2}\left(\frac{1}{a(x,t)}\frac{\partial u}{\partial t}\right), \tag{5.2.10}$$

所以

$$\left(\frac{\partial^4 u}{\partial x^4}\right)_j^{k+\frac{1}{2}} = \frac{1}{h^2}\delta_x^2\left(\frac{1}{a_j^{k+\frac{1}{2}}}\frac{u_j^{k+1}-u_j^k}{\Delta t}\right)+\cdots, \tag{5.2.11}$$

又

$$\left(\frac{1}{a}\frac{\partial u}{\partial t}\right)_j^{k+\frac{1}{2}} = \left(\frac{\partial^2 u}{\partial x^2}\right)_j^{k+\frac{1}{2}} = \frac{1}{2}\frac{\delta_x^2(u_j^{k+1}+u_j^k)}{h^2} - \frac{h^2}{12}\left(\frac{\partial^4 u}{\partial x^4}\right)_j^{k+\frac{1}{2}}+\cdots, \tag{5.2.12}$$

将式 (5.2.11) 代入式 (5.2.12), 并对方程左端离散, 最终可得差分格式

$$\frac{1}{ra_j^{k+\frac{1}{2}}}(u_j^{k+1}-u_j^k) = \frac{1}{2}\delta_x^2\left(1-\frac{1}{6ra_j^{k+\frac{1}{2}}}\right)u_j^{k+1} + \frac{1}{2}\delta_x^2\left(1+\frac{1}{6ra_j^{k+\frac{1}{2}}}\right)u_j^k, \tag{5.2.13}$$

其误差阶为 $O(\Delta t^2+h^4)$, 其中 $r=\Delta t/h^2$.

5.3 非线性抛物型方程

5.3.1 三层显格式

考虑如下形式的非线性抛物型方程

$$\beta(u)\frac{\partial u}{\partial t} = \frac{\partial}{\partial x}\left(\alpha(u)\frac{\partial u}{\partial x}\right), \tag{5.3.1}$$

其中 $\beta(u)>0$, $\alpha(u)>0$. 可以使用 CN 格式, 但最后导致求解复杂的代数方程. 现用三层格式

$$\beta(u_j^k)(u_j^{k+1}-u_j^{k-1}) = 2r[\alpha(u_{j+\frac{1}{2}}^k)(u_{j+1}^k-u_j^k) - \alpha(u_{j-\frac{1}{2}}^k)(u_j^k-u_{j-1}^k)], \tag{5.3.2}$$

其中 $r=\dfrac{\Delta t}{h^2}$. 式 (5.3.2) 左边是对 $\dfrac{\partial u}{\partial t}$ 的中心差分近似, 式中的 $\beta(u)$ 在中点求值, 右边是对 $\dfrac{\partial u}{\partial x}$ 的中心差分. 如果分别用下式替换 u_{j+1}^k, u_j^k 和 u_{j-1}^k, 即

$$u_{j+1}^k = \frac{1}{3}(u_{j+1}^{k+1}+u_{j+1}^k+u_{j+1}^{k-1}), \tag{5.3.3}$$

$$u_j^k = \frac{1}{3}(u_j^{k+1}+u_j^k+u_j^{k-1}), \tag{5.3.4}$$

$$u_{j-1}^k = \frac{1}{3}(u_{j-1}^{k+1}+u_{j-1}^k+u_{j-1}^{k-1}), \tag{5.3.5}$$

并令

$$\alpha(u_{j+\frac{1}{2}}^k)=\alpha\left(\frac{u_{j+1}^k+u_j^k}{2}\right)=\alpha_1,$$
$$\alpha(u_{j-\frac{1}{2}}^k)=\alpha\left(\frac{u_j^k+u_{j-1}^k}{2}\right)=\alpha_2, \tag{5.3.6}$$

则最后得到如下有限差分格式

$$\begin{aligned}\beta(u_j^k)(u_j^{k+1}-u_j^{k-1})=&\frac{2r}{3}\Big\{\alpha_1\big[(u_{j+1}^{k+1}-u_j^{k+1})+(u_{j+1}^k-u_j^k)+(u_{j+1}^{k-1}-u_j^{k-1})\big]\\&-\alpha_2\big[(u_j^{k+1}-u_{j-1}^{k+1})+(u_j^k-u_{j-1}^k)+(u_j^{k-1}-u_{j-1}^{k-1})\big]\Big\},\end{aligned} \tag{5.3.7}$$

可以证明式 (5.3.7) 稳定且收敛, 而且关于 $k+1$ 时间层上的未知数是线性的.

5.3.2 线性化差分格式

下面考虑更一般形式的非线性偏微分方程, 即

$$\frac{\partial u}{\partial t}=\phi\left(t,x,u,\frac{\partial u}{\partial x},\frac{\partial^2 u}{\partial x^2}\right), \tag{5.3.8}$$

可用下式近似

$$\frac{u_j^{k+1}-u_j^k}{\Delta t}\approx\phi\left(k\Delta t,jh,u_j^k,\frac{u_{j+1}^k-u_{j-1}^k}{2h},\frac{u_{j+1}^k-2u_j^k+u_{j-1}^k}{h^2}\right). \tag{5.3.9}$$

如果用 $u_j^k+\varepsilon_j^k$ 代替 u_j^k, 这里 ε_j^k 是由于舍入误差或线性化带来的误差, 则式 (5.3.9) 可写成

$$\begin{aligned}\frac{(u_j^{k+1}+\varepsilon_j^{k+1})-(u_j^k+\varepsilon_j^k)}{\Delta t}\approx\phi\Bigg(&k\Delta t,jh,u_j^k+\varepsilon_j^k,\ \frac{(u_{j+1}^k+\varepsilon_{j+1}^k)-(u_{j-1}^k+\varepsilon_{j-1}^k)}{2h},\\&\frac{(u_{j+1}^k+\varepsilon_{j+1}^k)-2(u_j^k+\varepsilon_j^k)+(u_{j-1}^k+\varepsilon_{j-1}^k)}{h^2}\Bigg),\end{aligned} \tag{5.3.10}$$

将式 (5.3.10) 写成

$$\begin{aligned}\frac{(u_j^{k+1}-u_j^k)+(\varepsilon_j^{k+1}-\varepsilon_j^k)}{\Delta t}\approx\phi\Bigg(&t,x,u_j^k+\varepsilon_j^k,\frac{u_{j+1}^k-u_{j-1}^k}{2h}+\frac{\varepsilon_{j+1}^k-\varepsilon_{j-1}^k}{2h},\\&\frac{u_{j+1}^k-2u_j^k+u_{j-1}^k}{h^2}+\frac{\varepsilon_{j+1}^k-2\varepsilon_j^k+\varepsilon_{j-1}^k}{h^2}\Bigg).\end{aligned} \tag{5.3.11}$$

因为

$$\varepsilon_j^k,\quad \frac{\varepsilon_{j+1}^k-\varepsilon_{j-1}^k}{2h},\quad \frac{\varepsilon_{j+1}^k-2\varepsilon_j^k+\varepsilon_{j-1}^k}{h^2} \tag{5.3.12}$$

与

$$u_j^k,\quad \frac{u_{j+1}^k-u_{j-1}^k}{2h},\quad \frac{u_{j+1}^k-2u_j^k+u_{j-1}^k}{h^2} \tag{5.3.13}$$

相比是小量, 所以对式 (5.3.11) 右边的 ϕ 进行 Taylor 级数展开, 得到

$$\begin{aligned}&\frac{u_j^{k+1}-u_j^k}{\Delta t}+\frac{\varepsilon_j^{k+1}-\varepsilon_j^k}{\Delta t}\\ &\approx\phi\left(t,x,u_j^k,\frac{u_{j+1}^k-u_{j-1}^k}{2h},\frac{u_{j+1}^k-2u_j^k+u_{j-1}^k}{h^2}\right)\\ &\quad+\left.\frac{\partial\phi}{\partial u}\right|_{\alpha_1}\varepsilon_j^k+\left.\frac{\partial\phi}{\partial u_x}\right|_{\alpha_2}\frac{\varepsilon_{j+1}^k-\varepsilon_{j-1}^k}{2h}+\left.\frac{\partial\phi}{\partial u_{xx}}\right|_{\alpha_3}\frac{\varepsilon_{j+1}^k-2\varepsilon_j^k+\varepsilon_{j-1}^k}{h^2},\end{aligned} \tag{5.3.14}$$

其中

$$\alpha_1=u_j^k,\quad \alpha_2=\frac{u_{j+1}^k-u_{j-1}^k}{2h},\quad \alpha_3=\frac{u_{j+1}^k-2u_j^k+u_{j-1}^k}{h^2}, \tag{5.3.15}$$

由式 (5.3.14) 减去式 (5.3.9) 得

$$\frac{\varepsilon_j^{k+1}-\varepsilon_j^k}{\Delta t}=a_0\varepsilon_j^k+a_1\frac{\varepsilon_{j+1}^k-\varepsilon_{j-1}^k}{2h}+a_2\frac{\varepsilon_{j+1}^k-2\varepsilon_j^k+\varepsilon_{j-1}^k}{h^2}, \tag{5.3.16}$$

其中

$$a_0=\left.\frac{\partial\phi}{\partial u}\right|_{\alpha_1},\quad a_1=\left.\frac{\partial\phi}{\partial u_x}\right|_{\alpha_2},\quad a_2=\left.\frac{\partial\phi}{\partial u_{xx}}\right|_{\alpha_3}, \tag{5.3.17}$$

重新整理, 得

$$\varepsilon_j^{k+1}=r\left(a_2+\frac{h}{2}a_1\right)\varepsilon_{j+1}^k+\left[1-2r\left(a_2-\frac{h^2}{2}a_0\right)\right]\varepsilon_j^k+r\left(a_2-\frac{h}{2}a_1\right)\varepsilon_{j-1}^k. \tag{5.3.18}$$

为保证式 (5.3.9) 的解稳定, 要求

$$\begin{cases}a_2>0,\ a_0\leqslant 0,\\ h\leqslant\min\left(\dfrac{2a_2}{|a_1|}\right),\\ r\leqslant\min\left(\dfrac{1}{2a_2-h^2a_0}\right).\end{cases} \tag{5.3.19}$$

5.3.3 CN 格式和预测校正格式

对拟线性抛物型偏微分方程

$$\frac{\partial^2 u}{\partial x^2}=\psi\left(t,x,u,\frac{\partial u}{\partial x},\frac{\partial u}{\partial t}\right), \tag{5.3.20}$$

其中 $\frac{\partial \psi}{\partial u_t} > 0$, 其 CN 格式是

$$\frac{\delta_x^2 u_j^k + \delta_x^2 u_j^{k+1}}{2h^2} = \psi\left(\left(k+\frac{1}{2}\right)\Delta t, jh, \frac{1}{2}\left(u_j^k + u_j^{k+1}\right),\right.$$

$$\left.\frac{1}{2}\left(\frac{u_{j+1}^k - u_{j-1}^k}{2h} + \frac{u_{j+1}^{k+1} - u_{j-1}^{k+1}}{2h}\right), \frac{u_j^{k+1} - u_j^k}{\Delta t}\right). \quad (5.3.21)$$

该式在 $k+1$ 时刻是一组非线性方程. 可以证明, 该格式稳定且收敛. 此外, Douglas 和 Jones(1963 年) 曾用预测校正法求解[29]:

预测 (P)

$$\frac{1}{h^2}\delta_x^2 u_j^{k+\frac{1}{2}} = \psi\left[\left(k+\frac{1}{2}\right)\Delta t, jh, u_j^k, \frac{\mu_x \delta_x^0 u_j^k}{2h}, \frac{1}{\Delta t/2}(u_j^{k+1/2} - u_j^k)\right], \quad (5.3.22)$$

校正 (C)

$$\frac{1}{2h^2}\left(\delta_x^2 u_j^{k+1} + \delta_x^2 u_j^k\right) = \psi\left[\left(k+\frac{1}{2}\right)\Delta t, jh, u_j^{k+\frac{1}{2}}, \frac{1}{2h}\mu_x \delta_x^0 (u_j^{k+1} + u_j^k), \frac{1}{\Delta t}(u_j^{k+1} - u_j^k)\right], \quad (5.3.23)$$

其中 μ_x 为平均差分算子, 即 $\mu_x u_j^k = (u_{j+\frac{1}{2}}^k + u_{j-\frac{1}{2}}^k)/2$. δ_x^0 为中心差分算子, 即 $\delta_x^0 u_j^k = u_{j+\frac{1}{2}}^k - u_{j-\frac{1}{2}}^k$. δ_x^2 为二阶中心差分算子, 即 $\delta_x^2 u_j^k = u_{j+1}^k - 2u_j^k + u_{j-1}^k$. 方程 (5.3.23) 所用的 $k+1/2$ 线上的值由预测步骤 (5.3.22) 计算. 此格式收敛, 误差阶为 $O(\Delta t^2 + h^2)$.

例 5.3.1 $\frac{\partial u}{\partial t} = \frac{\partial}{\partial x}\left(a(u)\frac{\partial u}{\partial x}\right)$, 其中 $a(u) = 1 - bu$.

解 原方程可写成

$$\frac{\partial u}{\partial t} = (1-bu)\frac{\partial^2 u}{\partial x^2} - b\left(\frac{\partial u}{\partial x}\right)^2. \quad (5.3.24)$$

根据上面的推导, 可得差分格式为 (其中 $r = \Delta t/h^2$)

$$u_j^{k+1} = u_j^k + r\left[(1-bu_j^k)(u_{j+1}^k - 2u_j^k + u_{j-1}^k) - \frac{1}{4}b(u_{j+1}^k - u_{j-1}^k)^2\right], \quad (5.3.25)$$

由式 (5.3.19) 得到稳定性条件为

$$\begin{cases} h \leqslant \min\left(\dfrac{1-bu}{b|u_x|}\right), \\ r \leqslant \min\left(\dfrac{1}{2(1-bu) + bh^2 u_{xx}}\right). \end{cases} \quad (5.3.26)$$

5.4 二维热传导方程

现讨论二维热传导方程

$$\frac{\partial u}{\partial t}=\frac{\partial^2 u}{\partial x^2}+\frac{\partial^2 u}{\partial y^2},\quad (x,y)\in\Omega \tag{5.4.1}$$

的各种差分格式, 其中 $\Omega=\{(x,y)|0<x,y<1\}$. 显然, 对方程 (5.4.1) 还需附加初始条件和边界条件. 为了便于计算, 将 x 和 y 方向上取成等步长, $\Delta x=\Delta y=h$.

5.4.1 加权差分格式

显然, 关于 $\dfrac{\partial^2 u}{\partial x^2}$ 和 $\dfrac{\partial^2 u}{\partial y^2}$ 的显式和隐式近似有多种表达式, 它们都可以通过加权隐式公式得到. 方程 (5.4.1) 的加权差分格式是

$$\begin{aligned}\frac{u_{i,j}^{k+1}-u_{i,j}^{k}}{\Delta t}=&\frac{\theta_1}{h^2}(u_{i+1,j}^{k+1}-2u_{i,j}^{k+1}+u_{i-1,j}^{k+1})+\frac{1-\theta_1}{h^2}(u_{i+1,j}^{k}-2u_{i,j}^{k}+u_{i-1,j}^{k})\\&+\frac{\theta_2}{h^2}(u_{i,j+1}^{k+1}-2u_{i,j}^{k+1}+u_{i,j-1}^{k+1})+\frac{1-\theta_2}{h^2}(u_{i,j+1}^{k}-2u_{i,j}^{k}+u_{i,j-1}^{k}),\end{aligned} \tag{5.4.2}$$

其中 $0\leqslant\theta_1\leqslant 1, 0\leqslant\theta_2\leqslant 1$. 若取 $\theta_1=\theta_2=0$, 就得显式差分格式

$$u_{i,j}^{k+1}=u_{i,j}^{k}+r(u_{i+1,j}^{k}+u_{i-1,j}^{k}+u_{i,j+1}^{k}+u_{i,j-1}^{k}-4u_{i,j}^{k}), \tag{5.4.3}$$

其中 $r=\Delta t/h^2$. 易知格式 (5.4.3) 的局部截断误差为 $O(\Delta t+h^2)$. 在已知 $k=0$ 的初始条件下, 就可以沿着 t 方向递推计算. 利用 von Neumann 方法可以得到格式 (5.4.3) 的增长因子为

$$G=1-4r\left(\sin^2\frac{\sigma_1 h}{2}+\sin^2\frac{\sigma_2 h}{2}\right), \tag{5.4.4}$$

由 $|G|\leqslant 1$ 求得稳定性条件为

$$r\leqslant\frac{1}{4}. \tag{5.4.5}$$

若不是等步长, 类似可得稳定性条件变为

$$\Delta t\leqslant\frac{1}{2\left(\dfrac{1}{\Delta x^2}+\dfrac{1}{\Delta y^2}\right)}. \tag{5.4.6}$$

格式 (5.4.3) 在 x-y 平面上用到了四个点. 增加网格点数可以放宽稳定性条件. 可以构造如下九个点的差分格式

$$
\begin{aligned}
u_{i,j}^{k+1} &= u_{i,j}^k + r(\delta_x^2+\delta_y^2)u_{i,j}^k + r^2\delta_x^2\delta_y^2 u_{i,j}^k \\
&= u_{i,j}^k + r(u_{i+1,j}^k + u_{i-1,j}^k + u_{i,j+1}^k + u_{i,j-1}^k - 4u_{i,j}^k) \\
&\quad + r^2[(u_{i+1,j+1}^k - 2u_{i,j+1}^k + u_{i-1,j+1}^k) - 2(u_{i+1,j}^k - 2u_{i,j}^k + u_{i-1,j}^k) \\
&\quad + (u_{i+1,j-1}^k - 2u_{i,j-1}^k + u_{i-1,j-1}^k)],
\end{aligned}
\tag{5.4.7}
$$

其稳定性条件为 $r \leqslant 1/2$. 截断误差仍为 $O(\Delta t + h^2)$. 若取 $r = 1/6$, 则精度为 $O(\Delta t^2 + h^2)$. 格式 (5.4.3) 和格式 (5.4.7) 均为显式格式, 但由于都是条件稳定, 在实际问题中很少使用, 下面将 Saul'yev 和 Du Fort-Frankel 格式加以推广.

5.4.2 Du Fort-Frankel 格式

一维 Du Fort-Frankel 方法可推广到二维, 首先写出二维 Richardson 显式格式

$$
\frac{u_{i,j}^{k+1} - u_{i,j}^{k-1}}{2\Delta t} = \frac{u_{i+1,j}^k - 2u_{i,j}^k + u_{i-1,j}^k}{h^2} + \frac{u_{i,j+1}^k - 2u_{i,j}^k + u_{i,j-1}^k}{h^2}, \tag{5.4.8}
$$

与一维一样, 该格式是无条件不稳定格式. 作如下替换

$$
u_{i,j}^k = \frac{1}{2}(u_{i,j}^{k+1} + u_{i,j}^{k-1}), \tag{5.4.9}
$$

得

$$
u_{i,j}^{k+1} = \frac{2r}{1+4r}(u_{i+1,j}^k + u_{i-1,j}^k + u_{i,j+1}^k + u_{i,j-1}^k) + \frac{1-4r}{1+4r}u_{i,j}^{k-1}. \tag{5.4.10}
$$

该式是显式格式, 而且无条件稳定, 截断误差阶为 $O(\Delta t^2 + h^2 + \Delta t^2/h^2)$. 计算时, 需要已知两个时间层上的值, 其中 $k = 0$ 上的值由初始条件给出, $k = 1$ 上的值由前面其他公式或 $r = 1/4$ 时的式 (5.4.10) 来计算. 该格式的优点是显式且绝对稳定, 但若 $\Delta t/h$ 保持为 $O(1)$, 则与式 (5.4.10) 相容的方程是

$$
\frac{\partial u}{\partial t} + \frac{2\Delta t^2}{h^2}\frac{\partial^2 u}{\partial t^2} = \frac{\partial^2 u}{\partial x^2} + \frac{\partial^2 u}{\partial y^2}, \tag{5.4.11}
$$

而不是式 (5.4.1).

5.4.3 交替方向隐 (ADI) 格式

如果在加权差分格式 (5.4.2) 中取 $\theta_1 = \theta_2 = 1/2$, 则得到 CN 格式, 可以写成

$$
\left(1 - \frac{r}{2}\delta_x^2 - \frac{r}{2}\delta_y^2\right)u_{i,j}^{k+1} = \left(1 + \frac{r}{2}\delta_x^2 + \frac{r}{2}\delta_y^2\right)u_{i,j}^k, \tag{5.4.12}
$$

其中 $r=\Delta t/h^2$. 该式是二阶精度无条件稳定的, 但需要求解一个五对角线性方程组, 当 n 很大时, 计算上不实用. Peaceman 和 Rachford 于 1955 年首先提出一种分裂格式[69], 称为PR 格式. 将方程 (5.4.12) 右端加上高阶量

$$\frac{r^2}{4}\delta_x^2\delta_y^2(u_{i,j}^k-u_{i,j}^{k+1}),$$

得

$$\left(1-\frac{r}{2}\delta_x^2\right)\left(1-\frac{r}{2}\delta_y^2\right)u_{i,j}^{k+1}=\left(1+\frac{r}{2}\delta_x^2\right)\left(1+\frac{r}{2}\delta_y^2\right)u_{i,j}^k, \tag{5.4.13}$$

然后按下面两步计算

$$\left(1-\frac{r}{2}\delta_x^2\right)u_{i,j}^{k+\frac{1}{2}}=\left(1+\frac{r}{2}\delta_y^2\right)u_{i,j}^k, \tag{5.4.14}$$

$$\left(1-\frac{r}{2}\delta_y^2\right)u_{i,j}^{k+1}=\left(1+\frac{r}{2}\delta_x^2\right)u_{i,j}^{k+\frac{1}{2}}, \tag{5.4.15}$$

即第一步是沿 x 方向逐行求解三对角方程, 得到 $u_{i,j}^{k+\frac{1}{2}}$, 然后沿 y 方向逐列求解三对角方程得到解 $u_{i,j}^{k+1}$, 由于每步只需求解一组三对角方程, 且两个方向交替变换, 故通称这类格式为交替方向隐格式. 可以验证, 由式 (5.4.14) 和式 (5.4.15) 消取中间变量 $u_{i,j}^{k+\frac{1}{2}}$ 即得式 (5.4.13). 实际上, 将式 (5.4.14) 加上式 (5.4.15) 得

$$u_{i,j}^{k+1}-u_{i,j}^k=r\delta_x^2u_{i,j}^{k+\frac{1}{2}}+\frac{r}{2}\delta_y^2(u_{i,j}^{k+1}+u_{i,j}^k), \tag{5.4.16}$$

再将式 (5.4.14) 减去式 (5.4.15) 得

$$2u_{i,j}^{k+\frac{1}{2}}=(u_{i,j}^{k+1}+u_{i,j}^k)-\frac{r}{2}\delta_y^2(u_{i,j}^{k+1}-u_{i,j}^k), \tag{5.4.17}$$

将式 (5.4.17) 代入式 (5.4.16) 得

$$\left(1+\frac{r^2}{4}\delta_x^2\delta_y^2\right)(u_{i,j}^{k+1}-u_{i,j}^k)=\frac{r}{2}(\delta_x^2+\delta_y^2)(u_{i,j}^{k+1}+u_{i,j}^k), \tag{5.4.18}$$

此即式 (5.4.13).

可用 von Neumann 法分析 PR 格式的稳定性, 其中第一式的放大因子为

$$G_a(\Delta t,\sigma_1,\sigma_2)=\frac{1-2r\sin^2\dfrac{\sigma_2h}{2}}{1+2r\sin^2\dfrac{\sigma_1h}{2}}, \tag{5.4.19}$$

第二式的放大因子为

$$G_b(\Delta t,\sigma_1,\sigma_2)=\frac{1-2r\sin^2\dfrac{\sigma_1h}{2}}{1+2r\sin^2\dfrac{\sigma_2h}{2}}. \tag{5.4.20}$$

显然两个因子都有一个有限的稳定界限, 即每个方程单独使用时都是条件稳定的, 但组合后的放大因子 $G_{\mathrm{PR}} = G_a \cdot G_b$ 满足 $|G_{\mathrm{PR}}| \leqslant 1$, 因此 PR 格式无条件稳定的.

Douglas 和 Rachford(1956 年) 曾提出如下的分裂格式[31], 称为 DR 格式

$$(1 - r\delta_x^2)u_{i,j}^{k+\frac{1}{2}} = (1 + r\delta_y^2)u_{i,j}^k, \tag{5.4.21}$$

$$(1 - r\delta_y^2)u_{i,j}^{k+1} = u_{i,j}^{k+\frac{1}{2}} - r\delta_y^2 u_{i,j}^k, \tag{5.4.22}$$

消去 $u_{i,j}^{k+\frac{1}{2}}$, 得

$$(1 - r\delta_x^2)(1 - r\delta_y^2)u_{i,j}^{k+1} = (1 + r^2\delta_x^2\delta_y^2)u_{i,j}^k, \tag{5.4.23}$$

局部截断误差为 $O(\Delta t + h^2)$, 增长因子为

$$G_{\mathrm{DR}} = \frac{1 + 16r^2 \sin^2 \dfrac{\sigma_1 h}{2} \sin^2 \dfrac{\sigma_2 h}{2}}{\left(1 + 4r \sin^2 \dfrac{\sigma_1 h}{2}\right)\left(1 + 4r \sin^2 \dfrac{\sigma_2 h}{2}\right)}, \tag{5.4.24}$$

由于 $|G_{\mathrm{DR}}| \leqslant 1$, 所以 DR 格式是无条件稳定的.

D'Yakonov(1963 年) 对 CN 格式提出如下的计算步骤[24], 称为D1 格式

$$\left(1 - \frac{r}{2}\delta_x^2\right) u_{i,j}^{k+\frac{1}{2}} = \left(1 + \frac{r}{2}\delta_x^2\right)\left(1 + \frac{r}{2}\delta_y^2\right) u_{i,j}^k, \tag{5.4.25}$$

$$\left(1 - \frac{r}{2}\delta_y^2\right) u_{i,j}^{k+1} = u_{i,j}^{k+\frac{1}{2}}. \tag{5.4.26}$$

对消去中间变量后的 DR 格式 (5.4.23), 也可以按 D'Yakonov 的方式分裂, 称为 D3 格式

$$(1 - r\delta_x^2)u_{i,j}^{k+\frac{1}{2}} = (1 + r^2\delta_x^2\delta_y^2)u_{i,j}^k, \tag{5.4.27}$$

$$(1 - r\delta_y^2)u_{i,j}^{k+1} = u_{i,j}^{k+\frac{1}{2}}. \tag{5.4.28}$$

Mitchell 和 Fairweather(1964 年) 推导了一种高精度的 ADI 格式[65], 称为 MF 格式

$$\left[1 - \frac{1}{2}\left(r - \frac{1}{6}\right)\delta_x^2\right] u_{i,j}^{k+\frac{1}{2}} = \left[1 + \frac{1}{2}\left(r + \frac{1}{6}\right)\delta_y^2\right] u_{i,j}^k, \tag{5.4.29}$$

$$\left[1 - \frac{1}{2}\left(r - \frac{1}{6}\right)\delta_y^2\right] u_{i,j}^{k+1} = \left[1 + \frac{1}{2}\left(r + \frac{1}{6}\right)\delta_x^2\right] u_{i,j}^{k+\frac{1}{2}}. \tag{5.4.30}$$

该格式的增长因子为

$$G_{\mathrm{MF}} = \frac{\left[2\left(r + \dfrac{1}{6}\right)\sin^2 \dfrac{\sigma_2 h}{2} - 1\right]\left[2\left(r + \dfrac{1}{6}\right)\sin^2 \dfrac{\sigma_1 h}{2} - 1\right]}{\left[2\left(r - \dfrac{1}{6}\right)\sin^2 \dfrac{\sigma_2 h}{2} + 1\right]\left[2\left(r - \dfrac{1}{6}\right)\sin^2 \dfrac{\sigma_1 h}{2} + 1\right]}. \tag{5.4.31}$$

由于 $|G_{\mathrm{MF}}| \leqslant 1$ 对所有 r 成立, 故 MF 格式无条件稳定, 虽然 MF 格式中单个的分裂格式并不与原偏微分方程相容, 但消去中间变量后, 得

$$\left[1-\frac{1}{2}\left(r-\frac{1}{6}\right)\delta_x^2\right]\left[1-\frac{1}{2}\left(r-\frac{1}{6}\right)\delta_y^2\right]u_{i,j}^{k+1}$$

$$=\left[1+\frac{1}{2}\left(r+\frac{1}{6}\right)\delta_x^2\right]\left[1+\frac{1}{2}\left(r+\frac{1}{6}\right)\delta_y^2\right]u_{i,j}^{k}, \tag{5.4.32}$$

从而可证明与原方程相容, 局部截断误差阶为 $O(\Delta t^2+h^4)$, 截断误差的首项是

$$\frac{-r\left(r^2-\dfrac{1}{20}\right)}{10\left(r+\dfrac{5}{6}\right)^2}h^6\left(\frac{\partial^6 u}{\partial x^6}+\frac{\partial^6 u}{\partial y^6}\right), \tag{5.4.33}$$

由式 (5.4.33) 知, 若取 $r=\dfrac{1}{2\sqrt{5}}$, 则可使 MF 格式精确到 $O(\Delta t^2+h^6)$.

D'Yakonov 提出一个与 MF 格式等价的分裂格式, 称为 D2 格式

$$\left[1-\frac{1}{2}\left(r-\frac{1}{6}\right)\delta_x^2\right]u_{i,j}^{k+\frac{1}{2}}=\left[1+\frac{1}{2}\left(r+\frac{1}{6}\right)\delta_x^2\right]\left[1+\frac{1}{2}\left(r+\frac{1}{6}\right)\delta_y^2\right]u_{i,j}^{k}, \tag{5.4.34}$$

$$\left[1-\frac{1}{2}\left(r-\frac{1}{6}\right)\delta_y^2\right]u_{i,j}^{k+1}=u_{i,j}^{k+\frac{1}{2}}. \tag{5.4.35}$$

Douglas(1962 年) 提出了另一种分裂格式[28], 二维情况下为

$$\left(1-\frac{r}{2}\delta_x^2\right)\tilde{u}_{i,j}^{k+1}=\left[\left(1+\frac{r}{2}\delta_x^2\right)+r\delta_y^2\right]u_{i,j}^{k}, \tag{5.4.36}$$

$$\left(1-\frac{r}{2}\delta_y^2\right)u_{i,j}^{k+1}=\tilde{u}_{i,j}^{k+1}-\frac{r}{2}\delta_y^2 u_{i,j}^{k}, \tag{5.4.37}$$

该两式合成后可得

$$\left(1-\frac{r}{2}\delta_x^2\right)\left(1-\frac{r}{2}\delta_y^2\right)(u_{i,j}^{k+1}-u_{i,j}^{k})=r(\delta_x^2+\delta_y^2)u_{i,j}^{k}, \tag{5.4.38}$$

因此, 该格式可看成是对 CN 格式扰动的结果, 由分析可知, 该格式的截断误差为 $O(\Delta t^2+h^2)$, 而且无条件稳定.

下面讨论 PR 格式 (5.4.14) 和式 (5.4.15) 中间变量的计算. 对第二式 (5.4.15), 只要假定 $u_{i,0}^{k+1}$ 和 $u_{i,M}^{k+1}$ 的值已知即可, 其中 $j=0$ 和 $j=M$ 表示边界点, 但在第一式 (5.4.14) 中, 必须给出 $u_{0,j}^{k+\frac{1}{2}}$ 和 $u_{M,j}^{k+\frac{1}{2}}$ 的值. 为此将式 (5.4.14) 减去式 (5.4.15), 消去 $\dfrac{1}{2}r\delta_x^2 u_{i,j}^{k+\frac{1}{2}}$ 项, 再假定边界条件 $u|_{\partial\Omega}=\psi(x,y,t)$, 得中间变量的边界值为

$$u_{i,j}^{k+\frac{1}{2}}=\frac{1}{2}\left(1+\frac{r}{2}\delta_y^2\right)\psi_{i,j}^{k}+\frac{1}{2}\left(1-\frac{r}{2}\delta_y^2\right)\psi_{i,j}^{k+1},\quad i=0,\ i=M;\quad j=1,\cdots,M-1, \tag{5.4.39}$$

可以用式 (5.4.36) 来计算中间变量的边界值.

类似地, 可推导 DR 格式的中间变量边界值的计算公式, 为

$$u_{i,j}^{k+\frac{1}{2}} = r\delta_y^2\psi_{i,j}^k + (1-r\delta_y^2)\psi_{i,j}^{k+1}, \quad i=0,\ i=M; \quad j=1,\cdots,M-1 \tag{5.4.40}$$

和 MF 格式的中间变量边界值计算公式

$$u_{i,j}^{k+\frac{1}{2}} = \frac{r+\dfrac{1}{6}}{2r}\left[1+\frac{1}{2}\left(r+\frac{1}{6}\right)\delta_y^2\right]\psi_{i,j}^k + \frac{r-\dfrac{1}{6}}{2r}\left[1-\frac{1}{2}\left(r-\frac{1}{6}\right)\delta_y^2\right]\psi_{i,j}^{k+1},$$
$$i=0,\ i=M; \quad j=1,\cdots,M-1. \tag{5.4.41}$$

对 D_1 格式、D_2 格式和 D_3 格式, $u_{i,j}^{k+\frac{1}{2}}$ 的计算公式分别为 $(i=0, i=M; j=1,\cdots,M-1)$

$$u_{i,j}^{k+\frac{1}{2}} = \left(1-\frac{r}{2}\delta_y^2\right)\psi_{i,j}^{k+1}, \quad (i,j)\in\partial\Omega, \tag{5.4.42}$$

$$u_{i,j}^{k+\frac{1}{2}} = \left[1-\frac{1}{2}\left(r-\frac{1}{6}\right)\delta_y^2\right]\psi_{i,j}^{k+1}, \quad (i,j)\in\partial\Omega, \tag{5.4.43}$$

$$u_{i,j}^{k+\frac{1}{2}} = (1-r\delta_y^2)\psi_{i,j}^{k+1}, \quad (i,j)\in\partial\Omega. \tag{5.4.44}$$

由上可知, 中间变量的边界值是通过 k 及 $k+1$ 时间层上的边界值来求得. D_1 格式、D_2 格式和 D_3 格式确定中间变量的边界条件时比其他格式要简单. 当应用 ADI 方法计算时, 每一步都要先算出中间变量的边界值, 然后才开始内结点的计算.

上面的所有格式对 x 和 y 坐标轴上的矩形域严格成立, 如果求解的不是矩形域, 则分裂形式的格式和组合后的格式不一定等价. 然而, 实际的计算表明, 即使在非矩形的情况下, ADI 方法也能很好地应用. 此外, ADI 方法还可以类似地推广到有混合导数和具有变系数的抛物型偏微分方程. 对于有源项的抛物型方程, 如

$$\frac{\partial u}{\partial t} = \frac{\partial^2 u}{\partial x^2} + \frac{\partial^2 u}{\partial y^2} + S(u,t,x,y) \tag{5.4.45}$$

也可处理, 对应的 PR 格式是

$$\left(1-\frac{r}{2}\delta_x^2\right)u_{i,j}^{k+\frac{1}{2}} = \left(1+\frac{r}{2}\delta_y^2\right)u_{i,j}^k + \frac{r}{2}S_{i,j}^{k+\frac{1}{2}}, \tag{5.4.46}$$

$$\left(1-\frac{r}{2}\delta_y^2\right)u_{i,j}^{k+1} = \left(1+\frac{r}{2}\delta_x^2\right)u_{i,j}^{k+\frac{1}{2}} + \frac{r}{2}S_{i,j}^{k+\frac{1}{2}}. \tag{5.4.47}$$

DR 格式是

$$(1-r\delta_x^2)u_{i,j}^{k+\frac{1}{2}} = (1+r\delta_y^2)u_{i,j}^k + rS_{i,j}^{k+\frac{1}{2}}, \tag{5.4.48}$$

$$(1-r\delta_y^2)u_{i,j}^{k+1} = u_{i,j}^{k+\frac{1}{2}} - r\delta_y^2 u_{i,j}^k. \tag{5.4.49}$$

如果 S 是非线性的, 则所得结果是一组非线性代数方程组, 可以将非线性形式线性化后用迭代法求解.

5.4.4 局部一维 (LOD) 法

对二维热传导方程 (5.4.1), 局部一维化 (LOD) 法相当于求解

$$\frac{1}{2}\frac{\partial u}{\partial t}=\frac{\partial^2 u}{\partial x^2},\quad t\in[t^k,t^{k+\frac{1}{2}}], \tag{5.4.50}$$

$$\frac{1}{2}\frac{\partial u}{\partial t}=\frac{\partial^2 u}{\partial y^2},\quad t\in[t^{k+\frac{1}{2}},t^{k+1}], \tag{5.4.51}$$

式 (5.4.50) 和式 (5.4.51) 都只含有一个空间变量 (x 和 y), 因此可用一维方法来近似每个方程. 如用显式格式

$$\frac{1}{2}\frac{u_{i,j}^{k+\frac{1}{2}}-u_{i,j}^k}{\Delta t/2}=\frac{\delta_x^2 u_{i,j}^k}{h^2}, \tag{5.4.52}$$

$$\frac{1}{2}\frac{u_{i,j}^{k+1}-u_{i,j}^{k+\frac{1}{2}}}{\Delta t/2}=\frac{\delta_y^2 u_{i,j}^{k+\frac{1}{2}}}{h^2}, \tag{5.4.53}$$

即

$$\begin{aligned}u_{i,j}^{k+\frac{1}{2}}&=(1+r\delta_x^2)u_{i,j}^k,\\ u_{i,j}^{k+1}&=(1+r\delta_y^2)u_{i,j}^{k+\frac{1}{2}},\end{aligned} \tag{5.4.54}$$

其中 $r=\Delta t/h^2$. 通常用无条件稳定的 CN 格式近似 (5.4.50) 和式 (5.4.51), 为

$$\left(1-\frac{r}{2}\delta_x^2\right)u_{i,j}^{k+\frac{1}{2}}=\left(1+\frac{r}{2}\delta_x^2\right)u_{i,j}^k, \tag{5.4.55}$$

$$\left(1-\frac{r}{2}\delta_y^2\right)u_{i,j}^{k+1}=\left(1+\frac{r}{2}\delta_y^2\right)u_{i,j}^{k+\frac{1}{2}}. \tag{5.4.56}$$

若 δ_x^2 和 δ_y^2 可以互易 (即 (x,y) 的区域是矩形区域), 则又回到了 PR 格式, 即式 (5.4.14) 和式 (5.4.15). 实际上, 可以先从 PR 格式出发, 通过交换右端项 $\left(1+\frac{r}{2}\delta_x^2\right)$ 和 $\left(1+\frac{r}{2}\delta_y^2\right)$ 而得到 LOD 格式 (5.4.55) 和式 (5.4.56), 该式对应三对角方程组, 且无条件稳定, 精度为 $O(\Delta t^2+h^2)$.

类似地, 对应于 MF 格式 (5.4.29) 和式 (5.4.30), LOD 格式为

$$\left[1-\frac{1}{2}\left(r-\frac{1}{6}\right)\delta_x^2\right]u_{i,j}^{k+\frac{1}{2}}=\left[1+\frac{1}{2}\left(r+\frac{1}{6}\right)\delta_x^2\right]u_{i,j}^k, \tag{5.4.57}$$

$$\left[1-\frac{1}{2}\left(r-\frac{1}{6}\right)\delta_y^2\right]u_{i,j}^{k+1}=\left[1+\frac{1}{2}\left(r+\frac{1}{6}\right)\delta_y^2\right]u_{i,j}^{k+\frac{1}{2}}. \tag{5.4.58}$$

同样地, 只有当 δ_x^2 和 δ_y^2 可以互易时, MF 格式与 LOD 格式才等价. 对于矩形区域, LOD 格式的中间变量 $u_{i,j}^{k+\frac{1}{2}}$ 的边界值可取为

$$u_{i,j}^{k+\frac{1}{2}} = \psi_{i,j}^{k+\frac{1}{2}}, \quad (i,j) \in \partial\Omega. \tag{5.4.59}$$

5.5 三维热传导方程

考虑三维热传导方程

$$\frac{\partial u}{\partial t} = \frac{\partial^2 u}{\partial x^2} + \frac{\partial^2 u}{\partial y^2} + \frac{\partial^2 u}{\partial z^2}, \quad (x,y,z) \in \Omega, \quad t \in [0,T]. \tag{5.5.1}$$

假定边界条件为 $u|_{\partial\Omega} = \psi(x,y,z,t)$, Ω 为正方体区域. 该方程的 PR 格式是 (省略 u 的下标)

$$\begin{cases} \dfrac{u^{k+\frac{1}{3}} - u^k}{\Delta t} = \dfrac{1}{3h^2}(\delta_x^2 u^{k+\frac{1}{3}} + \delta_y^2 u^k + \delta_z^2 u^k), \\ \dfrac{u^{k+\frac{2}{3}} - u^{k+\frac{1}{3}}}{\Delta t} = \dfrac{1}{3h^2}(\delta_x^2 u^{k+\frac{1}{3}} + \delta_y^2 u^{k+\frac{2}{3}} + \delta_z^2 u^{k+\frac{1}{3}}), \\ \dfrac{u^{k+1} - u^{k+\frac{2}{3}}}{\Delta t} = \dfrac{1}{3h^2}(\delta_x^2 u^{k+\frac{2}{3}} + \delta_y^2 u^{k+\frac{2}{3}} + \delta_z^2 u^{k+1}), \end{cases} \tag{5.5.2}$$

该格式是条件稳定的. 实际上, 上面三式的增长因子分别为

$$\begin{cases} G_a = \dfrac{1 - \dfrac{1}{3}(a_2 + a_3)}{1 + \dfrac{1}{3}a_1}, \\ G_b = \dfrac{1 - \dfrac{1}{3}(a_1 + a_3)}{1 + \dfrac{1}{3}a_2}, \\ G_c = \dfrac{1 - \dfrac{1}{3}(a_1 + a_2)}{1 + \dfrac{1}{3}a_3}, \end{cases} \tag{5.5.3}$$

组合后的增长因子为

$$G_{\mathrm{PR}} = G_a G_b G_c = \frac{\left[1 - \dfrac{1}{3}(a_2 + a_3)\right]\left[1 - \dfrac{1}{3}(a_1 + a_3)\right]\left[1 - \dfrac{1}{3}(a_1 + a_2)\right]}{\left(1 + \dfrac{1}{3}a_1\right)\left(1 + \dfrac{1}{3}a_2\right)\left(1 + \dfrac{1}{3}a_3\right)}, \tag{5.5.4}$$

其中

$$a_i = 4r \sin^2 \frac{\sigma_i h}{2}, \quad i = 1,2,3. \tag{5.5.5}$$

由 $|G_{\mathrm{PR}}| \leqslant 1$ 可知, 存在一个有限的稳定性界限. 可见, 二维无条件稳定的 PR 格式推广到三维是条件稳定的.

Douglas 和 Rachford(1956 年) 提出的下面三维 DR 格式[31]是无条件稳定的:

$$\begin{cases} (1-r\delta_x^2)u^{k+\frac{1}{3}} = [1+r(\delta_y^2+\delta_z^2)]u^k, \\ (1-r\delta_y^2)u^{k+\frac{2}{3}} = u^{k+\frac{1}{3}} - r\delta_y^2 u^k, \\ (1-r\delta_z^2)u^{k+1} = u^{k+\frac{2}{3}} - r\delta_z^2 u^k, \end{cases} \tag{5.5.6}$$

消去中间变量 $u^{k+\frac{1}{3}}$ 和 $u^{k+\frac{2}{3}}$, 得

$$(1-r\delta_x^2)(1-r\delta_y^2)(1-r\delta_z^2)u^{k+1} = [1+r^2(\delta_x^2\delta_y^2+\delta_y^2\delta_z^2+\delta_x^2\delta_z^2) - r^3\delta_x^2\delta_y^2\delta_z^2)]u^k. \tag{5.5.7}$$

用 von Neumann 方法可得该式的增长因子为

$$G_{\mathrm{DR}} = \frac{1+a_1a_2+a_1a_3+a_2a_3+a_1a_2a_3}{(1+a_1)(1+a_2)(1+a_3)}, \tag{5.5.8}$$

其中

$$a_i = 4r\sin^2\frac{\sigma_i h}{2}, \quad i=1,2,3. \tag{5.5.9}$$

由于 $|G_{\mathrm{DR}}| \leqslant 1$, 所以三维 DR 格式 (5.5.6) 无条件稳定. 可以证明, 式 (5.5.7) 的局部截断误差的首项为

$$-\frac{1}{12}rh^4\left(\frac{\partial^4 u}{\partial x^4}+\frac{\partial^4 u}{\partial y^4}+\frac{\partial^4 u}{\partial z^4}\right) - \frac{1}{2}r^2h^4\Delta^2 u, \tag{5.5.10}$$

其中算子

$$\Delta = \frac{\partial^2}{\partial x^2}+\frac{\partial^2}{\partial y^2}+\frac{\partial^2}{\partial z^2}, \tag{5.5.11}$$

所以该格式的精度为 $O(\Delta t + h^2)$. 式 (5.5.6) 的中间变量的边界值计算公式为

$$\begin{aligned} u^{k+\frac{1}{3}} &= \psi^k + (1-r\delta_y^2)(1-r\delta_z^2)(\psi^{k+1}-\psi^k), \\ u^{k+\frac{2}{3}} &= \psi^k + (1-r\delta_z^2)(\psi^{k+1}-\psi^k), \end{aligned} \tag{5.5.12}$$

这比 $u^{k+\frac{1}{3}} = u^{k+\frac{2}{3}} = \psi^{k+1}$ 更合理.

Douglas(1962 年)[28] 和 Brian(1961 年)[16] 给出了一个精度更高的格式, 是 CN 格式基础上的修正, 为

$$\begin{cases} \dfrac{u^{k+\frac{1}{3}}-u^k}{\Delta t} = \dfrac{1}{h^2}\left[\dfrac{1}{2}\delta_x^2(u^{k+\frac{1}{3}}+u^k)+\delta_y^2u^k+\delta_z^2u^k\right], \\ \dfrac{u^{k+\frac{2}{3}}-u^k}{\Delta t} = \dfrac{1}{h^2}\left[\dfrac{1}{2}\delta_x^2(u^{k+\frac{1}{3}}+u^k)+\dfrac{1}{2}\delta_y^2(u^{k+\frac{2}{3}}+u^k)+\delta_z^2u^k\right], \\ \dfrac{u^{k+1}-u^k}{\Delta t} = \dfrac{1}{h^2}\left[\dfrac{1}{2}\delta_x^2(u^{k+\frac{1}{3}}+u^k)+\dfrac{1}{2}\delta_y^2(u^{k+\frac{2}{3}}+u^k)+\dfrac{1}{2}\delta_z^2(u^{k+1}+u^k)\right]. \end{cases} \tag{5.5.13}$$

上面每个方程都对应一个三对角方程, 可分别解得 $u^{k+\frac{1}{3}}$, $u^{k+\frac{2}{3}}$ 和 u^{k+1}. 重新整理第一个方程, 再前两个方程相减, 最后两个方程相减, 可得到下面 DB 格式

$$\left\{\begin{array}{l}\left(1-\frac{r}{2}\delta_x^2\right)u^{k+\frac{1}{3}}=\left[1+\frac{r}{2}(\delta_x^2+2\delta_y^2+2\delta_z^2)\right]u^k,\\ \left(1-\frac{r}{2}\delta_y^2\right)u^{k+\frac{2}{3}}=-\frac{r}{2}\delta_y^2u^k+u^{k+\frac{1}{3}},\\ \left(1-\frac{r}{2}\delta_z^2\right)u^{k+1}=-\frac{r}{2}\delta_z^2u^k+u^{k+\frac{2}{3}},\end{array}\right. \tag{5.5.14}$$

消去 $u^{k+\frac{1}{3}}$ 和 $u^{k+\frac{2}{3}}$ 后得到

$$\begin{aligned}&\left[\left(1-\frac{r}{2}\delta_x^2\right)\left(1-\frac{r}{2}\delta_y^2\right)\left(1-\frac{r}{2}\delta_z^2\right)\right]u^{k+1}\\ =&\left[1+\frac{r}{2}(\delta_x^2+\delta_y^2+\delta_z^2)+\frac{r^2}{4}(\delta_x^2\delta_y^2+\delta_x^2\delta_z^2+\delta_y^2\delta_z^2)-\frac{r^3}{8}\delta_x^2\delta_y^2\delta_z^2\right]u^k.\end{aligned} \tag{5.5.15}$$

式 (5.5.15) 中的系数是 27 点算子, 可证明其局部截断误差的首项为

$$-\frac{1}{12}rh^4\left(\frac{\partial^4u}{\partial x^4}+\frac{\partial^4u}{\partial y^4}+\frac{\partial^4u}{\partial z^4}\right), \tag{5.5.16}$$

所以 DB 格式是精度为 $O(\Delta t^2+h^2)$ 的格式, 增长因子为

$$G_{\mathrm{DB}}=\frac{1-(a_1+a_2+a_3)+(a_1a_2+a_1a_3+a_2a_3)+a_1a_2a_3}{1+(a_1+a_2+a_3)+(a_1a_2+a_1a_3+a_2a_3)+a_1a_2a_3}, \tag{5.5.17}$$

由于 $|G_{\mathrm{DB}}|\leqslant 1$ 恒成立, 故 DB 格式是无条件稳定的. 由式 (5.5.14) 可确定中间变量的边界值公式为

$$u^{k+\frac{1}{3}}=\psi^k+\left(1-\frac{r}{2}\delta_y^2\right)\left(1-\frac{r}{2}\delta_z^2\right)(\psi^{k+1}-\psi^k), \tag{5.5.18}$$

$$u^{k+\frac{2}{3}}=\psi^k+\left(1-\frac{r}{2}\delta_z^2\right)(\psi^{k+1}-\psi^k), \tag{5.5.19}$$

注意 DB 格式在一维情形是 CN 格式, 在二维情形是 PR 格式, 另外, 在式 (5.5.13) 中若 $u^{k+\frac{1}{3}}$ 替换成 $u^{k+\frac{2}{3}}$, 则将失去无条件稳定性.

Fairweather 等 (1967 年) 曾提出一个截断误差阶为 $O(\Delta t^2+h^4)$ 的 ADI 格式[33], 是 MF 格式 (5.4.29) 和式 (5.4.30) 的推广, 称为推广的 MF 格式 (EMF 格式), 其组合格式为

$$\begin{aligned}&\left[1-\frac{1}{2}\left(r-\frac{1}{6}\right)\delta_x^2\right]\left[1-\frac{1}{2}\left(r-\frac{1}{6}\right)\delta_y^2\right]\left[1-\frac{1}{2}\left(r-\frac{1}{6}\right)\delta_z^2\right]u^{k+1}\\ =&\left[1+\frac{1}{2}\left(r+\frac{1}{6}\right)\delta_x^2\right]\left[1+\frac{1}{2}\left(r+\frac{1}{6}\right)\delta_y^2\right]\left[1+\frac{1}{2}\left(r+\frac{1}{6}\right)\delta_z^2\right]u^k,\end{aligned} \tag{5.5.20}$$

其增长因子为

$$G_{\mathrm{EMF}}=\frac{\left[2\left(r+\frac{1}{6}\right)\sin^2\frac{\sigma_1 h}{2}-1\right]\left[2\left(r+\frac{1}{6}\right)\sin^2\frac{\sigma_2 h}{2}-1\right]\left[2\left(r+\frac{1}{6}\right)\sin^2\frac{\sigma_3 h}{2}-1\right]}{\left[2\left(r-\frac{1}{6}\right)\sin^2\frac{\sigma_1 h}{2}+1\right]\left[2\left(r-\frac{1}{6}\right)\sin^2\frac{\sigma_2 h}{2}+1\right]\left[2\left(r-\frac{1}{6}\right)\sin^2\frac{\sigma_3 h}{2}+1\right]}. \tag{5.5.21}$$

式 (5.5.21) 对所有的 r 均有 $|G_{\mathrm{EMF}}|\leqslant 1$, 因此是无条件稳定的, 可用分裂的方法来计算式 (5.5.20), 写成

$$\begin{cases}\left[1-\frac{1}{2}\left(r-\frac{1}{6}\right)\delta_z^2\right]u^{k+\frac{1}{3}}=\left[1+\frac{1}{2}\left(r+\frac{1}{6}\right)\delta_z^2\right]u^k,\\ \left[1-\frac{1}{2}\left(r-\frac{1}{6}\right)\delta_y^2\right]u^{k+\frac{2}{3}}=\left[1+\frac{1}{2}\left(r+\frac{1}{6}\right)\delta_y^2\right]u^{k+\frac{1}{3}},\\ \left[1-\frac{1}{2}\left(r-\frac{1}{6}\right)\delta_x^2\right]u^{k+1}=\left[1+\frac{1}{2}\left(r+\frac{1}{6}\right)\delta_x^2\right]u^{k+\frac{2}{3}}.\end{cases} \tag{5.5.22}$$

格式 (5.5.22) 的中间变量的边界条件可取

$$\begin{cases}u^{k+\frac{1}{3}}=\psi^{k+\frac{1}{3}},\\ u^{k+\frac{2}{3}}=\psi^{k+\frac{2}{3}}.\end{cases} \tag{5.5.23}$$

与二维一样, 可以导出若干三维 LOD 方法的计算公式, 将原三维抛物型方程 (5.5.1) 写成三个只包含一个空间维数的方程

$$\begin{cases}\frac{1}{3}\frac{\partial u}{\partial t}=\frac{\partial^2 u}{\partial x^2},\\ \frac{1}{3}\frac{\partial u}{\partial t}=\frac{\partial^2 u}{\partial y^2},\\ \frac{1}{3}\frac{\partial u}{\partial t}=\frac{\partial^2 u}{\partial z^2}.\end{cases} \tag{5.5.24}$$

若对式 (5.5.24) 中的空间二阶导数用二阶显式中心近似, 时间导数用显式向前近似, 则可得显式格式为

$$\begin{cases}u^{k+\frac{1}{3}}=(1+r\delta_x^2)u^k,\\ u^{k+\frac{2}{3}}=(1+r\delta_y^2)u^{k+\frac{1}{3}},\\ u^{k+1}=(1+r\delta_z^2)u^{k+\frac{2}{3}},\end{cases} \tag{5.5.25}$$

其中 $r=\Delta t/h^2$. 消去 $u^{k+\frac{1}{3}}$ 和 $u^{k+\frac{2}{3}}$, 得

$$u^{k+1}=(1+r\delta_x^2)(1+r\delta_y^2)(1+r\delta_z^2)u^k. \tag{5.5.26}$$

该格式展开后涉及 27 个结点, 精度为 $O(\Delta t+h^2)$, 稳定性条件为 $r\leqslant 1/2$. 相应的中间变量的边界条件为

$$u^{k+\frac{1}{3}}=\psi^{k+\frac{1}{3}},\qquad u^{k+\frac{2}{3}}=\psi^{k+\frac{2}{3}}. \tag{5.5.27}$$

易知, 式 (5.5.24) 的 CN 格式为

$$\begin{cases}\left(1-\dfrac{r}{2}\delta_x^2\right)u^{k+\frac{1}{3}}=\left(1+\dfrac{r}{2}\delta_x^2\right)u^k,\\ \left(1-\dfrac{r}{2}\delta_y^2\right)u^{k+\frac{2}{3}}=\left(1+\dfrac{r}{2}\delta_y^2\right)u^{k+\frac{1}{3}},\\ \left(1-\dfrac{r}{2}\delta_z^2\right)u^{k+1}=\left(1+\dfrac{r}{2}\delta_z^2\right)u^{k+\frac{2}{3}}.\end{cases} \tag{5.5.28}$$

若算子互易, 则式 (5.5.28) 的合成格式为

$$\left(1-\frac{r}{2}\delta_x^2\right)\left(1-\frac{r}{2}\delta_y^2\right)\left(1-\frac{r}{2}\delta_z^2\right)u^{k+1}=\left(1+\frac{r}{2}\delta_x^2\right)\left(1+\frac{r}{2}\delta_y^2\right)\left(1+\frac{r}{2}\delta_z^2\right)u^k, \tag{5.5.29}$$

精度为 $O(\Delta t^2+h^2)$, 该格式无条件稳定.

若对式 (5.5.24) 中的二阶导数用隐式近似, 时间导数用向后隐式 (BI) 格式

$$\begin{cases}(1-r\delta_x^2)u^{k+\frac{1}{3}}=u^k,\\ (1-r\delta_y^2)u^{k+\frac{2}{3}}=u^{k+\frac{1}{3}},\\ (1-r\delta_z^2)u^{k+1}=u^{k+\frac{2}{3}},\end{cases} \tag{5.5.30}$$

若算子互易, 则可得格式 (5.5.30) 的组合形式为

$$(1-r\delta_x^2)(1-r\delta_y^2)(1-r\delta_z^2)u^{k+1}=u^k, \tag{5.5.31}$$

精度为 $O(\Delta t+h^2)$, 增长因子为

$$G_{\mathrm{BI}}=\frac{1}{(1+a_1)(1+a_2)(1+a_3)}, \tag{5.5.32}$$

其中

$$a_i=4r\sin^2\frac{\sigma_i h}{2},\quad i=1,2,3. \tag{5.5.33}$$

因此格式 (5.5.30) 无条件稳定.

5.6 高维热传导方程

考虑 M 维热传导方程的初边值问题

$$
\begin{cases}
\dfrac{\partial u}{\partial t}=\displaystyle\sum_{i=1}^{M}\frac{\partial^2 u}{\partial x_i^2}, & (\boldsymbol{x},t)\in\mathbb{R}\times(0,T),\\
u(\boldsymbol{x},0)=g(\boldsymbol{x}), & (\boldsymbol{x},t)\in\mathbb{R}\times\{0\},\\
u(\boldsymbol{x},t)=f(\boldsymbol{x},t), & (\boldsymbol{x},t)\in\mathbb{R}\times\{0\},
\end{cases}
\tag{5.6.1}
$$

其中 $\boldsymbol{x}=(x_1,\cdots,x_M)\in[0,1]^M$. 下面构造一个时间二阶空间四阶精度的格式. 首先注意到

$$
\frac{u^{n+1}-u^n}{\Delta t}=\left(\frac{\partial u}{\partial t}\right)_{n+\frac{1}{2}}+O(\Delta t^2), \tag{5.6.2}
$$

$$
\left(\sum_{i=1}^{M}\frac{\partial^2 u}{\partial x_i^2}\right)_{n+\frac{1}{2}}=\frac{1}{2}\sum_{i=1}^{M}\frac{\delta_{x_i}^2}{h^2}(u^{n+1}+u^n)-\frac{h^2}{12}\sum_{i=1}^{M}\left(\frac{\partial^4 u}{\partial x_i^4}\right)_{n+\frac{1}{2}}+O(h^4+\Delta t^2), \tag{5.6.3}
$$

其中 $\delta_{x_i}^2$ 是二阶中心差分算子. 由于

$$
\sum_{i=1}^{M}\frac{\partial^4 u}{\partial x_i^4}=\left(\sum_{i=1}^{M}\frac{\partial^2}{\partial x_i^2}\right)^2 u-2\sum_{1\leqslant i<j\leqslant M}\frac{\partial^4 u}{\partial x_i^2 x_j^2}, \tag{5.6.4}
$$

再由式 (5.6.1) 得

$$
\begin{aligned}
\left(\sum_{i=1}^{M}\frac{\partial^4 u}{\partial x_i^4}\right)_{n+\frac{1}{2}}=&\frac{1}{\Delta t}\sum_{i=1}^{M}\frac{\delta_{x_i}^2}{h^2}(u^{n+1}-u^n)-2\sum_{1\leqslant i<j\leqslant M}\frac{\delta_{x_i}^2\delta_{x_j}^2}{h^4}u^n\\
&+O\left(h^2+\Delta t^2+\frac{h^4}{\Delta t}\right).
\end{aligned}
\tag{5.6.5}
$$

因此, 若令 $r=\Delta t/h^2$, 则格式

$$
\begin{aligned}
\frac{u^{n+1}-u^n}{\Delta t}=&\frac{1}{2}\sum_{i=1}^{M}\frac{\delta_{x_i}^2}{h^2}(u^{n+1}+u^n)-\frac{1}{12r}\sum_{i=1}^{M}\frac{\delta_{x_i}^2}{h^2}(u^{n+1}-u^n)\\
&+\frac{\Delta t}{6r}\sum_{1\leqslant i<j\leqslant M}\frac{\delta_{x_i}^2\delta_{x_j}^2}{h^4}u^n
\end{aligned}
\tag{5.6.6}
$$

是一个时间二阶空间四阶精度的格式, 该式可以用 ADI 方法求解. 首先写成

$$
\begin{aligned}
&\left[1-\frac{\Delta t}{2}\left(1-\frac{1}{6r}\right)\sum_{i=1}^{M}\frac{\delta_{x_i}^2}{h^2}\right]u^{n+1}\\
&-\left[1+\frac{\Delta t}{2}\left(1+\frac{1}{6r}\right)\sum_{i=1}^{M}\frac{\delta_{x_i}^2}{h^2}+\frac{\Delta t^2}{6r}\sum_{1\leqslant i<j\leqslant M}\frac{\delta_{x_i}^2\delta_{x_j}^2}{h^4}\right]u^n=0,
\end{aligned}
\tag{5.6.7}
$$

然后如下计算

$$\begin{cases} \left[1-\dfrac{\Delta t}{2}\left(1-\dfrac{1}{6r}\right)\dfrac{\delta_{x_1}^2}{h^2}\right]\beta^{(1)}=\left[1+\dfrac{\Delta t}{2}\left(1+\dfrac{1}{6r}\right)\dfrac{\delta_{x_1}^2}{h^2}\right. \\ \qquad\qquad\qquad \left. +\Delta t\displaystyle\sum_{i=2}^{M}\dfrac{\delta_{x_i}^2}{h^2}+\dfrac{\Delta t^2}{6r}\sum_{1\leqslant i<j\leqslant M}\dfrac{\delta_{x_i}^2\delta_{x_j}^2}{h^4}\right]u^n, \\ \left[1-\dfrac{\Delta t}{2}\left(1-\dfrac{1}{6r}\right)\dfrac{\delta_{x_i}^2}{h^2}\right]\beta_{n+1}^{(i)}=\beta_{n+1}^{(i-1)}-\dfrac{\Delta t}{2}\left(1-\dfrac{1}{6r}\right)\dfrac{\delta_{x_i}^2}{h^2}u^n, \quad i=2,\cdots,M, \end{cases} \tag{5.6.8}$$

其中 $\beta_{n+1}^{(1)},\cdots,\beta_{n+1}^{(M-1)},\beta_{n+1}^{(M)}=u^{n+1}$ 为中间变量, 都可以通过求解一个三对角矩阵方程得到.

5.7 算子形式的热传导方程

考虑算子形式的热传导方程

$$\begin{cases} \dfrac{\partial u}{\partial t}+Au=f, \quad (x,t)\in\Omega\times[0,T], \\ u|_{t=0}=g, \quad x\in\Omega, \end{cases} \tag{5.7.1}$$

其中 $A\geqslant 0$, u,f,g 均充分光滑.

5.7.1 CN 格式

易知, 方程 (5.7.1) 的 CN 格式为

$$\frac{u^{k+1}-u^k}{\Delta t}+A^k\frac{u^{k+1}+u^k}{2}=f^k, \quad u^0=g, \tag{5.7.2}$$

其中差分算子 A^k 表示 A 的差分近似, $A^k=A(t^{k+\frac{1}{2}})$. 式 (5.7.2) 是一个二阶精度格式. 设 $(A^ju,u)\geqslant 0$, 先讨论 $f=0$ 的情形, 这时式 (5.7.2) 可写成

$$u^{k+1}=\left(I+\frac{\Delta t}{2}A^k\right)^{-1}\left(I-\frac{\Delta t}{2}A^k\right)u^k, \tag{5.7.3}$$

记算子

$$T^k=\left(I+\frac{\Delta t}{2}A^k\right)^{-1}\left(I-\frac{\Delta t}{2}A^k\right), \tag{5.7.4}$$

则由 Kellogg 引理知

$$||T^k||\leqslant 1, \tag{5.7.5}$$

故

$$\begin{aligned} ||u^{k+1}|| &\leqslant ||T^k||\,||u^k||\leqslant ||u^k|| \\ &\leqslant\cdots\leqslant ||u^0||=||g||, \end{aligned} \tag{5.7.6}$$

这说明格式 (5.7.2) 在 $f=0$ 时稳定.

若 $f \neq 0$, 则式 (5.7.2) 可写成

$$u^{k+1} = T^k u^k + \Delta t \left(I + \frac{\Delta t}{2} A^k \right)^{-1} f^k, \tag{5.7.7}$$

又实矩阵 A^j 半正定, 从而

$$\left\| \left(I + \frac{\Delta t}{2} A^j \right)^{-1} \right\| \leqslant 1, \quad j = 1, 2, \cdots, \tag{5.7.8}$$

故

$$\begin{aligned} ||u^{k+1}|| &\leqslant ||u^k|| + \Delta t ||f^k|| \leqslant ||u^{k-1}|| + \Delta t ||f^{k-1}|| + \Delta t ||f^k|| \\ &\leqslant \cdots \leqslant ||g|| + \Delta t \sum_{k=0}^{K} ||f^k||, \end{aligned} \tag{5.7.9}$$

记 $||f|| = \max\limits_k ||f^k||$, 并注意到 $(K+1)\Delta t \leqslant T$, 则得

$$||u^{k+1}|| \leqslant ||g|| + (K+1)\Delta t ||f|| \leqslant ||g|| + T||f||, \tag{5.7.10}$$

其中 T 为求解时间区间的上界, 即 $t \in [0, T]$, 式 (5.7.10) 给出了解的估计, 它表明格式 (5.7.2) 和式 (5.7.3) 关于初始条件及右端均稳定.

5.7.2　CN 分裂格式

很多情况下算子 A 可分裂成更多个算子分量, 一般有

$$A = \sum_{i=1}^{m} A_i, \tag{5.7.11}$$

其中 $A_i \geqslant 0, i = 1, 2, \cdots, m$.

先讨论 $f = 0$ 的情况. CN 分裂格式为

$$\begin{aligned} &\frac{u^{k+\frac{i}{m}} - u^{k+\frac{i-1}{m}}}{\Delta t} + A_i^k \frac{u^{k+\frac{i}{m}} + u^{k+\frac{i-1}{m}}}{2} = 0, \quad u^0 = g, \\ &\qquad i = 1, 2, \cdots, m; \quad k = 0, 1, 2, \cdots, \end{aligned} \tag{5.7.12}$$

其中

$$A_i^k = A_i(t^{k+\frac{1}{2}}) \quad 或 \quad A_i^k = \frac{1}{2}[A_i(t^k) + A_i(t^{k+1})], \tag{5.7.13}$$

该格式由 m 个 CN 格式组成, 第 i 个格式在 $\left[k + \dfrac{i-1}{m}, k + \dfrac{i}{m}\right]$ 上计算. 为考虑格式的稳定性, 消去中间变量后写成显式形式

$$u^{k+1} = \prod_{i=m}^{1} \left(I + \frac{\Delta t}{2} A_i^k \right)^{-1} \left(I - \frac{\Delta t}{2} A_i^k \right) u^k, \tag{5.7.14}$$

应用 Kellogg 引理得

$$||u^{k+1}|| \leqslant ||u^k|| \leqslant \cdots \leqslant ||g||, \tag{5.7.15}$$

即格式 (5.7.12) 关于初始条件绝对稳定.

现考虑逼近阶, 设

$$\frac{\Delta t}{2}||A_i^k|| < 1, \quad i = 1, 2, \cdots, m, \tag{5.7.16}$$

则利用展开式

$$\left(I + \frac{\Delta t}{2}A_i^k\right)^{-1} = I - \frac{\Delta t}{2}A_i^k + \left(\frac{\Delta t}{2}A_i^k\right)^2 + \cdots, \tag{5.7.17}$$

有

$$\left(I + \frac{\Delta t}{2}A_i^k\right)^{-1}\left(I - \frac{\Delta t}{2}A_i^k\right) = I - \Delta t A_i^k + \frac{\Delta t^2}{2}(A_i^k)^2 + O(\Delta t^3), \tag{5.7.18}$$

其中 $A^k = \sum_{i=1}^{m} A_i^k$, $(A^k)^2 = \left(\sum_{i=1}^{m} A_i^k\right)^2$. 若 $A_i^k (i = 1, 2, \cdots, m)$ 彼此均可交换, 则有

$$\prod_{i=m}^{1}\left(I + \frac{\Delta t}{2}A_i^k\right)^{-1}\left(I - \frac{\Delta t}{2}A_i^k\right) = I - \Delta t A^k + \frac{\Delta t^2}{2}(A^k)^2 + O(\Delta t^3). \tag{5.7.19}$$

将式 (5.7.19) 及 u^{k+1} 与 u^k 在 $t = t_{k+\frac{1}{2}}$ 处的 Taylor 展开式代入式 (5.7.14), 得

$$\left(\frac{\partial u}{\partial t}\right)^{k+\frac{1}{2}} + A^k u^{k+\frac{1}{2}} + O(\Delta t^2) = 0, \tag{5.7.20}$$

所以这时格式 (5.7.12) 为二阶逼近, 但当 A_i^k 不可交换时, 只为一阶近似, 可用下面的步骤计算.

步骤 1

$$\left(I + \frac{\Delta t}{2}A_i^k\right)u^{k+\frac{i}{m}-1} = \left(I - \frac{\Delta t}{2}A_i^k\right)u^{k+\frac{i-1}{m}-1}, \quad u^0 = g,$$
$$i = 1, 2, \cdots, m-1. \tag{5.7.21}$$

步骤 2

$$\left(I + \frac{\Delta t}{2}A_m^k\right)u^k = \left(I - \frac{\Delta t}{2}A_m^k\right)u^{k-\frac{1}{m}} + \Delta t\left(I + \frac{\Delta t}{2}A_m^k\right)f^k. \tag{5.7.22}$$

步骤 3

$$\left(I+\frac{\Delta t}{2}A_m^k\right)u^{k+\frac{1}{m}}=\left(I-\frac{\Delta t}{2}A_m^k\right)(u^k+\Delta tf^k). \tag{5.7.23}$$

步骤 4

$$\left(I+\frac{\Delta t}{2}A_i^k\right)u^{k+1-\frac{i-1}{m}}=\left(I-\frac{\Delta t}{2}A_i^k\right)u^{k+1-\frac{i}{m}},\quad i=m-1,m-2,\cdots,1. \tag{5.7.24}$$

特别地, 对 A 分裂成两个算子的特殊情况, 即 $A=A_1+A_2$, 二阶循环对称分裂格式为:

当 $t\in[t^{k-1},t^k]$ 时, 有

$$\frac{u^{k-\frac{1}{2}}-u^{k-1}}{\Delta t}+A_1^k\frac{u^{k-\frac{1}{2}}+u^{k-1}}{2}=0,\quad u^0=g, \tag{5.7.25}$$

$$\frac{u^k-u^{k-\frac{1}{2}}}{\Delta t}+A_2^k\frac{u^k+u^{k-\frac{1}{2}}}{2}=f^k+\frac{\Delta t}{2}A_2^kf^k; \tag{5.7.26}$$

当 $t\in[t^k,t^{k+1}]$ 时, 有

$$\frac{u^{k+\frac{1}{2}}-u^k}{\Delta t}+A_2^k\frac{u^{k+\frac{1}{2}}+u^k}{2}=f^k-\frac{\Delta t}{2}A_2^kf^k, \tag{5.7.27}$$

$$\frac{u^{k+1}-u^{k+\frac{1}{2}}}{\Delta t}+A_1^k\frac{u^{k+1}+u^{k+\frac{1}{2}}}{2}=0, \tag{5.7.28}$$

其中 $A_i^k=A_i(t^k)(i=1,2)(k=1,3,5,\cdots)$, 计算步骤如下.

步骤 1

$$\left(I+\frac{\Delta t}{2}A_1^k\right)u^{k-\frac{1}{2}}=\left(I-\frac{\Delta t}{2}A_1^k\right)u^{k-1},\quad u^0=g, \tag{5.7.29}$$

步骤 2

$$\left(I+\frac{\Delta t}{2}A_2^k\right)u^k=\left(I-\frac{\Delta t}{2}A_2^k\right)u^{k-\frac{1}{2}}+\Delta t\left(I+\frac{\Delta t}{2}A_2^k\right)f^k, \tag{5.7.30}$$

步骤 3

$$\left(I+\frac{\Delta t}{2}A_2^k\right)u^{k+\frac{1}{2}}=\left(I-\frac{\Delta t}{2}A_2^k\right)(u^k+\Delta tf^k), \tag{5.7.31}$$

步骤 4

$$\left(I+\frac{\Delta t}{2}A_1^k\right)u^{k+1}=\left(I-\frac{\Delta t}{2}A_1^k\right)u^{k+\frac{1}{2}}. \tag{5.7.32}$$

练 习 题

1. 对一维热传导初边值问题

$$\begin{cases} \dfrac{\partial u}{\partial t} = \dfrac{\partial^2 u}{\partial x^2}, \quad 0 \leqslant x \leqslant 1, \\ u(x,0) = \sin \pi x, \quad 0 \leqslant x \leqslant 1, \\ u(0,t) = u(1,t) = 0, \quad t \geqslant 0, \end{cases}$$

验证用分量变量法可得方程的解析解为 $u(x,t) = \mathrm{e}^{-\pi t^2} \sin \pi x$. 取 $\Delta x = 0.1$, $r = 0.1$ 用显式格式数值求解, 检验数值解的精度.

2. 对均匀绝热杆中的温度变化问题

$$\begin{cases} \dfrac{\partial u}{\partial t} = \dfrac{\partial^2 u}{\partial x^2}, \quad 0 \leqslant x \leqslant 1, \\ u(x,0) = 1, \quad 0 \leqslant x \leqslant 1, \\ u(0,t) = u(1,t), \quad t \geqslant 0, \end{cases}$$

用分量变量法验证解析解为

$$u(x,t) = \frac{4}{\pi} \sum_{n=0}^{\infty} \frac{1}{(2n+1)} \mathrm{e}^{-(2n+1)^2 \pi^2 t} \sin(2n+1)\pi x,$$

并取 $\Delta x = 0.1$, $r = 0.1$, 分别用显式格式和隐式格式求解, 比较数值解的精度.

3. 试选择扩散方程差分格式

$$\frac{u_j^{k+1} - u_j^k}{\Delta t} = \frac{1}{h^2} \left[\theta \delta_x^2 u_j^{k+1} + (1-\theta) \delta_x^2 u_j^k \right]$$

中的 θ 使截断误差为 $O(\Delta t^2 + h^4)$.

4. 用有限体积法推导一维热传导方程 $\dfrac{\partial u}{\partial t} = \dfrac{\partial^2 u}{\partial x^2}$ 的 CN 格式.

5. 构造二维扩散方程

$$\frac{\partial u}{\partial t} = \frac{\partial^2 u}{\partial x^2} + \frac{\partial^2 u}{\partial y^2}$$

的 Du Fort-Frankel 格式, 并讨论其稳定性.

6. 证明近似方程 $\dfrac{\partial u}{\partial t} = \dfrac{\partial^2 u}{\partial x^2} + f$ 的 Hermite 差分格式

$$\left(1 + \frac{1}{12}\delta_x^2\right)(u^{n+1} - u^n) = \frac{r}{2}\delta_x^2(u^{n+1} + u^n) + \frac{1}{2}\Delta t \left[f^{n+1} + \left(1 + \frac{1}{6}\delta_x^2\right) f^n \right]$$

对固定的 $r = \dfrac{\Delta t}{h^2}$ 的截断误差阶为 $O(\Delta t^2)$.

7. 证明三维 PR 格式

$$\begin{cases} \left(1-\dfrac{r_x}{3}\delta_x^2\right)u_{j,k}^{n+\frac{1}{3}}=\left(1+\dfrac{r_y}{3}\delta_y^2+\dfrac{r_z}{3}\delta_z^2\right)u_{j,k}^{n}, \\ \left(1-\dfrac{r_y}{3}\delta_x^2\right)u_{j,k}^{n+\frac{2}{3}}=\left(1+\dfrac{r_x}{3}\delta_x^2+\dfrac{r_z}{3}\delta_z^2\right)u_{j,k}^{n+\frac{1}{3}}, \\ \left(1-\dfrac{r_z}{3}\delta_z^2\right)u_{j,k}^{n+1}=\left(1+\dfrac{r_x}{3}\delta_x^2+\dfrac{r_y}{3}\delta_y^2\right)u_{j,k}^{n+\frac{2}{3}} \end{cases}$$

是条件稳定的, 精度为 $O(\Delta t+\Delta x^2+\Delta y^2+\Delta z^2)$, 其中 $r_x=\dfrac{\Delta t}{\Delta x^2}$, $r_y=\dfrac{\Delta t}{\Delta y^2}$, $r_z=\dfrac{\Delta t}{\Delta z^2}$.

8. 求解方程

$$\frac{\partial u}{\partial t}=\frac{\partial^2 u}{\partial x^2}+\frac{\partial^2 u}{\partial y^2}+cu$$

的 PR 格式可以写成

$$\frac{u_{i,j}^{k+\frac{1}{2}}-u_{i,j}^{k}}{\Delta t}=\frac{1}{h^2}\delta_x^2u_{i,j}^{k+\frac{1}{2}}+\frac{1}{h^2}\delta_y^2u_{i,j}^{k}+cu_{i,j}^{k+\frac{1}{2}},$$

$$\frac{u_{i,j}^{k+1}-u_{i,j}^{k+\frac{1}{2}}}{\Delta t}=\frac{1}{h^2}\delta_x^2u_{i,j}^{k+\frac{1}{2}}+\frac{1}{h^2}\delta_y^2u_{i,j}^{k+1}+cu_{i,j}^{k+1},$$

证明该差分格式是相容的和无条件稳定的.

9. 考虑差分格式

$$\begin{aligned} & u_{i-1}^{k+1}-\left(2+\frac{1}{r^2}\right)u_i^{k+1}+u_{i+1}^{k+1} \\ =& u_{i+2}^{k}-2u_{i+1}^{k}+2\left(1-\frac{1}{r^2}\right)u_i^{k}-2u_{i-1}^{k}+u_{i+2}^{k}-u_{i+1}^{k-1}+\left(2+\frac{1}{r^2}\right)u_i^{k-1}-u_{i-1}^{k-1}, \end{aligned}$$

其中 $r=\Delta t/h^2$. 试确定下列两种情况差分格式所收敛的微分方程形式:

(1) $\Delta t\to 0,\ h\to 0,\ \dfrac{\Delta t}{h^2}\to 0$;

(2) $\Delta t\to 0,\ h\to 0,\ \dfrac{\Delta t}{h^2}\to c$.

10. 考虑抛物型方程

$$\frac{\partial u}{\partial t}=a\frac{\partial^2 u}{\partial x^2}+2b\frac{\partial^2 u}{\partial x\partial y}+c\frac{\partial^2 u}{\partial y^2},\quad a>0,\quad c>0,\quad b^2-ac<0$$

的两步差分格式

$$\frac{u_{i,j}^{k+\frac{1}{2}}-u_{i,j}^{k}}{\Delta t}=\frac{a}{h^2}\delta_x^2u_{i,j}^{k+\frac{1}{2}}+\frac{b}{4h^2}\delta_x^0\delta_y^2u_{i,j}^{k},$$

$$\frac{u_{i,j}^{k+1}-u_{i,j}^{k+\frac{1}{2}}}{\Delta t}=\frac{b}{4h^2}\delta_x^0\delta_y^0u_{i,j}^{k+\frac{1}{2}}+\frac{1}{h^2}\delta_y^2u_{i,j}^{k+1},$$

其中

$$\delta_x^0u_{i,j}^k=u_{i+1,j}^k-u_{i-1,j}^k,\quad \delta_y^0u_{i,j}^k=u_{i,j+1}^k-u_{i,j-1}^k,$$

证明差分格式无条件问题.

第 6 章　双曲型方程的差分解法

双曲型偏微分方程可以用来模拟很多物理现象, 如波的传播, 弦的振动, 空气动力学流动. 本章讨论一些重要的双曲型方程的差分格式, 先介绍线性对流或输运方程的差分方法, 包括具有一般性的双曲型方程差分格式稳定的必要条件 —— CFL 条件, 然后介绍偏微分方程和差分格式的频散和耗散分析方法, 再讨论双曲型方程组和多维双曲型方程的差分格式, 最后考虑声波方程的典型差分格式和稳定性分析. 关于双曲守恒型方程 (组) 弱解的差分格式的构造, 可参考计算流体力学的文献, 如文献 [20], [35], [36], [49], [58].

6.1　线性对流方程

考虑最简单的双曲型偏微分方程

$$\frac{\partial u}{\partial t}+a\frac{\partial u}{\partial x}=0, \tag{6.1.1}$$

其中 $a\neq 0$ 为常数, 该方程有多种差分近似方法. 例如, 对 $\partial u/\partial t$ 和 $\partial u/\partial x$ 都用中心差分, 或者对 $\partial u/\partial t$ 用向后差分, 而对 $\partial u/\partial x$ 用中心差分, 等等, 可组合成多种差分格式.

6.1.1　迎风格式

首先容易建立如下三种差分格式:

左偏心格式

$$\frac{u_m^{n+1}-u_m^n}{\Delta t}+a\frac{u_m^n-u_{m-1}^n}{h}=0; \tag{6.1.2}$$

右偏心格式

$$\frac{u_m^{n+1}-u_m^n}{\Delta t}+a\frac{u_{m+1}^n-u_m^n}{h}=0; \tag{6.1.3}$$

中心差分格式

$$\frac{u_m^{n+1}-u_m^n}{\Delta t}+a\frac{u_{m+1}^n-u_{m-1}^n}{2h}=0. \tag{6.1.4}$$

前两个格式的截断误差阶为 $O(\Delta t+h)$, 第三个格式为 $O(\Delta t+h^2)$. 显然这三个格式和相应的微分方程相容, 也即当 $\Delta t, h\to 0$ 时, 差分方程 (6.1.2)—(6.1.4) 分别逼

近微分方程 (6.1.1). 差分格式 (6.1.2)—(6.1.3) 通常称为*迎风格式*. 后面将看到, 迎风格式与特征线的走向有关.

下面用 von Neumann 稳定性方法分析迎风格式 (6.1.2)—(6.1.4) 的稳定性. 令 $u_m^n = v^n e^{i\sigma x} = v^n e^{i\sigma mh}$(其中 $i = \sqrt{-1}$, σ 为实数), 分别代入式 (6.1.2)—(6.1.4) 中, 得到三种格式的增长因子分别为 ($r = \Delta t/h$):

左偏心格式

$$G_1(\Delta t, \sigma) = are^{-i\sigma h} + (1 - ar); \tag{6.1.5}$$

右偏心格式

$$G_2(\Delta t, \sigma) = (1 + ar) - are^{i\sigma h}; \tag{6.1.6}$$

中心差分格式

$$G_3(\Delta t, \sigma) = 1 - iar \sin \sigma h. \tag{6.1.7}$$

对左偏心格式, 由 $|G_1(\Delta t, \sigma)|^2 \leqslant 1$, 即要求 $ar(1 - ar)\sin^2 \dfrac{\sigma h}{2} \geqslant 0$ 得稳定性条件为 $a > 0$, 且 $a\dfrac{\Delta t}{h} \leqslant 1$.

对右偏心格式, 由 $|G_2(\Delta t, \sigma)|^2 \leqslant 1$, 即要求 $ar(1 + ar)\sin^2 \dfrac{\sigma h}{2} \leqslant 0$ 得稳定性条件为 $a < 0$, 且 $|a|\dfrac{\Delta t}{h} \leqslant 1$.

对中心差分格式, $|G_3(\Delta t, \sigma)|^2 = 1 + a^2r^2 \sin^2 \sigma h$, 不论对任何 r, 只要 $\sin^2 \sigma h \neq 0$, 增长因子的绝对值恒大于 1, 格式不稳定, 因此中心差分格式是绝对不稳定的格式, 不能用于计算.

类似地, 还可以得到其他格式, 同上面的格式一起列于表 6.1 中.

表 6.1 双曲型方程 (6.1.1) 的常见差分格式

差分格式	稳定性条件	精度	显式或隐式
$\dfrac{u_m^{n+1} - u_m^n}{\Delta t} + a\dfrac{u_m^n - u_{m-1}^n}{h} = 0$	$a > 0, ar \leqslant 1$	$O(\Delta t + h)$	显式
$\dfrac{u_m^{n+1} - u_m^n}{\Delta t} + a\dfrac{u_{m+1}^n - u_m^n}{h} = 0$	$a < 0, \|a\|r \leqslant 1$	$O(\Delta t + h)$	显式
$\dfrac{u_m^{n+1} - u_m^n}{\Delta t} + a\dfrac{u_{m+1}^n - u_{m-1}^n}{2h} = 0$	不稳定	$O(\Delta t + h^2)$	显式
$\dfrac{u_m^{n+1} - u_m^{n-1}}{2\Delta t} + a\dfrac{u_{m+1}^n - u_{m-1}^n}{2h} = 0$	$\|a\|r < 1$	$O(\Delta t^2 + h^2)$	显式
$\dfrac{u_m^{n+1} - u_m^{n-1}}{2\Delta t} + a\dfrac{u_m^n - u_{m-1}^n}{h} = 0$	不稳定	$O(\Delta t^2 + h)$	显式
$\dfrac{u_m^{n+1} - u_m^n}{\Delta t} + a\dfrac{u_{m+1}^{n+1} - u_{m-1}^{n+1}}{2h} = 0$	稳定	$O(\Delta t + h^2)$	隐式

续表

差分格式	稳定性条件	精度	显式或隐式
$\dfrac{u_m^{n+1}-u_m^{n-1}}{2\Delta t}+a\dfrac{u_{m+1}^{n+1}-u_{m-1}^{n+1}}{2h}=0$	稳定	$O(\Delta t^2+h^2)$	隐式
$\dfrac{u_m^{n+1}-u_m^{n}}{\Delta t}+a\dfrac{u_{m}^{n+1}-u_{m-1}^{n+1}}{h}=0$	稳定	$O(\Delta t+h)$	显隐式
$\dfrac{u_m^{n+1}-u_m^{n}}{\Delta t}+a\dfrac{u_{m+1}^{n+1}-u_{m}^{n+1}}{h}=0$	稳定	$O(\Delta t+h)$	显隐式

6.1.2 Lax-Friedrichs 格式

Lax-Friedrichs格式是

$$\frac{u_m^{n+1}-(u_{m-1}^n+u_{m+1}^n)/2}{\Delta t}+a\frac{u_{m+1}^n-u_{m-1}^n}{2h}=0, \tag{6.1.8}$$

也称 Lax 格式. 实际上, 相当于将 $\frac{1}{2}(u_{m+1}^n+u_{m-1}^n)$ 代替中心差分格式 (6.1.4) 中的 u_m^n. 该格式的截断误差为

$$\frac{\Delta t}{2}\left(\frac{\partial^2 u}{\partial t^2}\right)_m^n-\frac{h^2}{2\Delta t}\left(\frac{\partial^2 u}{\partial x^2}\right)_m^n+O\left(h^2+\frac{h^4}{\Delta t}\right)=O\left(\Delta t+\frac{h^2}{\Delta t}+h^2\right), \tag{6.1.9}$$

所以与方程 (6.1.1) 条件相容. 在计算中, 通常 $h/\Delta t$ 取为常数, 所以 Lax-Friedrichs 格式的精度仍为 $O(\Delta t+h)$. 令 $u_m^n=v^n\mathrm{e}^{\mathrm{i}\sigma mh}$ 代入式 (6.1.8), 可得增长因子为

$$G(\Delta t,\sigma)=\frac{1}{2}(\mathrm{e}^{\mathrm{i}\sigma h}+\mathrm{e}^{-\mathrm{i}\sigma h})-\frac{ar}{2}(\mathrm{e}^{\mathrm{i}\sigma h}-\mathrm{e}^{-\mathrm{i}\sigma h})=\cos\sigma h-\mathrm{i}ar\sin\sigma h, \tag{6.1.10}$$

其中 $r=\Delta t/h$, 从而有

$$|G(\Delta t,\sigma)|^2=\cos^2\sigma h+a^2r^2\sin^2\sigma h=1-(1-a^2r^2)\sin^2\sigma h, \tag{6.1.11}$$

由 $|G|\leqslant 1$ 得稳定性条件 $|a|r\leqslant 1$.

例 6.1.1　分析表 6.1 中的蛙跳格式即

$$\frac{u_m^{n+1}-u_m^{n-1}}{2\Delta t}+a\frac{u_{m+1}^n-u_{m-1}^n}{2h}=0 \tag{6.1.12}$$

的稳定性.

解　首先将式 (6.1.12) 化成一个等价的二层差分格式. 令 $v_m^n=u_m^{n-1}$, 则式 (6.1.12) 可化成

$$\begin{cases} u_m^{n+1}=v_m^n-ar(u_{m+1}^n-u_{m-1}^n), \\ v_m^{n+1}=u_m^n. \end{cases} \tag{6.1.13}$$

令 $\boldsymbol{w}=(u,v)^{\mathrm{T}}$, 将式 (6.1.13) 写成向量形式

$$\boldsymbol{w}_m^{n+1}=\begin{pmatrix}-ar & 0\\ 0 & 0\end{pmatrix}\boldsymbol{w}_{m+1}^n+\begin{pmatrix}0 & 1\\ 1 & 0\end{pmatrix}\boldsymbol{w}_m^n+\begin{pmatrix}ar & 0\\ 0 & 0\end{pmatrix}\boldsymbol{w}_{m-1}^n. \tag{6.1.14}$$

令 $\boldsymbol{w}_m^n=\boldsymbol{g}^n\mathrm{e}^{\mathrm{i}\sigma mh}$, 代入式 (6.1.14) 得增长矩阵

$$G(\Delta t,\sigma)=\begin{pmatrix}-2ar\mathrm{i}\sin\sigma h & 1\\ 1 & 0\end{pmatrix}, \tag{6.1.15}$$

其特征值为

$$\lambda_{1,2}=-ar\mathrm{i}\sin\sigma h\pm\sqrt{1-a^2r^2\sin^2\sigma h}. \tag{6.1.16}$$

若 $|a|r\leqslant 1$, 则 $|\lambda_{1,2}|=1$, 此时满足 von Neumann 条件. 若 $|a|r<1$, 则 $G(\Delta t,\sigma)$ 有两个互不相同的特征值, 格式稳定. 当 $|a|r=1$ 时, 取 $ar=1$, $\sigma h=\dfrac{\pi}{2}$, 则

$$G=\begin{pmatrix}-2\mathrm{i} & 1\\ 1 & 0\end{pmatrix},\quad G^2=\begin{pmatrix}-3 & -2\mathrm{i}\\ -2\mathrm{i} & 1\end{pmatrix},\quad G^4=\begin{pmatrix}5 & 4\mathrm{i}\\ 4\mathrm{i} & -3\end{pmatrix}, \tag{6.1.17}$$

$$[G(\Delta t,\sigma)]^{2^n}=(-1)^n\begin{pmatrix}2^n+1 & 2^n\mathrm{i}\\ 2^n\mathrm{i} & 1-2^n\end{pmatrix},\quad n\geqslant 2, \tag{6.1.18}$$

所以 $||G^{2^n}||_\infty=2^{n+1}+1>1$, 因此当 $|a|r=1$ 时不稳定. 故蛙跳格式的稳定性条件为 $|a|r<1$.

6.1.3 Lax-Wendroff 格式

考虑 u_m^{n+1} 的 Taylor 展开

$$u_m^{n+1}=u_m^n+\Delta t\left(\frac{\partial u}{\partial t}\right)_m^n+\frac{\Delta t^2}{2}\left(\frac{\partial^2 u}{\partial t^2}\right)_m^n+O(\Delta t^3), \tag{6.1.19}$$

将

$$\frac{\partial u}{\partial t}=-a\frac{\partial u}{\partial x},\quad \frac{\partial^2 u}{\partial t^2}=a^2\frac{\partial^2 u}{\partial x^2} \tag{6.1.20}$$

代入式 (6.1.19), 得

$$u_m^{n+1}=u_m^n-a\Delta t\left(\frac{\partial u}{\partial x}\right)_m^n+\frac{a^2\Delta t^2}{2}\left(\frac{\partial^2 u}{\partial x^2}\right)_m^n+O(\Delta t^3). \tag{6.1.21}$$

将式 (6.1.21) 中的空间导数采用中心差分, 得

$$u_m^{n+1}=u_m^n-a\Delta t\frac{u_{m+1}^n-u_{m-1}^n}{2h}+\frac{a^2\Delta t^2}{2}\frac{u_{m+1}^n-2u_m^n+u_{m-1}^n}{h^2}+O(\Delta t^3), \tag{6.1.22}$$

从而得差分格式

$$\frac{u_m^{n+1}-u_m^n}{\Delta t}+a\frac{u_{m+1}^n-u_{m-1}^n}{2h}-\frac{a^2\Delta t}{2}\frac{u_{m+1}^n-2u_m^n+u_{m-1}^n}{h^2}=0, \tag{6.1.23}$$

或

$$u_m^{n+1}=u_m^n-\frac{ar}{2}(u_{m+1}^n-u_{m-1}^n)+\frac{a^2r^2}{2}(u_{m+1}^n-2u_m^n+u_{m-1}^n), \tag{6.1.24}$$

其中 $r=\Delta t/h$. 该格式称为 Lax-Wendroff 格式. 在 (m,n) 点处的截断误差为

$$\begin{aligned}E_m^n=&\frac{\Delta t^2}{6}\left(\frac{\partial^3u}{\partial t^3}\right)_m^n+\frac{ah^2}{6}\left(\frac{\partial^3u}{\partial x^3}\right)_m^n-\frac{a^2\Delta th^2}{24}\left(\frac{\partial^4u}{\partial x^4}\right)_m^n+O(h^4+\Delta t^3)\\=&\frac{\Delta t^2}{6}\left(\frac{\partial^3u}{\partial t^3}\right)_m^n+\frac{ah^2}{6}\left(\frac{\partial^3u}{\partial x^3}\right)_m^n+O(\Delta th^2+\Delta t^3+h^4)\\=&\frac{\Delta t^2}{6}\left(\frac{\partial^3u}{\partial t^3}\right)_m^n+\frac{ah^2}{6}\left(\frac{\partial^3u}{\partial x^3}\right)_m^n+O(rh^3+\Delta t^3+h^4)\\=&O(\Delta t^2+h^2),\end{aligned} \tag{6.1.25}$$

因此 Lax-Wendroff 格式是一个时间和空间二阶精度的格式. 当 $ar=1$ 时, 格式简化为 $u_m^{n+1}=u_{m-1}^n$, 得到精确解. 令 $u_m^n=v^n\mathrm{e}^{\mathrm{i}\sigma mh}$, 代入式 (6.1.24) 得

$$\begin{aligned}G(\Delta t,\sigma)=&1-\frac{ar}{2}(\mathrm{e}^{\mathrm{i}\sigma h}-\mathrm{e}^{-\mathrm{i}\sigma h})+\frac{a^2r^2}{2}(\mathrm{e}^{\mathrm{i}\sigma h}-2+\mathrm{e}^{-\mathrm{i}\sigma h}),\\=&1-2a^2r^2\sin^2\frac{\sigma h}{2}-\mathrm{i}ar\sin\sigma h,\end{aligned} \tag{6.1.26}$$

$$|G(\Delta t,\sigma)|^2=1-4a^2r^2(1-a^2r^2)\sin^4\frac{\sigma h}{2}, \tag{6.1.27}$$

由 $|G|^2\leqslant 1$ 得稳定性条件为 $|a|r\leqslant 1$.

6.1.4 MacCormack 格式

1969 年 MacCormack 引进了一个新的两步预测–校正格式

$$\begin{cases}\bar{u}_m^{n+1}=u_m^n-a\Delta t\dfrac{u_{m+1}^n-u_m^n}{h},\\ u_m^{n+1}=\dfrac{1}{2}\left(u_m^n+\bar{u}_m^{n+1}-a\Delta t\dfrac{\bar{u}_m^{n+1}-\bar{u}_{m-1}^{n+1}}{h}\right).\end{cases} \tag{6.1.28}$$

下面推导该格式. 由 Taylor 展开

$$u_m^{n+1}=u_m^n+\left(\frac{\partial u}{\partial t}\right)_m^n\Delta t+\frac{1}{2}\Delta t^2\left(\frac{\partial^2u}{\partial t^2}\right)_m^n+O(\Delta t^3), \tag{6.1.29}$$

并将 $\left(\frac{\partial u}{\partial t}\right)_m^n = -a\left(\frac{\partial u}{\partial x}\right)_m^n$, $\left(\frac{\partial^2 u}{\partial t^2}\right)_m^n = a^2\left(\frac{\partial^2 u}{\partial x^2}\right)_m^n$ 代入式 (6.1.29), 得

$$u_m^{n+1} = u_m^n - a\Delta t\left(\frac{\partial u}{\partial x}\right)_m^n + \frac{1}{2}a^2\Delta t^2\left(\frac{\partial^2 u}{\partial x^2}\right)_m^n + O(\Delta t^3), \tag{6.1.30}$$

再将中心差分格式

$$\left(\frac{\partial u}{\partial x}\right)_m^n = \frac{u_{m+1}^n - u_{m-1}^n}{2h} + O(h^2), \quad \left(\frac{\partial^2 u}{\partial x^2}\right)_m^n = \frac{u_{m+1}^n - 2u_m^n + u_{m-1}^n}{h^2} + O(h^2) \tag{6.1.31}$$

代入式 (6.1.30) 得差分格式

$$\begin{aligned}
u_m^{n+1} &= u_m^n - \frac{a\Delta t}{2h}(u_{m+1}^n - u_{m-1}^n) + \frac{a^2\Delta t^2}{2h^2}(u_{m+1}^n - 2u_m^n + u_{m-1}^n) \\
&= \frac{1}{2}u_m^n + \frac{1}{2}\left[u_m^n - \frac{a\Delta t}{h}(u_{m+1}^n - u_m^n)\right] \\
&\quad - \frac{a\Delta t}{2h}\left\{\left[u_m^n - \frac{a\Delta t}{h}(u_{m+1}^n - u_m^n)\right] - \left[u_{m-1}^n - \frac{a\Delta t}{h}(u_m^n - u_{m-1}^n)\right]\right\}.
\end{aligned} \tag{6.1.32}$$

令

$$\bar{u}_m^{n+1} = u_m^n - a\frac{\Delta t}{h}(u_{m+1}^n - u_m^n), \tag{6.1.33}$$

则式 (6.1.32) 可写成

$$u_m^{n+1} = \frac{1}{2}\left[u_m^n + \bar{u}_m^{n+1} - a\frac{\Delta t}{h}(\bar{u}_m^{n+1} - \bar{u}_{m-1}^{n+1})\right], \tag{6.1.34}$$

由式 (6.1.33) 和式 (6.1.34) 即构成式 (6.1.28). 该格式称为 MacCormack 格式, 是一个二阶精度格式, 稳定性条件为 $|a|r \leqslant 1$.

对线性方程, 如这里讨论的线性对流方程, MacCormack 格式等同于 Lax-Wendroff 格式. 实际上, 消去式 (6.1.28) 中校正步的预测值, 即得到式 (6.1.23).

6.1.5 Wendroff 隐式格式

如图 6.1.1, 在点 $P\left(m-\frac{1}{2}, n+\frac{1}{2}\right)$ 处建立差分格式, 对 $\left(\frac{\partial u}{\partial t}\right)_P$ 与 $\left(\frac{\partial u}{\partial x}\right)_P$ 分别用 $\frac{1}{2}\left[\left(\frac{\partial u}{\partial t}\right)_G + \left(\frac{\partial u}{\partial t}\right)_E\right]$ 与 $\frac{1}{2}\left[\left(\frac{\partial u}{\partial x}\right)_H + \left(\frac{\partial u}{\partial x}\right)_F\right]$ 来近似, 即对方程 (6.1.1) 在 P 点的值

$$\left(\frac{\partial u}{\partial t} + a\frac{\partial u}{\partial x}\right)_P = 0 \tag{6.1.35}$$

用

$$\frac{1}{2}\left[\left(\frac{\partial u}{\partial t}\right)_G+\left(\frac{\partial u}{\partial t}\right)_E\right]+\frac{a}{2}\left[\left(\frac{\partial u}{\partial x}\right)_H+\left(\frac{\partial u}{\partial x}\right)_F\right]=0 \tag{6.1.36}$$

代替, 然后再对式 (6.1.36) 用中心差分格式近似

$$\frac{1}{2}\left(\frac{u_D-u_A}{\Delta t}+\frac{u_C-u_B}{\Delta t}\right)+\frac{a}{2}\left(\frac{u_B-u_A}{h}+\frac{u_C-u_D}{h}\right)=0, \tag{6.1.37}$$

也即

$$\frac{1}{2}\left(\frac{u_m^{n+1}-u_m^n}{\Delta t}+\frac{u_{m-1}^{n+1}-u_{m-1}^n}{\Delta t}\right)+\frac{a}{2}\left(\frac{u_m^n-u_{m-1}^n}{h}+\frac{u_m^{n+1}-u_{m-1}^{n+1}}{h}\right)=0, \tag{6.1.38}$$

此即 Wendroff 隐式格式. 对初边值问题, 可将式 (6.1.38) 改写成显式形式

$$u_m^{n+1}=u_{m-1}^n+\frac{1-ar}{1+ar}(u_m^n-u_{m-1}^{n+1}), \tag{6.1.39}$$

其中 $r=\Delta t/h$. 易知截断误差阶为 $O(\Delta t^2+h^2)$, 增长因子为

$$G(\Delta t,\sigma)=\frac{(1-ar)\mathrm{e}^{\mathrm{i}\sigma h}+(1+ar)}{(1+ar)\mathrm{e}^{\mathrm{i}\sigma h}+(1-ar)}. \tag{6.1.40}$$

由于

$$|G|^2=\frac{(1+a^2r^2)+(1-a^2r^2)\cos\sigma h}{(1+a^2r^2)+(1-a^2r^2)\cos\sigma h}=1 \tag{6.1.41}$$

恒成立, 故 Wendroff 格式绝对稳定.

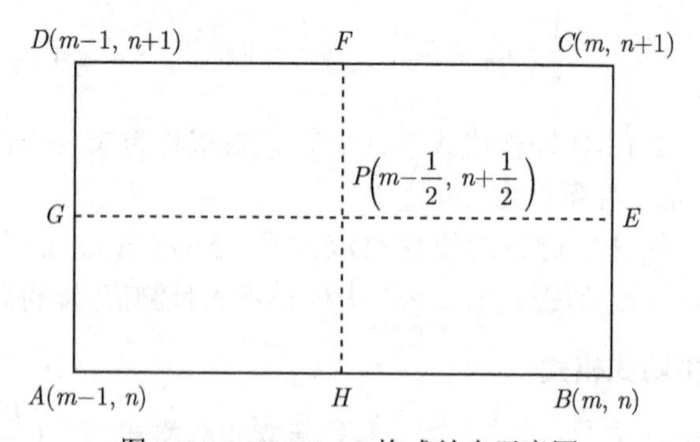

图 6.1.1 Wendroff 格式结点示意图

6.1.6 Crank-Nicolson 格式

如图 6.1.2, Crank-Nicolson 格式 (CN 格式) 是在结点 $(m,n+1)$ 和 (m,n) 的连线中点 $\left(m,n+\frac{1}{2}\right)$ 上建立的. $u(x,t)$ 关于时间 t 的一阶导数用中心差分逼近, 关

于 x 的一阶导数用 $n+1$ 层和 n 层的二阶中心差分的平均来逼近

$$\frac{u_m^{n+1}-u_m^n}{\Delta t}+\frac{a}{4h}(u_{m+1}^{n+1}-u_{m-1}^{n+1}+u_{m+1}^n-u_{m-1}^n)=0, \tag{6.1.42}$$

CN 格式与 Wendroff 格式一样, 也是一个二阶精度的格式. 现进一步推广, 将差分格式建立在结点 $(m,n+1)$ 和 (m,n) 连线的任意点 $(m,n+\theta)$ 上, 其中 $0\leqslant\theta\leqslant 1$ 为参数. 可以得到

$$\frac{u_m^{n+1}-u_m^n}{\Delta t}+\frac{a}{2h}\Big[\theta(u_{m+1}^{n+1}-u_{m-1}^{n+1})+(1-\theta)(u_{m+1}^n-u_{m-1}^n)\Big]=0, \tag{6.1.43}$$

当 $\theta=1/2$ 时, 即为式 (6.1.42).

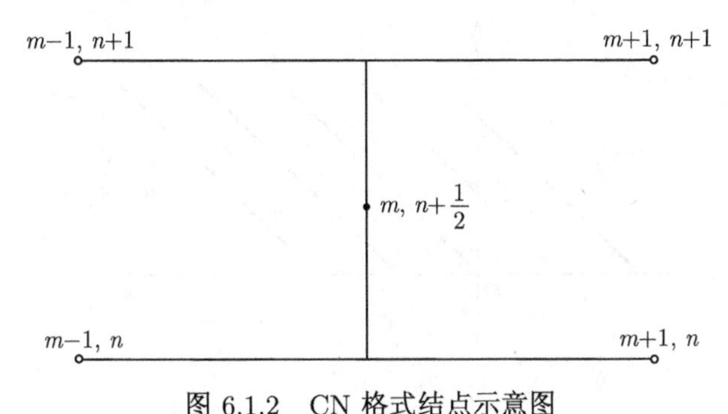

图 6.1.2 CN 格式结点示意图

6.2 特征线与差分格式

6.2.1 特征线与 CFL 条件

先讨论方程 (6.1.1) 的特征线. 在方程 (6.1.1) 中, u 包含两个方向的微商, 一个是 t 方向, 另一个是 x 方向. 现考虑 u 沿直线 $l: x-at=c$(c 为常数) 的方向导数

$$\left.\frac{\mathrm{d}u}{\mathrm{d}t}\right|_l=\frac{\partial u}{\partial t}+\frac{\partial u}{\partial x}\frac{\mathrm{d}x}{\mathrm{d}t}=\frac{\partial u}{\partial t}+a\frac{\partial u}{\partial x}. \tag{6.2.1}$$

由方程 (6.1.1) 知 $\left.\frac{\mathrm{d}u}{\mathrm{d}t}\right|_l=0$, 即 u 沿直线 l 值保持不变, 这种直线是特征线. 图 6.2.1 是 $a>0$ 和 $a<0$ 时的特征线示意图.

假定边界条件是周期性的, 则可用分离变量法来求解方程 (6.1.1). 设

$$u(x,t)=u(mh,n\Delta t)=v(t)\mathrm{e}^{\mathrm{i}\beta mh}, \tag{6.2.2}$$

代入式 (6.1.1) 中, 得

$$\frac{\mathrm{d}v}{\mathrm{d}t}\mathrm{e}^{\mathrm{i}\beta mh}+a\frac{\partial u}{\partial x}=0. \tag{6.2.3}$$

令

$$\frac{\partial u}{\partial x}=\frac{u_m^n-u_{m-1}^n}{h}, \tag{6.2.4}$$

则

$$\frac{\mathrm{d}v}{\mathrm{d}t}\mathrm{e}^{\mathrm{i}\beta mh}+\frac{a}{h}(v\mathrm{e}^{\mathrm{i}\beta mh}-v\mathrm{e}^{\mathrm{i}\beta(m-1)h})=0, \tag{6.2.5}$$

即

$$\frac{\mathrm{d}v}{\mathrm{d}t}=-\frac{a}{h}(1-\mathrm{e}^{-\mathrm{i}\beta h})v\triangleq\alpha v, \tag{6.2.6}$$

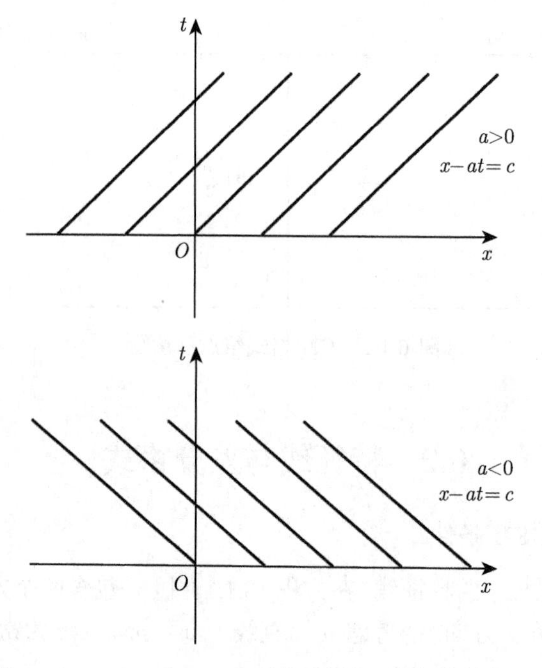

图 6.2.1　$a>0$ 和 $a<0$ 时的特征线, 特征线斜率为 $1/a$

其中

$$\alpha=-\frac{a}{h}(1-\mathrm{e}^{-\mathrm{i}\beta h}), \tag{6.2.7}$$

由此解得

$$v=C\mathrm{e}^{\alpha t}, \tag{6.2.8}$$

其中 C 为某常数. 为保证当时间增加时, 解 $u(x,t)=v(t)\mathrm{e}^{\mathrm{i}\beta mh}$ 有界, 必须要求 v 有界, 即 $\mathrm{Re}(\alpha)<0$, 故 $a>0$. 所以对方程 (6.1.1), 用空间向后差分近似 $\partial u/\partial x$, 为使计算稳定, 要求 $a>0$. 反之, 若 $a<0$, 则空间导数必须用向前差分, 否则不

稳定. 由此可见迎风格式与特征线的走向有关. $\partial u/\partial x$ 前的系数 a 表示波运动的速度, $a>0$ 说明波沿正 x 方向运动. 此时用向后差分格式近似空间一阶导数可保证差分格式条件稳定, 由于差分的指向与波前进的方向相反, 故称迎风或逆风. 如图 6.2.2 所示.

下面通过特征线分析迎风格式的稳定性. 前面已指出, 当 $a>0$ 时, 稳定性条件是 $ar\leqslant 1$, 其中 $r=\dfrac{\Delta t}{h}$, 也即 $\dfrac{\Delta t}{h}\leqslant\dfrac{1}{a}$, 而 $\dfrac{1}{a}$ 正是微分方程 (6.1.1) 所对应特征线的斜率, 因此稳定性条件 $\dfrac{\Delta t}{h}\leqslant\dfrac{1}{a}$ 表明, 差分方程的依赖区域 $\triangle ABC$ 必须包含微分方程的依赖区域 $\triangle ABD$. 如图 6.2.3 所示.

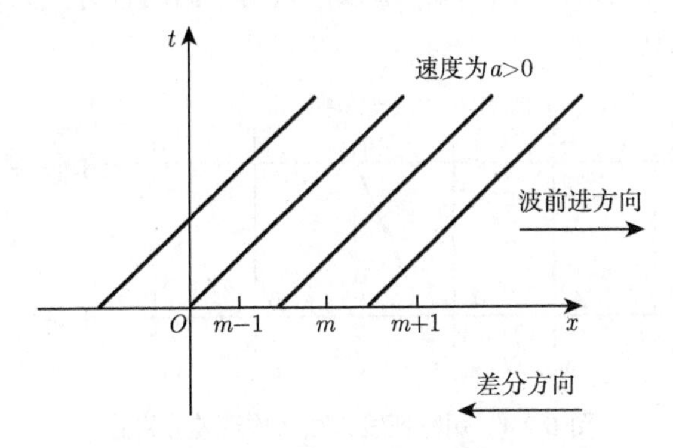

图 6.2.2 差分方向与波前进方向相反, 其中 $a>0$

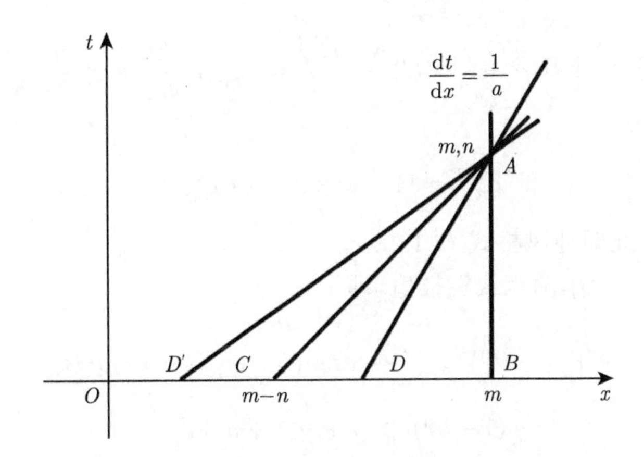

图 6.2.3 差分方程与微分方程的依赖区域

$\triangle ABC$: 差分方程依赖区域 $\triangle ABD$: 微分方程依赖区域

差分格式的依赖区域包含微分方程的依赖区域. 这个条件称为 Courant-Friedrichs-Lewy 条件[22], 简称 CFL 条件. 要注意 CFL 条件是格式稳定 (对线性偏微分

方程初值边值问题的相容差分格式, 稳定性条件与收敛性等价) 的必要条件, 不是充分条件, 如对中心差分格式 (6.1.4), CFL 条件也是 $|a|r \leqslant 1$, 但我们已经知道, 在此条件下, 格式 (6.1.4) 既不稳定也不收敛, 中心差分格式 (6.1.4) 是一个不稳定的格式.

6.2.2 用特征线方法构造差分格式

下面用特征线方法来构造差分格式. 设 $a > 0$, 如图 6.2.4 所示. 假定第 n 时间层的 u_m^n 值已知, 现求 P 点 $(m, n+1)$ 的值 u_m^{n+1}. 过 P 作特征线与 n 时间层相交于 Q 点, 假定 CFL 条件成立, 即 Q 在线段 BC 上. 由特征线的性质知, $u(P) = u(Q)$, 由于 $u(A), u(B), u(C), u(D)$ 均已知, 所以可以用下面四种方式来求出 $u(Q)$ 的值, 从而得到 $u(P)$ 的值.

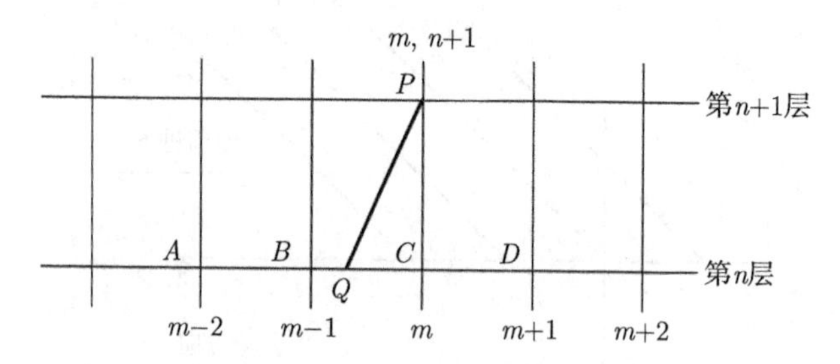

图 6.2.4　用特征线方法来构造差分格式

(1) $u(B)$ 和 $u(C)$ 两点线性插值, 即

$$u(P) = u(Q) \approx u(B)\frac{\overline{CQ}}{h} + u(C)\frac{h - \overline{CQ}}{h} = u_{m-1}^n \frac{a\Delta t}{h} + u_m^n \frac{h - a\Delta t}{h}, \tag{6.2.9}$$

即

$$u_m^{n+1} = (1 - ar)u_m^n + aru_{m-1}^n, \tag{6.2.10}$$

其中 $r = \Delta t/h$. 此即迎风格式 (7.1.2).

(2) $u(B)$ 和 $u(D)$ 两点线性插值, 即

$$\begin{aligned} u(P) = u(Q) &\approx \frac{1}{2}(1 - ar)u(D) + \frac{1}{2}(1 + ar)u(B) \\ &= \frac{1}{2}(1 - ar)u_{m+1}^n + \frac{1}{2}(1 + ar)u_{m-1}^n, \end{aligned} \tag{6.2.11}$$

即

$$\begin{aligned} u_m^{n+1} &= \frac{1}{2}(1 - ar)u_{m+1}^n + \frac{1}{2}(1 + ar)u_{m-1}^n \\ &= \frac{1}{2}(u_{m-1}^n + u_{m+1}^n) - \frac{ar}{2}(u_{m+1}^n - u_{m-1}^n), \end{aligned} \tag{6.2.12}$$

此即 Lax-Friedrichs 格式 (6.1.8).

(3) $u(B)$, $u(C)$ 和 $u(D)$ 三点抛物型插值, 即

$$\begin{aligned}u(P)=u(Q)&\approx u(C)-ar[u(C)-u(B)]-\frac{ar(1-ar)}{2}[u(B)-2u(C)+u(D)]\\&=u(C)-\frac{ar}{2}(u(D)-u(B))+\frac{a^2r^2}{2}[u(B)-2u(C)+u(D)]\\&=u_m^n-\frac{ar}{2}(u_{m+1}^n-u_{m-1}^n)+\frac{a^2r^2}{2}(u_{m+1}^n-2u_m^n+u_{m-1}^n),\end{aligned}\tag{6.2.13}$$

即

$$u_m^{n+1}=u_m^n-\frac{ar}{2}(u_{m+1}^n-u_{m-1}^n)+\frac{a^2r^2}{2}(u_{m+1}^n-2u_m^n+u_{m-1}^n),\tag{6.2.14}$$

此即 Lax-Wendroff 格式 (6.1.24).

(4) $u(A),u(B)$ 和 $u(C)$ 三点抛物型插值, 即

$$\begin{aligned}u(P)=u(Q)&\approx u(C)-ar(u(C)-u(B))-\frac{ar(1-ar)}{2}(u(C)-2u(B)+u(A))\\&=u_m^n-ar(u_m^n-u_{m-1}^n)-\frac{ar(1-ar)}{2}(u_m^n-2u_{m-1}^n+u_{m-2}^n),\end{aligned}\tag{6.2.15}$$

此即二阶迎风格式, 由 Beam 和 Warming(1975 年) 提出[83], 称为Beam-Warming 格式[59,81], 其增长因子为

$$\begin{aligned}G(\Delta t,\sigma)=&1-2ar\sin^2\frac{\sigma h}{2}-\frac{1}{2}ar(1-ar)\left(4\sin^4\frac{\sigma h}{2}-\sin^2\sigma h\right)\\&-\mathrm{i}ar\sin\sigma h\left[1-2(1-ar)\sin^2\frac{\sigma h}{2}\right],\end{aligned}\tag{6.2.16}$$

所以

$$|G|^2=1-4ar(1-ar)^2(2-ar)\left(\sin^4\frac{\sigma h}{2}\right),\tag{6.2.17}$$

由 $|G|^2\leqslant 1$ 可得稳定性条件 $ar\leqslant 2$. 类似地, 如果 $a<0$, 则 Beam-Warming 格式 (6.2.15) 成为

$$u_m^{n+1}=u_m^n-ar(u_{m+1}^n-u_m^n)+\frac{ar}{2}(1+ar)(u_{m+2}^n-2u_{m+1}^n+u_m^n),\tag{6.2.18}$$

稳定性条件为 $|a|r\leqslant 2$.

用特征线方法还可以求解一阶或二阶拟线性双曲型方程, 详细可参考相关文献 [77], [78].

6.3 偏微分方程的相位速度和群速度

6.3.1 相位速度

对一维波动方程

$$\frac{\partial^2 u}{\partial t^2} = c^2\frac{\partial^2 u}{\partial x^2}, \tag{6.3.1}$$

考虑如下形式的平面波解

$$u(x,t) = \mathrm{e}^{\mathrm{i}(k_x x-\omega t)}, \tag{6.3.2}$$

其中 k_x 是波数, 波数与波长 λ 的关系为 $\lambda = 2\pi/k_x$. 下面假定 $0 < k_x < \infty$, 将式 (6.3.2) 代入 (6.3.1), 得

$$\omega^2 = c^2k_x^2, \tag{6.3.3}$$

即

$$\omega = \pm ck_x, \tag{6.3.4}$$

我们称 ω 与 k_x 之间的关系 $\omega = \omega(k_x)$ 为频散关系. 式 (6.3.4) 就是波动方程 (6.3.1) 的频散关系, 该关系给出如何由波数 k_x 来确定频率 ω. 频散关系可以是复数, 故一般形式为

$$\omega = \omega_R + \mathrm{i}\omega_I, \tag{6.3.5}$$

其中 w_R 是频率的实部, ω_I 是频率的虚部. 将式 (6.3.5) 代入式 (6.3.2) 得

$$u(x,t) = \mathrm{e}^{\omega_I t}\mathrm{e}^{\mathrm{i}(k_x x-\omega_R t)}. \tag{6.3.6}$$

定义 6.3.1 相位速度定义为

$$v_p = \frac{\omega_R}{k_x}. \tag{6.3.7}$$

平面波有如下的特性.

(1) 当 $\omega_I \leqslant 0$ 时方程的解稳定, 否则不稳定.

(2) 若 v_p 依赖于波数 k_x, 表明不同频率的波以不同的速度传播, 方程有频散; 否则无频散.

(3) 若 ω_I 不恒为零, 表明不同频率的波随时间是衰减的, 方程有耗散; 否则无耗散.

对于方程 (6.3.1), 易知有 $v_p = \pm c$. 由于相位速度 v_p 不依赖于波数 k_x, 所以方程无频散, 即长波 (波数 k_x 小) 和短波 (波数 k_x 大) 以相同的速度传播; 又因为 $\omega_I = 0$, 所以方程无耗散, 即所有的波都没有衰减地传播.

一个有频散非耗散的波方程是 Klein-Gordon 方程. 由其相位速度知, 波长越短的波, 传播得越慢, 波长越长的波传播得越快, 结果导致由很多平面波组成的波在传播过程中分散开, 其中长波长传播得较快. 另一个不同的是梁方程, 该方程是频散的, 但短波长的波传播得比长波长的波快. 耗散方程的例子是对流扩散方程, 因为该方程是非频散的, 所以由很多波组成的波形在传播过程中保持形状不变, 但会衰减, 波长越短的波, 衰减得越快.

例 6.3.1 考虑下面两个方程的频散和耗散关系

(1) $\dfrac{\partial u}{\partial t} = \nu\dfrac{\partial^2 u}{\partial x^2}$; (2) $\dfrac{\partial u}{\partial t} + c\dfrac{\partial^3 u}{\partial x^3} = 0$.

解 (1) 将平面波解 $u(x,t) = \mathrm{e}^{\mathrm{i}(k_x x-\omega t)}$ 代入原方程中, 得频散关系 $\omega = -\mathrm{i}\nu k_x^2$, 其解为 $u(x,t) = \mathrm{e}^{-\nu k_x^2 t}\mathrm{e}^{\mathrm{i}k_x x}$. 可以看到, 波不随时间移动但随时间衰减, 方程有耗散. 相位速度为零, 方程无频散. 当 ω 是纯虚数时, 波的振幅或者增长或者衰减, 这是抛物型方程的特征.

(2) 同样将平面解 $u(x,t) = \mathrm{e}^{\mathrm{i}(k_x x-\omega t)}$ 代入, 得频散关系为 $\omega = -k_x^3 c$, 解为

$$u(x,t) = \mathrm{e}^{\mathrm{i}(k_x^3 ct+k_x x)} = \mathrm{e}^{\mathrm{i}k_x(x+k_x^2 ct)}.$$

可以看到, 波传播的速度为 $-k_x^2 c$. 显然, 不同的波数以不同的速度传播, 相位速度 $v_p = -k_x^2 c$, 因此方程的解有频散, 但方程没有耗散 ($\omega_I \equiv 0$). □

6.3.2 群速度

对非耗散方程, 由频散关系可以导出第二种速度, 即群速度. 群速度定义如下.

定义 6.3.2 *群速度定义为*

$$v_g = \frac{\mathrm{d}\omega(k_x)}{\mathrm{d}k_x}. \tag{6.3.8}$$

为了解释群速度 v_g 的重要性, 考虑将两种稍有不同的波相加. 一种波的波数为 k_{x_1}, 另一种波的波数为 $k_{x_2} = k_{x_1} + \Delta k_x$, 对应的频散关系分别为 $\omega_1 = \omega(k_{x_1})$ 和 $\omega_2 = \omega(k_{x_2})$. 于是

$$\omega_2 = \omega(k_{x_2}) = \omega(k_{x_1} + \Delta k_x) \approx \omega(k_{x_1}) + \Delta k_x \frac{\mathrm{d}\omega}{\mathrm{d}k_x}(k_{x_1}) = \omega_1 + \Delta\omega, \tag{6.3.9}$$

其中

$$\Delta\omega = \Delta k_x \frac{\mathrm{d}\omega}{\mathrm{d}k_x}(k_{x_1}). \tag{6.3.10}$$

将两波叠加, 得到

$$u = \cos(k_{x_1}x - \omega_1 t) + \cos(k_{x_2}x - \omega_2 t) = A(x,t)\cos(k_a x - \omega_a t), \tag{6.3.11}$$

其中

$$A(x,t)=2\cos\left(\frac{1}{2}\Delta k_x x-\frac{1}{2}\Delta\omega t\right), \tag{6.3.12}$$

$$k_a=k_{x_1}+\frac{1}{2}\Delta k_x, \tag{6.3.13}$$

$$\omega_a=\omega_1+\frac{1}{2}\Delta\omega. \tag{6.3.14}$$

两个波合成了一个波, 波数为 k_a, 频率为 ω_a, 振幅为 $A(x,t)$. 由式 (6.3.12) 知, 振幅以 $\dfrac{\Delta\omega}{\Delta k_x}$ 的速度移动. 由群速度的定义, 振幅的包络以群速度 v_g 传播, 群速度取决于 $\omega(k_x)$ 的斜率, 群速度可以大于、等于或小于相位速度. 能量 (振幅) 以群速度传播.

例 6.3.2 求 Klein-Gordon 方程

$$v^2\frac{\partial^2 u}{\partial x^2}=\frac{\partial^2 u}{\partial t^2}+bu \tag{6.3.15}$$

的相速度、群速度、频散和耗散关系, 其中 $v>0,\ b>0$ 为常数.

解 将平面波解 $u(x,t)=\mathrm{e}^{\mathrm{i}(k_x x-\omega t)}$ 代入方程中, 求得频散关系

$$\omega=\pm\sqrt{v^2k_x^2+b}, \tag{6.3.16}$$

所以相位速度为

$$v_p=\frac{\omega_R}{k_x}=\pm\frac{\sqrt{v^2k_x^2+b}}{k_x}=\pm v\sqrt{1+\frac{b}{v^2k_x^2}}, \tag{6.3.17}$$

群速度为

$$v_g=\frac{\mathrm{d}\omega}{\mathrm{d}k}=\pm\frac{v^2k_x}{\sqrt{v^2k_x^2+b}}. \tag{6.3.18}$$

由于 v_p 与 k_x 有关, 故方程 (6.3.15) 有频散, 又 $\omega_I\equiv 0$, 则方程无耗散, 解稳定. □

6.4 数值相位速度和群速度

波动方程

$$\frac{\partial^2 u}{\partial t^2}=c^2\frac{\partial^2 u}{\partial x^2} \tag{6.4.1}$$

的一个二阶精度的差分格式是

$$u_j^{n+1} = r^2 u_{j+1}^n + 2(1-r^2)u_j^n + r^2 u_{j-1}^n - u_j^{n-1},$$
$$j = 1, \cdots, N; \quad n = 1, \cdots, M-1, \tag{6.4.2}$$

其中

$$r = \frac{c\Delta t}{h}, \quad u_0^n = u_{N+1}^n = 0.$$

假定形式解为

$$u_j^n = \mathrm{e}^{\mathrm{i}(k_x x_j - \omega t_n)}, \tag{6.4.3}$$

代入式 (6.4.2) 中, 得

$$\mathrm{e}^{-\mathrm{i}\Delta t\omega} = r^2 \mathrm{e}^{\mathrm{i}hk_x} + 2(1-r^2) + r^2 \mathrm{e}^{-\mathrm{i}hk_x} - \mathrm{e}^{\mathrm{i}\Delta t\omega}, \tag{6.4.4}$$

即

$$\sin\left(\frac{\omega\Delta t}{2}\right) = \pm r \sin\frac{k_x h}{2}. \tag{6.4.5}$$

这是差分格式 (6.4.2) 的数值频散关系, 与波动方程的频散关系 $\omega = \pm ck_x$ 有很大区别. 给定 k_x, 有无穷多个 ω 满足式 (6.4.5). 我们考察当 h 是小量时的情况. 假定 $0 \leqslant k_x h \leqslant \pi$, 然后考虑满足 $-\pi \leqslant \omega\Delta t \leqslant \pi$ 范围内的 ω. 由式 (6.4.5) 得

$$\omega = \pm\frac{2}{\Delta t}\sin^{-1}\left(r\sin\frac{k_x h}{2}\right). \tag{6.4.6}$$

下面考察与精确频散的关系.

(1) 若 $r = \dfrac{c\Delta t}{h} > 1$, 则在式 (6.4.5) 中存在 k_x 使得 $r\sin\dfrac{k_x h}{2} > 1$, 这时 ω 是复数. 若 $r < 1$ 时, ω 是实数. 若 $r = 1$ 时, 则 $\omega = \pm ck_x$ 为精确的频散关系.

(2) 当 $r \leqslant 1$ 时, 对所有的 k_x 值, ω 是实值, 这表明在稳定区域中数值方法与波动方程有相同的非耗散性质.

(3) 为了考察数值方法是否有频散, 在稳定区域 $r \leqslant 1$ 中考虑, 这时 ω 是实数, 因此数值相位速度是

$$v_{np} = \frac{\omega}{k_x} = \pm\frac{2}{\Delta t k_x}\sin^{-1}\left(r\sin\left(\frac{k_x h}{2}\right)\right). \tag{6.4.7}$$

该式表明数值相位速度依赖于波数 k_x 和空间网格步长 h. 假定 h 是小量, r 和 k_x 固定, 则

$$\begin{aligned}
v_{np} &\approx \pm\frac{2}{\Delta t k_x}\left(r\sin\frac{k_x h}{2} + \frac{1}{6}r^3\sin^3\frac{k_x h}{2} + \cdots\right) \\
&\approx \pm\frac{2}{\Delta t k_x}\left[r\left(\frac{k_x h}{2} - \frac{k_x^3 h^3}{48}\right) + \frac{r^3 k_x^3 h^3}{48} + \cdots\right] \\
&\approx \pm c\left[1 - \frac{1}{24}(1-r^2)(k_x h)^2\right].
\end{aligned} \tag{6.4.8}$$

若数值格式非频散, 在式 (6.4.7) 和式 (6.4.8) 中要求 $r=1$, 因此当 $r<1$ 时数值方法是频散的.

事实上, 显式格式通常是频散的, 但波动方程 (6.4.1) 是非频散的, 由式 (6.4.8) 可以看到, 当 $r \neq 1$ 时, 数值相位速度比方程的相位速度要慢, 因此数值解 (波) 要比精确解滞后, 并且波长越短的波 (波数 k_x 大), 滞后得越多.

由式 (6.4.6) 计算数值群速度

$$v_{ng}=\frac{\mathrm{d}\omega}{\mathrm{d}k_x}=\pm\frac{c\cos\dfrac{k_xh}{2}}{\sqrt{1-r^2\sin^2\dfrac{k_xh}{2}}}. \tag{6.4.9}$$

假定 h 是小量, r 和 k_x 固定, 则

$$v_{ng}\approx\pm c\left[1-\frac{1}{8}(1-r^2)(k_xh)^2\right]. \tag{6.4.10}$$

与数值相位速度一样, 数值群速度依赖于波数 k_x 和空间网格步长. 当 $r=1$ 时, $v_{ng}=\pm c$; 当 $r<1$ 时, 由式 (6.4.8) 和式 (6.4.10) 知数值群速度小于数值相位速度, 且两者都小于精确值.

差分格式与相应的微分方程应当有相同的频散和耗散关系, 但通常不是这样. 类似地, 考虑差分格式的平面波解形式

$$u_m^n=\mathrm{e}^{\mathrm{i}(k_xmh-\omega n\Delta t)}. \tag{6.4.11}$$

取 $\omega=\omega(k_x)$ 以使该解满足差分方程. 函数 $\omega(k_x)$ 一般是复数, 令 $\omega=\omega_R+\mathrm{i}\omega_I$, 其中 $\omega_R(k_x)$ 和 $\omega_I(k_x)$ 是实数. 将 $\omega=\omega_R+\mathrm{i}\omega_I$ 代入式 (6.4.11), 得

$$u_m^n=\mathrm{e}^{\mathrm{i}(k_xmh-\omega_Rn\Delta t-\mathrm{i}\omega_In\Delta t)}=\mathrm{e}^{\omega_I\Delta tn}\mathrm{e}^{\mathrm{i}k_x(mh-\frac{\omega_R}{k_x}n\Delta t)}. \tag{6.4.12}$$

因此, 有

(1) 若对某 k_x, $\omega_I<0$, 则差分格式是耗散的.

(2) 若对某 k_x, $\omega_I>0$, 则差分方程的解无界, 格式不稳定.

(3) 若对所有 k_x, $\omega_I=0$, 则差分格式是非耗散的.

同样地,

(1) 若 $\omega_R=0$, 则没有波的传播.

(2) 若 $\omega_R\neq0$, 则波以 $\dfrac{\omega_R}{k_x}$ 的速度传播.

(3) 若 $\dfrac{\omega_R}{k_x}$ 是 k_x 的非平凡 (nontrivial) 函数, 则差分格式有频散.

例 6.4.1　分析差分格式

$$u_m^{n+1}=u_m^n+r(u_{m+1}^n-2u_m^n+u_{m-1}^n) \tag{6.4.13}$$

的频散和耗散关系, 其中 $r=\nu\dfrac{\Delta t}{h^2}$.

解 由前面的分析可知, 差分格式 (6.4.13) 当且仅当 $r\leqslant 1/2$ 时稳定, 将平面波解 (6.4.11) 代入式 (6.4.13) 中, 得

$$\begin{aligned}\mathrm{e}^{\mathrm{i}[k_x mh-\omega(n+1)\Delta t]}=&\mathrm{e}^{\mathrm{i}(k_x mh-\omega n\Delta t)}+r(\mathrm{e}^{\mathrm{i}[k_x(m+1)h-\omega n\Delta t]}\\&-2\mathrm{e}^{\mathrm{i}(k_x mh-\omega n\Delta t)}+\mathrm{e}^{\mathrm{i}[k_x(m-1)h-\omega n\Delta t]}),\end{aligned}\tag{6.4.14}$$

化简得

$$\mathrm{e}^{-\mathrm{i}\omega\Delta t}=1+r(\mathrm{e}^{\mathrm{i}k_x h}-2+\mathrm{e}^{-\mathrm{i}k_x h})=1-4r\sin^2\frac{k_x h}{2}.\tag{6.4.15}$$

因为最后一项是实数, 假如令 $\omega=\omega_R+\mathrm{i}\omega_I$, 则可写成

$$\mathrm{e}^{-\mathrm{i}\omega\Delta t}=\mathrm{e}^{\omega_I\Delta t}\mathrm{e}^{-\mathrm{i}\omega_R\Delta t}=1-4r\sin^2\frac{k_x h}{2},\tag{6.4.16}$$

于是 $\omega_R=0$, 因此没有频散. 而 $\omega=\mathrm{i}\omega_I$, 其中

$$\omega_I=\frac{1}{\Delta t}\ln\left|1-4r\sin^2\frac{k_x h}{2}\right|.\tag{6.4.17}$$

因此, 离散频散关系为

$$\omega(k_x)=\frac{\mathrm{i}}{\Delta t}\ln\left|1-4r\sin^2\frac{k_x h}{2}\right|.\tag{6.4.18}$$

□

例 6.4.2 分析 CN 格式

$$u_m^{n+1}+\frac{r}{4}(u_{m+1}^{n+1}-u_{m-1}^{n+1})=u_m^n-\frac{r}{4}(u_{m+1}^n-u_{m-1}^n)\tag{6.4.19}$$

的耗散和频散关系, 其中 $r=a\Delta t/h$.

解 由上面求离散频散关系的方法可知, CN 格式的离散频散关系由下式给出

$$\mathrm{e}^{-\mathrm{i}\omega t}=G(\Delta t,k_x h),\tag{6.4.20}$$

其中 G 就是差分格式的增长因子, 式 (6.4.20) 表示 G 完全确定了格式的耗散和频散性质. 考虑耗散, 计算

$$\mathrm{e}^{\omega_I\Delta t}=|G(\Delta t,k_x h)|,\tag{6.4.21}$$

或

$$\omega_I(k_x)=\frac{1}{\Delta t}\ln|G(\Delta t,k_x h)|\tag{6.4.22}$$

即可. 考虑频散, 计算

$$\tan(-\omega_R\Delta t) = \frac{\mathrm{Im}G(\Delta t, k_x h)}{\mathrm{Re}G(\Delta t, k_x h)} \tag{6.4.23}$$

即可, 其中 Im(z) 和 Re(z) 表示对复数 z 取虚部和实部. 因 CN 格式的增长因子为

$$G(\Delta t, k_x h) = \frac{1 - \dfrac{\mathrm{i}r}{2}\sin k_x h}{1 + \dfrac{\mathrm{i}r}{2}\sin k_x h}, \tag{6.4.24}$$

所以

$$\mathrm{e}^{\omega_I \Delta t} = |G(\Delta t, k_x h)| = 1. \tag{6.4.25}$$

因此 CN 格式 (6.4.19) 无耗散.

再由式 (6.4.23) 和式 (6.4.24) 知, 有

$$\tan(-\omega_R\Delta t) = \frac{-r\sin k_x h}{1 - \dfrac{r^2}{4}\sin^2 k_x h}, \tag{6.4.26}$$

因此 Fourier 分量为 $k_x h$ 的波的相位传播速度误差为

$$a - \frac{\omega_R}{k_x} = a - \frac{-a}{rk_x h}\arctan\frac{-r\sin k_x h}{1 - \dfrac{r^2}{4}\sin^2 k_x h}, \quad 0 \leqslant k_x h \leqslant \pi. \tag{6.4.27}$$

□

例 6.4.3　考虑式 (6.1.1) 的中心差分格式

$$u_m^{n+1} = u_m^n - \frac{ar}{2}(u_{m+1}^n - u_{m-1}^n) \tag{6.4.28}$$

的频散与耗散关系, 其中 $r = \Delta t/h$.

解　将 $u_m^n = \mathrm{e}^{\mathrm{i}(k_x mh - \omega n\Delta t)}$ 代入式 (6.4.28) 得

$$\mathrm{e}^{-\mathrm{i}\omega\Delta t} = 1 - \mathrm{i}ar\sin k_x h. \tag{6.4.29}$$

令 $\omega = \omega_R + \mathrm{i}\omega_I$, 代入式 (6.4.29) 得

$$\mathrm{e}^{-\mathrm{i}\omega\Delta t} = \mathrm{e}^{-\mathrm{i}\omega_R\Delta t}\mathrm{e}^{\omega_I\Delta t} = 1 - \mathrm{i}ar\sin k_x h, \tag{6.4.30}$$

因此耗散和频散关系分别为

$$\omega_I(k_x) = \frac{1}{\Delta t}\ln\sqrt{1 + (ar\sin k_x h)^2}, \tag{6.4.31}$$

$$\omega_R(k_x) = -\frac{\arctan(-ar\sin k_x h)}{\Delta t}, \tag{6.4.32}$$

由式 (6.4.31) 可知, $w_I(k_x) > 0$, u_m^n 将随时间无限增长, 因此格式不稳定. □

6.5 修正的偏微分方程

前面, Du Fort-Frankel 和 Lax-Wendroff 格式都是通过对不稳定的格式进行修正而得到的稳定的格式. 人工耗散方法就是在双曲型方程中引进一个二阶空间导数的小参数项 (耗散项), 使之变成带小参数的抛物型方程, 考虑偏微分方程

$$\frac{\partial u}{\partial t}+a\frac{\partial u}{\partial x}=0 \tag{6.5.1}$$

的不稳定的格式

$$u_m^{n+1}=u_m^n-\frac{R}{2}(u_{m+1}^n-u_{m-1}^n), \tag{6.5.2}$$

其中 $R=a\Delta t/h$. 这是不稳定的中心差分格式, 若在式 (6.5.2) 中加进 $\delta_x^2u_m^n$ 一项, 则有

$$u_m^{n+1}=u_m^n-\frac{R}{2}(u_{m+1}^n-u_{m-1}^n)+\varepsilon(u_{m+1}^n-2u_m^n+u_{m-1}^n), \tag{6.5.3}$$

其中 ε 是待定系数. 格式 (6.5.3) 可以看成是对小参数的抛物型方程

$$\frac{\partial u}{\partial t}+a\frac{\partial u}{\partial x}=\frac{h^2\varepsilon}{\Delta t}\frac{\partial^2 u}{\partial x^2} \tag{6.5.4}$$

的中心差分近似的结果. 为使式 (6.5.3) 与方程 (6.5.1) 相容, 必须取 $\varepsilon=\varepsilon_1\Delta t(\varepsilon_1$ 待定). 通过稳定性分析可知, 方程 (6.5.3) 的稳定性要求

$$\frac{R^2}{2}\leqslant\varepsilon\leqslant\frac{1}{2}. \tag{6.5.5}$$

(1) 若取 $\varepsilon=1/2$, 则得 Lax-Friedrichs 格式 (6.1.8).

(2) 若取 $\varepsilon=R^2/2$, 则得 Lax-Wendroff 格式 (6.1.24).

(3) 若取 $\varepsilon=R/2$, 则得左偏心格式 (6.1.2).

(4) 若取 $\varepsilon=-R/2$, 则得右偏心格式 (6.1.3).

格式加进小参数的方法还可改善格式的稳定性. 对 CN 格式 (6.1.42), 可以考虑下列两个修正格式

$$u_m^{n+1}+\frac{R}{4}(u_{m+1}^{n+1}-u_{m-1}^{n+1})=u_m^n-\frac{R}{4}(u_{m+1}^n-u_{m-1}^n)+\varepsilon\Delta t\delta_x^2u_m^n, \tag{6.5.6}$$

$$u_m^{n+1}+\frac{R}{4}(u_{m+1}^{n+1}-u_{m-1}^{n+1})=u_m^n-\frac{R}{4}(u_{m+1}^n-u_{m-1}^n)-\varepsilon\Delta t\delta_x^4u_m^n, \tag{6.5.7}$$

其中 $\delta_x^4 u_m^n = \delta_x^2(\delta_x^2 u_m^n) = u_{m+2}^n - 4u_{m+1}^n + 6u_m^n - 4u_{m-1}^n + u_{m-2}^n$. 对蛙跳格式 (6.1.12), 考虑下面的两个修正格式

$$u_m^{n+1} = u_m^{n-1} - R(u_{m+1}^n - u_{m-1}^n) + \varepsilon\Delta t\delta_x^2 u_m^{n-1}, \tag{6.5.8}$$

$$u_m^{n+1} = u_m^{n-1} - R(u_{m+1}^n - u_{m-1}^n) - \varepsilon\Delta t\delta_x^4 u_m^{n-1}. \tag{6.5.9}$$

不难看出, 这两个格式仍是 $O(\Delta t^2) + O(h^2)$. 可以证明, 当 $\varepsilon\Delta t \leqslant 1/2$ 时, 式 (6.5.6) 无条件稳定, 当 $\varepsilon\Delta t \leqslant 1/8$ 时, 式 (6.5.7) 无条件稳定. 式 (6.5.8) 稳定性条件是 $R^2 \leqslant 1 - 4\varepsilon\Delta t$, 式 (6.5.9) 稳定性条件是 $R^2 \leqslant 1 - 16\varepsilon\Delta t$.

如何求得修正的偏微分方程? 这可以通过分析差分方程的局部误差而得到. 考虑方程 (6.1.1) 的右偏心格式 (6.1.3), 即

$$\frac{u_m^{n+1} - u_m^n}{\Delta t} + a\frac{u_{m+1}^n - u_m^n}{h} = 0, \tag{6.5.10}$$

将式 (6.5.10) 中的 u_m^{n+1} 和 u_{m+1}^n 在点 $(mh, n\Delta t)$ 处作 Taylor 展开, 得

$$\begin{aligned} 0 = &\left(\frac{\partial u}{\partial t}\right)_m^n + \frac{\Delta t}{2}\left(\frac{\partial^2 u}{\partial t^2}\right)_m^n + \frac{\Delta t^2}{6}\left(\frac{\partial^3 u}{\partial t^3}\right)_m^n + \cdots \\ &+ a\left(\frac{\partial u}{\partial x}\right)_m^n + \frac{ah}{2}\left(\frac{\partial^2 u}{\partial x^2}\right)_m^n + \frac{ah^2}{6}\left(\frac{\partial^3 u}{\partial x^3}\right)_m^n + \cdots, \end{aligned} \tag{6.5.11}$$

建立修正偏微分方程的方法通常是消去高阶时间导数项及混合导数项. 为了消去式 (6.5.11) 中的 $\dfrac{\partial^2 u}{\partial t^2}$ 和 $\dfrac{\partial^3 u}{\partial t^3}$, 对式 (6.5.11) 分别关于时间 t 求两次导数, 得

$$\begin{aligned} 0 = &\left(\frac{\partial^2 u}{\partial t^2}\right)_m^n + \frac{\Delta t}{2}\left(\frac{\partial^3 u}{\partial t^3}\right)_m^n + \frac{\Delta t^2}{6}\left(\frac{\partial^4 u}{\partial t^4}\right)_m^n + \cdots \\ &+ a\left(\frac{\partial^2 u}{\partial x\partial t}\right)_m^n + \frac{ah}{2}\left(\frac{\partial^3 u}{\partial x^2\partial t}\right)_m^n + \frac{ah^2}{6}\left(\frac{\partial^4 u}{\partial x^3\partial t}\right)_m^n + \cdots \end{aligned} \tag{6.5.12}$$

和

$$\begin{aligned} 0 = &\left(\frac{\partial^3 u}{\partial t^3}\right)_m^n + \frac{\Delta t}{2}\left(\frac{\partial^4 u}{\partial t^4}\right)_m^n + \frac{\Delta t^2}{6}\left(\frac{\partial^5 u}{\partial t^5}\right)_m^n + \cdots \\ &+ a\left(\frac{\partial^3 u}{\partial x\partial t^2}\right)_m^n + \frac{ah}{2}\left(\frac{\partial^4 u}{\partial x^2\partial t^2}\right)_m^n + \frac{ah^2}{6}\left(\frac{\partial^5 u}{\partial x^3\partial t^2}\right)_m^n + \cdots. \end{aligned} \tag{6.5.13}$$

由式 (6.5.12) 和式 (6.5.13) 即可得到 $\dfrac{\partial^2 u}{\partial t^2}$ 和 $\dfrac{\partial^3 u}{\partial t^3}$ 的表达式. 由于式 (6.5.12) 和式 (6.5.13) 中出现 $\dfrac{\partial^2 u}{\partial x\partial t}$, $\dfrac{\partial^3 u}{\partial x^2\partial t}$ 和 $\dfrac{\partial^3 u}{\partial x\partial t^2}$ (到三阶), 为了得到这些表达式, 将式

(6.5.11) 分别求对 x 的一、二阶偏导数和对 x 及 t 的二阶混合偏导数, 得

$$0=\left(\frac{\partial^2 u}{\partial t\partial x}\right)_m^n+\frac{\Delta t}{2}\left(\frac{\partial^3 u}{\partial t^2\partial x}\right)_m^n+\frac{\Delta t^2}{6}\left(\frac{\partial^4 u}{\partial t^3\partial x}\right)_m^n+\cdots$$
$$+a\left(\frac{\partial^2 u}{\partial x^2}\right)_m^n+\frac{ah}{2}\left(\frac{\partial^3 u}{\partial x^3}\right)_m^n+\frac{ah^2}{6}\left(\frac{\partial^4 u}{\partial x^4}\right)_m^n+\cdots, \tag{6.5.14}$$

$$0=\left(\frac{\partial^3 u}{\partial t\partial x^2}\right)_m^n+\frac{\Delta t}{2}\left(\frac{\partial^4 u}{\partial t^2\partial x^2}\right)_m^n+\frac{\Delta t^2}{6}\left(\frac{\partial^5 u}{\partial t^3\partial x^2}\right)_m^n+\cdots$$
$$+a\left(\frac{\partial^3 u}{\partial x^3}\right)_m^n+\frac{ah}{2}\left(\frac{\partial^4 u}{\partial x^4}\right)_m^n+\frac{ah^2}{6}\left(\frac{\partial^5 u}{\partial x^5}\right)_m^n+\cdots, \tag{6.5.15}$$

$$0=\left(\frac{\partial^3 u}{\partial t\partial x\partial t}\right)_m^n+\frac{\Delta t}{2}\left(\frac{\partial^4 u}{\partial t^2\partial x\partial t}\right)_m^n+\frac{\Delta t^2}{6}\left(\frac{\partial^5 u}{\partial t^3\partial x\partial t}\right)_m^n+\cdots$$
$$+a\left(\frac{\partial^3 u}{\partial x^2\partial t}\right)_m^n+\frac{ah}{2}\left(\frac{\partial^4 u}{\partial x^3\partial t}\right)_m^n+\frac{ah^2}{6}\left(\frac{\partial^5 u}{\partial x^4\partial t}\right)_m^n+\cdots. \tag{6.5.16}$$

由式 (6.5.11)— 式 (6.5.16) 联立可以消去 $\frac{\partial^2 u}{\partial t^2}, \frac{\partial^2 u}{\partial t\partial x}, \frac{\partial^3 u}{\partial t^3}, \frac{\partial^3 u}{\partial t^2\partial x}$ 和 $\frac{\partial^3 u}{\partial t\partial x^2}$ 项. 该过程可以用表 6.2 表示. 由表 6.2 可得修正的偏微分方程的差分格式为

$$0=\left(\frac{\partial u}{\partial t}\right)_m^n+a\left(\frac{\partial u}{\partial x}\right)_m^n+\frac{a^2\Delta t+ah}{2}\left(\frac{\partial^2 u}{\partial x^2}\right)_m^n+\left(\frac{a^3\Delta t^2}{3}+\frac{a^2\Delta th}{2}+\frac{ah^2}{6}\right)\left(\frac{\partial^3 u}{\partial x^3}\right)_m^n. \tag{6.5.17}$$

去掉的都是四阶及四阶以上的导数项. 式 (6.5.17) 可改写成

$$0=\left(\frac{\partial u}{\partial t}\right)_m^n+a\left(\frac{\partial u}{\partial x}\right)_m^n+\frac{ah}{2}(1+r)\left(\frac{\partial^2 u}{\partial x^2}\right)_m^n+\frac{ah^2}{6}(2r+1)(r+1)\left(\frac{\partial^3 u}{\partial x^3}\right)_m^n, \tag{6.5.18}$$

其中 $r=a\frac{\Delta t}{h}$. 因此与格式 (6.5.10) 相对应的修正的偏微分方程是

$$\frac{\partial u}{\partial t}+a\frac{\partial u}{\partial x}+\frac{ah}{2}(1+r)\frac{\partial^2 u}{\partial x^2}+\frac{ah^2}{6}(2r+1)(r+1)\frac{\partial^3 u}{\partial x^3}=0. \tag{6.5.19}$$

下面的例子将看到, 差分方程 (6.5.10) 的解性质与式 (6.5.19) 解的性质非常类似.

在式 (6.5.19) 中出现了 $\frac{\partial^2 u}{\partial x^2}$ 项 (偶数阶导数) 和 $\frac{\partial^3 u}{\partial x^3}$ 项 (奇数阶导数). 一般地, 当有空间偶数阶导数项时, 例如,

$$\frac{\partial u}{\partial t}+a\frac{\partial u}{\partial x}=A_2\frac{\partial^2 u}{\partial x^2}+A_4\frac{\partial^4 u}{\partial x^4}, \tag{6.5.20}$$

表 6.2　推导修正偏微分方程的系数表

计算过程及方程编号	$\frac{\partial u}{\partial t}$	$\frac{\partial u}{\partial x}$	$\frac{\partial^2 u}{\partial t^2}$	$\frac{\partial^2 u}{\partial t\partial x}$	$\frac{\partial^2 u}{\partial x^2}$
(a)	1	a	$\frac{\Delta t}{2}$	0	$\frac{ah}{2}$
$(\mathrm{b})\times\frac{-\Delta t}{2}+(\mathrm{a})=(\mathrm{b})'$	1	a	0	$-\frac{a\Delta t}{2}$	$\frac{ah}{2}$
$(\mathrm{c})\times\frac{a\Delta t}{2}+(\mathrm{b})'=(\mathrm{c})'$	1	a	0	0	$\frac{a^2\Delta t+ah}{2}$
$(\mathrm{d})\times\frac{\Delta t^2}{12}+(\mathrm{c})'=(\mathrm{d})'$	1	a	0	0	$\frac{a^2\Delta t+ah}{2}$
$(\mathrm{e})\times\frac{-a\Delta t^2}{3}+(\mathrm{d})'=(\mathrm{e})'$	1	a	0	0	$\frac{a^2\Delta t+ah}{2}$
$(\mathrm{f})\times\left(\frac{a^2\Delta t^2}{3}+\frac{a\Delta th}{4}\right)+(\mathrm{e})'=(\mathrm{f})'$	1	a	0	0	$\frac{a^2\Delta t+ah}{2}$

计算过程及方程编号	$\frac{\partial^3 u}{\partial t^3}$	$\frac{\partial^3 u}{\partial t^2\partial x}$	$\frac{\partial^3 u}{\partial t\partial x^2}$	$\frac{\partial^3 u}{\partial x^3}$	$\frac{\partial^4 u}{\partial t^4}$
(a)	$\frac{\Delta t^2}{6}$	0	0	$\frac{ah^2}{6}$	$\frac{\Delta t^3}{24}$
$(\mathrm{b})\times\frac{-\Delta t}{2}+(\mathrm{a})=(\mathrm{b})'$	$\frac{\Delta t^2}{6}-\frac{\Delta t^2}{4}$	0	$-\frac{a\Delta th}{4}$	$\frac{ah^2}{6}$	$-\frac{\Delta t^3}{24}$
$(\mathrm{c})\times\frac{a\Delta t}{2}+(\mathrm{b})'=(\mathrm{c})'$	$\frac{\Delta t^2}{6}-\frac{\Delta t^2}{4}$	$\frac{a\Delta t^2}{4}$	$-\frac{a\Delta th}{4}$	$\frac{ah^2}{6}+\frac{a^2\Delta th}{4}$	$-\frac{\Delta t^3}{24}$
$(\mathrm{d})\times\frac{\Delta t^2}{12}+(\mathrm{c})'=(\mathrm{d})'$	0	$\frac{a\Delta t^2}{12}+\frac{a\Delta t^2}{4}$	$-\frac{a\Delta th}{4}$	$\frac{ah^2}{6}+\frac{a^2\Delta th}{4}$	0
$(\mathrm{e})\times\frac{-a\Delta t^2}{3}+(\mathrm{d})'=(\mathrm{e})'$	0	0	$-\frac{a^2\Delta t^2}{3}-\frac{a\Delta th}{4}$	$\frac{ah^2}{6}+\frac{a^2\Delta th}{4}$	0
$(\mathrm{f})\times\left(\frac{a^2\Delta t^2}{3}+\frac{a\Delta th}{4}\right)+(\mathrm{e})'=(\mathrm{f})'$	0	0	0	$\frac{a^3\Delta t^2}{3}+\frac{a^2\Delta th}{2}+\frac{ah^2}{6}$	0

表中 (a)=(6.5.11),(b)=(6.5.12),(c)=(6.5.14),(d)=(6.5.13),(e)=(6.5.16),(f)=(6.5.15).

将平面波解 $u(x,t)=\mathrm{e}^{\mathrm{i}(k_x x-\omega t)}$ 代入式 (6.5.20) 中, 得频散关系

$$\omega(k_x)=ak_x-\mathrm{i}(A_2k_x^2-A_4k_x^4), \tag{6.5.21}$$

所以式 (6.5.20) 的平面波解可以表示为

$$u(x,t)=\mathrm{e}^{-A_2k_x^2t}\mathrm{e}^{A_4k_x^4t}\mathrm{e}^{\mathrm{i}k_x(x-at)}, \tag{6.5.22}$$

其中 k_x 是空间波数. 由式 (6.5.22) 知, 偶数阶导数项只改变波的振幅 (数值耗散), 不改变波的速度和相位. 为保持不同波数时振幅有界, 必须要求 $A_2>0$, $A_4<0$, 从而使振幅随时间增加而衰减. 一般地, 为使振幅不增长, 要求 $A_{2m}(m=1,2,\cdots)$ 的正负号满足

$$A_{2m}=(-1)^{m+1}|A_{2m}|,\quad m=1,2,\cdots. \tag{6.5.23}$$

这是判定修正方程的差分格式是否稳定的标准, 称为 Hint 稳定判别法. 当在方程中加进人工黏性项时, 其系数的正负号必须满足式 (6.5.23).

另一方面, 若修正方程中出现空间奇数阶导数项时, 例如,

$$\frac{\partial u}{\partial t}+a\frac{\partial u}{\partial x}=A_3\frac{\partial^3 u}{\partial x^3}+A_5\frac{\partial^5 u}{\partial x^5}, \tag{6.5.24}$$

类似地, 将平面波解 $u(x,t)=\mathrm{e}^{\mathrm{i}(k_x x-\omega t)}$ 代入方程, 化简可得频散关系

$$\omega(k_x)=ak_x+A_3k_x^3-A_5k_x^5, \tag{6.5.25}$$

所以方程的解为

$$u(x,t)=\mathrm{e}^{\mathrm{i}k_x[x-(a+A_3k_x^2-A_5k_x^4)t]}, \tag{6.5.26}$$

从而可知波的振幅没有改变, 但波速由 a 变为 $a+A_3k_x^2-A_5k_x^4$, 这表现不同的波数 k_x 有不同的波速, 出现相位差, 导致频散现象.

在求解偏微分方程时, 解的耗散有两种: 一种是方程本身有耗散项存在, 即方程本身有偶数阶导数项, 称为物理耗散; 另一种是, 由于数值离散时, 截断误差中存在的偶数项导数项的影响, 称为数值耗散, 是非物理耗散.

修正方程的截断误差中的奇数阶导数项是频散项, 长波频散小, 短波频散大, 频散会导致解振荡, 但并不导致解的发散.

例 6.5.1 分析修正偏微分方程 (6.5.19) 的耗散和频散关系.

解 对形如

$$\frac{\partial u}{\partial t}+a\frac{\partial u}{\partial x}-b\frac{\partial^2 u}{\partial x^2}+c\frac{\partial^3 u}{\partial x^3}=0 \tag{6.5.27}$$

的方程, 将平面波解 $u(x,t)=\mathrm{e}^{\mathrm{i}(k_x x-\omega t)}$ 代入方程, 知频散关系为

$$\omega(k_x)=ak_x-ck_x^3-\mathrm{i}bk_x^2, \tag{6.5.28}$$

波数为 k_x 的分量的解为

$$u(x,t)=\mathrm{e}^{-bk_x^2t}\mathrm{e}^{\mathrm{i}k_x[x-(a-ck_x^2)t]}. \tag{6.5.29}$$

在方程中的耗散项是 $\mathrm{e}^{-bk_x^2t}$, 波数为 k_x 的分量的波的传播速度是 $a-ck_x^2$. 对方程 (6.5.19),

$$b=-\frac{ah}{2}(1+r),\quad c=\frac{ah^2}{6}(2r+1)(r+1). \tag{6.5.30}$$

注意, 若 $a>0\left(\text{从而 } r=\dfrac{a\Delta t}{h}>0\right)$, 则振幅随时间层 n 增长而放大, 不稳定, 因此必须假定 $a<0$. 再由 $1+r\geqslant 0$ 知 $-1\leqslant r<0$.

考虑原方程

$$\frac{\partial u}{\partial t}+a\frac{\partial u}{\partial x}=0, \tag{6.5.31}$$

当 $a<0$ 时, 有右偏心格式

$$u_m^{n+1}=u_m^n-r(u_{m+1}^n-u_m^n). \tag{6.5.32}$$

若将

$$u_m^n=\mathrm{e}^{\mathrm{i}(k_x mh-\omega n\Delta t)} \tag{6.5.33}$$

代入, 可得

$$\mathrm{e}^{-\mathrm{i}\omega\Delta t}=\mathrm{e}^{-\mathrm{i}\omega_R\Delta t}\mathrm{e}^{\omega_I\Delta t}=1+r-r\cos k_xh-\mathrm{i}r\sin k_xh. \tag{6.5.34}$$

于是

$$\begin{aligned}\omega_I&=\frac{1}{2\Delta t}\ln\Big[(1+r)^2-2r(1+r)\cos k_xh+r^2\Big]\\&=\frac{1}{2\Delta t}\ln\Big\{1-[-2r(1+r)+2r(1+r)\cos k_xh]\Big\}.\end{aligned} \tag{6.5.35}$$

利用 $\ln(1-z)$ 和 $\cos z$ 的 Taylor 展开式

$$\ln(1-z)=-z-\frac{z^2}{2}-\frac{z^3}{3}-\cdots-\frac{z^{n+1}}{n+1}-,\quad -1\leqslant z<1, \tag{6.5.36}$$

$$\cos z=1-\frac{z^2}{2!}+\frac{z^4}{4!}-\cdots+(-1)^n\frac{z^{2n}}{(2n)!}+\cdots,\quad z\in(-\infty,+\infty) \tag{6.5.37}$$

可将式 (6.5.35) 写成

$$\begin{aligned}\omega_I&\approx\frac{1}{2\Delta t}\left\{2r(1+r)-2r(1+r)\left(1-\frac{k_x^2h^2}{2}+\cdots\right)-\cdots\right\}\\&\approx\frac{1}{2\Delta t}r(1+r)k_x^2h^2\\&=\frac{a}{2h}(1+r)k_x^2.\end{aligned} \tag{6.5.38}$$

例 6.5.2 考虑差分格式

$$\frac{u_m^{n+1}-u_m^n}{\Delta t}+\frac{a}{2}\frac{u_{m+1}^{n+1}-u_{m-1}^{n+1}}{2h}+\frac{a}{2}\frac{u_{m+1}^n-u_{m-1}^n}{2h}=0 \tag{6.5.39}$$

的修正偏微分方程.

解 式 (6.5.39) 是方程 (6.5.1) 的 CN 格式. 将该格式中的 u 在点 $\left(mh,\left(n+\frac{1}{2}\right)\right.$

$\left.\Delta t\right)$ 处展成 Taylor 级数, 整理后得

$$
\begin{aligned}
0= & \left(\frac{\partial u}{\partial t}\right)_m^{n+\frac{1}{2}}+\frac{\Delta t^2}{24}\left(\frac{\partial^3 u}{\partial t^3}\right)_m^{n+\frac{1}{2}} \\
& +a\left(\frac{\partial u}{\partial x}\right)_m^{n+\frac{1}{2}}+\frac{a \Delta t^2}{8}\left(\frac{\partial^3 u}{\partial x \partial t^2}\right)_m^{n+\frac{1}{2}}+\frac{a h^2}{6}\left(\frac{\partial^3 u}{\partial x^3}\right)_m^{n+\frac{1}{2}}+O(5),
\end{aligned} \tag{6.5.40}
$$

其中 $O(5)$ 表示 五阶及 五阶以上的高阶导数项. 在最后的方程中, 要包含 $\frac{\partial u}{\partial t}$ 项、$\frac{\partial u}{\partial x}$ 或其高阶导数项, 不包含 u 关于 t 的任何其他导数项. 我们建立如下系数表 6.3, 其中第一行是方程 (6.5.40) 中各阶导数的系数; 第二行 (b) 通过计算消去第一行 (a) 的 $\frac{\partial^3 u}{\partial t^3}$ 项; 第三行 (c) 消去第二行 (b) 中的 $\frac{\partial^3 u}{\partial x \partial t^2}$ 项; 第四行 (d) 消去第三行 (c) 中的 $\frac{\partial^3 u}{\partial x^2 \partial t}$ 项, 表 6.3 中的四阶导数项均为零.

表 6.3 推导修正偏微分方程的系数表

计算过程及方程编号	$\frac{\partial u}{\partial t}$	$\frac{\partial u}{\partial x}$	$\frac{\partial^2 u}{\partial t^2}$	$\frac{\partial^2 u}{\partial x \partial t}$	$\frac{\partial^2 u}{\partial x^2}$	$\frac{\partial^3 u}{\partial t^3}$	$\frac{\partial^3 u}{\partial x \partial t^2}$
(a)	1	a	0	0	0	$\frac{\Delta t^2}{24}$	$\frac{a\Delta t^2}{8}$
$-\frac{\Delta t^2}{24}\frac{\partial^2}{\partial t^2}$(a) + (a) = (b)	1	a	0	0	0	0	$\frac{a\Delta t^2}{12}$
$-\frac{a\Delta t^2}{12}\frac{\partial^2}{\partial x \partial t}$(a) + (b) = (c)	1	a	0	0	0	0	0
$\frac{a^2\Delta t^2}{12}\frac{\partial^2}{\partial x^2}$(a) + (c) = (d)	1	a	0	0	0	0	0

计算过程及方程编号	$\frac{\partial^3 u}{\partial x^2 \partial t}$	$\frac{\partial^3 u}{\partial x^3}$	$\frac{\partial^4 u}{\partial t^4}$	$\frac{\partial^4 u}{\partial x \partial t^3}$	$\frac{\partial^4 u}{\partial x^2 \partial t^2}$	$\frac{\partial^4 u}{\partial x^3 \partial t}$	$\frac{\partial^4 u}{\partial x^4}$
(a)	0	$\frac{ah^2}{6}$	0	0	0	0	0
$-\frac{\Delta t^2}{24}\frac{\partial^2}{\partial t^2}$(a) + (a) = (b)	0	$\frac{ah^2}{6}$	0	0	0	0	0
$-\frac{a\Delta t^2}{12}\frac{\partial^2}{\partial x \partial t}$(a) + (b) = (c)	$-\frac{a^2\Delta t^2}{12}$	$\frac{ah^2}{6}$	0	0	0	0	0
$\frac{a^2\Delta t^2}{12}\frac{\partial^2}{\partial x^2}$(a) + (c) = (d)	0	$\frac{a^3\Delta t^2}{12}+\frac{ah^2}{6}$	0	0	0	0	0

由表 6.3 中的最后一行得修正偏微分方程

$$
0=\frac{\partial u}{\partial t}+a \frac{\partial u}{\partial x}+\frac{a h^2}{12}\left(2+r^2\right) \frac{\partial^3 u}{\partial x^3}, \tag{6.5.41}
$$

其中 $r=a \Delta t / h$.

例 6.5.3　考虑 Lax-Wendroff 格式 (6.1.23), 即

$$\frac{u_m^{n+1}-u_m^n}{\Delta t}+a\frac{u_{m+1}^n-u_{m-1}^n}{2h}-\frac{a^2\Delta t}{2}\frac{u_{m+1}^n-2u_m^n+u_{m-1}^n}{h^2}=0 \tag{6.5.42}$$

的修正偏微分方程.

解　将 u 在 $(mh,n\Delta t)$ 处展开成 Taylor 级数后代入 Lax-Wendroff 格式中, 整理得

$$\begin{aligned}
0=&\frac{u_m^{n+1}-u_m^n}{\Delta t}+a\frac{u_{m+1}^n-u_{m-1}^n}{2h}-\frac{a^2\Delta t}{2}\frac{u_{m+1}^n-2u_m^n+u_{m-1}^n}{h^2}\\
=&\frac{1}{\Delta t}\left(\Delta t\frac{\partial u}{\partial t}+\frac{\Delta t^2}{2}\frac{\partial^2 u}{\partial t^2}+\frac{\Delta t^3}{6}\frac{\partial^3 u}{\partial t^3}+\frac{\Delta t^4}{24}\frac{\partial^4 u}{\partial t^4}+\frac{\Delta t^5}{120}\frac{\partial^5 u}{\partial t^5}+\cdots\right)_m^n\\
&+\frac{a}{2h}\left(2h\frac{\partial u}{\partial x}+\frac{h^3}{3}\frac{\partial^3 u}{\partial x^3}+\frac{h^5}{60}\frac{\partial^5 u}{\partial x^5}+\cdots\right)_m^n\\
&-\frac{a^2\Delta t}{2h^2}\left(h^2\frac{\partial^2 u}{\partial x^2}+\frac{h^4}{12}\frac{\partial^4 u}{\partial x^4}+\frac{h^6}{360}\frac{\partial^6 u}{\partial x^6}+\cdots\right)_m^n\\
=&\left(\frac{\partial u}{\partial t}\right)_m^n+a\left(\frac{\partial u}{\partial x}\right)_m^n+\left[\frac{\Delta t}{2}\left(\frac{\partial^2 u}{\partial t^2}\right)_m^n-\frac{a^2\Delta t}{2}\left(\frac{\partial^2 u}{\partial x^2}\right)_m^n\right]\\
&+\frac{\Delta t^2}{6}\left(\frac{\partial^3 u}{\partial t^3}\right)_m^n+\frac{ah^2}{6}\left(\frac{\partial^3 u}{\partial x^3}\right)_m^n+\frac{\Delta t^3}{24}\frac{\partial^4 u}{\partial t^4}-\frac{a^2h^2\Delta t}{24}\frac{\partial^4 u}{\partial x^4}+O(5),
\end{aligned} \tag{6.5.43}$$

其中方括号部分为零, $O(5)$ 表示五阶和五阶以上的导数项. 建立系数表 6.4.

由第 (d) 行可得 Lax-Wendroff 格式的修正偏微分方程

$$0=\frac{\partial u}{\partial t}+a\frac{\partial u}{\partial x}+\frac{ah^2}{6}(1-r^2)\frac{\partial^3 u}{\partial x^3}, \tag{6.5.44}$$

由第 (h) 行可得含有四阶导数的修正偏微分方程

$$0=\frac{\partial u}{\partial t}+a\frac{\partial u}{\partial x}+\frac{ah^2}{6}(1-r^2)\frac{\partial^3 u}{\partial x^3}-\frac{ah^3}{24}r(1-r^2)\frac{\partial^4 u}{\partial x^4}. \tag{6.5.45}$$

表 6.4 推导 Lax-Wendroff 格式的修正偏微分方程的系数表

计算过程及方程编号	$\frac{\partial u}{\partial t}$	$\frac{\partial u}{\partial x}$	$\frac{\partial^2 u}{\partial t^2}$	$\frac{\partial^2 u}{\partial x\partial t}$	$\frac{\partial^2 u}{\partial x^2}$	$\frac{\partial^3 u}{\partial t^3}$	$\frac{\partial^3 u}{\partial x\partial t^2}$
(a)	1	a	0	0	0	$\frac{\Delta t^2}{6}$	0
$-\frac{\Delta t^2}{6}\frac{\partial^2}{\partial t^2}$(a) + (a) = (b)	1	a	0	0	0	0	$-\frac{a\Delta t^2}{6}$
$\frac{a\Delta t^2}{6}\frac{\partial^2}{\partial x\partial t}$(a) + (b) = (c)	1	a	0	0	0	0	0
$-\frac{a^2\Delta t^2}{6}\frac{\partial^2}{\partial x^2}$(a) + (c) = (d)	1	a	0	0	0	0	0
$-\frac{\Delta t^3}{24}\frac{\partial^3}{\partial t^3}$(a) + (d) = (e)	1	a	0	0	0	0	0
$\frac{a\Delta t^3}{24}\frac{\partial^3}{\partial x\partial t^2}$(a) + (e) = (f)	1	a	0	0	0	0	0
$-\frac{a^2\Delta t^3}{24}\frac{\partial^3}{\partial x^2\partial t}$(a)+(f)=(g)	1	a	0	0	0	0	0
$\frac{a^3\Delta t^3}{24}\frac{\partial^3}{\partial x^3}$(a) + (g) = (h)	1	a	0	0	0	0	0

计算过程及方程编号	$\frac{\partial^3 u}{\partial x^2\partial t}$	$\frac{\partial^3 u}{\partial x^3}$	$\frac{\partial^4 u}{\partial t^4}$	$\frac{\partial^4 u}{\partial x\partial t^3}$	$\frac{\partial^4 u}{\partial x^2\partial t^2}$	$\frac{\partial^4 u}{\partial x^3\partial t}$	$\frac{\partial^4 u}{\partial x^4}$
(a)	0	$\frac{ah^2}{6}$	$\frac{\Delta t^3}{24}$	0	0	0	$-\frac{a^2h^2\Delta t}{24}$
$-\frac{\Delta t^2}{6}\frac{\partial^2}{\partial t^2}$(a) + (a) = (b)	0	$\frac{ah^2}{6}$	$\frac{\Delta t^3}{24}$	0	0	0	$-\frac{a^2h^2\Delta t}{24}$
$\frac{a\Delta t^2}{6}\frac{\partial^2}{\partial x\partial t}$(a) + (b) = (c)	$\frac{a^2\Delta t^2}{6}$	$\frac{ah^2}{6}$	$\frac{\Delta t^3}{24}$	0	0	0	$-\frac{a^2h^2\Delta t}{24}$
$\frac{a^2\Delta t^2}{12}\frac{\partial^2}{\partial x^2}$(a) + (c) = (d)	0	$\frac{ah^2}{6}-\frac{a^3\Delta t^2}{6}$	$\frac{\Delta t^3}{24}$	0	0	0	$-\frac{a^2h^2\Delta t}{24}$
$-\frac{\Delta t^3}{24}\frac{\partial^3}{\partial t^3}$(a) + (d) = (e)	0	$\frac{ah^2}{6}-\frac{a^3\Delta t^2}{6}$	0	$-\frac{a\Delta t^3}{24}$	0	0	$-\frac{a^2h^2\Delta t}{24}$
$\frac{a\Delta t^3}{24}\frac{\partial^3}{\partial x\partial t^2}$(a) + (e) = (f)	0	$\frac{ah^2}{6}-\frac{a^3\Delta t^2}{6}$	0	0	$\frac{a^2\Delta t^3}{24}$	0	$-\frac{a^2h^2\Delta t}{24}$
$-\frac{a^2\Delta t^3}{24}\frac{\partial^3}{\partial x^2\partial t}$(a)+(f)=(g)	0	$\frac{ah^2}{6}-\frac{a^3\Delta t^2}{6}$	0	0	0	$-\frac{a^3\Delta t^3}{24}$	$-\frac{a^2h^2\Delta t}{24}$
$\frac{a^3\Delta t^3}{24}\frac{\partial^3}{\partial x^3}$(a) + (g) = (h)	0	$\frac{ah^2}{6}-\frac{a^3\Delta t^2}{6}$	0	0	0	0	$-\frac{a^2h^2\Delta t}{24}+\frac{a^4\Delta t^3}{24}$

6.6 一阶双曲型方程组的特征形式

考虑

$$\frac{\partial \boldsymbol{U}}{\partial t}+\frac{\partial \boldsymbol{F}(\boldsymbol{U})}{\partial x}=\boldsymbol{Q}, \tag{6.6.1}$$

或

$$\frac{\partial \boldsymbol{U}}{\partial t}+A\frac{\partial \boldsymbol{U}}{\partial x}=\boldsymbol{Q}, \tag{6.6.2}$$

其中 $\boldsymbol{U}=(u_1,\cdots,u_M)^{\mathrm{T}}$ 是列向量, $\boldsymbol{Q}=(q_1,\cdots,q_M)^{\mathrm{T}}$ 是已知列向量, $\boldsymbol{F}(\boldsymbol{U})$ 是 $\boldsymbol{U}$ 的函数, $A=\partial\boldsymbol{F}/\partial\boldsymbol{U}$ 是 Jacobi 矩阵. 如果上述方程是双曲型方程组 , 则 A 是 $M\times M$ 矩阵, 且有 M 个互不相等的实特征值 $\lambda_1,\cdots,\lambda_M$, 从而必存在一个非奇异矩阵 P, 使得

$$\Lambda=P^{-1}AP=\begin{pmatrix}\lambda_1 & & \\ & \ddots & \\ & & \lambda_M\end{pmatrix},\tag{6.6.3}$$

于是可将方程 (6.6.2) 化成特征型方程组

$$P^{-1}\frac{\partial\boldsymbol{U}}{\partial t}+\Lambda P^{-1}\frac{\partial\boldsymbol{U}}{\partial x}=P^{-1}\boldsymbol{Q}.\tag{6.6.4}$$

矩阵 P^{-1} 的元素 p_{ij} 可由左特征值对应的特征行向量 (**左特征向量**) 构成, 或 P 的元素由右特征值对应的特征列向量 (**右特征向量**) 构成. 只有双曲方程组才有可能化成特征型, 式 (6.6.4) 的分量形式为

$$\sum_{j=1}^{M}p_{ij}\left(\frac{\partial u_j}{\partial t}+\lambda_i\frac{\partial u_j}{\partial x}-q_j\right)=0,\quad i=1,2,\cdots,M,\tag{6.6.5}$$

其特征线为

$$\frac{\mathrm{d}x_i}{\mathrm{d}t}=\lambda_i,\quad i=1,2,\cdots,M.\tag{6.6.6}$$

可以证明, 方程组 (6.6.2) 的解的小扰动在 x,t 平面上是沿 M 族特征线传播的, 也即小扰动以特征速度 $\lambda_1,\lambda_2,\cdots,\lambda_M$ 传播. 当 $\lambda_i>0$ 时向 $+x$ 方向传播, 当 $\lambda_i<0$ 时向 $-x$ 方向传播. 根据特征线, 可以明确边界条件的提法. 若求解区域为 $0\leqslant x\leqslant X,0\leqslant t\leqslant T$, 在左边界 $x=0$ 处, 设 λ_i 中有 r 个为正, 则在左边界上向下引的特征线有 r 条在界外, r 个特征关系失效, 这时应在左边界补充 r 个边界条件; 反之, 在右边界 $x=X$ 处, 若 λ_i 中有 s 个为负, 则在右边界上向下引的特征线有 s 条在界外, 在右边界处, 这 s 个特征关系失效, 这时应补充 s 个右边界条件.

对非线性问题, 式 (6.6.6) 不再成立, 但式 (6.6.4) 仍然成立, 可把双曲型方程化成沿特征线的常微分方程, 但这些常微分方程不互相独立.

例 6.6.1　将一维非定常无黏性流动

$$\begin{cases}\dfrac{\partial\rho}{\partial t}+u\dfrac{\partial\rho}{\partial x}+\rho\dfrac{\partial u}{\partial x}=0,\\ \dfrac{\partial u}{\partial t}+u\dfrac{\partial u}{\partial x}+\dfrac{1}{\rho}\dfrac{\partial p}{\partial x}=0,\\ \dfrac{\partial p}{\partial t}+\rho c^2\dfrac{\partial u}{\partial x}+u\dfrac{\partial p}{\partial x}=0\end{cases}\tag{6.6.7}$$

化成特征型方程组, 其中 c 为音速, ρ 为密度, p 为压力, u 为速度.

解 方程 (6.6.7) 可写成

$$\frac{\partial \boldsymbol{U}}{\partial t}+A\frac{\partial \boldsymbol{U}}{\partial x}=0, \tag{6.6.8}$$

其中

$$\boldsymbol{U}=\begin{pmatrix}\rho\\u\\p\end{pmatrix},\quad A=\begin{pmatrix}u&\rho&0\\0&u&\dfrac{1}{\rho}\\0&\rho c^2&u\end{pmatrix}. \tag{6.6.9}$$

矩阵 A 的特征值为

$$\lambda_1=u-c,\quad \lambda_2=u,\quad \lambda_3=u+c, \tag{6.6.10}$$

对应的特征行向量为

$$\boldsymbol{l}_1=(0,-\rho c,1),\quad \boldsymbol{l}_2=(-c^2,0,1),\quad \boldsymbol{l}_3=(0,\rho c,1), \tag{6.6.11}$$

于是

$$\Lambda=\begin{pmatrix}u-c&0&0\\0&u&0\\0&0&u+c\end{pmatrix},\quad P^{-1}=\begin{pmatrix}0&-\rho c&1\\-c^2&0&1\\0&\rho c&1\end{pmatrix}. \tag{6.6.12}$$

由于

$$\boldsymbol{l}_iA=\lambda_i\boldsymbol{l}_i,\quad i=1,2,3, \tag{6.6.13}$$

用 $\boldsymbol{l}_i$ 左乘式 (6.6.8) 得

$$\sum_{j=1}^{3}p_{ij}\left(\frac{\partial u_j}{\partial t}+\lambda_i\frac{\partial u_j}{\partial x}\right)=0,\quad i=1,2,3, \tag{6.6.14}$$

所以特征型方程组为

$$\begin{cases}-\rho c\left(\dfrac{\partial}{\partial t}+(u-c)\dfrac{\partial}{\partial x}\right)u+\left(\dfrac{\partial}{\partial t}+(u-c)\dfrac{\partial}{\partial x}\right)p=0,\\ -c^2\left(\dfrac{\partial}{\partial t}+u\dfrac{\partial}{\partial x}\right)\rho+\left(\dfrac{\partial}{\partial t}+u\dfrac{\partial}{\partial x}\right)p=0,\\ \rho c\left[\dfrac{\partial}{\partial t}+(u+c)\dfrac{\partial}{\partial x}\right]u+\left[\dfrac{\partial}{\partial t}+(u+c)\dfrac{\partial}{\partial x}\right]p=0.\end{cases} \tag{6.6.15}$$

例 6.6.2 将二阶方程

$$\frac{\partial^2 u}{\partial x^2}-u^2\frac{\partial^2 u}{\partial t^2}=0 \tag{6.6.16}$$

化成特征型方程组.

解　令 $\dfrac{\partial u}{\partial t}=f$, $\dfrac{\partial u}{\partial x}=g$, 则式 (6.6.16) 可写成

$$\frac{\partial \boldsymbol{U}}{\partial t}+A\frac{\partial \boldsymbol{U}}{\partial x}=0, \tag{6.6.17}$$

其中

$$\boldsymbol{U}=\begin{pmatrix} f \\ g \end{pmatrix},\quad A=\begin{pmatrix} 0 & -\dfrac{1}{u^2} \\ -1 & 0 \end{pmatrix}.$$

矩阵 A 的特征值为

$$\lambda_1=\frac{1}{u},\quad \lambda_2=-\frac{1}{u},$$

对应的特征行向量分别为

$$\boldsymbol{l}_1=(u,-1),\quad \boldsymbol{l}_2=(u,1),$$

从而

$$\varLambda=\begin{pmatrix} \dfrac{1}{u} & 0 \\ 0 & -\dfrac{1}{u} \end{pmatrix},\quad P^{-1}=\begin{pmatrix} u & -1 \\ u & 1 \end{pmatrix}. \tag{6.6.18}$$

因此由式 (6.6.14) 知特征型方程组为

$$\begin{cases} u\left(\dfrac{\partial}{\partial t}+\dfrac{1}{u}\dfrac{\partial}{\partial x}\right)f-\left(\dfrac{\partial}{\partial t}+\dfrac{1}{u}\dfrac{\partial}{\partial x}\right)g=0, \\ u\left(\dfrac{\partial}{\partial t}-\dfrac{1}{u}\dfrac{\partial}{\partial x}\right)f+\left(\dfrac{\partial}{\partial t}-\dfrac{1}{u}\dfrac{\partial}{\partial x}\right)g=0. \end{cases} \tag{6.6.19}$$

6.7　一阶双曲型方程组的差分格式

6.1 节介绍的线性对流方程的差分格式均可推广应用于一阶双曲型方程组(6.6.2).

1. 特征型差分格式 (一阶迎风格式)

沿特征线上的网格对特征型方程组的每个方程分别差分. 如采用迎风差分格式, 则式 (6.6.5) 的差分格式为

$$\begin{aligned}&\sum_{j=1}^{M}(p_{ij})_m^n\left[\frac{(u_j)_m^{n+1}-(u_j)_m^n}{\Delta t}+\lambda_i\frac{(u_j)_{m+1}^n-(u_j)_{m-1}^n}{2h}\right.\\&\left.-|\lambda_i|\frac{(u_j)_{m+1}^n-2(u_j)_m^n+(u_j)_{m-1}^n}{2h}-(q_j)_m^n\right]=0,\quad i=1,\cdots,M,\end{aligned} \tag{6.7.1}$$

其精度为一阶. 为求解未知量 $(u_j)_m^{n+1}, j = 1, \cdots, M$, 需要求解联立方程组. 当 $\lambda_i \geqslant 0$ 时, 式 (6.7.1) 即为左偏心格式, 当 $\lambda_i < 0$ 时, 为右偏心格式. CFL 条件为 $\Delta t < h/\max|\lambda_i|$, 其中 λ_i 为特征值. 将对流方程的一些主要格式用于方程 (6.6.1) 可得如下的一些格式.

2. 中心差分显格式

$$\frac{\boldsymbol{U}_m^{n+1} - \boldsymbol{U}_m^n}{\Delta t} + \frac{\boldsymbol{F}(\boldsymbol{U}_{m+1}^n) - \boldsymbol{F}(\boldsymbol{U}_{m-1}^n)}{2h} = \boldsymbol{Q}_m^n, \tag{6.7.2}$$

其精度为 $O(\Delta t + h^2)$, 绝对不稳定.

3. 中心差分隐格式

$$\frac{\boldsymbol{U}_m^{n+1} - \boldsymbol{U}_m^n}{\Delta t} + \frac{\boldsymbol{F}(\boldsymbol{U}_{m+1}^{n+1}) - \boldsymbol{F}(\boldsymbol{U}_{m-1}^{n+1})}{2h} = \boldsymbol{Q}_m^{n+1}, \tag{6.7.3}$$

其精度为 $O(\Delta t + h^2)$, 绝对稳定.

4. Lax-Wendroff 格式

根据 Taylor 展开

$$\boldsymbol{U}_m^{n+1} = \boldsymbol{U}_m^n + \Delta t \left(\frac{\partial \boldsymbol{U}}{\partial t}\right)_m^n + \frac{\Delta t^2}{2}\left(\frac{\partial^2 \boldsymbol{U}}{\partial t^2}\right)_m^n + O(\Delta t^3), \tag{6.7.4}$$

又由式 (6.6.1) 得 (取 $Q = 0$)

$$\frac{\partial^2 \boldsymbol{U}}{\partial t^2} = -\frac{\partial}{\partial t}\left(\frac{\partial \boldsymbol{F}}{\partial x}\right) = -\frac{\partial}{\partial x}\left(\frac{\partial \boldsymbol{F}}{\partial \boldsymbol{U}}\frac{\partial \boldsymbol{U}}{\partial t}\right) = \frac{\partial}{\partial x}\left(A\frac{\partial \boldsymbol{F}}{\partial x}\right), \tag{6.7.5}$$

代入式 (6.7.4) 并略去高阶量, 得

$$\boldsymbol{U}_m^{n+1} = \boldsymbol{U}_m^n - \Delta t\left(\frac{\partial \boldsymbol{F}}{\partial x}\right)_m^n + \frac{\Delta t^2}{2}\frac{\partial}{\partial x}\left(A\frac{\partial \boldsymbol{F}}{\partial x}\right)_m^n. \tag{6.7.6}$$

将 $\dfrac{\partial \boldsymbol{F}}{\partial x}$ 及 $\dfrac{\partial}{\partial x}\left(A\dfrac{\partial \boldsymbol{F}}{\partial x}\right)$ 均以中心差分近似, 得

$$\boldsymbol{U}_m^{n+1} = \boldsymbol{U}_m^n - \frac{\Delta t}{2h}(\boldsymbol{F}_{m+1}^n - \boldsymbol{F}_{m-1}^n) + \frac{\Delta t^2}{2h^2}\left[A_{m+\frac{1}{2}}^n(\boldsymbol{F}_{m+1}^n - \boldsymbol{F}_m^n) - A_{m-\frac{1}{2}}^n(\boldsymbol{F}_m^n - \boldsymbol{F}_{m-1}^n)\right], \tag{6.7.7}$$

此即式 (6.6.2) 当 $\boldsymbol{Q} = 0$ 时的 Lax-Wendroff 格式, 其中 $A_{m\pm\frac{1}{2}}^n$ 可取

$$A_{m\pm\frac{1}{2}}^n = A(\boldsymbol{U}_{m\pm\frac{1}{2}}^n), \quad \boldsymbol{U}_{m\pm\frac{1}{2}}^n = \frac{1}{2}(\boldsymbol{U}_m^n + \boldsymbol{U}_{m\pm1}^n), \tag{6.7.8}$$

或

$$A^n_{m\pm\frac{1}{2}} = \frac{1}{2}(A^n_m + A^n_{m\pm1}), \tag{6.7.9}$$

精度为 $O(\Delta t^2 + h^2)$, 稳定性条件为 $\Delta t < h/\max|\lambda_i|$.

5. Lax-Friedrichs 格式

$$\frac{\boldsymbol{U}^{n+1}_m - \boldsymbol{U}^n_m}{\Delta t} + \frac{\boldsymbol{F}(\boldsymbol{U}^n_{m+1}) - \boldsymbol{F}(\boldsymbol{U}^n_{m-1})}{2h} - \frac{(\boldsymbol{U}^n_{m-1} - 2\boldsymbol{U}^n_m + \boldsymbol{U}^n_{m+1})}{2\Delta t} = \boldsymbol{Q}^n_m, \tag{6.7.10}$$

精度为 $O(\Delta t + h^2)$, 稳定性条件为 $\Delta t < h/\max|\lambda_i|$.

6. MacCormack 格式 ($\boldsymbol{Q} = 0$)

采用两步预测校正格式:

预测

$$\bar{\boldsymbol{U}}^{n+1}_m = \boldsymbol{U}^n_m - \frac{\Delta t}{h}(\boldsymbol{F}^n_{m+1} - \boldsymbol{F}^n_m); \tag{6.7.11}$$

校正

$$\tilde{\boldsymbol{U}}^{n+1}_m = \bar{\boldsymbol{U}}^{n+1}_m - \frac{\Delta t}{h}(\bar{\boldsymbol{F}}^{n+1}_m - \bar{\boldsymbol{F}}^{n+1}_{m-1}); \tag{6.7.12}$$

计算

$$\boldsymbol{U}^{n+1}_m = \frac{\boldsymbol{U}^n_m + \tilde{\boldsymbol{U}}^{n+1}_m}{2}. \tag{6.7.13}$$

预测步也可用空间前差. 当式 (6.6.2) 中的 A 为常数矩阵时, 格式 (6.7.11)—(6.7.13) 可写成:

预测

$$\bar{\boldsymbol{U}}^{n+1}_m = \boldsymbol{U}^n_m - \frac{\Delta t}{h}A(\boldsymbol{U}^n_{m+1} - \boldsymbol{U}^n_m); \tag{6.7.14}$$

校正

$$\tilde{\boldsymbol{U}}^{n+1}_m = \bar{\boldsymbol{U}}^{n+1}_m - \frac{\Delta t}{h}A(\bar{\boldsymbol{U}}^{n+1}_m - \bar{\boldsymbol{U}}^{n+1}_{m-1}); \tag{6.7.15}$$

计算

$$\boldsymbol{U}^{n+1}_m = \frac{\boldsymbol{U}^n_m + \tilde{\boldsymbol{U}}^{n+1}_m}{2}. \tag{6.7.16}$$

不难验证, 这时格式即为 Lax-Wendroff 格式 (6.7.7) 在 A 为常数时的特例, 即

$$\boldsymbol{U}^{n+1}_m = \boldsymbol{U}^n_m - \frac{\Delta t A}{2h}(\boldsymbol{U}^n_{m+1} - \boldsymbol{U}^n_{m-1}) + \frac{\Delta t^2 A^2}{2h^2}(\boldsymbol{U}^n_{m+1} - 2\boldsymbol{U}^n_m + \boldsymbol{U}^n_{m-1}). \tag{6.7.17}$$

7. 交错网格法

对于含有多个未知函数, 可以构造交错网格差分格式. 例如, 对两个未知函数的方程组

$$\begin{cases} \dfrac{\partial u}{\partial t} - a\dfrac{\partial v}{\partial x} = f, \\ \dfrac{\partial v}{\partial t} - a\dfrac{\partial u}{\partial x} = g, \end{cases} \tag{6.7.18}$$

其中 $a > 0$. 可以将 u, v, f, g 放在不同类型的结点上, 如

$$u_{m+\frac{1}{2}}^{n}, \quad v_m^{n+\frac{1}{2}}, \quad f_{m+\frac{1}{2}}^{n+\frac{1}{2}}, \quad g_m^{n+1},$$

然后对两个方程分别用菱形差分格式, 得到

$$\begin{cases} \dfrac{1}{\Delta t}\left(u_{m+\frac{1}{2}}^{n+1} - u_{m+\frac{1}{2}}^{n}\right) - \dfrac{a}{h}\left(v_{m+1}^{n+\frac{1}{2}} - v_m^{n+\frac{1}{2}}\right) = f_{m+\frac{1}{2}}^{n+\frac{1}{2}}, \\ \dfrac{1}{\Delta t}\left(v_m^{n+\frac{1}{2}+1} - v_m^{n+\frac{1}{2}}\right) - \dfrac{a}{h}\left(u_{m+\frac{1}{2}}^{n+1} - u_{m-\frac{1}{2}}^{n+1}\right) = g_m^{n+1}. \end{cases} \tag{6.7.19}$$

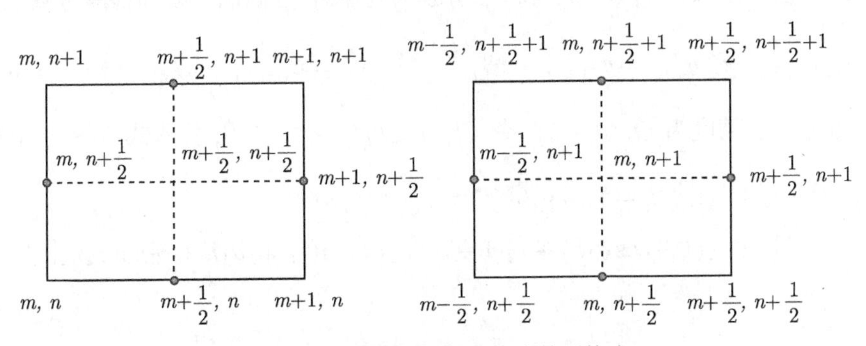

图 6.7.1 交错网格差分格式的网格点

网格点如图 6.7.1 所示, 其中第一个方程在 $(m+1/2, n+1/2)$ 处建立差分格式, 第二个方程在 $(m, n+1)$ 处建立差分格式. 用 Fourier 级数法分析, 得特征方程是

$$\lambda^2 + \left(4\frac{a^2\Delta t^2}{h^2}\sin^2\frac{\sigma h}{2} - 2\right)\lambda + 1 = 0, \tag{6.7.20}$$

由此得稳定性条件为 $\dfrac{\Delta t}{h} \leqslant \dfrac{1}{a}$. 若方程 (6.7.18) 在 (m, n) 处上用菱形公式, 仍有同样的精度与稳定性, 但是三层格式.

6.8 二维线性对流方程的差分格式

6.8.1 典型差分格式

考虑二维双曲型方程

$$\frac{\partial u}{\partial t}+a_1\frac{\partial u}{\partial x}+a_2\frac{\partial u}{\partial y}=0, \tag{6.8.1}$$

通常假定 x,y 的网格步长相等, $\Delta x=\Delta y=h$. 分别用下标 j,m,n 表示 x,y,t 的网格点指标.

1. FFF 型显式格式 $(a_1>0,a_2>0)$

一阶偏导数均用向前差商近似

$$u_{j,m}^{n+1}=(1-r_1\delta_x^+-r_2\delta_y^+)u_{j,m}^n, \tag{6.8.2}$$

其中 $r_1=a_1\dfrac{\Delta t}{h}$, $r_2=a_2\dfrac{\Delta t}{h}$, δ_x^+ 和 δ_y^+ 分别为 x 和 y 方向的一阶向前差分算子, 即

$$\delta_x^+u_{j,m}^n=u_{j+1,m}^n-u_{j,m}^n,\quad \delta_y^+u_{j,m}^n=u_{j,m+1}^n-u_{j,m}^n. \tag{6.8.3}$$

格式 (6.8.2) 的精度为 $O(\Delta t+h)$. 令 $u_{j,m}^n=v^n\mathrm{e}^{\mathrm{i}(\sigma_1jh+\sigma_2mh)}$, 代入式 (6.8.2) 中得

$$\begin{aligned}v^{n+1}&=[1-r_1(\mathrm{e}^{\mathrm{i}\sigma_1h}-1)-r_2(\mathrm{e}^{\mathrm{i}\sigma_2h}-1)]v^n\\&=[1+r_1(1-\cos\sigma_1h)+r_2(1-\cos\sigma_2h)-\mathrm{i}(r_1\sin\sigma_1h+r_2\sin\sigma_2h)]v^n,\end{aligned} \tag{6.8.4}$$

于是增长因子为

$$G=1+r_1(1-\cos\sigma_1h)+r_2(1-\cos\sigma_2h)-\mathrm{i}(r_1\sin\sigma_1h+r_2\sin\sigma_2h), \tag{6.8.5}$$

由 $|G|\leqslant 1$ 解得稳定性条件为 $r_1+r_2\leqslant 1$. 当 $r_1=r_2$ 时, 为 $r_1=r_2\leqslant 1/2$.

2. Lax-Friedrichs 格式

$$\frac{u_{j,m}^{n+1}-\dfrac{1}{4}(u_{j,m+1}^n+u_{j,m-1}^n+u_{j+1,m}^n+u_{j-1,m}^n)}{\Delta t}+a_1\frac{u_{j+1,m}^n-u_{j-1,m}^n}{2h}+a_2\frac{u_{j,m+1}^n-u_{j,m-1}^n}{2h}=0 \tag{6.8.6}$$

也是一阶精度格式, 增长因子为

$$G=\frac{1}{2}(\cos\sigma_1 h+\cos\sigma_2 h)-\mathrm{i}(r_1\sin\sigma_1 h+r_2\sin\sigma_2 h), \tag{6.8.7}$$

稳定性条件为 $r_1^2+r_2^2\leqslant 1/2$, 这比一维 Lax-Wendroff 格式 (6.1.8) 的稳定性条件严格.

3. Lax-Wendroff 格式

将 Taylor 展开式 (假定方程 (6.8.1) 的解充分光滑)

$$u_{j,m}^{n+1}=u_{j,m}^n+\Delta t\left(\frac{\partial u}{\partial t}\right)_{j,m}^n+\frac{\Delta t^2}{2}\left(\frac{\partial^2 u}{\partial t^2}\right)_{j,m}^n+O(\Delta t^3) \tag{6.8.8}$$

中的时间导数用空间导数代替

$$\frac{\partial u}{\partial t}=-a_1\frac{\partial u}{\partial x}-a_2\frac{\partial u}{\partial y}, \tag{6.8.9}$$

$$\begin{aligned}\frac{\partial^2 u}{\partial t^2}&=-\frac{\partial}{\partial t}\left(a_1\frac{\partial u}{\partial x}+a_2\frac{\partial u}{\partial y}\right)\\&=a_1^2\frac{\partial^2 u}{\partial x^2}+2a_1a_2\frac{\partial^2 u}{\partial x\partial y}+a_2^2\frac{\partial^2 u}{\partial y^2},\end{aligned} \tag{6.8.10}$$

得

$$\begin{aligned}u_{j,m}^{n+1}=&u_{j,m}^n-\Delta t\left(a_1\frac{\partial u}{\partial x}+a_2\frac{\partial u}{\partial y}\right)_{j,m}^n\\&+\frac{\Delta t^2}{2}\left(a_1^2\frac{\partial^2 u}{\partial x^2}+2a_1a_2\frac{\partial^2 u}{\partial x\partial y}+a_2^2\frac{\partial^2 u}{\partial y^2}\right)_{j,m}^n+O(\Delta t^3).\end{aligned} \tag{6.8.11}$$

空间导数用中心差分近似, 得

$$u_{j,m}^{n+1}=\left[1-\frac{r_1}{2}\delta_x^0-\frac{r_2}{2}\delta_y^0+\frac{1}{2}(r_1^2\delta_x^2+r_2^2\delta_y^2)+\frac{r_1r_2}{4}\delta_x^0\delta_y^0\right]u_{j,m}^n, \tag{6.8.12}$$

这里 δ_x^2 和 δ_y^2 分别为 x 和 y 的二阶中心差分算子, δ_x^0 和 δ_y^0 分别为 x 和 y 的一阶中心差分算子

$$\delta_x^2u_{j,m}^n=u_{j+1,m}^n-2u_{j,m}^n+u_{j-1,m}^n,\quad \delta_y^2u_{j,m}^n=u_{j,m+1}^n-2u_{j,m}^n+u_{j,m-1}^n, \tag{6.8.13}$$

$$\delta_x^0u_{j,m}^n=u_{j+1,m}^n-u_{j-1,m}^n,\qquad \delta_y^0u_{j,m}^n=u_{j,m+1}^n-u_{j,m-1}^n, \tag{6.8.14}$$

显然显式格式 (6.8.12) 是一个二阶精度格式, 增长因子为

$$G=1-r_1^2(1-\cos\sigma_1 h)-r_2^2(1-\cos\sigma_2 h)-r_1r_2\sin\sigma_1 h\sin\sigma_2 h-\mathrm{i}(r_1\sin\sigma_1 h+r_2\sin\sigma_2 h), \tag{6.8.15}$$

稳定性条件为 $|r_1| \leqslant \dfrac{1}{2\sqrt{2}}$, $|r_2| \leqslant \dfrac{1}{2\sqrt{2}}$.

当 $r_2 = 0$ 时, 式 (6.8.12) 变为一维 Lax-Wendroff 格式, 即式 (6.1.24), 但若由式 (6.1.24) 直接推到二维, 即

$$u_{j,m}^{n+1} = u_{j,m}^n - \left(\frac{r_1}{2}\delta_x^0 + \frac{r_2}{2}\delta_y^0\right) u_{j,m}^n + \left(\frac{r_1^2}{2}\delta_x^2 + \frac{r_2^2}{2}\delta_y^2\right) u_{j,m}^n, \tag{6.8.16}$$

其增长因子为

$$G = 1 - r_1^2(1 - \cos\sigma_1 h) - r_2^2(1 - \cos\sigma_2 h) - \mathrm{i}(r_1 \sin\sigma_1 h + r_2 \sin\sigma_2 h). \tag{6.8.17}$$

可以证明该格式 (6.8.16) 是不稳定的, 这说明一维差分格式推广到二维或三维并不是直接的.

4. Wendroff 格式

$$\begin{aligned}&\left(1 + \frac{1}{2}(1 + r_2)\delta_y^+\right)\left(1 + \frac{1}{2}(1 + r_1)\delta_x^+\right) u_{j,m}^{n+1}\\ =&\left(1 + \frac{1}{2}(1 - r_2)\delta_y^+\right)\left(1 + \frac{1}{2}(1 - r_1)\delta_x^+\right) u_{j,m}^n,\end{aligned} \tag{6.8.18}$$

其中 δ_x^+ 和 δ_y^+ 分别为 x 和 y 的一阶向前差分算子, 即

$$\delta_x^+ u_{j,m}^n = u_{j+1,m}^n - u_{j,m}^n, \quad \delta_y^+ u_{j,m}^n = u_{j,m+1}^n - u_{j,m}^n.$$

该格式的增长因子为

$$G = \frac{\left(\cos\dfrac{\sigma_2 h}{2} - \mathrm{i} r_2 \sin\dfrac{\sigma_2 h}{2}\right)\left(\cos\dfrac{\sigma_1 h}{2} - \mathrm{i} r_1 \sin\dfrac{\sigma_1 h}{2}\right)}{\left(\cos\dfrac{\sigma_2 h}{2} + \mathrm{i} r_2 \sin\dfrac{\sigma_2 h}{2}\right)\left(\cos\dfrac{\sigma_1 h}{2} + \mathrm{i} r_1 \sin\dfrac{\sigma_1 h}{2}\right)} \tag{6.8.19}$$

是无条件稳定的. 注意式 (6.8.18) 中包含 8 个网格点上的值, 其左端可以写成

$$\begin{aligned}&\frac{1}{4}(1 + r_1)(1 + r_2)u_{j+1,m+1}^{n+1} + \frac{1}{4}(1 + r_1)(1 - r_2)u_{j+1,m}^{n+1}\\ &+\frac{1}{4}(1 - r_1)(1 + r_2)u_{j,m+1}^{n+1} + \frac{1}{4}(1 - r_1)(1 - r_2)u_{j,m}^{n+1},\end{aligned}$$

其右端可以写成

$$\begin{aligned}&\frac{1}{4}(1 + r_1)(1 + r_2)u_{j,m}^n + \frac{1}{4}(1 - r_1)(1 - r_2)u_{j+1,m+1}^n\\ &+\frac{1}{4}(1 - r_1)(1 + r_2)u_{j+1,m}^n + \frac{1}{4}(1 + r_1)(1 - r_2)u_{j,m+1}^n,\end{aligned}$$

因此, 如果边值条件已知, 则式 (6.8.18) 可以显式计算 $u_{j,m}^{n+1}$ 的值, 即

$$\begin{aligned}u_{j+1,m+1}^{n+1}=&u_{j,m}^{n}+\frac{1-r_1}{1+r_1}(u_{j+1,m}^{n}-u_{j,m+1}^{n+1})+\frac{1-r_2}{1+r_2}(u_{j,m+1}^{n}-u_{j+1,m}^{n+1})\\&+\frac{(1-r_1)(1-r_2)}{(1+r_1)(1+r_2)}(u_{j+1,m+1}^{n}-u_{j,m}^{n+1}).\end{aligned}\tag{6.8.20}$$

5. Crank-Nicolson 格式

$$\begin{aligned}&\frac{u_{j,m}^{n+1}-u_{j,m}^{n}}{\Delta t}+\frac{1}{2}\left(a_1\frac{u_{j+1,m}^{n+1}-u_{j-1,m}^{n+1}}{2h}+a_2\frac{u_{j,m+1}^{n+1}-u_{j,m-1}^{n+1}}{2h}\right)\\&+\frac{1}{2}\left(a_1\frac{u_{j+1,m}^{n}-u_{j-1,m}^{n}}{2h}+a_2\frac{u_{j,m+1}^{n}-u_{j,m-1}^{n}}{2h}\right)=0,\end{aligned}\tag{6.8.21}$$

或

$$\left(1+\frac{r_1}{4}\delta_x^0+\frac{r_2}{4}\delta_y^0\right)u_{j,m}^{n+1}=\left(1-\frac{r_1}{4}\delta_x^0-\frac{r_2}{4}\delta_y^0\right)u_{j,m}^{n}.\tag{6.8.22}$$

为用分裂算法计算, 可改写成如下形式

$$\left[1+\frac{r_2}{4}(\delta_y^+ +\delta_y^-)\right]\left[1+\frac{r_1}{4}(\delta_x^+ +\delta_x^-)\right]u_{j,m}^{n+1}=\left[1-\frac{r_2}{4}(\delta_y^+ +\delta_y^-)\right]\left[1-\frac{r_1}{4}(\delta_x^+ +\delta_x^-)\right]u_{j,m}^{n}.\tag{6.8.23}$$

格式 (6.8.22) 的截断误差为 $O(\Delta t^2+h^2)$, 增长因子为

$$G=\frac{1-\mathrm{i}\frac{r_1}{2}\sin\sigma_1 h-\mathrm{i}\frac{r_2}{2}\sin\sigma_2 h}{1+\mathrm{i}\frac{r_1}{2}\sin\sigma_1 h+\mathrm{i}\frac{r_2}{2}\sin\sigma_2 h},\tag{6.8.24}$$

由 $|G|^2=1$ 知格式 (6.8.21) 无条件稳定.

6.8.2 ADI 格式

当用隐式格式求解方程 (6.8.1) 时, 要求解的二维抛物型问题的代数方程组有较宽的带宽. 例如, 抛物型问题一样, 可以用交替方向隐式格式.

考虑 CN 格式 (6.8.21) 或 (6.8.23). 若在式 (6.8.23) 两边加减适当的项, 则可写成

$$\left(1+\frac{r_1}{4}\delta_x^0\right)\left(1+\frac{r_2}{4}\delta_y^0\right)u_{j,m}^{n+1}=\left(1-\frac{r_1}{4}\delta_x^0\right)\left(1-\frac{r_2}{4}\delta_y^0\right)u_{j,m}^{n}+\frac{r_1r_2}{16}\delta_x^0\delta_y^0(u_{j,m}^{n+1}-u_{j,m}^{n}),\tag{6.8.25}$$

最后一项是 $O(\Delta t^3)$ 项, 去掉就得一个关于时间和空间均为二阶的一个差分格式

$$\left(1+\frac{r_1}{4}\delta_x^0\right)\left(1+\frac{r_2}{4}\delta_y^0\right)u_{j,m}^{n+1}=\left(1-\frac{r_1}{4}\delta_x^0\right)\left(1-\frac{r_2}{4}\delta_y^0\right)u_{j,m}^{n},\tag{6.8.26}$$

该格式称为Beam-Warming 格式, 通常写成 ADI 形式

$$\left(1+\frac{r_1}{4}\delta_x^0\right)\bar{u}_{j,m}^{n+1}=\left(1-\frac{r_1}{4}\delta_x^0\right)\left(1-\frac{r_2}{4}\delta_y^0\right)u_{j,m}^n, \tag{6.8.27}$$

$$\left(1+\frac{r_2}{4}\delta_y^0\right)u_{j,m}^{n+1}=\bar{u}_{j,m}^{n+1}. \tag{6.8.28}$$

Beam-Warming 格式的增长因子为

$$G=\frac{\left(1-\mathrm{i}\frac{r_1}{2}\sin\sigma_1 h\right)\left(1-\mathrm{i}\frac{r_2}{2}\sin\sigma_2 h\right)}{\left(1+\mathrm{i}\frac{r_1}{2}\sin\sigma_1 h\right)\left(1+\mathrm{i}\frac{r_2}{2}\sin\sigma_2 h\right)}, \tag{6.8.29}$$

由 $|G|^2=1$ 知, 该格式无条件稳定.

若在式 (6.8.26) 两端减去

$$\left(1+\frac{r_1}{4}\delta_x^0\right)\left(1+\frac{r_2}{4}\delta_y^0\right)u_{j,m}^n, \tag{6.8.30}$$

则式 (6.8.27) 和式 (6.8.28) 可写成

$$\left(1+\frac{r_1}{4}\delta_x^0\right)\delta\bar{u}_{j,m}^{n+1}=\left(-\frac{r_1}{2}\delta_x^0-\frac{r_2}{2}\delta_y^0\right)u_{j,m}^n, \tag{6.8.31}$$

$$\left(1+\frac{r_2}{4}\delta_y^0\right)\delta u_{j,m}^{n+1}=\delta\bar{u}_{j,m}^{n+1}, \tag{6.8.32}$$

其中 $\delta u_{j,m}^{n+1}=u_{j,m}^{n+1}-u_{j,m}^n$, 该格式称为$\delta$ 公式 .

对 Lax-Wendroff 格式, 也可以写成两步的形式. 对一维情形, Lax-Wendroff 格式 (6.1.24) 可写成 $\left(r_1=ar=a\dfrac{\Delta t}{h}\right)$

$$u_m^{n+1}=(1-r_1^2)u_m^n-\frac{r_1(1-r_1)}{2}u_{m+1}^n+\frac{r_1(1+r_1)}{2}u_{m-1}^n, \tag{6.8.33}$$

两步形式为

$$u_m^{n+\frac{1}{2}}=\frac{1}{2}(u_{m+1}^n+u_{m-1}^n)-\frac{r_1}{4}(\delta_x^++\delta_x^-)u_m^n, \tag{6.8.34}$$

$$u_m^{n+1}=u_m^n-\frac{r_1}{2}(\delta_x^++\delta_x^-)u_m^{n+\frac{1}{2}}, \tag{6.8.35}$$

这里引进了中间值 $u_m^{n+\frac{1}{2}}$. 式 (6.8.34) 和式 (6.8.35) 的合成结果为

$$u_m^{n+1}=u_m^n-\frac{r_1}{4}(u_{m+2}^n-u_{m-2}^n)+\frac{r_1^2}{8}(u_{m+2}^n-2u_m^n+u_{m-2}^n). \tag{6.8.36}$$

该式相当于步长为 $2h$ 时的式 (6.8.33). 若将式 (6.8.34) 和式 (6.8.35) 写成下式

$$u_{m+\frac{1}{2}}^{n+\frac{1}{2}}=\frac{1}{2}(u_{m+1}^n+u_m^n)-\frac{r_1}{2}(u_{m+1}^n-u_m^n), \tag{6.8.37}$$

$$u_m^{n+1}=u_m^n-r_1\left(u_{m+\frac{1}{2}}^{n+\frac{1}{2}}-u_{m-\frac{1}{2}}^{n+\frac{1}{2}}\right) \tag{6.8.38}$$

后再合成即得式 (6.8.33).

对于二维情形, 类似于式 (6.8.34) 和式 (6.8.35), 有

$$\tilde{u}_{j,m}^{n+1} = \bar{u}_{j,m}^{n} - \frac{r_1}{4}(\delta_x^+ + \delta_x^-)u_{j,m}^n - \frac{r_2}{4}(\delta_y^+ + \delta_y^-)u_{j,m}^n, \tag{6.8.39}$$

$$u_{j,m}^{n+1} = u_{j,m}^{n} - \frac{r_1}{2}(\delta_x^+ + \delta_x^-)\tilde{u}_{j,m}^{n+1} - \frac{r_2}{2}(\delta_y^+ + \delta_y^-)\tilde{u}_{j,m}^{n+1}, \tag{6.8.40}$$

其中

$$\bar{u}_{j,m}^{n} = \frac{1}{4}(u_{j+1,m}^n + u_{j-1,m}^n + u_{j,m+1}^n + u_{j,m-1}^n). \tag{6.8.41}$$

若 $r_1 = r_2$, 则稳定性条件为 $|r_1| = |r_2| < \dfrac{1}{\sqrt{8}}$.

Wendroff 格式 (6.8.18) 是一个隐式公式, 可用交替方向来求解, 写成

$$\left[1 + \frac{1}{2}(1 + r_2)\delta_y^+\right] u_{j,m}^{n+\frac{1}{2}} = \left[1 + \frac{1}{2}(1 - r_1)\delta_x^+\right] u_{j,m}^n, \tag{6.8.42}$$

$$\left[1 + \frac{1}{2}(1 + r_1)\delta_x^+\right] u_{j,m}^{n+1} = \left[1 + \frac{1}{2}(1 - r_2)\delta_y^+\right] u_{j,m}^{n+\frac{1}{2}}, \tag{6.8.43}$$

其求解过程为先在半个 Δt 步长处沿 y 方向求解, 再在整个 Δt 步长处沿 x 方向求解. 因为方程的左端只有向前差分算子 δ_x^+ 和 δ_y^+, 也就是说只有两个点值, 且其中一个是已知的值, 所以式 (6.8.42) 和式 (6.8.43) 实质上可以按显式计算.

6.9 一维声波方程

前面讨论了一阶双曲方程 (组) 的差分格式, 下面考虑二阶典型双曲型方程的情况, 首先讨论一维情况, 然后考虑二维或三维情况.

6.9.1 特征线

考虑一维波动方程

$$\frac{\partial^2 u}{\partial t^2} = a^2 \frac{\partial^2 u}{\partial x^2}, \tag{6.9.1}$$

其中 $a > 0$ 为常数, 我们先用解析法来求解. 定义两个新变量

$$\xi = x + at, \quad \eta = x - at, \tag{6.9.2}$$

则可将方程 (6.9.1) 简化为

$$\frac{\partial^2 u}{\partial \xi \partial \eta} = 0. \tag{6.9.3}$$

对式 (6.9.3) 式两次积分解得

$$u(x,t) = f_1(x+at) + f_2(x-at), \tag{6.9.4}$$

其中 f_1 和 f_2 为任意二次可微函数. f_1(或 f_2) 可看成是以 a 向左 (或向右) 移动的波. 直线 $x \pm at = c$(c 为常数) 是方程 (6.9.1) 的两族特征线. 如图 6.9.1 所示, 设两特征线相交于 C, 与 x 轴的交点分别为 A 和 B, 则交点 C 处的解 u 仅依赖于 $t=0$ 上的区间 AB 上的初值. $\triangle ABC$ 称为依赖区域, 底边 AB 称为依赖区间. 若考虑的是经典的 Cauchy 问题, 如无限长弦 $(-\infty \leqslant x \leqslant \infty)$ 的振动, 初始条件为

$$u(x,0) = \varphi(x), \quad \left.\frac{\partial u}{\partial t}\right|_{t=0} = \psi(x). \tag{6.9.5}$$

由式 (6.9.4) 得

$$f_1(x) + f_2(x) = \varphi(x), \quad af_1'(x) - af_2'(x) = \psi(x), \tag{6.9.6}$$

由此可得

$$u(x,t) = \frac{1}{2}[\varphi(x+at) + \varphi(x-at)] + \frac{1}{2a}\int_{x-at}^{x+at} \psi(\xi)\mathrm{d}\xi. \tag{6.9.7}$$

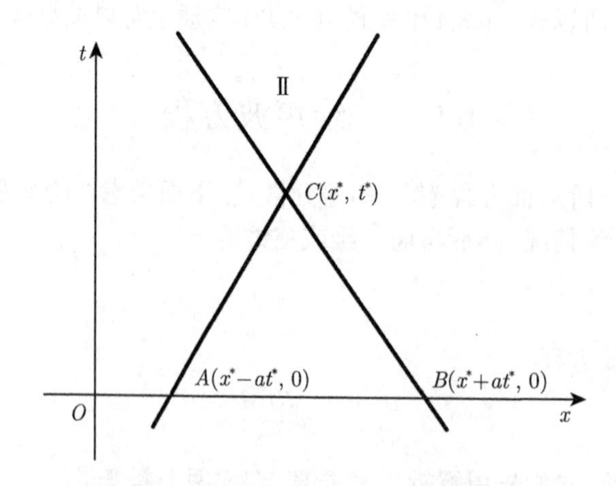

图 6.9.1 微分方程的依赖区域与影响区域

此即 D'Alembert 公式. 该式表明 u 在 $C(x^*,t^*)$ 处的值 $u(x^*,t^*)$ 仅依赖于 x 轴上由 x^*-at^* 到 x^*+at^* 之间的初值 φ 和 ψ, 也即仅由依赖区域内的信息确定. 而 C 点的解 $u(x^*,t^*)$ 的变化将影响到区域 II 中的解, 区域 II 称为点 (x^*,t^*) 的影响区域, 物理上, 这由通过求解区域的有限传播速度 (速度为 a) 引起.

6.9.2 显式差分格式

设时间步长为 Δt, 空间步长为 h, 则式 (6.9.1) 的一个显式格式是

$$\frac{u_m^{n+1}-2u_m^n+u_m^{n-1}}{\Delta t^2}=a^2\frac{u_{m+1}^n-2u_m^n+u_{m-1}^n}{h^2},\tag{6.9.8}$$

截断误差阶为 $O(\Delta t^2+h^2)$. 下面考虑初始条件 (6.9.5) 的离散, 一种差分格式为

$$u_m^0=\varphi_m,\quad \frac{u_m^1-u_m^0}{\Delta t}=\psi_m,\tag{6.9.9}$$

其中第二式是一阶精度. 为与方程 (6.9.8) 的二阶精度一致, 引进虚网格点 u_m^{-1}, 采用近似

$$\frac{u_m^1-u_m^{-1}}{2\Delta t}=\psi_m,\tag{6.9.10}$$

再令差分方程 (6.9.8) 在 $n=0$ 处成立, 即

$$\frac{u_m^1-2u_m^0+u_m^{-1}}{\Delta t^2}=a^2\frac{u_{m+1}^0-2u_m^0+u_{m-1}^0}{h^2},\tag{6.9.11}$$

由式 (6.9.10) 和式 (6.9.11) 两式联立消去 u_m^{-1}, 得

$$u_m^1=(1-r^2)u_m^0+\frac{r^2}{2}(u_{m+1}^0+u_{m-1}^0)+\Delta t\psi_m,\tag{6.9.12}$$

这是一个 $O(\Delta t^2)$ 阶精度的边界近似方程, 再结合条件 $u_m^0=\varphi_m$ 即可求解. 格式 (6.9.8) 稳定的充要条件是 $r=a\Delta t/h<1$.

例 6.9.1 用 von Neumann 方法分析格式 (6.9.8) 的稳定性.

解法一 将 $u_m^n=v^n\mathrm{e}^{\mathrm{i}\sigma x}=v^n\mathrm{e}^{\mathrm{i}\sigma mh}$ 代入式 (6.9.8), 知增长因子 G 满足

$$G=2(1-r^2)+r^2(\mathrm{e}^{\mathrm{i}\sigma h}+\mathrm{e}^{-\mathrm{i}\sigma h})-G^{-1},\tag{6.9.13}$$

即

$$G^2-2\left(1-2r^2\sin^2\frac{\sigma h}{2}\right)G+1=0,\tag{6.9.14}$$

该实系数一元二次方程两根不大于 1 的充要条件是

$$\left|1-2r^2\sin^2\frac{\sigma h}{2}\right|\leqslant 1,\tag{6.9.15}$$

从而 $r\leqslant 1$, 此即格式 (6.9.8) 稳定的必要条件.

解法二 令 $v=\dfrac{\partial u}{\partial t}$, $w=a\dfrac{\partial u}{\partial x}$, 则一维波动方程可写成

$$\begin{cases}\dfrac{\partial v}{\partial t}=a\dfrac{\partial w}{\partial x},\\[2mm] \dfrac{\partial w}{\partial t}=a\dfrac{\partial v}{\partial x}.\end{cases}\tag{6.9.16}$$

建立如下显格式

$$\left\{\begin{array}{l}\dfrac{v_m^{n+1}-v_m^n}{\Delta t}=a\dfrac{w_{m+\frac{1}{2}}^n-w_{m-\frac{1}{2}}^n}{h},\\[2ex]\dfrac{w_{m-\frac{1}{2}}^{n+1}-w_{m-\frac{1}{2}}^n}{\Delta t}=a\dfrac{v_m^{n+1}-v_{m-1}^{n+1}}{h},\end{array}\right.\tag{6.9.17}$$

其中

$$v_m^n=\frac{u_m^n-u_m^{n-1}}{\Delta t},\quad w_{m-\frac{1}{2}}^n=a\frac{u_m^n-u_{m-1}^n}{h}.\tag{6.9.18}$$

将式 (6.9.18) 代入式 (6.9.17) 可验证, 显式格式 (6.9.17) 与格式 (6.9.8) 等价. 现采用 von Neumann 方法来分析格式 (6.9.17) 的稳定性. 令

$$v_m^n=z_1^n\mathrm{e}^{\mathrm{i}\sigma mh},\quad w_m^n=z_2^n\mathrm{e}^{\mathrm{i}\sigma mh},$$

代入式 (6.9.17) 中可得

$$\begin{pmatrix}z_1^{n+1}\\z_2^{n+1}\end{pmatrix}=G(\sigma,\Delta t)\begin{pmatrix}z_1^n\\z_2^n\end{pmatrix},\tag{6.9.19}$$

其中增长矩阵 G 为

$$G(\sigma,\Delta t)=\begin{pmatrix}1&\mathrm{i}c\\\mathrm{i}c&1-c^2\end{pmatrix},\tag{6.9.20}$$

这里 $c=2r\sin\dfrac{\sigma h}{2}$. G 的特征方程为

$$\lambda^2-(2-c^2)\lambda+1=0,$$

特征方程的两个根为

$$\lambda_{1,2}=1-2r^2\sin^2\frac{\sigma h}{2}\pm\mathrm{i}\sqrt{4r^2\sin^2\frac{\sigma h}{2}\left(1-r^2\sin^2\frac{\sigma h}{2}\right)},\tag{6.9.21}$$

两根按模不大于 1 的充要条件是 $r\leqslant 1$. 由于 G 不是正规矩阵, 故条件 $r\leqslant 1$ 是格式 (6.9.8) 稳定的必要条件.

为得到充要条件, 我们作如下分析. 令 $\omega=\sigma h$, 则

$$G=\begin{pmatrix}1&\mathrm{i}2r\sin\dfrac{\omega}{2}\\\mathrm{i}2r\sin\dfrac{\omega}{2}&1-4r^2\sin^2\dfrac{\omega}{2}\end{pmatrix},$$

$$\frac{\mathrm{d}G}{\mathrm{d}\omega}=\begin{pmatrix}0&\mathrm{i}r\cos\dfrac{\omega}{2}\\\mathrm{i}r\cos\dfrac{\omega}{2}&-2r^2\sin\omega\end{pmatrix}.$$

当 $r<1, \omega=\sigma h\neq 2k\pi$ 时, 由式 (6.9.21) 知 G 有两个不同的特征值, 故格式稳定. 当 $r<1, \omega=\sigma h=2k\pi$ 时, 有两个相同的特征根 $\lambda_{1,2}=1$, 但

$$\frac{\mathrm{d}G}{\mathrm{d}\omega}=\begin{pmatrix} 0 & \mathrm{i}(-1)^k r \\ \mathrm{i}(-1)^k r & 0 \end{pmatrix}$$

有两个不同的特征值 $\pm\mathrm{i}r$. 根据定理 4.5.11 知, 当 $r<1$ 时, 格式稳定. 当 $r=1$ 时, 取 $\omega=\sigma h=\pi$, 则

$$G=\begin{pmatrix} 1 & 2\mathrm{i} \\ 2\mathrm{i} & -3 \end{pmatrix}$$

有两个实特征值 $\lambda_{1,2}=-1$, 因此存在非奇异阵 S, 使得

$$G=S\begin{pmatrix} -1 & 1 \\ 0 & -1 \end{pmatrix}S^{-1},$$

从而

$$G^k=S\begin{pmatrix} (-1)^k & (-1)^{k+1}k \\ 0 & (-1)^k \end{pmatrix}S^{-1},\quad k=1,2,\cdots,$$

因 G^k 无界, 从而当 $r=1$ 时格式不收敛. 因此格式收敛的充要条件是 $r<1$. □

6.9.3 隐式差分格式

方程 (6.9.1) 的隐式格式近似有多种, 如

$$\frac{u_m^{n+1}-2u_m^n+u_m^{n-1}}{\Delta t^2}=\frac{a^2\delta_x^2 u_m^{n+1}}{h^2}, \tag{6.9.22}$$

或 CN 格式

$$\frac{u_m^{n+1}-2u_m^n+u_m^{n-1}}{\Delta t^2}=a^2\frac{\delta_x^2 u_m^{n+1}+\delta_x^2 u_m^{n-1}}{2h^2}, \tag{6.9.23}$$

或在 $n+1, n$ 及 $n-1$ 三个时间层的加权格式

$$\frac{u_m^{n+1}-2u_m^n+u_m^{n-1}}{\Delta t^2}=\frac{a^2}{h^2}[\theta\delta_x^2 u_m^{n+1}+(1-2\theta)\delta_x^2 u_m^n+\theta\delta_x^2 u_m^{n-1}], \tag{6.9.24}$$

其中 $0\leqslant\theta\leqslant 1$. 当 $\theta=0$ 时, 即显式格式 (6.9.8). 当 $\theta=1/2$, 即为式 (6.9.23). 格式 (6.9.24) 的截断误差是 $O(\Delta t^2+h^2)$, 截断误差首项是

$$a^2h^2\left[\frac{1}{12}\left(1-\frac{a^2\Delta t^2}{h^2}\right)+\theta\frac{a^2\Delta t^2}{h^2}\right]\frac{\partial^4 u}{\partial x^4}. \tag{6.9.25}$$

用 von Neumann 方法得增长因子 G 满足

$$G-2+\frac{1}{G}=r^2\left[\theta G+(1-2\theta)+\frac{\theta}{G}\right](\mathrm{e}^{\mathrm{i}\sigma h}-2+\mathrm{e}^{-\mathrm{i}\sigma h}), \tag{6.9.26}$$

其中 $r=a\Delta t/h$. 进一步化简, 得

$$G^2-\left(2-\frac{4r^2\sin^2\dfrac{\sigma h}{2}}{1+4\theta r^2\sin^2\dfrac{\sigma h}{2}}\right)G+1=0. \tag{6.9.27}$$

稳定性条件为

(1) 当 $\theta\geqslant\dfrac{1}{4}$ 时, 无条件稳定.

(2) 当 $0<\theta<\dfrac{1}{4}$ 时, 稳定性条件为 $0<r<\dfrac{1}{\sqrt{1-4\theta}}$.

一般地, 方程 (6.9.1) 的隐式差分格式可以写成

$$(1+\tau_1\delta_t^2)^{-1}\delta_t^2u_m^n=r^2(1+\tau_2\delta_x^2)^{-1}\delta_x^2u_m^n, \tag{6.9.28}$$

其中 $r=a\Delta t/h$, τ_1,τ_2 为任意常数, Δt 和 h 分别为时间可空间步长. 式 (6.9.28) 可化简为

$$[1+(\tau_2-\tau_1r^2)\delta_x^2]\delta_t^2u_m^n=r^2\delta_x^2u_m^n, \tag{6.9.29}$$

该式的截断误差为

$$\begin{aligned}&a^2\Delta t^2h^2\left[\left(\tau_2-\frac{1}{12}\right)-\left(\tau_1-\frac{1}{12}\right)r^2\right]\frac{\partial^4u(x_m,t_n)}{\partial x^4}\\&+\frac{1}{12}a^2\Delta t^2h^4\left[\left(\tau_2-\frac{1}{30}\right)+(\tau_2-\tau_1)r^2-\left(\tau_1-\frac{1}{30}\right)r^4\right]\frac{\partial^6u(x_m,t_n)}{\partial x^6}.\end{aligned} \tag{6.9.30}$$

精度通常为 $O(\Delta t^2+h^2)$, 当 τ_1,τ_2 取下列些特殊值时, 精度可改善:

(1) 当 $\tau_2=\dfrac{1}{12}$, τ_1 任意时, 精度为 $O(\Delta t^2+h^4)$;

(2) 当 $\tau_1=\dfrac{1}{12}$, τ_2 任意时, 精度为 $O(\Delta t^4+h^2)$;

(3) 当 $\tau_1=\dfrac{1}{12}$, $\tau_2=\dfrac{1}{12}$ 时, 精度为 $O(\Delta t^4+h^4)$.

用平面波分析法可得稳定性条件为

$$0<\frac{r^2}{1-4\tau_2+4\tau_1r^2}\leqslant 1, \tag{6.9.31}$$

因此,

(1) 当 $\tau_2\leqslant\dfrac{1}{4}$, $\tau_1\geqslant\dfrac{1}{4}$ 时, 格式无条件稳定.

(2) 当 $\tau_2<\dfrac{1}{4}$, $\tau_1<\dfrac{1}{4}$ 时, 稳定性条件为 $0<r\leqslant\sqrt{\dfrac{1-4\tau_2}{1-4\tau_1}}$.

6.9.4 方程组形式的差分格式

1. FC 格式

令 $v=\dfrac{\partial u}{\partial t}, w=a\dfrac{\partial u}{\partial x}$, 则式 (6.9.1) 可写成一个一阶偏微分方程组

$$\begin{cases} \dfrac{\partial v}{\partial t}=a\dfrac{\partial w}{\partial x}, \\ \dfrac{\partial w}{\partial t}=a\dfrac{\partial v}{\partial x}. \end{cases} \tag{6.9.32}$$

对式 (6.9.32) 在 (m,n) 处, 用时间前差空间中心差分的格式近似 (FC 格式), 得

$$\frac{v_m^{n+1}-v_m^n}{\Delta t}=\frac{a(w_{m+1}^n-w_{m-1}^n)}{2h}, \tag{6.9.33}$$

$$\frac{w_m^{n+1}-w_m^n}{\Delta t}=\frac{a(v_{m+1}^n-v_{m-1}^n)}{2h}. \tag{6.9.34}$$

用 von Neumann 方法来分析稳定性. 将 $v_m^n=z_1^n\mathrm{e}^{\mathrm{i}\sigma mh}$, $w_m^n=z_2^n\mathrm{e}^{\mathrm{i}\sigma mh}$ 代入式 (6.9.33) 和式 (6.9.34), 得

$$\begin{pmatrix} z_1^{n+1} \\ z_2^{n+1} \end{pmatrix}=G\begin{pmatrix} z_1^n \\ z_2^n \end{pmatrix}, \tag{6.9.35}$$

其中增长矩阵 G 为

$$G=\begin{pmatrix} 1 & \dfrac{r}{2}(\mathrm{e}^{\mathrm{i}\sigma h}-\mathrm{e}^{-\mathrm{i}\sigma h}) \\ \dfrac{r}{2}(\mathrm{e}^{\mathrm{i}\sigma h}-\mathrm{e}^{-\mathrm{i}\sigma h}) & 1 \end{pmatrix}=\begin{pmatrix} 1 & \mathrm{i}r\sin\sigma h \\ \mathrm{i}r\sin\sigma h & 1 \end{pmatrix}, \tag{6.9.36}$$

这里 $r=a\Delta t/h$. G 的特征值为

$$\lambda=1\pm\mathrm{i}r\sin\sigma h, \tag{6.9.37}$$

因 $|\lambda|^2=1+r^2\sin^2\sigma h$. 当 $\sigma h\neq k\pi$ 时, $|\xi|$ 恒大于 1. 故 FC 格式恒不稳定.

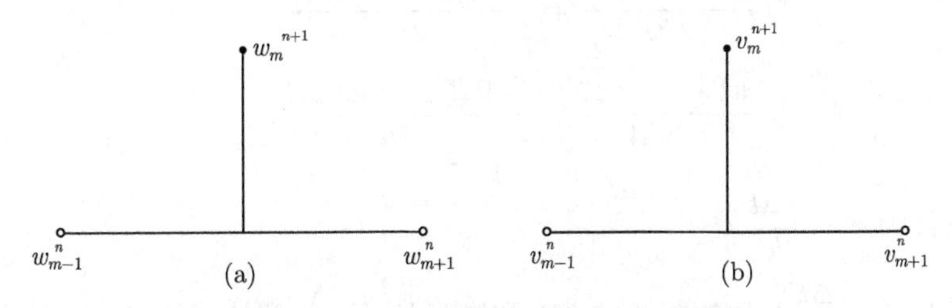

图 6.9.2 FC 格式的计算结点示意图

若将式 (6.9.33) 和式 (6.9.34) 中的 v_m^n 用平均值 $(v_{m+1}^n+v_{m-1}^n)/2$ 代替, w_m^n 也用平均值 $(w_{m+1}^n+w_{m-1}^n)/2$ 代替, 则不稳定的 FC 格式变成一个条件稳定的格式, 为

$$\frac{v_m^{n+1}-\dfrac{1}{2}(v_{m+1}^n+v_{m-1}^n)}{\Delta t}=\frac{a(w_{m+1}^n-w_{m-1}^n)}{2h}, \tag{6.9.38}$$

$$\frac{w_m^{n+1}-\dfrac{1}{2}(w_{m+1}^n+w_{m-1}^n)}{\Delta t}=\frac{a(v_{m+1}^n-v_{m-1}^n)}{2h}, \tag{6.9.39}$$

通过分析可知, 该格式的稳定条件是 $r\leqslant 1$. 该格式的计算网格点如图 6.9.2 所示.

另一个条件稳定的格式是

$$\frac{v_m^{n+1}-v_m^n}{\Delta t}=\frac{a(w_{m+1}^n-w_{m-1}^n)}{2h}, \tag{6.9.40}$$

$$\frac{w_m^{n+1}-w_m^n}{\Delta t}=\frac{a(v_{m+1}^{n+1}-v_{m-1}^{n+1})}{2h}, \tag{6.9.41}$$

易知增长矩阵为

$$G=\begin{pmatrix}1 & \mathrm{i}r\sin\sigma h\\ \mathrm{i}r\sin\sigma h & 1-r^2\sin^2\sigma h\end{pmatrix}.$$

G 的特征方程为

$$\lambda^2-\lambda(2-r^2\sin^2\sigma h)+1=0,$$

由 $|\lambda_{1,2}|\leqslant 1$ 解得 $r\leqslant 2$, 由于 G 是正规矩阵, 因此格式稳定的充要条件是 $r\leqslant 2$.

2. CC 格式

对时间和空间都用二阶精度的中心差分格式近似, 得

$$\frac{v_m^{n+1}-v_m^{n-1}}{2\Delta t}=\frac{a(w_{m+1}^n-w_{m-1}^n)}{2h}, \tag{6.9.42}$$

$$\frac{w_m^{n+1}-w_m^{n-1}}{2\Delta t}=\frac{a(v_{m+1}^n-v_{m-1}^n)}{2h}, \tag{6.9.43}$$

稳定性条件为 $r=\dfrac{a\Delta t}{h}\leqslant 1$.

将半步长 $\left(\dfrac{\Delta t}{2}\right)$ 型的式 (6.9.38) 和半步长 $\left(\dfrac{h}{2}\right)$ 型的式 (6.9.34) 结合起来可

得到方程 (6.9.32) 的一个格式

$$\frac{v_m^{n+\frac{1}{2}}-\frac{1}{2}(v_{m+1}^n+v_{m-1}^n)}{\Delta t/2}=\frac{a(w_{m+1}^n-w_{m-1}^n)}{2h},\tag{6.9.44}$$

$$\frac{w_m^{n+1}-w_m^n}{\Delta t}=\frac{a\left(v_{m+\frac{1}{2}}^{n+\frac{1}{2}}-v_{m-\frac{1}{2}}^{n+\frac{1}{2}}\right)}{h},\tag{6.9.45}$$

两式组合后就是 Lax-Wendroff 格式.

3. CN 隐式格式

$$\frac{v_m^{n+1}-v_m^n}{\Delta t}=\frac{a}{2h}\left[(w_{m+\frac{1}{2}}^n-w_{m-\frac{1}{2}}^n)+(w_{m+\frac{1}{2}}^{n+1}-w_{m-\frac{1}{2}}^{n+1})\right],\tag{6.9.46}$$

$$\frac{w_{m-\frac{1}{2}}^{n+1}-w_{m-\frac{1}{2}}^n}{\Delta t}=\frac{a}{2h}\left[(v_m^n-v_{m-1}^n)+(v_m^{n+1}-v_{m-1}^{n+1})\right],\tag{6.9.47}$$

两式组合后等价于原方程 $\dfrac{\partial^2 u}{\partial t^2}=a^2\dfrac{\partial^2 u}{\partial x^2}$ 的下列隐式格式

$$\frac{u_m^{n+1}-2u_m^n+u_m^{n-1}}{\Delta t^2}=a^2\frac{\delta_x^2u_m^{n+1}+2\delta_x^2u_m^n+\delta_x^2u_m^{n-1}}{4h^2},\tag{6.9.48}$$

其增长因子为

$$G=\begin{pmatrix}\dfrac{2(4-\alpha^2)}{4+\alpha^2} & -1\\ 1 & 0\end{pmatrix},\tag{6.9.49}$$

其中 $\alpha=2r\sin\dfrac{\sigma h}{2}$. 该矩阵的两个特征值均在单位圆上, 因此, 该 CN 隐式格式无条件稳定.

4. 加权 CN 格式

$$\frac{v_m^{n+1}-v_m^n}{\Delta t}=\frac{a}{h}\left[\alpha_1(w_m^{n+1}-w_{m-1}^{n+1})+\beta_1(w_m^n-w_{m-1}^n)\right],\tag{6.9.50}$$

$$\frac{w_m^{n+1}-w_m^n}{\Delta t}=\frac{a}{h}\left[\alpha_2(v_{m+1}^{n+1}-v_m^{n+1})+\beta_2(v_{m+1}^n-v_m^n)\right],\tag{6.9.51}$$

其中 $\alpha_1,\beta_1,\alpha_2,\beta_2$ 为权因子, 当 $\alpha_1=0,\beta_1=1,\alpha_2=1,\beta_2=0$ 时, 式 (6.9.50) 和式 (6.9.51) 成为

$$\frac{v_m^{n+1}-v_m^n}{\Delta t}=\frac{a(w_m^n-w_{m-1}^n)}{h},\tag{6.9.52}$$

$$\frac{w_m^{n+1}-w_m^n}{\Delta t}=\frac{a(v_{m+1}^{n+1}-v_m^{n+1})}{h},\tag{6.9.53}$$

易求得增长矩阵为

$$G = \begin{pmatrix} 1 & r(1-\mathrm{e}^{-\mathrm{i}\sigma h}) \\ -r(1-\mathrm{e}^{\mathrm{i}\sigma h}) & 1-r^2(1-\mathrm{e}^{-\mathrm{i}\sigma h})(1-\mathrm{e}^{\mathrm{i}\sigma h}) \end{pmatrix},$$

G 的特征方程为

$$\lambda^2 - 2\lambda\left(1-2r^2\sin^2\frac{\sigma h}{2}\right)+1=0.$$

欲使 $|\lambda| \leqslant 1$, 则必须使 $r \leqslant 1$. 由于 G 不是正规矩阵, 故格式 (6.9.52) 和格式 (6.9.53) 稳定的充要条件是 $r < 1$. 该格式类似抛物型方程中的 Richardson 格式.

5. 交错网格中心差分格式

$$v_m^{n+1} = v_m^n + r(w_{m+\frac{1}{2}}^n - w_{m-\frac{1}{2}}^n), \tag{6.9.54}$$

$$w_{m-\frac{1}{2}}^{n+1} = w_{m-\frac{1}{2}}^n + r(v_m^{n+1} - v_{m-1}^{n+1}). \tag{6.9.55}$$

两个未知数 v_m^{n+1} 和 $w_{m-\frac{1}{2}}^{n+1}$ 是在不同的网格点上计算的, 在每一时间层上, 由式 (6.9.54) 进行隔点计算, 而漏下的点 (半整数网格点) 由式 (6.9.55) 计算, 均为显式. 在例 6.9.1 中已求得格式稳定的充要条件是 $r < 1$. 计算网格点如图 6.9.3 所示.

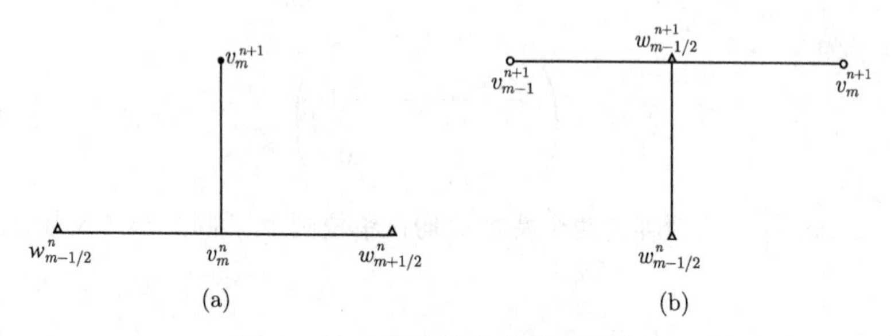

图 6.9.3 交错网格格式的计算结点

6.10 二维声波方程

6.10.1 显式格式

考虑二维声波方程

$$\frac{\partial^2 u}{\partial t^2} = v^2\left(\frac{\partial^2 u}{\partial x^2}+\frac{\partial^2 u}{\partial y^2}\right), \tag{6.10.1}$$

其中 v 为声波速度. 如求解区域无界, 仅给出初始条件

$$u(0,x,y)=\varphi_1(x,y), \quad \frac{\partial u}{\partial t}(0,x,y)=\varphi_2(x,y) \tag{6.10.2}$$

即可求解, 这是初值问题. 实际计算时, 区域总有界, 还要给定边界条件, 假定为

$$\begin{aligned} u(t,a,y)=\psi_1(t), \quad u(t,b,y)=\psi_2(t), \\ u(t,x,a)=\psi_3(t), \quad u(t,x,b)=\psi_4(t). \end{aligned} \tag{6.10.3}$$

这是一个混合问题, 其中假定 x 和 y 均在区间 $[a,b]$ 上变化. 式 (6.10.1) 的一个显式格式是

$$\frac{u_{j,m}^{n+1}-2u_{j,m}^{n}+u_{j,m}^{n-1}}{\Delta t^2}=v^2\frac{u_{j+1,m}^{n}-2u_{j,m}^{n}+u_{j-1,m}^{n}}{h^2}+v^2\frac{u_{j,m+1}^{n}-2u_{j,m}^{n}+u_{j,m-1}^{n}}{h^2}, \tag{6.10.4}$$

精度为 $O(\Delta t^2+h^2)$, 截断误差首项是

$$\frac{1}{12}v^2h^2\left[(1-r^2)\left(\frac{\partial^4 u}{\partial x^4}+\frac{\partial^4 u}{\partial y^4}\right)-2r^2\frac{\partial^4 u}{\partial x^2\partial y^2}\right], \tag{6.10.5}$$

其中 $r=v\Delta t/h$. 将 $u_{j,m}^n=z^n\mathrm{e}^{\mathrm{i}\sigma_1 jh}\mathrm{e}^{\mathrm{i}\sigma_2 mh}$ 代入式 (6.10.4) 中, 并令增长因子 $G=z^{n+1}/z^n$, 则有

$$G^2-2\left[1-2r^2\left(\sin^2\frac{\sigma_1 h}{2}+\sin^2\frac{\sigma_2 h}{2}\right)\right]G+1=0. \tag{6.10.6}$$

假定 $\sigma_1 h=\sigma_2 h=\sigma h$, 则两根为

$$\lambda_{1,2}=1-4r^2\sin^2\frac{\sigma h}{2}\pm\sqrt{\left(1-4r^2\sin^2\frac{\sigma h}{2}\right)^2-1}, \tag{6.10.7}$$

由 $|\lambda_{1,2}|\leqslant 1$ 知稳定性条件为

$$r\leqslant\frac{1}{\sqrt{2}}. \tag{6.10.8}$$

这是必要条件, 与二维情况的 CFL 条件相同. 由该条件知, 式 (6.10.7) 中的根号为负, 即

$$\lambda_{1,2}=1-4r^2\sin^2\frac{\sigma h}{2}\pm\mathrm{i}\sqrt{1-\left(1-4r^2\sin^2\frac{\sigma h}{2}\right)^2},$$

由此得 $|\lambda_{1,2}|\equiv 1$. 从而稳定性的充分必要条件是 $r<\dfrac{1}{\sqrt{2}}$.

格式 (6.10.4) 是一个显格式, 其中 $n=0,1$ 上的数据由初始条件 (6.10.2) 的差分近似得到, 再结合边界条件 (6.10.3), 就可计算 $n=2$ 时间层上的所有 $u(x,y,t)$ 值.

6.10.2 隐式格式

方程 (6.10.1) 的隐式格式的一般形式为

$$(1+\tau_1\delta_t^2)^{-1}\delta_t^2 u_{i,j}^n = r^2\left[(1+\tau_2\delta_x^2)^{-1}\delta_x^2 + (1+\tau_2\delta_y^2)^{-1}\delta_y^2\right]u_{i,j}^n, \tag{6.10.9}$$

其中 $r=v\Delta t/h$, τ_1,τ_2 为任意常数. 式 (6.10.9) 可简化为

$$\left[(1+\tau_2\delta_x^2)(1+\tau_2\delta_y^2)-\tau_1 r^2(\delta_x^2+\delta_y^2+2\tau_2\delta_x^2\delta_y^2)\right]\delta_t^2 u_{i,j}^n = r^2(\delta_x^2+\delta_y^2+2\tau_2\delta_x^2\delta_y^2)u_{i,j}^n, \tag{6.10.10}$$

从而

$$\left[1+(\tau_2-\tau_1 r^2)\delta_x^2\right]\left[1+(\tau_2-\tau_1 r^2)\delta_y^2\right]\delta_t^2 u_{i,j}^n = r^2(\delta_x^2+\delta_y^2+2\tau_2\delta_x^2\delta_y^2)u_{i,j}^n, \tag{6.10.11}$$

该式的截断误差为

$$\Delta t^2 h^2\left[\left(\frac{1}{12}-\tau_2\right)\left(\frac{\partial^4 u}{\partial x^4}+\frac{\partial^4 u}{\partial y^4}\right)_{i,j}^n + \left(\tau_1-\frac{1}{12}\right)r^2\left(\frac{\partial^4 u}{\partial t^4}\right)_{i,j}^n\right]+\cdots, \tag{6.10.12}$$

因此一般格式的精度是 $O(\Delta t^2+h^2)$. 用平面波分析的方法分析稳定性, 将

$$u_{i,j}^n = \mathrm{e}^{\mathrm{i}(\omega n\Delta t+\theta_1 jh+\theta_2 kh)} \tag{6.10.13}$$

代入式 (6.10.11) 中, 得稳定性条件

$$0<r^2\frac{\sin^2\dfrac{\theta_1 h}{2}+\sin^2\dfrac{\theta_2 h}{2}-8\tau_2\sin^2\dfrac{\theta_1 h}{2}\sin^2\dfrac{\theta_2 h}{2}}{\left(1-4(\tau_2-\tau_1 r^2)\sin^2\dfrac{\theta_1 h}{2}\right)\left(1-4(\tau_2-\tau_1 r^2)\sin^2\dfrac{\theta_2 h}{2}\right)}\leqslant 1, \tag{6.10.14}$$

从而

$$0<\frac{2r^2(1-4\tau_2)}{[(1-4\tau_2)+4\tau_1 r^2]^2}\leqslant 1. \tag{6.10.15}$$

因此,

(1) 当 $\tau_2<\dfrac{1}{4},\tau_1>\dfrac{1}{8}$ 时, 格式无条件稳定.

(2) 当 $\tau_2<\dfrac{1}{4},\tau_1\leqslant\dfrac{1}{8}$ 时, 稳定条件为

$$0<r\leqslant\frac{\sqrt{1-4\tau_2}}{4\tau_1}\sqrt{1-4\tau_1-\sqrt{1-8\tau_1}}. \tag{6.10.16}$$

当 $\tau_2=0,\tau_1\geqslant\dfrac{1}{4}$ 时, 得到 Lees 格式[61]

$$\left(1-\tau_1 r^2\delta_x^2\right)\left(1-\tau_1 r^2\delta_y^2\right)\delta_t^2 u_{i,j}^n = r^2(\delta_x^2+\delta_y^2)u_{i,j}^n. \tag{6.10.17}$$

当 $\tau_2 = 1/12, \tau_1 = 1/4$ 和 $\tau_1 = 1/2$ 时, 得到 Samarskii 格式[74], 分别为

$$\left[1+\frac{1}{4}\left(\frac{1}{3}-r^2\right)\delta_x^2\right]\left[1+\frac{1}{4}\left(\frac{1}{3}-r^2\right)\delta_y^2\right]\delta_t^2 u_{i,j}^n = r^2\left(\delta_x^2+\delta_y^2+\frac{1}{6}\delta_x^2\delta_y^2\right)u_{i,j}^n \tag{6.10.18}$$

和

$$\left[1+\frac{1}{2}\left(\frac{1}{6}-r^2\right)\delta_x^2\right]\left[1+\frac{1}{2}\left(\frac{1}{6}-r^2\right)\delta_y^2\right]\delta_t^2 u_{i,j}^n = r^2\left(\delta_x^2+\delta_y^2+\frac{1}{6}\delta_x^2\delta_y^2\right)u_{i,j}^n. \tag{6.10.19}$$

这两个格式的精度均为 $O(\Delta t^2 + h^2)$.

当 $\tau_2 = \tau_1 = 1/12$ 时, 得到 Fairweather-Mitchell 格式[32]:

$$\left[1+\frac{1}{12}(1-r^2)\delta_x^2\right]\left[1+\frac{1}{12}(1-r^2)\delta_y^2\right]\delta_t^2 u_{i,j}^n = r^2\left(\delta_x^2+\delta_y^2+\frac{1}{6}\delta_x^2\delta_y^2\right)u_{i,j}^n, \tag{6.10.20}$$

精度为 $O(\Delta t^2 + h^4)$, 稳定性条件为 $0 < r < \sqrt{3} - 1$.

6.11 三维声波方程

6.11.1 显式格式

考虑三维声波方程

$$\frac{\partial^2 u}{\partial t^2} = v^2\left(\frac{\partial^2 u}{\partial x^2}+\frac{\partial^2 u}{\partial y^2}+\frac{\partial^2 u}{\partial z^2}\right). \tag{6.11.1}$$

假定空间导数用下面的公式近似

$$\frac{\partial^2 u}{\partial x^2} = \frac{1}{\Delta x^2}\sum_{m=-M}^{M} w_m u_{i+m,j,k}^n. \tag{6.11.2}$$

关于系数 w_m 的值, 可在附录 1 中查得. 例如, 当 $M = 1$ 时, 有

$$(w_{-1}, w_0, w_1) = (1, -2, 1),$$

当 $M = 2$ 时, 有

$$(w_{-2}, w_{-1}, w_0, w_1, w_2) = \frac{1}{12}(-1, 16, -30, 16, -1).$$

若时间偏导数用二阶精度的格式, 则可得差分格式

$$u_{i,j,k}^{n+1}-2u_{i,j,k}^{n}+u_{i,j,k}^{n-1}=\frac{v^2\Delta t^2}{h^2}\sum_{m=-M}^{M}w_m\left(u_{i+m,j,k}^{n}+u_{i,j+m,k}^{n}+u_{i,j,k+m}^{n}\right). \tag{6.11.3}$$

用离散 Fourier 级数法分析稳定性, 将

$$u_{i,j,k}^{n}=\Gamma^n\mathrm{e}^{\mathrm{i}(px+qy+rz)} \tag{6.11.4}$$

代入式 (6.11.3) 中, 得

$$\Gamma^{n+1}-2A\Gamma^n+\Gamma^{n-1}=0, \tag{6.11.5}$$

其中

$$A=1+\frac{v^2\Delta t^2}{2h^2}\sum_{m=-M}^{M}w_m\left(\mathrm{e}^{\mathrm{i}mph}+\mathrm{e}^{\mathrm{i}mqh}+\mathrm{e}^{\mathrm{i}mrh}\right), \tag{6.11.6}$$

令 $\gamma=\dfrac{\Gamma^{n+1}}{\Gamma^n}=\dfrac{\Gamma^n}{\Gamma^{n-1}}$ 为相邻两时间层的系数之比, 则式 (6.11.5) 可化成

$$\gamma^2-2A\gamma+1=0. \tag{6.11.7}$$

稳定性的必要条件是要求 $|\gamma|\leqslant 1$, 从而由 $\gamma=A+\sqrt{A^2-1}$ 得到

$$\frac{v^2\Delta t^2}{h^2}\left|\sum_{m=-M}^{M}w_m(\mathrm{e}^{\mathrm{i}mph}+\mathrm{e}^{\mathrm{i}mqh}+\mathrm{e}^{\mathrm{i}mrh})\right|\leqslant 4. \tag{6.11.8}$$

再由

$$\left|\sum_{m=-M}^{M}w_m(\mathrm{e}^{\mathrm{i}mph}+\mathrm{e}^{\mathrm{i}mqh}+\mathrm{e}^{\mathrm{i}mrh})\right|\leqslant\sum_{m=-M}^{M}3|w_m| \tag{6.11.9}$$

得稳定性条件

$$\frac{v\Delta t}{h}\leqslant\frac{2}{\sqrt{\sum\limits_{m=-M}^{M}3|w_m|}}. \tag{6.11.10}$$

显然, 如果空间维数是 d, 则稳定性条件是

$$\frac{v\Delta t}{h}\leqslant\frac{2}{\sqrt{\sum\limits_{m=-M}^{M}d|w_m|}}. \tag{6.11.11}$$

下面推导一个时空四阶精度的格式. 首先注意到

$$\begin{aligned}\frac{1}{v^2}\frac{\partial^2 u}{\partial t^2} &= \frac{1}{v^2}\frac{u^{n+1}-2u^n+u^{n-1}}{\Delta t^2} - \frac{\Delta t^2}{12v^2}\frac{\partial^4 u}{\partial t^4} + O(\Delta t^4) \\ &= \frac{1}{v^2}\frac{u^{n+1}-2u^n+u^{n-1}}{\Delta t^2} - \frac{\Delta t^2 v^2}{12}\left(\frac{\partial^2}{\partial x^2}+\frac{\partial^2}{\partial y^2}+\frac{\partial^2}{\partial z^2}\right)^2 u + O(\Delta t^4),\end{aligned} \tag{6.11.12}$$

利用式 (6.11.12), 对式 (6.11.1) 可构造如下时空四阶精度的格式

$$\begin{aligned}&\frac{1}{v^2}\frac{u_{i,j,k}^{n+1}-2u_{i,j,k}^n+u_{i,j,k}^{n-1}}{\Delta t^2} - \frac{v^2\Delta t^2}{12h^4}\left[\sum_{m=-2}^{2} w_m^{(1)}(u_{i+m,j,k}^n+u_{i,j+m,k}^n+u_{i,j,k+m}^n)\right. \\ &\left.+2\sum_{m=-1}^{1}\sum_{n=-1}^{1} w_m^{(2)}w_n^{(2)}(u_{i+m,j+n,k}^n+u_{i,j+m,k+n}^n+u_{i+m,j,k+n}^n)\right] \\ &= \frac{1}{h^2}\left[\sum_{m=-2}^{2} w_m^{(3)}(u_{i+m,j,k}^n+u_{i,j+m,k}^n+u_{i,j,k+m}^n)\right],\end{aligned} \tag{6.11.13}$$

其中系数 $w_m^{(1)}, w_m^{(2)}, w_m^{(3)}$ 分别为

$$\left(w_{-2}^{(1)}, w_{-1}^{(1)}, w_0^{(1)}, w_1^{(1)}, w_2^{(1)}\right) = (1,-4,6,-4,1), \tag{6.11.14}$$

$$\left(w_{-1}^{(2)}, w_0^{(2)}, w_1^{(2)}\right) = (1,-2,1), \tag{6.11.15}$$

$$\left(w_{-2}^{(3)}, w_{-1}^{(3)}, w_0^{(3)}, w_1^{(3)}, w_2^{(3)}\right) = \frac{1}{12}(-1,16,-30,16,-1). \tag{6.11.16}$$

采用 Fourier 级数分析法分析稳定性, 将式 (6.11.4) 代入式 (6.11.13) 中, 类似地, 最后化简得

$$\gamma^2 - 2A\gamma + 1 = 0, \tag{6.11.17}$$

其中

$$A = 1 + ar^4 + br^2, \tag{6.11.18}$$

$$\begin{aligned}a = &\frac{1}{24}\left[\sum_{m=-2}^{2} w_m^{(1)}(e^{imph}+e^{imqh}+e^{imrh})\right. \\ &\left.+2\sum_{m=-1}^{1}\sum_{n=-1}^{1} w_m^{(2)}w_n^{(2)}(e^{imph}e^{imqh}+e^{imqh}e^{imrh}+e^{imph}e^{imrh})\right],\end{aligned} \tag{6.11.19}$$

$$b = \frac{1}{2}\sum_{m=-2}^{2} w_m^{(3)}(e^{imph}+e^{imqh}+e^{imrh}). \tag{6.11.20}$$

由 $|\gamma| \leqslant 1$ 解得

$$|ar^4 + br^2| \leqslant 2, \tag{6.11.21}$$

注意到 $0 < r \leqslant 1$ 及

$$|a| \leqslant \frac{d}{24}\left(\sum_{m=-2}^{2} |w_m^{(1)}| + 2\sum_{m=-1}^{1}\sum_{n=-1}^{1} |w_m^{(2)} w_n^{(2)}|\right), \tag{6.11.22}$$

$$|b| \leqslant \frac{d}{2}\sum_{m=-2}^{2} |w_m^{(3)}|, \tag{6.11.23}$$

其中 $d = 3$ 为空间维数. 于是

$$|a| \leqslant 2d, \quad |b| \leqslant \frac{8d}{3}. \tag{6.11.24}$$

容易解得

$$r^2 \leqslant \sqrt{\frac{4}{9} + \frac{1}{d}} - \frac{2}{3}. \tag{6.11.25}$$

因此三维格式稳定性的必要条件为

$$r \leqslant 0.4640. \tag{6.11.26}$$

对于一维和二维, 也可类似分析, 表 6.5 是根据上面的讨论所得的一些稳定性条件, 即 r 的上界, 其中 $r = v\Delta t/h$.

表 6.5 波动方程各阶精度差分格式的稳定性条件

空间维数	$O(\Delta t^2 + h^2)$	$O(\Delta t^2 + h^4)$	$O(\Delta t^4 + h^4)$
一维	1	$\frac{\sqrt{3}}{2} \approx 0.8660$	0.7316
二维	$\frac{1}{\sqrt{2}} \approx 0.7071$	$\sqrt{\frac{3}{8}} \approx 0.6124$	0.5524
三维	$\frac{1}{\sqrt{3}} \approx 0.5774$	$\frac{1}{2} = 0.5$	0.4640

6.11.2 隐式格式

类似于二维情况, 式 (6.11.1) 的三维隐式格式可以写成

$$(1 + \tau_1\delta_t^2)^{-1}\delta_t^2 u_{i,j,k}^n = r^2\left[(1 + \tau_2\delta_x^2)^{-1}\delta_x^2 + (1 + \tau_2\delta_y^2)^{-1}\delta_y^2 + (1 + \tau_2\delta_z^2)^{-1}\delta_z^2\right]u_{i,j,k}^n, \tag{6.11.27}$$

其中 $r = v\Delta t/h$. 当 $\tau_1 = \tau_2 = 1/12$ 时, 精度为 $O(\Delta t^4 + h^4)$, 通常为 $O(\Delta t^2 + h^2)$. 将式 (6.11.27) 化简, 得

$$\begin{aligned}&\left[1 + (\tau_2 - \tau_1 r^2)(\delta_x^2 + \delta_y^2 + \delta_z^2) + (\tau_2^2 - 2\tau_2\tau_1 r^2)(\delta_x^2\delta_y^2 + \delta_y^2\delta_z^2 + \delta_z^2\delta_x^2)\right.\\&\left.+(\tau_2^3 - 3\tau_2^2\tau_1 r^2)\delta_x^2\delta_y^2\delta_z^2\right]\delta_t^2 u_{i,j,k}^n\\&= r^2\left[(\delta_x^2 + \delta_y^2 + \delta_z^2) + 2\tau_2(\delta_x^2\delta_y^2 + \delta_y^2\delta_z^2 + \delta_x^2\delta_z^2) + 3\tau_2^2\delta_x^2\delta_y^2\delta_z^2\right]u_{i,j,k}^n,\end{aligned} \tag{6.11.28}$$

该式的精度为 $O(\Delta t^2 + h^2)$. 将式 (6.11.28) 左边作因子分解后, 该式可改写成

$$\begin{aligned}&\left[1 + (\tau_2 - \tau_1 r^2)\delta_x^2\right]\left[1 + (\tau_2 - \tau_1 r^2)\delta_y^2\right]\left[1 + (\tau_2 - \tau_1 r^2)\delta_z^2\right]\delta_t^2 u_{i,j,k}^n\\&= r^2\left[(\delta_x^2 + \delta_y^2 + \delta_z^2) + 2\tau_2(\delta_x^2\delta_y^2 + \delta_y^2\delta_z^2 + \delta_x^2\delta_z^2) + 3\tau_2^2\delta_x^2\delta_y^2\delta_z^2\right]u_{i,j,k}^n,\end{aligned} \tag{6.11.29}$$

分析可知, 当 $\tau_2 < 1/4, \tau_1 > 1/8$ 时, 该格式无条件稳定.

当 $\tau_1 > 1/8, \tau_2 = 0$ 时, 式 (6.11.29) 简化为

$$\begin{aligned}&\left[1 - \tau_1 r^2\delta_x^2\right]\left[1 - \tau_1 r^2\delta_y^2\right]\left[1 - \tau_1 r^2\delta_z^2\right]\delta_t^2 u_{i,j,k}^n\\&= r^2(\delta_x^2 + \delta_y^2 + \delta_z^2)u_{i,j,k}^n.\end{aligned} \tag{6.11.30}$$

当 $\tau_1 > 1/8, \tau_2 = 1/4$ 时, 式 (6.11.29) 简化为

$$\begin{aligned}&\left[1 + \left(\tau_2 - \frac{r^2}{4}\right)\delta_x^2\right]\left[1 + \left(\tau_2 - \frac{r^2}{4}\right)\delta_y^2\right]\left[1 + \left(\tau_2 - \frac{r^2}{4}\right)\delta_z^2\right](u_{i,j,k}^{n+1} + u_{i,j,k}^{n-1})\\&= 2\left[1 + \left(\tau_2 + \frac{r^2}{4}\right)\delta_x^2\right]\left[1 + \left(\tau_2 + \frac{r^2}{4}\right)\delta_y^2\right]\left[1 + \left(\tau_2 + \frac{r^2}{4}\right)\delta_z^2\right]u_{i,j,k}^n.\end{aligned} \tag{6.11.31}$$

格式 (6.11.30) 和格式 (6.11.31) 均无条件稳定.

练 习 题

1. 对一维波动方程 $\dfrac{\partial^2 u}{\partial x^2} = \dfrac{\partial^2 u}{\partial t^2}$, 令 $p = \dfrac{\partial u}{\partial x}$, $q = \dfrac{\partial u}{\partial t}$, 将其化成一阶双曲型方程组

$$\begin{cases}\dfrac{\partial p}{\partial x} = \dfrac{\partial q}{\partial t},\\ \dfrac{\partial q}{\partial x} = \dfrac{\partial p}{\partial t}\end{cases}$$

构造相应的蛙跳差分格式.

2. 分析对流方程

$$\frac{\partial u}{\partial t} + a\frac{\partial u}{\partial x} = 0$$

的差分格式

$$u_m^{n+1} = u_m^n - r(u_{m+1}^n - u_m^n)$$

的耗散和频散关系, 其中 $r = a\Delta t/h$.

3. 分析蛙跳格式

$$\frac{u_m^{n+1} - u_m^{n-1}}{2\Delta t} + a\frac{u_{m+1}^n - u_{m-1}^n}{2h} = 0$$

的耗散和频散关系.

4. 分析 Lax-Friedrichs 格式

$$\frac{u_m^{n+1} - \frac{1}{2}(u_{m+1}^n + u_{m-1}^n)}{\Delta t} + a\frac{u_{m+1}^n - u_{m-1}^n}{2h} = 0$$

的耗散与频散关系.

5. 试求修正的对流方程

$$\frac{\partial u}{\partial t} + a\frac{\partial u}{\partial x} + bu = 0$$

的相位速度、群速度、频散和耗散关系, 其中 $a > 0, b > 0$ 为常数.

6. 试分析梁方程

$$\frac{\partial^4 u}{\partial x^4} + \frac{\partial^2 u}{\partial t^2} = 0$$

的相位速度、群速度、频散和耗散关系.

7. 试分析 Schrödinger 方程

$$\mathrm{i}\hbar\frac{\partial u}{\partial t} = -\frac{\hbar^2}{2m}\frac{\partial^2 u}{\partial x^2} + Vu$$

的相位速度、群速度、频散和耗散关系, 其中 $\hbar, m, V$ 为正常数.

8. 分析一阶双曲型方程组

$$\frac{\partial \boldsymbol{U}}{\partial t} + \frac{\partial \boldsymbol{F}(\boldsymbol{U})}{\partial x} = 0$$

的两步 Lax-Wendroff 格式

$$\begin{aligned}
\boldsymbol{U}_m^{n+1} &= \frac{1}{2}(\boldsymbol{U}_{m+1}^n + \boldsymbol{U}_{m-1}^n) - \frac{\Delta t}{2h}(\boldsymbol{F}_{m+1}^n - \boldsymbol{F}_{m-1}^n), \\
\boldsymbol{U}_m^{n+2} &= \boldsymbol{U}_m^n - \frac{\Delta t}{h}(\boldsymbol{F}_{m+1}^{n+1} - \boldsymbol{F}_{m-1}^{n+1})
\end{aligned}$$

的稳定性.

9. 考虑方程

$$\frac{\partial u}{\partial t}+c\frac{\partial u}{\partial x}=0$$

的隐式差分格式

$$\left[(\alpha+\beta)-(\beta-\alpha)\frac{r^2}{4}\delta_x^2+r\alpha\mu_x\delta_x\right]u_i^{k+1}=\left[(\alpha+\beta)+(\beta-\alpha)\frac{r^2}{4}\delta_x^2-r\beta\mu_x\delta_x\right]u_i^k,$$

其中 $r=c\Delta t/h$,

$$\mu_x u_i^k=\frac{1}{2}(u_{i+\frac{1}{2}}^k+u_{i-\frac{1}{2}}^k),\quad \delta_x u_i^k=(u_{i+\frac{1}{2}}^k-u_{i-\frac{1}{2}}^k).$$

试分析该差分格式的截断误差和稳定性.

10. 对于三维声波方程, 构造一个 $O(\Delta t^4+h^4)$ 精度的格式, 并分析格式的稳定性.

第 7 章　波动方程有限差分波场模拟

本章介绍有限差分法在波动方程波场模拟计算中的应用, 其中有两类常用的差分方法: 分裂法和交错网格法.

分裂方法有交替方向分裂 (ADI) 法和局部一维化 (LOD) 方法. ADI 法首先由 Douglas, Peaceman 和 Rachford 于 1955 年针对二维热传导方程提出[25, 69], 随后得到了进一步的研究和推广[26−30,34,52,60,65]. LOD 方法是先将多维方程分裂成几个一维形式的方程, 然后再构造差分格式. LOD 方法的提出晚于 ADI 格式, 1964 年 Samarskii 对任意区域的多维双曲型方程提出了 LOD 格式[74], 并对热传导方程给出了一种高阶格式[75]. ADI 格式和 LOD 格式均在波动方程中均得到应用[32,33,61,87]. 在文献 [86] 中提出了一种新的高阶 LOD 格式.

交错网格法是一种高效的波动方程计算方法. 1986 年 Virieux 首次将交错网格方法用于弹性波方程的波场计算[82], 之后, Fornberg, 以及 Kneib 和 Kerner 指出, 交错网格上的差分算子的精度要优于常规网格上的中心算子的精度[37, 53]. 交错网格有限差分法目前已经较流行, 可应用于二维和三维的弹性波方程及多孔弹性波方程的波场数值模拟, 均具有较好的精度.

本章结合较多的数值计算结果, 首先介绍声波方程的 ADI 和 LOD 等分裂形式的差分格式, 然后介绍弹性波方程和多孔弹性波方程的交错网格格式和有限体积方法, 以及三维弹性波方程的能量稳定性分析方法, 最后给出交错网格法在经典电磁场方程中的计算.

7.1　ADI 格式

考虑二维声波方程

$$\frac{\partial^2 u}{\partial t^2} = v^2\left(\frac{\partial^2 u}{\partial x^2} + \frac{\partial^2 u}{\partial y^2}\right), \tag{7.1.1}$$

如求解区域无界, 仅给出初始条件

$$u(0,x,y) = \varphi_1(x,y), \quad \frac{\partial u}{\partial t}(0,x,y) = \varphi_2(x,y) \tag{7.1.2}$$

即可求解, 这是初值问题. 实际计算时, 区域总有界, 还要给定边界条件, 假定为

$$\begin{aligned} u(t,a,y) = \psi_1(t,y), \quad u(t,b,y) = \psi_2(t,y), \\ u(t,x,a) = \psi_3(t,x), \quad u(t,x,b) = \psi_4(t,x). \end{aligned} \tag{7.1.3}$$

这是一个混合问题, 其中假定 x 和 y 均在区间 $[a,b]$ 上变化. 下面考虑 ADI 和 LOD 格式.

7.1.1 二维声波方程

二维波动方程 (7.1.1) 的一个加权的差分格式是

$$u^{n+1}-2u^n+u^{n-1}=r^2(\delta_x^2+\delta_y^2)[\eta u^{n+1}+(1-2\eta)u^n+\eta u^{n-1}], \tag{7.1.4}$$

其中 $r=v\Delta t/h$, $0<\eta\leqslant 1$ 为权系数. 这里为简单起见, 省略了空间的离散角标. 可用 ADI 方法来计算. 第一种 ADI 格式 (2D-ADI1) 是

$$\begin{cases}\tilde{u}^{n+1}-2u^n+u^{n-1}=r^2\delta_x^2[\eta\tilde{u}^{n+1}+(1-2\eta)u^n+\eta u^{n-1}]\\ \qquad\qquad +r^2\delta_y^2[(1-2\eta)u^n+2\eta u^{n-1}],\\ \tilde{u}^{n+1}=u^{n+1}-\eta r^2\delta_y^2(u^{n+1}-u^{n-1}),\end{cases} \tag{7.1.5}$$

其中 $\tilde{u}^{n+1}$ 表示是 u^{n+1} 的中间近似. 将式 (7.1.5) 写成

$$\begin{cases}(1-\eta r^2\delta_x^2)\tilde{u}^{n+1}=2u^n-u^{n-1}+r^2(\delta_x^2+\delta_y^2)(1-2\eta)u^n\\ \qquad\qquad +r^2\delta_x^2\eta u^{n-1}+2r^2\delta_y^2\eta u^{n-1},\\ (1-\eta r^2\delta_y^2)u^{n+1}=\tilde{u}^{n+1}-\eta r^2\delta_y^2u^{n-1},\end{cases} \tag{7.1.6}$$

每个时间递推步都是先在 x 方向后在 y 方向求解一个三对角方程组. 在式 (7.1.6) 中消去 $\tilde{u}^{n+1}$ 可得

$$\begin{aligned}&u^{n+1}-2u^n+u^{n-1}-r^2(\delta_x^2+\delta_y^2)[\eta u^{n+1}+(1-2\eta)u^n+\eta u^{n-1}]\\ &+r^4\eta^2\delta_x^2\delta_y^2(u^{n+1}-u^{n-1})=0,\end{aligned} \tag{7.1.7}$$

该式的截断误差主项为

$$-h^4\left[\left(\eta-\frac{1}{12}\right)r^4\left(\frac{\partial^2}{\partial x^2}+\frac{\partial^2}{\partial y^2}\right)^2u+\frac{r^2}{12}\left(\frac{\partial^4 u}{\partial x^4}+\frac{\partial^4 u}{\partial y^4}\right)\right]+O(h^5). \tag{7.1.8}$$

第二种 ADI 格式 (2D-ADI2) 是

$$\begin{cases}\tilde{u}^{n+1}-2u^n+u^{n-1}=r^2\delta_x^2[\eta\tilde{u}^{n+1}+(1-2\eta)u^n+\eta u^{n-1}]+r^2\delta_y^2u^n,\\ \tilde{u}^{n+1}=u^{n+1}-r^2\eta\delta_y^2(u^{n+1}-2u^n+u^{n-1}),\end{cases} \tag{7.1.9}$$

消去 $\tilde{u}^{n+1}$ 可得

$$\begin{aligned}&u^{n+1}-2u^n+u^{n-1}-r^2(\delta_x^2+\delta_y^2)[\eta u^{n+1}+(1-2\eta)u^n+\eta u^{n-1}]\\ &+r^4\eta^2\delta_x^2\delta_y^2(u^{n+1}-2u^n+u^{n-1})=0,\end{aligned} \tag{7.1.10}$$

该式的截断误差为

$$-h^4\left[\left(\eta-\frac{1}{12}\right)r^4\left(\frac{\partial^2}{\partial x^2}+\frac{\partial^2}{\partial y^2}\right)^2 u+\frac{r^2}{12}\left(\frac{\partial^4 u}{\partial x^4}+\frac{\partial^4 u}{\partial y^4}\right)\right]+O(h^6). \tag{7.1.11}$$

比较式 (7.1.8) 和式 (7.1.11) 知两种 ADI 算法的截断误差主项一样. 式 (7.1.4) 和式 (7.1.9) 都是空间二阶精度的算法, 为了提高精度, 式 (7.1.7) 和式 (7.1.10) 统一写成一般形式

$$\begin{aligned}&u^{n+1}-2u^n+u^{n-1}+(\delta_x^2+\delta_y^2)(au^{n+1}+bu^n+cu^{n-1})\\&+\delta_x^2\delta_y^2(du^{n+1}+eu^n+fu^{n-1})=0,\end{aligned} \tag{7.1.12}$$

当 $d=a^2$ 时, 可对应如下 ADI 格式

$$\begin{cases}\tilde{u}^{n+1}-2u^n+u^{n-1}+\delta_x^2(a\tilde{u}^{n+1}+bu^n+cu^{n-1})\\+\delta_y^2\left[\left(b-\dfrac{e}{a}\right)u^n+\left(c-\dfrac{f}{a}\right)u^{n-1}\right]=0,\\\tilde{u}^{n+1}=u^{n+1}+\delta_y^2\left(au^{n+1}+\dfrac{e}{a}u^n+\dfrac{f}{a}u^{n-1}\right),\end{cases} \tag{7.1.13}$$

利用关系式

$$\frac{\partial^2 u}{\partial t^2}=v^2\left(\frac{\partial^2 u}{\partial x^2}+\frac{\partial^2 u}{\partial y^2}\right),\quad \frac{\partial^4 u}{\partial t^4}=v^4\left(\frac{\partial^4 u}{\partial x^4}+2\frac{\partial^4 u}{\partial x^2\partial y^2}+\frac{\partial^4 u}{\partial y^4}\right) \tag{7.1.14}$$

等, 计算级数展开

$$u^{n+1}-2u^n+u^{n-1}=r^2A_1+\frac{1}{12}r^4A_3+\frac{1}{6}r^4A_4+\frac{1}{360}r^6A_7+\frac{1}{120}r^6A_8, \tag{7.1.15}$$

$$\begin{aligned}(\delta_x^2+\delta_y^2)u^{n+1}=&A_1+\frac{r}{v}A_2+\frac{1}{2}\left(r^2+\frac{1}{6}\right)A_3+r^2A_4+\frac{1}{6}\frac{r}{v}\left(r^2+\frac{1}{2}\right)A_5\\&+\frac{1}{3}\frac{r^3}{v}A_6+\left(\frac{1}{24}r^4+\frac{1}{24}r^2+\frac{1}{360}\right)A_7+\frac{1}{8}r^2\left(r^2+\frac{1}{3}\right)A_8,\end{aligned} \tag{7.1.16}$$

$$\delta_x^2\delta_y^2u^{n+1}=A_4+\frac{r}{v}A_6+\frac{1}{2}\left(r^2+\frac{1}{6}\right)A_8, \tag{7.1.17}$$

$$\begin{aligned}(\delta_x^2+\delta_y^2)u^{n-1}=&A_1-\frac{r}{v}A_2+\frac{1}{2}\left(r^2+\frac{1}{6}\right)A_3+r^2A_4-\frac{1}{6}\frac{r}{v}\left(r^2+\frac{1}{2}\right)A_5-\frac{1}{3}\frac{r^3}{v}A_6\\&+\left(\frac{1}{24}r^4+\frac{1}{24}r^2+\frac{1}{360}\right)A_7+\frac{1}{8}r^2\left(r^2+\frac{1}{3}\right)A_8,\end{aligned} \tag{7.1.18}$$

$$\delta_x^2\delta_y^2 u^{n-1} = A_4 - \frac{r}{v}A_6 + \frac{1}{2}\left(r^2+\frac{1}{6}\right)A_8, \tag{7.1.19}$$

$$(\delta_x^2+\delta_y^2)u^n = A_1 + \frac{1}{12}A_3 + \frac{1}{360}A_7, \tag{7.1.20}$$

$$\delta_x^2\delta_y^2 u^n = A_4 + \frac{1}{12}A_8, \tag{7.1.21}$$

其中

$$A_1=h^2\left(\frac{\partial^2 u}{\partial x^2}+\frac{\partial^2 u}{\partial y^2}\right),\quad A_2=h^3\frac{\partial}{\partial t}\left(\frac{\partial^2 u}{\partial x^2}+\frac{\partial^2 u}{\partial y^2}\right),\quad A_3=h^4\left(\frac{\partial^4 u}{\partial x^4}+\frac{\partial^4 u}{\partial y^4}\right), \tag{7.1.22}$$

$$A_4=h^4\frac{\partial^4 u}{\partial x^2\partial y^2},\quad A_5=h^5\frac{\partial}{\partial t}\left(\frac{\partial^4 u}{\partial x^4}+\frac{\partial^4 u}{\partial y^4}\right),\quad A_6=h^5\frac{\partial^5 u}{\partial t\partial x^2\partial y^2}, \tag{7.1.23}$$

$$A_7=h^6\left(\frac{\partial^6 u}{\partial x^6}+\frac{\partial^6 u}{\partial y^6}\right),\quad A_8=h^6\frac{\partial^4}{\partial x^2\partial y^2}\left(\frac{\partial^2 u}{\partial x^2}+\frac{\partial^2 u}{\partial y^2}\right), \tag{7.1.24}$$

将以上关系式代入式 (7.1.12) 中, 消去导数项 $A_i(i=1,2,\cdots,6)$ 得关系式

$$a=c=\frac{1}{12}(1-r^2),\quad b=-\frac{1}{6}(1+5r^2), \tag{7.1.25}$$

$$d=f=\frac{1}{144}(1-r^2)^2,\quad e=-\frac{1}{72}(1+10r^2+r^4), \tag{7.1.26}$$

因此得到

$$\begin{aligned}&u^{n+1}-2u^n+u^{n-1}+(\delta_x^2+\delta_y^2)\left[\frac{1}{12}(1-r^2)(u^{n+1}+u^{n-1})-\frac{1}{6}(1+5r^2)u^n\right]\\&+\delta_x^2\delta_y^2\left[\frac{1}{144}(1-r^2)^2(u^{n+1}+u^{n-1})-\frac{1}{72}(1+10r^2+r^4)u^n\right]=0.\end{aligned} \tag{7.1.27}$$

由于 $d=a^2$, 所以式 (7.1.27) 可以分裂成如下 ADI 格式 (2D-ADI3)

$$\begin{cases}\tilde{u}^{n+1}-2u^n+u^{n-1}+\dfrac{1}{12}(1-r^2)\delta_x^2\left[\tilde{u}^{n+1}-\dfrac{2(1+5r^2)}{1-r^2}u^n+u^{n-1}\right]\\+r^2\dfrac{1+r^2}{1-r^2}\delta_y^2u^n=0,\\\tilde{u}^{n+1}=u^{n+1}+\dfrac{1}{12}(1-r^2)\delta_y^2\left[u^{n+1}-\dfrac{2(1+10r^2+r^4)}{(1-r^2)^2}u^n+u^{n-1}\right].\end{cases} \tag{7.1.28}$$

若 $r\neq 1$, 则截断误差的主项是

$$-\frac{1}{180}h^6r^2\left[\frac{1}{4}(3r^4-7)\left(\frac{\partial^6 u}{\partial x^6}+\frac{\partial^6 u}{\partial y^6}\right)+r^4\left(\frac{\partial^6 u}{\partial x^4\partial y^2}+\frac{\partial^6 u}{\partial x^2\partial y^4}\right)\right]. \tag{7.1.29}$$

因此可达到四阶精度; 时间也是四阶精度. 若 $r=1$, 则退化为显式公式

$$u^{n+1}-2u^n+u^{n-1}-(\delta_x^2+\delta_y^2)u^n-\frac{1}{6}\delta_x^2\delta_y^2u^n=0. \tag{7.1.30}$$

下面用离散 Fourier 级数法分析稳定性, 设

$$u_{j,k}^n=\rho^n\mathrm{e}^{\mathrm{i}(\sigma_1jh+\sigma_2kh)}, \tag{7.1.31}$$

代入式 (7.1.27), 得

$$\rho^{n+1}-2\alpha\rho^n+\rho^{n-1}=0, \tag{7.1.32}$$

其中

$$\alpha=\frac{1-\dfrac{1}{12}(1+5r^2)(S_1^2+S_2^2)+\dfrac{1}{144}(1+10r^2+r^4)S_1^2S_2^2}{1-\dfrac{1}{12}(1-r^2)(S_1^2+S_2^2)+\dfrac{1}{144}(1-r^2)^2S_1^2S_2^2}, \tag{7.1.33}$$

$$S_1^2=4\sin^2\frac{\sigma_1h}{2},\quad S_2^2=4\sin^2\frac{\sigma_2h}{2}, \tag{7.1.34}$$

令 $\gamma=\dfrac{\rho^{n+1}}{\rho^n}=\dfrac{\rho^n}{\rho^{n-1}}$ 为两层系数之比, 则

$$\gamma^2-2\alpha\gamma+1=0. \tag{7.1.35}$$

稳定性要求 $|\gamma|\leqslant 1$, 即 $|\alpha\pm\sqrt{\alpha^2-1}|\leqslant 1$, 从而

$$\begin{cases}-(S_1^2+S_2^2)+\dfrac{1}{6}S_1^2S_2^2\leqslant 0,\\[2ex] 2-\dfrac{1}{6}(1+2r^2)(S_1^2+S_2^2)+\dfrac{1}{72}(1+4r^2+r^4)S_1^2S_2^2\geqslant 0,\end{cases} \tag{7.1.36}$$

其中 $0\leqslant S_1^2\leqslant 4$, $0\leqslant S_2^2\leqslant 4$. 第一个不等式恒成立, 由第二个不等式解得

$$r\leqslant\sqrt{3}-1. \tag{7.1.37}$$

下面对上面三种 ADI 格式进行计算. 首先验证其数值精度, 取精确解为

$$\sin(\pi x)\sin(\pi y)\cos(\sqrt{2}\pi t). \tag{7.1.38}$$

对第一种 ADI, 其中取 $\eta=0.5$, $v=1$, 记采样点数 $N_x=N_y=N$, $h=1/N$, 网格比 $r=v\Delta t/h=0.3$ 保持不变. 表 7.1 和表 7.2 分别列出了第一种 ADI 格式 (7.1.5) 和第二种 ADI 格式 (7.1.9) 的 L_2-误差和最大模误差及其收敛阶, 可以看到两种格式的收敛阶均为 2. 表 7.3 列出了第三种 ADI 格式 (7.1.28) 和的 L_2-误差和最大模误差及其收敛阶, 可以看到该格式的收敛阶均为 4. 图 7.1.1 是三种 ADI 格式的 L_2-误差的自然对数 log-log 图. 图 7.1.2 是三种 ADI 格式的最大模误差的 log-log 图. 图 7.1.3 是由这三种 ADI 格式所计算的波场传播快照.

表 7.1 第一种 ADI 格式 (7.1.5) 的计算值与精确值的比较

样点数 N	L_2 误差	收敛阶	最大模误差	收敛阶
10	2.432924×10^{-3}	—	4.865849×10^{-3}	—
20	6.277506×10^{-4}	1.954427	1.255501×10^{-3}	1.954428
40	1.589229×10^{-4}	1.981864	3.178458×10^{-4}	1.981864
60	7.089496×10^{-5}	1.990849	1.417899×10^{-4}	1.990849
80	3.994887×10^{-5}	1.993864	7.989774×10^{-5}	1.993863
100	2.593628×10^{-5}	1.935783	5.118726×10^{-5}	1.995383
120	1.778535×10^{-5}	2.069243	3.557069×10^{-5}	1.996300
140	1.307301×10^{-5}	1.996911	2.614602×10^{-5}	1.996909
160	1.001256×10^{-5}	1.997354	2.002513×10^{-5}	1.997350
180	7.913324×10^{-6}	1.997676	1.582665×10^{-5}	1.997679
200	6.411186×10^{-6}	1.997936	1.282237×10^{-5}	1.997939

表 7.2 第二种 ADI 格式 (7.1.9) 的计算值与精确值的比较

样点数 N	L_2 误差	收敛阶	最大模误差	收敛阶
10	2.520563×10^{-3}	—	5.041126×10^{-3}	—
20	6.392760×10^{-4}	1.979235	1.278552×10^{-3}	1.979235
40	1.603989×10^{-4}	1.994774	3.207878×10^{-4}	1.994819
60	7.133357×10^{-5}	1.998437	1.426671×10^{-4}	1.998361
80	4.013446×10^{-5}	1.999192	8.026893×10^{-5}	1.999190
100	2.568888×10^{-5}	1.999507	5.137765×10^{-5}	1.999517
120	1.784050×10^{-5}	1.999692	3.568101×10^{-5}	1.999679
140	1.310777×10^{-5}	1.999770	2.621554×10^{-5}	1.999772
160	1.003586×10^{-5}	1.999833	2.007173×10^{-5}	1.999829
180	7.929697×10^{-6}	1.999862	1.585939×10^{-5}	1.999868
200	6.423127×10^{-6}	1.999892	1.284625×10^{-5}	1.999893

表 7.3 第三种 ADI 格式 (7.1.28) 的计算值与精确值的比较

样点数 N	L_2-误差	收敛阶	最大模误差	收敛阶
10	6.515472×10^{-6}	—	1.303094×10^{-5}	—
20	4.087101×10^{-7}	3.994719	8.174203×10^{-7}	3.994719
40	2.556740×10^{-8}	3.998700	5.113481×10^{-8}	3.998700
60	5.051156×10^{-9}	3.999606	1.010232×10^{-8}	3.999605
80	1.598254×10^{-9}	3.999920	3.196519×10^{-9}	3.999911
100	6.545838×10^{-10}	4.000417	1.309174×10^{-9}	4.000411
120	3.155785×10^{-10}	4.001677	6.311673×10^{-10}	4.001615
140	1.702207×10^{-10}	4.004598	3.404512×10^{-10}	4.004518
160	9.963765×10^{-11}	4.010710	1.992688×10^{-10}	4.011170
180	6.203875×10^{-11}	4.022488	1.240684×10^{-10}	4.022834
200	4.051450×10^{-11}	4.044202	8.100864×10^{-11}	4.045891

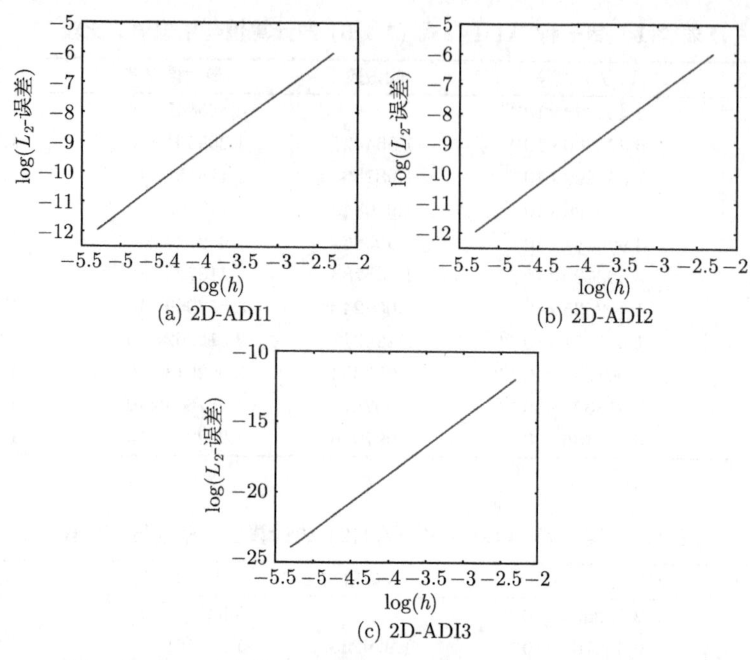

(a) 2D-ADI1　(b) 2D-ADI2

(c) 2D-ADI3

图 7.1.1　三种二维 ADI 格式的 L_2-误差的 log-log 图, 从左至右收敛阶分别为 2,2,4.

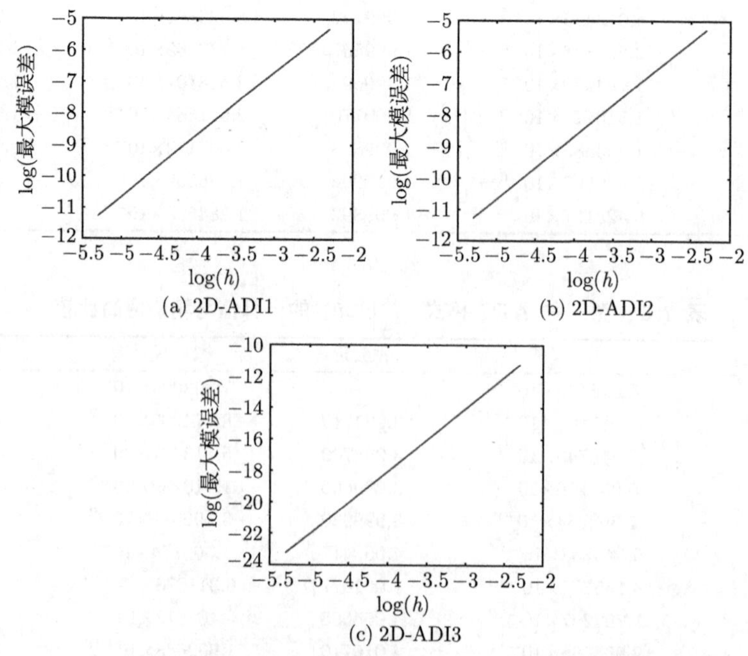

(a) 2D-ADI1　(b) 2D-ADI2

(c) 2D-ADI3

图 7.1.2　三种二维 ADI 格式的最大模误差的 log-log 图, 从左至右收敛阶分别为 2,2,4.

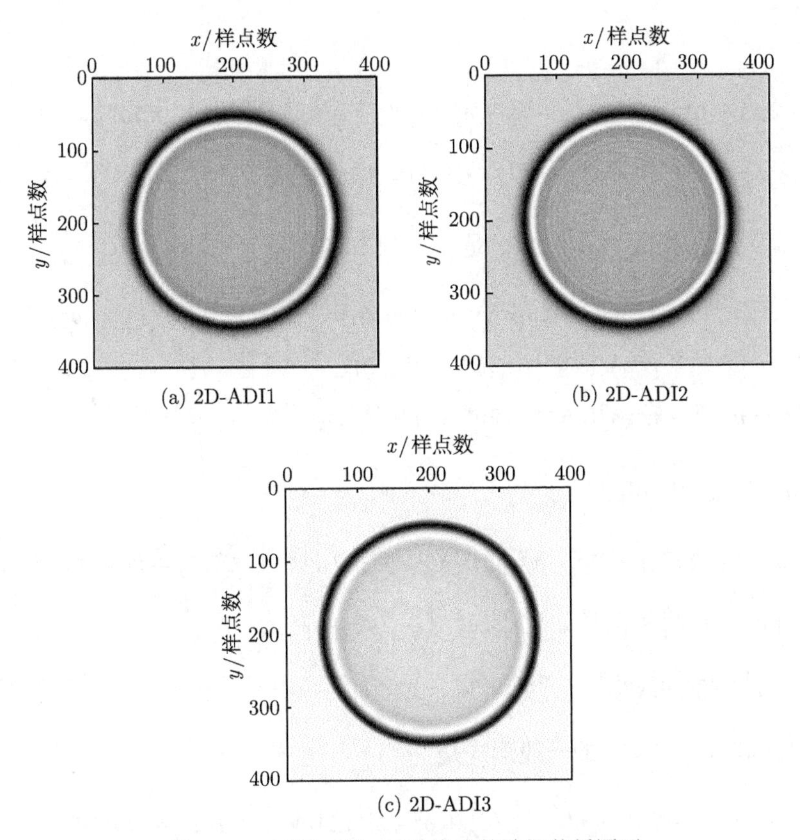

(a) 2D-ADI1 (b) 2D-ADI2 (c) 2D-ADI3

图 7.1.3 三种二维 ADI 格式的波场传播图形

7.1.2 三维声波方程

三维波动方程

$$\frac{\partial^2 u}{\partial t^2}=v^2\left(\frac{\partial^2 u}{\partial x^2}+\frac{\partial^2 u}{\partial y^2}+\frac{\partial^2 u}{\partial z^2}\right) \tag{7.1.39}$$

的 ADI 格式是

$$\begin{cases}\tilde{u}^{n+1}-2u^n+u^{n-1}-r^2\delta_x^2[\eta\tilde{u}^{n+1}+(1-2\eta)u^n+\eta u^{n-1}]\\ \qquad -r^2(\delta_z^2+\delta_y^2)[(1-2\eta)u^n+2\eta u^{n-1}]=0,\\ \tilde{u}^{n+1}=\tilde{\tilde{u}}^{n+1}-r^2\eta\delta_y^2(\tilde{\tilde{u}}^{n+1}-u^{n-1}),\\ \tilde{\tilde{u}}^{n+1}=u^{n+1}-r^2\eta\delta_z^2(u^{n+1}-u^{n-1}),\end{cases} \tag{7.1.40}$$

其中 $r=v\Delta t/h$. 在式 (7.1.40) 中消去 $\tilde{u}^{n+1}$ 和 $\tilde{\tilde{u}}^{n+1}$, 可得第一种 ADI 格式 (3D-

ADI1)

$$u^{n+1}-2u^n+u^{n-1}-r^2(\delta_x^2+\delta_y^2+\delta_z^2)[\eta(u^{n+1}+u^{n-1})+(1-2\eta)u^n]$$
$$+\eta^2r^4(\delta_x^2\delta_y^2+\delta_x^2\delta_z^2+\delta_y^2\delta_z^2)(u^{n+1}-u^{n-1})-\eta^3r^6\delta_x^2\delta_y^2\delta_z^2(u^{n+1}-u^{n-1})=0. \quad (7.1.41)$$

第二种 ADI 格式 (3D-ADI2) 是

$$\begin{cases}\tilde{u}^{n+1}-2u^n+u^{n-1}-r^2\delta_x^2[\eta\tilde{u}^{n+1}+(1-2\eta)u^n+\eta u^{n-1}]-r^2(\delta_y^2+\delta_z^2)u^n=0,\\ \tilde{u}^{n+1}=\tilde{\tilde{u}}^{n+1}-r^2\eta\delta_y^2(\tilde{\tilde{u}}^{n+1}-2u^n+u^{n-1}),\\ \tilde{\tilde{u}}^{n+1}=u^{n+1}-r^2\eta\delta_z^2(u^{n+1}-2u^n+u^{n-1}),\end{cases} \quad (7.1.42)$$

消去 $\tilde{u}^{n+1}$ 和 $\tilde{\tilde{u}}^{n+1}$, 可得

$$u^{n+1}-2u^n+u^{n-1}-r^2(\delta_x^2+\delta_y^2+\delta_z^2)[\eta(u^{n+1}+u^{n-1})+(1-2\eta)u^n]$$
$$+\eta^2r^4(\delta_x^2\delta_y^2+\delta_x^2\delta_z^2+\delta_y^2\delta_z^2)(u^{n+1}-2u^n+u^{n-1})$$
$$-\eta^3r^6\delta_x^2\delta_y^2\delta_z^2(u^{n+1}-2u^n+u^{n-1})=0. \quad (7.1.43)$$

式 (7.1.41) 和式 (7.1.43) 的一般形式是

$$u^{n+1}-2u^n+u^{n-1}+(\delta_x^2+\delta_y^2+\delta_z^2)(Au^{n+1}+Bu^n+Cu^{n-1})$$
$$+(\delta_x^2\delta_y^2+\delta_x^2\delta_z^2+\delta_y^2\delta_z^2)(Du^{n+1}+Eu^n+Fu^{n-1})$$
$$+\delta_x^2\delta_y^2\delta_z^2(Gu^{n+1}+Hu^n+Iu^{n-1})=0. \quad (7.1.44)$$

可以分裂成如下形式

$$\begin{cases}\tilde{u}^{n+1}-2u^n+u^{n-1}+\delta_x^2[A\tilde{u}^{n+1}+Bu^n+Cu^{n-1}]\\ \qquad +(\delta_z^2+\delta_y^2)\left[\left(B-\dfrac{E}{A}\right)u^n+\left(C-\dfrac{F}{A}\right)u^{n-1}\right]=0,\\ \tilde{u}^{n+1}=\tilde{\tilde{u}}^{n+1}+\delta_y^2\left(A\tilde{\tilde{u}}^{n+1}+\dfrac{E}{A}u^n+\dfrac{F}{A}u^{n-1}\right),\\ \tilde{\tilde{u}}^{n+1}=u^{n+1}+\delta_z^2\left(Au^{n+1}+\dfrac{E}{A}u^n+\dfrac{F}{A}u^{n-1}\right),\end{cases} \quad (7.1.45)$$

只要

$$D=A^2,\quad G=A^3,\quad H=EA,\quad I=AF=A^3. \quad (7.1.46)$$

将式 (7.1.44) 中的 u^{n+1}, $(\delta_x^2+\delta_y^2+\delta_z^2)u^{n+1}$, $\cdots$ 项作级数展开, 可得

$$A=C=\frac{1}{12}(1-r^2),\quad B=-\frac{1}{6}(1+5r^2), \tag{7.1.47}$$

$$D=F=\frac{1}{144}(1-r^2)^2,\quad E=-\frac{1}{72}(1+10r^2+r^4). \tag{7.1.48}$$

$$\begin{aligned}&u^{n+1}-2u^n+u^{n-1}+\frac{1}{12}(\delta_x^2+\delta_y^2+\delta_z^2)[(1-r^2)(u^{n+1}+u^{n-1})-2(1+5r^2)u^n]\\&+\frac{1}{144}\left[(\delta_x^2\delta_y^2+\delta_x^2\delta_z^2+\delta_y^2\delta_z^2)+\frac{1}{12}(1-r^2)\delta_x^2\delta_y^2\delta_z^2\right]\\&\times\left[(1-r^2)^2(u^{n+1}+u^{n-1})-2(1+10r^2+r^4)u^n\right]=0,\end{aligned} \tag{7.1.49}$$

其 ADI 分裂格式 (3D-ADI3) 是

$$\begin{cases}\tilde{u}^{n+1}-2u^n+u^{n-1}+\dfrac{1}{12}(1-r^2)\delta_x^2\left(\tilde{u}^{n+1}-2\dfrac{1+5r^2}{1-r^2}u^n+u^{n-1}\right)\\\qquad+r^2\dfrac{1+r^2}{1-r^2}(\delta_y^2+\delta_z^2)u^n=0,\\\tilde{u}^{n+1}=\tilde{\tilde{u}}^{n+1}+\dfrac{1}{12}(1-r^2)\delta_y^2\left(\tilde{\tilde{u}}_{n+1}-2\dfrac{1+10r^2+r^4}{(1-r^2)^2}u^n+u^{n-1}\right),\\\tilde{\tilde{u}}^{n+1}=u^{n+1}+\dfrac{1}{12}(1-r^2)\delta_z^2\left(u^{n+1}-2\dfrac{1+10r^2+r^4}{(1-r^2)^2}u^n+u^{n-1}\right).\end{cases} \tag{7.1.50}$$

稳定性条件与二维相同, 为 $r\leqslant\sqrt{3}-1$.

下面对上面三种三维 ADI 格式进行计算. 首先验证其数值精度, 取精确解为

$$\sin(\pi x)\sin(\pi y)\sin(\pi z)\cos(\sqrt{3}\pi t), \tag{7.1.51}$$

计算 N 个时间步后作比较. 对第一种 ADI 格式, 其中取 $\eta=0.5$, $v=1$, 记采样点数 $N_x=N_y=N_z:=N$, $h=1/N$, 网格比 $r=v\Delta t/h=0.3$ 保持不变. 表 7.4 和表 7.5 分别列出了第一种 ADI 格式 (7.1.41) 和第二种 ADI 格式 (7.1.42) 的 L_2-误差和最大模误差及其收敛阶, 可以看到两种格式的收敛阶均为 2. 表 7.6 列出了第三种 ADI 格式 (7.1.50) 和的 L_2-误差和最大模误差及其收敛阶, 可以看到该格式的收敛阶均为 4. 图 7.1.3 是由这三种 ADI 格式所计算的波场传播切片. 图 7.1.4 是由三种三维 ADI 格式计算所得的三维波场的 $x-y$ 截面图.

表 7.4　3D-ADI1 的计算值与精确值的比较

样点数 N	L_2-误差	收敛阶	最大模误差	收敛阶
20	1.335471×10^{-3}	—	3.777282×10^{-3}	—
40	3.411714×10^{-4}	1.9688	9.649784×10^{-4}	1.9688
60	1.526601×10^{-4}	1.9833	4.317880×10^{-4}	1.9833
80	8.615496×10^{-5}	1.9885	2.436830×10^{-4}	1.9885
100	5.524695×10^{-5}	1.9912	1.562620×10^{-4}	1.9912
120	3.841551×10^{-5}	1.9929	1.086555×10^{-4}	1.9929

表 7.5　3D-ADI2 的计算值与精确值的比较

样点数 N	L_2-误差	收敛阶	最大模误差	收敛阶
20	1.319088×10^{-3}	—	3.730945×10^{-3}	—
40	3.390429×10^{-4}	1.9600	9.589580×10^{-4}	1.9600
60	1.520221×10^{-4}	1.9782	4.299833×10^{-4}	1.9782
80	8.588426×10^{-5}	1.9849	2.429174×10^{-4}	1.9849
100	5.510790×10^{-5}	1.9884	1.558687×10^{-4}	1.9884
120	3.833487×10^{-5}	1.9906	1.084274×10^{-4}	1.9906

表 7.6　3D-ADI3 的计算值与精确值的比较

样点数 N	L_2-误差	收敛阶	最大模误差	收敛阶
20	1.127554×10^{-6}	—	3.189203×10^{-6}	—
40	7.228250×10^{-8}	3.9634	2.044458×10^{-7}	3.9634
60	1.439837×10^{-8}	3.9793	4.072474×10^{-8}	3.9793
80	4.574763×10^{-9}	3.9855	1.293939×10^{-8}	3.9855
100	1.878397×10^{-9}	3.9891	5.312953×10^{-9}	3.9890
120	9.072015×10^{-10}	3.9919	2.566034×10^{-9}	3.9918

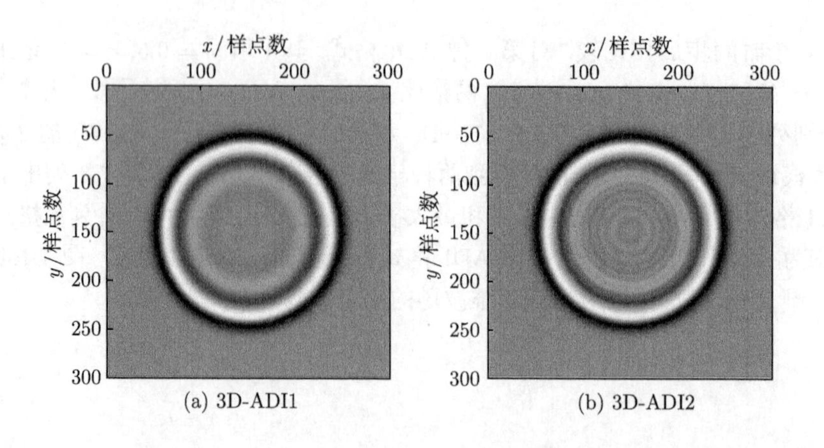

(a) 3D-ADI1　　(b) 3D-ADI2

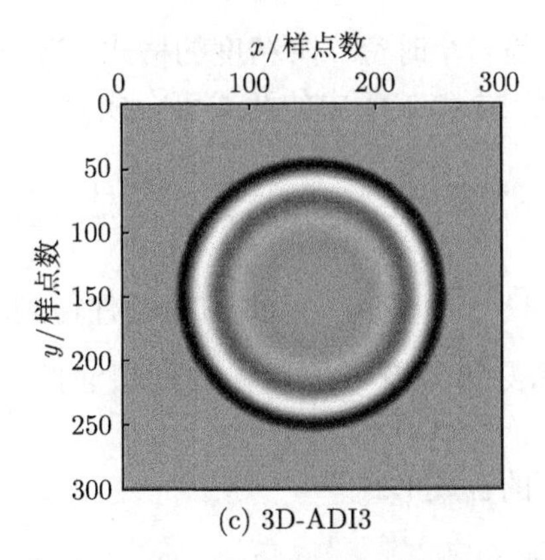

(c) 3D-ADI3

图 7.1.4 三种三维 ADI 格式的波场传播的 x-y 截面图

7.2 LOD 格式

7.2.1 二维声波方程

下面考虑一系列局部一维 (LOD) 化方法, 该方法首先将原方程分裂成几个一维方程[41] 后再构造差分格式. 例如, 对二维声波方程 (7.1.1), 可改写成

$$\begin{cases} \dfrac{1}{2}\dfrac{\partial^2 u}{\partial t^2} = v^2 \dfrac{\partial^2 u}{\partial x^2}, \\ \dfrac{1}{2}\dfrac{\partial^2 u}{\partial t^2} = v^2 \dfrac{\partial^2 u}{\partial y^2}. \end{cases} \tag{7.2.1}$$

在每半个时间步长 $\Delta t/2$ 上, 用一维的 CN 公式

$$\frac{u_{j,m}^{n+\frac{1}{2}} - 2u_{j,m}^n + u_{j,m}^{n-\frac{1}{2}}}{2(\Delta t/2)^2} = \frac{v^2}{2h^2}(\delta_y^2 u_{j,m}^{n+\frac{1}{2}} + \delta_y^2 u_{j,m}^{n-\frac{1}{2}}), \tag{7.2.2}$$

$$\frac{u_{j,m}^{n+1} - 2u_{j,m}^{n+\frac{1}{2}} + u_{j,m}^n}{2(\Delta t/2)^2} = \frac{v^2}{2h^2}(\delta_x^2 u_{j,m}^{n+1} + \delta_x^2 u_{j,m}^n) \tag{7.2.3}$$

进行近似, 得 (2D-LOD1)

$$\begin{cases} \left(1 - \dfrac{r^2}{4}\delta_y^2\right)(u_{j,m}^{n+\frac{1}{2}} + u_{j,m}^{n-\frac{1}{2}}) = 2u_{j,m}^n, \\ \left(1 - \dfrac{r^2}{4}\delta_x^2\right)(u_{j,m}^{n+1} + u_{j,m}^n) = 2u_{j,m}^{n+\frac{1}{2}}, \end{cases} \tag{7.2.4}$$

其中 $r=v\Delta t/h$, 该格式是一个时空二阶精度的格式. 当 (x,y) 的求解区域是方形时, 算子 δ_x^2 和 δ_y^2 可交换, 式 (7.2.4) 中的两式可合成为

$$\left(1-\frac{r^2}{4}\delta_x^2\right)\left(1-\frac{r^2}{4}\delta_y^2\right)(u_{j,m}^{n+1}-2u_{j,m}^n+u_{j,m}^{n-1})=r^2\left[(\delta_x^2+\delta_y^2)-\frac{r^2}{4}\delta_x^2\delta_y^2\right]u_{j,m}^n. \tag{7.2.5}$$

在用式 (7.2.4) 求解时, $u_{j,m}^0$ 和 $u_{j,m}^1$ 可由初始条件得到, $u_{j,m}^{\frac{1}{2}}$ 可由边值条件和式 (7.2.4) 中第二式计算得到, 这样, 就可沿时间层递推, 每次只是求解两个三对角方程组.

一般地, 可考虑如下的合成形式

$$(1+a\delta_x^2)(1+a\delta_y^2)(u_{j,m}^{n+1}-2u_{j,m}^n+u_{j,m}^{n-1})=r^2[(\delta_x^2+\delta_y^2)+b\delta_x^2\delta_y^2]u_{j,m}^n, \tag{7.2.6}$$

要求 $b=2a+\dfrac{r^2}{4}$. 该式可以分裂成下面的 LOD 形式 (2D-LOD2)

$$\begin{cases}(1+a\delta_x^2)(u_{j,m}^{n-1}-2u_{j,m}^{n-\frac{1}{2}}+u_{j,m}^n)=\dfrac{1}{2}r^2\delta_x^2u_{j,m}^{n-\frac{1}{2}},\\(1+a\delta_y^2)(u_{j,m}^{n+\frac{1}{2}}-2u_{j,m}^n+u_{j,m}^{n-\frac{1}{2}})=\dfrac{1}{2}r^2\delta_y^2u_{j,m}^n,\\(1+a\delta_x^2)(u_{j,m}^n-2u_{j,m}^{n+\frac{1}{2}}+u_{j,m}^{n+1})=\dfrac{1}{2}r^2\delta_x^2u_{j,m}^{n+\frac{1}{2}},\end{cases} \tag{7.2.7}$$

若 $a=b=-\dfrac{r^2}{4}$, 即为式 (7.2.4).

若取 $a=1/12-\theta r^2$, $b=1/6$, 其中 θ 为参数, 则式 (7.2.6) 变为

$$\begin{aligned}&\left[1+\left(\frac{1}{12}-\theta r^2\right)\delta_x^2\right]\left[1+\left(\frac{1}{12}-\theta r^2\right)\delta_y^2\right](u_{j,m}^{n+1}-2u_{j,m}^n+u_{j,m}^{n-1})\\&=r^2\left[(\delta_x^2+\delta_y^2)+\frac{1}{6}\delta_x^2\delta_y^2\right]u_{j,m}^n,\end{aligned} \tag{7.2.8}$$

当 $\theta=1/12$, 得到 Fairweather-Mitchell 格式[32], 是一个时间空间四阶精度的格式; 当 $\theta\neq1/12$ 时, 格式是一个时间二阶空间四阶精度的格式. 下面用 Fourier 分析法分析式 (7.2.8) 的稳定性. 将

$$u_{j,m}^n=\mathrm{e}^{\mathrm{i}\omega n\Delta t}\mathrm{e}^{\mathrm{i}\sigma_1 jh}\mathrm{e}^{\mathrm{i}\sigma_2 mh} \tag{7.2.9}$$

代入式 (7.2.8) 中, 化简得到

$$\sin^2\frac{\omega\Delta t}{2}=r^2\frac{\sin^2\dfrac{\sigma_1h}{2}+\sin^2\dfrac{\sigma_2h}{2}-\dfrac{2}{3}\sin^2\dfrac{\sigma_1h}{2}\sin^2\dfrac{\sigma_2h}{2}}{\left[1-\left(\dfrac{1}{3}-4\theta r^2\right)\sin^2\dfrac{\sigma_1h}{2}\right]\left[1-\left(\dfrac{1}{3}-4\theta r^2\right)\sin^2\dfrac{\sigma_2h}{2}\right]}. \tag{7.2.10}$$

再由

$$0 < \sin^2 \frac{\omega \Delta t}{2} \leqslant 1 \tag{7.2.11}$$

得

$$\left(1 - \frac{1}{3}A\right)\left(1 - \frac{1}{3}B\right) + (4\theta - 1)r^2 \left[(A + B) - \frac{2}{3}AB\right] + 16\theta^2 r^4 AB \geqslant 0, \tag{7.2.12}$$

其中 $A = \sin^2 \dfrac{\sigma_1 h}{2}$, $B = \sin^2 \dfrac{\sigma_2 h}{2}$, 由此解得, 当 $\theta \geqslant 1/4$ 时, 式 (7.2.8) 对所有的 $r > 0$ 都稳定. 当 $\theta = 1/12$ 时, 稳定性条件是 $r < \sqrt{3} - 1$. 式 (7.2.8) 的一个分裂算法是

$$\begin{cases} \left[1 + \left(\dfrac{1}{12} - \theta r^2\right)\delta_x^2\right]\tilde{u}_{j,m}^{n+1} = -\dfrac{12r^2}{1 - 12\theta r^2}\left[1 + \left(\dfrac{1}{12} - \theta r^2\right)\delta_y^2\right]u_{j,m}^n, \\ \left[1 + \left(\dfrac{1}{12} - \theta r^2\right)\delta_y^2\right](u_{j,m}^{n+1} - 2u_{j,m}^n + u_{j,m}^{n-1}) = \tilde{u}_{j,m}^{n+1} + \dfrac{12r^2}{1 - 12\theta r^2}\left(1 + \dfrac{1}{6}\delta_y^2\right)u_{j,m}^n, \end{cases} \tag{7.2.13}$$

其中 $\tilde{u}_{j,m}^{n+1}$ 为中间层, 其边界条件由下式给出

$$\tilde{u}_{j,m}^{n+1} = \left[1 + \left(\frac{1}{12} - \theta r^2\right)\delta_y^2\right](g_{j,m}^{n+1} - 2g_{j,m}^n + g_{j,m}^{n-1}) - \frac{12r^2}{1 - 12\theta r^2}\left(1 + \frac{1}{6}\delta_y^2\right)g_{j,m}^n, \tag{7.2.14}$$

这里 g 为区域 Ω 的边界值

$$u(x, y, t) = g(x, y, t), \quad (x, y, t) \in \partial\Omega \times [0, T]. \tag{7.2.15}$$

下面对上面两种 LOD 格式对均匀介质进行计算, 介质速度 $v = 2000\text{m/s}$, 时间步长 $\Delta t = 3\text{ms}$, 图 7.2.1(a) 是由 2D-LOD1 格式计算的结果; 图 7.2.1(b) 是由 2D-LOD2 格式计算的结果, 计算中参数 $a = -r^2/12, b = r^2/12$; 波场传播时间都是 0.66s.

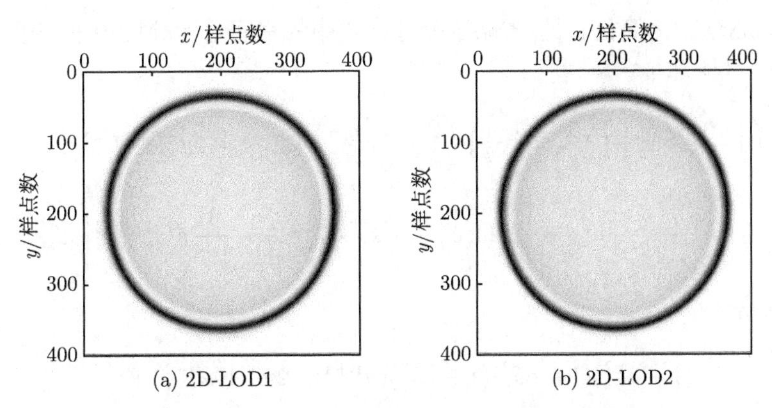

(a) 2D-LOD1 (b) 2D-LOD2

图 7.2.1 两种 LOD 格式计算的波场传播图

7.2.2　三维声波方程

考虑空间三个变量的声波方程

$$\frac{\partial^2 u}{\partial x^2}+\frac{\partial^2 u}{\partial y^2}+\frac{\partial^2 u}{\partial z^2}=\frac{1}{v^2}\frac{\partial^2 u}{\partial t^2}, \tag{7.2.16}$$

可以分裂成如下的 LOD 方程求解

$$\begin{cases}\dfrac{\partial^2 u}{\partial x^2}=\dfrac{1}{3v^2}\dfrac{\partial^2 u}{\partial t^2},\\[2mm] \dfrac{\partial^2 u}{\partial y^2}=\dfrac{1}{3v^2}\dfrac{\partial^2 u}{\partial t^2},\\[2mm] \dfrac{\partial^2 u}{\partial y^2}=\dfrac{1}{3v^2}\dfrac{\partial^2 u}{\partial t^2},\end{cases} \tag{7.2.17}$$

再用下面的差分格式进行求解

$$\begin{cases}\left(1-\dfrac{1}{6}r^2\delta_x^2\right)(u^{n-1}+u^{n-1/3})=2u^{n-2/3},\\[2mm] \left(1-\dfrac{1}{6}r^2\delta_y^2\right)(u^{n-2/3}+u^{n})=2u^{n-1/3},\\[2mm] \left(1-\dfrac{1}{6}r^2\delta_z^2\right)(u^{n-1/3}+u^{n+1/3})=2u^{n},\\[2mm] \left(1-\dfrac{1}{6}r^2\delta_x^2\right)(u^{n}+u^{n+2/3})=2u^{n+1/3},\\[2mm] \left(1-\dfrac{1}{6}r^2\delta_y^2\right)(u^{n+1/3}+u^{n+1})=2u^{n+2/3},\end{cases} \tag{7.2.18}$$

其中 $r=v\Delta t/h$. 为简化起见, 省略了差分格式中的空间角标. 消去中间变量 $u^{n-2/3}$, $u^{n-1/3}$, $u^{n+1/3}$ 和 $u^{n+2/3}$ 得

$$\begin{aligned}&\left(1-\frac{1}{6}r^2\delta_x^2\right)\left(1-\frac{1}{6}r^2\delta_y^2\right)\left(1-\frac{1}{6}r^2\delta_z^2\right)(u^{n+1}-2u^n+u^{n-1})\\ &=r^2\left[(\delta_x^2+\delta_y^2+\delta_z^2)-\frac{1}{9}r^2(\delta_x^2\delta_y^2+\delta_y^2\delta_z^2+\delta_x^2\delta_z^2)+\frac{1}{108}r^4\delta_x^2\delta_y^2\delta_z^2\right]u^n.\end{aligned} \tag{7.2.19}$$

一般形式是

$$\begin{aligned}&(1+a\delta_x^2)(1+a\delta_y^2)(1+a\delta_z^2)(u^{n+1}-2u^n+u^{n-1})\\ &=r^2\left[(\delta_x^2+\delta_y^2+\delta_z^2)+b(\delta_x^2\delta_y^2+\delta_y^2\delta_z^2+\delta_x^2\delta_z^2)+c\delta_x^2\delta_y^2\delta_z^2\right]u^n.\end{aligned} \tag{7.2.20}$$

当 $a=-r^2/6, b=2(a+r^2/9)$ 和 $c=3(a+r^2/9)^2$ 时即为式 (7.2.19).

当 $a=1/12-\theta r^2$, $b=1/6$ 时, 精度为 $O(h^4+\Delta t^2)$; 当 $\theta=1/12$ 时, 精度为 $O(h^4+\Delta t^4)$. 稳定性条件当 $\theta\geqslant\dfrac{1}{4}$ 时, 无条件稳定; 当 $\theta=1/12$ 时, 对 $r<\sqrt{3}-1$ 稳定.

式 (7.2.20) 有多种分裂格式, D'Yakonov 分裂格式是[24]

$$\begin{cases}(1+a\delta_x^2)\bar{u}^{n+1}=r^2[(\delta_x^2+\delta_y^2+\delta_z^2)+b(\delta_x^2\delta_y^2+\delta_y^2\delta_z^2+\delta_x^2\delta_z^2)\\ \qquad\qquad +c\delta_x^2\delta_y^2\delta_z^2]u^n+(1+a\delta_x^2)(1+a\delta_y^2)(1+a\delta_z^2)(2u^n-u^{n-1}),\\ (1+a\delta_y^2)\bar{\bar{u}}^{n+1}=\bar{u}^{n+1},\\ (1+a\delta_z^2)u^{n+1}=\bar{\bar{u}}^{n+1},\end{cases}\tag{7.2.21}$$

其中 $\bar{u}^{n+1}$, $\bar{\bar{u}}^{n+1}$ 是中间层. 该分裂格式对任意 a,b,c 都成立. 其他可能的分裂格式还有如下三种. 第一种 (3D-split1) 是

$$\begin{cases}(1+a\delta_x^2)\bar{u}^{n+1}=r^2[(\delta_x^2+\delta_y^2+\delta_z^2)+b(\delta_x^2\delta_y^2+\delta_y^2\delta_z^2+\delta_x^2\delta_z^2)+c\delta_x^2\delta_y^2\delta_z^2]u^n,\\ (1+a\delta_y^2)\bar{\bar{u}}^{n+1}=\bar{u}^{n+1},\\ (1+a\delta_z^2)(u^{n+1}-2u^n+u^{n-1})=\bar{\bar{u}}^{n+1}.\end{cases}\tag{7.2.22}$$

第二种 (3D-split2) 是

$$\begin{cases}(1+a\delta_x^2)\bar{u}^{n+1}=\dfrac{r^2}{a}[-1+(a-b)(\delta_y^2+\delta_z^2)]u^n,\\ (1+a\delta_y^2)\bar{\bar{u}}^{n+1}=\bar{u}^{n+1}+\dfrac{r^2}{a}(b-a)\delta_y^2u^n,\\ (1+a\delta_z^2)(u^{n+1}-2u^n+u^{n-1})=\bar{\bar{u}}^{n+1}+\dfrac{r^2}{a}(1+b\delta_z^2)u^n,\end{cases}\tag{7.2.23}$$

第三种 (3D-split3) 是

$$\begin{cases}(1+a\delta_x^2)\bar{u}^{n+1}=r^2\left[(\delta_x^2+\delta_y^2+\delta_z^2)-\dfrac{b}{a}(\delta_y^2+\delta_z^2)\right]u^n,\\ (1+a\delta_y^2)\bar{\bar{u}}^{n+1}=\bar{u}^{n+1}+r^2\dfrac{b}{a}\delta_y^2u^n,\\ (1+a\delta_z^2)(u^{n+1}-2u^n+u^{n-1})=\bar{\bar{u}}^{n+1}+r^2\dfrac{b}{a}\delta_z^2u^n.\end{cases}\tag{7.2.24}$$

式 (7.2.22) 对任意 a,b,c 都成立; 式 (7.2.23) 和式 (7.2.24) 当 $c=ab$ 时成立. 中间层的边界条件需适当选取, 例如, 对式 (7.2.23), 可以选择为

$$
\begin{cases}
\bar{u}^{n+1} = (1+a\delta_y^2)(1+a\delta_z^2)(g^{n+1}-2g^n+g^{n-1}) \\
\qquad -\dfrac{r^2}{a}[1+b(\delta_y^2+\delta_z^2)+ab\delta_y^2\delta_z^2]g^n, \\
\bar{\bar{u}}^{n+1} = (1+a\delta_z^2)(g^{n+1}-2g^n+g^{n-1})-\dfrac{r^2}{a}(1+b\delta_z^2)g^n.
\end{cases}
\tag{7.2.25}
$$

下面用上面的三种分裂格式进行数值计算, 计算中三个空间方向的网格点数均为 201, 空间步长为 15m, 时间步长为 3.75×10^{-3}s, 介质均匀, 速度 v 为 1500m/s. 取 200 步的三维波场的 x-y 切片图, 三种格式的分别如图 7.2.2 所示, 由于波场传播是各向同性的, 所以其余的 y-z 切片和 x-z 切片图也一样. 计算中, 取 $\theta=1/4$, 这时三种格式都绝对稳定, 且具有 $O(h^4+\Delta t^2)$ 阶精度.

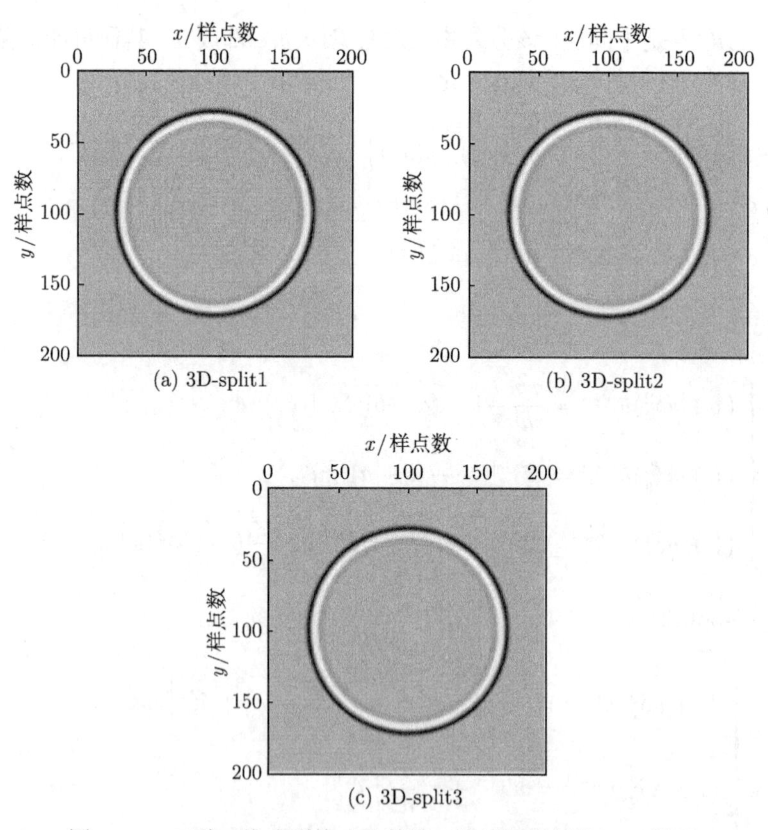

图 7.2.2　三种三维分裂格式计算的三维波场传播的 x-y 截面

7.2.3　高维声波方程

考虑 $d(d>3)$ 个空间变量的波动方程, 与式 (7.2.20) 对应的一般形式是

$$\left[\prod_{i=1}^{d}(1+a_i\delta_{x_i}^2)\right](u^{n+1}-2u^n+u^{n-1})$$

$$=r^2\left[\sum_{i=1}^{d}\delta_{x_i}^2+a_2\sum_{1\leqslant i<j\leqslant d}\delta_{x_i}^2\delta_{x_j}^2\right.$$

$$\left.+a_3\sum_{1\leqslant i<j<k\leqslant d}\delta_{x_i}^2\delta_{x_j}^2\delta_{x_k}^2+\cdots+a_d\delta_{x_1}^2\delta_{x_2}^2\cdots\delta_{x_d}^2\right]. \tag{7.2.26}$$

当系数 $a_1, a_2, \cdots, a_q$ 满足关系

$$a_i = a_1^{i-2}a_2, \quad i=3,4,\cdots,d \tag{7.2.27}$$

时, 式 (7.2.26) 可以分解成

$$\begin{cases}(1+a_1\delta_{x_1}^2)u_{(1)}^{n+1}=\dfrac{r^2}{a_1}\left[(a_1-a_2)\displaystyle\sum_{i=1}^{q}\delta_{x_i}^2+a_2\delta_{x_1}^2\right]u^n,\\(1+a_i\delta_{x_i}^2)u_{(i)}^{n+1}=u_{(i-1)}^{n+1}+r^2\dfrac{a_2}{a_1}\delta_{x_i}^2u^n,\quad i=2,3,\cdots,q-1,\\(1+a_q\delta_{x_q}^2)(u^{n+1}-2u^n+u^{n-1})=u_{(q-1)}^{n+1}+r^2\dfrac{a_2}{a_1}\delta_{x_q}^2u^n.\end{cases} \tag{7.2.28}$$

7.3 高精度 LOD 格式

本节考虑二维波动方程

$$\frac{\partial^2 u}{\partial t^2}=v^2\left(\frac{\partial^2 u}{\partial x^2}+\frac{\partial^2 u}{\partial y^2}\right), \tag{7.3.1}$$

其中 $(x,y,t)\in\overline{\Omega}=\Omega\times[0,T]$, $\Omega=\{(x,y)|0<x,y<1\}$, 初始条件为

$$u(x,y,0)=f_1(x,y),\quad \frac{\partial u(x,y,0)}{\partial t}=f_2(x,y),\quad (x,y)\in\Omega, \tag{7.3.2}$$

边界条件为

$$u(x,y,t)=g(x,y,t),\quad (x,y,t)\in\partial\Omega\times[0,T], \tag{7.3.3}$$

其中 $\partial\Omega$ 是 Ω 的边界. 我们假定初始条件和边界条件足够光滑.

该方程可以典型地分裂成

$$\frac{1}{2}\frac{\partial^2 u}{\partial t^2}=v^2\frac{\partial^2 u}{\partial x^2}, \tag{7.3.4}$$

$$\frac{1}{2}\frac{\partial^2 u}{\partial t^2}=v^2\frac{\partial^2 u}{\partial y^2}, \tag{7.3.5}$$

其中时间导数是二阶精度. 为了得到高阶导数, 利用下面的近似式

$$\frac{\partial^2 u}{\partial t^2} \approx \frac{au^{n+s}-(a+b)u^n+bu^{n-1+s}}{\Delta t^2}, \quad s\in(0,1) \tag{7.3.6}$$

来近似导数 $\dfrac{\partial^2 u}{\partial t^2}$, 其中 Δt 是时间步长, s, a, b 是待定系数. 为简洁起见, 用 u^n 表示 $u(x,y,t)$ 在网格点 (x_j,y_m,t_n) 处的值, $j=0,1,\cdots,N_x$; $m=0,1,\cdots,N_y$.

假定速度 v 是常数. 根据 Taylor 展开 s, a 和 b 应满足

$$a=\frac{2}{s}, \quad b=\frac{2}{1-s}. \tag{7.3.7}$$

设 h_x 和 h_y 分别是 x 和 y 方向的网格步长. 对式 (7.3.4) 和式 (7.3.5) 重复应用差分法, 得到如下格式

$$\frac{bu^n-(a+b)u^{n-1+s}+au^{n-1}}{\Delta t^2}=v^2\frac{c_1\delta_x^2u^{n-1+s}-c_2\delta_x^2u^n-c_3\delta_x^2u^{n-1}}{h_x^2}, \tag{7.3.8}$$

$$\frac{au^{n+s}-(a+b)u^n+bu^{n-1+s}}{\Delta t^2}=v^2\frac{c_1'\delta_y^2u^n-c_2'\delta_y^2u^{n+s}-c_3'\delta_y^2u^{n-1+s}}{h_y^2}, \tag{7.3.9}$$

$$\frac{bu^{n+1}-(a+b)u^{n+s}+au^n}{\Delta t^2}=v^2\frac{c_1\delta_x^2u^{n+s}-c_2\delta_x^2u^{n+1}-c_3\delta_x^2u^n}{h_x^2}, \tag{7.3.10}$$

式 (7.3.8)—(7.3.10) 可进一步写成

$$\begin{cases}(b+\tau_xc_2\delta_x^2)u^n+(a+\tau_xc_3\delta_x^2)u^{n-1}=(a+b+\tau_xc_1\delta_x^2)u^{n-1+s},\\(a+b+\tau_yc_1'\delta_y^2)u^n=(a+\tau_yc_2'\delta_y^2)u^{n+s}+(b+\tau_yc_3'\delta_y^2)u^{n-1+s},\\(b+\tau_xc_2\delta_x^2)u^{n+1}+(a+\tau_xc_3\delta_x^2)u^n=(a+b+\tau_xc_1\delta_x^2)u^{n+s},\end{cases} \tag{7.3.11}$$

以及

$$\tau_x=\frac{v^2\Delta t^2}{h_x^2}, \quad \tau_y=\frac{v^2\Delta t^2}{h_y^2}, \tag{7.3.12}$$

其中 δ_x^2,δ_y^2 分别是 x 和 y 方向的二阶中心差分算子. 例如, $\delta_x^2u_{j,m}^n=u_{j+1,m}^n-2u_{j,m}^n+u_{j-1,m}^n$. 系数 c_1,c_2,c_3 和 c_1',c_2',c_3' 下面将确定.

为简洁起见, 令

$$\begin{aligned}&A=b+\tau_xc_2\delta_x^2, &&B=a+\tau_xc_3\delta_x^2,\\&C=a+b+\tau_xc_1\delta_x^2, &&D=a+b+\tau_yc_1'\delta_y^2,\\&E=a+\tau_yc_2'\delta_y^2, &&F=b+\tau_yc_3'\delta_y^2,\end{aligned}$$

则式 (7.3.11) 可写成

$$Au^n + Bu^{n-1} = Cu^{n-1+s}, \tag{7.3.13}$$

$$Du^n = Eu^{n+s} + Fu^{n-1+s}, \tag{7.3.14}$$

$$Au^{n+1} + Bu^n = Cu^{n+s}. \tag{7.3.15}$$

消去 u^{n+s} 和 u^{n-1+s} 可得

$$AEu^{n+1} + (AF + BE)u^n + BFu^{n-1} = CDu^n. \tag{7.3.16}$$

显然只要

$$ac_2 = bc_3, \quad bc_2' = ac_3', \tag{7.3.17}$$

就有 $AE = BF$. 于是, 式 (7.3.16) 可简化为

$$AE(u^{n+1} - 2u^n + u^{n-1}) = [CD - (A + B)(E + F)]u^n. \tag{7.3.18}$$

为了保证截断误差是 $O(\Delta t^4 + h^4)$, 经推导[86], 得

$$a = 6 + 2\sqrt{3}, \quad b = 6 - 2\sqrt{3}, \tag{7.3.19}$$

$$c_1 = 1 + \frac{1}{\tau_x}, \quad c_2 = \frac{2(1 - \tau_x)}{a\tau_x}, \quad c_3 = \frac{2(1 - \tau_x)}{b\tau_x}, \tag{7.3.20}$$

$$c_1' = 1 + \frac{1}{\tau_y}, \quad c_2' = \frac{2(1 - \tau_y)}{b\tau_y}, \quad c_3' = \frac{2(1 - \tau_y)}{a\tau_y}. \tag{7.3.21}$$

7.3.1 稳定性分析

我们用 Fourier 方法分析 LOD 格式 (7.3.8)—(7.3.10) 的稳定性. 令 $u_{j,m}^n = Z^n e^{ij\sigma_1 h_x} e^{im\sigma_2 h_y}$, 则

$$\delta_x^2 u_{j,m}^n = -4\sin^2\left(\frac{\sigma_1 h_x}{2}\right) Z^n e^{ij\sigma_1 h_x} e^{im\sigma_2 h_y}, \tag{7.3.22}$$

$$\delta_y^2 u_{j,m}^n = -4\sin^2\left(\frac{\sigma_2 h_y}{2}\right) Z^n e^{ij\sigma_1 h_x} e^{im\sigma_2 h_y}, \tag{7.3.23}$$

$$\delta_x^2 \delta_y^2 u_{j,m}^n = 16\sin^2\left(\frac{\sigma_1 h_x}{2}\right)\sin^2\left(\frac{\sigma_2 h_y}{2}\right) Z^n e^{ij\sigma_1 h_x} e^{im\sigma_2 h_y}, \tag{7.3.24}$$

以及

$$Au_{j,m}^n = \left[b - 4\tau_x c_2 \sin^2\left(\frac{\sigma_1 h_x}{2}\right)\right] u_{j,m}^n := S_1 u_{j,m}, \tag{7.3.25}$$

$$Bu_{j,m}^n = \left[a - 4\tau_x c_3 \sin^2\left(\frac{\sigma_1 h_x}{2}\right)\right] u_{j,m}^n := S_2 u_{j,m}, \tag{7.3.26}$$

$$Cu_{j,m}^n = \left[a + b - 4\tau_x c_1 \sin^2\left(\frac{\sigma_1 h_x}{2}\right)\right] u_{j,m}^n := S_3 u_{j,m}, \tag{7.3.27}$$

$$Du_{j,m}^n = \left[a + b - 4\tau_y c_1' \sin^2\left(\frac{\sigma_2 h_y}{2}\right)\right] u_{j,m}^n := S_4 u_{j,m}, \tag{7.3.28}$$

$$Eu_{j,m}^n = \left[a - 4\tau_y c_2' \sin^2\left(\frac{\sigma_2 h_y}{2}\right)\right] u_{j,m}^n := S_5 u_{j,m}, \tag{7.3.29}$$

$$Fu_{j,m}^n = \left[b - 4\tau_y c_3' \sin^2\left(\frac{\sigma_2 h_y}{2}\right)\right] u_{j,m}^n := S_6 u_{j,m}. \tag{7.3.30}$$

对式 (7.3.16) 作 Fourier 分析, 并利用式 (7.3.25)—(7.3.30), 得

$$\rho^2 - \left(2 + \frac{S_3 S_4 - (S_1 + S_2)(S_5 + S_6)}{S_1 S_5}\right)\rho + 1 = 0, \tag{7.3.31}$$

其中 $\rho = Z^{n+1}/Z^n$ 是增长因子. 稳定的充要条件是 $|\rho| \leqslant 1$, 这等价于

$$-4 \leqslant \frac{S_3 S_4 - (S_1 + S_2)(S_5 + S_6)}{S_1 S_5} \leqslant 0. \tag{7.3.32}$$

注意到 $aS_1 = bS_2, bS_5 = aS_6$. 因此式 (7.3.32) 可简化为

$$2 \leqslant \frac{S_3 S_4}{S_1 S_5} \leqslant 6. \tag{7.3.33}$$

因为

$$\frac{S_3}{S_1} = (3 + \sqrt{3}) \frac{3 - (\tau_x + 1)\sin^2\left(\dfrac{\sigma_1 h_x}{2}\right)}{3 - (1 - \tau_x)\sin^2\left(\dfrac{\sigma_1 h_x}{2}\right)} \tag{7.3.34}$$

和

$$\frac{2 - \tau_x}{2 + \tau_x} \leqslant \frac{3 - (\tau_x + 1)\sin^2\left(\dfrac{\sigma_1 h_x}{2}\right)}{3 - (1 - \tau_x)\sin^2\left(\dfrac{\sigma_1 h_x}{2}\right)} \leqslant 1, \tag{7.3.35}$$

所以

$$(3+\sqrt{3})\frac{2-\tau_x}{2+\tau_x} \leqslant \frac{S_3}{S_1} \leqslant 3+\sqrt{3}. \tag{7.3.36}$$

类似有

$$(3-\sqrt{3})\frac{2-\tau_y}{2+\tau_y} \leqslant \frac{S_4}{S_5} \leqslant 3-\sqrt{3}. \tag{7.3.37}$$

因此, 稳定的充分必要条件是

$$\gamma_1 \in \left[\frac{1}{3}, 1\right], \quad \gamma_2 \in \left[\frac{1}{3}, 1\right], \quad \gamma_1\gamma_2 \geqslant \frac{1}{3}, \tag{7.3.38}$$

其中

$$\gamma_1 = \frac{2-\tau_x}{2+\tau_x}, \quad \gamma_2 = \frac{2-\tau_y}{2+\tau_y}. \tag{7.3.39}$$

7.3.2 初边值条件

本小节对式 (7.3.8)—(7.3.10) 给出初边值条件. 初始条件 $u(x,y,0)$ 在式 (7.3.2) 中给出. 首先考虑如何得到 u^{-1}. 假定式 (7.3.2) 中的 f_1 和 f_2 足够光滑. 由

$$\begin{aligned}\frac{u^1-u^{-1}}{\Delta t} &= 2\left[\left(\frac{\partial u}{\partial t}\right)^0 + \frac{\Delta t^2}{6}\left(\frac{\partial^3 u}{\partial t^3}\right)^0\right] + O(\Delta t^4) \\ &= 2\left[f_2 + \frac{v^2\Delta t^2}{6}\left(\frac{\partial^2 f_2}{\partial x^2} + \frac{\partial^2 f_2}{\partial y^2}\right)\right] + O(\Delta t^4),\end{aligned} \tag{7.3.40}$$

则有下面关于 u^{-1} 的四阶精度的近似

$$u^{-1} = u^1 - 2\Delta t\left[f_2 + \frac{v^2\Delta t^2}{6}\left(\frac{\partial^2 f_2}{\partial x^2} + \frac{\partial^2 f_2}{\partial y^2}\right)\right], \tag{7.3.41}$$

由于

$$\begin{aligned}\frac{u^1-2u^0+u^{-1}}{\Delta t^2} &= \left(\frac{\partial^2 u}{\partial t^2}\right)^0 + \frac{\Delta t^2}{12}\left(\frac{\partial^4 u}{\partial t^4}\right)^0 + O(\Delta t^4) \\ &= v^2\left(\frac{\partial^2 u}{\partial x^2} + \frac{\partial^2 u}{\partial y^2}\right)^0 + \frac{v^4\Delta t^2}{12}\left(\frac{\partial^4 u}{\partial x^4} + 2\frac{\partial^4 u}{\partial x^2\partial y^2} + \frac{\partial^4 u}{\partial y^4}\right)^0 + O(\Delta t^4) \\ &= v^2\left(\frac{\partial^2 f_1}{\partial x^2} + \frac{\partial^2 f_1}{\partial y^2}\right) + \frac{v^4\Delta t^2}{12}\left(\frac{\partial^4 f_1}{\partial x^4} + 2\frac{\partial^4 f_1}{\partial x^2\partial y^2} + \frac{\partial^4 f_1}{\partial y^4}\right) + O(\Delta t^4).\end{aligned} \tag{7.3.42}$$

由式 (7.3.41) 和式 (7.3.42) 消去 u^{-1}, 得

$$u^1 = u^0 + \Delta t \left(f_2 + \frac{v^2 \Delta t^2}{6} \Delta f_2 \right) + \frac{v^2 \Delta t^2}{2} \left(\Delta f_1 + \frac{v^2 \Delta t^2}{12} \Delta^2 f_1 \right), \qquad (7.3.43)$$

其中 Δf_1 和 Δf_2 表示 f_1 和 f_2 的拉普拉斯算子, Δ^2 是双调和算子. 用式 (7.3.43) 来近似 u^1 可以达到时空四阶精度. 由式 (7.3.11) 中第一式有

$$(b + \tau_x c_2 \delta_x^2) u^1 + (a + \tau_x c_3 \delta_x^2) u^0 = (a + b + \tau_x c_1 \delta_x^2) u^s,$$

从而

$$u^s = \frac{bu^1 + au^0}{a+b} + \frac{\tau_x c_2 \delta_x^2 u^1 + \tau_x c_3 \delta_x^2 u^0}{a+b} - \frac{\tau_x c_1 \delta_x^2 u^s}{a+b}. \qquad (7.3.44)$$

因为

$$\delta_x^2 u^s = \delta_x^2 \frac{bu^1 + au^0}{a+b} + O(h^4), \qquad (7.3.45)$$

所以下列 u^s 的近似

$$u_{j,m}^s = \frac{bu^1 + au^0}{a+b} + \frac{\tau_x c_2 \delta_x^2 u_{j,m}^1 + \tau_x c_3 \delta_x^2 u_{j,m}^0}{a+b} - \frac{\tau_x c_1 (b \delta_x^2 u_{j,m}^1 + a \delta_x^2 u_{j,m}^0)}{(a+b)^2},$$
$$j = 1, 2, N_x - 2, N_x - 1; \quad m = 0, 1, \cdots, N_y \qquad (7.3.46)$$

可到达时空四阶精度. 利用式 (7.3.46), 我们得到 $u_{j,m}^s (j = 1, 2, N_x - 2, N_x - 1; m = 0, 1, \cdots, N_y)$ 的初值, 然后由这些 $u_{j,m}^s$, 基于式 (7.3.44) 就可以得到所有的初值 $u_{j,m}^s$ $(j = 0, 1, \cdots, N_x; m = 0, 1, \cdots, N_y)$.

对边界条件, 仅需要 u^{n+s} 在四个角点处的值. 用类似的方法我们可以得到 u^{n+s} 在四个角点处的值

$$u_{j,m}^{n+s} = \frac{bu_{j,m}^{n+1} + au_{j,m}^n}{a+b} + \frac{\tau_x c_2 \delta_x^2 u_{j,m}^{n+1} + \tau_x c_3 \delta_x^2 u_{j,m}^n}{a+b}$$
$$+ \frac{\tau_x c_1 (b \delta_x^2 u_{j,m}^{n+1} + a \delta_x^2 u_{j,m}^n)}{(a+b)^2}, \quad j = 0, N_x; \quad m = 0, N_y. \qquad (7.3.47)$$

7.3.3 数值计算

为简单起见, 记 $N_x = N_y := N$. 方程 (7.3.1) 的精确解选为

$$u(x, y, t) = \sin(\pi x) \sin(\pi y) \cos(\sqrt{2} \pi t). \qquad (7.3.48)$$

在表 7.7 中, 固定时间步长 $\Delta t = 0.0002$, 考虑 6 个不同的空间步长. 我们用 L_2-误差

$$\| \cdot \|_2 := \frac{1}{N} \left\{ \sum_{j=1}^{N_x} \sum_{m=1}^{N_y} [u_{j,m}^n - u_{\text{exact}}(x_j, x_m, t^n)]^2 \right\}^{\frac{1}{2}} \qquad (7.3.49)$$

和最大模误差来度量误差, 其中 $u_{\text{exact}}(x_j, x_m, t^n)$ 是精确解. 表 7.7 是 100 步时间外推的结果. 可以看到本节的 LOD 格式的 L_2 和最大模误差均比经典的四阶精度的格式小. 在图 7.3.1 中, 显示的是两种格式的 L_2-误差 (左) 及最大模误差 (右) 的自然对数图, 其中圈表示 LOD 格式误差与不同网格步长的变化关系, 点表示经典四阶精度格式的误差与不同网格步长的变化关系. 直线表示相应方法的最小二乘拟合直线. 在图 7.3.1 中的左图, 圈线的斜率是 3.92, 表明 LOD 格式的收敛阶是 3.92; 点线的斜率是 3.81, 表明经典四阶精度的差分格式的收敛阶是 3.81. 在 7.3.1 中的右图, 圈线的斜率是 3.95, 点线的斜率是 3.93. 由这些结果我们可以看到本节新的 LOD 格式关于空间的收敛阶是 4.

表 7.7 LOD 格式和经典的四阶精度格式的误差的 $\|\cdot\|_2$ 误差和最大模误差

	新的 LOD 格式		经典的四阶精度格式	
$N_x = N_y$	$\|\cdot\|_2$ 误差	最大模误差	$\|\cdot\|_2$ 误差	最大模误差
10	1.750667×10^{-6}	3.851468×10^{-6}	2.329224×10^{-6}	1.021110×10^{-5}
20	1.142944×10^{-7}	2.400185×10^{-7}	2.739788×10^{-7}	6.380173×10^{-7}
40	7.312223×10^{-9}	1.499019×10^{-8}	1.905867×10^{-8}	3.994203×10^{-8}
80	4.624411×10^{-10}	9.364429×10^{-10}	1.225941×10^{-9}	2.497254×10^{-9}
160	2.906791×10^{-11}	5.850472×10^{-11}	7.749125×10^{-11}	1.572023×10^{-10}
320	2.382459×10^{-12}	4.789535×10^{-12}	4.990827×10^{-12}	1.386324×10^{-11}

注: 时间步长固定

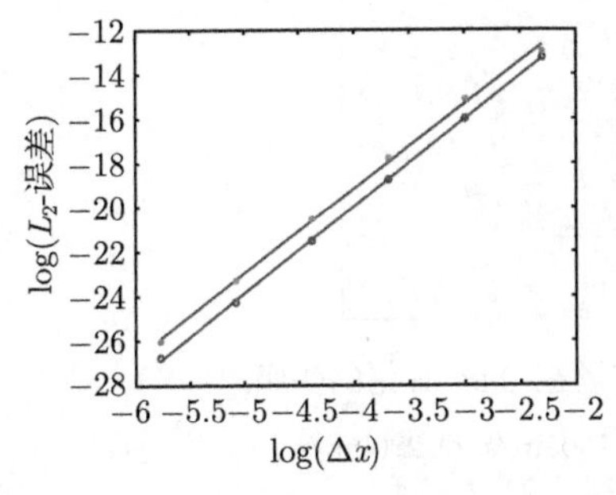

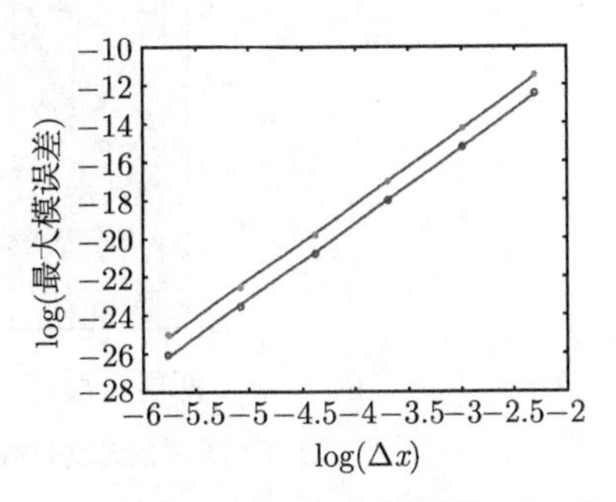

图 7.3.1 新的LOD格式和经典的四阶精度格式的 L_2-误差 (左) 和最大模误差 (右) 的对数图

圈线: 对新的 LOD 格式, 其 L_2-误差 (左) 的收敛阶是 3.92, 最大模误差 (右) 的收敛阶是 3.95. 点线: 对经典的差分格式, 其 L_2-误差 (左) 的收敛阶是 3.81, 最大模误差 (右) 的收敛阶是 3.93

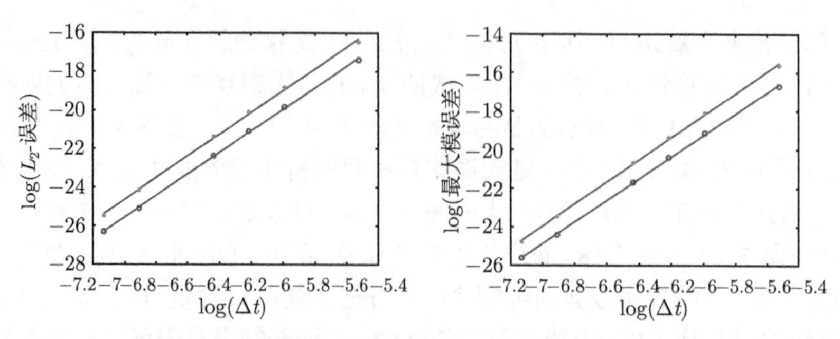

图 7.3.2　新 LOD 格式和经典的四阶精度格式的 $\|\cdot\|_2$ 误差 (左) 和最大模误差 (右) 的对数图

蓝线: 对新 LOD 格式, 其 L_2-误差 (左) 和最大模误差 (右) 的收敛阶均是 5.59. 红线: 对经典的四阶精度格式, 其 L_2-误差 (左) 的收敛阶是 5.64, 最大模误差 (右) 的收敛阶是 5.71

下一个数值例子是一个两层介质模型, 上下层介质的速度分别为 $c_1 = 1500\text{m/s}$ 和 $c_2 = 2200\text{m/s}$. 初始条件为 $f_1 = f_2 = 0$. 方程 (7.3.1) 的右边是雷克子波的点源

$$f(x, z, t) = \delta(x - x_0, z - z_0)\sin(60t)\mathrm{e}^{-150t^2}, \tag{7.3.50}$$

其中 δ 是 Dirac 函数, $(x_0, z_0) = (1500\text{m}, 900\text{m})$ 是震源位置. 在数值计算中, 设 $h_x = h_y = 15\text{m}$, $\Delta t = 0.0014\text{s}$. 图 7.3.3 是波场传播 $t = 0.9\text{s}$ 时刻的波场, 可以清楚地看到界面的反射波, 且其在第一层的振幅相对较小.

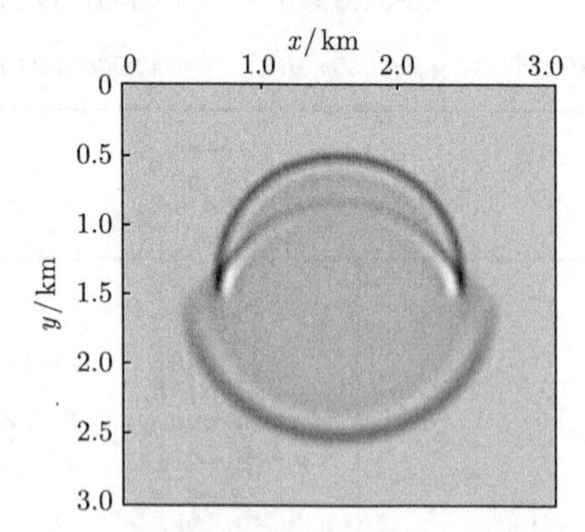

图 7.3.3　两层介质模型波场在 0.9s 时刻的快照

上下层介质的速度分别是 1500m/s 和 2200m/s

最后用该格式计算一个典型的非均匀速度模型即 Marmousi 模型, 图 7.3.4(a) 是 Marmousi 模型的速度结构, 图 7.3.4(b) 是时空四阶精度的 LOD 格式的计算结果. 图 7.3.5 是 7.1 节三种时空二阶精度的 ADI 格式的计算结果. 图 7.3.6 是 7.2 节两种时空二阶精度的 LOD 格式的计算结果, 比较这些结果可知, 相互之间均有较好的相似性.

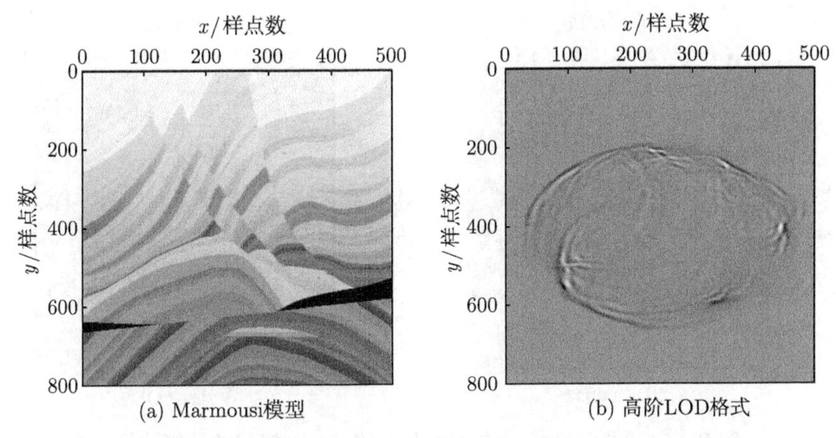

图 7.3.4 Marmousi 模型和 LOD 格式计算的波场传播图

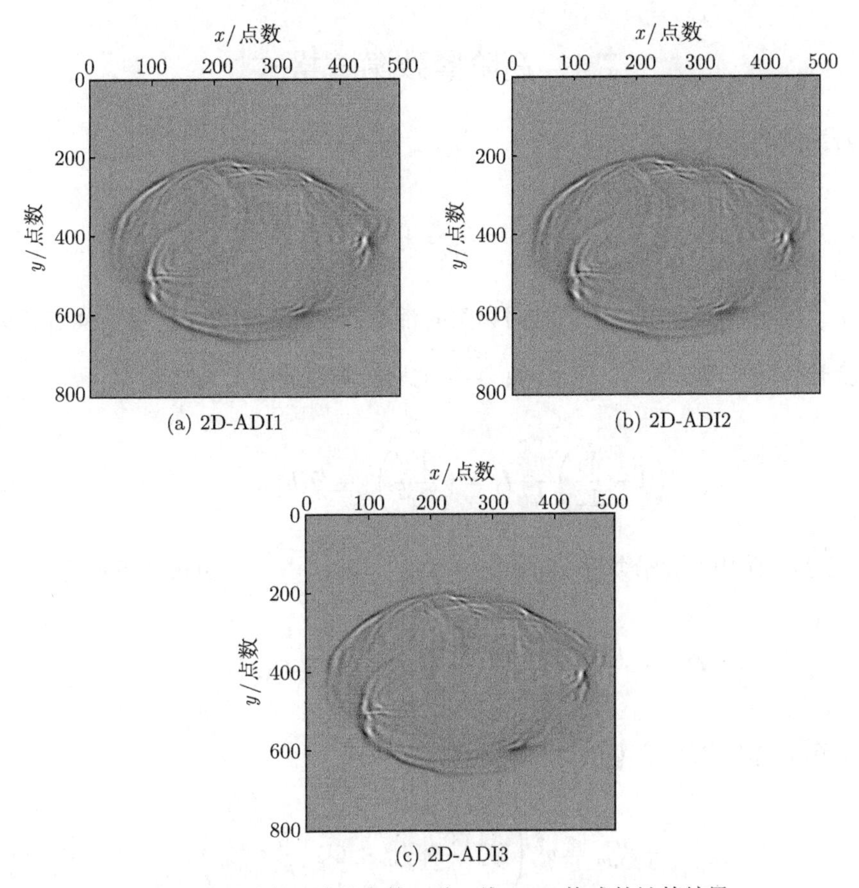

图 7.3.5 时空二阶精度的三种二维 ADI 格式的计算结果

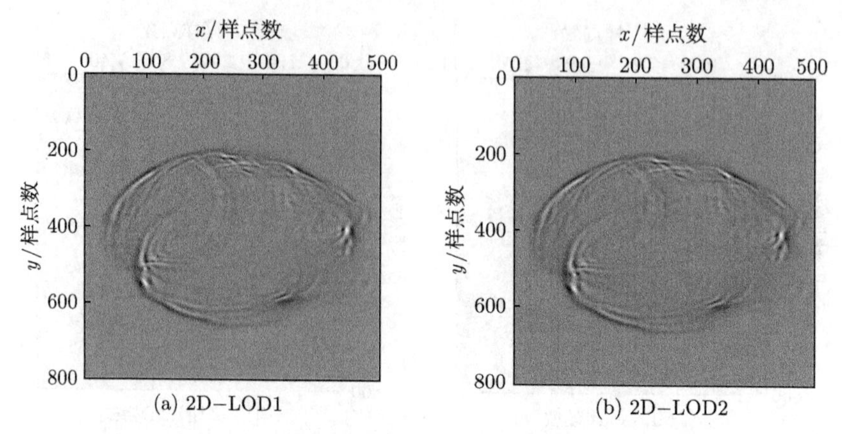

(a) 2D−LOD1　　(b) 2D−LOD2

图 7.3.6　时空二阶精度的的两种二维 LOD 格式的计算结果

7.4　高阶紧致隐式格式

对下面的二维波动方程

$$\frac{1}{v^2}\frac{\partial^2 u}{\partial t^2}=\frac{\partial^2 u}{\partial x^2}+\frac{\partial^2 u}{\partial y^2}, \tag{7.4.1}$$

假定 v 为常数. 下面构造一个时间和空间都是四阶精度的格式. 设空间步长为 h, 时间步长为 Δt. 首先注意二阶导数 $\dfrac{\partial^2 f}{\partial x^2}$ 的四阶精度的中心差分近似

$$\left(1-\frac{\delta_x^2}{12}\right)\frac{\delta_x^2}{h^2}f_j=\left(\frac{\partial^2 f}{\partial x^2}\right)_j+O(h^4), \tag{7.4.2}$$

其中 δ_x^2 为二阶中心差分算子, 即 $\delta_x^2 f_j=f_{j+1}-2f_j+f_{j-1}$. 引进如下记号

$$Q_x^{-1}:=\left(1+\frac{\delta_x^2}{12}\right)^{-1}=\left(1-\frac{\delta_x^2}{12}\right)+O(h^4), \tag{7.4.3}$$

于是得式 (7.4.1) 的一个 $O(h^4+\Delta t^4)$ 精度的格式

$$Q_t^{-1}\frac{\delta_t^2}{\Delta t^2}u_{j,m}^n=v^2\left(Q_x^{-1}\frac{\delta_x^2}{h^2}u_{j,m}^n+Q_y^{-1}\frac{\delta_y^2}{h^2}u_{j,m}^n\right), \tag{7.4.4}$$

其中 Q_t^{-1}, Q_y^{-1} 的定义类似于 Q_x^{-1}. 该式是一个隐式格式, 我们用 ADI 方法来求解.

为此, 对式 (7.4.4) 作修正

$$
\begin{aligned}
Q_t^{-1}\frac{\delta_t^2}{\Delta t^2}u_{j,m}^n = & v^2\left(Q_x^{-1}\frac{\delta_x^2}{h^2}+Q_y^{-1}\frac{\delta_y^2}{h^2}\right)u_{j,m}^n \\
& -\frac{\Delta t^4}{144}Q_t^{-1}\frac{\delta_t^2}{\Delta t^2}\left(v^2Q_x^{-1}\frac{\delta_x^2}{h^2}v^2Q_y^{-1}\frac{\delta_y^2}{h^2}\right)u_{j,m}^n,
\end{aligned} \tag{7.4.5}
$$

在式 (7.4.5) 中加进的项关于时间的精度是 $O(\Delta t^4)$, 因此精度不变. 对式 (7.4.5) 两端同乘 Q_t, 得

$$
\delta_t^2\left(1-\frac{r^2}{12}Q_x^{-1}\delta_x^2\right)\left(1-\frac{r^2}{12}Q_y^{-1}\delta_y^2\right)u_{j,m}^n = r^2\left(Q_x^{-1}\delta_x^2+Q_y^{-1}\delta_y^2\right)u_{j,m}^n, \tag{7.4.6}
$$

即

$$
\begin{aligned}
& \left(1-\frac{r^2}{12}Q_x^{-1}\delta_x^2\right)\left(1-\frac{r^2}{12}Q_y^{-1}\delta_y^2\right)u_{j,m}^{n+1} \\
= & 2\left(1-\frac{r^2}{12}Q_x^{-1}\delta_x^2\right)\left(1-\frac{r^2}{12}Q_y^{-1}\delta_y^2\right)u_{j,m}^n-\left(1-\frac{r^2}{12}Q_x^{-1}\delta_x^2\right)\left(1-\frac{r^2}{12}Q_y^{-1}\delta_y^2\right)u_{j,m}^{n-1} \\
& +r^2\left(Q_x^{-1}\delta_x^2+Q_y^{-1}\delta_y^2\right)u_{j,m}^n,
\end{aligned} \tag{7.4.7}
$$

其中 $r = v\Delta t/h$. 用 Fourier 级数法分析格式的稳定性. 令 $u_{j,m}^n = \rho^n \mathrm{e}^{\mathrm{i}j\sigma_1 h}\mathrm{e}^{\mathrm{i}m\sigma_2 h}$, 代入式 (7.4.7) 得到关于 ρ 的一个二次式

$$
\rho^2+\left[\frac{-2(st+r^4)+10r^2(s+t)}{(st+r^4)+r^2s(s+t)}\right]\rho+1=0, \tag{7.4.8}
$$

其中

$$
s=\frac{5+\cos(\sigma_2 h)}{1-\cos(\sigma_2 h)},\quad t=\frac{5+\cos(\sigma_1 h)}{1-\cos(\sigma_1 h)}.
$$

显然该多项式的两根满足 $|\rho|=1$. 稳定的充分必要条件是该二次多项式的判别式非负, 即

$$
r^4-2r^2(s+t)+s^2\geqslant 0, \tag{7.4.9}
$$

从而

$$
r^2\leqslant s+t-\sqrt{2st+t^2}. \tag{7.4.10}
$$

由 s,t 的表达式可知 $2\leqslant s,t\leqslant\infty$, 式 (7.4.10) 不等号右边的最小值在 $(s,t)=(2,2)$ 处取得, 于是有

$$
r^2\leqslant 4-\sqrt{12}=2(2-\sqrt{3}), \tag{7.4.11}
$$

即

$$r \leqslant \sqrt{3} - 1. \tag{7.4.12}$$

因此式 (7.4.7) 稳定的充分必要条件是

$$\frac{\Delta t}{h} \leqslant \frac{\sqrt{3} - 1}{v}, \tag{7.4.13}$$

可用 ADI 方法求解式 (7.4.7), 分下面两步计算

$$w_{j,m}^{n+1} = \left(1 - \frac{r^2}{12} Q_y^{-1} \delta_y^2\right) u_{j,m}^{n+1}, \tag{7.4.14}$$

$$\left(1 - \frac{r^2}{12} Q_x^{-1} \delta_x^2\right) w_{j,m}^{n+1} = G_{j,m}^{n+1}, \tag{7.4.15}$$

其中 $w_{j,m}^{n+1}$ 为中间项, $G_{j,m}^{n+1}$ 为式 (7.4.7) 的右端项. 式 (7.4.14)—(7.4.15) 可写成

$$\left(Q_y - \frac{r^2}{12} \delta_y^2\right) u_{j,m}^{n+1} = Q_y(w_{j,m}^{n+1}), \tag{7.4.16}$$

$$\left(Q_x - \frac{r^2}{12} \delta_x^2\right) w_{j,m}^{n+1} = Q_x(G_{j,m}^{n+1}), \tag{7.4.17}$$

该式每步分别是在 x 和 y 方向上求解一个三对角方程.

下面讨论中间层的边界条件和初始条件的取法. 由 $G_{j,m}^{n+1}$ 的定义, 计算可知

$$\begin{aligned} G_{j,m}^{n+1} &= 2G_{j,m}^{n} - G_{j,m}^{n-1} + r^2 \left(Q_x^{-1} \delta_x^2 + Q_y^{-1} \delta_y^2\right) u_{j,m}^{n} \\ &= 2G_{j,m}^{n} - G_{j,m}^{n-1} + r^2 \left(A_{j,m}^{n} + B_{j,m}^{n}\right), \end{aligned} \tag{7.4.18}$$

其中 $A_{j,m}^n$ 和 $B_{j,m}^n$ 分别定义为

$$A_{j,m}^n := Q_y^{-1} \delta_y^2 u_{j,m}^n, \tag{7.4.19}$$

$$B_{j,m}^n := Q_x^{-1} \delta_x^2 u_{j,m}^n. \tag{7.4.20}$$

由式 (7.4.14) 和式 (7.4.19), 易知有

$$A_{j,m}^n = (u_{j,m}^n - w_{j,m}^n) \frac{12}{r^2}, \tag{7.4.21}$$

对式 (7.4.20) 则求解一个三对角方程

$$Q_x B_{j,m}^n = \delta_x^2 u_{j,m}^n, \tag{7.4.22}$$

即可求得 $B_{j,m}^n$. 由于 $G_{j,m}^{n+1}$ 的前两个时间层已知, 所以 $G_{j,m}^{n+1}$ 可由式 (7.4.18) 的递推关系算出.

下面讨论 $A_{j,m}^n$ 和 $B_{j,m}^n$ 边界条件的取法, 由式 (7.4.19) 和式 (7.4.20) 可知

$$A(x,y,t)=h^2\frac{\partial^2 u(x,y,t)}{\partial y^2}+O(h^6), \tag{7.4.23}$$

$$B(x,y,t)=h^2\frac{\partial^2 u(x,y,t)}{\partial x^2}+O(h^6). \tag{7.4.24}$$

由式 (7.4.23) 和式 (7.4.24) 可知, 为了求解 $A_{j,m}^n$ 和 $B_{j,m}^n$ 的边界值, 只需要计算 $\frac{\partial^2 u}{\partial x^2}$ 和 $\frac{\partial^2 u}{\partial y^2}$ 在边界上四阶精度的值. 若给定如下初边值条件

$$u(x,y,0)=f_1(x,y),\quad \left.\frac{\partial u}{\partial t}\right|_{t=0}=f_2(x,y),\quad (x,y,t)\in\Omega\times\{0\}, \tag{7.4.25}$$

$$u(x,y,t)=f_3(x,y,t),\quad (x,y,t)\in\partial\Omega\times[0,T], \tag{7.4.26}$$

则由前面的讨论可知,

$$\frac{\partial^2 u}{\partial x^2}=Q_x^{-1}\frac{\delta_x^2}{h^2}u_{j,m}^n,\quad y=\text{常数的边界}, \tag{7.4.27}$$

$$\frac{\partial^2 u}{\partial y^2}=Q_y^{-1}\frac{\delta_y^2}{h^2}u_{j,m}^n,\quad x=\text{常数的边界}, \tag{7.4.28}$$

$$\frac{\partial^2 u}{\partial x^2}=\left(\frac{1}{v^2}\frac{\partial^2 u}{\partial t^2}-\frac{\partial^2 u}{\partial y^2}\right),\quad x=\text{常数的边界}, \tag{7.4.29}$$

$$\frac{\partial^2 u}{\partial y^2}=\left(\frac{1}{v^2}\frac{\partial^2 u}{\partial t^2}-\frac{\partial^2 u}{\partial x^2}\right),\quad y=\text{常数的边界}, \tag{7.4.30}$$

再由式 (7.4.23) 和式 (7.4.24) 可算出 $A_{j,m}^n$ 和 $B_{j,m}^n$ 的边界值. 图 7.4.1 是四阶紧致差分格式的计算结果, 其中介质均匀, 速度为 1500m/s, 时间步长 $\Delta t=3\text{ms}$, 空间步长 $h=10\text{m}$. 图中可以看到波形非常清晰, 该图是时间递推 250 步的波场传播结果.

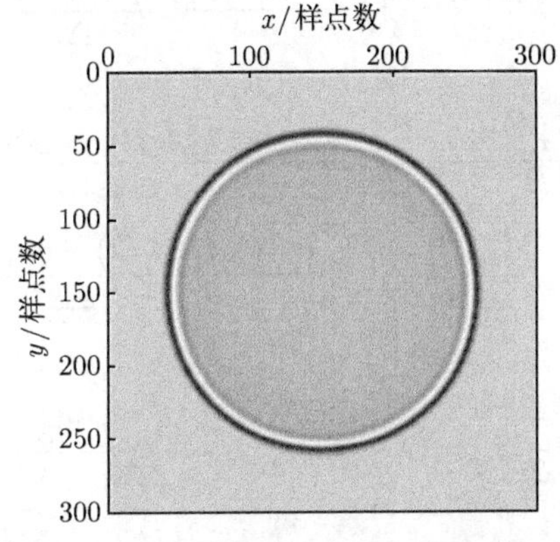

图 7.4.1 四阶紧致差分格式计算的波形图

7.5 二维弹性波方程的交错网格法

二维弹性波方程可表示为

$$
\begin{cases}
\rho\dfrac{\partial^2 u}{\partial t^2}=\dfrac{\partial}{\partial x}\left[(\lambda+2\mu)\dfrac{\partial u}{\partial x}+\lambda\dfrac{\partial v}{\partial z}\right]+\dfrac{\partial}{\partial z}\left[\mu\left(\dfrac{\partial u}{\partial z}+\dfrac{\partial v}{\partial x}\right)\right],\\
\rho\dfrac{\partial^2 v}{\partial t^2}=\dfrac{\partial}{\partial x}\left[\mu\left(\dfrac{\partial u}{\partial z}+\dfrac{\partial v}{\partial x}\right)\right]+\dfrac{\partial}{\partial z}\left[\lambda\dfrac{\partial u}{\partial x}+(\lambda+2\mu)\dfrac{\partial v}{\partial z}\right],
\end{cases}
\tag{7.5.1}
$$

这里 u 为 x 方向的位移, v 为 z 方向的位移, ρ 为密度, λ,μ 为 Lamé常数. 该方程也可用应力张量 σ_{ij} 来表示

$$
\begin{cases}
\rho\dfrac{\partial^2 u}{\partial t^2}=\left(\dfrac{\partial\sigma_{xx}}{\partial x}+\dfrac{\partial\sigma_{xz}}{\partial z}\right),\\
\rho\dfrac{\partial^2 v}{\partial t^2}=\left(\dfrac{\partial\sigma_{zx}}{\partial x}+\dfrac{\partial\sigma_{zz}}{\partial z}\right),
\end{cases}
\tag{7.5.2}
$$

其中

$$
\begin{cases}
\sigma_{xx}=(\lambda+2\mu)\dfrac{\partial u}{\partial x}+\lambda\dfrac{\partial v}{\partial z},\\
\sigma_{xz}=\sigma_{xz}=\mu\left(\dfrac{\partial u}{\partial z}+\dfrac{\partial v}{\partial x}\right),\\
\sigma_{zz}=\lambda\dfrac{\partial u}{\partial x}+(\lambda+2\mu)\dfrac{\partial v}{\partial z}.
\end{cases}
\tag{7.5.3}
$$

对式 (7.5.2) 和式 (7.5.3) 作时间空间二阶精度的差分离散

$$
\begin{aligned}
\rho_{i,j}\frac{u_{i,j}^{n+1}-2u_{i,j}^{n}+u_{i,j}^{n-1}}{\Delta t^2}=&\frac{\sigma_{xx}(i+1/2,j)-\sigma_{xx}(i-1/2,j)}{\Delta x}\\
&+\frac{\sigma_{xz}(i,j+1/2)-\sigma_{xz}(i,j-1/2)}{\Delta z},
\end{aligned}
\tag{7.5.4}
$$

$$
\begin{aligned}
\rho_{i,j}\frac{v_{i,j}^{n+1}-2v_{i,j}^{n}+v_{i,j}^{n-1}}{\Delta t^2}=&\frac{\sigma_{zx}(i+1/2,j)-\sigma_{zx}(i-1/2,j)}{\Delta x}\\
&+\frac{\sigma_{zz}(i,j+1/2)-\sigma_{zz}(i,j-1/2)}{\Delta z},
\end{aligned}
\tag{7.5.5}
$$

以及

$$
\begin{aligned}
\sigma_{xx}\left(i+\frac{1}{2},j\right)=&(\lambda+2\mu)_{i+\frac{1}{2},j}\frac{u_{i+1,j}^{n}-u_{i,j}^{n}}{\Delta x}\\
&+\lambda_{i+\frac{1}{2},j}\frac{v_{i+1/2,j+1/2}^{n}-v_{i+1/2,j-1/2}^{n}}{\Delta z},
\end{aligned}
\tag{7.5.6}
$$

$$\sigma_{xz}\left(i,j+\frac{1}{2}\right)=\mu_{i,j+\frac{1}{2}}\frac{u^n_{i,j+1}-u^n_{i,j}}{\Delta z}$$

$$+\mu_{i,j+\frac{1}{2}}\frac{v^n_{i+1/2,j+1/2}-v^n_{i-1/2,j+1/2}}{\Delta x}, \tag{7.5.7}$$

$$\sigma_{zz}\left(i+\frac{1}{2},j\right)=\lambda_{i+\frac{1}{2},j}\frac{u^n_{i+1,j}-u^n_{i,j}}{\Delta x}$$

$$+(\lambda+2\mu)_{i+\frac{1}{2},j}\frac{v^n_{i+1/2,j+1/2}-v^n_{i+1/2,j-1/2}}{\Delta z}, \tag{7.5.8}$$

在式 (7.5.4)—(7.5.8) 中需要 u,v 在 $\left(i+\frac{1}{2},j+\frac{1}{2}\right)$ 处的值, 有两种方法可求得该点处的值, 第一种是取 $u_{i,j}$ 和 $v_{i,j}$ 的线性组合, 即

$$u_{i+\frac{1}{2},j+\frac{1}{2}}=\frac{1}{2}\left(\frac{u_{i+1,j}+u_{i,j}}{2}+\frac{u_{i,j+1}+u_{i,j}}{2}\right) \tag{7.5.9}$$

物理意义不明确. 第二种方法是 v 也在 $\left(i+\frac{1}{2},j+\frac{1}{2}\right)$ 处计算, 从而构成格式

$$\rho_{i,j}\frac{u^{n+1}_{i,j}-2u^n_{i,j}+u^{n-1}_{i,j}}{\Delta t^2}$$
$$=\frac{\sigma_{xx}(i+1/2,j)-\sigma_{xx}(i-1/2,j)}{\Delta x}+\frac{\sigma_{xz}(i,j+1/2)-\sigma_{xz}(i,j-1/2)}{\Delta z}, \tag{7.5.10}$$

$$\rho_{i+\frac{1}{2},j+1/2}\frac{v^{n+1}_{i+1/2,j+1/2}-2v^n_{i+1/2,j+1/2}+v^{n-1}_{i+\frac{1}{2},j+1/2}}{\Delta t^2}$$
$$=\frac{\sigma_{xz}(i+1,j+1/2)-\sigma_{xz}(i,j+1/2)}{\Delta x}+\frac{\sigma_{zz}(i+1/2,j+1)-\sigma_{zz}(i+1/2,j)}{\Delta z}. \tag{7.5.11}$$

以上格式均是时空二阶精度. 下面在交错网格上, 构造空间高阶精度的格式, 为此定义差分算子

$$D_x u_{i+\frac{1}{2},j}=\sum_{k=1}^{K}\frac{\beta_k}{\Delta x}\left(u_{i+k,j}-u_{i-k+1,j}\right), \tag{7.5.12}$$

$$D_z u_{i,j+\frac{1}{2}}=\sum_{k=1}^{K}\frac{\beta_k}{\Delta z}\left(u_{i,j+k}-u_{i,j-k+1}\right), \tag{7.5.13}$$

$$E_x v_{i,j+\frac{1}{2}}=\sum_{k=1}^{K}\frac{\beta_k}{\Delta x}\left(v_{i+k-\frac{1}{2},j+\frac{1}{2}}-v_{i-k+\frac{1}{2},j+\frac{1}{2}}\right), \tag{7.5.14}$$

$$E_z v_{i+\frac{1}{2},j} = \sum_{k=1}^{K} \frac{\beta_k}{\Delta z} \left(v_{i+\frac{1}{2},j+k-\frac{1}{2}} - v_{i+\frac{1}{2}+1,j-k+\frac{1}{2}} \right), \tag{7.5.15}$$

其中

$$\beta_1 = 1, \quad K = 1, \tag{7.5.16}$$

$$\beta_k = \frac{(-1)^{k+1}}{2k-1} \frac{\prod\limits_{m \neq k}^{K} (2m-1)^2}{\prod\limits_{m \neq k}^{K} \left| (2m-1)^2 - (2k-1)^2 \right|}, \quad k = 1, \cdots, K; \quad K \geqslant 2. \tag{7.5.17}$$

显然, 上述差分算子在所在的网格点处对空间一阶导数具有 $2K$ 阶精度. 当介质均匀时, 式 (7.5.1) 的时间二阶精度空间 $2K$ 阶精度的格式为

$$u_{i,j}^{n+1} = 2u_{i,j}^{n} - u_{i,j}^{n-1} + \frac{\Delta t^2}{\rho} \Big\{ (\lambda + 2\mu) D_x D_x u^n + \lambda D_x E_z v^n + \mu D_z D_z u^n + \mu D_z E_x v^n \Big\}_{i,j}, \tag{7.5.18}$$

$$v_{i+1/2,j+1/2}^{n+1} = 2v_{i+1/2,j+1/2}^{n} - v_{i+1/2,j+1/2}^{n-1} + \frac{\Delta t^2}{\rho} \big[\mu E_x D_z u^n + \mu E_x E_x v^n + \lambda E_z D_x u^n + (\lambda + 2\mu) E_z E_z v^n \big]_{i+\frac{1}{2},j+\frac{1}{2}}. \tag{7.5.19}$$

下面用平面波分析的方法分析稳定性. 假定

$$\begin{pmatrix} u \\ v \end{pmatrix} = \begin{pmatrix} d_1 \\ d_2 \end{pmatrix} \mathrm{e}^{\mathrm{i}(\omega t - k_1 x - k_2 z)} \tag{7.5.20}$$

是式 (7.5.18) 的一个解, 其中 k_1, k_2 为波数. 将式 (7.5.20) 代入式 (7.5.18) 和式 (7.5.19) 可得

$$\begin{aligned} d_1 \sin^2\left(\frac{\omega \Delta t}{2}\right) = & \frac{\Delta t^2}{h^2} \left\{ \frac{\lambda + 2\mu}{\rho} \left[\sum_{k=1}^{K} \beta_k \sin\left((2k-1) \frac{k_1 h}{2} \right) \right]^2 \right. \\ & \left. + \frac{\mu}{\rho} \left[\sum_{k=1}^{K} \beta_k \sin\left((2k-1) \frac{k_2 h}{2} \right) \right]^2 \right\} d_1 \\ & + \frac{\Delta t^2}{h^2} \left\{ \frac{\lambda + \mu}{\rho} \left[\sum_{k=1}^{K} \beta_k \sin\left((2k-1) \frac{k_1 h}{2} \right) \right] \right. \\ & \left. \times \left[\sum_{k=1}^{K} \beta_k \sin\left((2k-1) \frac{k_2 h}{2} \right) \right] \right\} d_2, \end{aligned} \tag{7.5.21}$$

$$\begin{aligned}d_2\sin^2\left(\frac{\omega\Delta t}{2}\right)=&\frac{\Delta t^2}{h^2}\left\{\frac{\lambda+2\mu}{\rho}\left[\sum_{k=1}^{K}\beta_k\sin\left((2k-1)\frac{k_2h}{2}\right)\right]^2\right.\\&\left.+\frac{\mu}{\rho}\left[\sum_{k=1}^{K}\beta_k\sin\left((2k-1)\frac{k_1h}{2}\right)\right]^2\right\}d_2\\&+\frac{\Delta t^2}{h^2}\left\{\frac{\lambda+\mu}{\rho}\left[\sum_{k=1}^{K}\beta_k\sin\left((2k-1)\frac{k_1h}{2}\right)\right]\right.\\&\left.\times\left[\sum_{k=1}^{K}\beta_k\sin\left((2k-1)\frac{k_2h}{2}\right)\right]\right\}d_1,\end{aligned}\tag{7.5.22}$$

其中 $\Delta x=\Delta z=h$. 引进矩阵 $B=(b_{ij})$, 其元素 $b_{11},b_{12}=b_{21},b_{22}$ 定义为

$$\begin{aligned}b_{11}=&\frac{\Delta t^2}{h^2}\left\{\frac{\lambda+2\mu}{\rho}\left[\sum_{k=1}^{K}\beta_k\sin\left((2k-1)\frac{k_1h}{2}\right)\right]^2\right.\\&\left.+\frac{\mu}{\rho}\left[\sum_{k=1}^{K}\beta_k\sin\left((2k-1)\frac{k_2h}{2}\right)\right]^2\right\},\end{aligned}\tag{7.5.23}$$

$$\begin{aligned}b_{12}=&\frac{\Delta t^2}{h^2}\left\{\frac{\lambda+\mu}{\rho}\left[\sum_{k=1}^{K}\beta_k\sin\left((2k-1)\frac{k_1h}{2}\right)\right]\right.\\&\left.\times\left[\sum_{k=1}^{K}\beta_k\sin\left((2k-1)\frac{k_2h}{2}\right)\right]\right\},\end{aligned}\tag{7.5.24}$$

$$\begin{aligned}b_{22}=&\frac{\Delta t^2}{h^2}\left\{\frac{\lambda+2\mu}{\rho}\left[\sum_{k=1}^{K}\beta_k\sin\left((2k-1)\frac{k_2h}{2}\right)\right]^2\right.\\&\left.+\frac{\mu}{\rho}\left[\sum_{k=1}^{K}\beta_k\sin\left((2k-1)\frac{k_1h}{2}\right)\right]^2\right\},\end{aligned}\tag{7.5.25}$$

则式 (7.5.21) 和式 (7.5.22) 可写成

$$\begin{pmatrix}b_{11}&b_{12}\\b_{21}&b_{22}\end{pmatrix}\begin{pmatrix}d_1\\d_2\end{pmatrix}=\sin^2\left(\frac{\omega\Delta t}{2}\right)\begin{pmatrix}d_1\\d_2\end{pmatrix},\tag{7.5.26}$$

通过计算 $B=(b_{ij})$ 的特征值可得

$$\sin\left(\frac{\omega\Delta t}{2}\right)=\frac{v_p\Delta t}{h}\sqrt{A^2(k_1)+A^2(k_2)},\tag{7.5.27}$$

$$\sin\left(\frac{\omega\Delta t}{2}\right)=\frac{v_s\Delta t}{h}\sqrt{A^2(k_1)+A^2(k_2)},\tag{7.5.28}$$

其中

$$A(s)=\sum_{k=1}^{K}\beta_k\sin\left((2k-1)\frac{sh}{2}\right), \tag{7.5.29}$$

$$v_p=\sqrt{\frac{\lambda+2\mu}{\rho}},\quad v_s=\sqrt{\frac{\mu}{\rho}}. \tag{7.5.30}$$

因此有

$$\frac{v_p\Delta t}{h}\sqrt{A^2(k_1)+A^2(k_2)}\leqslant 1, \tag{7.5.31}$$

$$\frac{v_s\Delta t}{h}\sqrt{A^2(k_1)+A^2(k_2)}\leqslant 1. \tag{7.5.32}$$

容易验证

$$\max_{k_1,k_2\in\mathbb{R}}\sqrt{A^2(k_1)+A^2(k_2)}=\sqrt{A^2\left(\frac{\pi}{h}\right)+A^2\left(\frac{\pi}{h}\right)}=\sqrt{2}\left(\sum_{k=1}^{K}|\beta_k|\right). \tag{7.5.33}$$

在均匀网格 ($\Delta x=\Delta z=h$), 格式稳定的充分必要条件是

$$\frac{v_p\Delta t}{h}\leqslant\frac{\sqrt{2}}{2}\left(\sum_{k=1}^{K}|\beta_k|\right)^{-1}. \tag{7.5.34}$$

如果是空间二阶精度的格式, 则 $K=1,\beta_1=1$, 稳定性条件为

$$\frac{v_p\Delta t}{h}\leqslant\frac{\sqrt{2}}{2}. \tag{7.5.35}$$

如果是空间四阶精度的格式, 则 $K=2,\beta_1=\frac{9}{8},\beta_2=-\frac{1}{24}$, 稳定性条件为

$$\frac{v_p\Delta t}{h}\leqslant\frac{3\sqrt{2}}{7}. \tag{7.5.36}$$

如果是非均匀网格, 时间二阶空间 $2K$ 阶精度格式的稳定性条件为

$$v_p\Delta t\sqrt{\frac{1}{\Delta x^2}+\frac{1}{\Delta z^2}}\leqslant\left(\sum_{k=1}^{K}|\beta_k|\right)^{-1}. \tag{7.5.37}$$

关于能量法稳定性分析的结果, 可见文献 [76].

根据上面的交错网格公式, 进行数值计算. 图 7.5.1 是用时空二阶精度的格式计算 u 和 v 分量在 0.6s 时刻的波场切片, 图 7.5.2 是用时间二阶空间四阶精度的格式计算 u 和 v 分量在 0.6s 时刻的波场切片. 模型范围为 $x\times z=6000\text{m}\times6000\text{m}$, 空间步长为 $\Delta x=\Delta z=15\text{m}$, 时间步长为 $\Delta t=0.002\text{s}$, 纵波波速为 $v_p=4000\text{m/s}$, 横波波速为 $v_s=2500\text{m/s}$, 密度为 $\rho=1.2\text{g/cm}^3$.

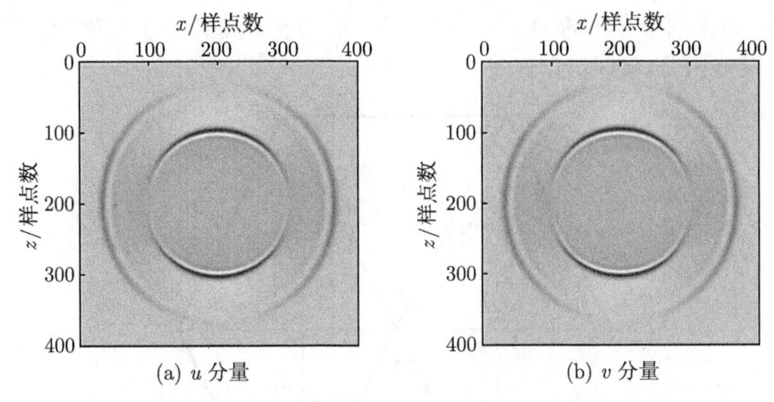

图 7.5.1 时空二阶精度的交错网格格式的 u 分量和 v 分量

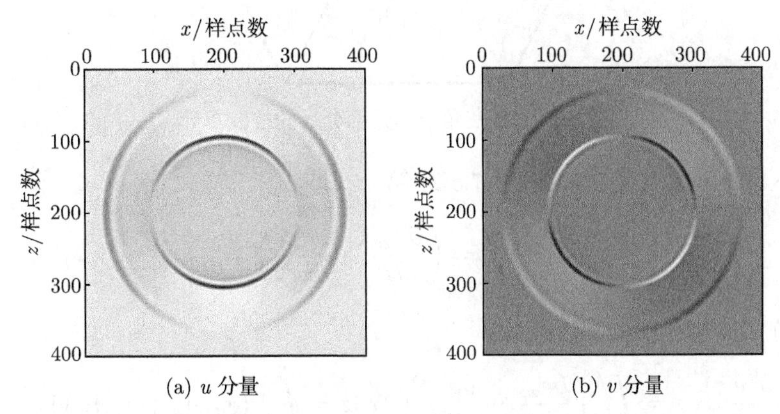

图 7.5.2 时间二阶空间四阶精度的交错网格格式的 u 分量和 v 分量

7.6 二维弹性波方程的有限体积法

有限体积法具有有限元方法的网格剖分的灵活性, 能逼近复杂的几何区域，又具有有限差分方法计算效率高的优点, 本节介绍有限体积法用于二维弹性波方程的求解.

7.6.1 公式推导

首先用三角形网格对区域进行剖分, 在网格剖分完成后, 要选择体积控制元, 控制元类型有两种: 一种是直接将单一的网格单元作为控制元; 另一种是将有公共网格点的网格各取一部分合在一起作为控制元. 这里选取后一种, 由三角形单元的重心点和三角形边的中点连接形成. 如图 7.6.1 所示, 对某一个网格点 p, 设围成的多边形区域为 $A_1A_2\cdots A_{12}A_1$, 并记为 Ω_p, 相应的边界记为 $\partial\Omega_p$. 一般地, Ω_p 是一个十二边形, 如果剖分单元都是正三角形, 则 Ω_p 为正六边形. 下面推导二维弹性波方程的有限体积公式.

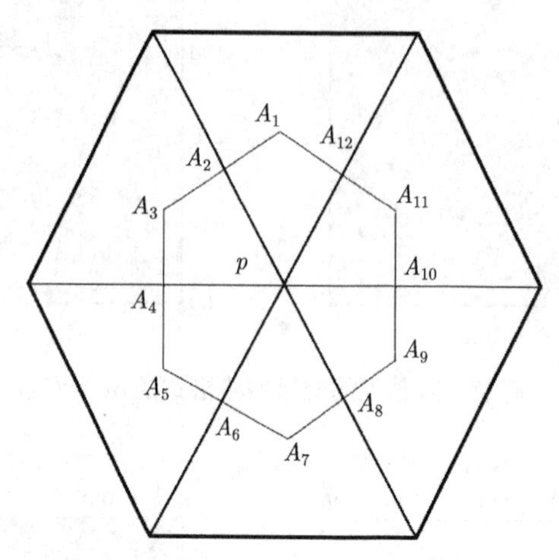

图 7.6.1　正三角形单元剖分后的控制单元

在区域 Ω_p 上对弹性波方程 (7.5.2) 第一式即

$$\rho\frac{\partial^2 u}{\partial t^2}=\left(\frac{\partial\sigma_{xx}}{\partial x}+\frac{\partial\sigma_{xz}}{\partial z}\right)\tag{7.6.1}$$

两边积分, 并应用 Green 公式, 得

$$\iint\limits_{\Omega_p}\rho\frac{\partial^2 u}{\partial t^2}\mathrm{d}x\mathrm{d}z=\iint\limits_{\Omega_p}\left(\frac{\partial\sigma_{xx}}{\partial x}+\frac{\partial\sigma_{xz}}{\partial z}\right)\mathrm{d}x\mathrm{d}z=\oint_{\partial\Omega_p}(\sigma_{xx}n_x+\sigma_{xz}n_z)\mathrm{d}s,\tag{7.6.2}$$

下面分别考虑式 (7.6.2) 中的两个积分. 先考虑右端的线积分, 考虑到 z 轴方向向下, 有

$$n_x\mathrm{d}s=-\mathrm{d}z,\quad n_z\mathrm{d}s=\mathrm{d}x,\tag{7.6.3}$$

因此, 有

$$\begin{aligned}\oint_{\partial\Omega_p}(\sigma_{xx}n_x+\sigma_{xz}n_z)\mathrm{d}s&=\oint_{\partial\Omega_p}(-\sigma_{xx}\mathrm{d}z+\sigma_{xz}\mathrm{d}x)\\&=-\sum_{l=1}^{12}\int_{s_l}\sigma_{xx}\mathrm{d}z+\sum_{l=1}^{12}\int_{s_l}\sigma_{xz}\mathrm{d}x\\&\approx-\sum_{l=1}^{12}(\sigma_{xx})_l|s_l|+\sum_{l=1}^{12}(\sigma_{xz})_l|s_l|,\end{aligned}\tag{7.6.4}$$

其中 $|s_l|$ 是第 l 段线段的长度, 这可由剖分的三角形单元的结点坐标算出.

下面计算式 (7.6.4) 的应力 $\sigma_{xx}, \sigma_{xz}, \sigma_{zz}$. 对多边形其中的三角形单元, 设其三个顶点 i, j, k 成逆时针排列, 顶点坐标分别 (x_i, z_i), (x_j, z_j) 和 (x_k, z_k), 用三角形的三个顶点对三角形区域作线性插值, 得到方程组

$$\begin{cases} ax_i + bz_i + c = u_i, \\ ax_j + bz_j + c = u_j, \\ ax_k + bz_k + c = u_k, \end{cases} \tag{7.6.5}$$

其中系数 a, b, c 由 Cramer 法则解得

$$a = -\frac{1}{2A}\left(\begin{vmatrix} z_j & 1 \\ z_k & 1 \end{vmatrix} u_i + \begin{vmatrix} z_k & 1 \\ z_i & 1 \end{vmatrix} u_j + \begin{vmatrix} z_i & 1 \\ z_j & 1 \end{vmatrix} u_k\right), \tag{7.6.6}$$

$$b = \frac{1}{2A}\left(\begin{vmatrix} x_j & 1 \\ x_k & 1 \end{vmatrix} u_i + \begin{vmatrix} x_k & 1 \\ x_i & 1 \end{vmatrix} u_j + \begin{vmatrix} x_i & 1 \\ x_j & 1 \end{vmatrix} u_k\right), \tag{7.6.7}$$

$$c = -\frac{1}{2A}\left(\begin{vmatrix} x_j & z_j \\ x_k & z_k \end{vmatrix} u_i + \begin{vmatrix} x_k & z_k \\ x_i & z_i \end{vmatrix} u_j + \begin{vmatrix} x_i & z_i \\ x_j & z_j \end{vmatrix} u_k\right), \tag{7.6.8}$$

这里 A 是三角形单元的面积, 由于 z 坐标轴向下, 所以

$$A = -\frac{1}{2}\begin{vmatrix} x_i & z_i & 1 \\ x_j & z_j & 1 \\ x_k & z_k & 1 \end{vmatrix}. \tag{7.6.9}$$

由此得到波场 u 的插值表达式

$$u = ax + bz + c, \tag{7.6.10}$$

从而

$$\frac{\partial u}{\partial x} = a, \quad \frac{\partial u}{\partial z} = b, \tag{7.6.11}$$

类似地, 可得波场 v 的插值表达式

$$v = \tilde{a}x + \tilde{b}z + \tilde{c}, \tag{7.6.12}$$

其中 $\tilde{a}, \tilde{b}, \tilde{c}$ 也由式 (7.6.8) 算出, 只需将其中的 u_i, u_j, u_k 分别换成 v_i, v_j, v_k. 从而

$$\frac{\partial v}{\partial x} = \tilde{a}, \quad \frac{\partial v}{\partial z} = \tilde{b}. \tag{7.6.13}$$

因此得到应力 σ 的表达式

$$\begin{cases}\sigma_{xx}=(\lambda+2\mu)a+\lambda\tilde{b},\\ \sigma_{xz}=\sigma_{xz}=\mu(b+\tilde{a}),\\ \sigma_{zz}=\lambda a+(\lambda+2\mu)\tilde{b}.\end{cases}\tag{7.6.14}$$

可以看到, 在三角形单元内, 应力值都为常数值. 将这些应力值代入式 (7.6.4), 就可算出式 (7.6.2) 右端.

对式 (7.6.2) 左端, 应用质量集中法, 可将区域 Ω_p 中的质量集中点 p 上, 即其余区域的密度置为零, 则有

$$\iint\limits_{\Omega_p}\left(\rho\frac{\partial^2 u}{\partial t^2}\right)\mathrm{d}x\mathrm{d}z=\left(\frac{\partial^2 u}{\partial t^2}\right)_p\iint\limits_{\Omega_p}\rho\mathrm{d}x\mathrm{d}z=M_p\left(\frac{\partial^2 u}{\partial t^2}\right)_p,\tag{7.6.15}$$

其中 M_p 是点 p 处有公共顶点的三角形单元总质量的 $\frac{1}{3}$. 综上得到方程

$$M_p\left(\frac{\partial^2 u}{\partial t^2}\right)_p=-\sum_{l=1}^{12}(\sigma_{xx})_l|s_l|+\sum_{l=1}^{12}(\sigma_{xz})_l|s_l|,\tag{7.6.16}$$

同理, 对方程

$$\rho\frac{\partial^2 v}{\partial t^2}=\left(\frac{\partial\sigma_{zx}}{\partial x}+\frac{\partial\sigma_{zz}}{\partial z}\right)\tag{7.6.17}$$

作类似处理, 可得

$$M_p\left(\frac{\partial^2 v}{\partial t^2}\right)_p=\sum_{l=1}^{12}(\sigma_{zz})_l|s_l|-\sum_{l=1}^{12}(\sigma_{xz})_l|s_l|.\tag{7.6.18}$$

7.6.2 数值计算

下面进行数值计算. 首先考虑均匀介质中的弹性波场的传播, 介质的密度 $\rho=1000\mathrm{kg/m^3}$, 纵波波速 $v_p=3500\mathrm{m/s}$, 横波波速 $v_s=3000\mathrm{m/s}$, λ 和 μ 由

$$\lambda=\rho(v_p^2-2.0v_s^2),\quad \mu=\rho v_s^2$$

计算, 时间步长为 0.004. 图 7.6.2 — 图 7.6.4 是波传播在 0.05s, 0.1s 和 0.2s 时刻的 u_x 分量和 u_z 分量的波场快照. 我们可以看到, 弹性介质中的纵波和横波这两种波型都非常清楚.

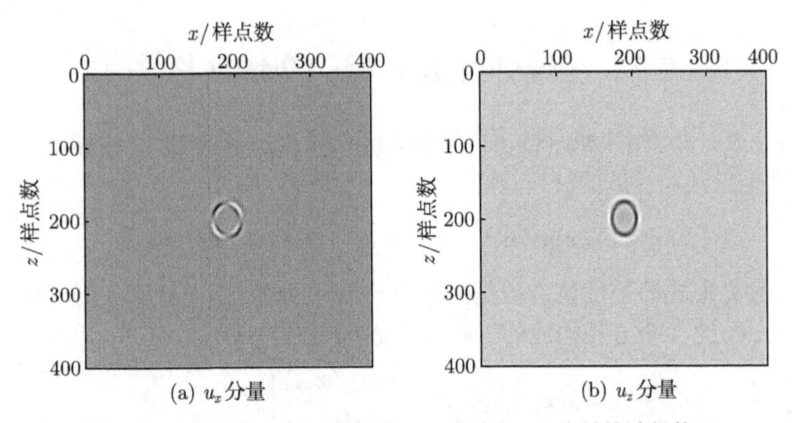

图 7.6.2　波场在 0.05s 时刻的 u_x 分量和 u_z 分量的波场快照

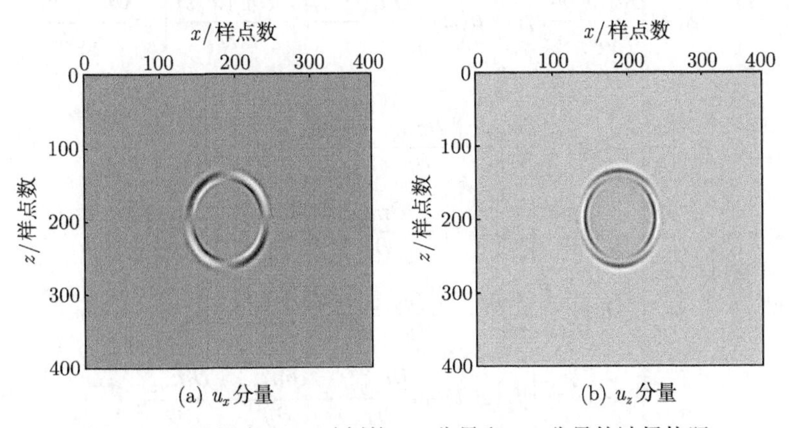

图 7.6.3　波场在 0.1s 时刻的 u_x 分量和 u_z 分量的波场快照

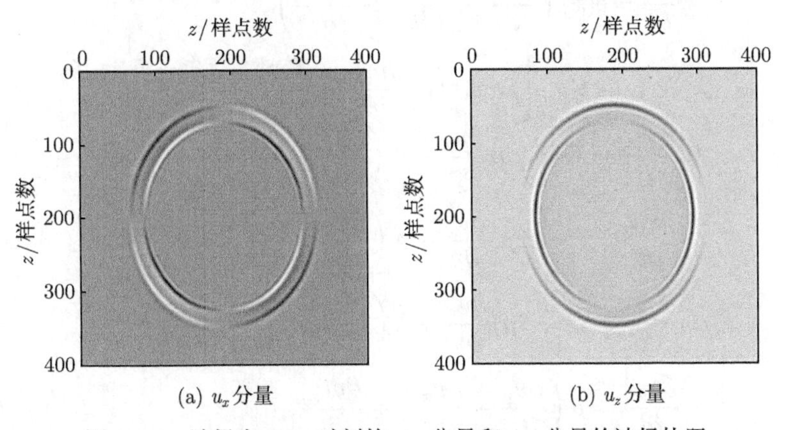

图 7.6.4　波场在 0.2s 时刻的 u_x 分量和 u_z 分量的波场快照

7.7　三维弹性波方程的交错网格法

设 $\boldsymbol{x} \in \mathbb{R}^3$, 介质由拉梅 (Lamé) 常数 $\lambda(\boldsymbol{x})$ 和 $\mu(\boldsymbol{x})$ 及密度 $\rho(\boldsymbol{x})$ 描述. 若 $\alpha(\boldsymbol{x})$, $\beta(\boldsymbol{x})$ 分别是纵波和横波的波速, 则

$$\lambda(\boldsymbol{x}) = \rho(\boldsymbol{x})[\alpha(\boldsymbol{x})^2 - 2\beta^2(\boldsymbol{x})], \quad \mu(\boldsymbol{x}) = \rho(\boldsymbol{x})\beta(\boldsymbol{x})^2. \tag{7.7.1}$$

三维速度应力形式的弹性波方程是关于 3 个速度分量 $u_i(\boldsymbol{x},t)$ 和 6 个独立的应力张量 $\sigma_{ij}(\boldsymbol{x},t)$ 的 9 个方程构成的一阶微分方程组 $(i,j=1,2,3)$

$$\frac{\partial u_i(\boldsymbol{x},t)}{\partial t} - b(\boldsymbol{x})\frac{\partial \sigma_{ij}}{\partial x_j} = b(\boldsymbol{x})\left[f_i(\boldsymbol{x},t) + \frac{\partial m_{ij}^a(\boldsymbol{x},t)}{\partial x_j}\right], \tag{7.7.2}$$

$$\frac{\partial \sigma_{ij}(\boldsymbol{x},t)}{\partial t} - \lambda(\boldsymbol{x})\frac{\partial u_i(\boldsymbol{x},t)}{\partial x_j}\delta_{ij} - \mu(\boldsymbol{x})\left[\frac{\partial u_i(\boldsymbol{x},t)}{\partial x_j} + \frac{\partial u_j(\boldsymbol{x},t)}{\partial x_i}\right] = \frac{\partial m_{ij}^s(\boldsymbol{x},t)}{\partial t}, \tag{7.7.3}$$

或写成

$$\begin{aligned}\frac{\partial u_x}{\partial t} =& b(\boldsymbol{x})\left(\frac{\partial \sigma_{xx}}{\partial x} + \frac{\partial \sigma_{xy}}{\partial y} + \frac{\partial \sigma_{xz}}{\partial z}\right)\\ &+ b(\boldsymbol{x})\left[f_x(\boldsymbol{x},t) + \frac{\partial m_{xx}^a}{\partial x} + \frac{\partial m_{xy}^a}{\partial y} + \frac{\partial m_{xz}^a}{\partial z}\right],\end{aligned} \tag{7.7.4}$$

$$\begin{aligned}\frac{\partial u_y}{\partial t} =& b(\boldsymbol{x})\left(\frac{\partial \sigma_{yx}}{\partial x} + \frac{\partial \sigma_{yy}}{\partial y} + \frac{\partial \sigma_{yz}}{\partial z}\right)\\ &+ b(\boldsymbol{x})\left[f_y(\boldsymbol{x},t) + \frac{\partial m_{yx}^a}{\partial x} + \frac{\partial m_{yy}^a}{\partial y} + \frac{\partial m_{yz}^a}{\partial z}\right],\end{aligned} \tag{7.7.5}$$

$$\begin{aligned}\frac{\partial u_z}{\partial t} =& b(\boldsymbol{x})\left(\frac{\partial \sigma_{zx}}{\partial x} + \frac{\partial \sigma_{zy}}{\partial y} + \frac{\partial \sigma_{zz}}{\partial z}\right)\\ &+ b(\boldsymbol{x})\left[f_z(\boldsymbol{x},t) + \frac{\partial m_{zx}^a}{\partial x} + \frac{\partial m_{zy}^a}{\partial y} + \frac{\partial m_{zz}^a}{\partial z}\right],\end{aligned} \tag{7.7.6}$$

$$\frac{\partial \sigma_{xx}}{\partial t} = (\lambda + 2\mu)\frac{\partial u_x}{\partial x} + \lambda\left(\frac{\partial u_y}{\partial y} + \frac{\partial u_z}{\partial z}\right) + \frac{\partial m_{xx}^s}{\partial t}, \tag{7.7.7}$$

$$\frac{\partial \sigma_{yy}}{\partial t} = (\lambda + 2\mu)\frac{\partial u_y}{\partial y} + \lambda\left(\frac{\partial u_x}{\partial x} + \frac{\partial u_z}{\partial z}\right) + \frac{\partial m_{yy}^s}{\partial t}, \tag{7.7.8}$$

$$\frac{\partial \sigma_{zz}}{\partial t} = (\lambda + 2\mu)\frac{\partial u_z}{\partial z} + \lambda\left(\frac{\partial u_x}{\partial x} + \frac{\partial u_y}{\partial y}\right) + \frac{\partial m_{zz}^s}{\partial t}, \tag{7.7.9}$$

$$\frac{\partial \sigma_{xy}}{\partial t} = \mu\left(\frac{\partial u_y}{\partial x} + \frac{\partial u_x}{\partial y}\right) + \frac{\partial m_{xy}^s}{\partial t}, \tag{7.7.10}$$

$$\frac{\partial \sigma_{xz}}{\partial t} = \mu\left(\frac{\partial u_x}{\partial z} + \frac{\partial u_z}{\partial x}\right) + \frac{\partial m_{xz}^s}{\partial t}, \tag{7.7.11}$$

$$\frac{\partial \sigma_{yz}}{\partial t} = \mu\left(\frac{\partial u_y}{\partial z} + \frac{\partial u_z}{\partial y}\right) + \frac{\partial m_{yz}^s}{\partial t}, \tag{7.7.12}$$

其中 $b(\boldsymbol{x}) = 1/\rho(\boldsymbol{x})$, f_i 是力源, m_{ij}^a 和 m_{ij}^s 是力矩源张量 m_{ij} 的对称和反对称部分, 即

$$m_{ij}^a(\boldsymbol{x},t) = \frac{1}{2}[m_{ij}(\boldsymbol{x},t) + m_{ji}(\boldsymbol{x},t)], \quad m_{ij}^s(\boldsymbol{x},t) = \frac{1}{2}[m_{ij}(\boldsymbol{x},t) - m_{ji}(\boldsymbol{x},t)].$$

力源 $f_i(\boldsymbol{x},t)$ 可用来表示无方向的点源, 描述内爆或外爆的情况, 可写成

$$f_i(\boldsymbol{x},t) = w(t)d_i\delta(\boldsymbol{x} - \boldsymbol{x}_s),$$

其中 $w(t)$ 是震源子波, d_i 是单位向量的分量, 表示力源被应用的方向, $\boldsymbol{x}_s$ 是点源的位置. 力矩源可用来描述力偶、力扭矩等, 点力矩可写成

$$m_{ij}(\boldsymbol{x},t) = -w(t)d_{ij}\delta(\boldsymbol{x} - \boldsymbol{x}_s),$$

其中 d_{ij} 是二阶张量, 表示点力矩被应用的方向.

边界条件是法向应力分量在表面 S 上满足

$$\sigma_{ij}(\boldsymbol{x},t)n_j(\boldsymbol{x}) = t_i(\boldsymbol{x},t),$$

其中 $n_j(\boldsymbol{x})$ 是 S 的外法向的分量, $t_i(\boldsymbol{x},t)$ 是面应力分量.

选择 3D 空间网格

$$\begin{aligned} &x_i = (i-1)\Delta x,\ i = 1,\cdots,I; \quad y_j = (j-1)\Delta y,\ j = 1,\cdots,J, \\ &z_k = (k-1)\Delta z,\ k = 1,\cdots,K; \quad t_l = (l-1)\Delta t,\ l = 1,\cdots,L, \end{aligned}$$

其中 Δx, Δy, Δz, Δt 分别是 x,y,z,t 方向的步长. 对方程离散时, 对不同的量在不同的网格点上取值. 对正应力在网格点上取值

$$\begin{aligned} &\sigma_{xx}(x_i,y_j,z_k,t_l) \triangleq \sigma_{xx}(i,j,k,l), \\ &\sigma_{yy}(x_i,y_j,z_k,t_l) \triangleq \sigma_{yy}(i,j,k,l), \\ &\sigma_{zz}(x_i,y_j,z_k,t_l) \triangleq \sigma_{zz}(i,j,k,l). \end{aligned} \tag{7.7.13}$$

对剪应力在空间半网格点上取值, 即

$$\sigma_{xy}\left(x_i + \frac{\Delta x}{2}, y_j + \frac{\Delta y}{2}, z_k, t_l\right) \triangleq \sigma_{xy}\left(i+\frac{1}{2}, j+\frac{1}{2}, k, l\right), \tag{7.7.14}$$

$$\sigma_{yz}\left(x_i, y_j + \frac{\Delta y}{2}, z_k + \frac{\Delta z}{2}, t_l\right) \triangleq \sigma_{yz}\left(i, j+\frac{1}{2}, k+\frac{1}{2}, l\right), \tag{7.7.15}$$

$$\sigma_{xz}\left(x_i + \frac{\Delta x}{2}, y_j, z_k + \frac{\Delta z}{2}, t_l\right) \triangleq \sigma_{xz}\left(i+\frac{1}{2}, j, k+\frac{1}{2}, l\right). \tag{7.7.16}$$

对速度分量在空间半网格点和时间半网格点上取值

$$u_x\left(x_i+\frac{\Delta x}{2},y_j,z_k,t_l+\frac{\Delta t}{2}\right)\triangleq u_x\left(i+\frac{1}{2},j,k,l+\frac{1}{2}\right),\tag{7.7.17}$$

$$u_y\left(x_i,y_j+\frac{\Delta y}{2},z_k,t_l+\frac{\Delta t}{2}\right)\triangleq u_y\left(i,j+\frac{1}{2},k,l+\frac{1}{2}\right),\tag{7.7.18}$$

$$u_z\left(x_i,y_j,z_k+\frac{\Delta z}{2},t_l+\frac{\Delta t}{2}\right)\triangleq u_z\left(i,j,k+\frac{1}{2},l+\frac{1}{2}\right).\tag{7.7.19}$$

对时间一阶导数取二阶精度的中心差分格式, 对空间一阶导数采用四阶精度的差分格式, 如

$$\left(\frac{\partial f}{\partial x}\right)_{i+\frac{1}{2}}=\frac{f_{i-1}-27f_i+27f_{i+1}-f_{i+2}}{24h}+O(h^4),$$

则速度分量 u_x 的差分方程可写成 (其中 $c_1=9/8,c_2=-1/24$)

$$\begin{aligned}
&u_x\left(i+\frac{1}{2},j,k,l+\frac{1}{2}\right)\\
=&u_x\left(i+\frac{1}{2},j,k,l-\frac{1}{2}\right)+b\left(i+\frac{1}{2},j,k\right)\frac{\Delta t}{\Delta x}\delta_x^4\sigma_{xx}\left(i+\frac{1}{2},j,k,l\right)\\
&+b(i+\frac{1}{2},j,k)\frac{\Delta t}{\Delta y}\delta_y^4\sigma_{xy}(i+\frac{1}{2},j,k,l)+b(i+\frac{1}{2},j,k)\frac{\Delta t}{\Delta z}\delta_z^4\sigma_{xz}(i+\frac{1}{2},j,k,l)\\
&+b\left(i+\frac{1}{2},j,k\right)\Delta tf_x\left(i+\frac{1}{2},j,k,l\right)+b\left(i+\frac{1}{2},j,k\right)\frac{\Delta t}{\Delta x}\delta_x^4m_{xx}^a\left(i+\frac{1}{2},j,k,l\right)\\
&+b\left(i+\frac{1}{2},j,k\right)\frac{\Delta t}{\Delta y}\delta_y^4m_{xy}^a\left(i+\frac{1}{2},j,k,l\right)\\
&+b\left(i+\frac{1}{2},j,k\right)\frac{\Delta t}{\Delta z}\delta_z^4m_{xz}^a\left(i+\frac{1}{2},j,k,l\right).
\end{aligned}\tag{7.7.20}$$

u_y 的差分方程为

$$\begin{aligned}
&u_y\left(i,j+\frac{1}{2},k,l+\frac{1}{2}\right)\\
=&u_y\left(i,j+\frac{1}{2},k,l-\frac{1}{2}\right)+b\left(i,j+\frac{1}{2},k\right)\frac{\Delta t}{\Delta x}\delta_x^4\sigma_{yx}\left(i,j+\frac{1}{2},k,l\right)\\
&+b\left(i,j+\frac{1}{2},k\right)\frac{\Delta t}{\Delta y}\delta_y^4\sigma_{yy}\left(i,j+\frac{1}{2},k,l\right)+b\left(i,j+\frac{1}{2},k\right)\frac{\Delta t}{\Delta z}\delta_z^4\sigma_{yz}\left(i,j+\frac{1}{2},k,l\right)\\
&+b\left(i,j+\frac{1}{2},k\right)\Delta tf_y\left(i,j+\frac{1}{2},k,l\right)+b\left(i,j+\frac{1}{2},k\right)\frac{\Delta t}{\Delta x}\delta_x^4m_{yx}^a\left(i,j+\frac{1}{2},k,l\right)\\
&+b\left(i,j+\frac{1}{2},k\right)\frac{\Delta t}{\Delta y}\delta_y^4m_{yy}^a\left(i,j+\frac{1}{2},k,l\right)\\
&+b\left(i,j+\frac{1}{2},k\right)\frac{\Delta t}{\Delta z}\delta_z^4m_{yz}^a\left(i,j+\frac{1}{2},k,l\right).
\end{aligned}\tag{7.7.21}$$

u_z 的差分方程为

$$
\begin{aligned}
& u_z\left(i,j,k+\frac{1}{2},l+\frac{1}{2}\right) \\
= & u_z\left(i,j,k+\frac{1}{2},l-\frac{1}{2}\right)+b\left(i,j,k+\frac{1}{2}\right)\frac{\Delta t}{\Delta x}\delta_x^4\sigma_{zx}\left(i,j,k+\frac{1}{2},l\right) \\
& +b\left(i,j,k+\frac{1}{2}\right)\frac{\Delta t}{\Delta y}\delta_y^4\sigma_{zy}\left(i,j,k+\frac{1}{2},l\right)+b\left(i,j,k+\frac{1}{2}\right)\frac{\Delta t}{\Delta z}\delta_z^4\sigma_{zz}\left(i,j,k+\frac{1}{2},l\right) \\
& +b\left(i,j,k+\frac{1}{2}\right)\Delta t f_z\left(i,j,k+\frac{1}{2},l\right)+b\left(i,j,k+\frac{1}{2}\right)\frac{\Delta t}{\Delta x}\delta_x^4 m_{zx}^a\left(i,j,k+\frac{1}{2},l\right) \\
& +b\left(i,j,k+\frac{1}{2}\right)\frac{\Delta t}{\Delta y}\delta_y^4 m_{zy}^a\left(i,j,k+\frac{1}{2},l\right) \\
& +b\left(i,j,k+\frac{1}{2}\right)\frac{\Delta t}{\Delta z}\delta_z^4 m_{zz}^a\left(i,j,k+\frac{1}{2},l\right),
\end{aligned}
\tag{7.7.22}
$$

正应力 σ_{xx} 的差分方程为

$$
\begin{aligned}
& \sigma_{xx}(i,j,k,l+1) \\
= & \sigma_{xx}(i,j,k,l)+[\lambda(i,j,k)+2\mu(i,j,k)]\frac{\Delta t}{\Delta x}\delta_x^4 u_x\left(i,j,k,l+\frac{1}{2}\right) \\
& +\lambda(i,j,k)\frac{\Delta t}{\Delta y}\delta_y^4 u_y\left(i,j,k,l+\frac{1}{2}\right)+\lambda(i,j,k)\frac{\Delta t}{\Delta z}\delta_z^4 u_z\left(i,j,k,l+\frac{1}{2}\right) \\
& +[m_{xx}^s(i,j,k,l+1)-m_{xx}^s(i,j,k,l)].
\end{aligned}
\tag{7.7.23}
$$

σ_{yy} 的差分方程为

$$
\begin{aligned}
& \sigma_{yy}(i,j,k,l+1) \\
= & \sigma_{yy}(i,j,k,l)+[\lambda(i,j,k)+2\mu(i,j,k)]\frac{\Delta t}{\Delta y}\delta_y^4 u_y\left(i,j,k,l+\frac{1}{2}\right) \\
& +\lambda(i,j,k)\frac{\Delta t}{\Delta x}\delta_x^4 u_x\left(i,j,k,l+\frac{1}{2}\right)+\lambda(i,j,k)\frac{\Delta t}{\Delta z}\delta_z^4 u_z\left(i,j,k,l+\frac{1}{2}\right) \\
& +[m_{yy}^s(i,j,k,l+1)-m_{yy}^s(i,j,k,l)].
\end{aligned}
\tag{7.7.24}
$$

σ_{zz} 的差分方程为

$$
\begin{aligned}
& \sigma_{zz}(i,j,k,l+1) \\
= & \sigma_{zz}(i,j,k,l)+[\lambda(i,j,k)+2\mu(i,j,k)]\frac{\Delta t}{\Delta z}\delta_z^4 u_z\left(i,j,k,l+\frac{1}{2}\right) \\
& +\lambda(i,j,k)\frac{\Delta t}{\Delta x}\delta_x^4 u_x\left(i,j,k,l+\frac{1}{2}\right)+\lambda(i,j,k)\frac{\Delta t}{\Delta y}\delta_y^4 u_y\left(i,j,k,l+\frac{1}{2}\right) \\
& +[m_{zz}^s(i,j,k,l+1)-m_{zz}^s(i,j,k,l)].
\end{aligned}
\tag{7.7.25}
$$

剪应力分量 σ_{xy} 的差分方程为

$$
\begin{aligned}
&\sigma_{xy}\left(i+\frac{1}{2},j+\frac{1}{2},k,l+1\right)\\
=&\sigma_{xy}\left(i+\frac{1}{2},j+\frac{1}{2},k,l\right)+\mu\left(i+\frac{1}{2},j+\frac{1}{2},k\right)\frac{\Delta t}{\Delta x}\delta_x^4 u_y\left(i+\frac{1}{2},j+\frac{1}{2},k,l+\frac{1}{2}\right)\\
&+\mu\left(i+\frac{1}{2},j+\frac{1}{2},k\right)\frac{\Delta t}{\Delta y}\delta_y^4 u_x\left(i+\frac{1}{2},j+\frac{1}{2},k,l+\frac{1}{2}\right)\\
&+m_{xy}^s\left(i+\frac{1}{2},j+\frac{1}{2},k,l+1\right)-m_{xy}^s\left(i+\frac{1}{2},j+\frac{1}{2},k,l\right).
\end{aligned}\tag{7.7.26}
$$

σ_{xz} 的差分方程为

$$
\begin{aligned}
&\sigma_{xz}\left(i+\frac{1}{2},j,k+\frac{1}{2},l+1\right)\\
=&\sigma_{xz}\left(i+\frac{1}{2},j,k+\frac{1}{2},l\right)+\mu\left(i+\frac{1}{2},j,k+\frac{1}{2}\right)\frac{\Delta t}{\Delta x}\delta_x^4 u_z\left(i+\frac{1}{2},j,k+\frac{1}{2},l+\frac{1}{2}\right)\\
&+\mu\left(i+\frac{1}{2},j,k+\frac{1}{2}\right)\frac{\Delta t}{\Delta z}\delta_z^4 u_x\left(i+\frac{1}{2},j,k+\frac{1}{2},l+\frac{1}{2}\right)\\
&+m_{xz}^s\left(i+\frac{1}{2},j,k+\frac{1}{2},l+1\right)-m_{xz}^s\left(i+\frac{1}{2},j,k+\frac{1}{2},l\right).
\end{aligned}\tag{7.7.27}
$$

σ_{yz} 的差分方程为

$$
\begin{aligned}
&\sigma_{yz}\left(i,j+\frac{1}{2},k+\frac{1}{2},l+1\right)\\
=&\sigma_{yz}\left(i,j+\frac{1}{2},k+\frac{1}{2},l\right)+\mu\left(i,j+\frac{1}{2},k+\frac{1}{2}\right)\frac{\Delta t}{\Delta y}\delta_y^4 u_z\left(i,j+\frac{1}{2},k+\frac{1}{2},l+\frac{1}{2}\right)\\
&+\mu\left(i,j+\frac{1}{2},k+\frac{1}{2}\right)\frac{\Delta t}{\Delta z}\delta_z^4 u_y\left(i,j+\frac{1}{2},k+\frac{1}{2},l+\frac{1}{2}\right)\\
&+m_{yz}^s\left(i,j+\frac{1}{2},k+\frac{1}{2},l+1\right)-m_{yz}^s\left(i,j+\frac{1}{2},k+\frac{1}{2},l\right).
\end{aligned}\tag{7.7.28}
$$

由式 (7.7.20)—(7.7.28) 即可显式求解速度向量和应力张量, 最后, 可输出三分量速度记录, 也可由

$$
-\frac{1}{3}\sigma_{ii}(\boldsymbol{x},t)=-\frac{1}{3}[\sigma_{11}(\boldsymbol{x},t)+\sigma_{22}(\boldsymbol{x},t)+\sigma_{33}(\boldsymbol{x},t)]
$$

输出声压记录.

根据上面的交错网格公式, 进行了计算. 模型范围为 $(x,y,z)\in[0,2000\text{m}]^3$ 的立方体, 空间步长为 $\Delta x=\Delta y=\Delta z=10\text{m}$, 时间步长为 $\Delta t=0.001\text{s}$, 纵波速度 4000m/s, 横波速度 2500m/s, 密度 1.0g/cm^3. 图 7.7.1 是三维波场在 0.2s 时刻的

y-z 二维截面, 图 7.7.2 和图 7.7.3 分别是 x-z 和 x-y 二维截面, 这些数值结果与理论分析均相符.

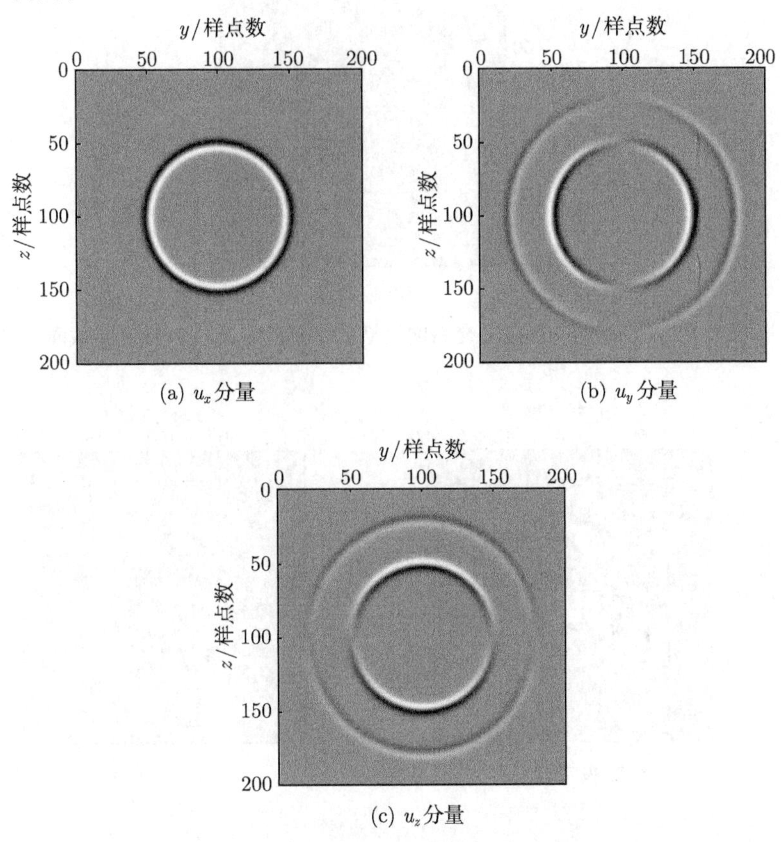

(a) u_x 分量 (b) u_y 分量

(c) u_z 分量

图 7.7.1 空间四阶精度的交错网格格式计算的三维波场的 y-z 截面

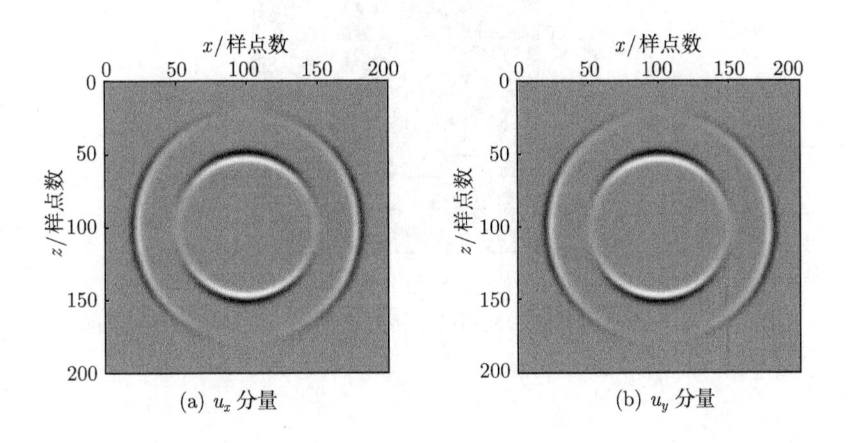

(a) u_x 分量 (b) u_y 分量

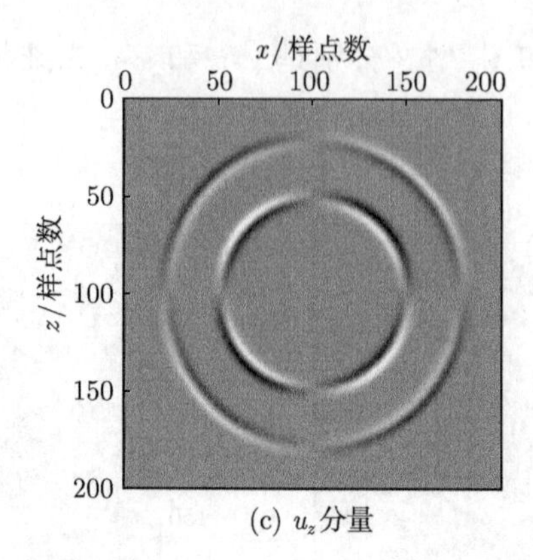

(c) u_z 分量

图 7.7.2 空间四阶精度的交错网格格式计算的三维波场的 x-z 截面

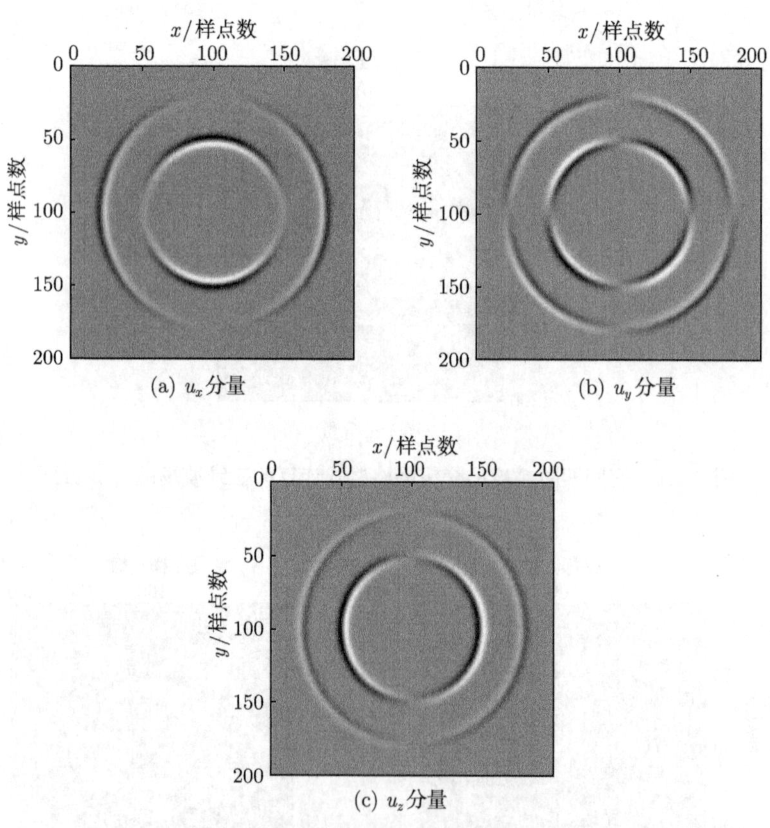

(a) u_x 分量

(b) u_y 分量

(c) u_z 分量

图 7.7.3 空间四阶精度的交错网格格式计算的三维波场的 x-y 截面

7.8 多孔含流体弹性介质方程的交错网格法

7.8.1 弹性多孔介质方程—— Biot 方程

依据以下六个假定: ① 地震波的波长要大于孔隙的尺寸; ② 小变形; ③ 流体相位是连续的; ④ 固体介质是弹性的; ⑤ 介质始终是各向同性的; ⑥ 忽略重力的影响, Biot 建立弹性波在多孔介质中的传播方程 Biot[12−15]. 根据 Biot 理论, 考虑如下带黏性的波动方程

$$2\sum_j \frac{\partial}{\partial x_j}(\mu\sigma_{ij}) + \frac{\partial}{\partial x_i}(\lambda\sigma - \alpha M\xi) = \frac{\partial^2}{\partial t^2}(\rho u_i + \rho_f w_i), \tag{7.8.1}$$

$$\frac{\partial}{\partial x_i}(\alpha M\sigma - M\xi) = \frac{\partial}{\partial t^2}(\rho_f u_i + \mathring{\rho} w_i) + \frac{\eta}{\kappa}\frac{\partial w_i}{\partial t}, \tag{7.8.2}$$

这里 $\mathring{\rho} = a\rho_f/\phi$ 为视密度, 同时

$$M = \left(\frac{\phi}{K_f} + \frac{\alpha - \phi}{K_s}\right)^{-1}, \tag{7.8.3}$$

$$\alpha = 1 - \frac{K_b}{K_s}, \tag{7.8.4}$$

式中参数的物理含义如下: μ 是干多孔介质的剪切模量; λ 是饱和介质的拉梅常数; ϕ 是孔隙度; κ 是渗透率; η 是流体的黏性; $\rho = \phi\rho_f + (1-\phi)\rho_s$ 是整个饱和介质的密度, ρ_s 为固体物质的密度, ρ_f 为流体的密度; a 是介质的弯曲度; K_s 是固体的体积弹性模量; K_f 是流体的体积弹性模量; K_b 是干多孔介质的体积弹性模量.

在式 (7.8.1) 和式 (7.8.2) 中, $i,j = 1,2,3$, 分别表示 x_1, x_2, x_3 即 x, y, z 三个方向. u_i 是固体物质位移矢量的第 i 个分量, $w_i = \phi(U_i - u_i)$ 是孔隙中流体相对于固体位移矢量的第 i 个分量, U_i 是孔隙中流体位移矢量的第 i 个分量; $\sigma = \nabla\cdot\boldsymbol{u}$ 是固体的膨胀率, $\xi = -\nabla\cdot\boldsymbol{w}$ 是流体相对于固体的膨胀率;

$$\sigma_{ij} = \frac{1}{2}\left(\frac{\partial u_j}{\partial x_i} + \frac{\partial u_i}{\partial x_j}\right). \tag{7.8.5}$$

为应用方便, 分别给出二维和三维直角坐标下 Biot 方程的具体形式.

在二维笛卡儿坐标下, 式 (7.8.1) 和式 (7.8.2) 可以写成如下四个方程

$$\begin{aligned}
&(\mathring{\rho}\rho - \rho_f^2)\frac{\partial^2 u_1}{\partial t^2} \\
&= 2\mathring{\rho}\frac{\partial}{\partial x_1}\left(\mu\frac{\partial u_1}{\partial x_1}\right) + \mathring{\rho}\frac{\partial}{\partial x_2}\left(\mu\frac{\partial u_1}{\partial x_2}\right) + \mathring{\rho}\frac{\partial}{\partial x_2}\left(\mu\frac{\partial u_2}{\partial x_1}\right) + \mathring{\rho}\frac{\partial}{\partial x_1}\left(\lambda\frac{\partial u_1}{\partial x_1}\right) \\
&\quad + \mathring{\rho}\frac{\partial}{\partial x_1}\left(\lambda\frac{\partial u_2}{\partial x_2}\right) + \mathring{\rho}\frac{\partial}{\partial x_1}\left(\alpha M\frac{\partial w_1}{\partial x_1}\right) + \mathring{\rho}\frac{\partial}{\partial x_1}\left(\alpha M\frac{\partial w_2}{\partial x_2}\right) - \rho_f\frac{\partial}{\partial x_1}\left(\alpha M\frac{\partial u_1}{\partial x_1}\right) \\
&\quad - \rho_f\frac{\partial}{\partial x_1}\left(\alpha M\frac{\partial u_2}{\partial x_2}\right) - \rho_f\frac{\partial}{\partial x_1}\left(M\frac{\partial w_1}{\partial x_1}\right) - \rho_f\frac{\partial}{\partial x_1}\left(M\frac{\partial w_2}{\partial x_2}\right) + \rho_f\frac{\eta}{\kappa}\frac{\partial w_1}{\partial t},
\end{aligned} \tag{7.8.6}$$

$$
\begin{aligned}
&(\mathring{\rho}\rho-\rho_f^2)\frac{\partial^2 w_1}{\partial t^2}\\
=&\rho\frac{\partial}{\partial x_1}\left(\alpha M\frac{\partial u_1}{\partial x_1}\right)+\rho\frac{\partial}{\partial x_1}\left(\alpha M\frac{\partial u_2}{\partial x_2}\right)+\rho\frac{\partial}{\partial x_1}\left(M\frac{\partial w_1}{\partial x_1}\right)+\rho\frac{\partial}{\partial x_1}\left(M\frac{\partial w_2}{\partial x_2}\right)\\
&-2\rho_f\frac{\partial}{\partial x_1}\left(\mu\frac{\partial u_1}{\partial x_1}\right)-\rho_f\frac{\partial}{\partial x_2}\left(\mu\frac{\partial u_1}{\partial x_2}\right)-\rho_f\frac{\partial}{\partial x_2}\left(\mu\frac{\partial u_2}{\partial x_1}\right)-\rho_f\frac{\partial}{\partial x_1}\left(\lambda\frac{\partial u_1}{\partial x_1}\right)\\
&-\rho_f\frac{\partial}{\partial x_1}\left(\lambda\frac{\partial u_2}{\partial x_2}\right)-\rho_f\frac{\partial}{\partial x_1}\left(\alpha M\frac{\partial w_1}{\partial x_1}\right)-\rho_f\frac{\partial}{\partial x_1}\left(\alpha M\frac{\partial w_2}{\partial x_2}\right)-\rho\frac{\eta}{\kappa}\frac{\partial w_1}{\partial t},
\end{aligned}
\tag{7.8.7}
$$

$$
\begin{aligned}
&(\mathring{\rho}\rho-\rho_f^2)\frac{\partial^2 u_2}{\partial t^2}\\
=&\mathring{\rho}\frac{\partial}{\partial x_1}\left(\mu\frac{\partial u_2}{\partial x_1}\right)+\mathring{\rho}\frac{\partial}{\partial x_1}\left(\mu\frac{\partial u_1}{\partial x_2}\right)+2\mathring{\rho}\frac{\partial}{\partial x_2}\left(\mu\frac{\partial u_2}{\partial x_2}\right)+\mathring{\rho}\frac{\partial}{\partial x_2}\left(\lambda\frac{\partial u_1}{\partial x_1}\right)\\
&+\mathring{\rho}\frac{\partial}{\partial x_2}\left(\lambda\frac{\partial u_2}{\partial x_2}\right)+\mathring{\rho}\frac{\partial}{\partial x_2}\left(\alpha M\frac{\partial w_1}{\partial x_1}\right)+\mathring{\rho}\frac{\partial}{\partial x_2}\left(\alpha M\frac{\partial w_2}{\partial x_2}\right)-\rho_f\frac{\partial}{\partial x_2}\left(\alpha M\frac{\partial u_1}{\partial x_1}\right)\\
&-\rho_f\frac{\partial}{\partial x_2}\left(\alpha M\frac{\partial u_2}{\partial x_2}\right)-\rho_f\frac{\partial}{\partial x_2}\left(M\frac{\partial w_1}{\partial x_1}\right)-\rho_f\frac{\partial}{\partial x_2}\left(M\frac{\partial w_2}{\partial x_2}\right)+\rho_f\frac{\eta}{\kappa}\frac{\partial w_2}{\partial t},
\end{aligned}
\tag{7.8.8}
$$

$$
\begin{aligned}
&(\mathring{\rho}\rho-\rho_f^2)\frac{\partial^2 w_2}{\partial t^2}\\
=&\rho\frac{\partial}{\partial x_2}\left(\alpha M\frac{\partial u_1}{\partial x_1}\right)+\rho\frac{\partial}{\partial x_2}\left(\alpha M\frac{\partial u_2}{\partial x_2}\right)+\rho\frac{\partial}{\partial x_2}\left(M\frac{\partial w_1}{\partial x_1}\right)+\rho\frac{\partial}{\partial x_2}\left(M\frac{\partial w_2}{\partial x_2}\right)\\
&-\rho_f\frac{\partial}{\partial x_1}\left(\mu\frac{\partial u_2}{\partial x_1}\right)-\rho_f\frac{\partial}{\partial x_1}\left(\mu\frac{\partial u_1}{\partial x_2}\right)-2\rho_f\frac{\partial}{\partial x_2}\left(\mu\frac{\partial u_2}{\partial x_2}\right)-\rho_f\frac{\partial}{\partial x_2}\left(\lambda\frac{\partial u_1}{\partial x_1}\right)\\
&-\rho_f\frac{\partial}{\partial x_2}\left(\lambda\frac{\partial u_2}{\partial x_2}\right)-\rho_f\frac{\partial}{\partial x_2}\left(\alpha M\frac{\partial w_1}{\partial x_1}\right)-\rho_f\frac{\partial}{\partial x_2}\left(\alpha M\frac{\partial w_2}{\partial x_2}\right)-\rho\frac{\eta}{\kappa}\frac{\partial w_2}{\partial t}.
\end{aligned}
\tag{7.8.9}
$$

在三维笛卡儿坐标下, 式 (7.8.1) 和式 (7.8.2) 可以写成如下的四个方程

$$
\begin{aligned}
&(\mathring{\rho}\rho-\rho_f^2)\frac{\partial^2 u_1}{\partial t^2}\\
=&2\mathring{\rho}\frac{\partial}{\partial x_1}\left(\mu\frac{\partial u_1}{\partial x_1}\right)+\mathring{\rho}\frac{\partial}{\partial x_2}\left(\mu\frac{\partial u_1}{\partial x_2}\right)+\mathring{\rho}\frac{\partial}{\partial x_2}\left(\mu\frac{\partial u_2}{\partial x_1}\right)+\mathring{\rho}\frac{\partial}{\partial x_3}\left(\mu\frac{\partial u_1}{\partial x_3}\right)\\
&+\mathring{\rho}\frac{\partial}{\partial x_3}\left(\mu\frac{\partial u_3}{\partial x_1}\right)+\mathring{\rho}\frac{\partial}{\partial x_1}\left(\lambda\frac{\partial u_1}{\partial x_1}\right)+\mathring{\rho}\frac{\partial}{\partial x_1}\left(\lambda\frac{\partial u_2}{\partial x_2}\right)\\
&+\mathring{\rho}\frac{\partial}{\partial x_1}\left(\lambda\frac{\partial u_3}{\partial x_3}\right)+\mathring{\rho}\frac{\partial}{\partial x_1}\left(\alpha M\frac{\partial w_1}{\partial x_1}\right)+\mathring{\rho}\frac{\partial}{\partial x_1}\left(\alpha M\frac{\partial w_2}{\partial x_2}\right)+\mathring{\rho}\frac{\partial}{\partial x_1}\left(\alpha M\frac{\partial w_3}{\partial x_3}\right)\\
&-\rho_f\frac{\partial}{\partial x_1}\left(\alpha M\frac{\partial u_1}{\partial x_1}\right)-\rho_f\frac{\partial}{\partial x_1}\left(\alpha M\frac{\partial u_2}{\partial x_2}\right)-\rho_f\frac{\partial}{\partial x_1}\left(\alpha M\frac{\partial u_3}{\partial x_3}\right)-\rho_f\frac{\partial}{\partial x_1}\left(M\frac{\partial w_1}{\partial x_1}\right)\\
&-\rho_f\frac{\partial}{\partial x_1}\left(M\frac{\partial w_2}{\partial x_2}\right)-\rho_f\frac{\partial}{\partial x_1}\left(M\frac{\partial w_3}{\partial x_3}\right)+\rho_f\frac{\eta}{\kappa}\frac{\partial w_1}{\partial t},
\end{aligned}
\tag{7.8.10}
$$

$$
\begin{aligned}
&(\mathring{\rho}\rho-\rho_f^2)\frac{\partial^2 u_2}{\partial t^2}\\
=&\mathring{\rho}\frac{\partial}{\partial x_1}\left(\mu\frac{\partial u_1}{\partial x_2}\right)+\mathring{\rho}\frac{\partial}{\partial x_1}\left(\mu\frac{\partial u_2}{\partial x_1}\right)+2\mathring{\rho}\frac{\partial}{\partial x_2}\left(\mu\frac{\partial u_2}{\partial x_2}\right)+\mathring{\rho}\frac{\partial}{\partial x_3}\left(\mu\frac{\partial u_2}{\partial x_3}\right)\\
&+\mathring{\rho}\frac{\partial}{\partial x_3}\left(\mu\frac{\partial u_3}{\partial x_2}\right)+\mathring{\rho}\frac{\partial}{\partial x_2}\left(\lambda\frac{\partial u_1}{\partial x_1}\right)+\mathring{\rho}\frac{\partial}{\partial x_2}\left(\lambda\frac{\partial u_2}{\partial x_2}\right)+\mathring{\rho}\frac{\partial}{\partial x_2}\left(\lambda\frac{\partial u_3}{\partial x_3}\right)\\
&+\mathring{\rho}\frac{\partial}{\partial x_2}\left(\alpha M\frac{\partial w_1}{\partial x_1}\right)+\mathring{\rho}\frac{\partial}{\partial x_2}\left(\alpha M\frac{\partial w_2}{\partial x_2}\right)+\mathring{\rho}\frac{\partial}{\partial x_2}\left(\alpha M\frac{\partial w_3}{\partial x_3}\right)\\
&-\rho_f\frac{\partial}{\partial x_2}\left(\alpha M\frac{\partial u_1}{\partial x_1}\right)-\rho_f\frac{\partial}{\partial x_2}\left(\alpha M\frac{\partial u_2}{\partial x_2}\right)-\rho_f\frac{\partial}{\partial x_2}\left(\alpha M\frac{\partial u_3}{\partial x_3}\right)\\
&-\rho_f\frac{\partial}{\partial x_2}\left(M\frac{\partial w_1}{\partial x_1}\right)-\rho_f\frac{\partial}{\partial x_2}\left(M\frac{\partial w_2}{\partial x_2}\right)-\rho_f\frac{\partial}{\partial x_2}\left(M\frac{\partial w_3}{\partial x_3}\right)+\rho_f\frac{\eta}{\kappa}\frac{\partial w_2}{\partial t},
\end{aligned}
\tag{7.8.11}
$$

$$
\begin{aligned}
&(\mathring{\rho}\rho-\rho_f^2)\frac{\partial^2 u_3}{\partial t^2}\\
=&\mathring{\rho}\frac{\partial}{\partial x_1}\left(\mu\frac{\partial u_1}{\partial x_3}\right)+\mathring{\rho}\frac{\partial}{\partial x_1}\left(\mu\frac{\partial u_3}{\partial x_1}\right)+\mathring{\rho}\frac{\partial}{\partial x_2}\left(\mu\frac{\partial u_2}{\partial x_3}\right)+\mathring{\rho}\frac{\partial}{\partial x_2}\left(\mu\frac{\partial u_3}{\partial x_2}\right)\\
&+2\mathring{\rho}\frac{\partial}{\partial x_3}\left(\mu\frac{\partial u_3}{\partial x_3}\right)+\mathring{\rho}\frac{\partial}{\partial x_3}\left(\lambda\frac{\partial u_1}{\partial x_1}\right)+\mathring{\rho}\frac{\partial}{\partial x_3}\left(\lambda\frac{\partial u_2}{\partial x_2}\right)+\mathring{\rho}\frac{\partial}{\partial x_3}\left(\lambda\frac{\partial u_3}{\partial x_3}\right)\\
&+\mathring{\rho}\frac{\partial}{\partial x_3}\left(\alpha M\frac{\partial w_1}{\partial x_1}\right)+\mathring{\rho}\frac{\partial}{\partial x_3}\left(\alpha M\frac{\partial w_2}{\partial x_2}\right)+\mathring{\rho}\frac{\partial}{\partial x_3}\left(\alpha M\frac{\partial w_3}{\partial x_3}\right)\\
&-\rho_f\frac{\partial}{\partial x_3}\left(\alpha M\frac{\partial u_1}{\partial x_1}\right)-\rho_f\frac{\partial}{\partial x_3}\left(\alpha M\frac{\partial u_2}{\partial x_2}\right)-\rho_f\frac{\partial}{\partial x_3}\left(\alpha M\frac{\partial u_3}{\partial x_3}\right)\\
&-\rho_f\frac{\partial}{\partial x_3}\left(M\frac{\partial w_1}{\partial x_1}\right)-\rho_f\frac{\partial}{\partial x_3}\left(M\frac{\partial w_2}{\partial x_2}\right)-\rho_f\frac{\partial}{\partial x_3}\left(M\frac{\partial w_3}{\partial x_3}\right)+\rho_f\frac{\eta}{\kappa}\frac{\partial w_3}{\partial t},
\end{aligned}
\tag{7.8.12}
$$

$$
\begin{aligned}
&(\mathring{\rho}\rho-\rho_f^2)\frac{\partial^2 w_1}{\partial t^2}\\
=&\rho\frac{\partial}{\partial x_1}\left(\alpha M\frac{\partial u_1}{\partial x_1}\right)+\rho\frac{\partial}{\partial x_1}\left(\alpha M\frac{\partial u_2}{\partial x_2}\right)+\rho\frac{\partial}{\partial x_1}\left(\alpha M\frac{\partial u_3}{\partial x_3}\right)\\
&+\rho\frac{\partial}{\partial x_1}\left(M\frac{\partial w_1}{\partial x_1}\right)+\rho\frac{\partial}{\partial x_1}\left(M\frac{\partial w_2}{\partial x_2}\right)+\rho\frac{\partial}{\partial x_1}\left(M\frac{\partial w_3}{\partial x_3}\right)\\
&-2\rho_f\frac{\partial}{\partial x_1}\left(\mu\frac{\partial u_1}{\partial x_1}\right)-\rho_f\frac{\partial}{\partial x_2}\left(\mu\frac{\partial u_1}{\partial x_2}\right)-\rho_f\frac{\partial}{\partial x_2}\left(\mu\frac{\partial u_2}{\partial x_1}\right)\\
&-\rho_f\frac{\partial}{\partial x_3}\left(\mu\frac{\partial u_1}{\partial x_3}\right)-\rho_f\frac{\partial}{\partial x_3}\left(\mu\frac{\partial u_3}{\partial x_1}\right)\\
&-\rho_f\frac{\partial}{\partial x_1}\left(\lambda\frac{\partial u_1}{\partial x_1}\right)-\rho_f\frac{\partial}{\partial x_1}\left(\lambda\frac{\partial u_2}{\partial x_2}\right)-\rho_f\frac{\partial}{\partial x_1}\left(\lambda\frac{\partial u_3}{\partial x_3}\right)\\
&-\rho_f\frac{\partial}{\partial x_1}\left(\alpha M\frac{\partial w_1}{\partial x_1}\right)-\rho_f\frac{\partial}{\partial x_1}\left(\alpha M\frac{\partial w_2}{\partial x_2}\right)-\rho_f\frac{\partial}{\partial x_1}\left(\alpha M\frac{\partial w_3}{\partial x_3}\right)-\rho\frac{\eta}{\kappa}\frac{\partial w_1}{\partial t},
\end{aligned}
\tag{7.8.13}
$$

$$
\begin{aligned}
&(\mathring{\rho}\rho-\rho_f^2)\frac{\partial^2 w_2}{\partial t^2}\\
=&\rho\frac{\partial}{\partial x_2}\left(\alpha M\frac{\partial u_1}{\partial x_1}\right)+\rho\frac{\partial}{\partial x_2}\left(\alpha M\frac{\partial u_2}{\partial x_2}\right)+\rho\frac{\partial}{\partial x_2}\left(\alpha M\frac{\partial u_3}{\partial x_3}\right)\\
&+\rho\frac{\partial}{\partial x_2}\left(M\frac{\partial w_1}{\partial x_1}\right)+\rho\frac{\partial}{\partial x_2}\left(M\frac{\partial w_2}{\partial x_2}\right)+\rho\frac{\partial}{\partial x_2}\left(M\frac{\partial w_3}{\partial x_3}\right)\\
&-\rho_f\frac{\partial}{\partial x_1}\left(\mu\frac{\partial u_2}{\partial x_1}\right)-\rho_f\frac{\partial}{\partial x_1}\left(\mu\frac{\partial u_1}{\partial x_2}\right)-2\rho_f\frac{\partial}{\partial x_2}\left(\mu\frac{\partial u_2}{\partial x_2}\right)\\
&-\rho_f\frac{\partial}{\partial x_3}\left(\mu\frac{\partial u_2}{\partial x_3}\right)-\rho_f\frac{\partial}{\partial x_3}\left(\mu\frac{\partial u_3}{\partial x_2}\right)\\
&-\rho_f\frac{\partial}{\partial x_2}\left(\lambda\frac{\partial u_1}{\partial x_1}\right)-\rho_f\frac{\partial}{\partial x_2}\left(\lambda\frac{\partial u_2}{\partial x_2}\right)-\rho_f\frac{\partial}{\partial x_2}\left(\lambda\frac{\partial u_3}{\partial x_3}\right)\\
&-\rho_f\frac{\partial}{\partial x_2}\left(\alpha M\frac{\partial w_1}{\partial x_1}\right)-\rho_f\frac{\partial}{\partial x_2}\left(\alpha M\frac{\partial w_2}{\partial x_2}\right)-\rho_f\frac{\partial}{\partial x_2}\left(\alpha M\frac{\partial w_3}{\partial x_3}\right)-\rho\frac{\eta}{\kappa}\frac{\partial w_2}{\partial t},
\end{aligned}
\tag{7.8.14}
$$

$$
\begin{aligned}
&(\mathring{\rho}\rho-\rho_f^2)\frac{\partial^2 w_3}{\partial t^2}\\
=&\rho\frac{\partial}{\partial x_3}\left(\alpha M\frac{\partial u_1}{\partial x_1}\right)+\rho\frac{\partial}{\partial x_3}\left(\alpha M\frac{\partial u_2}{\partial x_2}\right)+\rho\frac{\partial}{\partial x_3}\left(\alpha M\frac{\partial u_3}{\partial x_3}\right)\\
&+\rho\frac{\partial}{\partial x_3}\left(M\frac{\partial w_1}{\partial x_1}\right)+\rho\frac{\partial}{\partial x_3}\left(M\frac{\partial w_2}{\partial x_2}\right)+\rho\frac{\partial}{\partial x_3}\left(M\frac{\partial w_3}{\partial x_3}\right)\\
&-\rho_f\frac{\partial}{\partial x_1}\left(\mu\frac{\partial u_3}{\partial x_1}\right)-\rho_f\frac{\partial}{\partial x_1}\left(\mu\frac{\partial u_1}{\partial x_3}\right)-\rho_f\frac{\partial}{\partial x_2}\left(\mu\frac{\partial u_3}{\partial x_2}\right)\\
&-\rho_f\frac{\partial}{\partial x_2}\left(\mu\frac{\partial u_2}{\partial x_3}\right)-2\rho_f\frac{\partial}{\partial x_3}\left(\mu\frac{\partial u_3}{\partial x_3}\right)\\
&-\rho_f\frac{\partial}{\partial x_3}\left(\lambda\frac{\partial u_1}{\partial x_1}\right)-\rho_f\frac{\partial}{\partial x_3}\left(\lambda\frac{\partial u_2}{\partial x_2}\right)-\rho_f\frac{\partial}{\partial x_3}\left(\lambda\frac{\partial u_3}{\partial x_3}\right)\\
&-\rho_f\frac{\partial}{\partial x_3}\left(\alpha M\frac{\partial w_1}{\partial x_1}\right)-\rho_f\frac{\partial}{\partial x_3}\left(\alpha M\frac{\partial w_2}{\partial x_2}\right)-\rho_f\frac{\partial}{\partial x_3}\left(\alpha M\frac{\partial w_3}{\partial x_3}\right)-\rho\frac{\eta}{\kappa}\frac{\partial w_3}{\partial t},
\end{aligned}
\tag{7.8.15}
$$

7.8.2 基于速度压力方程的交错网格法

下面将 Biot 方程写成速度压力的方程. 令

$$
\boldsymbol{v}^s:=\frac{\partial u}{\partial t},\quad \boldsymbol{v}^f:=\frac{\partial w}{\partial t},
\tag{7.8.16}
$$

则 Biot 方程的速度压力方程为

$$
(m\rho-\rho_f^2)\frac{\partial \boldsymbol{v}^s}{\partial t}=m\nabla\cdot\boldsymbol{\sigma}+\rho_f\nabla P_f+\rho_f\frac{\eta}{\kappa}\boldsymbol{v}^f,
\tag{7.8.17}
$$

$$
(m\rho-\rho_f^2)\frac{\partial \boldsymbol{v}^f}{\partial t}=-\rho_f\nabla\cdot\boldsymbol{\sigma}-\rho\nabla P_f-\rho\frac{\eta}{\kappa}\boldsymbol{v}^f,
\tag{7.8.18}
$$

其中

$$\boldsymbol{v}^s = \begin{pmatrix} v_1^s(x,y,z,t) \\ v_2^s(x,y,z,t) \\ v_3^s(x,y,z,t) \end{pmatrix}, \quad \boldsymbol{v}^f = \begin{pmatrix} v_1^f(x,y,z,t) \\ v_2^f(x,y,z,t) \\ v_3^f(x,y,z,t) \end{pmatrix}, \tag{7.8.19}$$

$$\boldsymbol{\sigma} = \begin{pmatrix} \lambda_s e + 2\mu e_{11} & 2\mu e_{12} & 2\mu e_{13} \\ 2\mu e_{21} & \lambda_s e + 2\mu e_{22} & 2\mu e_{23} \\ 2\mu e_{31} & 2\mu e_{32} & \lambda_s e + 2\mu e_{33} \end{pmatrix} - \alpha M \xi I, \tag{7.8.20}$$

$$P_f = -\alpha M e + M\xi, \tag{7.8.21}$$

$$\frac{\partial e}{\partial t} = \frac{\partial v_1^s}{\partial x} + \frac{\partial v_2^s}{\partial y} + \frac{\partial v_3^s}{\partial z}, \tag{7.8.22}$$

$$\frac{\partial e_{11}}{\partial t} = \frac{\partial v_1^s}{\partial x}, \tag{7.8.23}$$

$$\frac{\partial e_{22}}{\partial t} = \frac{\partial v_2^s}{\partial y}, \tag{7.8.24}$$

$$\frac{\partial e_{33}}{\partial t} = \frac{\partial v_3^s}{\partial z}, \tag{7.8.25}$$

$$\frac{\partial e_{12}}{\partial t} = \frac{\partial e_{21}}{\partial t} = \frac{1}{2}\left(\frac{\partial v_1^s}{\partial y} + \frac{\partial v_2^s}{\partial x}\right), \tag{7.8.26}$$

$$\frac{\partial e_{13}}{\partial t} = \frac{\partial e_{31}}{\partial t} = \frac{1}{2}\left(\frac{\partial v_1^s}{\partial z} + \frac{\partial v_3^s}{\partial x}\right), \tag{7.8.27}$$

$$\frac{\partial e_{23}}{\partial t} = \frac{\partial e_{32}}{\partial t} = \frac{1}{2}\left(\frac{\partial v_2^s}{\partial z} + \frac{\partial v_3^s}{\partial y}\right), \tag{7.8.28}$$

$$\xi = -\left(\frac{\partial v_1^f}{\partial x} + \frac{\partial v_2^f}{\partial y} + \frac{\partial v_3^f}{\partial z}\right). \tag{7.8.29}$$

设 $\Delta x, \Delta y, \Delta z, \Delta t$ 分别是 x, y, z, t 方向的步长, 对方程离散时, 对不同的量在交错的网格上取值 $(i = 1, \cdots, I; j = 1, \cdots, J; k = 1, \cdots, K; l = 1, \cdots, L)$

$$v_1^s\left(x_i + \frac{\Delta x}{2}, y_j, z_k, t_l + \frac{\Delta t}{2}\right) \triangleq v_1^s\left(i + \frac{1}{2}, j, k, l + \frac{1}{2}\right), \tag{7.8.30}$$

$$v_1^f\left(x_i + \frac{\Delta x}{2}, y_j, z_k, t_l + \frac{\Delta t}{2}\right) \triangleq v_1^f\left(i + \frac{1}{2}, j, k, l + \frac{1}{2}\right), \tag{7.8.31}$$

$$v_2^s\left(x_i, y_j + \frac{\Delta y}{2}, z_k, t_l + \frac{\Delta t}{2}\right) \triangleq v_2^s\left(i, j + \frac{1}{2}, k, l + \frac{1}{2}\right), \tag{7.8.32}$$

$$v_2^f\left(x_i, y_j + \frac{\Delta y}{2}, z_k, t_l + \frac{\Delta t}{2}\right) \triangleq v_2^f\left(i, j + \frac{1}{2}, k, l + \frac{1}{2}\right), \tag{7.8.33}$$

$$v_3^s\left(x_i, y_j, z_k+\frac{\Delta z}{2}, t_l+\frac{\Delta t}{2}\right) \triangleq v_3^s\left(i, j, k+\frac{1}{2}, l+\frac{1}{2}\right), \tag{7.8.34}$$

$$v_3^f\left(x_i, y_j, z_k+\frac{\Delta z}{2}, t_l+\frac{\Delta t}{2}\right) \triangleq v_3^f\left(i, j, k+\frac{1}{2}, l+\frac{1}{2}\right), \tag{7.8.35}$$

$$e(x_i, y_j, z_k, t_l) \triangleq e(i, j, k, l), \tag{7.8.36}$$

$$\xi(x_i, y_j, z_k, t_l) \triangleq \xi(i, j, k, l), \tag{7.8.37}$$

$$e_{11}(x_i, y_j, z_k, t_l) \triangleq e_{11}(i, j, k, l), \tag{7.8.38}$$

$$e_{22}(x_i, y_j, z_k, t_l) \triangleq e_{22}(i, j, k, l), \tag{7.8.39}$$

$$e_{33}(x_i, y_j, z_k, t_l) \triangleq e_{33}(i, j, k, l), \tag{7.8.40}$$

$$e_{12}\left(x_i+\frac{\Delta x}{2}, y_j+\frac{\Delta y}{2}, z_k, t_l\right) \triangleq e_{12}\left(i+\frac{1}{2}, j+\frac{1}{2}, k, l\right), \tag{7.8.41}$$

$$e_{13}\left(x_i+\frac{\Delta x}{2}, y_j, z_k+\frac{\Delta z}{2}, t_l\right) \triangleq e_{13}\left(i+\frac{1}{2}, j, k+\frac{1}{2}, l\right), \tag{7.8.42}$$

$$e_{23}\left(x_i, y_j+\frac{\Delta y}{2}, z_k+\frac{\Delta z}{2}, t_l\right) \triangleq e_{23}\left(i, j+\frac{1}{2}, k+\frac{1}{2}, l\right). \tag{7.8.43}$$

用 $\dfrac{(\boldsymbol{v}^f)^{l+\frac{1}{2}}+(\boldsymbol{v}^f)^{l-\frac{1}{2}}}{2}$ 来近似 $\boldsymbol{v}^l$, 对空间导数用如下二阶或者四阶的差分近似

$$\left(\frac{\partial f}{\partial x}\right)_{i+\frac{1}{2}} = \frac{f_{i+1}-f_i}{\Delta x}+O(\Delta x^2), \tag{7.8.44}$$

$$\left(\frac{\partial f}{\partial x}\right)_{i+\frac{1}{2}} = \frac{f_{i-1}-27f_i+27f_{i+1}-f_{i+2}}{24\Delta x}+O(\Delta x^4), \tag{7.8.45}$$

并引进如下差分算子

$$\delta_x^2 f_{i+\frac{1}{2}} = f_{i+1}-f_i, \tag{7.8.46}$$

$$\delta_x^4 f_{i+\frac{1}{2}} = \frac{f_{i-1}-27f_i+27f_{i+1}-f_{i+2}}{24}, \tag{7.8.47}$$

等等, 得到如下格式

$$e(i, j, k, l+1) = e(i, j, k, l)+\left(\frac{\Delta t}{\Delta x}\delta_x^p v_1^s+\frac{\Delta t}{\Delta y}\delta_y^p v_2^s+\frac{\Delta t}{\Delta z}\delta_z^p v_3^s\right)\left(i, j, k, l+\frac{1}{2}\right), \tag{7.8.48}$$

$$\xi(i, j, k, l+1) = \xi(i, j, k, l)-\left(\frac{\Delta t}{\Delta x}\delta_x^p v_1^f+\frac{\Delta t}{\Delta y}\delta_y^p v_2^f+\frac{\Delta t}{\Delta z}\delta_z^p v_3^f\right)\left(i, j, k, l+\frac{1}{2}\right), \tag{7.8.49}$$

$$e_{11}(i, j, k, l+1) = e_{11}(i, j, k, l)+\frac{\Delta t}{\Delta x}\delta_x^p v_1^s\left(i, j, k, l+\frac{1}{2}\right), \tag{7.8.50}$$

$$e_{22}(i,j,k,l+1)=e_{22}(i,j,k,l)+\frac{\Delta t}{\Delta y}\delta_y^p v_2^s\left(i,j,k,l+\frac{1}{2}\right), \tag{7.8.51}$$

$$e_{33}(i,j,k,l+1)=e_{33}(i,j,k,l)+\frac{\Delta t}{\Delta z}\delta_z^p v_3^s\left(i,j,k,l+\frac{1}{2}\right), \tag{7.8.52}$$

$$\begin{aligned}&e_{12}\left(i+\frac{1}{2},j+\frac{1}{2},k,l+1\right)\\=&e_{12}\left(i+\frac{1}{2},j+\frac{1}{2},k,l\right)+\frac{1}{2}\left(\frac{\Delta t}{\Delta y}\delta_y^p v_1^s+\frac{\Delta t}{\Delta x}\delta_x^p v_2^s\right)\left(i+\frac{1}{2},j+\frac{1}{2},k,l+\frac{1}{2}\right),\end{aligned} \tag{7.8.53}$$

$$\begin{aligned}&e_{13}\left(i+\frac{1}{2},j,k+\frac{1}{2},l+1\right)\\=&e_{13}\left(i+\frac{1}{2},j,k+\frac{1}{2},l\right)+\frac{1}{2}\left(\frac{\Delta t}{\Delta z}\delta_z^p v_1^s+\frac{\Delta t}{\Delta x}\delta_x^p v_3^s\right)\left(i+\frac{1}{2},j,k+\frac{1}{2},l+\frac{1}{2}\right),\end{aligned} \tag{7.8.54}$$

$$\begin{aligned}&e_{23}\left(i,j+\frac{1}{2},k+\frac{1}{2},l+1\right)\\=&e_{23}\left(i,j+\frac{1}{2},k+\frac{1}{2},l\right)+\frac{1}{2}\left(\frac{\Delta t}{\Delta y}\delta_y^p v_3^s+\frac{\Delta t}{\Delta z}\delta_z^p v_2^s\right)\left(i,j+\frac{1}{2},k+\frac{1}{2},l+\frac{1}{2}\right),\end{aligned} \tag{7.8.55}$$

$$P_f(i,j,k,l+1)=-\alpha Me(i,j,k,l+1)+M\xi(i,j,k,l+1), \tag{7.8.56}$$

$$\begin{aligned}&\left(m\rho-\rho_f^2+\frac{\Delta t}{2}\rho\frac{\eta}{\kappa}\right)v_1^f\left(i+\frac{1}{2},j,k,l+\frac{1}{2}\right)\\=&\left(m\rho-\rho_f^2-\frac{\Delta t}{2}\rho\frac{\eta}{\kappa}\right)v_1^f\left(i+\frac{1}{2},j,k,l-\frac{1}{2}\right)\\&-\left\{\rho_f\left[\frac{\Delta t}{\Delta x}\delta_x^p\Big(\lambda_s e+2\mu e_{11}\Big)+\frac{\Delta t}{\Delta y}\delta_y^p\Big(2\mu e_{12}\Big)+\frac{\Delta t}{\Delta z}\delta_z^p\Big(2\mu e_{13}\Big)-\alpha\frac{\Delta t}{\Delta x}\delta_x^p M\xi\right]\right.\\&\left.+\rho\frac{\Delta t}{\Delta x}\delta_x^p P_f\right\}\left(i+\frac{1}{2},j,k,l\right),\end{aligned} \tag{7.8.57}$$

$$\begin{aligned}&\left(m\rho-\rho_f^2+\frac{\Delta t}{2}\rho\frac{\eta}{\kappa}\right)v_2^f\left(i,j+\frac{1}{2},k,l+\frac{1}{2}\right)\\=&\left(m\rho-\rho_f^2-\frac{\Delta t}{2}\rho\frac{\eta}{\kappa}\right)v_2^f\left(i,j+\frac{1}{2},k,l-\frac{1}{2}\right)\\&-\left\{\rho_f\left[\frac{\Delta t}{\Delta x}\delta_x^p\Big(2\mu e_{12}\Big)+\frac{\Delta t}{\Delta y}\delta_y^p\Big(\lambda_s e+2\mu e_{22}\Big)+\frac{\Delta t}{\Delta z}\delta_z^p\Big(2\mu e_{23}\Big)-\alpha\frac{\Delta t}{\Delta y}\delta_y^p M\xi\right]\right.\\&\left.+\rho\frac{\Delta t}{\Delta y}\delta_y^p P_f\right\}\left(i,j+\frac{1}{2},k,l\right),\end{aligned}$$

$$\begin{aligned}&\left(m\rho-\rho_f^2+\frac{\Delta t}{2}\rho\frac{\eta}{\kappa}\right)v_3^f\left(i,j,k+\frac{1}{2},l+\frac{1}{2}\right)\\=&\left(m\rho-\rho_f^2-\frac{\Delta t}{2}\rho\frac{\eta}{\kappa}\right)v_3^f\left(i,j,k+\frac{1}{2},l-\frac{1}{2}\right)\\&-\left\{\rho_f\left[\frac{\Delta t}{\Delta x}\delta_x^p\Big(2\mu e_{13}\Big)+\frac{\Delta t}{\Delta y}\delta_y^p\Big(2\mu e_{23}\Big)+\frac{\Delta t}{\Delta z}\delta_z^p\Big(\lambda_s e+2\mu e_{33}\Big)-\alpha\frac{\Delta t}{\Delta z}\delta_z^p M\xi\right]\right.\\&\left.+\rho\frac{\Delta t}{\Delta z}\delta_z^p P_f\right\}\left(i,j,k+\frac{1}{2},l\right),\end{aligned}\tag{7.8.58}$$

$$\begin{aligned}&\left(m\rho-\rho_f^2\right)v_1^s\left(i+\frac{1}{2},j,k,l+\frac{1}{2}\right)\\=&\left(m\rho-\rho_f^2\right)v_1^s\left(i+\frac{1}{2},j,k,l-\frac{1}{2}\right)\\&+\left\{m\left[\frac{\Delta t}{\Delta x}\delta_x^p\Big(\lambda_s e+2\mu e_{11}\Big)+\frac{\Delta t}{\Delta y}\delta_y^p\Big(2\mu e_{12}\Big)+\frac{\Delta t}{\Delta z}\delta_z^p\Big(2\mu e_{13}\Big)-\alpha\frac{\Delta t}{\Delta x}\delta_x^p M\xi\right]\right.\\&\left.+\rho_f\frac{\Delta t}{\Delta x}\delta_x^p P_f\right\}\left(i+\frac{1}{2},j,k,l\right)+\rho_f\frac{\eta}{\kappa}\frac{\Delta t}{2}\left(v_1^f\left(i+\frac{1}{2},j,k,l+\frac{1}{2}\right)\right.\\&\left.+v_1^f\left(i+\frac{1}{2},j,k,l-\frac{1}{2}\right)\right),\end{aligned}\tag{7.8.59}$$

$$\begin{aligned}&(m\rho-\rho_f^2)v_2^s\left(i,j+\frac{1}{2},k,l+\frac{1}{2}\right)\\=&(m\rho-\rho_f^2)v_2^s\left(i,j+\frac{1}{2},k,l-\frac{1}{2}\right)\\&+\left\{m\left[\frac{\Delta t}{\Delta x}\delta_x^p\Big(2\mu e_{12}\Big)+\frac{\Delta t}{\Delta y}\delta_y^p\Big(\lambda_s e+2\mu e_{22}\Big)+\frac{\Delta t}{\Delta z}\delta_z^p\Big(2\mu e_{23}\Big)-\alpha\frac{\Delta t}{\Delta y}\delta_y^p M\xi\right]\right.\\&\left.+\rho_f\frac{\Delta t}{\Delta y}\delta_y^p P_f\right\}\left(i,j+\frac{1}{2},k,l\right)+\rho_f\frac{\eta}{\kappa}\frac{\Delta t}{2}\left(v_2^f\left(i,j+\frac{1}{2},k,l+\frac{1}{2}\right)\right.\\&\left.+v_2^f\left(i,j+\frac{1}{2},k,l-\frac{1}{2}\right)\right),\end{aligned}\tag{7.8.60}$$

$$\begin{aligned}&(m\rho-\rho_f^2)v_3^s\left(i,j,k+\frac{1}{2},l+\frac{1}{2}\right)\\=&(m\rho-\rho_f^2)v_3^s\left(i,j,k+\frac{1}{2},l-\frac{1}{2}\right)\\&+\left\{m\left[\frac{\Delta t}{\Delta x}\delta_x^p\Big(2\mu e_{13}\Big)+\frac{\Delta t}{\Delta y}\delta_y^p\Big(2\mu e_{23}\Big)+\frac{\Delta t}{\Delta z}\delta_z^p\Big(\lambda_s e+2\mu e_{33}\Big)-\alpha\frac{\Delta t}{\Delta z}\delta_z^p M\xi\right]\right.\\&\left.+\rho_f\frac{\Delta t}{\Delta z}\delta_z^p P_f\right\}\left(i,j,k+\frac{1}{2},l\right)+\rho_f\frac{\eta}{\kappa}\frac{\Delta t}{2}\left(v_3^f\left(i,j,k+\frac{1}{2},l+\frac{1}{2}\right)\right.\\&\left.+v_3^f\left(i,j,k+\frac{1}{2},l-\frac{1}{2}\right)\right).\end{aligned}\tag{7.8.61}$$

7.8.3　二维数值计算

取 $\Delta x, \Delta z$ 为沿 x, z 方向的网格步长. 在数值计算中, 先由式(7.8.7)和式(7.8.9), 根据 $n, n-1$ 时间层的数据得到 $n+1$ 层的 w_1, w_2, 再由式 (7.8.6) 和式 (7.8.8) 计算 $n+1$ 时刻的 u_1, u_2. 我们取计算区域为 $N_x \times N_z = 200 \times 200$, 空间步长 $\Delta x = \Delta z = 1.5\text{m}$, 时间步长 $\Delta t = 0.0001\text{s}$. 波源 $S(t)$ 置于区域中心,

$$S(t) = t\mathrm{e}^{(-\pi f_0 t)^2}, \tag{7.8.62}$$

且频率 $f_0 = 40\text{Hz}$. 图 7.8.1 是二阶精度的交错网格格式的 u_x 分量和 u_y 分量, 图 7.8.2 是相应的 w_x 分量和 w_y 分量. 图 7.8.3 是四阶精度的交错网格格式的 u_x 分量和 u_y 分量, 图 7.8.4 是相应的 w_x 分量和 w_y 分量. 由这些图可以看到, 波场传播的波前均非常清晰, 而且从流体分量的图 7.8.2 和图 7.8.4 中可清晰地看到三种波型, 这是含流体多孔介质波传播的典型特征, 与理论分析相符.

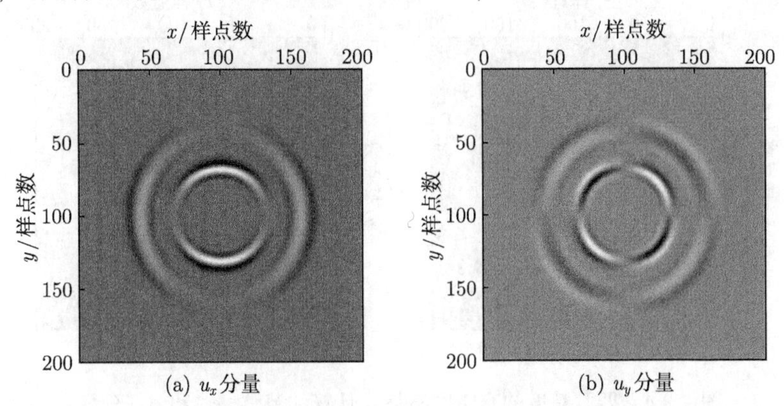

(a) u_x 分量　　(b) u_y 分量

图 7.8.1　二阶精度的交错网格格式计算的固体 u_x 和 u_y 分量

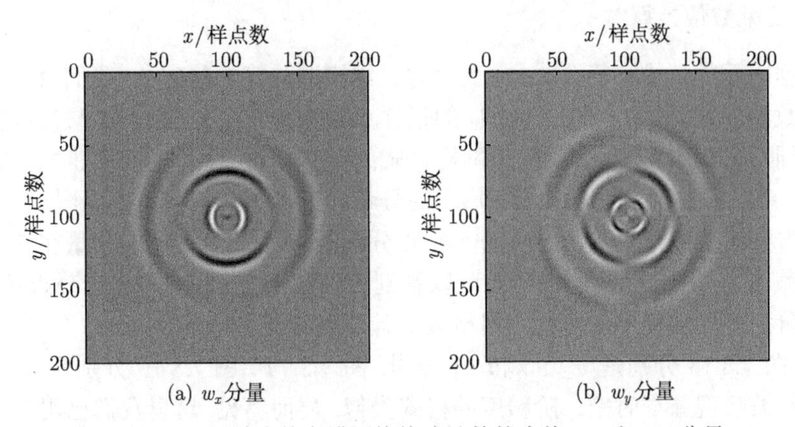

(a) w_x 分量　　(b) w_y 分量

图 7.8.2　二阶精度的交错网格格式计算的流体 w_x 和 w_y 分量

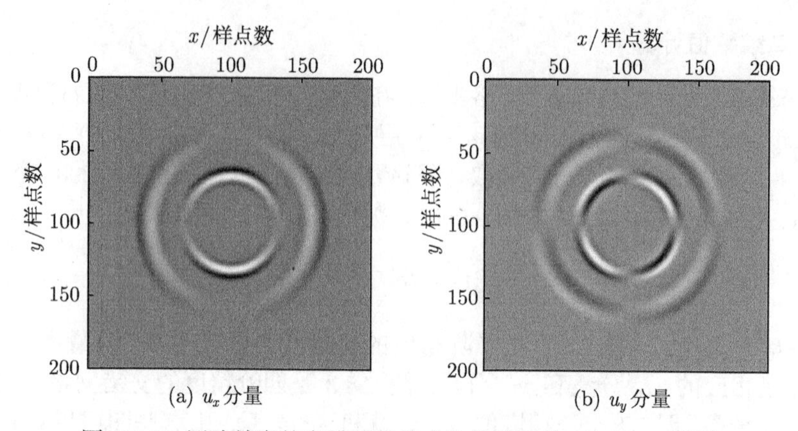

(a) u_x 分量 (b) u_y 分量

图 7.8.3 四阶精度的交错网格格式计算的固体 u_x 和 u_y 分量

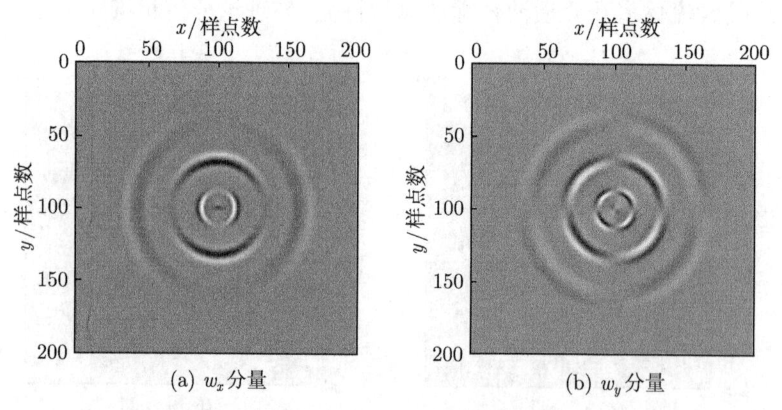

(a) w_x 分量 (b) w_y 分量

图 7.8.4 四阶精度的交错网格格式计算的流体 w_x 和 w_y 分量

7.8.4 三维数值计算

根据前面的三维计算公式, 在上面对二维模型计算的基础上, 我们对三维模型进行了数值计算, 其中空间三个方向的采样点数均为相同, 其余参数与二维模型的计算相同. 用时空二阶精度的交错网格格式的计算结果见图 7.8.5—图 7.8.10; 其中图 7.8.5—图 7.8.7 分别是 u_x, u_y 和 u_z 的分量在三个正交方向的截面图, 在图中可以明显看到两种波形, 图 7.8.8—图 7.8.10 分别是 w_x, w_y 和 w_z 的分量在三个正交方向的截面图, 在一些截面中明显可以看到三种波形, 这些均与理论分析相符. 用时间二阶空间四阶精度的交错网格格式的计算结果见图 7.8.11—图 7.8.16; 其中图 7.8.11—图 7.8.13 分别是 u_x, u_y 和 u_z 分量, 图 7.8.14—图 7.8.16 分别是 w_x, w_y 和 w_z 分量, 波形现象与时空二阶精度的格式类似. 显而易见, 这里我们已用 u_x, u_y 和 u_z 分别表示 u_1, u_2 和 u_3, 用 w_x, w_y 和 w_z 分别表示 w_1, w_2 和 w_3.

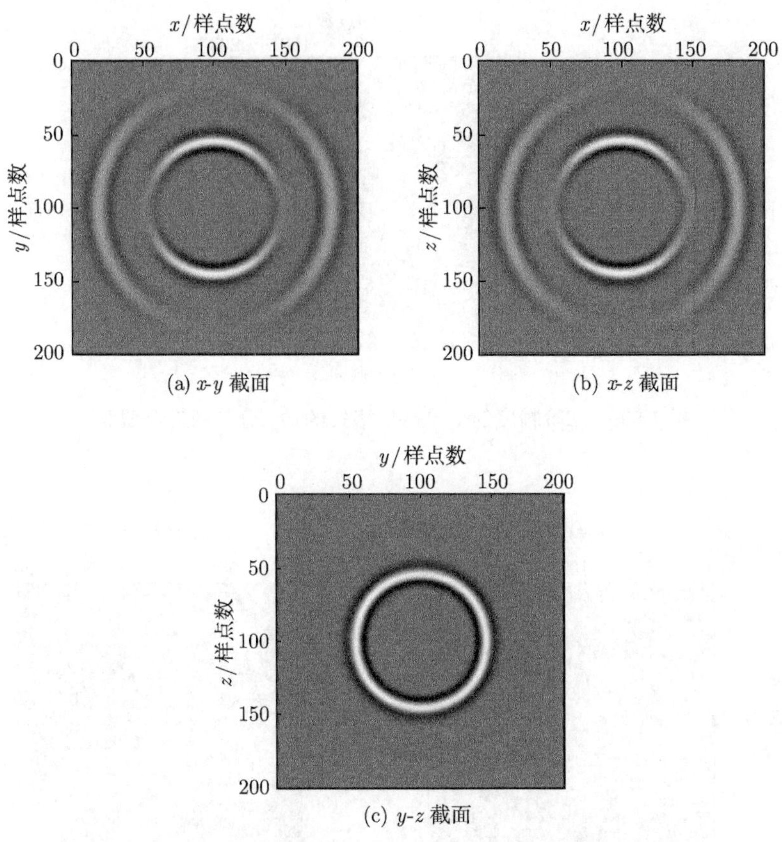

图 7.8.5 二阶精度的交错网格格式的 u_x 分量的三个截面

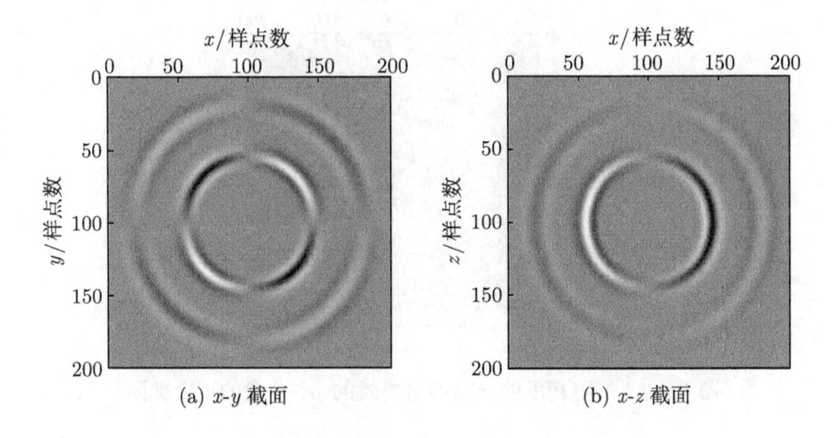

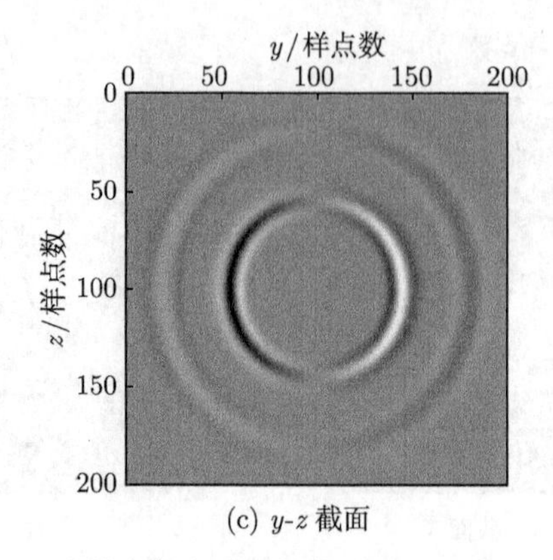

(c) y-z 截面

图 7.8.6　二阶精度的交错网格格式的 u_y 分量的三个截面

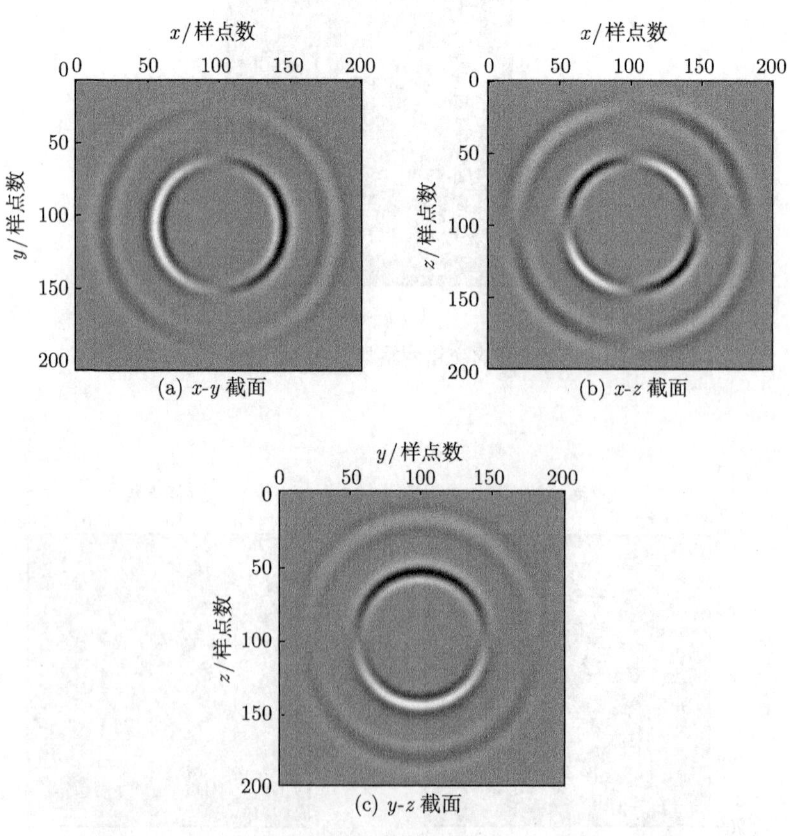

(a) x-y 截面

(b) x-z 截面

(c) y-z 截面

图 7.8.7　二阶精度的交错网格格式的 u_z 分量的三个截面

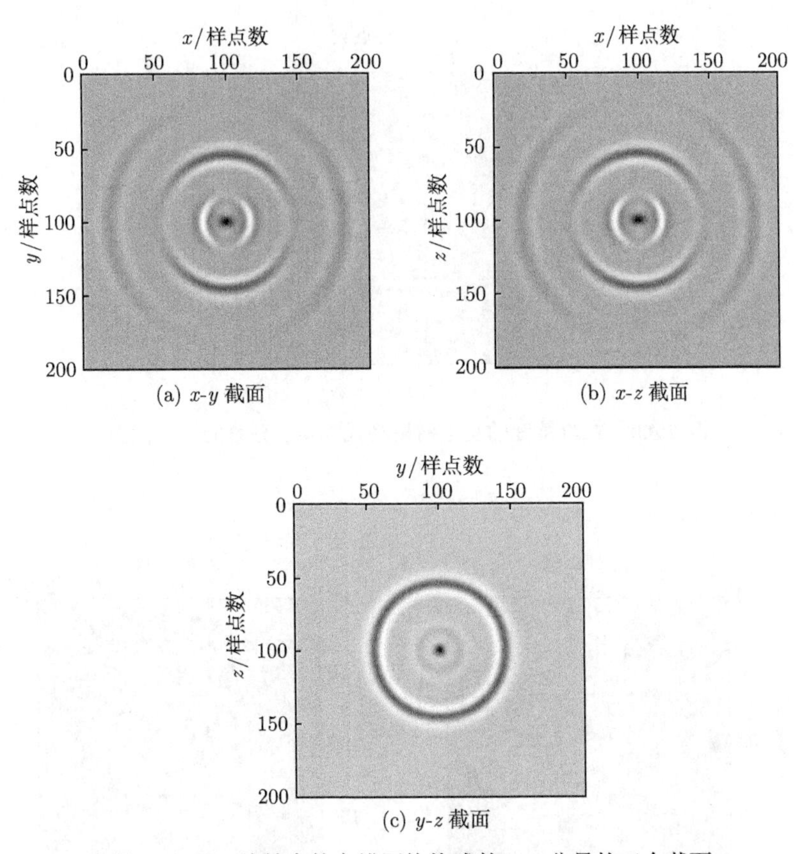

(a) x-y 截面

(b) x-z 截面

(c) y-z 截面

图 7.8.8 二阶精度的交错网格格式的 w_x 分量的三个截面

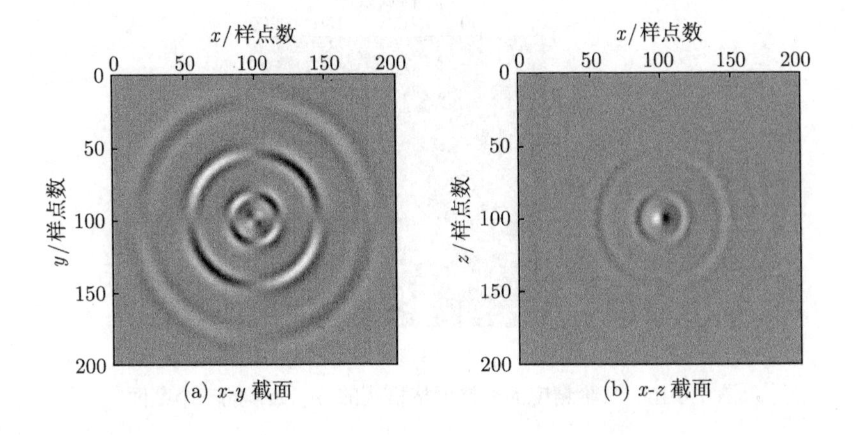

(a) x-y 截面

(b) x-z 截面

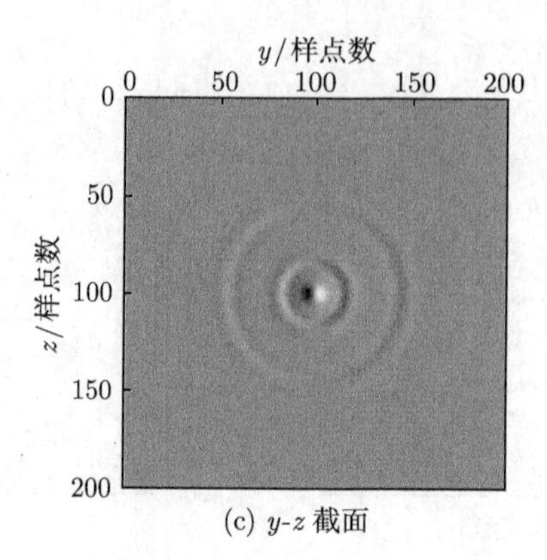

(c) y-z 截面

图 7.8.9　二阶精度的交错网格格式的 w_y 分量的三个截面

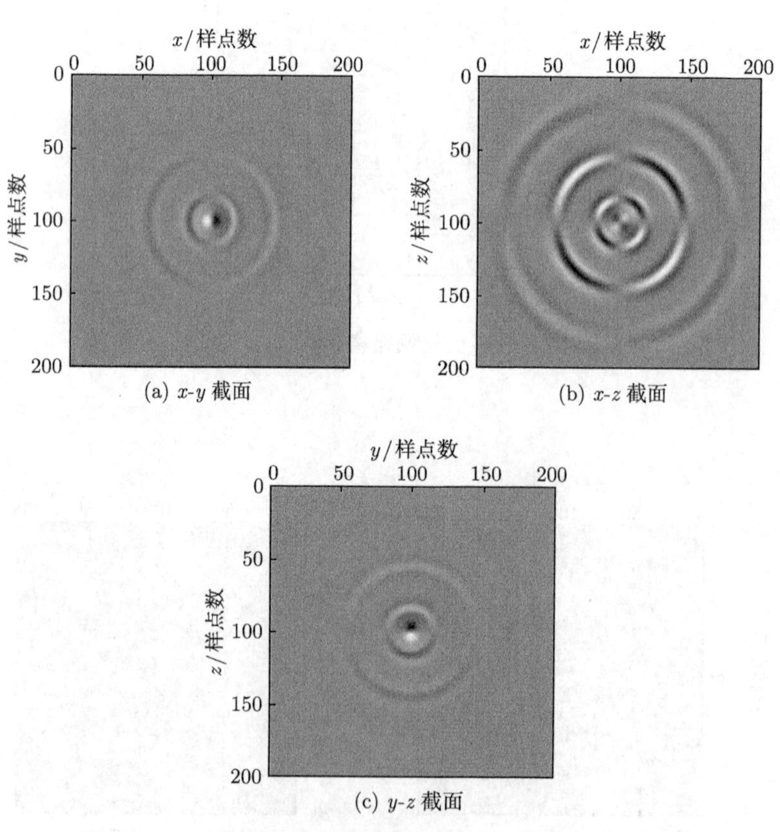

(c) y-z 截面

图 7.8.10　二阶精度的交错网格格式的 w_z 分量的三个截面

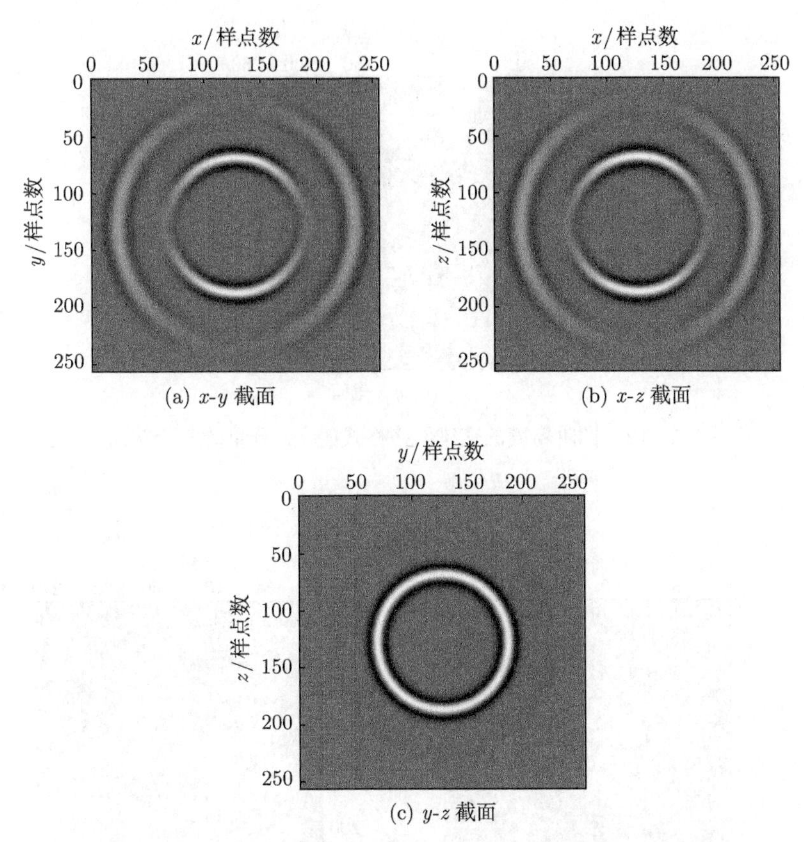

(a) x-y 截面 (b) x-z 截面

(c) y-z 截面

图 7.8.11 四阶精度的交错网格格式的 u_x 分量的三个截面

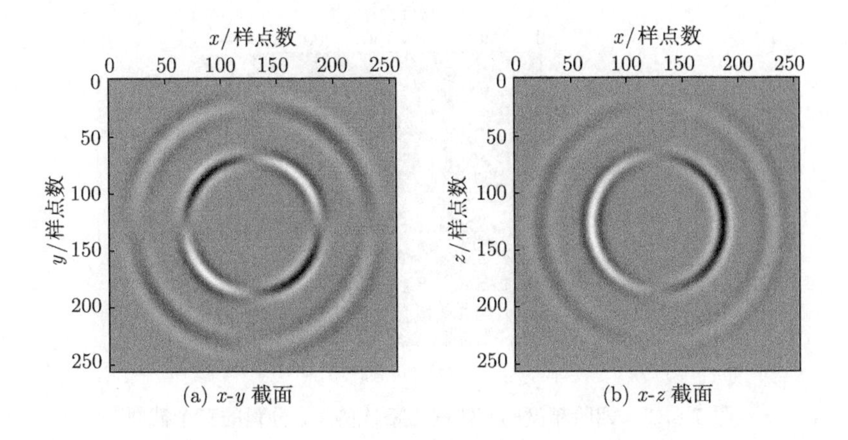

(a) x-y 截面 (b) x-z 截面

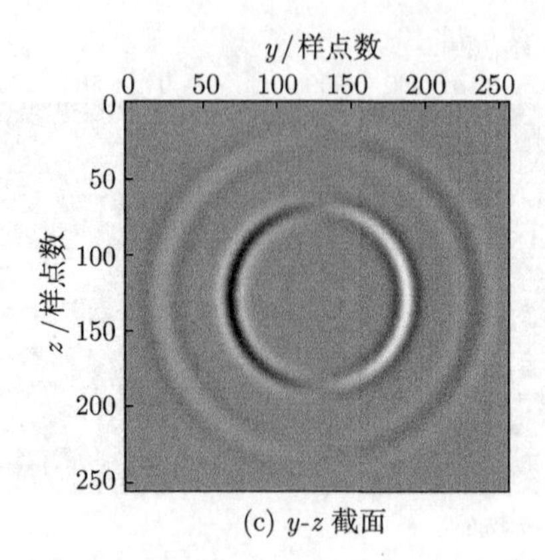

(c) y-z 截面

图 7.8.12　四阶精度的交错网格格式的 u_y 分量的三个截面

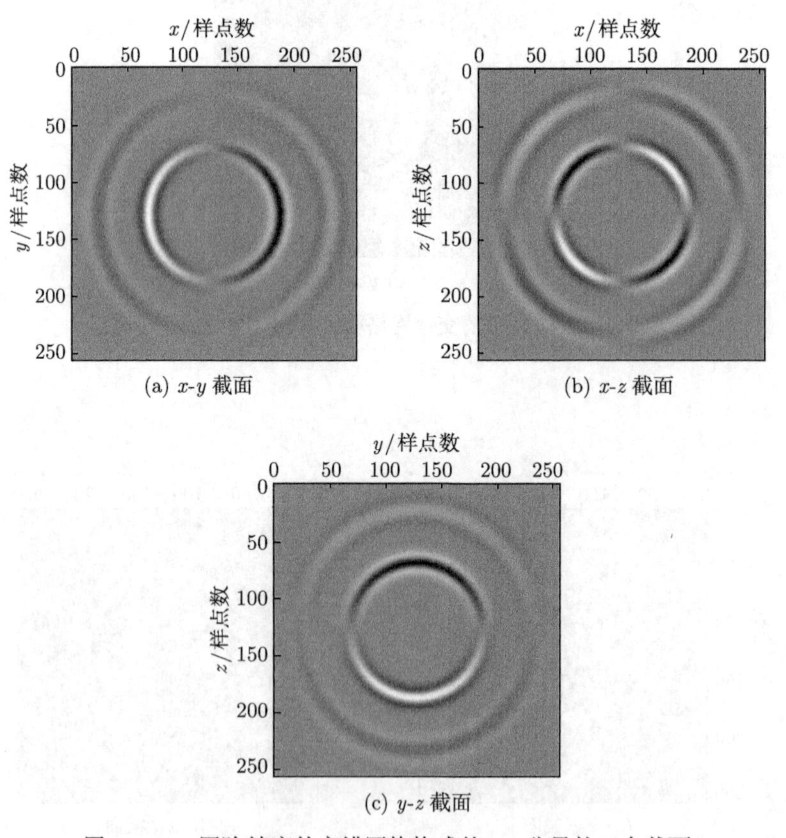

(a) x-y 截面

(b) x-z 截面

(c) y-z 截面

图 7.8.13　四阶精度的交错网格格式的 u_z 分量的三个截面

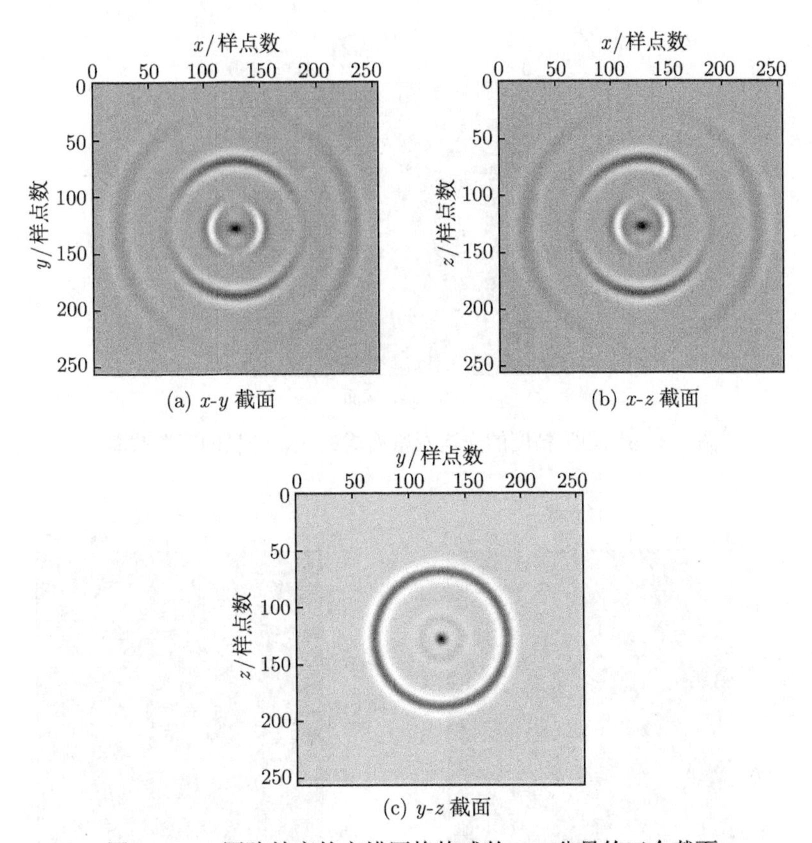

(a) x-y 截面 (b) x-z 截面

(c) y-z 截面

图 7.8.14 四阶精度的交错网格格式的 w_x 分量的三个截面

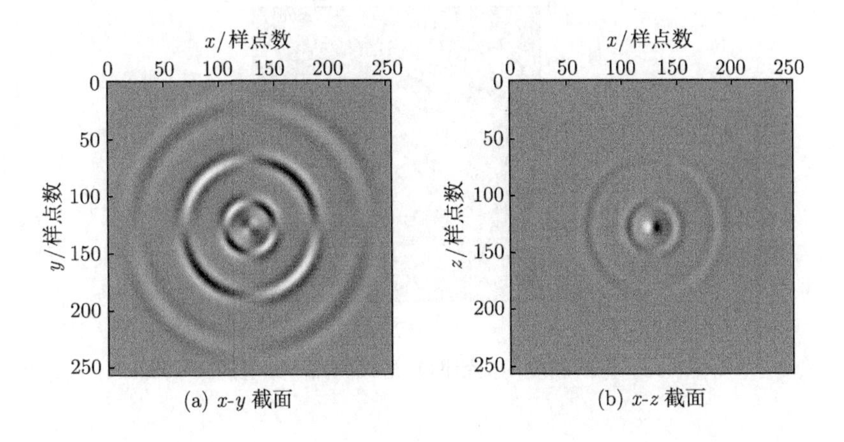

(a) x-y 截面 (b) x-z 截面

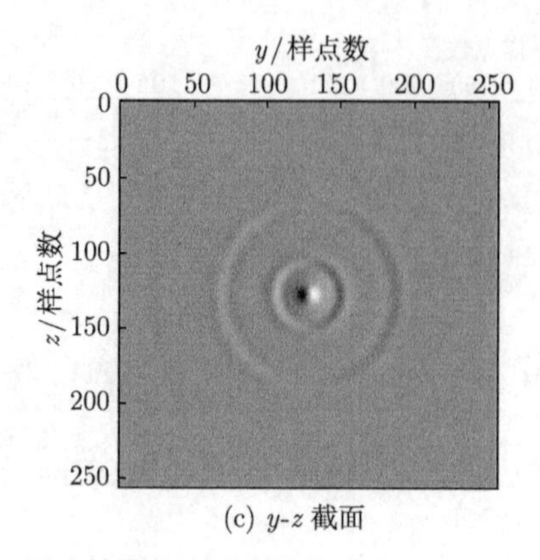

(c) y-z 截面

图 7.8.15 四阶精度的交错网格格式的 w_y 分量的三个截面

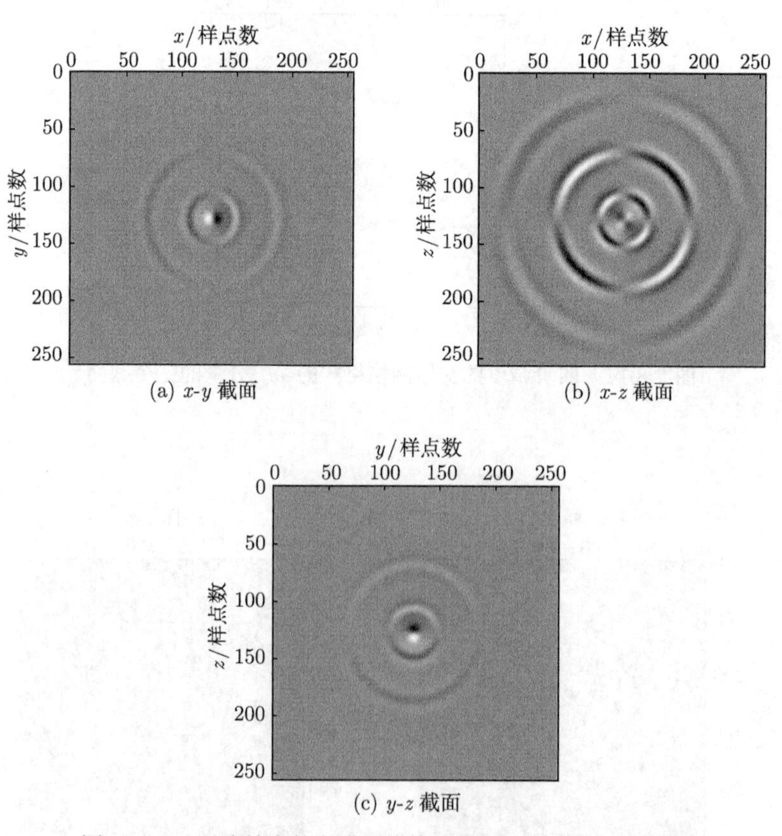

(c) y-z 截面

图 7.8.16 四阶精度的交错网格格式的 w_z 分量的三个截面

7.9 三维弹性波方程的能量稳定性分析

考虑位移形式的三维弹性波方程

$$\rho\frac{\partial^2 u}{\partial t^2}=\frac{\partial}{\partial x}\left[(2\mu+\lambda)\frac{\partial u}{\partial x}+\lambda\frac{\partial v}{\partial y}+\lambda\frac{\partial w}{\partial z}\right]+\frac{\partial}{\partial y}\left[\mu\frac{\partial v}{\partial x}+\mu\frac{\partial u}{\partial y}\right]$$
$$+\frac{\partial}{\partial z}\left[\mu\frac{\partial u}{\partial z}+\mu\frac{\partial w}{\partial x}\right]+f_x, \tag{7.9.1}$$

$$\rho\frac{\partial^2 v}{\partial t^2}=\frac{\partial}{\partial x}\left(\mu\frac{\partial v}{\partial x}+\mu\frac{\partial u}{\partial y}\right)+\frac{\partial}{\partial y}\left[(2\mu+\lambda)\frac{\partial v}{\partial y}+\lambda\frac{\partial u}{\partial x}+\lambda\frac{\partial w}{\partial z}\right]$$
$$+\frac{\partial}{\partial z}\left(\mu\frac{\partial v}{\partial z}+\mu\frac{\partial w}{\partial y}\right)+f_y, \tag{7.9.2}$$

$$\rho\frac{\partial^2 w}{\partial t^2}=\frac{\partial}{\partial x}\left(\mu\frac{\partial u}{\partial z}+\mu\frac{\partial w}{\partial x}\right)+\frac{\partial}{\partial y}\left(\mu\frac{\partial v}{\partial z}+\mu\frac{\partial w}{\partial y}\right)$$
$$+\frac{\partial}{\partial z}\left[(2\mu+\lambda)\frac{\partial w}{\partial z}+\lambda\frac{\partial u}{\partial x}+\lambda\frac{\partial v}{\partial y}\right]+f_z, \tag{7.9.3}$$

假设 $0\leqslant x\leqslant a$, $0\leqslant y\leqslant b$, $0\leqslant z\leqslant c$. 假定在 x 和 y 方向施加周期性边界条件, 在 z 方向施加 Dirichlet 边界条件. 对其他自由边界和介质完全非均匀的情况, 推导较复杂, 可参考文献 [68]. f_x, f_y, f_z 是三个方向的外力, 在分析中取为零.

定义差分算子

$$E_x\gamma_{i,j,k}=\gamma_{i+\frac{1}{2},j,k}:=\frac{\gamma_{i+1,j,k}+\gamma_{i,j,k}}{2}, \tag{7.9.4}$$

$$E_y\gamma_{i,j,k}=\gamma_{i,j+\frac{1}{2},k}:=\frac{\gamma_{i,j+1,k}+\gamma_{i,j,k}}{2}, \tag{7.9.5}$$

$$E_z\gamma_{i,j,k}=\gamma_{i,j,k+\frac{1}{2}}:=\frac{\gamma_{i,j,k+1}+\gamma_{i,j,k}}{2}, \tag{7.9.6}$$

$$\delta_x^+\gamma_{i,j,k}=\frac{1}{h}(\gamma_{i+1,j,k}-\gamma_{i,j,k}), \tag{7.9.7}$$

$$\delta_x^-\gamma_{i,j,k}=\delta_x^+\gamma_{i-1,j,k}=\frac{1}{h}(\gamma_{i,j,k}-\gamma_{i-1,j,k}), \tag{7.9.8}$$

$$\delta_x^0\gamma_{i,j,k}=\frac{1}{2}(\delta_x^++\delta_x^-)\gamma_{i,j,k}=\frac{1}{2h}(\gamma_{i+1,j,k}-\gamma_{i-1,j,k}), \tag{7.9.9}$$

类似地, 可以定义 δ_y^+, δ_y^-,δ_y^0 及 δ_z^+, δ_z^-,δ_z^0. 由此可得到如下弹性波方程的差分格式

$$\begin{aligned}\rho\frac{\partial^2 u}{\partial t^2}=&\,\delta_x^-\left[E_x(2\mu+\lambda)\delta_x^+u\right]+\delta_y^-\left(E_y\mu\delta_y^+u\right)\\&+\delta_z^-(E_z\mu\delta_z^+u)+\delta_x^0(\lambda\delta_y^0v+\lambda\delta_z^0w)\\&+\delta_y^0(\mu\delta_x^0v)+\delta_z^0(\mu\delta_x^0w)\\=:&\,L_u(u,v,w),\end{aligned} \tag{7.9.10}$$

$$\begin{aligned}\rho\frac{\partial^2 v}{\partial t^2}=&\delta_x^-(E_x\mu\delta_x^+v)+\delta_y^-[E_y(2\mu+\lambda)\delta_y^+v]\\&+\delta_z^-(E_z\mu\delta_z^+v)+\delta_x^0(\mu\delta_y^0u)\\&+\delta_y^0(\lambda\delta_x^0u+\lambda\delta_z^0w)+\delta_z^0(\mu\delta_y^0w)\\=:&\,L_v(u,v,w),\end{aligned}\tag{7.9.11}$$

$$\begin{aligned}\rho\frac{\partial^2 w}{\partial t^2}=&\delta_x^-(E_x\mu\delta_x^+w)+\delta_y^-(E_y\mu\delta_y^+w)\\&+\delta_z^-(E_z(2\mu+\lambda)\delta_z^+w)+\delta_x^0(\mu\delta_z^0u)\\&+\delta_y^0(\mu\delta_z^0v)+\delta_z^0(\lambda\delta_x^0u+\lambda\delta_y^0v)\\=:&\,L_w(u,v,w),\end{aligned}\tag{7.9.12}$$

其中 $i=1,\cdots,N_x-1;\ j=1,\cdots,N_y-1;\ k=1,\cdots,N_z-1.$

Dirichlet 边界条件的差分格式为

$$u_{i,j,N_z}=0,\quad v_{i,j,N_z}=0,\quad w_{i,j,N_z}=0,\quad i=1,\cdots,N_x;\quad j=1,\cdots,N_y.\tag{7.9.13}$$

周期性边界条件为

$$\boldsymbol{u}_{N_x,j,k}=\boldsymbol{u}_{1,j,k},\quad \boldsymbol{u}_{0,j,k}=\boldsymbol{u}_{N_x-1,j,k},\tag{7.9.14}$$

$$\boldsymbol{u}_{i,N_y,k}=\boldsymbol{u}_{i,1,k},\quad \boldsymbol{u}_{i,0,k}=\boldsymbol{u}_{i,N_y-1,k},\tag{7.9.15}$$

其中 $\boldsymbol{u}=(u,v,w)$, $i=1,\cdots,N_x;\ j=1,\cdots,N_y;\ k=1,\cdots,N_z$. 上面的半离散化格式具有二阶精度. 可以证明算子 L_u,L_v,L_w 当 $\mu>0,\lambda>0$ 是负定的, 当 $\mu=0,\lambda>0$ 时是半负定的.

能量估计依赖于空间离散算子是自共轭和负定的. 对三维弹性波方程, 定义适当的标量积和范数

$$(w,v)_h=h^3\sum_{i=1}^{N_x-1}\sum_{j=1}^{N_y-1}\sum_{k=1}^{N_z-1}w_{i,j,k}v_{i,j,k},\tag{7.9.16}$$

$$\|v\|_h^2=(v,v)_h.\tag{7.9.17}$$

引理 7.9.1　对所有满足条件 (7.9.13)—(7.9.15) 的实值网格函数 (u^0,v^0,w^0) 及 (u^1,v^1,w^1), 空间算子 (L_u,L_v,L_w) 是自共轭的, 即

$$\begin{aligned}&(u^0,L_u(u^1,v^1,w^1))_h+(v^0,L_v(u^1,v^1,w^1))_h+(w^0,L_w(u^1,v^1,w^1))_h\\=&(u^1,L_u(u^0,v^0,w^0))_h+(v^1,L_v(u^0,v^0,w^0))_h+(w^1,L_w(u^0,v^0,w^0))_h.\end{aligned}\tag{7.9.18}$$

证明　首先注意到下面的恒等式

$$(w,\delta_x^- v)_h = -(\delta_x^+ w, v)_h,\quad (w,\delta_x^0 v)_h = -(\delta_x^0 w, v)_h, \tag{7.9.19}$$

$$(w,\delta_y^- v)_h = -(\delta_y^+ w, v)_h,\quad (w,\delta_y^0 v)_h = -(\delta_y^0 w, v)_h, \tag{7.9.20}$$

$$(w,\delta_z^- v)_h = -(\delta_z^+ w, v)_h,\quad (w,\delta_z^0 v)_h = -(\delta_z^0 w, v)_h, \tag{7.9.21}$$

这些恒等式均可以直接根据所定义的内积得到证明, 只要注意利用周期性边界条件或者零边界条件即可, 这里省略. 下面计算式 (7.9.18) 左端的第一项

$$\begin{aligned}
I =& (u^0,\delta_x^-(E_x(2\mu+\lambda)\delta_x^+ u^1))_h + (u^0,\delta_y^-(E_y(\mu)\delta_y^+ u^1))_h \\
&+(u^0,\delta_z^-(E_z(\mu)\delta_z^+ u^1))_h + (u^0,\delta_x^0(\lambda\delta_y^0 v^1+\lambda\delta_z^0 w^1))_h \\
&+(u^0,\delta_y^0(\mu\delta_x^0 v^1))_h + (u^0,\delta_z^0(\mu\delta_x^0 w^1))_h \\
=& -(\delta_x^+ u^0,(E_x(2\mu+\lambda)\delta_x^+ u^1))_h - (\delta_y^+ u^0,(E_y(\mu)\delta_y^+ u^1))_h \\
&-(\delta_z^+ u^0,E_z(\mu)\delta_z^+ u^1)_h - (\delta_x^0 u^0,\lambda\delta_y^0 v^1)_h - (\delta_x^0 u^0,\lambda\delta_z^0 w^1)_h \\
&-(\delta_y^0 u^0,\mu\delta_x^0 v^1)_h - (\delta_z^0 u^0,\mu\delta_x^0 w^1)_h,
\end{aligned} \tag{7.9.22}$$

类似地, 计算式 (7.9.18) 左端的第二项和第三项

$$\begin{aligned}
II =& -(\delta_x^+ v^0,E_x(\mu)\delta_x^+ v^1)_h - (\delta_y^+ v^0,(E_y(2\mu+\lambda)\delta_y^+ v^1))_h \\
&-(\delta_z^+ v^0,E_z(\mu)\delta_z^+ v^1)_h - (\delta_x^0 v^0,\mu\delta_y^0 u^1)_h \\
&-(\delta_y^0 v^0,\lambda\delta_x^0 u^1)_h - (\delta_y^0 v^0,\lambda\delta_z^0 w^1)_h - (\delta_z^0 v^0,\mu\delta_y^0 w^1)_h,
\end{aligned} \tag{7.9.23}$$

$$\begin{aligned}
III =& -(\delta_x^+ w^0,E_x(\mu)\delta_x^+ w^1)_h - (\delta_y^+ w^0,E_y(\mu)\delta_y^+ w^1)_h \\
&-(\delta_z^+ w^0,E_z(2\mu+\lambda)\delta_z^+ w^1)_h - (\delta_x^0 w^0,\mu\delta_z^0 u^1)_h \\
&-(\delta_y^0 w^0,\mu\delta_z^0 v^1)_h - (\delta_z^0 w^0,\lambda\delta_x^0 u^1)_h - (\delta_z^0 w^0,\lambda\delta_y^0 v^1)_h.
\end{aligned} \tag{7.9.24}$$

然后类似计算式 (7.9.18) 右端的三项: I', II', III', 结果发现

$$I+II+II = I'+II'+III',$$

即式 (7.9.18) 成立, 因此算子 (L_u,L_v,L_w) 是自共轭的. □

引理 7.9.2　对所有满足格式 (7.9.10)—(7.9.12) 的实值解 (u,v,w), 满足

$$\begin{aligned}
&\left\|\sqrt{\rho}\frac{\partial u}{\partial t}\right\|_h^2 + \left\|\sqrt{\rho}\frac{\partial v}{\partial t}\right\|_h^2 + \left\|\sqrt{\rho}\frac{\partial w}{\partial t}\right\|_h^2 - (u,L_u(u,v,w))_h \\
&-(v,L_v(u,v,w))_h - (w,L_w(u,v,w))_h = C,
\end{aligned} \tag{7.9.25}$$

其中常数 C 初值有关.

证明　由引理 7.9.1, 可得

$$
\begin{aligned}
&\frac{1}{2}\frac{\mathrm{d}}{\mathrm{d}t}\left(\left\|\sqrt{\rho}\frac{\partial u}{\partial t}\right\|_h^2+\left\|\sqrt{\rho}\frac{\partial v}{\partial t}\right\|_h^2+\left\|\sqrt{\rho}\frac{\partial w}{\partial t}\right\|_h^2\right)\\
=&\left(\frac{\partial u}{\partial t},L_u(u,v,w)\right)_h+\left(\frac{\partial v}{\partial t},L_v(u,v,w)\right)_h+\left(\frac{\partial w}{\partial t},L_w(u,v,w)\right)_h\\
=&\frac{1}{2}\left[\left(\frac{\partial u}{\partial t},L_u(u,v,w)\right)_h+\left(\frac{\partial v}{\partial t},L_v(u,v,w)\right)_h+\left(\frac{\partial w}{\partial t},L_w(u,v,w)\right)_h\right]\\
&+\frac{1}{2}\left[\left(u,L_u(\frac{\partial u}{\partial t},\frac{\partial v}{\partial t},\frac{\partial w}{\partial t})\right)_h+\left(v,L_v(\frac{\partial u}{\partial t},\frac{\partial v}{\partial t},\frac{\partial w}{\partial t})\right)_h\right.\\
&\left.+\left(w,L_w(\frac{\partial u}{\partial t},\frac{\partial v}{\partial t},\frac{\partial w}{\partial t})\right)_h\right]\\
=&\frac{1}{2}\frac{\mathrm{d}}{\mathrm{d}t}\left[(u,L_u(u,v,w))_h+(v,L_v(u,v,w))_h+(w,L_w(u,v,w))_h\right],
\end{aligned}
\tag{7.9.26}
$$

将式 (7.9.26) 右端项移到左端项, 并从 $t=0$ 开始积分, 可得式 (7.9.25), 其中常数 C 与初值有关. □

为了证明半离散化格式的稳定性, 需要证明守恒量式 (7.9.25) 是一个范数. 为此, 有下面的引理.

引理 7.9.3　对所有实值网格函数 (u,v,w), 均满足

$$
\begin{aligned}
&(u,L_u(u,v,w))_h+(v,L_v(u,v,w))_h+(w,L_w(u,v,w))_h\\
=&-2\|\sqrt{E_x(\mu)}\delta_x^+u\|_h^2-2\|\sqrt{E_y(\mu)}\delta_y^+v\|_h^2-2\|\sqrt{E_z(\mu)}\delta_z^+w\|_h^2\\
&-\|\sqrt{\lambda}(\delta_x^0u+\delta_y^0v+\delta_z^0w)\|_h^2-\|\sqrt{\mu}(\delta_x^0u+\delta_y^0v)\|_h^2\\
&-\|\sqrt{\mu}(\delta_z^0v+\delta_y^0w)\|_h^2-\|\sqrt{\mu}(\delta_z^0u+\delta_x^0w)\|_h^2-\frac{h^2}{4}R,
\end{aligned}
\tag{7.9.27}
$$

其中

$$
\begin{aligned}
R=&\|\sqrt{\lambda}\delta_x^+\delta_x^-u\|_h^2+\|\sqrt{\mu}\delta_y^+\delta_y^-u\|_h^2+\|\sqrt{\mu}\delta_z^+\delta_z^-u\|_h^2\\
&+\|\sqrt{\mu}\delta_x^+\delta_x^-v\|_h^2+\|\sqrt{\lambda}\delta_y^+\delta_y^-v\|_h^2+\|\sqrt{\mu}\delta_z^+\delta_z^-v\|_h^2\\
&+\|\sqrt{\mu}\delta_x^+\delta_x^-w\|_h^2+\|\sqrt{\mu}\delta_y^+\delta_y^-w\|_h^2+\|\sqrt{\lambda}\delta_z^+\delta_z^-w\|_h^2.
\end{aligned}
\tag{7.9.28}
$$

证明　首先注意到下面的恒等式

$$
\begin{aligned}
&\delta_x^-E_x(\mu)\delta_x^+u=\delta_x^0(\mu\delta_x^0u)-\frac{h^2}{4}\delta_x^+\delta_x^-(\mu\delta_x^+\delta_x^-u),\\
&\delta_y^-E_y(\mu)\delta_y^+u=\delta_y^0(\mu\delta_y^0u)-\frac{h^2}{4}\delta_y^+\delta_y^-(\mu\delta_y^+\delta_y^-u),\\
&\delta_z^-E_z(\mu)\delta_z^+u=\delta_z^0(\mu\delta_z^0u)-\frac{h^2}{4}\delta_z^+\delta_z^-(\mu\delta_z^+\delta_z^-u),
\end{aligned}
\tag{7.9.29}
$$

以及与之相类似的恒等式, 从而再计算

$$
\begin{aligned}
L_u(u,v,w) = & 2\delta_x^-(E_x(\mu)\delta_x^+u) + \delta_z^0(\mu\delta_z^0u) \\
& +\delta_x^0(\lambda(\delta_x^0u + \delta_y^0v + \delta_z^0w)) + \delta_y^0(\mu\delta_y^0u + \mu\delta_x^0v) + \delta_z^0(\mu\delta_x^0w) \\
& -\frac{h^2}{4}\left[\delta_x^+\delta_x^-(\lambda\delta_x^+\delta_x^-u) + \delta_y^+\delta_y^-(\mu\delta_y^+\delta_y^-u) + \delta_z^+\delta_z^-(\mu\delta_z^+\delta_z^-u)\right],
\end{aligned} \tag{7.9.30}
$$

$$
\begin{aligned}
L_v(u,v,w) = & 2\delta_y^-(E_y(\mu)\delta_y^+v) + \delta_z^0(\mu\delta_z^0v) \\
& +\delta_y^0(\lambda(\delta_x^0u + \delta_y^0v + \delta_z^0w)) + \delta_x^0(\mu\delta_y^0u + \mu\delta_x^0v) + \delta_z^0(\mu\delta_y^0w) \\
& -\frac{h^2}{4}\left[\delta_x^+\delta_x^-(\mu\delta_x^+\delta_x^-v) + \delta_y^+\delta_y^-(\lambda\delta_y^+\delta_y^-v) + \delta_z^+\delta_z^-(\mu\delta_z^+\delta_z^-v)\right],
\end{aligned} \tag{7.9.31}
$$

$$
\begin{aligned}
L_w(u,v,w) = & 2\delta_z^-(E_z(\mu)\delta_z^+w) + \delta_y^0(\mu\delta_y^0w) \\
& +\delta_z^0(\lambda(\delta_x^0u + \delta_y^0v + \delta_z^0w)) + \delta_x^0(\mu\delta_z^0u + \mu\delta_x^0w) + \delta_y^0(\mu\delta_z^0v) \\
& -\frac{h^2}{4}\left[\delta_x^+\delta_x^-(\mu\delta_x^+\delta_x^-w) + \delta_y^+\delta_y^-(\mu\delta_y^+\delta_y^-w) + \delta_z^+\delta_z^-(\lambda\delta_z^+\delta_z^-w)\right],
\end{aligned} \tag{7.9.32}
$$

由式 (7.9.30)—(7.9.32), 容易算得

$$
(u, L_u(u,v,w))_h + (v, L_v(u,v,w))_h + (w, L_w(u,v,w))_h \tag{7.9.33}
$$

的结果等于式 (7.9.27) 的右端项. □

由引理 7.9.3 及算子 L_u, L_v, L_w 的性质可得到如下定理.

定理 7.9.4 半离散化格式 (7.9.10)—(7.9.12) 的解满足

$$
\begin{aligned}
& \left\|\sqrt{\rho}\frac{\partial u}{\partial t}\right\|_h^2 + \left\|\sqrt{\rho}\frac{\partial v}{\partial t}\right\|_h^2 + \left\|\sqrt{\rho}\frac{\partial w}{\partial t}\right\|_h^2 - (u, L_u(u,v,w))_h \\
& -(v, L_v(u,v,w))_h - (w, L_w(u,v,w))_h = C,
\end{aligned} \tag{7.9.34}
$$

其中常数 C 由初值确定. 当 $\mu > 0, \lambda > 0$ 时, 内积

$$
-(u, L_u(u,v,w))_h - (v, L_v(u,v,w))_h - (w, L_w(u,v,w))_h \tag{7.9.35}
$$

是正定的, 因此是一个范数.

证明 当 $\mu \geqslant 0$, $\lambda \geqslant 0$ 时, 式 (7.9.27) 的右端的所有项非正, 因此算子至少是负半定的. 当 $\mu > 0$, $\lambda > 0$ 时, 若

$$
(u, L_u(u,v,w))_h + (v, L_v(u,v,w))_h + (w, L_w(u,v,w))_h = 0, \tag{7.9.36}
$$

由于式 (7.9.27) 的右端均非正, 因此必有

$$u_{i,j,k}=0,\quad v_{i,j,k}=0,\quad w_{i,j,k}=0, \tag{7.9.37}$$

即算子是负定的, 从而定理结论成立. 当 $\mu=0,\lambda=0$ 时, 算子有非平凡的零空间, 算子是负半定的. □

定理 7.9.4 说明半离散问题是良态的. 式 (7.9.10)—(7.9.12) 的全离散形式是

$$\rho\frac{u^{n+1}-2u^n+u^{n-1}}{\Delta t^2}=L_u(u^n,v^n,w^n), \tag{7.9.38}$$

$$\rho\frac{v^{n+1}-2v^n+v^{n-1}}{\Delta t^2}=L_v(u^n,v^n,w^n), \tag{7.9.39}$$

$$\rho\frac{w^{n+1}-2w^n+w^{n-1}}{\Delta t^2}=L_w(u^n,v^n,w^n). \tag{7.9.40}$$

为了简化记号, 引进加权 ρ-范数

$$(w,v)_\rho=h^3\sum_{i=1}^{N_x-1}\sum_{j=1}^{N_y-1}\sum_{k=1}^{N_z-1}\rho_{i,j,k}w_{i,j,k}v_{i,j,k}, \tag{7.9.41}$$

$$\|v\|_\rho^2=(v,v)_\rho, \tag{7.9.42}$$

显然

$$(w,\rho^{-1}v)_\rho=(w,v)_h. \tag{7.9.43}$$

为了证明全离散格式是能量守恒的, 考虑离散能量

$$\begin{aligned}E(t_{n+1})=&\|\delta_t^+u^n\|_\rho^2+\|\delta_t^+v^n\|_\rho^2+\|\delta_t^+w^n\|_\rho^2-(u^{n+1},\rho^{-1}L_u(u^n,v^n,w^n))_\rho\\&-(v^{n+1},\rho^{-1}L_v(u^n,v^n,w^n))_\rho-(w^{n+1},\rho^{-1}L_w(u^n,v^n,w^n))_\rho \qquad (7.9.44)\\=&\|\delta_t^+u^n\|_\rho^2+\|\delta_t^+v^n\|_\rho^2+\|\delta_t^+w^n\|_\rho^2\\&-(u^{n+1},\delta_t^+\delta_t^-u^n)_\rho-(v^{n+1},\delta_t^+\delta_t^-v^n)_\rho-(w^{n+1},\delta_t^+\delta_t^-w^n)_\rho. \qquad (7.9.45)\end{aligned}$$

定理 7.9.5　由全离散格式所得解满足

$$E(t_{n+1})=E(t_n), \tag{7.9.46}$$

也即全离散格式是能量守恒的.

证明　先将

$$\delta_t^+u^n=\frac{u^{n+1}-u^n}{\Delta t},\quad \delta_t^+v^n=\frac{v^{n+1}-v^n}{\Delta t},\quad \delta_t^+w^n=\frac{w^{n+1}-w^n}{\Delta t} \tag{7.9.47}$$

代入式 (7.9.45), 得

$$\begin{aligned}\Delta t^2 E(t_{n+1}) = &\|u^{n+1}\|_\rho^2 + \|u^n\|_\rho^2 - (u^{n+1}, 2u^n + \Delta t^2 \rho^{-1} L_u(u^n, v^n, w^n))_\rho \\ &+\|v^{n+1}\|_\rho^2 + \|v^n\|_\rho^2 - (v^{n+1}, 2v^n + \Delta t^2 \rho^{-1} L_v(u^n, v^n, w^n))_\rho \\ &+\|w^{n+1}\|_\rho^2 + \|w^n\|_\rho^2 - (w^{n+1}, 2w^n + \Delta t^2 \rho^{-1} L_w(u^n, v^n, w^n))_\rho, \end{aligned} \quad (7.9.48)$$

又

$$u^{n+1} + u^{n-1} = 2u^n + \Delta t^2 \rho^{-1} L_u(u^n, v^n, w^n), \quad (7.9.49)$$

$$v^{n+1} + v^{n-1} = 2v^n + \Delta t^2 \rho^{-1} L_v(u^n, v^n, w^n), \quad (7.9.50)$$

$$w^{n+1} + w^{n-1} = 2w^n + \Delta t^2 \rho^{-1} L_w(u^n, v^n, w^n), \quad (7.9.51)$$

将式 (7.9.49)—(7.9.51) 代入式 (7.9.48) 中, 化简得

$$\begin{aligned}\Delta t^2 E(t_{n+1}) = &\|u^{n+1}\|_\rho^2 + \|u^n\|_\rho^2 - (u^{n+1}, u^{n+1} + u^{n-1})_\rho \\ &+\|v^{n+1}\|_\rho^2 + \|v^n\|_\rho^2 - (v^{n+1}, v^{n+1} + v^{n-1})_\rho \\ &+\|w^{n+1}\|_\rho^2 + \|w^n\|_\rho^2 - (w^{n+1}, w^{n+1} + w^{n-1})_\rho \end{aligned} \quad (7.9.52)$$

$$\begin{aligned}= &\|u^n\|_\rho^2 + \|u^{n-1}\|_\rho^2 - (u^{n-1}, 2u^n + \Delta t^2 \rho^{-1} L_u(u^n, v^n, w^n))_\rho \\ &+\|v^n\|_\rho^2 + \|v^{n-1}\|_\rho^2 - (v^{n-1}, 2v^n + \Delta t^2 \rho^{-1} L_v(u^n, v^n, w^n))_\rho \\ &+\|w^n\|_\rho^2 + \|w^{n-1}\|_\rho^2 - (w^{n-1}, 2w^n + \Delta t^2 \rho^{-1} L_w(u^n, v^n, w^n))_\rho, \end{aligned} \quad (7.9.53)$$

上式 (7.9.53) 由式 (7.9.49)—(4.9.51) 代入式 (7.9.52) 得到. 再由关系式 (7.9.43) 知

$$(u^{n-1}, \Delta t^2 \rho^{-1} L_u(u^n, v^n, w^n))_\rho = (u^{n-1}, \Delta t^2 L_u(u^n, v^n, w^n))_h, \quad (7.9.54)$$

因此, 由引理 7.9.1, 得

$$\begin{aligned}&(u^{n-1}, \Delta t^2 \rho^{-1} L_u(u^n, v^n, w^n))_\rho + (v^{n-1}, \Delta t^2 \rho^{-1} L_v(u^n, v^n, w^n))_\rho \\ &+(w^{n-1}, \Delta t^2 \rho^{-1} L_w(u^n, v^n, w^n))_\rho \\ =&(u^n, \Delta t^2 \rho^{-1} L_u(u^{n-1}, v^{n-1}, w^{n-1}))_\rho + (v^n, \Delta t^2 \rho^{-1} L_v(u^{n-1}, v^{n-1}, w^{n-1}))_\rho \\ &+(w^n, \Delta t^2 \rho^{-1} L_w(u^{n-1}, v^{n-1}, w^{n-1}))_\rho, \end{aligned} \quad (7.9.55)$$

故

$$E(t_{n+1}) = E(t_n), \quad (7.9.56)$$

即对全离散化格式的离散能量 $E(t_{n+1})$ 是一个守恒的量. □

为了分析稳定性条件, 引进记号

$$(\boldsymbol{u}^{n+1},\boldsymbol{L}(\boldsymbol{u}^n))_h := (u^{n+1},L_u(u^n,v^n,w^n))_h+(v^{n+1},L_v(u^n,v^n,w^n))_h +(w^{n+1},L_w(u^n,v^n,w^n))_h, \tag{7.9.57}$$

从而研究如下的特征值问题

$$\rho^{-1}\boldsymbol{L}(\boldsymbol{u})=\boldsymbol{\gamma}\boldsymbol{u}, \tag{7.9.58}$$

其中 $\boldsymbol{u}$ 满足边界条件 (7.9.13)—(7.9.15). 由引理 7.9.1 知 $\boldsymbol{L}$ 关于 $(\cdot,\cdot)_h$ 是自共轭的, 因此 $\rho^{-1}\boldsymbol{L}$ 关于 $(\cdot,\cdot)_\rho$ 是自共轭的, 事实上

$$(\boldsymbol{v},\rho^{-1}\boldsymbol{L}(\boldsymbol{u}))_\rho=(\boldsymbol{v},\boldsymbol{L}(\boldsymbol{u}))_h=(\boldsymbol{L}(\boldsymbol{v}),\boldsymbol{u})_h=(\rho^{-1}\boldsymbol{L}(\boldsymbol{v}),\boldsymbol{u})_\rho, \tag{7.9.59}$$

因此式 (7.9.58) 的特征值 γ_m 是实的, 而算子 $\boldsymbol{L}$ 当 $\mu>0,\lambda>0$ 时是负定的, 从而

$$-\max_m|\gamma_m|\|\boldsymbol{u}\|_\rho^2\leqslant(\boldsymbol{u},\rho^{-1}\boldsymbol{L}(\boldsymbol{u}))_\rho\leqslant-\min_m|\gamma_m|\|\boldsymbol{u}\|_\rho^2. \tag{7.9.60}$$

稳定性的结果如下.

定理 7.9.6　如果 (7.9.58) 的特征值 γ_m 满足条件

$$\frac{\Delta t^2}{4}\max_m|\gamma_m|<1, \tag{7.9.61}$$

则守恒量 $E(t_{n+1})$ 是一个范数, 且下界为

$$E(t_{n+1})\geqslant\left(1-\frac{\Delta t^2}{4}\max_m|\gamma_m|\right)\|\delta_t^+\boldsymbol{u}^n\|_\rho^2+\frac{\min_m|\gamma_m|}{4}\|\boldsymbol{u}^{n+1}+\boldsymbol{u}^n\|_\rho^2. \tag{7.9.62}$$

证明　利用记号 (7.9.57), 守恒量 (7.9.44) 可以写成

$$E(t_{n+1})=\|\delta_t^+\boldsymbol{u}^n\|_\rho^2-(\boldsymbol{u}^{n+1},\boldsymbol{L}(\boldsymbol{u}^n))_h, \tag{7.9.63}$$

因算子 $\boldsymbol{L}$ 是自共轭的, 故有

$$(\boldsymbol{u}^{n+1},\boldsymbol{L}(\boldsymbol{u}^n))_h=\frac{1}{2}(\boldsymbol{u}^{n+1},\boldsymbol{L}(\boldsymbol{u}^n))_h+\frac{1}{2}(\boldsymbol{u}^n,\boldsymbol{L}(\boldsymbol{u}^{n+1}))_h, \tag{7.9.64}$$

而且

$$(\boldsymbol{u}^{n+1}+\boldsymbol{u}^n,\boldsymbol{L}(\boldsymbol{u}^{n+1}+\boldsymbol{u}^n))_h-(\boldsymbol{u}^{n+1}-\boldsymbol{u}^n,\boldsymbol{L}(\boldsymbol{u}^{n+1}-\boldsymbol{u}^n))_h =2(\boldsymbol{u}^n,\boldsymbol{L}(\boldsymbol{u}^{n+1}))_h+2(\boldsymbol{u}^{n+1},\boldsymbol{L}(\boldsymbol{u}^n))_h, \tag{7.9.65}$$

$$(\boldsymbol{u},\boldsymbol{L}(\boldsymbol{u}))_h=(\boldsymbol{u},\rho^{-1}\boldsymbol{L}(\boldsymbol{u}))_\rho, \tag{7.9.66}$$

因此

$$\Delta t^2 E(t_{n+1}) = \|\boldsymbol{u}^{n+1} - \boldsymbol{u}^n\|_\rho^2 - \frac{\Delta t^2}{4}(\boldsymbol{u}^{n+1} + \boldsymbol{u}^n, \rho^{-1}\boldsymbol{L}(\boldsymbol{u}^{n+1} + \boldsymbol{u}^n))_\rho$$
$$+ \frac{\Delta t^2}{4}(\boldsymbol{u}^{n+1} - \boldsymbol{u}^n, \rho^{-1}\boldsymbol{L}(\boldsymbol{u}^{n+1} - \boldsymbol{u}^n))_\rho, \tag{7.9.67}$$

再由特征值的界 (7.9.60), 得

$$\Delta t^2 E(t_{n+1}) \geqslant \left(1 - \frac{\Delta t^2}{4}\max_m |\gamma_m|\right) \|\boldsymbol{u}^{n+1} - \boldsymbol{u}^n\|_\rho^2$$
$$+ \frac{\Delta t^2}{4}\min_m |\gamma_m| \cdot \|\boldsymbol{u}^{n+1} + \boldsymbol{u}^n\|_\rho^2, \tag{7.9.68}$$

因此当 Δt 满足

$$1 - \frac{\Delta t^2}{4}\max_m |\gamma_m| > 0, \tag{7.9.69}$$

即式 (7.9.61) 时, $E(t_{n+1})$ 是一个范数. □

7.10 三维电磁场方程

在无源区域, 对线性各向同性且与时间无关的媒介, 电磁场满足Maxwell 方程组, 可表示为

$$\nabla \times H = \varepsilon \frac{\partial E}{\partial t} + \sigma E, \tag{7.10.1}$$

$$\nabla \times E = -\mu \frac{\partial H}{\partial t} - \sigma_m H, \tag{7.10.2}$$

其中 E 为电场强度 (单位: 伏特/米, V/m); H 为磁场强度 (单位: 安培/米, A/m); σ 为电导率 (单位: 西门子/米, S/m), 表示介质的电损耗; σ_m 为磁电阻率 (单位: 欧姆/米, Ω/m), 表示介质的磁损耗; ε 为介质介电系数 (单位: 法拉/米, F/m); μ 为磁导系数 (单位: 亨利/米, H/m). 在真空中 $\sigma = 0, \sigma_m = 0$, 以及

$$\varepsilon = \varepsilon_0 = 8.85 \times 10^{-12}\text{F/m}, \quad \mu = \mu_0 = 4\pi \times 10^{-7}\text{H/m}. \tag{7.10.3}$$

在直角坐标系中, 式 (7.10.1)—(7.10.2) 可以写成

$$\begin{cases} \dfrac{\partial H_z}{\partial y} - \dfrac{\partial H_y}{\partial z} = \varepsilon \dfrac{\partial E_x}{\partial t} + \sigma E_x, \\ \dfrac{\partial H_x}{\partial z} - \dfrac{\partial H_z}{\partial x} = \varepsilon \dfrac{\partial E_y}{\partial t} + \sigma E_y, \\ \dfrac{\partial H_y}{\partial x} - \dfrac{\partial H_x}{\partial y} = \varepsilon \dfrac{\partial E_z}{\partial t} + \sigma E_z, \end{cases} \tag{7.10.4}$$

$$
\begin{cases}
\dfrac{\partial E_z}{\partial y} - \dfrac{\partial E_y}{\partial z} = -\mu \dfrac{\partial H_x}{\partial t} - \sigma_m H_x, \\
\dfrac{\partial E_x}{\partial z} - \dfrac{\partial E_z}{\partial x} = -\mu \dfrac{\partial H_y}{\partial t} - \sigma_m H_y, \\
\dfrac{\partial E_y}{\partial x} - \dfrac{\partial E_x}{\partial y} = -\mu \dfrac{\partial H_z}{\partial t} - \sigma_m H_z,
\end{cases}
\tag{7.10.5}
$$

1966 年 Yee 提出了一种差分格式, 在每个 Yee 元胞中, 电场 E 在时刻 n 处取值, 磁场 H 在时刻 $n+1/2$ 处取值. E_x, E_y 和 E_z 在空间上分别在 $(i+1/2,j,k)$, $(i,j+1/2,k)$ 和 $(i,j,k+1/2)$ 处取值. H_x, H_y 和 H_z 在空间上分别在 $(i,j+1/2,k+1/2)$, $(i+1/2,j,k+1/2)$ 和 $(i+1/2,j+1/2,k)$ 处取值. 由此考虑式 (7.10.4) 的第一式在 $(i+1/2,j,k)$ 处的差分格式

$$
\begin{aligned}
&\varepsilon\left(i+\frac{1}{2},j,k\right)\frac{E_x^{n+1}\left(i+\frac{1}{2},j,k\right)-E_x^{n}\left(i+\frac{1}{2},j,k\right)}{\Delta t}\\
&+\sigma\left(i+\frac{1}{2},j,k\right)\frac{E_x^{n+1}\left(i+\frac{1}{2},j,k\right)+E_x^{n}\left(i+\frac{1}{2},j,k\right)}{2}\\
=&\frac{H_z^{n+1/2}\left(i+\frac{1}{2},j+\frac{1}{2},k\right)-H_z^{n+1/2}\left(i+\frac{1}{2},j-\frac{1}{2},k\right)}{\Delta y}\\
&-\frac{H_y^{n+1/2}\left(i+\frac{1}{2},j,k+\frac{1}{2}\right)-H_y^{n+1/2}\left(i+\frac{1}{2},j,k-\frac{1}{2}\right)}{\Delta z},
\end{aligned}
\tag{7.10.6}
$$

式 (7.10.6) 中对 $E_x^{n+1/2}$ 使用了平均值替代, 即

$$
E_x^{n+1/2}\left(i+\frac{1}{2},j,k\right)=\frac{E_x^{n+1}\left(i+\frac{1}{2},j,k\right)+E_x^{n}\left(i+\frac{1}{2},j,k\right)}{2}.
\tag{7.10.7}
$$

将式 (7.10.6) 整理改写成

$$
\begin{aligned}
&E_x^{n+1}\left(i+\frac{1}{2},j,k\right)\\
=&A\left(i+\frac{1}{2},j,k\right)E_x^{n}\left(i+\frac{1}{2},j,k\right)\\
&+B\left(i+\frac{1}{2},j,k\right)\left[\frac{H_z^{n+1/2}\left(i+\frac{1}{2},j+\frac{1}{2},k\right)-H_z^{n+1/2}\left(i+\frac{1}{2},j-\frac{1}{2},k\right)}{\Delta y}\right.
\end{aligned}
$$

$$-\left.\frac{H_y^{n+1/2}\left(i+\frac{1}{2},j,k+\frac{1}{2}\right)-H_y^{n+1/2}\left(i+\frac{1}{2},j,k-\frac{1}{2}\right)}{\Delta z}\right], \tag{7.10.8}$$

其中

$$A\left(i+\frac{1}{2},j,k\right)=\frac{2\varepsilon\left(i+\frac{1}{2},j,k\right)-\sigma\left(i+\frac{1}{2},j,k\right)\Delta t}{2\varepsilon\left(i+\frac{1}{2},j,k\right)+\sigma\left(i+\frac{1}{2},j,k\right)\Delta t}, \tag{7.10.9}$$

$$B\left(i+\frac{1}{2},j,k\right)=\frac{2\Delta t}{2\varepsilon\left(i+\frac{1}{2},j,k\right)+\sigma\left(i+\frac{1}{2},j,k\right)\Delta t}, \tag{7.10.10}$$

同理式 (7.10.4) 中的第二式和第三式在 $(i,j+1/2,k)$ 和 $(i,j,k+1/2)$ 处的差分格式分别为

$$\begin{aligned}&E_y^{n+1}\left(i,j+\frac{1}{2},k\right)\\=&A\left(i,j+\frac{1}{2},k\right)E_y^{n}\left(i,j+\frac{1}{2},k\right)\\&+B\left(i,j+\frac{1}{2},k\right)\left[\frac{H_x^{n+1/2}\left(i,j+\frac{1}{2},k+\frac{1}{2}\right)-H_x^{n+1/2}\left(i,j+\frac{1}{2},k-\frac{1}{2}\right)}{\Delta z}\right.\\&\left.-\frac{H_z^{n+1/2}\left(i+\frac{1}{2},j+\frac{1}{2},k\right)-H_z^{n+1/2}\left(i-\frac{1}{2},j+\frac{1}{2},k\right)}{\Delta x}\right],\end{aligned} \tag{7.10.11}$$

第三式在 $(i,j,k+1/2)$ 处的差分格式分别为

$$\begin{aligned}&E_z^{n+1}\left(i,j,k+\frac{1}{2}\right)\\=&A\left(i,j,k+\frac{1}{2}\right)E_z^{n}\left(i,j,k+\frac{1}{2}\right)\\&+B\left(i,j,k+\frac{1}{2}\right)\left[\frac{H_y^{n+1/2}\left(i+\frac{1}{2},j,k+\frac{1}{2}\right)-H_y^{n+1/2}\left(i-\frac{1}{2},j,k+\frac{1}{2}\right)}{\Delta x}\right.\\&\left.-\frac{H_x^{n+1/2}\left(i,j+\frac{1}{2},k+\frac{1}{2}\right)-H_x^{n+1/2}\left(i,j-\frac{1}{2},k+\frac{1}{2}\right)}{\Delta y}\right],\end{aligned} \tag{7.10.12}$$

其中 $A\left(i,j+\frac{1}{2},k\right)$, $B\left(i,j+\frac{1}{2},k\right)$, $A\left(i,j,k+\frac{1}{2}\right)$ 和 $B\left(i,j,k+\frac{1}{2}\right)$ 可由式 (7.10.9)—(7.10.10) 类似计算.

类似地, 式 (7.10.5) 的差分格式为

$$\begin{aligned}
&H_x^{n+1/2}\left(i,j+\frac{1}{2},k+\frac{1}{2}\right)\\
=&C\left(i,j+\frac{1}{2},k+\frac{1}{2}\right)H_x^{n-1/2}\left(i,j+\frac{1}{2},k+\frac{1}{2}\right)\\
&-D\left(i,j+\frac{1}{2},k+\frac{1}{2}\right)\left[\frac{E_z^n\left(i,j+1,k+\frac{1}{2}\right)-E_z^n\left(i,j,k+\frac{1}{2}\right)}{\Delta y}\right.\\
&\left.-\frac{E_y^n\left(i,j+\frac{1}{2},k+1\right)-E_y^n\left(i,j+\frac{1}{2},k\right)}{\Delta z}\right],
\end{aligned}\tag{7.10.13}$$

$$\begin{aligned}
&H_y^{n+1/2}\left(i+\frac{1}{2},j,k+\frac{1}{2}\right)\\
=&C\left(i+\frac{1}{2},j,k+\frac{1}{2}\right)H_y^{n-1/2}\left(i+\frac{1}{2},j,k+\frac{1}{2}\right)\\
&-D\left(i+\frac{1}{2},j,k+\frac{1}{2}\right)\left[\frac{E_x^n\left(i+\frac{1}{2},j,k+1\right)-E_x^n\left(i+\frac{1}{2},j,k\right)}{\Delta z}\right.\\
&\left.-\frac{E_z^n\left(i+1,j,k+\frac{1}{2}\right)-E_z^n\left(i,j,k+\frac{1}{2}\right)}{\Delta x}\right],
\end{aligned}\tag{7.10.14}$$

$$\begin{aligned}
&H_z^{n+1/2}\left(i+\frac{1}{2},j+\frac{1}{2},k\right)\\
=&C\left(i+\frac{1}{2},j+\frac{1}{2},k\right)H_z^{n-1/2}\left(i+\frac{1}{2},j+\frac{1}{2},k\right)\\
&-D\left(i+\frac{1}{2},j+\frac{1}{2},k\right)\left[\frac{E_y^n\left(i+1,j+\frac{1}{2},k\right)-E_y^n\left(i,j+\frac{1}{2},k\right)}{\Delta x}\right.\\
&\left.-\frac{E_x^n\left(i+\frac{1}{2},j+1,k\right)-E_x^n\left(i+\frac{1}{2},j,k\right)}{\Delta y}\right],
\end{aligned}\tag{7.10.15}$$

其中 C 和 D 是在不同网格点上取值. 例如,

$$C\left(i,j+\frac{1}{2},k+\frac{1}{2}\right)=\frac{2\mu\left(i,j+\frac{1}{2},k+\frac{1}{2}\right)-\sigma_m\left(i,j+\frac{1}{2},k+\frac{1}{2}\right)\Delta t}{2\mu\left(i,j+\frac{1}{2},k+\frac{1}{2}\right)+\sigma_m\left(i,j+\frac{1}{2},k+\frac{1}{2}\right)\Delta t}, \quad (7.10.16)$$

$$D\left(i,j+\frac{1}{2},k+\frac{1}{2}\right)=\frac{2\Delta t}{2\mu\left(i,j+\frac{1}{2},k+\frac{1}{2}\right)+\sigma_m\left(i,j+\frac{1}{2},k+\frac{1}{2}\right)\Delta t}. \quad (7.10.17)$$

采用平面波分析的方法, 可以得到上面差分格式的稳定性条件

$$\Delta t\leqslant\frac{1}{v\sqrt{\left(\frac{1}{\Delta x}\right)^2+\left(\frac{1}{\Delta y}\right)^2+\left(\frac{1}{\Delta z}\right)^2}}, \quad (7.10.18)$$

其中 $v=1/\sqrt{\mu\varepsilon}$ 为电磁波在媒介中的传播速度, 在真空 (或空气) 中, $v=1/\sqrt{\mu_0\varepsilon_0}$ 为光速. 一般地, 稳定性条件为

$$\Delta t\leqslant\frac{\min\{\Delta x,\Delta y,\Delta z\}}{v_{\max}\sqrt{N}}, \quad (7.10.19)$$

其中 $v_{\max}$ 为最大的波速, N 为空间的维数. 该式表明, 时间步长不能大于电磁波传播一个空间步长所需的时间.

基于本节的交错网格格式, 在 H_x 分量上加一点源磁场激发源, 进行真空中电磁场的传播数值模拟, 图 7.10.1 至图 7.10.6 是时间递推 100 步的波场结果, 其中图 7.10.1、图 7.10.2、图 7.10.3 分别是电场 E_x、E_y、E_z 分量的三个方向的截面, 图 7.10.4、图 7.10.5、图 7.10.6 分别是磁场 H_x、H_y、H_z 分量的三个方向的截面, 计算中时间步长为 3.0×10^{-9}s. 关于有限差分法电磁场计算方面也有不少文献, 例如可参考 [79]

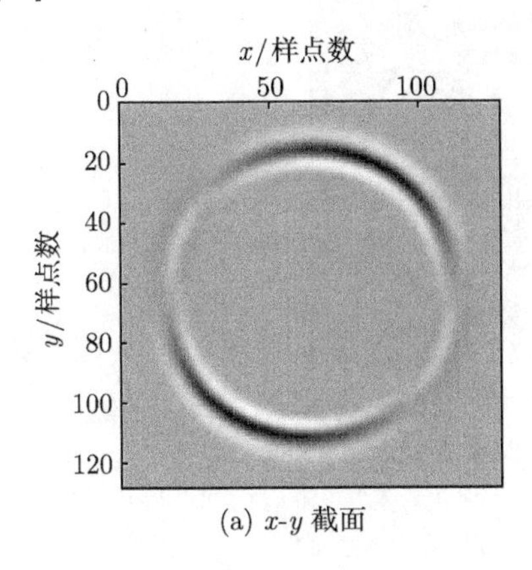

(a) x-y 截面

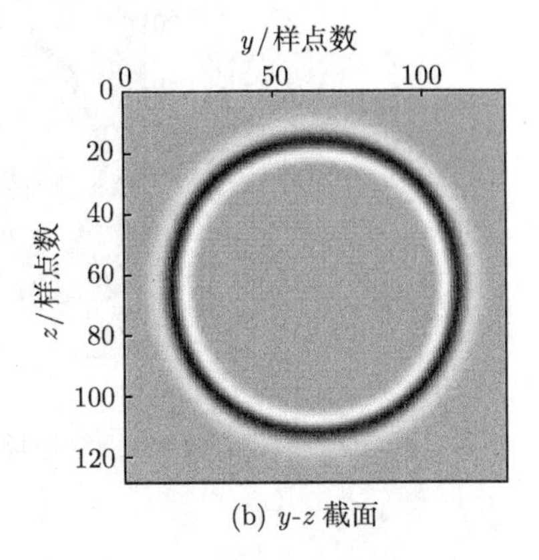

(b) y-z 截面

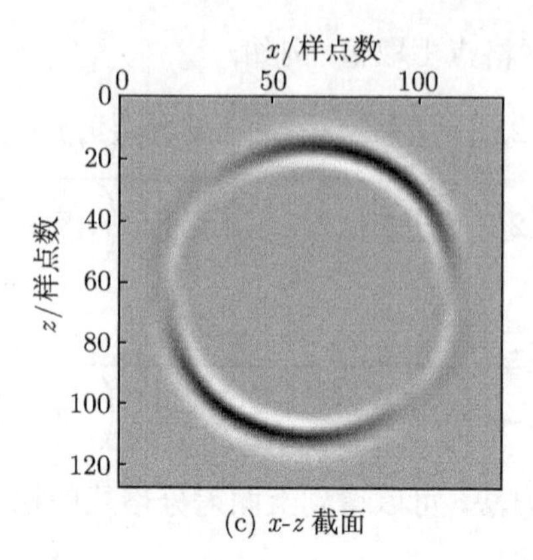

(c) x-z 截面

图 7.10.1　三维电场 E_x 分量的三个截面

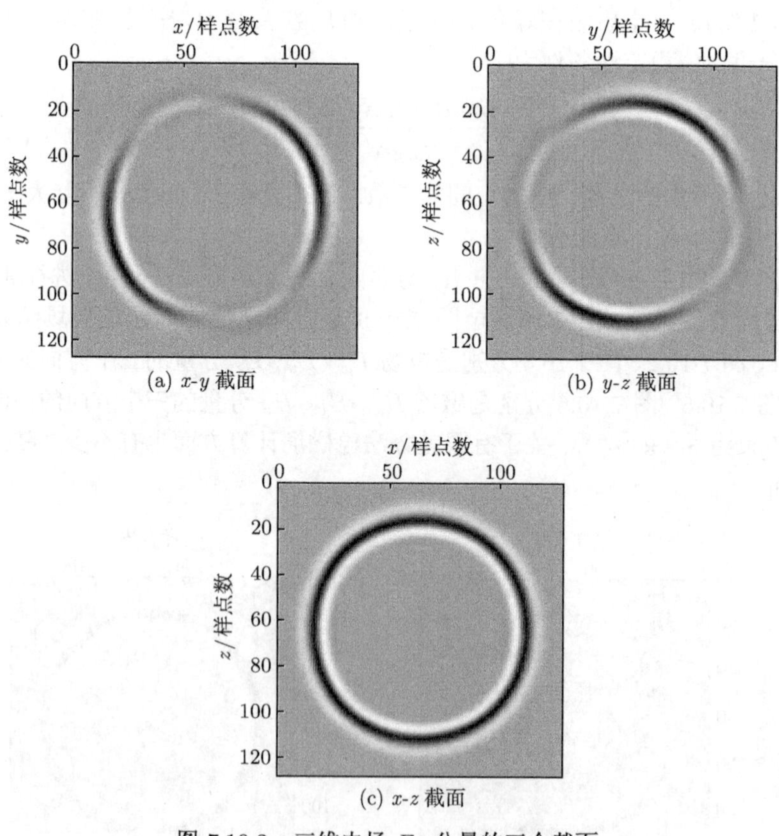

(a) x-y 截面　　(b) y-z 截面

(c) x-z 截面

图 7.10.2　三维电场 E_y 分量的三个截面

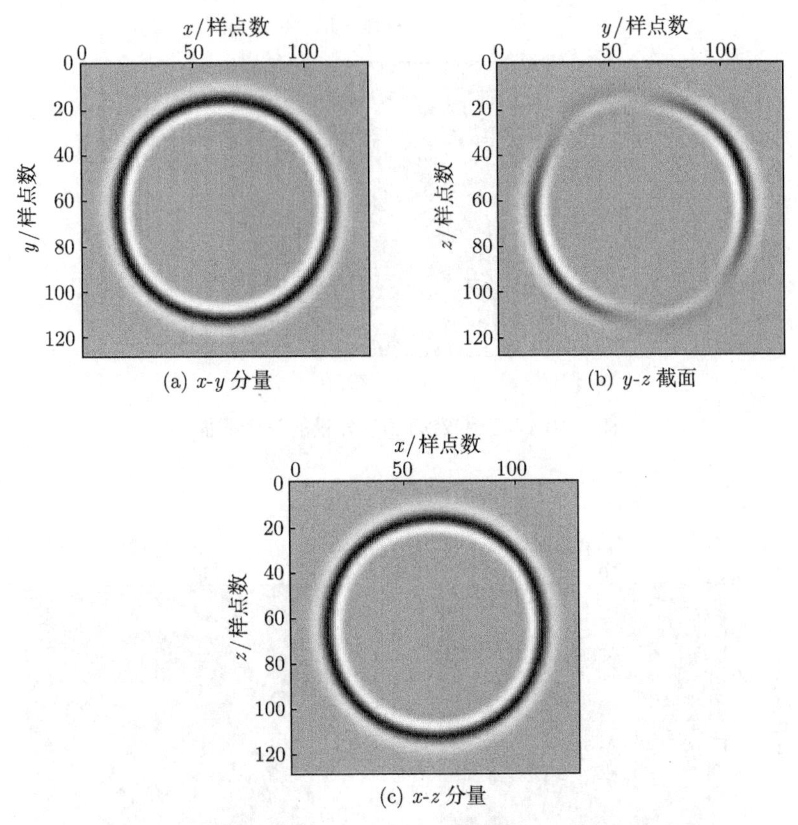

(a) x-y 分量　　　　(b) y-z 截面

(c) x-z 分量

图 7.10.3　三维电场 E_z 分量的三个截面

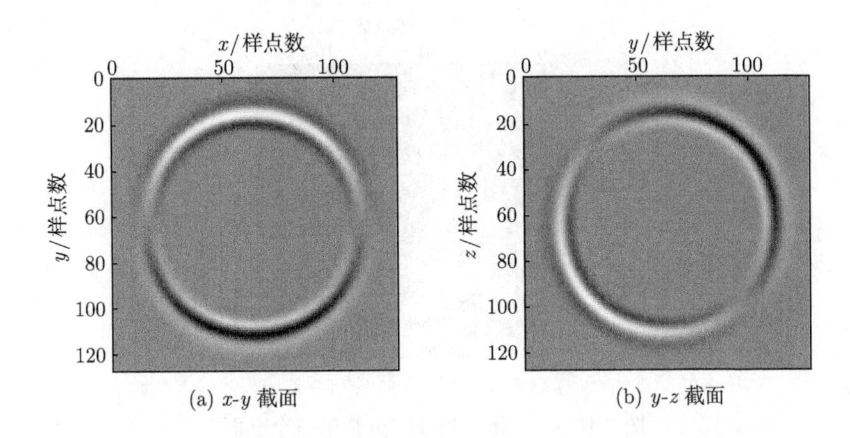

(a) x-y 截面　　　　(b) y-z 截面

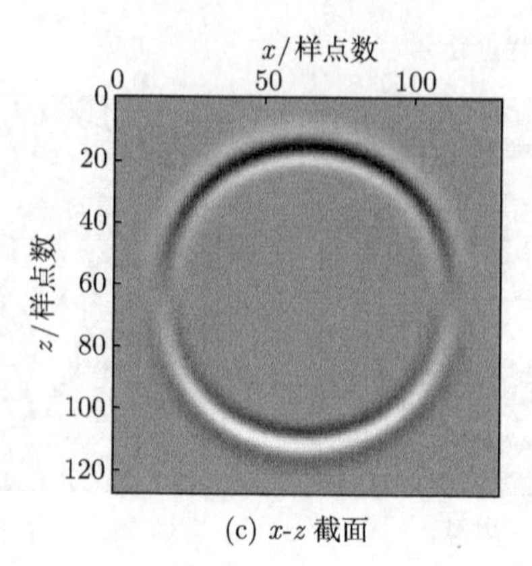

(c) x-z 截面

图 7.10.4　三维磁场 H_x 分量的三个截面

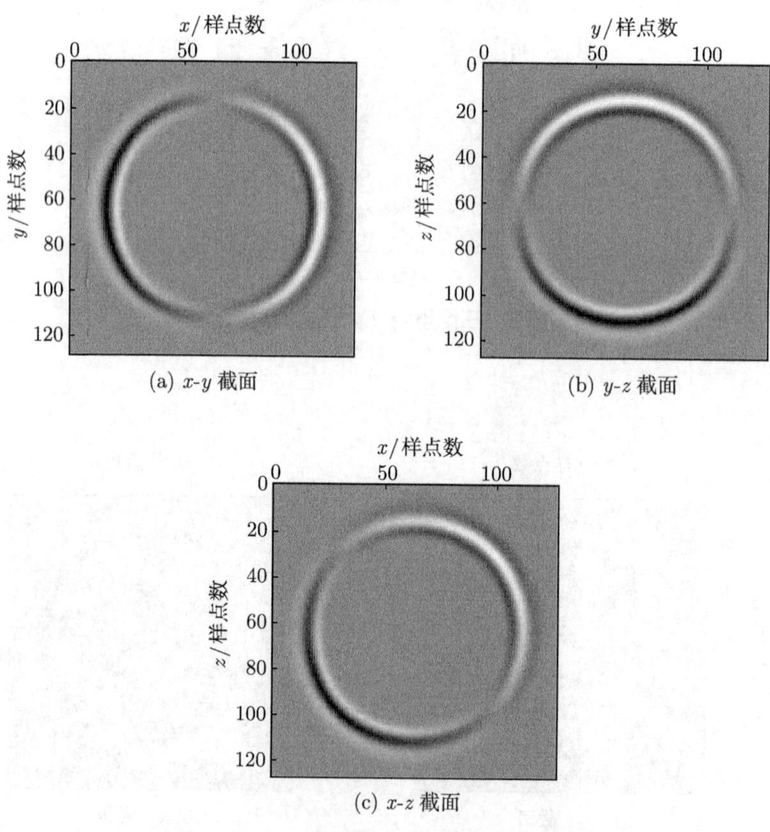

(a) x-y 截面　　(b) y-z 截面

(c) x-z 截面

图 7.10.5　三维磁场 H_y 分量的三个截面

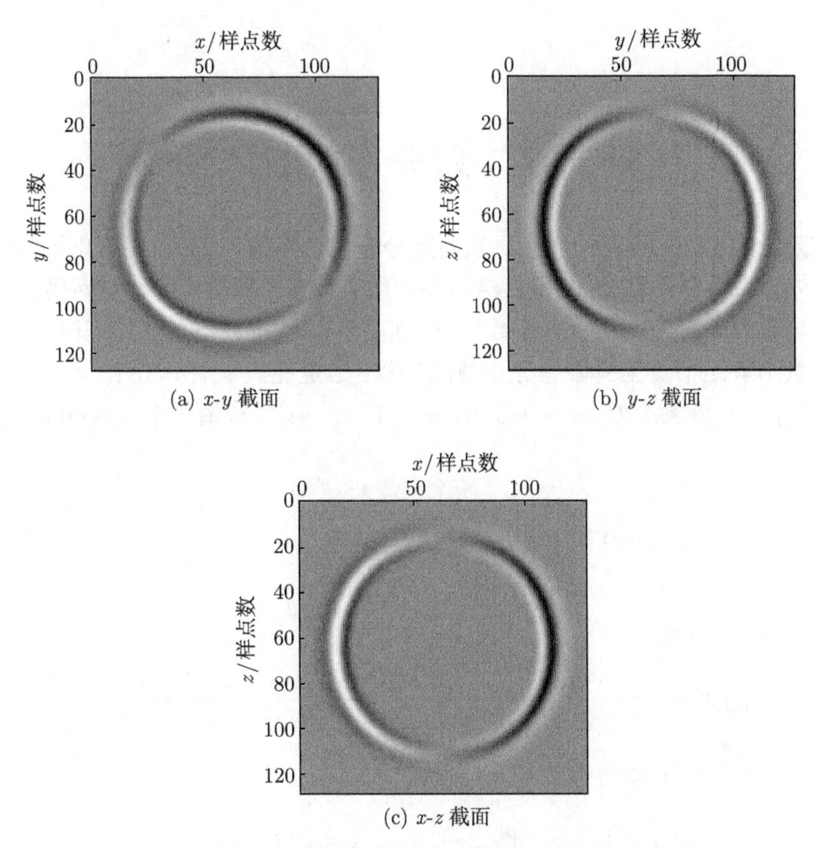

(a) x-y 截面

(b) y-z 截面

(c) x-z 截面

图 7.10.6 三维磁场 H_z 分量的三个截面

附录 1　差分系数的计算

本附录给出均匀网格上各阶导数的差分近似的系数计算. 首先给出不等距结点上有限差分系数的计算公式, 然后给出整数结点和半整数结点的均匀网格上的一阶至四阶导数的各阶精度的差分系数结果. 在文献 [38] 中给出了计算程序.

任意不等距节点上有限差分系数的计算. 给定在点 $x_i(i=0,1,\cdots,n)$ 处的值 u_i, 由前 $j+1$ 点上的值 $u_i=u(x_i)(i=0,1,\cdots,j)$ 可构造一个 Lagrange 插值多项式

$$p_j(x)=\sum_{i=0}^{j}L_{i,j}(x)u_i,\quad j=0,1,\cdots,n, \tag{1}$$

其中

$$L_{i,j}(x)=\frac{(x-x_0)\cdots(x-x_{i-1})(x-x_{i+1})\cdots(x-x_j)}{(x_i-x_0)\cdots(x_i-x_{i-1})(x_i-x_{i+1})\cdots(x_i-x_j)}, \tag{2}$$

从而在 $x=0$ 处的 k 阶导数为

$$\left.\frac{\mathrm{d}^k u(x)}{\mathrm{d}x^k}\right|_{x=0}\approx\left.\frac{\mathrm{d}^k p_j(x)}{\mathrm{d}x^k}\right|_{x=0}=\sum_{i=0}^{j}\left.\frac{\mathrm{d}^k L_{i,j}(x)}{\mathrm{d}x^k}\right|_{x=0}u_i \tag{3}$$

$$=\sum_{i=0}^{j}c_{i,j}^k u_i, \tag{4}$$

其中 $c_{i,j}^k$ 的角标 j 表示最大网格点数. 根据 Taylor 展开公式, 有

$$L_{i,j}(x)=\sum_{k=0}^{j}\left.\frac{\mathrm{d}^k L_{i,j}(x)}{\mathrm{d}x^k}\right|_{x=0}\frac{x^k}{k!} \tag{5}$$

$$=\sum_{k=0}^{j}c_{i,j}^k\frac{x^k}{k!}, \tag{6}$$

也即 $c_{i,j}^k$ 可以从 $L_{i,j}(x)$ 的 Taylor 系数得到, 式 (2) 蕴涵递推关系式

$$L_{i,j}(x)=\frac{(x-x_j)}{(x_i-x_j)}L_{i,j-1}(x) \tag{7}$$

及

$$L_{j,j}(x)=\left[\frac{\prod\limits_{n=0}^{j-2}(x_{j-1}-x_n)}{\prod\limits_{n=0}^{j-1}(x_j-x_n)}\right](x-x_{j-1})L_{j-1,j-1}(x). \tag{8}$$

将式 (6) 代入到式 (7)—(8) 中得到系数的递推关系式

$$c_{i,j}^k=\frac{1}{x_j-x_i}(x_jc_{i,j-1}^k-kc_{i,j-1}^{k-1}), \tag{9}$$

$$c_{j,j}^k=\left\{\frac{\prod\limits_{n=0}^{j-2}(x_{j-1}-x_n)}{\prod\limits_{n=0}^{j-1}(x_j-x_n)}\right\}(kc_{j-1,j-1}^{k-1}-x_{j-1}c_{j-1,j-1}^k). \tag{10}$$

对规则网格情形, D^m 的 $2p$ 阶精度的表达式可以写成

$$D^m\approx\frac{1}{h^m}\sum_{j=-q}^{q}\alpha_j^mE^j, \tag{11}$$

其中 $q=p+\left[\frac{m-1}{2}\right]$ ($[\cdot]$ 表示整数部分).

对交错网格, D^m 的 $2p$ 阶精度的表达式可以写成

$$D^m\approx\frac{1}{h^m}\sum_{j=-q}^{q}\beta_j^mE^j, \tag{12}$$

其中 $q=p+\left[\frac{m-1}{2}\right]-\frac{1}{2}$, 这里的求和在半整数网格点上进行, 即

$$j=-q,-q+1,\cdots,-\frac{3}{2},-\frac{1}{2},\frac{1}{2},\frac{3}{2},\cdots,q.$$

表 1 列出了在均匀的规则网格上的一阶导数 $2p$ 阶精度的系数; 表 2 列出了在均匀的规则网格上的二阶导数 $2p$ 阶精度的系数; 表 3 列出了在均匀的规则网格上的三阶导数 $2p$ 阶精度的系数; 表 4 列出了在均匀的规则网格上的四阶导数 $2p$ 阶精度的系数; 表 5 列出了交错网格上的一阶导数 $2p$ 阶精度的系数; 表 6 列出了交错网格上的二阶导数 $2p$ 阶精度的系数; 表 7 列出了交错网格上的三阶导数 $2p$ 阶精度的系数; 表 8 列出了交错网格上四阶导数 $2p$ 阶精度的系数.

表 1 规则网格上一阶导数 $2p$ 阶精度的系数, 其中 $\alpha_j^1 = -\alpha_{-j}^1$

p	$j=0$	$j=-1$	$j=-2$	$j=-3$	$j=-4$	$j=-5$	$j=-6$
1	0	$-\frac{1}{2}$					
2	0	$-\frac{2}{3}$	$\frac{1}{12}$				
3	0	$-\frac{3}{4}$	$\frac{3}{20}$	$-\frac{1}{60}$			
4	0	$-\frac{4}{5}$	$\frac{1}{5}$	$-\frac{4}{105}$	$\frac{1}{280}$		
5	0	$-\frac{5}{6}$	$\frac{5}{21}$	$-\frac{5}{84}$	$\frac{5}{504}$	$-\frac{1}{1260}$	
6	0	$-\frac{6}{7}$	$\frac{15}{56}$	$-\frac{5}{63}$	$\frac{1}{56}$	$-\frac{1}{385}$	$\frac{1}{5544}$

表 2 规则网格上二阶导数 $2p$ 阶精度的系数, 其中 $\alpha_j^2 = \alpha_{-j}^2$

p	$j=0$	$j=-1$	$j=-2$	$j=-3$	$j=-4$	$j=-5$	$j=-6$
1	-2	1					
2	$-\frac{5}{2}$	$\frac{4}{3}$	$-\frac{1}{12}$				
3	$-\frac{49}{18}$	$\frac{3}{2}$	$-\frac{3}{20}$	$\frac{1}{90}$			
4	$-\frac{205}{72}$	$\frac{8}{5}$	$-\frac{1}{5}$	$\frac{8}{315}$	$-\frac{1}{560}$		
5	$-\frac{5269}{1800}$	$\frac{5}{3}$	$-\frac{5}{21}$	$\frac{5}{126}$	$-\frac{5}{1008}$	$\frac{1}{3150}$	
6	$-\frac{5369}{1800}$	$\frac{12}{7}$	$-\frac{15}{56}$	$\frac{10}{189}$	$-\frac{1}{112}$	$\frac{2}{1925}$	$-\frac{1}{16632}$

表 3 规则网格上三阶导数 $2p$ 阶精度的系数, 其中 $\alpha_j^3 = -\alpha_{-j}^3$

p	$j=0$	$j=-1$	$j=-2$	$j=-3$	$j=-4$	$j=-5$	$j=-6$	$j=-7$
1	0	1	$-\frac{1}{2}$					
2	0	$\frac{13}{8}$	-1	$\frac{1}{8}$				
3	0	$\frac{61}{30}$	$-\frac{169}{120}$	$\frac{3}{10}$	$-\frac{7}{240}$			

续表

p	$j=0$	$j=-1$	$j=-2$	$j=-3$	$j=-4$	$j=-5$	$j=-6$	$j=-7$
4	0	$\frac{1669}{720}$	$-\frac{4369}{2520}$	$\frac{541}{1120}$	$-\frac{1261}{15120}$	$\frac{41}{6048}$		
5	0	$\frac{1769}{700}$	$-\frac{4469}{2240}$	$\frac{4969}{7560}$	$-\frac{643}{4200}$	$\frac{19}{840}$	$-\frac{479}{302400}$	
6	0	$\frac{90281}{33600}$	$-\frac{222581}{100800}$	$\frac{247081}{302400}$	$-\frac{31957}{138600}$	$\frac{2077}{44352}$	$-\frac{20137}{3326400}$	$\frac{59}{158400}$

表 4　规则网格上四阶导数 $2p$ 阶精度的系数, 其中 $\alpha_j^4=\alpha_{-j}^4$

p	$j=0$	$j=-1$	$j=-2$	$j=-3$	$j=-4$	$j=-5$	$j=-6$	$j=-7$
1	6	-4	1					
2	$\frac{28}{3}$	$-\frac{13}{2}$	2	$-\frac{1}{6}$				
3	$\frac{91}{8}$	$-\frac{122}{15}$	$\frac{169}{60}$	$-\frac{2}{5}$	$\frac{7}{240}$			
4	$\frac{1529}{120}$	$-\frac{1669}{180}$	$\frac{4369}{1260}$	$-\frac{541}{840}$	$\frac{1261}{15120}$	$-\frac{41}{7560}$		
5	$\frac{37037}{2700}$	$-\frac{1769}{175}$	$\frac{4469}{1120}$	$-\frac{4969}{5670}$	$\frac{643}{4200}$	$-\frac{19}{1050}$	$\frac{479}{453600}$	
6	$\frac{54613}{3780}$	$-\frac{90281}{8400}$	$\frac{222581}{50400}$	$-\frac{247081}{226800}$	$\frac{31957}{138600}$	$-\frac{2077}{55440}$	$\frac{20137}{4989600}$	$-\frac{59}{277200}$

表 5　交错网格上一阶导数 $2p$ 阶精度的系数, 其中 $\beta_j^1=-\beta_{-j}^1$

p	$j=-\frac{1}{2}$	$j=-\frac{3}{2}$	$j=-\frac{5}{2}$	$j=-\frac{7}{2}$	$j=-\frac{9}{2}$	$j=-\frac{11}{2}$
1	-1					
2	$-\frac{9}{8}$	$\frac{1}{24}$				
3	$-\frac{75}{64}$	$\frac{25}{384}$	$-\frac{3}{640}$			
4	$-\frac{1225}{1024}$	$\frac{245}{3072}$	$-\frac{49}{5120}$	$\frac{5}{7168}$		
5	$-\frac{19845}{16384}$	$\frac{735}{8192}$	$-\frac{567}{40960}$	$\frac{405}{229376}$	$-\frac{35}{294912}$	
6	$-\frac{160083}{131072}$	$\frac{12705}{131072}$	$-\frac{22869}{1310720}$	$\frac{5445}{1835008}$	$-\frac{847}{2359296}$	$\frac{63}{2883584}$

表 6　交错网格上二阶导数 2p 阶精度的系数, 其中 $\beta_j^2=\beta_{-j}^2$

p	$j=-\frac{1}{2}$	$j=-\frac{3}{2}$	$j=-\frac{5}{2}$	$j=-\frac{7}{2}$	$j=-\frac{9}{2}$	$j=-\frac{11}{2}$	$j=-\frac{13}{2}$
1	$-\frac{1}{2}$	$\frac{1}{2}$					
2	$-\frac{17}{24}$	$\frac{13}{16}$	$-\frac{5}{48}$				
3	$-\frac{1891}{2304}$	$\frac{1299}{1280}$	$-\frac{499}{2304}$	$\frac{259}{11520}$			
4	$-\frac{4561}{5120}$	$\frac{26611}{23040}$	$-\frac{1135}{3584}$	$\frac{589}{10240}$	$-\frac{3229}{645120}$		
5	$-\frac{2306749}{2457600}$	$\frac{12978949}{10321920}$	$-\frac{553309}{1376256}$	$\frac{287101}{2949120}$	$-\frac{1573861}{103219200}$	$\frac{117469}{103219200}$	
6	$-\frac{200923403}{206438400}$	$\frac{1102724303}{825753600}$	$-\frac{46994735}{99090432}$	$\frac{24382547}{176947200}$	$-\frac{133658267}{4541644800}$	$\frac{9975743}{2477260800}$	$-\frac{7156487}{27249868800}$

表 7　交错网格上三阶导数 2p 阶精度的系数, 其中 $\beta_j^3=-\beta_{-j}^3$

p	$j=-\frac{1}{2}$	$j=-\frac{3}{2}$	$j=-\frac{5}{2}$	$j=-\frac{7}{2}$	$j=-\frac{9}{2}$	$j=-\frac{11}{2}$
1	3	-1				
2	$\frac{17}{4}$	$-\frac{13}{8}$	$\frac{1}{8}$			
3	$\frac{1891}{384}$	$-\frac{1299}{640}$	$\frac{499}{1920}$	$-\frac{37}{1920}$		
4	$\frac{13683}{2560}$	$-\frac{26611}{11520}$	$\frac{681}{1792}$	$-\frac{1767}{35840}$	$\frac{3229}{967680}$	
5	$\frac{2306749}{409600}$	$-\frac{12978949}{5160960}$	$\frac{553309}{1146880}$	$-\frac{287101}{3440640}$	$\frac{1573861}{154828800}$	$-\frac{10679}{17203200}$

表 8　交错网格上四阶导数 2p 阶精度的系数, 其中 $\beta_j^4=\beta_{-j}^4$

p	$j=-\frac{1}{2}$	$j=-\frac{3}{2}$	$j=-\frac{5}{2}$	$j=-\frac{7}{2}$
1	1	$-\frac{3}{2}$	$\frac{1}{2}$	
2	$\frac{83}{48}$	$-\frac{45}{16}$	$\frac{59}{48}$	$-\frac{7}{48}$
3	$\frac{4307}{1920}$	$-\frac{1229}{320}$	$\frac{377}{192}$	$-\frac{1547}{3840}$
4	$\frac{120649}{46080}$	$-\frac{499349}{107520}$	$\frac{339749}{129024}$	$-\frac{197789}{276480}$
5	$\frac{224657551}{77414400}$	$-\frac{181758911}{34406400}$	$\frac{119814943}{37158912}$	$-\frac{69436591}{66355200}$
6	$\frac{859755083}{275251200}$	$-\frac{43101203581}{7431782400}$	$\frac{617872609}{165150720}$	$-\frac{1784679869}{1297612800}$

续表

p	$j=-\frac{9}{2}$	$j=-\frac{11}{2}$	$j=-\frac{13}{2}$	$j=-\frac{15}{2}$
1				
2				
3	$\frac{47}{1280}$			
4	$\frac{25177}{215040}$	$-\frac{17281}{1935360}$		
5	$\frac{4011181}{17203200}$	$-\frac{30262111}{928972800}$	$\frac{1997021}{928972800}$	
6	$\frac{10194989509}{27249868800}$	$-\frac{59731097}{825753600}$	$\frac{80499107}{9083289600}$	$-\frac{1206053}{2335703040}$

附录 2　常用公式和定理

为便于教学或学习, 本附录给出六个常用公式和定理, 包括 Lagrange 插值公式、Newton 插值公式, 以及广义积分中值定理和带积分余项的 Taylor 展开公式. 关于数值分析方面更多的内容, 可参考相关文献, 如 [8], [10], [17], [44], [71].

1. Lagrange **插值公式**

已知函数 $f(x)$ 在 $n+1$ 个互异结点

$$a \leqslant x_0,\ x_1,\ \cdots,\ x_n \leqslant b$$

上的函数值

$$y_0 = f(x_0), \quad y_1 = f(x_1), \quad \cdots, \quad y_n = f(x_n),$$

则满足插值条件 $L_n(x_i) = y_i$ 的 $n(n \geqslant 1)$ 次 Lagrange 插值多项式 L_n 存在唯一, 为

$$L_n(x) = \sum_{k=0}^{n} y_k l_k(x), \tag{13}$$

其中

$$l_k(x) = \frac{(x-x_0)\cdots(x-x_{k-1})(x-x_{k+1})\cdots(x-x_n)}{(x_k-x_0)\cdots(x_k-x_{k-1})(x_k-x_{k+1})\cdots(x_k-x_n)}, \quad k = 0, 1, \cdots, n \tag{14}$$

为插值基函数, 满足

$$l_k(x_j) = \begin{cases} 1, & k = j, \\ 0, & k \neq j. \end{cases} \tag{15}$$

相应的插值余项 $R_n(x)$ 为

$$R_n(x) = f(x) - L_n(x) = \frac{f^{(n+1)}(\xi)}{(n+1)!}\omega_{n+1}(x), \quad \xi \in (a,b), \quad \forall x \in [a,b], \tag{16}$$

其中

$$\omega_{n+1}(x) = (x-x_0)(x-x_1)\cdots(x-x_n). \tag{17}$$

如果用两点

$$(a, f(a)), \quad (b, f(b))$$

进行插值, 取 $n=1$ 时, 有如下线性插值多项式

$$L_1(x)=y_0l_0(x)+y_1l_1(x)=y_0\frac{x-x_1}{x_0-x_1}+y_1\frac{x-x_0}{x_1-x_0}, \tag{18}$$

这里 $x_0=a,\ x_1=b$, 插值余项为

$$R_1(x)=\frac{f''(\xi)}{2}\omega_2(x)=\frac{f''(\xi)}{2}(x-x_0)(x-x_1), \tag{19}$$

由此可得梯形求积公式

$$\begin{aligned}\int_a^b f(x)\mathrm{d}x&=\int_a^b L_1(x)\mathrm{d}x+\int_a^b R_1(x)dx\\&=\frac{f(b)+f(a)}{2}(b-a)-\frac{(b-a)^3}{12}f''(\xi_1),\quad \xi_1\in(a,b).\end{aligned} \tag{20}$$

如果用三点

$$(a,f(a)),\quad \left(\frac{a+b}{2},f\left(\frac{a+b}{2}\right)\right),\quad (b,f(b))$$

进行插值, 取 $n=2$ 时, 有如下二次插值多项式

$$\begin{aligned}L_2(x)=&f(a)\frac{(x-x_1)(x-x_2)}{(x_0-x_1)(x_0-x_2)}+f\left(\frac{a+b}{2}\right)\frac{(x-x_0)(x-x_2)}{(x_1-x_0)(x_1-x_2)}\\&+f(b)\frac{(x-x_0)(x-x_1)}{(x_2-x_0)(x_2-x_1)},\end{aligned} \tag{21}$$

这里 $x_0=a,\ x_1=\dfrac{a+b}{2},\ x_2=b$; 插值余项为

$$R_2(x)=\frac{f'''(\xi)}{3!}\omega_3(x)=\frac{f'''(\xi)}{3!}(x-x_0)(x-x_1)(x-x_2). \tag{22}$$

由此可得 Simpson 公式求积公式

$$\begin{aligned}\int_a^b f(x)\mathrm{d}x&=\int_a^b L_2(x)\mathrm{d}x+\int_a^b R_2(x)\mathrm{d}x\\&=\frac{b-a}{6}\left[f(a)+4f\left(\frac{a+b}{2}\right)+f(b)\right]-\frac{(b-a)^5}{2880}f^{(4)}(\xi_2),\quad \xi_2\in(a,b).\end{aligned} \tag{23}$$

2. Newton **插值公式**

已知函数 $f(x)$ 在 $n+1$ 个等距结点

$$x_k=x_0+kh,\quad k=0,1,\cdots,n$$

上的函数值 $f(x_k)$, 当插值点 x 在 x_0 附近, 有 Newton 向前插值公式

$$N_n(x_0+th)=f_0+t\Delta f_0+\frac{t(t-1)}{2}\Delta^2 f_0+\cdots+\frac{t(t-1)\cdots(t-n+1)}{n!}\Delta^n f_0, \quad (24)$$

其中 $x=x_0+th\ (0\leqslant t\leqslant 1)$; Δ^n 为 n 阶前差算子

$$\Delta f_0=f_1-f_0,\quad \Delta^n f_0=\Delta^{n-1}(f_1-f_0), \quad (25)$$

插值余项为

$$R_n(x)=f(x)-N_n(x_n+th)=\frac{t(t-1)\cdots(t-n)}{(n+1)!}h^{n+1}f^{(n+1)}(\xi),\quad \xi\in(x_0,x_n). \quad (26)$$

当插值点 x 在 x_n 附近, 有 Newton 向后插值公式

$$N_n(x_n+th)=f_n+t\nabla f_n+\frac{t(t+1)}{2}\nabla^2 f_n+\cdots+\frac{t(t+1)\cdots(t+n-1)}{n!}\nabla^n f_n, \quad (27)$$

其中 $x=x_n+th\ (-1\leqslant t\leqslant 0)$; ∇^n 为 n 阶后差算子

$$\nabla f_n=f_n-f_{n-1},\quad \nabla^n f_n=\nabla^{n-1}(f_n-f_{n-1}), \quad (28)$$

插值余项为

$$R_n(x)=f(x)-N_n(x_n+th)=\frac{t(t+1)\cdots(t+n)}{(n+1)!}h^{n+1}f^{(n+1)}(\xi),\quad \xi\in(x_0,x_n). \quad (29)$$

下面给出两个常用定理: 广义积分中值定理和带积分形式的 Taylor 展开式.

3. 广义积分中值定理

定理 1 若 $\phi(x)$ 和 $g(x)$ 关于 $x\in[a,b]$ 连续, $g(x)$ 在 $[a,b]$ 上不变号, 则存在一个常数 $\xi\in[a,b]$, 使得

$$\int_a^b \phi(x)g(x)\mathrm{d}x=\phi(\xi)\int_a^b g(x)\mathrm{d}x. \quad (30)$$

证明 不妨设 $g(x)\geqslant 0$. 由 $\phi(x)$ 在 $[a,b]$ 上的连续性, 可得

$$mg(x)\leqslant \phi(x)g(x)\leqslant Mg(x), \quad (31)$$

其中 m, M 分别为 $\phi(x)$ 在 $[a,b]$ 上的最小值和最大值. 于是

$$m\int_a^b g(x)\mathrm{d}x\leqslant \int_a^b \phi(x)g(x)\mathrm{d}x\leqslant M\int_a^b g(x)\mathrm{d}x, \quad (32)$$

又假设 $g(x) \geqslant 0$, 故 $\int_a^b g(x)\mathrm{d}x \geqslant 0$. 若 $\int_a^b g(x)\mathrm{d}x = 0$, 由式 (32) 知定理显然成立. 若 $\int_a^b g(x)\mathrm{d}x > 0$, 则由式 (32) 可得

$$m \leqslant \frac{\int_a^b \phi(x)g(x)\mathrm{d}x}{\int_a^b g(x)\mathrm{d}x} \leqslant M. \tag{33}$$

根据 $\phi(x)$ 的连续性, 由介值定理知存在 $\xi \in [a,b]$, 使得

$$\phi(\xi) = \frac{\int_a^b \phi(x)g(x)\mathrm{d}x}{\int_a^b g(x)\mathrm{d}x}, \tag{34}$$

也即

$$\int_a^b \phi(x)g(x)\mathrm{d}x = \phi(\xi)\int_a^b g(x)\mathrm{d}x. \tag{35}$$

对 $g(x) \leqslant 0$ 的情形, 也可类似证明. □

注　如果 $\phi(x)$ 在 $[a,b]$ 上不连续, 但有界且可积, 也有类似结果, 只需将式 (30) 中的 $\phi(\xi)$ 替换成 $[m,M]$ 的某常数即可.

4. 带积分余项的 Taylor 展开公式

定理 2　设 $f(x) \in C^{n+1}[a,b]$, 则

$$f(x) = f(x_0) + f'(x_0)(x-x_0) + \cdots + \frac{f^{(n)}(x_0)(x-x_0)^n}{n!} + R_n(x), \tag{36}$$

其中

$$R_n(x) = \frac{1}{n!}\int_{x_0}^x (x-t)^n f^{(n+1)}(t)\mathrm{d}t. \tag{37}$$

证明　反复应用分步积分公式.

$$\begin{aligned} f(x) &= f(x_0) + \int_{x_0}^x f'(t)\mathrm{d}(t-x) \\ &= f(x_0) + (t-x)f'(t)\big|_{x_0}^x - \int_{x_0}^x (t-x)f''(t)\mathrm{d}t \end{aligned}$$

$$
\begin{aligned}
&= f(x_0) + (x - x_0)f'(x_0) - \frac{1}{2}\int_{x_0}^{x} f''(t)\mathrm{d}(t-x)^2 \\
&= f(x_0) + (x - x_0)f'(x_0) - \frac{1}{2}\left[(t-x)^2 f''(t)\Big|_{x_0}^{x} - \int_{x_0}^{x}(t-x)^2 f'''(t)\mathrm{d}t\right] \\
&= f(x_0) + (x - x_0)f'(x_0) + \frac{1}{2!}(x-x_0)^2 f''(x_0) + \frac{1}{3!}\int_{x_0}^{x} f'''(t)\mathrm{d}(t-x)^3 \\
&\qquad\cdots\cdots
\end{aligned}
\tag{38}
$$

最后可得

$$
R_n(x) = \frac{1}{n!}\int_{x_0}^{x}(x-t)^n f^{(n+1)}(t)\mathrm{d}t, \tag{39}
$$

或

$$
R_n(x) = \frac{(-1)^n}{n!}\int_{x_0}^{x}(t-x)^n f^{(n+1)}(t)\mathrm{d}t.
$$

□

参 考 文 献

[1] 冯康. 冯康文集. 北京: 国防工业出版社, 1993.

[2] 冯康, 秦孟兆. 哈密尔顿系统的辛几何算法. 杭州: 浙江科技出版社, 2003.

[3] 拉夫连季耶夫, 沙巴特. 复变函数论方法. 施祥林, 等, 译. 北京: 高等教育出版社, 2006.

[4] 李德元, 陈光南. 抛物型方程差分方法引论. 北京: 科学出版社, 1998.

[5] 李荣华, 冯果忱. 微分方程数值解法. 3 版. 北京: 高等教育出版社, 1996.

[6] 陆金甫, 关冶. 偏微分方程数值解法. 北京: 清华大学出版社, 2004.

[7] 孙志忠. 偏微分方程数值解法. 北京: 科学出版社, 2012.

[8] 王仁宏. 数值逼近. 北京: 高等教育出版社, 1999.

[9] 余德浩, 汤华中. 微分方程数值解法. 北京: 科学出版社, 2003.

[10] Atkinson K E. An Introduction to Numerical Analysis. New York: John Wiley & Sons, Inc., 1978.

[11] Bender C M, Orszag S A. Advanced Mathematical Methods for Scientists and Engineers. New York: McGraw-Hill, 1978.

[12] Biot M A. Theory of propagation of elastic waves in a fluid-saturated porous solid. I. Low-frequency range. J. Acoust. Soc. Am., 1956, 28: 168—178.

[13] Biot M A. Theory of propagation of elastic waves in a fluid-saturated porous solid. II. Higher-frequency range. J. Acoust. Soc. Am., 1956, 28: 179—191.

[14] Biot M A. Mechanics deformation and acoustic propagation in porous media. J. Appl. Phys., 1962, 33: 1482—1498.

[15] Biot M A. Generalized theory of acoustic propagation in porous dissipative media. J. Acoust. Soc. Am., 1962, 34: 1254—1264.

[16] Brian P L T, A finite difference method of high order accuracy of the solution of three dimensional transient heat conduction problems. AICHE J., 1961, 7: 367—370.

[17] Burden R L, Faires J D. Numerical Analysis. Beijing: Higher Education Press, 2001.

[18] Butcher J. The Numerical Analysis of Ordinary Differential Equations: Runge-Kutta and General Linear Methods. Chichester: Wiley, 1987.

[19] Butcher J C. Implicit Runge-Kutta processes. Math. Comput., 1964, 18: 50—64.

[20] Chattot J J. Computational Aerodynamics and Fluid Dynamics. Berlin: Springer-Verlag. 2002.

[21] Ciarlet P G. The Finite Element Method for Elliptic Problems. Ansterdam: North-Holland, 1978.

[22] Courant R, Friedrichs K O, Lewy H. Über die partiellen differenzengleichungen der mathematischen physik. Math. Ann., 1928, 100: 32—74.

[23] Dahlquist G. Stability questions for some numerical methods for ordinary differential equations. Proc. Symposia in Applied Mathematics, 1963, 15: 147.

[24] D'Yakonov E G. On the application of disintegrating difference operators. Zh. Vychisl.

Mat. i Mat. Fiz., 1963, 3: 385—388.

[25] Douglas J Jr. On the numerical integration of $u_{xx} + u_{yy} = u_t$ by implicit methods. J. Soc. Ind. Appl. Math., 1955, 3: 42—65.

[26] Douglas J Jr. On the numerical integration of quasi-linear parabolic equations. Pacific J. Math., 1956, 6: 35—42.

[27] Douglas J Jr. Alternating direction iteration for mildly nonlinear elliptic difference equations. Numerische Mathematik, 1961, 3: 92—98.

[28] Douglas J Jr. Alternating direction methods for three space variables. Numerische Mathematik, 1962, 4: 41—63.

[29] Douglas J Jr, Jones B F. On predictor-corrector methods for non-linear parabolic differential equations. J. Soc. Indust. Appl. Math., 1963, 11: 195—204.

[30] Douglas J Jr, Gunn J E. A general formulation of alternating direction methods, Part I, Parabolic and hyperbolic problems. Numerische Mathematik, 1964, 6: 428—453.

[31] Douglas J Jr, Rachford H H. On the numerical solution of heat conduction problems in two and three space variables. Trans. Amer. Math. Soc., 1956, 82: 421—439.

[32] Fairweather G, Mitchell A R. A high accuracy alternating direction method for the wave equation. IMA J. Appl. Math., 1965, 1: 309—316.

[33] Fairweather G, Mitchell A R. A new computational procedure for A.D.I. methods. SIAM J. Numer. Anal., 1967, 4: 163—170.

[34] Fairweather G, Goulay A R, Mitchell A R. Some high accuracy difference schemes with a splitting operator for equations of parabolic and elliptic type. Numer. Math., 1967, 10: 56—66.

[35] Fletcher C A J. Computational Techniques for Fluid Dynamics I: Fundamental and General Techniques. Berlin: Springer-Verlag, 1988, 1991.

[36] Fletcher C A J. Computational Techniques for Fluid Dynamics II: Specific Techniques for Different Flow Categories. Berlin: Springer-Verlag, 1988, 1991.

[37] Fornberg B. High-order finite differences and the pseudo-spectral method on staggered grids. SIAM J. Numer. Anal., 1990, 27: 904—918.

[38] Fornberg B. Calculation of weights in finite difference formulas. SIAM Rev, 1998, 40: 685—691.

[39] Gear C W. Numerical Initial Value Problems in Ordinary Differential Equations. Upper Saddle River: Prentice-Hall, Inc., 1971.

[40] Golub G H, van Loan C F. Matrix Computations. Baltimore: The Johns Hopkins University Press, 1996. (中译本: 矩阵计算. 袁亚湘, 等, 译. 北京: 科学出版社, 2001.)

[41] Gourlay A R, Mitchell A R. A classification of split difference methods for hyperbolic equations in several space dimensions. SIAM. J. Numer. Anal., 1969, 6: 62—71.

[42] Hairer E, Nφrsett S P, Wanner G. Solving Ordinary Differential Equations I: Nonstiff Problems. Berlin: Springer-Verlag, 1987, 1993. (影印版, 北京: 科学出版社, 2006.)

[43] Hairer E, Wanner G. Solving Ordinary Differential Equations II: Stiff and Differential-Algebraic Problems. Berlin: Springer-Verlag, 1991, 1996. (影印版, 北京: 科学出版社, 2006.)

[44] Heath M T. Scientific Computing: An Introductory Survey. Columbus: McGraw-Hill Companies, Inc., 1997, 2002. (影印版, 北京: 清华大学出版社, 2001.)

[45] Henrici P. Discrete Variable Methods in Ordinary Differential Equations. New York: John Wiley, 1962.

[46] Holmes M H. Introduction to Numerical Methods in Differential Equations. Berlin: Springer-Verlag, 2007. (影印版, 北京: 科学出版社, 2011.)

[47] Isaacson E, Keller H. Analysis of Numerical Methods. New York: John Wiley, 1966.

[48] Jain M K. Numerical Solution of Differential Equations. New York: John Wiley & Sons, Inc., 1979.

[49] John D, Anderson J R. Computational Fluid Dynamics: the Basics with Applications. Columbus: McGraw-Hill Companies, Inc., 1995.

[50] Kang F. On difference schemes and sympletic geometry//Proceeding of The 5th Intern. Symposium on Differential Geometry and Differential Equations, 1984. Beijing: Science Press, 1985: 42—58.

[51] Keller H B. Numerical Methods for Two-point Boundary-value Problems. Waltham: Blaisdell, 1968.

[52] Kellogg R B. An alternating direction method for operator equations. J. Soc. Indust. Appl. Math., 1964, 12: 848—854.

[53] Kneib G, Kerner C. Accurate and efficient seismic modeling in random media. Geophysics, 1993, 58: 576—588.

[54] Kuntzmann J. Neuere entwickelungen der methode von Runge-Kutta. ZAMM, 1961, 41: 28—31.

[55] Lapidus L, Seinfeld J H. Numerical Solution of Ordinary Differential Equations. New York: Academic Press, Inc., 1971.

[56] Lapidus L, Pinder G F. Numerical Solution of Partial Differential Equations in Science and Engineering. New York: John Wiley & Sons, Inc., 1992.

[57] Larsson S, Thomée V. Partial Differential Equations with Numerical Methods. Berlin: Springer-Verlag, 2003. (影印版, 北京: 科学出版社, 2006.)

[58] LeVeque R J. Numerical Methods for Conservation Laws. Basel: Birkhäuser Verlag, 1990.

[59] LeVeque R J. Finite Volume Methods for Hyperbolic Problems. Cambridge: The Press Syndicate of the University of Cambridge, 2002.

[60] Lees M. Alternating direction and semi-explicit difference methods for parabolic partial differential equations. Numer. Math., 1962, 3: 398—412.

[61] Lees M. Alternating direction methods for hyperbolic differential equations. J. Soc.

Ind. Appl. Math., 1962, 10: 610—616.

[62] Meis T, Marcowitz U. Numerical Solution of Parital Differential Equations. New York: Springer-Verlag, 1979.

[63] Mickens R E. Difference Equations. New York: van Nostrand Reinhold Company Inc., 1987.

[64] Miller J J H. On the location of zeros of certain classes of polynominals with applications to numerical analysis. J. Inst. Maths Applics, 1971, 8: 397—406.

[65] Mitchell A R, Fairweather G. Improved forms of the alternating direction methods of Douglas, Peaceman and Rachford for solving parabolic and elliptic equations. Numer. Math., 1964, 6: 285—292.

[66] Mitchell A R, Griffiths D F. The finite Difference Method in Partial Differential Equations. New York: John Wiley & Sons, Inc., 1980.

[67] Mitchell A R, Morton K W. The Finite Difference Methods in Partial Differential Equations. New York: John Wiley & Sons, Inc., 1980.

[68] Nilsson S, Petersson N A, SjöGreen B, et al. Stable difference approximations for the elastic wave equation in second order formulation. SIAM J. Numer. Anal., 2007, 45: 1902—1936.

[69] Peaceman D W, Rachford H H Jr. The numerical solution of parabolic and elliptic differential equations, J. Soc. Ind. Appl. Math., 1955, 3: 28—41.

[70] Quarteroni A, Valli A. Numerical Approximation of Partial Differential Equations. Berlin: Springer-Verlag, 1994.

[71] Quarteroni A, Sacco R, Saleri F. Numerical Mathematics. Beijing: Science Press, 2006. (影印版)

[72] Rice J R, Boisvert R F. Solving Elliptic Problems Using ELLPACK. Berlin, Heidelberg, New York: Springer, 1984.

[73] Richtmyer R D, Morton K W. Difference Methods for Initial-Value Problems. New York: John Wiley & Sons, Inc., 1967.

[74] Samarskii A A. Local one dimensional difference schemes for multi-dimensional hyperbolic equations in an arbitrary region. USSR Comput. Math. Math. Phys., 1964, 4: 21—35.

[75] Samarskii A A. An accurate high-order difference system for a heat conductivity equation with several space variables. USSR Comput. Math. Math. Phys., 1964, 4: 222—228.

[76] Sei A. A family of numerical schemes for the computation of elastic waves. SIAM J. Sci. Comput., 1995, 16: 898—916.

[77] Smith G D. Numerical Solution of Partial Differential Equations, with exercises and worked solutions. Oxford: Oxford University Press, 1965.

[78] Smith G D. Numerical Solution of Partial Differential Equations: Finite Difference Methods. 3rd Edition. Oxford: Clarendon Press, 1985.

[79] Taflove A, Hagness S C. Computational Electromagnetics: The Finite-Difference Time-Domain Method. Massachusetts: Artech House Inc., 2000.

[80] Thomas J W. Numerical Partial Differential Equations: Finite Difference Methods. New York: Springer-Verlag, 1995.

[81] Thomas J W. Numerical Partial Differential Equations: Conservation laws and elliptic equations. New York: Springer-Verlag, 1999.

[82] Virieux J. P-SV wave propagation in heterogeneous media: Velocity-stress finite-difference method. Geophysics, 1986, 51: 889—901.

[83] Warming R F, Beam R M. Upwind second-order difference schemes and apptications in unsteady aerodynamic flows. Proc AIAA 2nd Computational Fluid Dynamics Conf., Hartford, Conn., 1975.

[84] Widlund O. A note on unconditionally stable linear multistep methods. BIT, 1967, 7: 65—70.

[85] Wesseling P. Principles of Computational Fluid Dynamics. Berlin: Springer-Verlag, 2001. (影印版, 北京: 科学出版社, 2006.)

[86] Zhang W, Tong L, Chung E T. A new high accuracy locally one-dimensional scheme for the wave equation. J. Comput. Appl. Math., 2011, 236: 1343—1353.

[87] Zhang W, Tong L, Chung E T. Efficient simulation of wave propagation with implicit finite difference schemes. Numer. Math. Theor. Meth. Appl., 2012, 5: 208—228

索　引